高等学校水利学科教学指导委员会组织编审

普通高等教育"十五"国家级规划教材
高等学校水利学科专业规范核心课程教材·水利水电工程

水工建筑物（第5版）

主编　天津大学　林继镛
主审　清华大学　王光纶

U0217590

中国水利水电出版社
www.waterpub.com.cn

内 容 提 要

本书是普通高等教育"十五"国家级规划教材，是水利水电工程建筑专业水工建筑物课程的教学用书，共分 12 章，包括：绪论，水工建筑物设计综述，岩基上的重力坝，拱坝，土石坝，水闸，岸边溢洪道，水工隧洞，闸门，过坝建筑物、渠首及渠系建筑物和河道整治建筑物，水利工程设计，水工建筑物管理。

本书除可作为水利水电工程建筑专业本科生的教材外，还可供其他相关专业的师生作为教学参考书和有关工程技术人员的参考用书。

图书在版编目（CIP）数据

水工建筑物/林继镛主编．—5 版．—北京：中国水利水电出版社，2009（2019.1 重印）
普通高等教育"十五"国家级规划教材．高等学校水利学科专业规范核心课程教材．水利水电工程
ISBN 978－7－5084－6231－8

Ⅰ．水… Ⅱ．林… Ⅲ．水工建筑物-高等学校-教材
Ⅳ．TV6

中国版本图书馆 CIP 数据核字（2009）第 007083 号

书　　名	普通高等教育"十五"国家级规划教材 高等学校水利学科专业规范核心课程教材·水利水电工程 **水工建筑物（第 5 版）**	
作　　者	主编　天津大学　林继镛 主审　清华大学　王光纶	
出版发行	中国水利水电出版社 （北京市海淀区玉渊潭南路 1 号 D 座　100038） 网址：www.waterpub.com.cn E-mail：sales@waterpub.com.cn 电话：（010）68367658（营销中心）	
经　　售	北京科水图书销售中心（零售） 电话：（010）88383994、63202643、68545874 全国各地新华书店和相关出版物销售网点	
排　　版	中国水利水电出版社微机排版中心	
印　　刷	天津嘉恒印务有限公司	
规　　格	175mm×245mm　16 开本　35.25 印张　814 千字	
版　　次	1981 年 9 月第 1 版　1986 年 12 月第 2 版 1997 年 5 月第 3 版　2006 年 4 月第 4 版 2009 年 5 月第 5 版　2019 年 1 月第 27 次印刷	
印　　数	154311—157310 册	
定　　价	**78.00** 元	

高等学校水利学科专业规范核心课程教材
编审委员会

总　前　言

　　随着我国水利事业与高等教育事业的快速发展以及教育教学改革的不断深入，水利高等教育也得到很大的发展与提高。与 1999 年相比，水利学科专业的办学点增加了将近一倍，每年的招生人数增加了将近两倍。通过专业目录调整与面向新世纪的教育教学改革，在水利学科专业的适应面有很大拓宽的同时，水利学科专业的建设也面临着新形势与新任务。

　　在教育部高教司的领导与组织下，从 2003 年到 2005 年，各学科教学指导委员会开展了本学科专业发展战略研究与制定专业规范的工作。在水利部人教司的支持下，水利学科教学指导委员会也组织课题组于 2005 年底完成了相关的研究工作，制定了水文与水资源工程，水利水电工程，港口、航道与海岸工程以及农业水利工程四个专业规范。这些专业规范较好地总结与体现了近些年来水利学科专业教育教学改革的成果，并能较好地适用不同地区、不同类型高校举办水利学科专业的共性需求与个性特色。为了便于各水利学科专业点参照专业规范组织教学，经水利学科教学指导委员会与中国水利水电出版社共同策划，决定组织编写出版"高等学校水利学科专业规范核心课程教材"。

　　核心课程是指该课程所包括的专业教育知识单元和知识点，是本专业的每个学生都必须学习、掌握的，或在一组课程中必须选择几门课程学习、掌握的，因而，核心课程教材质量对于保证水利学科各专业的教学质量具有重要的意义。为此，我们不仅提出了坚持"质量第一"的原则，还通过专业教学组讨论、提出，专家咨询组审议、遴选，相关院、系认定等步骤，对核心课程教材选题及其主编、主审和教材编写大纲进行了严格把关。为了把本套教材组织好、编著好、出版好、使用好，我们还成立了高等学校水利学科专业规范核心课程教材编审委员会以及各专业教材编审分委员会，对教材编纂与使用的全过程进行组织、把关和监督。充分依靠各学科专家发挥咨询、评审、决策等作用。

本套教材第一批共规划 52 种，其中水文与水资源工程专业 17 种，水利水电工程专业 17 种，农业水利工程专业 18 种，计划在 2009 年年底之前全部出齐。尽管已有许多人为本套教材作出了许多努力，付出了许多心血，但是，由于专业规范还在修订完善之中，参照专业规范组织教学还需要通过实践不断总结提高，加之，在新形势下如何组织好教材建设还缺乏经验，因此，这套教材一定会有各种不足与缺点，恳请使用这套教材的师生提出宝贵意见。本套教材还将出版配套的立体化教材，以利于教、便于学，更希望师生们对此提出建议。

高等学校水利学科教学指导委员会

中国水利水电出版社

2008 年 4 月

第 5 版

前　言

　　《水工建筑物》是水利水电工程建筑专业水工建筑物课程的教学用书，于 1981 年初版，到 2006 年共出了 4 版，现已印刷了 16 次。自本书第 4 版出版以来，先后收到过不少信息，一方面对本书予以肯定；另一方面也对本书提出了一些进一步修改的宝贵建议。2007 年 4 月经有关专家评审、推荐，全国高等学校水利学科教学指导委员会以教指委［2007］01 号文下达了《水工建筑物》第 5 版作为"高等学校水利学科专业规范核心课程教材"的通知，后又在 2007 年 6 月于南京及 8 月于郑州召开的教指委扩大会议上，确定对《水工建筑物》第四版进行修订。

　　本书此次修订的主要特点是：

　　1. 保持本书前 4 版，在内容上理论联系实际，在叙述上浅显易懂，着重阐明基本概念、基本理论和基本分析方法，打好基础，并适度反映学科的新进展的编写风格。

　　2. 删繁就简，少而精。删去比较陈旧、偏深以及精简与先行课程重复的内容。

　　3. 采用最新的标准。本书第 5 版所用的标准均以国家最新颁布的现行设计、施工规范，规程为依据。

　　4. 为适应改革开放的新形势和双语教学的要求，第 4 版新增添了英文目录和水工建筑物常用英语词汇，是属教改迫切需要，仍需不断完善。

　　本书由天津大学林继镛主编。大连理工大学林皋、迟世春，西安理工大学苗隆德，以及天津大学张社荣、练继建、彭新民、杨敏等参加了编写。具体分工如下：第 1 章、第 3 章 3.10 节、第 6 章、第 11 章由林继镛编写；第2章、第12章、第3章3.1节至3.9节以及3.11节至3.15节由张社荣编写；第4章由练继建编写；第5章5.1节至5.10节以及5.12节由林皋编写；第5章5.11节由迟世春编写；第7章、第9章由彭新民编写；第8章由苗隆德编写；第10章由杨敏编写。

　　本书由清华大学王光纶教授主审，对送审稿提出了许多建设性和具体意见。在修订过程中，天津大学祁庆和教授对全书修订工作和书稿内容提出了许多指导性的意见。在《水工建筑物》作为专业规范核心教材付梓之际，我们铭记大连理工大学、西安理工大学、武汉大学、河海大学、四川大学以及清华大学和中水北方勘测设计研究有限责任公司等，对本书的大力支持和贡献；铭记许多前辈对本书的开创性的贡献；铭记中国水利水电出版社及编辑们对本书的极大关怀和支持；铭记许多院校老师和学生对本书付出的极大热情与帮助。在此，我们一并向他们表示衷心的感谢。

　　由于编者水平有限，材料取舍不一定完全妥当，对书中的疏误或不当之处，敬请广大读者不吝指正。

编　者

2008 年 10 月

前　言

第 1 版

本书依据原水利电力部制定的《一九七八～一九八一年高等学校、中等专业学校水利电力类教材编审出版规划（草案)》及同年三月《水工建筑物》教材编写会议通过的编写大纲编写。一九八○年七月审稿会议时略有变更，将原定全书十章改为十一章，分上、下册出版。

本书由天津大学等六院校分工执笔：第一、三章天津大学；第二章武汉水利电力学院；第四章武汉水利电力学院及天津大学；第五章大连工学院；第六、十一章华东水利学院；第七、十章成都科技大学；第八章西北农学院；第九章成都科技大学及天津大学。全书由天津大学水利系陈道弘教授、祁庆和副教授主编。

本书由清华大学水工教研组张受天副教授等同志进行审核，提出很多修改意见。在编写过程中，受到清华大学副校长张光斗教授的关心，并对全书的编写提出了很多指导性意见。天津大学水工教研室郭怀志、赵代深副教授等同志参加了全书的校阅工作。杨锦贤同志对部分章节的附图也重新进行了绘制。在编写大纲讨论会、初稿讨论会及审稿会议上，到会的兄弟院校都提出了不少宝贵意见，在此一并致谢。

由于我们水平有限，材料取舍不一定得当，对于书中的错误和不妥之处，诚恳地希望广大读者批评指正。

＊　　　＊　　　＊　　　＊

参加上册编写工作的人员有：

第一章　祁庆和；第二章　王鸿儒、陆述远、沈保康、曹学德；第三章陈道弘；第四章　曹学德、郭怀志；第五章　赵山、金同稷、李玉琦。

参加下册编写工作的人员有：

第六章　戴寿椿；第七章　赵兴义；第八章　戴振霖、张海东、吕兴祖；第九章　张启模、祁庆和；第十章　李国润；第十一章　陈慧远。

编　者

1980 年 11 月

版 次 变 动 说 明

《水工建筑物》自第 1 版问世以来，一直备受各兄弟院校的厚爱，在使用过程中广大师生所提出的宝贵意见使得本书经过多次修订，内容结构趋于成熟。

本次出版的为第 5 版，限于篇幅有限，我社只保留最新版（第 5 版）和第 1 版前言，其间的版次变动情况简要说明如下：

第 2 版是根据 1982 年 5 月《水工建筑物》教材编审小组第一次会议商定，由天津大学负责在第 1 版的基础上修订的。全书由十一章改为十二章，"闸门"单另成一章。全书由天津大学祁庆和担任主编，具体分工为祁庆和（第一章、第四章、第八章）、赵代深（第二章）、马启超（第三章）、刘宣烈（第五章、第六章）、林继镛（第七章）、郭怀志（第九章）、陈式慧（第十章、第十一章、第十二章）。全书由清华大学张宪宏教授负责审查。

第 3 版是根据 1991 年 12 月"高等学校水利水电类专业教学指导委员会水工建筑物教学指导组"会议商定编写的。全书由天津大学祁庆和主编，大连理工大学林皋，西安理工大学戴振霖，天津大学郭怀志、马启超、刘宣烈、崔广涛、林继镛、张社荣参编，具体分工为祁庆和（第一章、第十章、第十一章和第三章的第九、十一、十二、十四、十五节）、郭怀志（第二章、第九章）、张社荣（第三章的第一节至第八节和第十三节）、马启超（第四章）、林皋（第五章）、刘宣烈（第六章送审稿）、林继镛（第三章的第十节和第七章）、戴振霖（第八章）、崔广涛（第十二章）。全书由清华大学吴媚玲教授主审。

第 4 版是根据 2001 年 11 月"全国高等学校水利学科教学指导委员会水利水电工程教学指导组"会议的精神，在第 3 版的基础上，对全书进行全面修订的。全书由天津大学林继镛主编，大连理工大学林皋、迟世春，西安理工大学苗隆德，天津大学张社荣、练继建、彭新民、杨敏参加了编写，具体分工为林继镛（第一章、第三章的第十节、第六章、第十一章）、张社荣（第二章、第三章的第一节至第九节以及第十一节至第十五节、第十二章）、练继建（第四章）、林皋（第五章的第一节至第十节以及第十二节）、迟世春（第五章的第十一节）、彭新民（第七章、第九章）、苗隆德（第八章）、杨敏（第十章）。全书由清华大学王光纶教授主审。

在本书的编写过程中，还得到了水利部天津勘测设计研究院的大力支持，并提出了许多宝贵意见，在此一并致谢。

目　录

Contents

第1章

绪 论

1.1 水 与 水 利 工 程

1.1.1 水、水资源与水环境

水是大自然的重要组成物质，是生命的源泉，是人类生活和社会发展不可缺少的重要资源，也是生态环境中最活跃的要素。水资源主要是指某一地区逐年可以天然恢复和更新的淡水资源。水资源具有储量的有限性、补给更新的循环性、时空分布的不均匀性、利与害的两重性，以及可储藏可输移等特点。水资源用途广泛且不可替代，需要人们去研究、开发、控制、利用和保护。

地球表面积的 3/4 被水所覆盖，藏水总量约为 13.86 亿 km³，但绝大部分是海水，淡水资源很少，仅占地球藏水总量的 2.53%。大部分淡水又被贮藏在极地冰盖和高山冰川之中，可供人类使用的淡水资源仅占地球总水量的 0.26%。我国水资源总量为 2.8 万亿 m³，占世界水资源总量的 6%，居世界第 6 位。我国水资源总量虽较多，但人均占有量却较少。据 1997 年统计资料，我国人均水资源占有量为 2200m³，为世界人均占有量的 1/4。预测到 2030 年我国人口将增至 16 亿，人均水资源占有量将下降到 1760m³，处于国际公认的中度缺水状况，随着人口的增长和社会的发展，未来的水资源形势将十分严峻。

天然水体中蕴藏有水能，采用工程措施可将天然水能转换为电能为人类服务。根据世界能源会议的资料，全世界水力资源理论蕴藏量为 50.5 亿 kW，可能开发利用的达 22.61 亿 kW。我国水力资源很丰富，理论蕴藏量为 6.76 亿 kW，可能开发利用的达 3.78 亿 kW，居世界首位。由于水能具有可再生、清洁和价廉等优点，而被世界各国广泛利用。据 1999 年的统计资料，一些发达国家水力资源开发程度已超过60%，而我国只达到 19.30%，因此水力资源开发利用潜力巨大，任重而道远。

水既是重要资源又是环境要素，良好的水环境是维持生态平衡的基础条件。无论是自然因素还是人为影响，使水环境退化或恶化，都将引发生态问题，如河湖萎缩、水体污染、地下水衰竭、水土流失、海水入侵以及生物物种减少等。实践证明，人类在对自然进行开发利用的同时，必须重视水环境保护，学会与自然和谐共处，不然人类就要受到自然界的惩罚而付出代价。

1.1.2 水利工程

人类需要适时适量的水，水量偏多或偏少往往造成洪涝或干旱等灾害，旱、涝灾害一直是世界自然灾害中损失最大的两种灾害。水资源受气候影响，在时间、空间上分布不均匀，不同地区之间、同一地区年际之间及年内汛期和枯水期的水量相差很大。例如，我国内陆的某些地区干旱少雨，而东南沿海季风区则雨水充沛；同一地区，汛期（东部地区的北方，一般为6~9月，南方为5~8月）可集中全年雨量的60%~80%，而汛期中最大一个月的雨量又占全年的25%~50%，因而，出现了来水和用水之间不相适应。国民经济各用水部门为了解决这一矛盾，实现水资源在时间上、地区上的重新分配，做到蓄洪补枯、以丰补缺，消除水旱灾害，发展灌溉、发电、供水、航运、养殖、旅游和维护生态环境等事业，都需要因地制宜地修建必要的蓄水、引水、提水或跨流域调水工程，以使水资源得到合理的开发、利用和保护。对自然界的地表水和地下水进行控制和调配，以达到除害兴利目的而兴建的各项工程，总称为水利工程。

水利工程按其承担的任务可分为：防洪工程、农田水利工程、水力发电工程、城市供水及排水工程、航道及港口工程、环境水利工程等。一项工程同时兼有几种任务的，称为综合利用水利工程。现代水利工程多是综合利用的工程。水资源开发利用由原始的单一目标，向现代的多目标、整体优化转变，是人类文明进步的体现。

按水利工程对水的作用可分为：蓄水工程、排水工程、取水工程、输水工程、提水工程、水质净化和污水处理工程等。

1.2 水利枢纽与水工建筑物

1.2.1 水利枢纽

图1-1是位于漳河上的河北省岳城水库工程布置图。这是一座以防洪为主，结合灌溉、发电等综合利用的大型水利工程。水库总库容13亿 m³，最大坝高55.5m，水电站装机1.7万 kW。主要建筑物有：①用以截断水流、挡水蓄水的均质土坝（包括主坝和3座副坝）；②用于保证工程安全，宣泄多余洪水的溢洪道和泄洪涵洞；③用于向河南、河北两省输水的灌溉渠首；④由发电引水洞和电站厂房组成的水电站等。

从岳城水库的工程实例可以看出，为了满足防洪要求，获得灌溉、发电、供水等方面的效益，需要在河流的适宜地段修建不同类型的建筑物，用来控制和分配水流，这些建筑物统称为水工建筑物，而不同类型水工建筑物组成的综合体称为水利枢纽。

一个水利枢纽的功能可以是单一的，如防洪、发电、灌溉、引水等，但多数是兼有几种功能的，称为综合利用水利枢纽。水利枢纽按其所在地区的地貌形态分为平原地区水利枢纽和山区（包括丘陵区）水利枢纽；也可按承受水头的大小分为高、中、低水头水利枢纽。有些水利枢纽常以其主体工程（坝或水电站）或形成的水库名称来

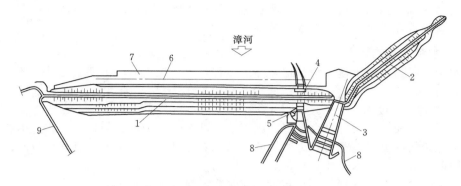

图 1-1　岳城水库工程布置图

1—主坝；2—副坝；3—溢洪道；4—坝下埋管（泄洪涵洞 8 条，发电引水洞 1 条）；
5—电站；6—截水墙中心线；7—铺盖；8—渠道；9—公路

命名，如埃及的阿斯旺高坝、中国的新安江水电站及官厅水库等。

防洪、发电、灌溉等部门对水的要求不尽相同，例如，城市供水和航运部门要求均匀供水，而灌溉和发电需要按指定时间放水；工农业及生活用水需要消耗水量，而发电只是利用了水的能量。又如，防洪部门希望尽量加大防洪库容，以便能够拦蓄更多的洪水，而兴利部门则希望扩大兴利库容，如此等等。为了协调上述各部门供需之间的矛盾，在进行枢纽规划时，应当在流域规划的基础上，根据枢纽所在地区的自然条件、社会经济特点以及近期与远期国民经济发展的需要等，统筹安排，最合理地开发利用水资源，做到以最少的投资，最大限度地满足国民经济各个部门的需要。

1.2.2　水工建筑物的类别

水工建筑物按其作用可分为以下几类：

（1）挡水建筑物。用以拦截江河，形成水库或壅高水位，如各种坝和水闸；以及为抗御洪水或挡潮，沿江河海岸修建的堤防、海塘等。

（2）泄水建筑物。用以宣泄多余水量、排放泥沙和冰凌，或为人防、检修而放空水库、渠道等，以保证坝和其他建筑物的安全。如各种溢流坝、坝身泄水孔；又如各式岸边溢洪道和泄水隧洞等。

（3）输水建筑物。为满足灌溉、发电和供水的需要，从上游向下游输水用的建筑物，如引水隧洞、引水涵管、渠道、渡槽等。

（4）取（进）水建筑物。输水建筑物的首部建筑，如引水隧洞的进口段、灌溉渠首和供水用的进水闸、扬水站等。

（5）整治建筑物。用以改善河流的水流条件，调整水流对河床及河岸的作用，以及防护水库、湖泊中的波浪和水流对岸坡的冲刷，如丁坝、顺坝、导流堤、护底和护岸等。

（6）专门建筑物。为灌溉、发电、过坝需要而兴建的建筑物，如专为发电用的压力前池、调压室、电站厂房；专为灌溉用的沉沙池、冲沙闸；专为过坝用的船闸、升船机、鱼道、过木道等。

应当指出的是，有些水工建筑物的功能并非单一，难以严格区分其类型，如：各种溢流坝，既是挡水建筑物，又是泄水建筑物；水闸既可挡水，又可泄水，有时还可作为灌溉渠首或供水工程的取水建筑物。

1.2.3　水利工程的特点

水利工程与一般土建工程相比，除了工程量大、投资多、工期长之外，还具有以下几方面的特点：

1. 工作条件复杂

地形、地质、水文、社会经济、施工等条件对选定坝址、闸址、洞线、枢纽布置和水工建筑物的型式等都有极为密切的关系。具体到每一个工程都有其自身的特定条件，因而水利枢纽和水工建筑物都具有一定的个性。

水文条件对工程规划、枢纽布置、建筑物的设计和施工都有重要影响，要在有代表性、一致性和可靠性资料的基础上进行合理的分析与计算，以做出正确的估计。

水工建筑物的地基，有的是岩基，有的是土基。在岩基中，经常遇到节理、裂隙、断层、破碎带、软弱夹层等地质构造；在土基中，可能遇到压缩性大的土层或流动性较大的细砂层。为此，设计前必须进行周密的勘测，作出正确的判断，以便为建筑物选型和地基处理提供可靠的依据。

由于上、下游水位差，挡水建筑物要承担相当大的水压力，为了保证安全，建筑物及其地基必须具有足够的强度和稳定性。与此同时，库水从坝基、岸边和坝体向下游渗流形成的渗流压力不仅对建筑物的稳定和强度不利，而且还可能由于物理的和化学的作用使坝基受到破坏。另外，渗流对地下工程（隧洞、调压室、埋藏式压力钢管、地下厂房等）产生的外水压力，也应作为一项主要荷载。

由泄水建筑物下泄的水流能量大，而且集中，对下游河床及岸坡具有很大的冲淘作用，必须采取适当的消能及防护措施。对高水头泄水建筑物，还需处理好由于高速水流带来的一系列问题，如空蚀、掺气、脉动和振动，以及挟沙水流对过水表面的磨蚀等。

在多泥沙河流上修建水库，泥沙淤积不仅会减小有效库容，缩短水库寿命，而且还将由于回水延长和抬高，产生其他一些不利影响。在含沙量较大的河流上修建水利枢纽时，如何防沙、排沙、减小淤积是一个值得重视的问题。

地震时，建筑物要承受地震惯性力，库水、淤沙对建筑物还将产生附加的地震动水压力和动土压力。

2. 受自然条件制约，施工难度大

在河道中兴建水利工程，首先，需要解决好施工导流，要求施工期间，在保证建筑物安全的前提下，让河水顺利下泄，这是水利工程设计和施工中的一个重要课题；其次，工程进度紧迫，截流、度汛需要抢时间、争进度，否则就要拖延工期；第三，施工技术复杂，如大体积混凝土的温控措施和复杂地基的处理；第四，地下、水下工程多，施工难度大；第五，交通运输比较困难，特别是高山峡谷地区更为突出等。

3. 效益大，对环境影响也大

一方面，水利工程，特别是大型水利枢纽的兴建，对发展国民经济、改善人民生活具有重大意义，对美化环境也将起到重要作用。例如，丹江口水利枢纽建成后，防洪、发电、灌溉、航运和养殖等效益十分显著，在防洪方面，大大减轻了汉江中、下

游的洪水灾害；装机容量 90 万 kW，自 1968 年 10 月开始发电至 1983 年底，已发电 524 亿 kW·h，经济效益达 34 亿元，相当于工程总造价的 4 倍。另一方面，由于水库水位抬高，在库区内造成淹没，需要移民和迁建；库区周围地下水位升高，对矿井、房屋、耕地等产生不利影响；由于水质、水温、湿度的变化，改变了库区小气候，并使附近的生态平衡发生变化；在地震多发区修建大、中型水库，有可能诱发地震等。

4. 失事后果严重

作为蓄水工程主体的坝或江河的堤防，一旦失事或决口，将会给下游人民的生命财产和国家建设带来重大的损失。据统计，近年来世界上每年的垮坝率虽较过去有所降低，但仍在 0.2％左右。例如，1975 年 8 月，我国河南省遭遇特大洪水，加之板桥、石漫滩两座水库垮坝，使下游 1100 万亩农田受淹，京广铁路中断，死亡达 9 万人，损失惨重。又如，1993 年 8 月青海省沟后水库垮坝，使下游农田受淹，房屋倒塌，死亡 320 余人。

1.3　水利建设与可持续发展

1.3.1　我国水利建设的主要成就

几千年来，我国劳动人民在与洪水作斗争和开发利用水资源方面，作出了突出的成绩，积累了很多宝贵的经验，例如：①从春秋时期开始，在黄河下游沿岸修建的堤防，经历代整修加固至今，已形成近 1600km 的黄河大堤，为江河治理、堤坝建设与养护提供了丰富的经验；②从公元前 485 年开始兴建到 1293 年全线通航，纵贯我国南北，全长 1794km 的京杭大运河，是世界上最长的运河，对便利我国南北交通，发挥了重要作用；③公元前 256～前 251 年，在四川省灌县建成的都江堰工程，利用鱼嘴分洪、飞沙堰泄洪排沙、宝瓶口引水，是世界上现存历史最长的无坝引水工程，至今仍在发挥巨大的效益。

中华人民共和国成立以来，特别是改革开放以来，我国水利建设发展很快。根据 1997 年的统计资料，全国整修、新建各类江河堤防、海塘 25 万多 km；水库 8.48 万多座，总库容 4583 亿 m³，其中大型水库 397 座，库容 3267 亿 m³；水闸 3.16 万多座，其中大型水闸 340 座；建设重要分蓄洪区 98 处，总蓄洪容量达 1000 多亿 m³；灌溉面积 8.39 亿亩，其中 30 万亩以上灌区 145 处。过去的黄河，曾在 3000 年内决口 1500 次以上，而经治理后，在 1958 年尽管遭遇到与 1933 年大灾之年同样大的洪水（22300m³/s），未出现决口，经受住了考验，并出现了 50 余年黄河岁岁安澜的前所未有的新局面。淮河经过治理也改变了"大雨大灾，小雨小灾，无雨旱灾"的悲惨景象。1963 年开始根治海河，在海河中、下游初步建立起防洪除涝系统，尾闾不畅的情况也有所改善。我国建坝数量居世界之首，且不同型式的高坝在逐年增多。例如，长江三峡水利枢纽是当今世界最大的水利工程，其中水电装机达 1820 万 kW，双线五级船闸总水头 113m，可通过万吨级船队，垂直升船机提升总重量为 11800t、过船吨位 3000t 以及坝体混凝土总方量等均位居世界之首；二滩混凝土双曲拱坝坝高 240m，在同类坝型中列世界第 4 位；江垭碾压混凝土重力坝坝高 131m，列世界第 3

位；在建的龙滩碾压混凝土重力坝坝高初期达192m，后期达216.5m，将成为世界最高的碾压混凝土重力坝；沙牌碾压混凝土拱坝坝高132m，列世界第1位；黄河小浪底斜心墙堆石坝坝高154m，是我国同类坝型最高、最大的坝；天生桥一级混凝土面板堆石坝坝高178m，已进入世界高面板堆石坝之列；水电建设飞速发展，从1949年的装机容量36万kW，年发电量12亿kW·h，迅猛增到2006年的装机容量1.28亿kW；水电设备的制造、安装技术明显进步，单机容量由几万千瓦，发展到李家峡水电站单机容量40万kW，二滩水电站单机容量55万kW，三峡水电站单机容量达70万kW，为世界单机容量最大的水轮发电机组。为解决城市供水，优化水资源配置，跨流域调水方兴未艾，完成了引滦入津、引黄济青、引碧入连、东圳引水、引黄入晋等供水工程，规模更大、更具战略意义的南水北调调水工程，也已开工兴建。

随着水利水电工程建设的发展，制定并完善了水利水电建设的法律、法规、规程、规范和建设规划。在实践中培养并建成了一支勘测、设计、施工、管理和水利科研队伍。与此同时，在大规模的水利水电建设中，积累了很多改造自然的宝贵经验，并提出了水利水电建设的新思路、新任务。

1.3.2 当今世界水利建设的发展概况

从国外看，近年来大水库、大水电站和高坝在逐年增多。据统计，全世界库容在1000亿m³以上的大水库有7座，其中，最大的乌干达的欧文瀑布，总库容为2048亿m³。我国三峡水利枢纽总库容为393亿m³，在世界上列第25位。表1-1是国外和中国已建成和在建中不同类型最高坝的坝高和建成年份。从表1-1可以看出，我国坝工建设进步迅速。目前我国正在修建300m级的高坝，如溪洛渡、小湾、锦屏一级等。

表1-1　　　国外和中国已建成和在建中不同类型最高坝的坝高和建成年份

坝 型	国　　外				中　　国		
	坝　名	国名	坝高（m）	建成年份	坝名	坝高（m）	建成年份
混凝土重力坝	大狄克桑斯	瑞士	285	1961	三峡	181	在建（计划2009年建成）
混凝土双曲拱坝	英古里	格鲁吉亚	272	1986	锦屏一级	305	在建
混凝土重力拱坝	萨扬·舒申斯克	俄罗斯	245	1980	龙羊峡	178	1989
混凝土支墩坝	丹尼尔约翰逊	加拿大	214	1960	湖南镇	129	1979
碾压混凝土重力坝	宫濑	日本	155	1994	龙滩	192/216.5	在建
碾压混凝土拱坝	克耐尔浦特	南非	50	1988	沙牌	132	2001
混凝土面板堆石坝	阿瓜密尔帕	墨西哥	187	1993	水布垭	233	在建
沥青混凝土心墙坝	芬斯特塔尔	奥地利	96/150	1980	高岛	95/107	1979
土质心墙土石坝	努列克	塔吉克斯坦	300	1980	糯扎渡	261.5	在建
砌石重力坝	纳加琼纳萨格	印度	125	1974	群英	101	1962

由于用碾压技术修建混凝土坝施工进度快、高掺粉煤灰节省水泥和使用大型碾压施工机械解决了堆石体压实及大沉降量问题，近期国内外碾压混凝土坝和面板堆石坝

发展很快，应予以特别关注。

目前，世界最大的水电站是巴西与巴拉圭合建的伊泰普水电站，设计装机容量1260 万 kW。我国三峡水电站设计装机容量 1820 万 kW，于 2009 年建成。

泄洪建筑物泄洪总量大，单宽流量也在不断提高。葛洲坝水利枢纽泄洪总量达110000m³/s；凤滩水电站泄洪总量为 32600m³/s，是目前世界上拱坝枢纽中最大的；我国拟建的高拱坝总泄量有的超过 50000m³/s 大关。国内外泄洪最大单宽流量已超过300m³/(s·m)，如美国胡佛坝的泄洪洞为 372m³/(s·m)，葡萄牙卡斯特罗·让·博得拱坝泄槽为 364m³/(s·m)，伊朗瑞萨·夏·卡比尔岸边溢洪道为 355m³/(s·m)；我国三峡水利枢纽的深孔达 312m³/(s·m)，五强溪溢流坝达 295m³/(s·m)，天生桥一级溢洪道接近 300m³/(s·m)。峡谷区建高坝采用大导流流量是很少见的，而溪洛渡、龙滩等工程施工期 2%～1% 频率的导流流量均将达到 10000m³/s 左右。

在峡谷河段、高地应力、强地震区建设高水头、长引水隧洞和特大型地下厂房的大型水电站枢纽，将是挑战性的工程，如锦屏二级长达 16.5km 的引水隧洞穿过高地应力山体，小湾、溪洛渡以及锦屏一级、二级等大型水电站枢纽均建在地震基本烈度为 7～8 度的地区。

高度机械化的隧洞掘进机（TBM）技术的应用，为大型地下工程和特长深埋隧洞工程的顺利完成提供了广阔前景。如澳大利亚雪山水利工程（工程包括 137km 的引水隧洞、80km 的高架渠、7 个水力发电站、2 个抽水站以及库容为 85 亿 m³ 的水库）、长 50km 的英吉利海峡隧道以及目前在建的长 90km 以上的瑞士洛克伯格和哥特哈德隧道都应用了 TBM 技术。我国在水工隧洞和城市地铁隧道建设中也广泛应用盾构施工；南水北调西线工程，将修建长深埋隧洞，TBM 技术将大有用武之地。

对于建在深厚覆盖层上的坝的地基防渗处理，广泛采用混凝土防渗墙，因为它能快速施工，防渗效果可靠。据统计，在已建成的深度在 40m 以上的 30 余座（包括我国的 13 座）防渗墙中，加拿大马尼克 3 级坝的混凝土防渗墙，深达 131m，是目前世界上最深的防渗墙。我国渔子溪、密云、碧口等工程采用的混凝土防渗墙，深度从32m 至 68.5m，防渗效果良好。此外，利用水泥或水泥黏土进行帷幕灌浆也是处理深厚覆盖层的一项有效措施，如法国的谢尔蓬松坝，高 129m，帷幕深 110m，从蓄水后的观测资料看，阻水效果较好。

为了处理坝基软弱夹层或加固大坝，以提高坝体的稳定性，国外广泛采用预应力锚固，如马来西亚的穆达支墩坝，用 205 条锚索，深入基岩 14～21m，每条锚索的拉力达 2700kN，对夹层进行处理。我国从 1964 年开始，也先后在梅山、丰满、陈村、李家峡、三峡等工程中采用预应力锚索加固坝肩、边坡和坝基，收到了良好的效果。

近年来，不少国家对大坝抗震设计日益重视。1970 年以后，对较高和较重要的坝，已从拟静力法分析进入到动力法分析阶段，并考虑结构与库水、结构与地基的动力相互作用。另外，由于大型振动台和现场量测设备的发展，模型试验和原型观测也得到了相应的发展。

目前计算机在水利水电建设中已广泛使用。水工结构、水工水力学和水利施工中的许多复杂问题都可以通过计算机得到解决。由于计算机计算可以很方便地变更参数，因而可以迅速地进行方案比较和选择建筑物的最优方案。

1.3.3　我国水利水电建设应走可持续发展之路

水利是国民经济的基础产业，水资源、水能资源是经济和社会发展的重要物质基础，50 余年规模空前的水利水电建设，为我国经济建设迅速发展和社会长期稳定创造了条件。但在水资源开发进程中，仍存在防洪标准低、洪涝灾害频繁，水资源紧缺、供需矛盾突出，水污染严重、生态环境恶化，以及水能资源开发利用程度不高等问题。我国人口众多，资源相对不足，现代化建设必须走科学发展可持续发展之路。所以，水利建设要协调好开发、利用、治理、配置、节约、保护等方面的关系，以水资源的可持续利用支持我国社会经济的可持续发展。

1. 全面规划，统筹兼顾，标本兼治，综合治理

社会经济要可持续发展，需要水利建设提供防洪减灾、水资源供给、水环境与生态保护三个保障体系。为此，水利建设必须正确处理整体与局部、流域与区域、干流与支流、上中下游、左右岸、城市与农村、防洪与抗旱、工程措施与非工程措施、资源开发利用与环境生态保护、建设与管理以及近期与远期等各方面的关系，形成较为完善的水利支撑和保障体系。

就防洪减灾而言，要从无序、无节制地与洪水争地，转变为有序、可持续地与洪水协调共处，建成全面的防洪减灾工作体系。坚持蓄泄兼筹，以泄为主，通过堤防、分蓄滞洪、防洪枢纽工程、河道整治、水库优化调度、水土保持、中下游平垸行洪、退田还湖、工程措施与非工程措施相结合、建立防洪保险、救灾及灾后重建的机制等，对防洪减灾作出全面安排。到 2015 年，基本形成大江大河的防洪体系，达到国家规定的防洪标准，基本保障社会经济的安全运行，遇超标准洪水，确保重要城市和重点地区的安全，避免发生严重影响社会稳定和经济运行的局面。力争到 21 世纪中叶，基本解决大江大河大湖洪水威胁，建立高标准的防洪减灾保障体系。

就水电建设而言，要突出重点，发展梯级水电站，构建十二大水电基地。在流域和梯级规划的基础上，在水力资源丰富、开发条件较好和缺煤、缺电的地区建立 12 个水电基地：黄河上游、长江上游（包括清江）、红水河、澜沧江、金沙江、大渡河、雅砻江、乌江、湘西和闽、浙、赣以及黄河中游、东北诸河，在这些水能资源富集区开发布局，总装机容量达 1.7 亿 kW，实行"梯级、滚动、流域、综合"的开发方针。在我国东部地区加快抽水蓄能电站建设，力争在 21 世纪初形成一定规模，以解决电网系统调峰问题日益突出的矛盾。水能是清洁、价廉的可再生能源，国家决定加大开发力度，优先发展水电，计划到 2015 年水电装机达到 1.5 亿 kW。计划完成之日，水力资源开发程度可达 40%。

2. 节流优先，治污为本，开源节流并重，开发保护并举，建设节水型社会

我国水资源紧缺，全国目前缺水总量约为 300 亿～400 亿 m^3，一般年份农田受旱面积为 600 万～2000 万 hm^2。值得关注的是，一方面缺水，一方面用水浪费现象普遍存在和水污染严重。据统计，全国工业万元产值用水量达 $136m^3$，是发达国家的 5～10 倍；工业用水的重复利用率很低，仅为 30%～40%，而发达国家为 75%～80%；全国农业灌溉水的利用系数平均为 0.45，而发达国家为 0.7～0.8。据 1997 年资料，全国废水、污水的排放总量为 548 亿 t，在 10 万 km 的评价河段中，水质在Ⅳ

类以上的污染河段占 47%，全国湖泊约有 75% 以上受到严重污染，大城市浅层地下水也遭到不同程度的污染。水资源本来可以再生，但水质污染使水资源不能进入再生的良性循环。不少地区因缺水，过度开采地下水，造成地下水大幅度下降，甚至出现地面下沉的严重情况。缺水、水污染严重已成为我国可持续发展的重要制约因素。为此，应把节流优先作为一项基本国策，调整城市产业结构和工业布局，大力开发和推广节水技术，创建节水型工业和节水型城市；农业用水要从传统的粗放灌溉农业和旱地雨养转变为节水高效的现代灌溉农业和现代旱地农业；加大污染防治力度，提高城市污水处理率，加强点源、面源污染的综合治理，修复被污染的水环境，保护供水水质，改善水环境；开发新水源也不容忽视，应大力提倡开发利用污水处理后的中水和雨水、微咸水、海水以及海水淡化等非传统的水资源。节流优先、治污为本、多渠道开源，建立强有力的水资源供需平衡保障体系。

对于水资源供需平衡，必须考虑水资源承载能力，要从过去以需定供转变为在加强需水管理、提高用水效率的基础上，保证供水。为此，南方要严格控制污染，西北要遏制盲目开荒，黄、淮、海与辽河流域要实施跨流域调水，西南要结合发电与防洪加快工程建设。

3. **建设水资源"南水北调"和"西电东送"工程**

我国南方水多北方水少，从南方多水的长江流域及西南诸河引水到干旱缺水的京、津、华北及西北地区，对保障这些地区经济高速发展意义重大。我国西部是水能资源富集区，以水电为主的西南能源基地建成后，云、贵、川三省的水电总装机容量可达 1.4 亿～1.6 亿 kW，根据电力供需平衡测算，可向东南部诸省送电，满足这些地区的用电需求。这样每年可减少成亿吨煤炭的运输压力，既有利于生态环境建设，又可改善我国能源的生产消费结构。

南水北调工程和西电东送工程是均衡区域间水资源、水能资源的战略性工程，协调区域间发展，是我国可持续发展的一个重要原则。

4. **加强生态环境建设，合理安排生态环境用水**

良好的生态环境对水资源保护与利用至关重要，但过去水利建设不重视生态环境用水，水土资源过度开发，造成森林覆盖率降低、草地生态破坏加重、水土流失严重、荒漠化面积扩大。针对生态环境建设中存在的问题，需要做到：提高对生态环境建设长期性与艰巨性的认识；高度重视植被建设，积极推进退耕还林、还草，退田还湖；坚持以合理利用水土资源为核心，进行综合治理与开发，兼顾生态效益与经济效益；坚持可持续发展原则，合理安排生态需水以及加强法制建设，依法治理和保护生态环境。

5. **加强水资源统一管理，形成水资源合理配置的格局**

我国水资源人均占有量少，时空分布变化大，水土资源不相匹配，生态环境相对脆弱，必须加强统一管理。例如，黄河下游从 1972 年到 1997 年的 26 年中，有 20 年发生断流，1997 年最严重，断流 226d，断流河段长 700km。黄河水资源贫乏，不能满足快速增长的用水需求是断流的首要原因；而缺乏有效的管理体制，上中下游难以实现全河水资源统一调度，不留生态水，也是断流的重要原因。1999 年，黄河水资源实行统一管理和调度，在基本保证治黄、城乡生态和工农业用水的情况下，黄河仅断流 8d；2000 年，在北方大部分地区持续干旱和成功向天津紧急调水 10 亿 m³ 的情况下，黄河实现了全年未断流。这一事实说明了水资源统一管理、优化水资源配置，对保证人类的基本需求、保证经济可持续发展和生态系统良好平衡的极端重要性。

　　水价是水资源管理中的主要经济杠杆，对节水、治污、水资源配置和管理起重要的导向作用。鉴于长期以来我国的水价政策不够合理，必须根据国家确定的水资源战略，实行相应的水价政策和水价系统的改革。

1.4　本课程的特点和解决水工问题的方法

1.4.1　本课程的特点

　　水工建筑物是一门涉及知识范围广，理论性、实践性和综合性都很强的专业课。

　　水工建筑物种类很多，型式多样，本书以几种典型的水工建筑物为代表，讲授水工建筑物和水利枢纽设计的基本概念、基本理论和基本方法。再由典型到一般，不断深化对水工问题的认识。本课程有讲课、课堂讨论、作业、实验、考试、学术报告、课程设计、毕业设计以及现场实习等教学环节，通过上述诸环节使学生获得较深广的专业知识，并引导学生注意专业发展动态，掌握最新科技信息，开阔视野，积累知识，启迪学生将所学的各种知识融会贯通，构成有机的知识网络，使之具有一定的系统性；培养学生理论联系实际的严谨治学作风，让学生在实践中理解理论的精髓，在实践中获取真知，提高学生解决实际问题的能力和创新能力。

1.4.2　解决水工问题的方法

　　一项水利工程的修建，总有明确的兴利除害的目标，工程既要安全可靠，又要经济合理，要最大限度地满足社会需要，取得满意的社会和经济效益。一个工程本身就是一个相当复杂的系统，不能孤立地就工程论工程，而应该把工程置于社会—自然—技术—经济—生态环境等要素融为一体的系统中统筹考虑。水工问题涉及面广、难度大，常常需要采用多种不同的方法，精心设计，认真论证。常用的解决水工问题的方法有：

　　（1）理论分析。利用由实践中总结的客观规律，进行水工建筑物设计。运用理论分析应注意两点：①理论随人们认识客观规律不断深化而不断发展，切忌将理论看成固定不变的东西；②理论反映客观事物的一般规律，由于水工建筑物个性特别突出，在运用理论时，切忌不顾具体条件生搬硬套。理论分析可明确给出各物理现象与各物理参数之间的变化关系，有很好的通用性，但由于水工问题的复杂性，理论分析也不可能解决工程中所有的各种实际问题。

　　（2）数值分析。由于计算机的发展，水工结构问题、水工水流问题和施工问题都可用计算机进行数值求解。数值分析可解决许多理论分析无法求解的水工问题。随着科技发展，数值分析的作用将会愈来愈大。

　　（3）实验研究法。能直观、直接地解决生产中复杂的问题，其结果可作为检验其他方法是否正确的依据。水工水力学模型实验、水工结构模型实验等，都可给出研究问题的实验曲线和经验公式，但实验研究耗资大、周期长，也有不少问题还需在实践中不断完善和探索。

（4）原型观测与监测。对在建中的、已建成的以及运用中的水工建筑物进行各种不同类型的观测，可验证理论的正确性。发展理论，指导实践，推动学科发展，是研究水工问题的重要方法，国内外都很重视，但耗资大、工作难度大。

（5）工程经验。人类几千年来，修建了大量的水利工程，不仅发展了水利建设理论，而且积累了丰富的工程经验。尽管现代科学技术日新月异地发展，但至今水利建设相当程度上仍需依靠经验。水利建设的成功经验和失败教训，均是促进水利建设技术发展的重要因素。水利建设者吸取工程经验和失败教训愈多，就愈能深刻理解、灵活运用水利建设技术知识，有利于理论与经验相结合，更好地进行水利建设。

上述几种方法都是研究水工问题的重要方法，各有优缺点，各种方法相辅相成，互为补充，不可偏废。

随着水利水电建设的发展和科技的进步，除规范设计、类比设计外，新的设计法不断涌现，如可靠性设计、动态设计、系统优化设计、功能设计、智能设计、软件化与计算机辅助设计等。这些方法的出现是设计方法发展和逐步完善的标志。

需要特别指出的是，应当重视新技术、新工艺、新材料、新方法等对促进水利水电发展进步的巨大作用。如用修建土石坝的碾压法修建混凝土坝而使碾压混凝土坝风靡世界；由于大功率振动碾的出现，促进了面板堆石坝的迅猛发展；TBM 施工技术的应用，为长深埋隧洞和特大型地下工程的顺利完成显现出可喜的前景等。

第 **2** 章

水工建筑物设计综述

2.1 水利工程设计的任务和特点

2.1.1 水利工程

水利工程是运用科学知识与技术手段，为满足社会兴水利除水害、防灾减灾的需求而修建的工程。水利工程在地区的和全国的经济系统和社会系统中均占有重要地位，是其中的重要子系统。现代水利工程具有以下特点：①受自然条件制约，工作条件复杂多变；②施工难度大，对环境和自然的影响也大；③社会、经济效益高，与经济系统联系密切；④工程失事的后果严重等。这就要求水利工程技术人员必须广泛、深入、系统地掌握科学技术知识，在设计和建设水利工程中要和生态、环境、航运、旅游、文物等部门协调，要在工程设计中以高度的责任心，深入实际，多方借鉴，反复比较，全面论证，才能圆满地做好设计工作。

2.1.2 水利技术工作

水利技术工作包含多方面的任务，可分为：

（1）勘测。为水利建设事业勘察、测量、收集有关水文、气象、地质、地理、经济及社会信息。

（2）规划。根据社会经济系统的现实、发展规律及自然环境，确定除水害、兴水利的工程布局。

（3）工程设计。根据掌握的有关资料，利用科学技术，针对社会与经济领域的具体需求，设计水利工程（水利枢纽及水工建筑物）。

（4）工程施工。结合当地条件和自然环境，组织人力、物力，保质、按时完成建设任务。

（5）工程管理。为实现各项兴利除害的目标，利用现代科学技术，对已建成的水利工程进行调度、运行以及对工程设施的安全监测、维护及修理、经营等工作。

（6）科技开发。密切追踪科学技术的最新成就，针对水利工程建设中存在的问题，创造和研究新理论、新材料、新工艺、新型结构等，以提高水利工程的科学技术水平。

2.1.3 水利工程设计

设计水利工程与设计机械工程、电气工程等相似，其共同点是设计一个人工系统，都遵循大体一致的规律，一般经历下述几个步骤：技术预测→信息分析→科学类比→系统分析→方案设计→功能分析→安全分析→施工方案→经济分析→综合评价。

在设计过程中，有的步骤可能不甚明显，有的步骤会有重复、反馈、修改。但不论大到水利枢纽或者它的组成部分——一个水工建筑物，或者小到一个分解为局部的构件，每一个层次的设计大都经历类似的过程。

近代科学技术分支（如系统论、信息论、控制论）的形成，推进了对设计工作共性的研究，提炼出普遍适用的技术，发展成有关的新兴学科。例如，搜集资料提取信息的信息工程，分析系统特性的系统工程，结构功能分析的有限元法，安全性分析的可靠度理论、模型试验、数学模型及算法，结构定型及施工管理的优化算法，模拟人的活动的计算机辅助设计（CAD）系统及专家决策系统等。这些新兴学科在革命性地改变着设计工作的面貌，从经验型定性判断走向智能型定量决策。工程师今后可以方便地运用各门学科的知识和手段进行工作，因为现代学科的各种基本方法都可以形成知识性软件，工程师只要做到正确地提出问题，给出清楚的描述，严格地运行软件就能得到明确的答案。由此，工程师可以摆脱繁重的手工数字演算，能集中精力致力于方案比较和创新。

除了上述的共同点之外，水利工程设计也有其自身的特点，主要是：

（1）个性突出。几乎每个工程都有其独特的水文、地形、地质等自然条件，设计的工程与已有的工程的功能要求即使相同，也不可套用，只能借鉴已有工程的经验，创造性地、个别地选定方案。

（2）工程规模一般较大，风险也大。几乎不容许采用在原型上做试验的方法来选择、决定最理想的结构。模型试验、数学模型仿真分析都很必要，也能起到很好的参考作用，但还都不能达到与实际工程的高度一致，因此，在水工设计中，经验类比还是一种重要的决策手段。

（3）重视规程、规范的指导作用。由于设计还没有摆脱经验模式，因此，设计工作很重视历史上国内外水工建设的成功经验和失败教训，用不同的形式总结为规范条文，以期能传播经验，少走弯路。

（4）在施工过程中，不可能以避让的方式摆脱外界的影响。水工建筑物经常会在未竣工之前，由已建成的部分结构承担各种外部作用。据统计，108 座大坝的失事，有 16.7% 是在施工过程中，有 26.8% 是在建成后第一次蓄水时发生。由于设计的是一个逐步建造的结构，建筑物边施工边工作，因此，必须充分考虑各个施工阶段的工程状态，使之都能得到满意的安排。

2.1.4 设计工作水平

按照设计工作中有无参考样本或已有工程经验的情况，可以将设计分为下述几种类型：

（1）开发型设计。设计时根据对建筑物的功能要求，工程师在没有样板设计方案及设计原理的条件下，创造出在质和量两方面都能满足要求的建筑物新型方案。这种设计工作的风险最大，投入最多。

（2）更新型设计。在建筑物总体上采用常规的型式和设计原理的同时，改进局部的建筑物设计原理，使其具有新的质和量的特征。例如，在我国推广的碾压混凝土坝、面板堆石坝以及我国创造的宽尾墩消能工等，都在局部范围内采用了新的设计原理。

（3）适配型设计。设计中的建筑物采用常规的设计原理和型式，研究和选定结构的布置、尺寸和材料，达到适合当地自然环境、地质、地形条件及施工条件、功能要求的常规设计。

依创造性水平来评判，开发型设计最富创造性。但是评价工程设计优劣的标准是它的适用性、安全性、经济合理性，而不是单纯地求新，应摒弃刻意的标新立异。面对工程存在的实际问题和难点，能够适应当时、当地的条件，且具有前述三性的设计方案才是优秀的方案。

科学家的职责是认识世界，工程师的责任是经济而有效地改造世界。工程师需要了解科学原理，掌握科学技术的最新成就，选用最优的方案。在设计中，对一些在理论上还不完备但行之有效的方法也可以采用。

本书力求向读者介绍与水工建筑物设计有关的基本知识以及最新、最适用的科技成果。掌握并灵活运用所学知识和设计原理，将有助于做好水工建筑物设计。在学习中应注重体察所介绍的先进技术是在什么条件下创造出来的，以学到求实创新的思路与方法。

2.1.5 设计方法的特点

在学习基础科学知识时所掌握的方法，是由已知的原因（条件）推论必然的结果，是研究客观规律的科学研究方法。而设计方法的主要特点则是逆向的思考，开端就明确预期的结果，而后致力于寻找能达到预期结果的措施，因此，设计方法和科研方法截然不同，是一个反向演绎的方法。

在设计方法论方面，目前还缺乏系统的经验，但以下介绍的一些思路将有助于培养提高设计能力，为作出成功的设计打好基础。

（1）具有批判的、接受的态度，能从工作的多种角度提出问题。例如：①选用的结构能否兼作其他用途；②能否采用其他结构；③能否改变或改造结构型式、材料、操作方法，效果如何；④能否挑选坝址、坝线、动力源、施工方式、分析方法等；⑤能否调整安排，如建筑物的组合方式、相互位置、顺序关系等。

（2）具有彻底探索的精神。例如，在明确建筑物应有的功能后，确定影响建筑物设计的各种组成因素，对每个因素列举可用的方案，不抱成见地对所有的因素组合方式进行评选，如此彻底的探索常能发现意想不到的结果。

（3）培养创造能力。这是现代工科教育的目的之一。传授知识不能等同于培养能力。通过课程设计、生产实践、毕业设计等环节的训练，可以培养学生掌握设计的初步能力。但是，纸上谈兵不同于实际战斗，真正的工程设计能力需要经历实际工作的磨炼才能掌握。工作中要保持追求创造性的动力，如对社会贡献的使命感、对工作的热爱、追求完美和百折不挠的毅力等。

（4）破除思维定式（成见）的束缚。书中介绍的主要是成功的经验，是前辈工程师突破思维定式的历史性成果，但又是今日的思维定式。因此，学习水工建筑物课程、增长知识是必要的，但应从这些内容中体会前人的创造开发经验，而不应拘泥于获得知识。

2.2 水工建筑物设计的步骤

2.2.1 水工建筑物设计

水利工程建设的全过程是一个系统活动，水工设计是一个专门系统的设计，也遵循一般系统设计工作的过程。水利工程建设系统大致如图2-1所示，社会经济和自然环境是系统的外部，与系统相互作用。社会经济条件决定了水利工程的功能要求及资金、人力的投入量。自然环境条件将影响可能动用的物力资源、结构型式及工作特点等。

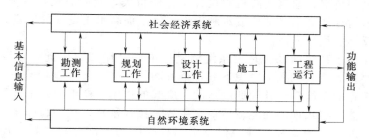

图2-1 水利工程建设系统

在水利工程建设过程中，建筑物设计是其中间的一个环节，一个子系统活动。因此，设计时要有全面的观点，做到统筹安排，使工程建设达到全局最优。在设计阶段应及时与外部系统及相关环节沟通反馈，如通过成本及功能分析、投资及风险分析等水利经济分析成果与社会系统沟通，通过工期安排、安全度分析、施工导流方案、环境影响评价等与相关环节传递信息。

水利工程建设是多环节协作完成的，经过勘测、规划、设计、施工、运行管理等各阶段的工作，才能最终达到兴利除害的目标。工程规划和建筑物设计是中间的关键环节。设计者要从全局的高度，统观各阶段的工作来考虑问题、提出问题并加以解决。例如，设计者必须了解勘测工作，结合对水工建筑物型式及枢纽布局的设想，才能有针对性地提出对勘测内容的要求，才能正确评价勘测得到的信息。能够熟知各种可资选用的建筑物，周到地提出可比方案，才能成功地做出规划。设计水工建筑物，应同时考虑它的施工方法和步骤，并用以衡量方案的优劣。为了工程管理便利及运转灵活可靠，在设计中要为调度、运行人员的工作、生活条件做出周到的安排。诸如此类的考虑，都说明要做好设计，设计者除了深入掌握水工建筑物设计专业知识外，还要对水工建设的全过程有较深入的了解。

2.2.2 设计阶段的工作步骤

建筑物设计阶段的主要工作步骤为：

（1）收集资料及信息。如水文、气象、地形、地质资料，地区经济资料，施工力量，资金渠道，国家及地方的有关政策及法规等。

（2）明确工程总体规划及其对枢纽和建筑物的功能要求。这是设计工作的目标。

（3）提出方案。以初步选择的建筑物型式为基础，考虑与外部的联系和制约条件（如与其他建筑物的配合，与施工、管理、投资等的关系等），修正方案使其可行。

（4）筛选可行的比较方案。

（5）对方案进行分析、比较、评价，选定设计方案。

（6）对建筑物进行优化定型及设计细部构造。

（7）初定建筑物的施工方案。

（8）对方案进行评价及验证。

至此，设计任务即告完成，根据建筑物的设计图纸即可组织施工。但是，对一个成功的设计而言，道路才走了一半。更重要的是应当继续关注工程的施工、管理、运用及原型监测的情况；通过实践检验设计工作的得失，及时总结，必要时加以纠正。如此不懈地努力才能高水平地建成水利工程。为了提高水工设计的质量，需要提倡动态的设计、反馈的设计方法。

设计工作是子系统活动，是大系统活动中的一个阶段，因此，在设计的全过程中，时刻都要在大系统背景下考虑下列各个方面：

（1）建筑物的功能。即其预期的目的、应起的作用、产生的效果和影响。建筑物必须实现其功能，挡水坝的功能较单一，主要是挡水蓄水，在坝高确定之后，可根据安全及经济要求选定型式和尺寸。但是水利枢纽中的大部分建筑物，如溢洪道、水闸、放水孔或隧洞等，其使用要求是多样多变的，应当全力满足。专门的建筑物，如电站、船闸等，也应满足其使用要求。

（2）系统的输入。主要是指需要由建筑物控制调节的水流，还有其他的物流（如航运、泥沙）、能流和信息流等。

（3）系统的输出。诸如输出的水流和电能等，以及对输出的质和量的要求。

（4）枢纽、建筑物的构成和配置。

（5）建筑物的环境。外部环境对工程建设和日常运行的影响及其发展趋势，工程对环境潜在的长期影响等。

（6）系统的条件。工程建设及运用期所需的资金、人力、物力等。

2.2.3 水利水电工程分等和水工建筑物分级

水利工程是改造自然、开发水资源的举措，能为社会带来巨大的经济效益和社会效益。例如，我国沿海地区，20 世纪 90 年代初 $1 m^3/s$ 供水量一年可获得 20 亿元的产值，1 亿 kW·h 电可生产 1 亿元产品。随着社会经济的发展，这种关系还将越来越紧密。但是，这种紧密的经济结构有其脆弱的一面，即不宜承受水利设施失效的影响。水利工程工作失常，会直接影响经济收益，而工程失事，将给社会带来巨大的财产损失和人为的灾害。直接损失尚可估量，间接损失就更为严重。水利是国民经济的基础产业，工作失常会导致社会经济运转受到阻滞和破坏，甚至形成社会问题。因此，应从社会经济全局的利益出发，高度重视工程安全，将之与经济性合理地统一考虑。有关规范将水利水电工程按重要性分等，将枢纽中的建筑物分级，就是体现了这种意图。

　　水利部、原能源部颁布的水利水电工程的分等分级指标，将水利水电工程根据其工程规模、效益和在国民经济中的重要性分为五等，见表2－1。

表2－1　　　　　　　　　　　水利水电工程分等指标

工程等别	工程规模	水库总库容（亿 m³）	防洪		治涝	灌溉	供水	发电
			保护城镇及工矿企业重要性	保护农田（万亩）	治涝面积（万亩）	灌溉面积（万亩）	供水对象重要性	装机容量（万 kW）
Ⅰ	大（1）型	≥10	特别重要	≥500	≥200	≥150	特别重要	≥120
Ⅱ	大（2）型	10～1.0	重要	500～100	200～60	150～50	重要	120～30
Ⅲ	中型	1.0～0.1	中等	100～30	60～15	50～5	中等	30～5
Ⅳ	小（1）型	0.1～0.01	一般	30～5	15～3	5～0.5	一般	5～1
Ⅴ	小（2）型	0.01～0.001		<5	<3	<0.5		<1

注　1. 水库总库容指水库最高水位以下的静库容。
　　2. 治涝面积和灌溉面积均指设计面积。

　　水利水电工程中的永久性水工建筑物和临时性水工建筑物，根据其所属工程等别及其在工程中的作用和重要性划分为五级和三级，分别见表2－2和表2－3。

表2－2　　　　　　　　　　　永久性水工建筑物的级别

工　程　等　别	永久性建筑物的级别	
	主要建筑物	次要建筑物
Ⅰ	1	3
Ⅱ	2	3
Ⅲ	3	4
Ⅳ	4	5
Ⅴ	5	5

表2－3　　　　　　　　　　　临时性水工建筑物的级别

级别	保护对象	失　事　后　果	使用年限（年）	临时性水工建筑物规模	
				高度（m）	库容（亿 m³）
3	有特殊要求的1级永久性水工建筑物	淹没重要城镇、工矿企业、交通干线或推迟总工期及第一台（批）机组发电，造成重大灾害和损失	>3	>50	>1.0
4	1级、2级永久性水工建筑物	淹没一般城镇、工矿企业或影响总工期及第一台（批）机组发电，造成较大经济损失	3～1.5	50～15	1.0～0.1
5	3级、4级永久性水工建筑物	淹没基坑，但对总工期及第一台（批）机组发电影响不大，经济损失较小	<1.5	<15	<0.1

　　永久性建筑物系指工程运行期间使用的建筑物。根据其重要性分为：①主要建筑物。系指失事后将造成下游灾害或严重影响工程效益的建筑物，如堤坝、水闸、电站厂房及泵站等。②次要建筑物。系指失事后不致造成下游灾害或对工程效益影响不大，并易于修复的建筑物，如挡土墙、导流墙及护岸等。

临时性建筑物系指工程施工期间使用的建筑物，如导流建筑物、施工围堰等。

（1）对于 2～5 级永久性水工建筑物，工程失事后损失巨大或影响十分严重的，经过论证并报主管部门批准，可提高一级。对失事后造成损失不大的 1～4 级主要永久性水工建筑物，经过论证并报主管部门批准，可降低一级。

（2）对于 2～5 级永久性水工建筑物，当工程地质条件特别复杂或者采用实践经验较少的新型结构时，可提高一级，但洪水标准不予提高，其意义在于只提高结构设计的安全系数。

（3）对 2 级、3 级永久性水工建筑物，如超过规范中的坝高，其级别可提高一级，但洪水标准可不提高。

（4）对于 3 级以下临时性水工建筑物，当利用其发电、通航时，经过技术经济论证，可提高一级。

为了使建筑物的安全性、可靠性与其在社会经济中的重要性相协调，在水工设计中，对不同级别的建筑物在下列几个方面应有不同的要求：

（1）设计基准期。它是研究工程对策的参照年限。水工建筑物在设计基准期内应满足如下要求：①能承受在正常施工和正常使用时可能出现的各种作用（荷载）；②在正常使用时，应具有设计预定的功能；③在正常维护下，应具有设计预定的耐久性；④在出现预定的偶然作用时，其主体结构仍能保持必须的稳定性。

1 级挡水建筑物的设计基准期应采用 100 年，其他永久性建筑物采用 50 年。临时建筑物的设计基准期按预定的使用年限及可能滞后的时间确定。特大工程挡水建筑物的设计基准期应经专门研究决定。

（2）抗御灾害能力。如防洪标准、抗震标准、坝顶超高等。

（3）安全性。如建筑物的强度和稳定安全指标、限制变形的要求等。水工建筑物的结构安全级别，应根据建筑物的重要性及破坏可能产生后果的严重性而定，与水工建筑物的级别对应分为三级，见表 2-4。

表 2-4   水工建筑物的结构安全级别

水工建筑物的级别	水工建筑物的结构安全级别
1	Ⅰ
2、3	Ⅱ
4、5	Ⅲ

对有特殊安全要求的水工建筑物，其结构的安全级别应经专门研究决定。

结构及其构件的安全级别，可依其在水工建筑物中的部位，本身破坏对水工建筑物安全影响的大小，取与水工建筑物的结构安全级别相同或降低一级。

地基、基础的安全级别应与建筑物的结构安全级别相同。

（4）运行可靠性。如建筑物的供水、供电、通航的保证率，闸门等设备的可用性等。

（5）建筑材料。如使用材料的品种、质量及耐久性等。

本书如不加注明，一般是指对 2 级建筑物的要求。

2.3   水工建筑物的安全性

系统设计理论提出，设计建筑物首要的前提就是明确评判方案的标准。评价标准不同，设计方案的抉择可能完全不同。

对设计方案的基本要求是实用、经济和安全。其中，前两个问题主要是面对工程的直接有关方面（如使用者、受益者、投资者等），可由设计人员与有关方面商定。而安全问题事关全社会，不能仅由上述人员讨论协商确定，需要面对有关的社会公众，取得社会认可。社会的要求由法律及工程界制定的有关规范、标准来保证。制定标准的指导思想应从全局上做到设计工作与社会要求相协调，使水工建筑物设计符合安全可靠、经济合理、适用耐久、技术先进的要求。并在总结经验，尤其是工程失事或出现事故的教训的基础上，加强科学研究，使所制定的标准日趋完善。

2.3.1 水工建筑物的失事情况统计

水工建筑物，尤其是坝，由于其作用重要，应当精心设计，精心施工，做到安全第一。但是由于各种原因，仍有可能失事。第 14 次国际大坝会议总报告中指出，在历年已建成的 14000 个高于 15m 的坝中（不完全统计），破坏率近 1%。近代由于科技进步，使坝的可靠性逐步提高，破坏率已降至 0.2%。

Г.И.乔戈瓦泽对近 9000 座大坝中失事及出现事故的 700 例的统计结果，按失事原因所占份额，以百分比计为：①地基渗漏或沿连接边墩渗漏占 16%；②地基丧失稳定性占 15%；③洪水漫顶及泄洪能力不足占 12%；④坝体集中渗漏占 11%；⑤浸蚀性水或穴居动物通道占 9%；⑥地震（包括水库蓄水诱发地震）占 6%；⑦温度裂缝及收缩裂缝占 6%；⑧水库蓄水或放空控制不当占 5%；⑨冻融作用占 4%；⑩运用不当占 4%；⑪波浪作用占 2%；⑫原因不明的占 10%。

A.F.德赛尔维拉对出现事故和失事的 2121 座坝进行统计，分析结果见表 2-5。

表 2-5　　　　　坝在不同时刻出现事故和失事所占百分比　　　　　单位:%

事故或失事	坝　型	事故或失事发生时期				
		施工中	第一次蓄水	建成 5 年内	建成 5 年后	不清楚
事故 （2013 件）	混凝土坝及砌石坝	2.6	4.6	4.2	11.7	10.8
	土石坝	6.9	10.5	11.9	20.0	16.8
失事 （108 座）	混凝土坝及砌石坝	2.8	11.1	3.7	3.7	0.9
	土石坝	13.9	15.7	13.0	30.5	4.7

由表 2-5 所列数据可以看到，大坝失事有一半以上集中在施工期及使用初期，反映出设计及施工中的缺陷大部分是在建设中和使用初期很快暴露出来的。

2.3.2 安全储备

为了保证建筑物安全，必须在规划、设计阶段详加分析，保证其在蓄水及泄水能力、结构强度及稳定性等方面均有一定的安全储备。地基、基础是工程的主要组成部分，其强度及稳定性亦应予以同等重视。

在建筑物的设计标准中，明确规定出安全储备的要求。其表达形式有：单一安全系数法和分项系数极限状态设计法。当前是两法并行使用。

2.3.3 极限状态

当整个结构（包括地基）或结构的一部分超过某一特定状态，结构不能满足设计规定的某种功能要求时，称此特定状态为该功能的极限状态。

GB 50199—94《水利水电工程结构可靠度设计统一标准》规定，按下列两类极限状态设计：

（1）承载能力极限状态。当结构或结构构件出现下列状态之一时，即认为超过了承载能力极限状态：①失去刚体平衡；②超过材料强度而破坏，或因过度的塑性变形而不适于继续承载；③结构或结构构件丧失弹性稳定；④结构转变为机动体系；⑤土石结构或地基、围岩产生渗流失稳等。此时结构是不安全的。

（2）正常使用极限状态。当结构或结构构件影响正常使用或达到耐久性的极限值时，即认为达到了正常使用极限状态，例如，①影响结构正常使用或外观变形；②对运行人员或设备、仪表等有不良影响的振动；③对结构外形、耐久性以及防渗结构抗渗能力有不良影响的局部损坏等。此时结构是不适于使用的。

结构的功能状态一般可用功能函数来表示，即

$$Z = g(X_1, X_2, \cdots, X_n, c) \tag{2-1}$$

式中：X_i（$i=1, 2, \cdots, n$）为基本变量，包括影响结构的各种作用（荷载），也包括结构本身的抗力，如材料性能等；c 为功能限值，如梁的挠度、许可裂缝宽度等。

对最简单的情况，式（2-1）可以写为

$$Z = R - S$$

式中：R 为结构抗力；S 为作用对结构产生的作用效应。

当功能函数等于 0 时，结构处于极限状态。因此，称 $Z = g(X_1, X_2, \cdots, X_n, c) = 0$ 为极限状态方程。在简单情况时，即 $R - S = 0$。

设计中要求结构能达到或超过承载能力极限状态方程，即 $R - S \geq 0$，此时结构是安全的。

2.3.4 可靠指标

1. 可靠指标 β

任一结构都具有安全、适用和耐久这些性能，人们就认为它存在可靠性。因此，可将安全性、适用性和耐久性合称为可靠性。"可靠性"是模糊的、非数量化的概念。"可靠性"的数量化，对工程结构来说，可靠性的尺度有三种：一是可靠度，即可靠概率（p_s）；二是不可靠度，或称失效概率（p_f）；三是可靠指标，或称安全指标，也是度量可靠性的一种数值指标。

结构在给定的条件下，在基准期内完成预定功能的概率称为可靠度，或称可靠概率，用 $p_s = P[g(\cdot) \geq 0]$ 表示。这里所说的"给定条件"，一般指正常设计、正常施工、正常运用条件；所说的"基准期"，一般指设计基准期，GB 50199—94《水利水电工程结构可靠度设计统一标准》规定：除 1 级壅水建筑物的设计基准期应采用 100 年外，其他永久性建筑物均采用 50 年。

结构不能完成预定功能的概率称为失效概率，用 $p_f = P[g(\cdot) < 0]$ 表示。它与可靠概率是互逆的或互补的，两者都能说明结构性能，因为结构状态两者必居其一，即 $p_s + p_f = 1$。在实际工程中，一般是计算失效概率，并提出失效概率的限值。

当结构的功能表达为作用效应 S 及结构抗力 R 两个随机变量函数时，极限状态方程为 $g(R, S) = R - S = 0$。若 R、S 均为正态分布的随机变量，分别具有相应的均

值 μ_R、μ_S 及均方差 σ_R、σ_S，则安全裕量 $Z(Z=R-S)$ 也为正态分布，其均值 $\mu_Z=\mu_R-\mu_S$，均方差 σ_Z 为 $\sigma_Z^2=\sigma_R^2+\sigma_S^2$，见图 2-2。

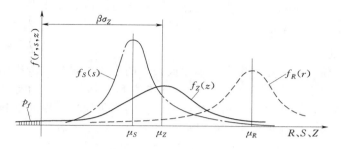

图 2-2　R、S、Z 概率密度图

图 2-2 中 $f_Z(z)$ 曲线为安全裕量 Z 的概率密度曲线，曲线下 $Z<0$ 部分的面积，即失效概率 p_f。可见，由 0 到平均值 μ_Z 这段距离，可以用均方差去度量，即 $\mu_Z=\beta\sigma_Z$。不难看出，β 与 p_f 之间存在一一对应关系，β 小时，p_f 大；β 大时，p_f 就小。因此，β 和 p_f 一样，可以作为衡量结构可靠性的一个指标，一般称 β 为可靠指标。通常可表达为

$$\beta=\frac{\mu_Z}{\sigma_Z}=\frac{\mu_R-\mu_S}{\sqrt{\sigma_R^2+\sigma_S^2}} \tag{2-2}$$

当极限状态方程为线性式，基本变量为正态分布时，可以根据变量的一阶矩（μ）及中心二阶矩（σ^2）准确地求出结构的可靠度。但在实际问题中，结构的极限状态方程大多是非线性式，变量的准确概率分布也难于确定。为此，对实际问题的可靠指标计算，可采用以下两种方法：①不考虑随机变量的实际分布，假定其服从正态分布或者对数正态分布，并在平均值（即中心点）处按泰勒级数展开，取线性项，称为中心点法；②考虑随机变量的实际分布，将非正态分布当量正态化，并在设计验算点（功能失效概率最大点）处，做泰勒级数展开，取线性项求可靠指标 β，称为验算点法。而后者是国际结构安全联合会（JCSS）推荐的 JC 法。

2. 目标可靠指标 β_T

规范中给出的可靠指标应达到值 β_T 称为目标可靠指标，用以保证设计的水工建筑物既在经济上是合理的，又有适度的安全性。考虑到建筑物结构构件的安全级别和结构的破坏特点，对持久状况结构承载能力极限状态的目标可靠指标 β_T，根据 GB 50199—94《水利水电结构可靠度设计统一标准》的规定，按表 2-6 选用。

表 2-6　　　　　　　　　　目标可靠指标 β_T

安 全 级 别		Ⅰ	Ⅱ	Ⅲ
破坏类型	一类破坏	3.7	3.2	2.7
	二类破坏	4.2	3.7	3.2

注　1. 一类破坏系指非突发性破坏，破坏前有明显征兆，破坏过程缓慢。

　　2. 二类破坏系指突发性破坏，破坏前无明显征兆，或结构一旦发生事故难以补救或修复。

由于在结构设计中采用了可靠度的概念，使得设计的各个环节能更好地相互沟

通、交流信息，联系更为紧密。例如，在勘测试验中按统计理论整理资料，在水文分析中以数理统计法描述水文现象的规律性，在水力学研究中用可靠度标准说明泄流能力和冲刷深度，以及在施工中按概率统计理论提出质量标准和要求等，以期更好地保证工程的安全性。

2.3.5 设计准则

根据经验，导致水工建筑物出现事故或失事的主要因素为：①作用的不利性变异（偏大）；②抗力的不良性变异（偏小）；③状态方程表达不正确。因此，设计时一定要保持有安全储备，即令 $R-S>0$，从而使结构能应付偶然出现的不利局面，以保持原定功能。我国水工设计规范规定的具体处理方式有以下两种。

1. 单一安全系数法

单一安全系数法要求 $S \leqslant R/K$，此处，K 为安全系数，R 为结构抗力的取用值，S 为作用效应的取用值。设计的结构经过验算，如果 R/S 大于或等于规范给定的安全系数 K，即认为结构符合安全要求。此法形式简便，现有水工设计规范大都沿用此法。

规范给出的安全系数目标值是工程界根据经验制定的，主要考虑了：①结构的安全级别（1 级的取值高）；②工作状况及作用效应组合（基本组合取值高）；③结构和地基的受力特点和计算所用的方程（分析模型准确性差的取值高）。与此同时，还应配合材料抗力试验方法及取值规则（一般取低于均值的某一概率分位值）、作用值的勘测试验方法及取值规则（一般取高于均值的某一概率分位值）等有关标准。这些规定必须配套使用，才能满足安全控制要求。

用安全系数判断结构的安全性，是定性的标准，没有定量的意义。不同的建筑物之间不可比较，同一结构的不同破坏状况之间也不可比较，这是明显的不足之处。

2. 分项系数极限状态设计法

此法的基点是概率原理的结构可靠度分析理论，是一个将结构的安全性和适用性定量化的理论。将结构不能完成预定功能的概率称为失效概率 p_f，即

$$p_f = P[g(\cdot) < 0] \qquad (2-3)$$

式中：$g(\cdot)$ 为结构功能函数的简写，$g(\cdot) < 0$ 即结构功能失效，$[g(\cdot) < 0]$ 是失效事件的集合。

结构的可靠度，即结构能完成预定功能的概率，记为 p_s，因此

$$p_s = 1 - p_f$$

根据可靠度理论制定的分项系数法设计规范，是经过对大量工程结构的可靠度分析，在定量工作的基础上制定的。它明确规定按极限状态设计，并给出能反映变异性来源的分项系数，将每种因素的影响在不同的工程结构上统一考虑，取划一的分项系数。规范中设置了下列几个分项系数：

（1）结构重要性系数 γ_0。对应于结构的安全级别 Ⅰ级、Ⅱ级、Ⅲ级分别取 1.1、1.0、0.9。

（2）作用分项系数 γ_F。考虑作用对其标准值的不利变异。

$$\gamma_F = F_d / F_k \qquad (2-4)$$

式中：F_d 为作用的设计值；F_k 为作用的标准值，一般取该作用概率分布的高分位值（如永久作用可取 0.95），某些作用对结构功能有利时，取低分位值。

（3）材料性能分项系数 γ_f。考虑材料性能对其标准值的不利变异。

$$\gamma_f = f_k / f_d \qquad (2-5)$$

式中：f_d 为材料性能的设计值；f_k 为材料性能的标准值，一般取该材料强度概率分布的低分位值（如 0.05），影响不明显的，如材料及岩土的弹性模量及泊松比等，可取 0.5 分位值。

（4）设计状况系数 ψ。对应持久状况取 1.0，短暂状况取 0.95，偶然状况取 0.85。

（5）结构系数 γ_d。反映极限状态方程与结构实有性能的贴近程度、作用效应和抗力计算模型的不定性，以及其他影响不定性的因素。

因此，承载能力极限状态的设计式一般可表达为

$$\gamma_0 \psi S(F_d, a_k) \leqslant \frac{1}{\gamma_d} R(f_d, a_k) \qquad (2-6)$$

式中：a_k 为结构的几何参数（一般为随机变量或取常量）的标准值；$S(F_d, a_k)$ 为作用效应函数，是 F_d 及 a_k 的函数；$R(f_d, a_k)$ 为结构抗力函数，是 f_d 及 a_k 的函数。

对正常使用状态，设计状况系数、作用分项系数及材料性能分项系数皆取 1.0，设计式的一般形式为

$$\gamma_0 S(F_k, f_k, a_k) \leqslant c / \gamma_d \qquad (2-7)$$

式中：c 为功能的限值。

目前，我国已对水工混凝土、钢筋混凝土结构及重力坝规范提出了分项系数的建议。

应当指出，如将事故发生的原因追溯到人的参与状况，则可以分为如下两类：

（1）在规划、勘测、设计、施工、管理、运用各阶段中有不合理的做法或违反了规范、标准的规定，这都是错误的行为，工程师的职责在于消除这种情况的出现。

（2）发生了设计理论、规范、标准所未计及的事件，如不可抗拒的自然灾害或是工程界从来没有遇到过的情况。这是由于科技界认知水平有限，不是工程师的个人失误，应当通过定期总结经验，改进规范、标准，以减少这类失误。

2.4　水工建筑物的抗震分析

我国受环太平洋地震带及欧亚地震带的影响，地震活动频繁，历史上多次发生灾害性大地震，全国大部分地区为抗震设防区，地震烈度在 6 度以上的地震区面积占全国国土面积的 60%，其中的 18% 为 8 度、9 度强震区，而近期又处于地震活动上升期。又由于水库蓄水而引起库区及库水影响所及的邻近地区出现新的水库诱发地震，因此，需要重视对水工建筑物的抗震分析。

2.4.1　地震作用

一次地震活动的规模以其释放的总能量来评价，按里氏震级划分标准，最大震级一般不超过 9 级。正对震源的地点称为震中，在地震区地表运动的危害性以烈度表

示。我国将地震烈度分为 12 度，6 度以上的为有害震动。根据坝址所处地区的历史震害调查和近代地震观测记录，可以划定地区的基本烈度，它一般是指该地区在今后 50 年内可能遭遇的较大地震，其超越概率在 10% 左右。坝址处的基本烈度一般可按 GB 18306—2001《中国地震动参数区划图》确定，但 SL 203—97《水工建筑物抗震设计规范》要求对高坝大库等大型水利水电工程专门进行坝址地区地震危险性分析。

特别应当提出的是，由于水库蓄水会影响震源活动条件，可能诱发地震活动。截至 20 世纪 90 年代，全球已约有 100 例水库诱发地震的报告，大型水库诱发率达 10%。因此，对于坝高大于 100m、库容大于 5 亿 m³ 的水库，应根据区域地质构造、库盘岩性分布、水文地质条件、断层和裂隙的导水性、地震资料和现代活动断层的分布，预测产生水库诱发地震的可能性，确定可能发震地段及可能触发的震级和影响烈度。当其烈度大于 6 度时，蓄水前后应对水库进行地震监测。

地震作用的观测记录主要为地基面的运动加速度随时间变化过程，其最大（绝对）值称为峰值加速度。国内外的强震观测记录表明：场地为岩石或硬土、距震中较近，则高频成分多；距震中较远，则低频成分多，地震卓越周期较长。

地震作用是典型的动态作用，在地基随机性运动的影响下，可能使基岩断层活化发生错动、砂土地层液化、库水对坝产生动水压力、建筑物振动开裂或倾倒、填土对挡土建筑物产生动土压力、水库库岸崩塌、土石坝坝坡滑动或沉降裂缝等反应，即地震作用效应，这些都需要认真对待。

2.4.2　抗震设计

一般采用基本烈度作为设计烈度。对于抗震设防等级为甲类的水工建筑物，根据其遭受强震影响的危害性，可以在基本烈度的基础上提高 1 度作为设计烈度。专门进行了地震危险性分析的工程，其设计烈度及设计峰值加速度的概率水准，对壅水建筑物取 100 年期限内超越概率为 2%，对非壅水建筑物取 50 年期限内超越概率为 5%。

抗震设计内容包括：抗震计算和工程抗震措施。设计烈度为 6 度时，可不进行抗震计算，但对重要建筑物仍应注意采取适当的抗震结构及工程措施。

水工建筑物抗震设计的基本要求是：能抗御设计烈度的地震，如有轻微损坏，经一般处理仍可正常运用。在设计中应注意做到：

（1）结合抗震要求选择有利的工程地段和场地。

（2）避免地基失效和靠近建筑物的岸坡失稳。

（3）选择安全、经济、有效的抗震结构和工程措施，注意结构的整体性和稳定性，改善结构的抗震薄弱部位。

（4）从抗震角度提出对施工的质量要求和措施。

（5）考虑震后便于对遭受震害的建筑物进行检修，能适时降低库水位。

水工建筑物应按其重要性及场地地震基本烈度按表 2-7 确定其工程抗震

表 2-7　　　　工程抗震设防等级

工程抗震设防等级	建筑物级别	场地基本烈度
甲	1（壅水）	≥6
乙	1（非壅水）	
丙	2、3	≥7
丁	4、5	

设防等级。

设计用地面（指基岩面）运动峰值加速度与重力加速度之比称为地震系数。与设计烈度对应的水平向设计地震加速度代表值 α_h 见表 2 - 8，竖向设计地震加速度代表值 α_v 取 α_h 的 2/3。

表 2 - 8　水平向设计地震加速度代表值 α_h

地震烈度	7	8	9
α_h	0.1g	0.2g	0.4g

注　$g=9.81\text{m/s}^2$。

设计烈度高于 9 度的水工建筑物，或设计烈度为 9 度的高于 250m 的壅水建筑物，应专门进行抗震研究。

2.4.3　地震作用效应

按结构的反应特点，可以将作用分为两类：①静态作用（静荷载），不使结构产生加速度或可以忽略不计，如自重、温度作用等；②动态作用（动荷载），能使结构产生不可忽略的加速度，如地震作用等。风作用、高速水流脉动压力、波浪作用、动冰作用等有可能对某些结构在特定条件下产生不可忽略的动态作用。本节将通过地震作用效应分析介绍一般性的结构动力分析方法。

建筑物承受地震作用效应的强弱，既取决于地震的强烈程度，也取决于建筑物的动力反应特性。

有限自由度结构的运动方程可以用矩阵形式表示为

$$[M]\{\ddot{x}\}+[C]\{\dot{x}\}+[K]\{x\}=-[M]\{\ddot{x}_0\} \qquad (2-8)$$

式中：$[M]$ 为结构的质量矩阵；$[C]$ 为结构的阻尼矩阵；$[K]$ 为结构的刚度矩阵；$\{x\}$ 为结构的位移列阵；$\{\dot{x}\}$、$\{\ddot{x}\}$ 分别为相应的速度列阵、加速度列阵；$\{\ddot{x}_0\}$ 为地面运动加速度列阵。

对于 1 级、2 级水工建筑物，规范建议进行实验验证。对于抗震设防等级为甲类的水工建筑物应用动力法计算；乙类、丙类的水工建筑物可用动力法或拟静力法计算；丁类的水工建筑物则应用拟静力法计算或着重采取抗震措施。

动力法分析一般用数值解法，包括直接积分法和振型分解法。

1. 直接积分法

直接积分法是将地震地面运动记录直接输入结构体系来求解结构的地震反应。首先，选择接近场地地震地质条件的实测加速度记录（不少于 2 条），或者用规范标准谱或场地谱生成的人工地震加速度时程（不少于 1 条）。设计地震加速度时程的峰值应按表 2 - 8 采用。然后，按地震记录，将时间划分为一系列极短的时段，如 0.01s。设 $\{\ddot{x}\}$ 在各时段内为线性变化。在任一时刻，地面运动加速度 $\{\ddot{x}_0\}$ 是按地震记录得到的，是已知数。如某时段初始时结构的 $\{\ddot{x}\}$、$\{\dot{x}\}$、$\{x\}$ 已经求得，则由式（2 - 8）可求出该时段末的 $\{\ddot{x}\}$、$\{\dot{x}\}$ 及 $\{x\}$，再将之作为下一时段的初值，推求时段末的反应，依次递推，即可得出地震反应的全过程。最后，根据位移反应过程，可以推求结构的动应力反应过程，并选出地震全历时中的最不利反应。通过对不同地震加速度时程计算结果进行综合分析，确定采用的地震作用效应。此法对线性、非线性、单自由度、多自由度结构都能应用，适应性好，但工作量大。

2. 振型分解法

所谓振型，即是忽略阻尼影响而求得的 n 维自由度体系自由振动方程的解。由于

n 维自由度结构有 n 个振型，每一个振型（即建筑物的特定变位曲线）对应于结构的一个自振周期，而不同振型间又具有正交性，即互不影响或者说互不传递能量。因此，可以将一个 n 维自由度结构的强迫振动简化为对 n 个单（一维）自由度结构的强迫振动分析，将计算结果组合即为整体的结构反应，此法适用于多自由度弹性结构的动力分析。

　　各个自振周期的单自由度结构的最大地震反应可由设计反应谱曲线上查出。设计反应谱曲线是在已定阻尼比（如 5%）和地基特性的情况下，单自由度结构的动力放大倍数 β 与自振周期 T 的关系曲线，$\beta = \dfrac{a}{kg}$，a 为结构的最大加速度，k 为地震烈度的设计地震系数。

　　图 2-3 为 SL 203—97《水工建筑物抗震设计规范》给出的设计反应谱曲线，是在大量国内外强震记录计算结果的统计资料基础上给出的均值反应谱，具有代表性，可供设计应用。

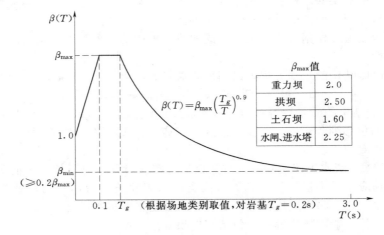

$\beta_{\max}$ 值	
重力坝	2.0
拱坝	2.50
土石坝	1.60
水闸、进水塔	2.25

$$\beta(T) = \beta_{\max}\left(\frac{T_g}{T}\right)^{0.9}$$

图 2-3　设计反应谱

计算的主要步骤为：

（1）利用动力有限元程序计算建筑物的各阶自振周期及相应的振型。

（2）由设计反应谱曲线查出各阶自振周期的设计反应谱值 β。

（3）根据地震强度、设计反应谱值及相应的振型曲线计算各振型的振型参与系数及地震反应（如位移、加速度）最大值。

（4）根据静力等效原理，将各质点的加速度与质量的乘积作为地震惯性力。确定地震惯性力后，即可按结构静力学方法，计算地震作用效应，如最大瞬时应力、位移和滑动力等。由于地震是随机性运动，各振型的最大地震反应不会同时出现，按随机事件组合的规律，将各阶振型最大反应值平方求和，再开平方作为综合各振型影响的建筑物的最大反应（如需考虑各振型间互相关性的影响，其计算方法可参考有关规范），再与其他作用效应组合，即为在地震状况下建筑物的作用效应。

　　以上介绍的是振型分解的反应谱法，也可以将分解后的各阶振型用时程分析求得其地震反应，再求出建筑物的最大反应，称为振型分解的时程分析法。采用此两种方法时，选取拱坝的阻尼比为 3%～5%，重力坝的阻尼比为 5%～10%，其他建筑物可取 5%。

对于作为非线性系统的土石坝，可采用等效线性化的时程分析法，参见本书5.10 节。

采用动力法计算地震作用效应时，应考虑结构—库水—地基间的动力相互作用，为简化计算，可不计入库水的可压缩性及地震动输入的不均匀性。

计算地震作用效应，最早采用过静力法，它是将建筑物视为刚体，刚体的自振周期 $T=0$，由图 2-3 可知，设计反应谱值 $\beta=1$，即动力放大系数为 1，则建筑物的地震惯性力为 $Q=Ma$，M 为建筑物的质量，a 为地震时最大水平加速度。此法计算简便，但计算结果与实际情况相差较大，在坝的上部地震作用偏小，与实际震害情况不符。拟静力法是在对地震区设计或已建的各类水工建筑物进行大量动力分析的基础上，按不同类型、高度归纳出大体上能反映结构动态反应特性的地震作用沿高程的分布规律，以动力放大系数 α 表征，并根据震害和工程设计实践经验确定总的最大地震惯性力，由此得出沿高度分布的地震惯性力，以后即可按结构静力学方法计算建筑物的地震作用效应。

2.4.4　水工建筑物抗震分析的主要问题

水工建筑物类别很多，结构型式、边界条件和作用（荷载）复杂，地震作用时的动态反应各异。水工建筑物抗震分析的主要问题集中在以下几个方面：

(1) 地震作用的不确定性与设计地震参数和波形的选择。
(2) 地震动输入机制。
(3) 结构—库水—地基间的动力相互作用。
(4) 坝体和地基的非线性影响。
(5) 地震反应的动态设计方法。

2.5　水工建筑物设计的规范体系

2.5.1　标准的基本概念

标准就是衡量各种事物的客观准则，是指在一定范围内获得最佳秩序，对活动或其结果规定共同的和重复使用的规则、导则或特性的文件。该文件经协商一致制定，并经一个公认机构的批准。标准的主要特性为：①具有法规性；②标准文件具有统一的格式；③标准是利益双方协商一致的结果。制定标准的过程隐含着有关各方面的多种因素，因此，标准反映的水平不一定是当地最高水平。

经过 100 多年的演变，国际上许多国家都形成了比较完整的标准体系。例如，英国标准 BS、德国标准 DIN、美国标准 ANSI、日本工业标准 JIS、法国标准 NF 等。1947 年，国际标准化组织（ISO）成立，它是世界上最大的民间组织机构，是世界上最高一级质协组织。ISO 与联合国有着密切联系，但不从属于联合国，是联合国的甲级咨询组织。ISO 的宗旨是：在世界范围内促进标准化工作的发展，以便于国际物资交流和互助，并扩大在文化科学、技术和经济方面的合作。ISO 的最高权力机构是全体会员大会。

2.5.2　国际标准

国际标准是世界发达国家多年实践的先进经验总结，具有普遍性指导意义。国际标准是国际贸易的调节工具，它对国际贸易起着推动作用。国际标准包括由 ISO、IEC（国际电工标准委员会）所制定的标准和 ISO 为促进国际关税贸易组织解决国际贸易中的技术壁垒而制定的《关于贸易中技术壁垒的协定》（也称为标准守则）。标准守则规定："一切需要制定技术规范或标准化的地方，均应以国际技术规范或标准为依据"。为了避免技术壁垒，标准守则规定统一合格制度，并编制了合格评定程序和质量体系认证。质量体系认证由 ISO 9000 系列标准构成。

1998 年，国际标准化组织正式发布了 ISO 2394《结构可靠性总原则》。这一国际标准是指导工程结构设计标准按概率极限状态设计法进行修编的一个国际基本文件。首次明确提出了工程结构设计采用概率极限状态设计法和分项系数设计表达式的具体规定；首次提出了设计寿命的概念，并对各种结构给出了相应的设计寿命的规定。在 ISO 2394 的附录 E "基于可靠性设计的总原则"中，对承载能力极限状态、正常使用极限状态、疲劳极限状态，分别给出了目标可靠指标 β 的取值建议。例如，对于承载能力极限状态不同的安全级别，建议目标可靠指标分别采用 β 等于 3.1、3.8 和 4.3，我国《水利水电工程结构可靠度设计统一标准》中的取值，与其十分相近。

世界上许多国家并无很多规范，尤其由政府颁发的就更少，多是一些权威性的学术团体制定的标准与规定。美国土木工程学会 1989 年组织编写的《水电工程规划设计土木工程导则》就是这种情况的范例。该导则的第一卷为《大坝的规划设计与有关课题——环境》、第二卷为《水道》、第三卷为《厂房及有关课题》、第四卷为《小型水电站》、第五卷为《抽水蓄能和潮汐电站》。该导则着重介绍了相关水工建筑物设计的实践经验和技术发展，也包括了大量的运行经验。

2.5.3　中国标准

我国的标准分为：国家标准、行业标准、地方标准、企业标准。保障人体健康和人身、财产安全的标准和法律、行政法规规定执行的标准是强制性标准，其他标准是推荐性标准。

经过 50 余年的水利水电工程建设，水利水电勘测设计标准已基本形成了较完整的体系，2001 年水利部发布的《水利技术标准体系表》列出水利技术标准 615 项，这些标准覆盖了水利水电工程各专业主要技术内容，是勘测、设计、工程项目审查、咨询、评估、工程安全鉴定以及工程施工、验收、运行管理的基本依据。《水利技术标准体系表》中具体专业门类有：综合、水文、水资源、水环境、水利水电、防洪抗旱、供水节水、灌溉排水、水土保持、小水电及农村电气化、综合利用等。

1995 年颁布的《电力标准体系表》中涉及水力发电工程的标准有 402 项。

水工建筑物失事不仅意味着工程本身的破坏，而且还会造成社会财产损失和众多生命死亡。对于高坝大库的失事，后果还将影响生态，对社会系统造成破坏。为加强建设工程质量管理，我国 2000 年发布了《建设工程质量管理条例》，对违反强制性技术标准做出了严格的规定。为《建设工程质量管理条例》的具体实施提供技术依据而编写的《工程建设标准强制性条文（水利工程部分）》（以下简称《条文》）已在 2000 年颁布，是由现行水利技术标准中直接涉及人民生命财产安全、人身健康、环境保护和其他公众利益的、必须严格执行的强制性规定摘录而成的。2002 年对《条文》进行了修订，2004 年 10 月 1 日颁布新版。新版《条文》共分 7 篇，即设计文件编制，水文测报与工程勘测，水利工程规划，水利工程设计，水利工程施工，机电与金属结构，环境保护、水土保持与征地移民。

2.6　水工建筑物施工过程的状况分析

前已指出，水利水电工程需要在河道中施工，因此要解决施工导流问题，以保证施工期间河道水流能顺利地（对施工中建筑物无害，对河道上、下游无害）通过坝区，并保持原有的（或尽可能满足）供水、通航、过木等功能。为此，常采用如下一些措施：①在施工中未建成的建筑物上临时泄流，如重力坝、拱坝、碾压堆石坝都有这种能力；②将永久性建筑物结合导流建筑物布置，如泄洪洞与导流洞结合，泄水孔、排沙孔与导流孔结合，围堰与导流墙或消力墙结合等；③利用临时剖面（坝体尚未建成）施工期蓄洪；④修建专用的导流建筑物。所有这些安排都会影响枢纽布置和建筑物的使用功能。

据国内外对失事坝的统计表明，有 1/6 发生在施工期，主要原因有：洪水漫顶、坝坡滑动、地基滑动或不均匀沉降、土坝裂缝或混凝土坝裂缝等。

好的开始是成功的一半，在建筑物设计阶段就应当认真分析比较施工方案，施工方法和进度必须与水利枢纽施工导流协调一致，全面统筹安排。

对建筑物在施工期的工作状况应当仔细、全面地分析研究，不容忽视，因为水工建筑物施工期限较长，有的长达 10 年以上，建筑物的抗力在施工期较差，而某些作用的最大值是在施工期出现的。

施工期建筑物抗力的弱点在于：结构尺寸不足，只建成了一部分；材料强度低，如混凝土强度随龄期增长，需要 28d（或 90d）才达到标号强度，最终需一年以上才达到稳定的长期强度；黏性土地基中的孔隙水不能及时排出，土的固结度低、抗剪强度低等。

某些建筑物承受的作用（荷载）的最大值是在施工期出现的，例如：①坝在施工期洪水调蓄比最小，有的坝在重现期较短的洪水通过时，下泄比正常运用期还大的洪峰流量；②施工期由于水库还没有完全形成，上下游水头差小，下游消能设施效率低，河道中的水流流态更为恶劣，冲刷严重；③建造中的水闸闸室的重量，由于基坑不充水，没有水的浮托作用，将全部作用在地基上；④混凝土浇注后，因水泥水化热温度升高，与外界产生较大的温差等。

应当指出的是，精心安排的设计，常可做到在施工期中即提前蓄水，兴利发电。如三峡工程，施工期定为 18 年，经安排，在坝身施工第 9 年即可蓄水、低水头发电，预计在开工后第 12 年即可做到利用提前发电收入补偿当年的投资，经济效益显著。

按时逐步地对施工过程中水工建筑物的状况进行分析，可以保持各阶段建筑物的安全。但应指出，施工对大坝应力状态的影响是长期存在的，它改变了大坝的内部应力状态，改变了大坝的安全性能。在坝建成后，正式承受外力作用之前，内部已存在着施工余留应力。实际的坝身应力应是余留应力与作用效应之和。水工建筑物的主要作用力是水荷载和自重，两者在施工期已逐步参与，而混凝土坝在浇注后产生的水泥水化热，在坝体内形成的温度应力常导致坝的施工余留应力占总应力的大部分，设计中必须予以重视。当然，从另一面看，可以有意改变施工安排，利用施工余留应力改善坝的应力分布，从而改善坝的安全状态。

第 **3** 章

岩基上的重力坝

3.1 概　述

重力坝是用混凝土或石料等材料修筑，主要依靠坝体自重保持稳定的坝。重力坝按其结构型式，可分为实体重力坝、宽缝重力坝和空腹重力坝；按是否溢流，可分为溢流重力坝和非溢流重力坝；按筑坝材料，可分为混凝土重力坝和浆砌石重力坝。

3.1.1 重力坝的工作原理及特点

重力坝在水压力及其他荷载作用下，主要依靠坝体自重产生的抗滑力来满足稳定要求；同时依靠坝体自重产生的压应力来抵消由于水压力所引起的拉应力，以满足强度要求。重力坝基本剖面呈三角形。在平面上，坝轴线通常呈直线，有时为了适应地形、地质条件，或为了枢纽布置上的要求，也可布置成折线或曲率不大的拱向上游的拱形。为了适应地基变形、温度变化和混凝土的浇筑能力，沿坝轴线用横缝将坝体分隔成若干个独立工作的坝段，如图 3-1 所示。

蓄水后，库水会通过坝体和坝基向下游渗流。为了减小渗流对坝体稳定和应力的不利影响，在靠近坝体的上游面设排水管，靠近坝踵的地基内设防渗帷幕，帷幕后设排水孔，如图 3-2 所示。图 3-3 是长江三峡水利枢纽工程布置图。

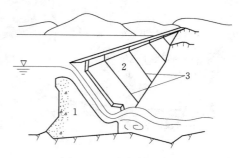

图 3-1　重力坝的布置
1—溢流坝段；2—非溢流坝段；3—横缝

重力坝之所以得到广泛采用，是因其具有以下几方面的优点：

（1）结构作用明确，设计方法简便，安全可靠。重力坝沿坝轴线用横缝分成若干坝段，各坝段独立工作，结构作用明确，稳定和应力计算都比较简单。重力坝剖面尺寸大，坝内应力较低，而筑坝材料强度高，耐久性好，因而抵抗洪水漫顶、渗流、地震和战争破坏的能力都比较强。据统计，在各种坝型中，重力坝的失事率是较低的。

（2）对地形、地质条件适应性强。任何形状的河谷都可以修建重力坝。因为坝体

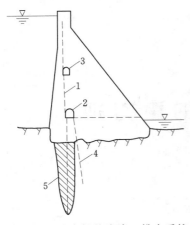

图 3-2　重力坝的防渗、排水系统
1—坝体排水管；2—灌浆廊道；3—交通、
检查廊道；4—排水孔幕；5—防渗帷幕

作用于地基面上的压应力不高，所以对地质条件的要求也较拱坝低，甚至在土基上也可以修建高度不大的重力坝。

（3）枢纽泄洪问题容易解决。重力坝可以做成溢流的，也可以在坝身不同高度设置泄水孔，一般不需另设溢洪道或泄水隧洞，枢纽布置紧凑。

（4）便于施工导流。在施工期可以利用坝体导流，一般不需要另设导流隧洞。

（5）施工方便。大体积混凝土可以采用机械化施工，在放样、立模和混凝土浇筑方面都比较简单，并且补强、修复、维护或扩建也比较方便。

与此同时，重力坝也存在以下一些缺点：

（1）坝体剖面尺寸大，材料用量多。

（2）坝体应力较低，材料强度不能充分发挥。

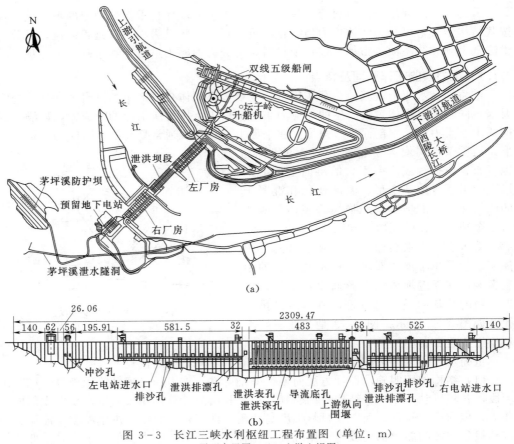

(a)

(b)

图 3-3　长江三峡水利枢纽工程布置图（单位：m）
(a) 平面布置图；(b) 上游立视图

（3）坝体与地基接触面积大，相应坝底扬压力大，对稳定不利。

（4）坝体体积大，由于施工期混凝土的水化热和硬化收缩，将产生不利的温度应力和收缩应力，因此，在浇筑混凝土时，需要有较严格的温度控制措施。

3.1.2 重力坝的设计内容

重力坝设计包括以下主要内容：

（1）剖面设计。可参照已建类似工程，拟定剖面尺寸。

（2）稳定分析。验算坝体沿地基面或地基中软弱结构面抗滑稳定的安全度。

（3）应力分析。使应力条件满足设计要求，保证坝体和坝基有足够的强度。

（4）构造设计。根据施工和运用要求确定坝体的细部构造，如廊道系统、排水系统、坝体分缝等。

（5）地基处理。根据地质条件和受力情况，进行地基的防渗、排水、断层软弱带的处理等。

（6）溢流重力坝和泄水孔的孔口设计。包括堰顶高程、孔口尺寸、体形及消能、防护设计等。

（7）监测设计。包括坝体内部和外部的观测设计，制定大坝的运行、维护和监测条例。

3.1.3 重力坝的建设情况

19 世纪以前建造的重力坝，基本上都采用浆砌毛石，19 世纪后期才逐渐采用混凝土。进入 20 世纪后，随着混凝土施工工艺水平的提高和施工机械的迅速发展，筑坝材料由浆砌毛石、块石发展到混凝土。随着筑坝技术的提高，高坝不断增多，地质勘探、试验研究和坝基处理得到了重视和加强。1962 年，瑞士建成了世界上最高的大狄克桑斯重力坝，坝高达 285m。从 20 世纪 60 年代开始，由于土石坝建设的迅速发展，使重力坝在坝工建设中所占的比重有所下降。进入 80 年代，碾压混凝土技术开始运用于重力坝建设，使重力坝所占比重又有所回升。我国从 1949～1985 年，在已建成的坝高 30m 以上的 113 座混凝土坝中，重力坝达 58 座，占总数的 51％。20 世纪 50 年代首先建成了高 105m 的新安江和高 71m 的古田一级两座宽缝重力坝。60 年代建成了高 97m 的丹江口宽缝重力坝和高 147m 的刘家峡重力坝。70 年代建成了黄龙滩、龚嘴重力坝。80 年代建成了高 165m 的乌江渡拱形重力坝和高 107.5m 的潘家口低宽缝重力坝等。90 年代建成的有故县、铜街子、岩滩、水口、宝珠寺、漫湾、五强溪、万家寨等重力坝。1994 年 12 月正式开工兴建的长江三峡水利枢纽重力坝，坝高 181m，2003 年 7 月第一台机组已经并网发电。

3.2 重力坝的荷载及荷载组合

3.2.1 作用与荷载

作用是指外界环境对水工建筑物的影响。进行结构分析时，如果开始即可用一个明确的外力来代表外界环境的影响，则此作用（外力）可称为荷载。一部分作用在结构分析开始时不能用力来代表，它的作用力及其产生的作用效应只能在结构分析中同步求出，如温度作用、地震作用等。作用分为：①永久作用，如结构物自重、土压力；②可变作用，如各种水荷载、温度作用；③偶然作用，如地震作用、校核洪水。为了与工程界习惯一致，除地震作用和温度作用外，其他作用可用外力来代表，则直接称为荷载。

重力坝承受的荷载与作用主要有：①自重（包括固定设备重）；②静水压力；③扬压力；④动水压力；⑤波浪压力；⑥泥沙压力；⑦冰压力；⑧土压力；⑨温度作用；⑩风作用；⑪地震作用等。

3.2.1.1　自重

建筑物的重量可以较准确地算出，材料容重应实地量测或参考荷载规范定出。

3.2.1.2　静水压力

静水压力随上、下游水位而定。静水压强 p 为

$$p = \gamma h \tag{3-1}$$

式中：h 为水面以下的深度，m；γ 为水的容重，一般取 9.81kN/m^3。

水深为 H 时，单位宽度上的水平静水压力 P 为

$$P = \frac{1}{2} \gamma H^2 \tag{3-2}$$

斜面、折面、曲面承受的总静水压力，除水平静水压力外，还应计入其垂直分力（即水重或上浮力），如图 3-4 所示。

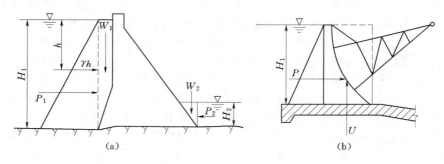

图 3-4　静水压力

3.2.1.3　扬压力

扬压力包括上浮力及渗流压力。上浮力是由坝体下游水深产生的浮托力；渗流压力是在上、下游水位差作用下，水流通过基岩节理、裂隙而产生的向上的静水压力。

因为岩体中节理裂隙的产状十分复杂，所以，地基内的渗流以及作用于坝底面的渗流压力也难以准确确定。图 3-5 是由实测得出的坝底面渗流压力分布图（以下游水位为基准线）。

目前在重力坝设计中采用的坝底面扬压力分布图形如图 3-6（a）所示，图中 $abcd$ 是下游水深产生的浮托力；$defc$ 是上、下游水位差产生的渗流压力。在排水孔幕处的渗流压力为 $\alpha \gamma H$，其中，α 为扬压力折减系数，与岩体的性质和构造、帷幕的深度和厚度、灌浆质量、排水孔的直径、间距和深度等因素有关。我国 SL 319—2005《混凝土重力坝设计规范》规定：河床坝段 $\alpha = 0.20 \sim 0.25$；岸坡坝段 $\alpha = 0.3$

～0.35。

坝体内各计算截面上的扬压力，因坝身排水管帷幕有降低渗压的作用，计算图形如图3-6（b）所示。SL 319—2005《混凝土重力坝设计规范》规定，在排水管帷幕处的折减系数 α_3 值宜采用 0.15～0.20。

混凝土坝体和地基岩体都是透水性材料，在已经形成稳定渗流场的条件下，坝体和地基承受的渗流压力应按渗流体积力计算。近年来在重力坝计算中已开始采用有限元法，并按照渗流体积力计算重力坝的渗流压力。关于渗流场和渗流体积力的计算将在3.5节中讲授。

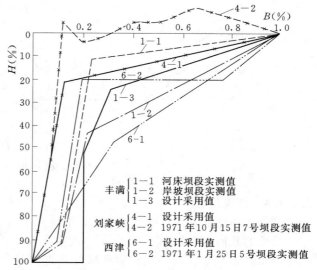

丰满	1-1	河床坝段实测值
1-2	岸坡坝段实测值
1-3	设计采用值
刘家峡	4-1	设计采用值
4-2	1971年10月15日7号坝段实测值
西津	6-1	设计采用值
6-2	1971年1月25日5号坝段实测值

图3-5 实测坝底渗流压力分布图

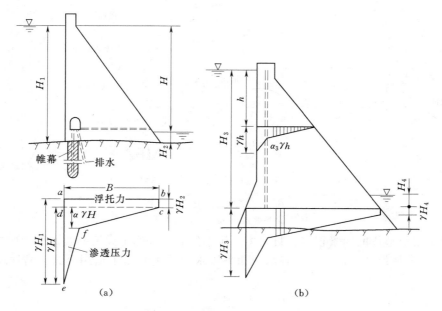

图3-6 设计采用的扬压力计算简图
(a) 坝底扬压力分布；(b) 坝体水平截面上扬压力分布

3.2.1.4 动水压力

当水流流经曲面（如溢流坝面或泄水孔洞的反弧段），由于流向改变，在该处产生动水压力，如图3-7所示。由动量方程可求得单宽反弧段上的动水压力分量为

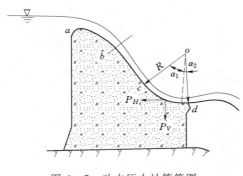

图 3-7　动水压力计算简图

$$P_H = \frac{\gamma q}{g} V (\cos\alpha_2 - \cos\alpha_1) \left.\vphantom{\frac{\gamma q}{g}}\right\}$$
$$P_V = \frac{\gamma q}{g} V (\sin\alpha_1 + \sin\alpha_2) \quad (3-3)$$

式中：P_H、P_V 分别为总动水压力的水平和铅直分量，kN；α_1，α_2 分别为反弧最低点两侧弧段所对的中心角，(°)；q 为单宽流量，$m^3 / (s \cdot m)$；γ 为水的容重，kN/m^3；g 为重力加速度，m/s^2；V 为水的流速，m/s。

合力作用点可近似地取在反弧段中点。

3.2.1.5　波浪压力

波浪作用使重力坝承受波浪压力，而波浪压力与波浪要素和坝前水深等有关。

波浪的几何要素如图 3-8 所示，波高为 h_l，波长为 L，波浪中心线高于静水面产生的壅高为 h_z。波高、波长和壅高合称为波浪三要素。当波浪推进到坝前，由于铅直坝面的反射作用而产生驻波，波高为 $2h_l$，而波长仍保持 L 不变。

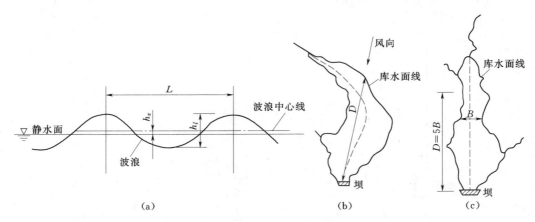

图 3-8　波浪几何要素及吹程
(a) 波浪要素；(b)、(c) 波浪吹程

影响波浪形成的因素很多，目前主要用半经验公式确定波浪要素。SL 319—2005《混凝土重力坝设计规范》对峡谷水库和平原水库分别介绍了适用公式。官厅水库公式为

$$h_l = 0.00166 V_0^{5/4} D^{1/3} \quad (3-4)$$
$$L = 10.4 (h_l)^{0.8} \quad (3-5)$$
$$h_z = \frac{\pi h_l^2}{L} \coth \frac{2\pi H}{L} \quad (3-6)$$

式中：V_0 为计算风速，m/s，是指水面以上 10m 处 10min 的风速平均值，水库为正常蓄水位和设计洪水位时，宜采用相应季节 50 年重现期的最大风速，校核洪水位时，宜采用相应洪水期最大风速的多年平均值；D 为风作用于水域的长度，km，称为吹

程或风区长度，为自坝前（风向）到对岸的距离，当吹程内水面有局部缩窄，若缩窄处的宽度 B 小于 12 倍波长时，近似地取吹程 $D=5B$（且不小于自坝前到缩窄处的距离）；H 为坝前水深，m。

官厅水库公式，适用于 $V_0 < 20m/s$ 及 $D < 20km$ 的山区峡谷水库。波高 h_l，当 $gD/V_0^2 = 20 \sim 250$ 时，为累计频率 5% 的波高 $h_{5\%}$；当 $gD/V_0^2 = 250 \sim 1000$ 时，为累计频率 10% 的波高 $h_{10\%}$。

事实上，波浪系列是随机性的，即相继到来的波高有随机变动，是个随机过程。天然的随机波列用其统计特征值表示，如超值累计频率（又称为保证率）为 P 的波高值以 h_P 表示。不同累计频率 P（%）下的波高 h_P 可参照 SL 274—2001《碾压式土石坝设计规范》有关表格求得。如按式（3-4）算出累计频率 5% 的波高 $h_{5\%}$，要推算累计频率 1% 的波高 $h_{1\%} = 1.24 h_{5\%}$。

当坝前水深大于半平均波长，即 $H > L_m/2$ 时，波浪运动不受库底的约束，这样条件下的波浪称为深水波。水深小于半平均波长而大于临界水深 H_0，即 $L_m/2 > H > H_0$ 时，波浪运动受到库底影响，称为浅水波。水深小于临界水深，即 $H < H_0$ 时，波浪发生破碎，称为破碎波。临界水深 H_0 的计算公式为

$$H_0 = \frac{L_m}{4\pi} \ln \left(\frac{L_m + 2\pi h_{1\%}}{L_m - 2\pi h_{1\%}} \right) \tag{3-7}$$

波态情况不同，浪压力分布也不同，浪压力计算公式为

（1）深水波，如图 3-9（a）所示。

$$P_l = \frac{\gamma L_m}{4} (h_{1\%} + h_z) \tag{3-8}$$

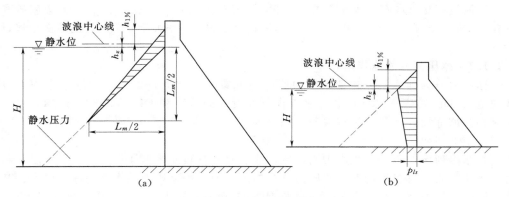

图 3-9 波浪压力分布
(a) 深水波；(b) 浅水波

（2）浅水波，如图 3-9（b）所示。

$$P_l = \left[(h_{1\%} + h_z)(\gamma H + p_{ls}) + H p_{ls} \right]/2 \tag{3-9}$$

$$p_{ls} = \gamma h_{1\%} \operatorname{sech} \frac{2\pi H}{L_m} \tag{3-10}$$

式中：p_{ls} 为建筑物基面处浪压力的剩余强度。

3.2.1.6 土压力及泥沙压力

当建筑物背后有填土或淤沙时，随建筑物相对于土体的位移状况，将受到不同的

土压力作用。建筑物向前侧移动时，承受主动土压力；向后侧移动时，承受被动土压力；不动时，承受静止土压力。

水库蓄水后，流速减缓，河流挟带的粗颗粒泥沙将首先淤积在水库的尾部，细颗粒可被带到坝前，极细颗粒随泄水排到下游。随着水库逐渐淤积，最终粗颗粒泥沙也将到达坝前，并泄到下游，水库达到新的冲淤平衡。水库淤积（包括坝前泥沙淤积）是河床泥沙冲淤演变的产物，其分布情况与河流的水沙情况、枢纽组成及布置、坝前水流流态及水库运用方式关系密切。统计表明，当水库库容与年入沙量的比值大于100时，水库淤积缓慢，一般可不考虑泥沙淤积的影响；当该比值小于30时，工程淤沙问题比较突出，应将淤沙压力视为基本荷载，可按水库达到新的冲淤平衡状态的条件推定坝前淤积高程。一般情况下，应通过数学模型计算及物理模型试验，并比照类似工程经验，分析推定设计基准期内坝前的淤积高程。

低高程的泄水孔或电站进水口附近，淤沙形成漏斗状，可取进水口底高程作为漏斗底，考虑漏斗侧坡来确定坝前沿的局部坝段的淤积高程。我国利用泄洪底孔排泄泥沙异重流的方法（蓄清排浑），能有效地保存水库的工作库容。

淤沙的容重及内摩擦角与淤积物的颗粒组成及沉积过程有关。淤沙逐渐固结，容重与内摩擦角也逐年变化，而且各层不同，使得泥沙压力不易准确算出，一般按式（3-11）计算。

$$P_s = \frac{1}{2}\gamma_{sb}h_s^2\tan^2\left(45° - \frac{\varphi_s}{2}\right) \qquad (3-11)$$

式中：P_s 为坝面单位宽度上的水平泥沙压力，kN/m；γ_{sb} 为淤沙的浮容重，kN/m³；h_s 为坝前泥沙淤积厚度，m；φ_s 为淤沙的内摩擦角，（°）。

黄河流域几座水库泥沙取样试验结果，浮容重为 7.8～10.8kN/m³。淤沙以粉砂和砂粒为主时，φ_s 在 26°～30°之间；淤积的细颗粒土的孔隙率大于 0.7 时，内摩擦角接近于零。

3.2.1.7 冰压力和冰冻作用

冰压力分为静冰压力和动冰压力两种，可参照 SL 319—2005《混凝土重力坝设计规范》、DL 5077—1997《水工建筑物荷载设计规范》和 DL/T 5082—1998《水工建筑物抗冰冻设计规范》等有关条文加以确定。

1. 静冰压力

在寒冷地区的冬季，水库表面结冰，冰层厚度自数厘米至 1m 以上。当气温升高时，冰层膨胀，对建筑物产生的压力称为静冰压力。静冰压力的大小与冰层厚度、开始升温时的气温及温升率有关，可参照表 3-1 确定。静冰压力作用点在冰面以下 1/3 冰厚处。

表 3-1 静 冰 压 力

冰厚（m）	0.4	0.6	0.8	1.0	1.2
静冰压力（kN/m）	85	180	215	245	280

注 对小型水库冰压力乘以 0.87，对大型平原水库乘以 1.25。

2. 动冰压力

（1）冰块垂直或接近垂直撞击在坝面产生的动冰压力可按下式计算

$$F_{b1} = 0.07V_i d_i \sqrt{A_i f_{ic}} \tag{3-12}$$

式中：F_{b1} 为冰块撞击坝面的动冰压力，MN；V_i 为冰块流速，应按实测资料确定，无实测资料时，对于河（渠）冰可采用水流流速，对于水库冰可采用历年冰块运动期内最大风速的 3%，但不宜大于 0.6m/s，对于过冰建筑物可采用该建筑物前流冰的行进速度。d_i 为计算冰厚，取当地最大冰厚的 $0.7 \sim 0.8$ 倍，m；A_i 为冰块面积，m^2；f_{ic} 为冰块的抗压强度，宜由试验确定，当无试验资料时，对于水库可采用 0.3MPa，对于河流，流冰初期可采用 0.45MPa，后期可采用 0.3MPa。

（2）冰块撞击在闸墩产生的动冰压力可按下式计算

$$F_{b2} = m f_{ib} b d_i \tag{3-13}$$

式中：F_{b2} 为冰块撞击闸墩的动冰压力，MN；f_{ib} 为冰块的挤压强度，流冰初期可取 0.75MPa，后期可取 0.45MPa；b 为建筑物在冰作用处的宽度，m；m 为与闸墩前沿平面形状有关的系数，对于半圆形墩头 m 可取 0.9，对于矩形墩头 m 可取 1.0，对于三角形墩头 m 可按有关规范选取；d_i 的意义同式（3-12）。

对于低坝、闸墩或胸墙等，冰压力有时会成为重要的荷载。例如，20 世纪 30 年代在黑龙江省建成的一座 7m 高的混凝土坝即被 1m 厚的冰层所推断。流冰作用于独立的进水塔、墩、柱上的冰压力，也会对建筑物产生破坏作用。实际工程中应注意在不宜承受冰压力的部位，如闸门、进水口等处应加强防冰、破冰措施。

3. 冰冻作用

严寒使地基土中的水分结冰成为冻土，冻土层内的土体冻胀，受到建筑物和下面未冻土层的约束，将对建筑物或其保护层形成冻胀力，使之变位，甚至失稳、破坏。冻土融化时，强度骤减，严重时可使建筑物受到破坏。因此，在设计寒冷地区的水工建筑物时，要遵循有关规范的规定。

3.2.1.8 温度作用

坝体混凝土温度变化会产生膨胀或收缩，当变形受到约束时，将会产生温度应力。结构由于温度变化产生的应力、变形、位移等，称为温度作用效应。

热量的来源主要为气温、日照、水温以及水泥的水化热等。

坝体外界气温的年周期变化过程可用式（3-14）表示。

$$T_a = T_{am} + A_a \cos\omega(\tau - \tau_0) \tag{3-14}$$

式中：T_a 为多年月平均气温，℃；τ 为时间变量，月；τ_0 为初始相位，对于高纬度地区（纬度大于 $30°$），取 $\tau_0 = 6.5$ 月，对于低纬度地区，取 $\tau_0 = 6.7$ 月；ω 为圆频率，$\omega = 2\pi/12$，1/月；T_{am} 为多年年平均气温，℃；A_a 为多年平均气温年变幅，℃。

气温的短周期变化，如旬变化、日变化，在混凝土体内影响很浅，仅能使结构产生表面裂缝。

水库的水温受气温、来水情况、水库水下地貌和水库运行方式的影响，需要具体分析，但据多个水库实测记录的统计分析，水库坝前的年水温过程可用式（3-15）表示。

$$T_w(y,\tau) = T_{um}(y) + A_w(y)\cos\omega[\tau - \tau_0 - \varepsilon(y)] \tag{3-15}$$

式中：$T_w(y,\tau)$ 为水深 y（以 m 计）处，τ 时刻的多年月平均水温；τ_0 为气温年变化的初始相位，见式（3-14）的说明；$T_{um}(y)$ 为水深 y 处的多年年平均水温；

$A_w(y)$ 为水深 y 处的多年平均水温年变幅；$\varepsilon(y)$ 为水深 y 处的水温与气温年变化间的相位差。

对于坝前水深超过 50～60m 的非多年调节水库，T_{um}、A_w、ε 分别为

$$T_{um}(y) = (7.77 + 0.75T_{am})\exp(-0.01y) \qquad (3-16)$$

$$A_w(y) = (2.94 + 0.778A_a^*)\exp(-0.025y) \qquad (3-17)$$

$$\varepsilon(y) = 0.53 + 0.03y \qquad (3-18)$$

式中：A_a^* 为坝址多年平均气温年变幅，但在寒冷地区（$T_{am} < 10℃$），水库表面在冬季结冰，冰盖减少了水库的热散失，应将 A_a^* 按下式进行修正。

$$A_a^* = \frac{1}{2}T_{a7} + \Delta a \qquad (3-19)$$

式中：T_{a7} 为 7 月份多年平均气温；Δa 为阳光辐射所引起的温度增量，可取 1～2℃。

水库下游水温假定沿水深均匀分布，其年周期变化过程近似于相应的上游水库取水区的水温过程。

受到日光直接照射的结构表面，因阳光辐射热而增温，能使年平均温度提高 2～4℃，温度年变幅增加 1～2℃。

大体积混凝土结构在施工期内产生大量的水泥水化热，且不易散发，而混凝土的强度增长缓慢，当气温降低时极易产生表面裂缝甚至贯穿裂缝。混凝土结构的温度变化过程可分为三个阶段：①早期，自混凝土浇筑开始至水泥水化热作用基本结束为止；②中期，自水泥水化热作用基本结束起至混凝土冷却到稳定温度为止；③晚期，混凝土到达稳定温度后，结构的温度仅随外界温度变化而波动。各期应分别计算所产生的温度作用效应。

混凝土体随其龄期还会产生体积变化，称为自生体积变形，视水泥品种、骨料成分及保养条件而定，可能膨胀，也可能收缩，其作用效应与温度作用相似，一般并入温度作用一起分析。

3.2.1.9　风作用

风能引发开阔的水域形成波浪。

风作用在建筑物表面产生风压力。迎风面为正压，在背风面或角隅还可能产生负压。一般情况可以不计风压，但对高耸孤立的水工建筑物则应予以考虑。迎风面基本风压计算公式为

$$\omega_0 = v_0^2/1600(\text{kN/m}^2) \qquad (3-20)$$

式中：v_0 为风速，m/s，取空旷地区、距地面 10m 高度处、30 年一遇的 10min 平均最大风速。

基本风压也可由中国基本风压分布图查定，实际应用时还应考虑结构体形，附近地形、地貌条件，风力沿高度变化及结构物刚性等加以修正。

重力坝设计一般不计风压，但在计算波浪要素时，其中计算风速的取值应遵循下列规定：①当浪压力参与荷载基本组合时，采用重现期为 50 年的最大风速；②当浪压力参与荷载特殊组合时，采用多年平均年最大风速。

3.2.1.10　地震作用

地震引发地层表面作随机运动，能使水工建筑物产生严重破坏。破坏情况取决于

地震过程特点和建筑物的动态反应特性。

1. 地震惯性力

DL 5073—2000《水工建筑物抗震设计规范》规定：重力坝抗震计算应进行坝体强度和整体抗滑稳定分析。工程抗震设防等级为甲类的重力坝，其地震作用效应采用动力法；工程抗震设防等级为乙类、丙类的重力坝，采用动力法或拟静力法；设计烈度小于 8 度且坝高小于、等于 70m 的重力坝，可采用拟静力法。以下介绍拟静力法。

一般情况下，水工建筑物可只考虑水平向地震作用。设计烈度为 8 度、9 度的 1 级、2 级重力坝，应同时计入水平向和竖向地震作用。

混凝土重力坝沿高度作用于质点 i 的水平向地震惯性力代表值 F_i 可按式（3 - 21）计算。

$$F_i = \alpha_h \xi G_{Ei} \alpha_i / g \qquad (3 - 21)$$

式中：F_i 为作用在质点 i 的水平向地震惯性力代表值，kN；α_h 为水平向设计地震加速度代表值，当设计烈度为 7 度、8 度和 9 度时，α_h 分别取 $0.1g$、$0.2g$ 和 $0.4g$；ξ 为地震作用的效应折减系数，一般取 $\xi = 0.25$；G_{Ei} 为集中在质点 i 的重力作用标准值，kN；g 为重力加速度；α_i 为质点 i 的动态分布系数，按式（3 - 22）计算。

$$\alpha_i = 1.4 \frac{1 + 4(h_i/H)^4}{1 + 4 \sum_{j=1}^{n} \frac{G_{Ej}}{G_E}(h_j/H)^4} \qquad (3 - 22)$$

式中：n 为坝体计算质点总数；H 为坝高，溢流坝的 H 应算至闸墩顶，m；h_i、h_j 分别为质点 i、j 的高度，m；G_{Ej} 为集中在质点 j 的重力作用标准值，kN；G_E 为产生地震惯性力的建筑物总重力作用的标准值，kN。

当需要计算竖向地震惯性力时，仍可用式（3 - 21），但应以竖向地震系数 α_v 代替 α_h。据统计，竖向地震加速度的最大值约为水平向地震加速度最大值的 2/3，即 $\alpha_v \approx 2/3 \alpha_h$。

当同时计入水平和竖向地震惯性力时，竖向地震惯性力还应乘以遇合系数 0.5。

2. 地震动水压力

地震时，坝前、坝后的水也随着震动，形成作用在坝面上的激荡力。在水平地震作用下，重力坝铅直面上沿高度分布的地震动水压力的代表值为

$$P_w(y) = \alpha_h \xi \psi(y) \rho_w H_1 \qquad (3 - 23)$$

式中：$P_w(y)$ 为水深 y 处的地震动水压力代表值，kPa；$\psi(y)$ 为水深 y 处的地震动水压力分布系数，按表 3 - 2 选用；ρ_w 为水体质量密度标准值，kN/m³；H_1 为坝前水深，m；其他符号的意义同式（3 - 21）。

表 3 - 2　　　　　　水深 y 处的地震动水压力分布系数 $\psi(y)$

y/H_1	0	0.1	0.2	0.3	0.4	0.5	0.6	0.7	0.8	0.9	1.0
$\psi(y)$	0.00	0.43	0.58	0.68	0.74	0.76	0.76	0.75	0.71	0.68	0.67

单位宽度上的总地震动水压力 F_0 为

$$F_0 = 0.65 \alpha_h \xi \rho_w H_1^2 \qquad (3 - 24)$$

作用点位于水面以下 $0.54 H_1$ 处。

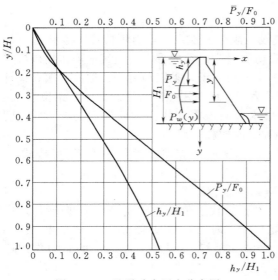

图 3 - 10　地震动水压力分布图

水深为 y 的截面以上单位宽度地震动水压力的合力 $\overline{P}_y$ 及其作用点深度 h_y，如图 3 - 10 所示。

对于倾斜的迎水面，按式（3 - 23）计算地震动水压力时，应乘以折减系数 $\theta/90°$，θ 为建筑物迎水面与水平面的夹角。当迎水面有折坡时，若水面以下直立部分的高度等于或大于水深的一半，则可近似取作铅直。否则应取水面与坝面的交点和坡脚点的连线作为代替坡度。

作用在坝体上、下游面的地震动水压力均垂直于坝面，且两者的作用方向一致。例如，当地震加速度指向上游时，上、下游坝面的地震动水压力均指向下游。

3. 地震动土压力

地震主动动土压力代表值 F_E 为（应取式中"＋"、"－"号计算结果中的大值）

$$F_E = \left[q_0 \frac{\cos\psi_1}{\cos(\psi_1 - \psi_2)} H + \frac{1}{2}\gamma H^2 \right](1 \pm \zeta\alpha_v/g)C_e \qquad (3-25)$$

其中

$$C_e = \frac{\cos^2(\varphi - \theta_e - \psi_1)}{\cos\theta_e \cos^2\psi_1 \cos(\delta + \psi_1 + \theta_e)(1 + \sqrt{Z})^2}$$

$$Z = \frac{\sin(\delta + \varphi)\sin(\varphi - \theta_e - \psi_2)}{\cos(\delta + \psi_1 + \theta_e)\cos(\psi_2 - \psi_1)}$$

$$\theta_e = \arctan\frac{\zeta\alpha_h}{g - \zeta\alpha_v}$$

式中：F_E 为地震主动动土压力代表值；C_e 为地震动土压力系数；q_0 为土表面单位长度的荷重；ψ_1 为挡土墙面与垂直面的夹角；ψ_2 为土表面和水平面的夹角；H 为土的高度；γ 为土的容重的标准值；φ 为土的内摩擦角；θ_e 为地震系数角；δ 为挡土墙面与土之间的夹角；ζ 为计算系数，用动力法计算地震作用效应时取 1.0，用拟静力法计算地震作用效应时一般取 0.25，对钢筋混凝土结构取 0.35；其他符号的意义同式（3 - 21）。

地震被动土压力需专门研究确定。

3. 2. 2　荷载组合

设计时，需按照实际情况，考虑不同的荷载组合，按其出现的几率，给予不同的安全系数。

作用在坝上的荷载，按其性质可分为基本荷载和特殊荷载。

1. 基本荷载

（1）坝体及其上固定设备的自重。

（2）正常蓄水位或设计洪水位时的静水压力。

（3）相应于正常蓄水位或设计洪水位时的扬压力。

（4）泥沙压力。

（5）相应于正常蓄水位或设计洪水位时的浪压力。

（6）冰压力。

（7）土压力。

（8）相应于设计洪水位时的动水压力。

（9）其他出现几率较多的荷载。

2. 特殊荷载

（1）校核洪水位时的静水压力。

（2）相应于校核洪水位时的扬压力。

（3）相应于校核洪水位时的浪压力。

（4）相应于校核洪水位时的动水压力。

（5）地震作用。

（6）其他出现几率很少的荷载。

荷载组合可分为基本组合与特殊组合两类。基本组合属设计情况或正常情况，由同时出现的基本荷载组成。特殊组合属校核情况或非常情况，由同时出现的基本荷载和一种或几种特殊荷载组成。设计时，应从这两类组合中选择几种最不利的、起控制作用的组合情况进行计算，使之满足规范中规定的要求。

表 3-3 为 SL 319—2005《混凝土重力坝设计规范》中所规定的几种组合情况。

表 3-3　　　　　　　　　　　　　荷　载　组　合

荷载组合	主要考虑情况	荷载										附　注
		自重	静水压力	扬压力	泥沙压力	浪压力	冰压力	地震荷载	动水压力	土压力	其他荷载	
基本组合	（1）正常蓄水位情况	√	√	√	√	√				√	√	土压力根据坝体外是否填有土石而定
	（2）设计洪水位情况	√	√	√	√	√			√	√	√	土压力根据坝体外是否填有土石而定
	（3）冰冻情况	√	√	√	√		√			√	√	静水压力及扬压力按相应冬季库水位计算
特殊组合	（1）校核洪水位情况	√	√	√	√	√			√	√	√	
	（2）地震情况	√	√	√	√	√		√		√	√	静水压力、扬压力和浪压力按正常蓄水位计算。有论证时可另作规定

注　1. 应根据各种荷载同时作用的实际可能性，选择计算中最不利的荷载组合。

2. 分期施工的坝应按相应的荷载组合分期进行计算。

3. 施工期的情况应进行必要的核算，作为特殊组合。

4. 根据地质和其他条件，如考虑运用时排水设备易于堵塞，须经常维修时，应考虑排水失效的情况，作为特殊组合。

5. 地震情况，如按冬季计及冰压力，则不计浪压力。

3.3 重力坝的抗滑稳定分析

抗滑稳定分析是重力坝设计中的一项重要内容，其目的是核算坝体沿坝基面或坝基内部缓倾角软弱结构面抗滑稳定的安全度。因为重力坝沿坝轴线方向用横缝分隔成若干个独立的坝段，所以稳定分析可以按平面问题进行。但对于地基中存在多条互相切割交错的软弱面构成空间滑动体或位于地形陡峻的岸坡段，则应按空间问题进行分析。重力坝的失稳破坏过程是比较复杂的，理论分析、试验及原型观测结果表明，位于均匀坝基上的混凝土重力坝沿坝基面的失稳机理是：首先在坝踵处基岩和胶结面出现微裂松弛区，随后在坝趾处基岩和胶结面出现局部区域的剪切屈服，进而屈服范围逐渐增大并向上游延伸，最后，形成滑动通道，导致坝的整体失稳。

3.3.1 沿坝基面的抗滑稳定分析

以一个坝段或取单宽作为计算单元，计算公式有抗剪强度公式和抗剪断公式。

1. 抗剪强度公式

将坝体与基岩间看成是一个接触面，而不是胶结面。当接触面呈水平时〔图 3-11（a）〕，其抗滑稳定安全系数 K_s 为

$$K_s = f(\sum W - U)/\sum P \tag{3-26}$$

式中：$\sum W$ 为接触面以上的总铅直力；$\sum P$ 为接触面以上的总水平力；U 为作用在接触面上的扬压力；f 为接触面间的摩擦系数。

当接触面倾向上游时〔图 3-11（b）〕，其抗滑稳定安全系数 K_s 为

$$K_s = \frac{f(\sum W\cos\beta - U + \sum P\sin\beta)}{\sum P\cos\beta - \sum W\sin\beta} \tag{3-27}$$

式中：β 为接触面与水平面间的夹角。

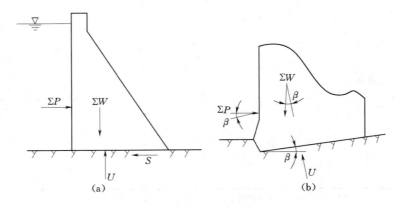

图 3-11 坝体抗滑稳定计算简图

由式（3-27）可以看出，当接触面倾向上游时，对坝体抗滑有利；而当接触面倾向下游时，β 为负值，使抗滑力减小，滑动力增大，对坝体稳定不利。

摩擦系数 f 值要由若干组试验确定。由于试验岩体自身的非均匀性质和每次试验

条件不可能完全相同，导致试验成果具有较大的离散性。如何选用试验值，仍然是一个值得研究的问题。近年来，我国很多工程采用了先进行抗剪断试验，再进行抗剪试验的方法来确定摩擦系数。根据国内外已建工程的统计资料，混凝土与基岩间的 f 值常取 $0.5 \sim 0.8$。摩擦系数的选定直接关系到大坝的造价与安全，f 值愈小，为维持稳定所需的 $\sum W$ 愈大，即坝体剖面愈大，以新安江工程为例，若 f 值减小 0.01，则坝体混凝土要增多 2 万 m^3。

由于抗剪强度公式未考虑坝体混凝土与基岩间的凝聚力，而将其作为安全储备，因此相应的安全系数 K_s 值就不应再定得过高。这里的 K_s 值只是一个抗滑稳定的安全指标，并不反映坝体真实的安全程度。用抗剪强度公式设计时，各种荷载组合情况下的安全系数见表 3-4。

表 3-4　　　　　　　　　坝基面抗滑稳定安全系数 K_s

荷　载　组　合		坝　的　级　别		
		1	2	3
基本组合		1.10	1.05	1.05
特殊组合	(1)	1.05	1.00	1.00
	(2)	1.00	1.00	1.00

值得注意的是：式（3-26）中的 $\sum W$ 和 $\sum P$ 基本上与坝高的平方成正比，而坝体混凝土与基岩接触面间的凝聚力则与坝高成正比，因此用式（3-26）核算抗滑稳定时，高坝的安全储备要比低坝小。

2. 抗剪断公式

利用抗剪断公式时，认为坝体混凝土与基岩接触良好，接触面面积为 A，直接采用接触面上的抗剪断参数 f' 和 c' 计算抗滑稳定安全系数。此处，f' 为抗剪断摩擦系数，c' 为抗剪断凝聚力。

$$K'_s = \frac{f'(\sum W - U) + c'A}{\sum P} \qquad (3-28)$$

SL 319—2005《混凝土重力坝设计规范》规定，坝体混凝土与坝基接触面之间的抗剪断摩擦系数 f'、凝聚力 c' 和抗剪摩擦系数 f 的取值：规划阶段可参考表 3-5 选

表 3-5　　　　　　　　　坝 基 岩 体 力 学 参 数

岩体分类	混凝土与坝基接触面			岩　　体		变形模量
	f'	c'（MPa）	f	f'	c'（MPa）	E_0（GPa）
Ⅰ	$1.50 \sim 1.30$	$1.50 \sim 1.30$	$0.85 \sim 0.75$	$1.60 \sim 1.40$	$2.50 \sim 2.00$	$40.0 \sim 20.0$
Ⅱ	$1.30 \sim 1.10$	$1.30 \sim 1.10$	$0.75 \sim 0.65$	$1.40 \sim 1.20$	$2.00 \sim 1.50$	$20.0 \sim 10.0$
Ⅲ	$1.10 \sim 0.90$	$1.10 \sim 0.70$	$0.65 \sim 0.55$	$1.20 \sim 0.80$	$1.50 \sim 0.70$	$10.0 \sim 5.0$
Ⅳ	$0.90 \sim 0.70$	$0.70 \sim 0.30$	$0.55 \sim 0.40$	$0.80 \sim 0.55$	$0.70 \sim 0.30$	$5.0 \sim 2.0$
Ⅴ	$0.70 \sim 0.40$	$0.30 \sim 0.05$	—	$0.55 \sim 0.40$	$0.30 \sim 0.05$	$2.0 \sim 0.2$

注　1. f'、c' 为抗剪断参数；f 为抗剪参数。

　　2. 表中参数限于硬质岩，软质岩应根据软化系数进行折减。

用；可行性研究阶段及以后的设计阶段，应经试验确定；中型工程的中、低坝，若无条件进行野外试验时，宜进行室内试验，并参照表 3-5 选用。高坝宜由现场原位试验成果分析研究确定，取试验值的小值平均值。应注意由于各国对 f'、c' 的取值标准不同，要求的安全系数 K'_s 也不同。表 3-5 是我国设计规范 SL 319—2005 用统计方法给出的不同级别岩体的抗剪断参数。

关于安全系数 K'_s，SL 319—2005《混凝土重力坝设计规范》规定，不分工程级别，基本荷载组合时，采用 3.0；特殊荷载组合（1），采用 2.5；特殊荷载组合（2），采用 2.3。

抗剪强度公式（3-26），形式简单，对摩擦系数 f 的选择，多年来积累了丰富的经验，在国内外应用广泛。但该公式忽略了坝体与基岩间的胶结作用，不能完全反映坝的实际工作性态。抗剪断公式（3-28）直接采用接触面上的抗剪断强度参数，物理概念明确，比较符合坝的实际工作情况，已日益为各国所采用。

重力坝的失稳破坏机理是比较复杂的，包括断裂、剪切滑移和压碎等，实质上是一个混凝土和岩体的强度问题。

随着结构可靠度在水工建设中应用研究的不断深入，重力坝抗滑稳定计算方法也出现了很大的变革。1977 年，苏联颁发的 СНиП Ⅱ—16—76《水工建筑物地基建筑法规》引入了极限状态设计法，改变了原来使用的抗剪断公式的形式。有的国家如西班牙，主张使用分项安全系数，其在 1967 年颁布的规范《重力坝设计》中规定：使用抗剪断公式，但考虑到 f' 和 c' 的置信度不同，对 f' 和 c' 采用不同的安全系数。

目前采用的稳定计算公式，大都是半经验性的，理论上还不够成熟。多年来，人们对重力坝的稳定分析做了大量的试验和计算分析，积累了丰富的实践经验。重力坝的底宽与坝高之比已由 20 世纪 30～40 年代的 0.9 左右，降低到 70 年代的 0.7 左右。随着岩石力学和计算方法的不断发展和完善，进一步减小宽高比还是有潜力的。

我国电力行业标准 DL 5108—1999《混凝土重力坝设计规范》规定，坝体抗滑稳定计算采用概率极限状态设计原则，以分项系数极限状态设计表达式进行稳定和承载能力极限状态计算，具体方法参见 3.8 节。

3.3.2　深层抗滑稳定分析

当坝基内存在不利的缓倾角软弱结构面时，在水荷载作用下，坝体有可能连同部分基岩沿软弱结构面产生滑移，即所谓的深层滑动。我国已建和在建的大、中型闸、坝工程中，有相当一部分的地基内存在软弱夹层，其中，有些工程由于在勘探阶段对地质情况没有了解清楚或缺乏正确的判断，以致在出现问题后，不得不改变原设计或进行后期加固。在国外，也存在这类问题，如美国奥斯汀坝，就是沿着地基内被水软化的页岩层面滑动破坏的。因此，在勘探、设计和施工各个阶段，对深层滑动问题应给予足够的重视。地基深层滑动情况十分复杂，失稳机理和计算方法还在探索之中。设计时，首先要查明地基中的主要缺陷，确定失稳边界，测定失稳边界面上的抗剪断强度参数；其次是选择合理的计算方法并规定相应的安全系数；最后是选择提高深层抗滑稳定性的措施以满足安全要求。地质领域研究统计了以往 30 多个大型水利水电工程 452 组软弱夹层及硬性结构面的现场大型和室内中型原状抗剪断试验数据，其结果见表 3-6。

表 3 - 6 　　　　　　　　　　　　结构面、软弱层和断层力学参数

类　型	f'	c'（MPa）	f
胶结的结构面	0.80~0.60	0.250~0.100	0.70~0.55
无充填的结构面	0.70~0.45	0.150~0.050	0.65~0.40
岩块岩屑型	0.55~0.45	0.250~0.100	0.50~0.40
岩屑夹泥型	0.45~0.35	0.100~0.050	0.40~0.30
泥夹岩屑型	0.35~0.25	0.050~0.020	0.30~0.23
泥	0.25~0.18	0.005~0.002	0.23~0.18

注　1. f'、c'为抗剪断参数，f为抗剪参数。

　　2. 表中参数限于硬质岩中的结构面。

　　3. 软质岩中的结构面应进行折减。

　　4. 胶结或无充填的结构面抗剪断强度，应根据结构面的粗糙程度选取大值或小值。

对可能滑动块体的抗滑稳定分析方法，在我国以刚体极限平衡法为主。对重要工程和复杂坝基，常采用有限元法和地质力学模型试验加以复核。

3.3.2.1　刚体极限平衡法

1. 单斜面深层抗滑稳定计算

如图 3 - 12 所示，在地基内只有一个软弱面。计算中将软弱面以上的坝体和地基视作刚体，按式（3 - 27）或式（3 - 28）计算刚体沿软弱面的抗滑稳定安全系数。

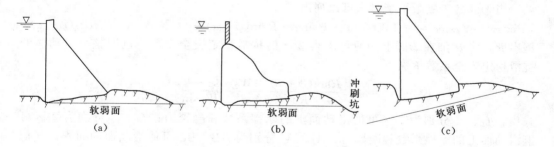

图 3 - 12　坝基内的软弱面

由于软弱面上的 f'、c' 值较难确定，迄今为止，世界各国对深层抗滑稳定安全系数均未给出明确的规定。有的文献建议：①当整个可能滑动面基本上都由软弱结构面构成时，宜用抗剪强度公式计算，K_s 值用 1.05~1.3，但由于作为安全储备的凝聚力已接近于零，所以在选用抗剪强度指标时要十分慎重；②可能滑动面仅一部分通过软弱结构面，其余部分切穿岩体或混凝土，有条件提供一定抗滑力的抗力体时，应采用抗剪断公式核算，要求 $K'_s \geq 2.3 \sim 3.0$。

2. 双斜面深层抗滑稳定计算

很多工程的地基内往往存在多条相互切割交错的断层或软弱夹层，构成复杂的滑动面。在作深层抗滑稳定分析时，应验算几个可能的滑动通道，从中找出最不利的滑动面组合，进而计算其抗滑稳定安全系数。

如图 3 - 13 所示，AB 是一条缓倾角夹层或软弱面，称为主滑裂面，BC 是另一条辅助破裂面，切穿地表。关于 BC 的位置可根据地基内的反倾向节理拟定，或通过

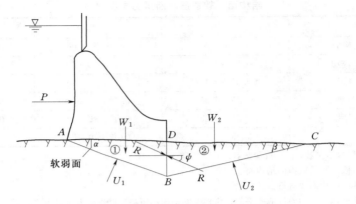

图 3-13 双斜面深层抗滑稳定计算简图

试算选取一条最不利的破裂面。计算时将滑移体分成两块，在其分界面 BD 上引入一个需要事先假定与水平面成 ψ 角的内力 R（抗力）。分别令①区或②区处于极限平衡状态，即可演绎出三种不同的计算方法：剩余推力法、被动抗力法及等安全系数法。

（1）剩余推力法。先令①区处于极限平衡状态，其沿 AB 面的抗滑稳定安全系数为 1，求得 R 后再计算②区沿 BC 面的抗滑稳定安全系数 K_2，K_2 即为整个坝段的抗滑稳定安全系数。

当①区处于极限平衡时，可以列出

$$P\cos\alpha + W_1\sin\alpha = f_1[W_1\cos\alpha - P\sin\alpha - R\sin(\psi-\alpha) - U_1] + c_1A_1 + R\cos(\psi-\alpha)$$

解出 R，将 R 加在②区上，便可求得②区的抗滑稳定安全系数，也即整个滑动体的抗滑稳定安全系数 K

$$K = K_2 = \frac{f_2[R\sin(\psi+\beta) + W_2\cos\beta - U_2] + c_2A_2}{R\cos(\psi+\beta) - W_2\sin\beta} \tag{3-29}$$

式中：f_1、c_1 分别为①区可能滑动面上的摩擦系数和凝聚力；f_2、c_2 分别为②区可能滑动面上的摩擦系数和凝聚力；A_1、A_2 分别为 AB、BC 可能滑动面的面积；其他符号的意义，如图 3-13 所示。

（2）被动抗力法。与上述方法相反，先令②区处于极限平衡状态（抗滑稳定安全系数为 1），求得抗力 R 后，再计算①区沿 AB 面的抗滑稳定安全系数 K_1，作为整个坝段的抗滑稳定安全系数。

（3）等安全系数法。令①区和②区同时处于极限平衡状态，分别列出两个区抗滑稳定安全系数 K_1、K_2 的计算式，然后令 $K_1 = K_2$，解出抗力 R，再将其代回原计算式，即可求出整个滑移体的抗滑稳定安全系数。

上述三种计算方法中的前两种，由于先令一个区处于极限平衡状态，也即相当于这一区的 $K=1$，因而推算出的另一区的 K 值要比等安全系数法为大，相比之下，等安全系数法更为合理。

抗力 R 与水平面的夹角 ψ 难以准确给出。我国工程界根据经验常假定 $\psi=0$，但这样求出的成果偏于安全；或假定 $\tan\psi$ 等于 BD 面上的 f 除以安全系数；或参照有限元法分析成果，用 BD 面上各点主应力的平均倾角作为 ψ 值。

以上分析方法人为地将滑动岩体分成①区和②区两块，等于在地基内增加了一个软弱面，这样必然使抗滑稳定安全系数有所降低。当岩体比较完整坚固，或 BD 面上的抗剪强度足以承担该面上的剪应力时，则应验算该滑移体的整体抗滑稳定性，如图 3-14 所示。

设 R_1、R_2 分别为 AB 面和 BC 面上反力的合力，作用点为 O_1 和 O_2，自作用点作滑动面的法线，交点 O 即为瞬时滑动中心，将 R_1、R_2 分解为 N_1、Q_1 和 N_2、Q_2，并令所有外荷载对 O 点的力矩为 M_0，则

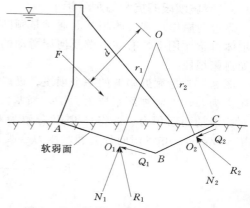

图 3-14 整体深层抗滑稳定计算简图

$$M_0 = Fd = Q_1 r_1 + Q_2 r_2$$

将滑动面上所能提供的最大抗滑力矩与滑动力矩 M_0 相比，便可得出整体深层抗滑稳定的安全系数 K

$$K = \frac{(f_1 N_1 + c_1 l_1) r_1 + (f_2 N_2 + c_2 l_2) r_2}{Q_1 r_1 + Q_2 r_2} \qquad (3-30)$$

式中：f_1、c_1 分别为 AB 面上的摩擦系数和凝聚力；f_2、c_2 分别为 BC 面上的摩擦系数和凝聚力；r_1、r_2 为力臂；l_1、l_2 分别为 AB 面和 BC 面的长度。

解决问题的关键在于确定 AB 面和 BC 面上的反力和相应的转动中心，反力 R_1、R_2 及其作用点 O_1、O_2 可通过有限元法或其他方法求解。

3.3.2.2 有限元法

用有限元法分析坝体沿深层缓倾角软弱夹层抗滑稳定的安全度，可采用安全系数法或用限制位移值表示。安全系数法有三种计算方法：①应力代数和比值法。用计算得出的滑动面上的正应力和剪应力，求算滑动面上总的抗滑力与总的滑动力的比值；②超载系数法。将作用在坝体外部的外荷载逐步放大，直至滑动面上的抗滑稳定处于临界状态，此时荷载的放大倍数即视为安全系数；③强度折减法。即降低滑动面上的抗剪断强度参数值，使其沿滑动面的抗滑稳定处于临界状态，此时抗剪断强度参数降低前后的比值即视为安全系数。我国工程界较多采用应力代数和比值法，当坝基为非均质的复杂岩体时，可沿接触面分段，求出每个分段的正应力 σ_{ni} 和剪应力 τ_{ni}，设某一分段的长度为 l_i，则这一分段的抗滑力为 $(f_i \sigma_{ni} + c_i) l_i$，滑动力为 $\tau_{ni} l_i$，沿接触面求代数和，可以得出抗滑稳定安全系数为

$$K_s = \frac{\sum_{i=1}^{n} (f_i \sigma_{ni} + c_i) l_i}{\sum_{i=1}^{n} \tau_{ni} l_i} \qquad (3-31)$$

用限制位移值表示时，主要是控制夹层两侧岩体相对位移值在一定范围内，在帷幕部位的夹层上、下层面的相对位移以不错断帷幕为准。

3.3.3　岸坡坝段的抗滑稳定分析

靠近两岸岸坡坝段的坝基面通常是倾向河床的斜面或折面，该坝段在上游水压力及坝体自重作用下，有向下游及河床滑动的趋势，在三向荷载作用下，其抗滑稳定性不如河床坝段。

图 3 - 15 是靠近岸坡的一个坝段，设岸坡倾角为 θ，坝段总重为 W，坝基面上的扬压力为 U，上游坝面水压力为 P，坝基面的抗剪强度参数或抗剪断参数为 f 或 f' 和 c'，滑动面面积为 A。将自重 W 分解为对滑动面的法向分力 $N = W\cos\theta$ 和切向分力 $T = W\sin\theta$，并将切向分力和水压力合成为 S，则岸坡坝段的抗滑稳定安全系数为

$$K_3 = \frac{f(N-U)}{S} \tag{3-32}$$

或

$$K'_3 = \frac{f'(N-U) + c'A}{S} \tag{3-33}$$

其中

$$S = \sqrt{T^2 + P^2}$$

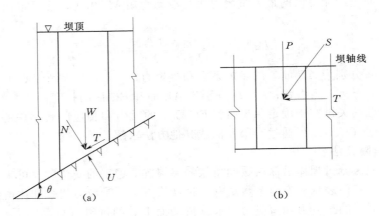

图 3 - 15　岸坡坝段抗滑稳定计算简图
(a) 立视图；(b) 平面图

3.3.4　提高坝体抗滑稳定性的工程措施

为了提高坝体的抗滑稳定性，常采用以下工程措施：

（1）利用水重。当坝底面与基岩间的抗剪强度参数较小时，常将坝的上游面略向上游倾斜，利用坝面上的水重来提高坝的抗滑稳定性。但应注意，上游面的坡度不宜过缓，否则，在上游坝面容易产生拉应力，对强度不利。

（2）采用有利的开挖轮廓线。开挖坝基时，最好利用岩面的自然坡度，使坝基面倾向上游，见图 3 - 16（a）。有时，有意将坝踵高程降低，使坝基面倾向上游，见图 3 - 16（b），但这种做法将加大上游水压力，增加开挖量和混凝土浇筑量，故较少采用。当基岩比较坚固时，可以开挖成锯齿状，形成局部的倾向上游的斜面，但应注意尖角不要过于突出，以免引起应力集中，见图 3 - 16（c），至于能否开挖成齿状，主要取决于基岩节理裂隙的产状。

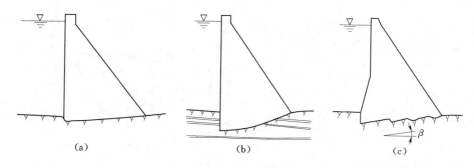

图 3-16　坝基开挖轮廓

（3）设置齿墙。如图 3-17（a）所示，当基岩内有倾向下游的软弱面时，可在坝踵部位设齿墙，切断较浅的软弱面，迫使可能的滑动面由 abc 成为 $a'b'c'$，这样既增大了滑动体的重量，同时也增大了抗滑体的抗力。如在坝趾部位设置齿墙，将坝趾放在较好的岩层上［图 3-17（b）］，则可更多地发挥抗力体的作用，在一定程度上改善了坝踵应力，同时由于坝趾的压应力较大，设在坝趾下齿墙的抗剪能力也会相应增加。

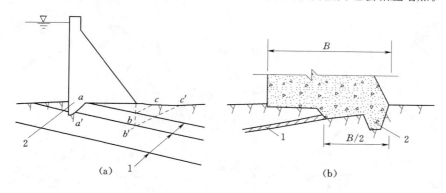

图 3-17　齿墙设置
1—泥化夹层；2—齿墙

（4）抽水措施。当下游水位较高，坝体承受的浮托力较大时，可考虑在坝基面设置排水系统，定时抽水以减少坝底浮托力，见图 3-18。例如，我国龚嘴工程，下游水深达 30m，采取抽水措施后，浮托力只按 10m 水深计算，节省了许多坝体混凝土浇筑量。

（5）加固地基。包括帷幕灌浆、固结灌浆以及断层、软弱夹层的处理等，见3.11 节。

（6）横缝灌浆。将部分坝段或整个坝体的横缝进行局部或全部灌浆，以增强坝的整体性和稳定性。

（7）预加应力措施。在靠近坝体上游面，采用深孔锚固高强度钢索，并施加预应力，既可增加坝体的抗滑稳定，又可消除坝踵处的拉应力，如图 3-19（a）所示。国外有些支墩坝，在坝趾处采用施加预应力的措施，改变合力 R 的方向，使 $\Sigma V/\Sigma H$ 增大，从而提高了坝体的抗滑稳定性，如图 3-19（b）所示。

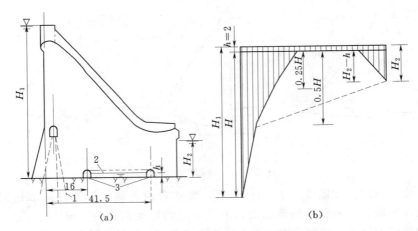

图 3-18　有抽水设施的坝底扬压力分布图（单位：m）

(a) 溢流坝剖面；(b) 设计扬压力图形

1—主排水孔；2—横向排水廊道；3—纵向排水廊道

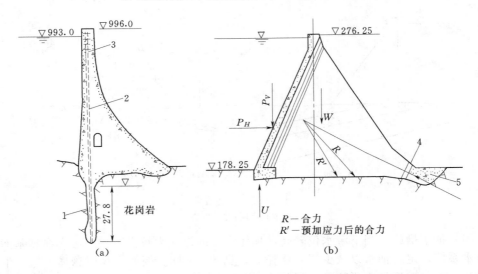

图 3-19　用预加应力增加坝的抗滑稳定性（单位：m）

(a) 在靠近上游坝面预加应力；(b) 从坝趾预加应力

1—锚缆竖井；2—预应力锚缆；3—顶部锚定钢筋；4—装有千斤顶的活动接缝；5—抗力墩

3.4　重力坝的应力分析

应力分析的目的是为了检验大坝在施工期和运用期是否满足强度要求，同时也是为研究、解决设计和施工中的某些问题，如为坝体混凝土标号分区和某些部位的配筋等提供依据。

重力坝的应力状态与很多因素有关，如坝体轮廓尺寸、静力荷载、地基性质、施工过程、温度变化以及地震特性等。由于在应力分析中，还不能确切考虑各种因素，所以，无论采用哪种方法得出的成果都不同程度地带有一定的近似性。

应力分析的过程是：首先进行荷载计算和荷载组合，然后选择适宜的方法进行应力计算，最后检验坝体各部位的应力是否满足强度要求。近二三十年以来，由于在试验技术和计算方法方面的快速发展，为深入研究分析大坝的稳定和强度问题提供了有利条件。但由于水工结构的复杂性，至今仍有很多问题有待进一步研究解决。

3.4.1 应力分析方法综述

重力坝的应力分析方法可以归结为理论计算和模型试验两大类，这两类方法是彼此补充、互相验证的，其结果都要受到原型观测的检验。坝体应力计算，对中等高度的重力坝可采用材料力学法，对横缝灌浆形成整体的重力坝用悬臂梁与水平梁共同受力的分载法，对结构复杂和复杂地基上的中、高坝用线性或非线性有限元计算，必要时以结构模型试验复核。下面对目前常用的几种应力分析方法作一简要介绍。

1. 模型试验法

目前常用的试验方法有光测方法和脆性材料电测方法。光测方法有偏光弹性试验和激光全息试验，主要解决弹性应力分析问题。脆性材料电测方法除能进行弹性应力分析外，还能进行破坏试验。近年来发展起来的地质力学模型试验方法，可以进行复杂地基的试验。此外，利用模型试验还可进行坝体温度场和动力分析等方面的研究。模型试验方法在模拟材料特性、施加自重荷载和地基渗流体积力等方面，目前仍存在一些问题，有待进一步研究和改进。

2. 材料力学法

这是应用最广、最简便，也是重力坝设计规范中规定采用的计算方法。材料力学法不考虑地基的影响，假定水平截面上的正应力 σ_y 按直线分布，使计算结果在地基附近约 1/3 坝高范围内，与实际情况不符。但这个方法有长期的实践经验。多年的工程实践证明，对于中等高度的坝，应用这一方法，并按规定的指标进行设计，是可以保证工程安全的。对于较高的坝，特别是在地基条件比较复杂的情况下，还应该同时采用其他方法进行应力分析。

3. 弹性理论的解析法

这种方法在力学模型和数学解法上都是严格的，但目前只有少数边界条件简单的典型结构才有解答，所以在工程设计中较少采用。由于通过对典型构件的计算，可以检验其他方法的精确性，因此，弹性理论的解析法仍是一种很有价值的分析方法。

4. 弹性理论的差分法

差分法在力学模型上是严格的，在数学解法上采用差分格式是近似的。由于差分法要求方形网格，对复杂边界的适应性差，所以在应用上远不如有限元法普遍。

5. 弹性理论的有限元法

有限元法在力学模型上是近似的，在数学解法上是严格的，是 20 世纪 50 年代中期随着电子计算机的出现而产生的一种计算方法。有限元法可以处理复杂的边界，包括几何形状、材料特性和静力条件。20 世纪 60 年代以后，经数学工作者的努力，发现有限元法源出于变分法中的里兹法，从而使有限元法的应用从求解应力场扩大到求解磁场、温度场和渗流场等。它不仅能解决弹性问题，而且能解决弹塑性问题；不仅能解决静力问题，而且能解决动力问题；不仅能计算单一结构，而且能计算复杂的组合结构。有限元法已成为一种综合能力很强的计算方法。随着计算机附属设备和软件工程的发展，近来在前处理和后处理功能方面也有很大进步，如网格自动剖分、计算成果的整理和绘图、屏幕显示和光笔的应用等。一些国内外通用计算软件也渐趋成熟，从而可使设计人员从过去繁琐的计算中解脱出来。

下面介绍广为采用的材料力学法和有限元法。

3.4.2　材料力学法

3.4.2.1　基本假定

（1）坝体混凝土为均质、连续、各向同性的弹性材料。

（2）视坝段为固接于地基上的悬臂梁，不考虑地基变形对坝体应力的影响，并认为各坝段独立工作，横缝不传力。

（3）假定坝体水平截面上的正应力 σ_y 按直线分布，不考虑廊道等对坝体应力的影响。

3.4.2.2　边缘应力的计算

在一般情况下，坝体的最大和最小应力都出现在坝面，所以，在重力坝设计规范中规定，首先应校核坝体边缘应力是否满足强度要求。

计算图形及应力与荷载的正方向见图 3-20。

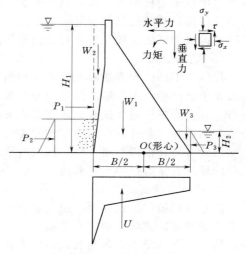

图 3-20　坝体应力计算图

1. 水平截面上的正应力

因为假定 σ_y 按直线分布，所以可按偏心受压公式（3-34）、式（3-35）计算上、下游边缘应力 σ_{yu} 和 σ_{yd}。

$$\sigma_{yu} = \frac{\sum W}{B} + \frac{6\sum M}{B^2} \tag{3-34}$$

$$\sigma_{yd} = \frac{\sum W}{B} - \frac{6\sum M}{B^2} \tag{3-35}$$

式中：$\sum W$ 为作用于计算截面以上全部荷载的铅直分力的总和，kN；$\sum M$ 为作用于计算截面以上全部荷载对截面垂直水流流向形心轴的力矩总和，kN·m；B 为计算截面的长度，m。

2. 剪应力

已知 σ_{yu} 和 σ_{yd} 以后，可以根据边缘微分体的平衡条件解出上、下游边缘剪应力 τ_u 和 τ_d，见图 3-21（a）。由上、下游坝面的微分体，根据平衡条件可以解出

$$\tau_u = (p_u - \sigma_{yu})n \tag{3-36}$$

$$\tau_d = (\sigma_{yd} - p_d)m \tag{3-37}$$

式中：p_u 为上游面水压力强度，kPa；n 为上游坝坡坡率，$n = \tan\phi_u$；p_d 为下游面水

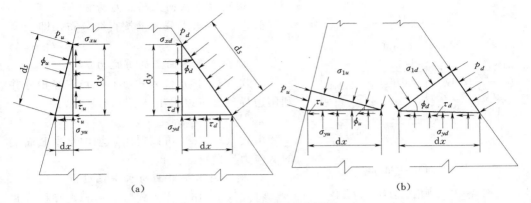

图 3-21 边缘应力计算图

压力强度，kPa；m 为下游坝坡坡率，$m = \tan\phi_d$。

3. 水平正应力

已知 τ_u 和 τ_d 以后，可以根据平衡条件求得上、下游边缘的水平正应力 σ_{xu} 和 σ_{xd}。由上、下游坝面微分体，根据平衡条件可以解出

$$\sigma_{xu} = p_u - \tau_u n \tag{3-38}$$

$$\sigma_{xd} = p_d + \tau_d m \tag{3-39}$$

4. 主应力

取微分体如图 3-21（b）所示，由上、下游坝面微分体，根据平衡条件可以解出

$$\sigma_{1u} = (1 + \tan^2\phi_u)\sigma_{yu} - p_u\tan^2\phi_u = \frac{\sigma_{yu} - p_u\sin^2\phi_u}{\cos^2\phi_u} = (1 + n^2)\sigma_{yu} - p_u n^2 \tag{3-40}$$

$$\sigma_{1d} = (1 + m^2)\sigma_{yd} - p_d m^2 \tag{3-41}$$

坝面水压力强度也是主应力

$$\left.\begin{array}{l}\sigma_{2u} = p_u \\ \sigma_{2d} = p_d\end{array}\right\} \tag{3-42}$$

由式（3-40）可以看出，当上游坝面倾向上游（坡率 $n > 0$）时，即使 $\sigma_{yu} \geqslant 0$，只要 $\sigma_{yu} < p_u\sin^2\phi_u$，则 $\sigma_{1u} < 0$，即 σ_{1u} 为拉应力。ϕ_u 愈大，主拉应力也愈大。因此，重力坝上游坡角 ϕ_u 不宜太大，岩基上的重力坝常把上游面做成铅直的。

3.4.2.3 内部应力的计算

应用偏心受压公式求出坝体水平截面上的 σ_y 以后，便可利用平衡条件求出截面上内部各点的应力分量 τ 和 σ_x。

设在坝体内沿坝轴线取单位宽度的微分体，作用在微分体上的力如图 3-22 所示，微分体的平衡方程为

$$\frac{\partial\sigma_x}{\partial x} - \frac{\partial\tau}{\partial y} = 0 \tag{3-43}$$

$$\frac{\partial\sigma_y}{\partial y} - \frac{\partial\tau}{\partial x} - \gamma_c = 0 \tag{3-44}$$

式中：γ_c 为材料容重，kN/m^3。

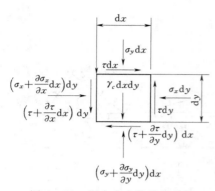

图 3-22　坝内应力计算微分体

1. 坝内水平截面上的正应力 σ_y

假定 σ_y 在水平截面上按直线分布，即

$$\sigma_y = a + bx \qquad (3-45)$$

2. 坝内水平截面上的剪应力 τ

将式（3-45）代入式（3-44），经积分并利用边界条件可以得出

$$\tau = a_1 + b_1 x + c_1 x^2 \qquad (3-46)$$

由式（3-46）可以看出，坝内水平截面上的剪应力呈抛物线分布。

3. 坝内沿水平截面的水平正应力 σ_x

将式（3-46）代入式（3-43），经积分并利用边界条件可以得出

$$\sigma_x = a_2 + b_2 x + c_2 x^2 + d_2 x^3 \qquad (3-47)$$

由式（3-47）可以看出，沿水平截面的水平正应力 σ_x 呈三次曲线分布。实际上，σ_x 的分布接近直线，因此，对中、小型工程可近似假定 σ_x 呈直线分布。

式（3-45）、式（3-46）和式（3-47）中的系数可利用平衡方程及边界条件直接求得。

4. 坝内主应力 σ_1 和 σ_2

求得任意点的三个应力分量 σ_x、σ_y 和 τ 以后，即可计算该点的主应力和第一主应力的方向 ϕ_1。

$$\left.\begin{array}{l} \sigma_1 = \dfrac{\sigma_x + \sigma_y}{2} + \sqrt{\left(\dfrac{\sigma_y - \sigma_x}{2}\right)^2 + \tau^2} \\[3mm] \sigma_2 = \dfrac{\sigma_x + \sigma_y}{2} - \sqrt{\left(\dfrac{\sigma_y - \sigma_x}{2}\right)^2 + \tau^2} \\[3mm] \phi_1 = \dfrac{1}{2}\arctan\left(-\dfrac{2\tau}{\sigma_y - \sigma_x}\right) \end{array}\right\} \qquad (3-48)$$

ϕ_1 以顺时针方向为正，当 $\sigma_y > \sigma_x$ 时，自竖直线量取；当 $\sigma_y < \sigma_x$ 时，自水平线量取。求出各点的主应力后，即可在计算点上以矢量表示其大小，构成主应力图。必要时，还可据此绘出主应力轨迹线和等应力图。

3.4.2.4　考虑扬压力时的应力计算

上述应力计算公式均未计入扬压力。当需要考虑扬压力时，可将计算截面上的扬压力作为外荷载。

1. 求解边缘应力

先求出包括扬压力在内的全部荷载铅直分力的总和 ΣW 及全部荷载对截面垂直水流流向形心轴产生的力矩总和 ΣM，再利用式（3-34）和式（3-35）计算 σ_y，而 τ、σ_x 和 σ_1、σ_2 可根据边缘微分体的平衡条件求得。以上游边缘为例，如图 3-23 所示，令 p_{uu} 和 p_{ud} 为上、下游边缘的扬压力强度，由平衡条件可以得出

$$\left.\begin{array}{l} \tau_u = (p_u - p_{uu} - \sigma_{yu})n \\[2mm] \sigma_{xu} = (p_u - p_{uu}) - (p_u - p_{uu} - \sigma_{yu})n^2 \end{array}\right\} \qquad (3-49)$$

$$\left.\begin{array}{l} \tau_d = (\sigma_{yd} + p_{ud} - p_d)m \\ \sigma_{xd} = (p_d - p_{ud}) + (\sigma_{yd} + p_{ud} - p_d)m^2 \end{array}\right\} \tag{3-50}$$

$$\left.\begin{array}{l} \sigma_{1u} = (1 + n^2)\sigma_{yu} - (p_u - p_{uu})n^2 \\ \sigma_{2u} = p_u - p_{uu} \\ \sigma_{1d} = (1 + m^2)\sigma_{yd} - (p_d - p_{ud})m^2 \\ \sigma_{2d} = p_d - p_{ud} \end{array}\right\} \tag{3-51}$$

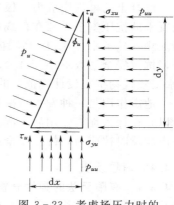

图 3-23 考虑扬压力时的
边缘应力计算图

当无泥沙压力和地震动水压力时，则 $p_u = p_{uu}$，$p_d = p_{ud}$，式（3-49）～式（3-51）还可化简。可见，考虑与不考虑扬压力，τ、σ_x 和 σ_1、σ_2 的计算公式是不相同的。

2. 求解坝内应力

可先不计扬压力，利用式（3-45）～式（3-47）计算出各点的 σ_y、σ_x 和 τ，然后再叠加由扬压力引起的应力。

3.4.3 强度指标

坝体应力控制标准，对不同的计算方法有不同的规定。当采用材料力学方法分析坝体应力时，SL 319—2005《混凝土重力坝设计规范》规定的强度指标如下。

3.4.3.1 重力坝坝基面坝踵、坝趾的铅直应力应符合下列要求

1. 运用期

（1）在各种荷载组合下（地震荷载除外），坝踵铅直应力不应出现拉应力，坝趾铅直应力小于坝基容许压应力。

（2）在地震荷载作用下，坝踵、坝趾的铅直应力应符合 SL 203—97《水工建筑物抗震设计规范》的要求。

2. 施工期

坝趾铅直应力允许有小于 0.1MPa 的拉应力。

3.4.3.2 重力坝坝体应力应符合下列要求

1. 运用期

（1）坝体上游面的铅直应力不出现拉应力（计扬压力）。

（2）坝体最大主应力，不应大于混凝土的容许压应力。

（3）在地震情况下，坝体上游面的应力控制标准应符合 SL 203—97《水工建筑物抗震设计规范》的要求。

（4）关于坝体局部区域拉应力的规定：①宽缝重力坝离上游面较远的局部区域，允许出现拉应力，但不应超过混凝土的容许拉应力；②当溢流坝堰顶部位出现拉应力时，应配置钢筋；③廊道及其他孔洞周边的拉应力区域，宜配置钢筋，有论证时，可少配或不配钢筋。

2. 施工期

（1）坝体任何截面上的主压应力不应大于混凝土容许压应力。

（2）在坝体的下游面，允许有不大于 0.2MPa 的主拉应力。

混凝土的容许压应力，根据其极限强度及相应的安全系数确定。对于各级工程，混凝土的抗压安全系数在荷载基本组合情况下不小于 4.0；在特殊组合情况下（地震情况除外）不小于 3.5。当坝体个别部位有抗拉强度要求时，可提高混凝土的抗拉标号，抗拉安全系数不小于 4.0。在地震情况下，坝体的结构安全应符合 SL 203—97《水工建筑物抗震设计规范》的要求。

地震作用是一种发生概率极小的荷载，由于在动荷载作用下材料强度有所提高，所以，在计入地震作用后，混凝土的容许压应力一般可比正常情况提高 30%，并容许出现瞬时拉应力，抗拉安全系数不小于 2.0。

3.4.4 有限元法

3.4.4.1 有限元法的弹性分析

大体积水工结构，其塑性区及破损区的发展仅限于较小的局部范围，实体重力坝主要承受压应力，当坝高低于 100m 时，应力值也不大，一般情况进行弹性分析便可满足工程设计的需要。

1. 基本原理

在边界条件（几何边界和静力边界）比较复杂的情况下，结构的位移场或应力场十分复杂，要寻求弹性理论的解析解是很困难的。弹性理论的数值解法——弹性问题有限元法适于求解这类问题，其基本概念如下所述。

（1）将结构离散化，划分为大量的、范围有限的单元，如平面问题中的三角形单元、四边形单元，空间问题中的四面体单元、六面体单元等。这些单元仅在结点处相互联系。对于每个单元，因其范围较小，边界条件比较简单，可以近似地假定其位移函数或应力函数，这是有限元法的基本出发点。一般采用位移函数法，根据不同的单元型式，位移函数可以假设为一次式或高次式，次数愈高，逼近真解愈好，但计算工作量也愈大。假定的位移函数应满足下列条件：①符合边界条件，在结点处应等于结点的位移值；②符合连续条件，在公共边界上，相邻的单元有相同的位移值。在平面问题中，每点有两个位移分量：水平位移 u 和垂直位移 v。单元位移函数的一般表达式为

$$\begin{Bmatrix} u \\ v \end{Bmatrix} = [N]\{\delta\}^e \tag{3-52}$$

式中：$\{\delta\}^e$ 为单元结点的位移列向量；$[N]$ 为形状函数矩阵，是坐标 x、y 的函数。

（2）假定是小变形问题，因此弹性理论中的几何方程仍然适用，即

$$\left. \begin{aligned} \varepsilon_x &= \partial u/\partial x \\ \varepsilon_y &= \partial v/\partial y \\ \gamma_{xy} &= \frac{\partial v}{\partial x} + \frac{\partial u}{\partial y} \end{aligned} \right\} \tag{3-53}$$

将式（3-52）代入几何方程式（3-53），可以得出单元应变与结点位移的关系式

$$\{\varepsilon\} = [B]\{\delta\}^e \tag{3-54}$$

式中：$[B]$ 为几何矩阵。

（3）根据弹性理论中的广义虎克定律，可以得出单元的应力与应变的关系式，即

$$\{\sigma\} = [D]\{\varepsilon\} \tag{3-55}$$

$$\{\sigma\} = [\sigma_x \quad \sigma_y \quad \tau_{xy}]^{\mathrm{T}}$$

式中：$\{\sigma\}$ 为应力列阵；$[D]$ 为弹性矩阵。

（4）根据能量原理可以解出单元结点力与结点位移的关系式，即

$$\{F\}^e = [k]^e\{\delta\}^e \tag{3-56}$$

式中：$[k]^e$ 为单元刚度矩阵；$\{F\}^e$ 为单元结点力列向量。

（5）在每个结点 i 上，都有两种力作用着：①变形单元对结点的作用力 $-\{F\}^e$；②作用于结点的外荷载 $\{P\}^i$。根据平衡条件得出其合力应为零，即在一个结点 i，所有相邻单元（i 为单元的结点之一）的 i 点结点力之和与结点荷载平衡。

（6）列出全部结点的平衡条件，便得出总体平衡方程组，即

$$[K]\{\delta\} = \{P\} \tag{3-57}$$

式中：$[K]$ 为总体刚度矩阵，由单元矩阵组合而成，是一个稀疏的正定对称矩阵；$\{\delta\}$ 为全部结点的位移列向量；$\{P\}$ 为全部结点的荷载列向量。

（7）将几何约束条件引入方程式（3-57），消去总体刚性位移，矩阵求逆便可解出结点位移

$$\{\delta\} = [K]^{-1}\{P\} \tag{3-58}$$

再利用式（3-54）和式（3-55）计算单元应力。

2. 计算应用

在实际工程问题中，方程式（3-57）是一个高维的方程组，有数以百（千）计的未知数，只能用计算机求解。所需的程序软件供应普遍，可按计算机机型及所用计算机语言选择。一个较好的程序应该是：①输入信息简便，填写的工作量少，能及时纠错，信息包括结构形状、网格划分、材料特性、荷载条件和约束条件等；②占有计算机存储量少；③计算速度快，精度高，耗用机时少；④人机界面友好，计算结果可视化程度高，具有齐全有效的前处理和后处理功能，如网格自动生成、荷载计算、计算成果整理及绘图等。

采用有限元法分析结构应力时，可按下列步骤进行：

（1）划分网格。首先确定地基的计算范围。对重力坝，一般要求地基深度和上、下游延伸长度为 2～5 倍的坝高。侧边的约束条件可取水平位移 $u=0$，垂直位移 v 自由；底边为 $u=v=0$。

在平面问题中，最初多采用三角形单元，计算程序简单，但单元应力为常量，比较粗略，需要布置较多的单元才能得出满意的成果。现在多采用四边形单元。

划分网格时，在应力集中区域，如坝踵、坝趾和孔洞周边附近，因为应力变化剧烈，应将网格划分得小一些。单元的形状应避免大钝角，边长也不宜相差太大。图 3-24 是一座重力坝的计算网格图。

（2）按照程序使用说明填写信息，依照计算机输入方式送入机内。

（3）上机运算，得到计算成果。

（4）整理分析成果。对计算成果的正确性应进行多方的核对检查，例如：①位移、应力分布规律是否合理，应根据经验判断；②邻近边界的应力是否符合边界条件，主应力方向是否大致与边界平行；③能否满足力的平衡条件，包括截面平衡、环

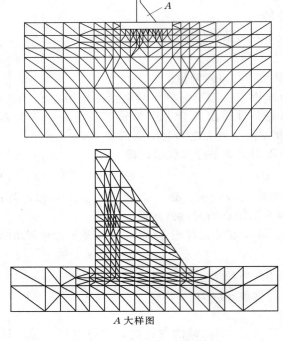

图 3-24 重力坝计算网格图

路平衡等。

在构造数学模型（建模）时，应当做到：①合理的抽象，能有效地模拟建筑物的物理力学特性，明确表达各部分之间的关系；②精选主要因素，只引入能反映问题本质的核心因素组成计算模型；③适度的离散，在关键部位网格剖分较密，能据以评判建筑物的安全状况，在外围部位，在不明显影响关键部位的条件下，将单元剖分粗疏一些，以降低数值计算的维数。

数学模型的优点为：①大型水工建筑物的物理模型制作不易，有些因素（如自重）模拟困难，不能作过程仿真分析，而数学模型则易于模拟；②数学模型能突出构成建筑物本质特征的因素，便于分析了解建筑物的性能；③可以变动模型有关因素条件进行敏度分析，了解它们对建筑物影响

的程度及趋势，为改进设计提出启示。

离散化的数学方法，实用效果好，近来发展迅速，如非线性分析、边界元法、块体元法、建坝全过程仿真分析等。只要根据设计任务正确选用软件，常能大幅度提高工作效率。因此，有限元法是一种很有潜力的设计手段。

3.4.4.2 有限元法的非线性分析

重力坝坝体混凝土材料和坝基岩体的应力应变关系实际上是非线性的。对高混凝土坝及一些特殊的工程问题，考虑材料非线性的有限元计算，可使求得的应力分布更加符合实际。目前，采用材料非线性分析方法，主要用于：①大坝纵缝或裂缝接触问题的研究；②复杂地基深层抗滑稳定性的研究；③大坝安全度的研究（确定超载安全系数和材料强度储备安全系数）；④坝踵断裂问题的研究等。在非线性有限元分析中，由于坝基岩体性状十分复杂，其本构关系还未完全搞清，计算采用的力学参数也难以给出准确的数值，因此非线性分析仍不是很成熟。下面简要介绍其基本概念。

1. 基本概念

岩石和混凝土等材料在单轴应力条件下的应力应变曲线，如图 3-25 所示。曲线上的 A 点是屈服点，对应的 σ_0 是屈服极限。OA 段是弹性的，变形是可逆的，卸载后不产生残余变形。当应力超过 σ_0 以后，材料便进入塑性阶段，变形不能完全恢复。从图 3-25 可见，如加载到 R 点，总应变为 ε，卸载后回到 K 点，ε_e 是可恢复的弹性应变，ε_p 是不可恢复的塑性应变，即 $\varepsilon = \varepsilon_e + \varepsilon_p$。从 K 点再加载到 R' 点，R' 是新的屈服点。RK 和 KR' 不完全重合，组成一个滞回曲线，计算时可简化成一条直线，如图

3-25（b）所示。卸载后再加载，如果应力不超过新的屈服点，则卸载时不再产生新的塑性应变，变形是可恢复的，此过程遵循弹性规律，弹性模量为 E_1。新屈服点 R 高出初始屈服点 A，这种现象称为强化或硬化。卸载时的弹性模量随卸载点的不同而不同，有逐渐减小的趋势，如图中的 $E_2 < E_1$，这种现象称为弹塑性耦合。应力应变关系曲线峰点 B 所对应的应力 σ_c 是材料的极限抗压强度。超出峰点 B 以后，曲线下降，卸载再加载时，新的屈服点较前面卸载时的屈服点低，这种现象称为软化。

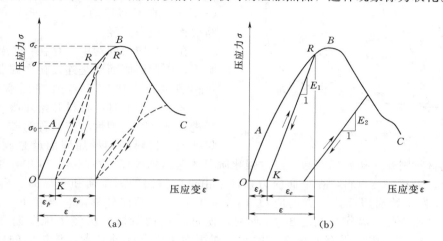

图 3-25　岩石和混凝土等材料在单轴压缩条件下的应力应变曲线

2. 材料非线性分析的特点

（1）应力应变关系是非线性的。

（2）应力超过初始屈服极限后，加载时遵循弹塑性规律，在每一个总应变增量中都包含不可恢复的塑性应变；卸载或卸载后再加载而未达新的屈服点时，遵循弹性规律，弹性模量随卸载点的不同而不同。

（3）对于同一应力值，随加载、卸载历史的不同，可以对应不同的应变值，应力应变关系不再是唯一的。所以，进行非线性分析时必须按照加载、卸载历史，用增量法求解。

（4）仍假定是小变形问题，所以弹性分析中的几何方程仍然适用。

（5）仍应满足平衡条件，所以仍需建立总体平衡方程组，只是总体刚度矩阵不再是常量，而是应力或应变的函数。

据此可以看出，进行材料非线性分析必须确立：①材料的屈服准则和破坏准则；②非线性的应力应变关系，也称为本构关系。

3. 弹塑性材料的屈服准则和破坏准则

在图 3-25 所示的单轴应力应变曲线中，当应力超过屈服点 A，材料便进入塑性状态。在二维或三维应力条件下，当应力组合满足一定条件时，材料便进入塑性状态。

对平面应力问题，一点的应力可以用三个应力分量 $[\sigma_x\ \sigma_y\ \tau_{xy}]^T$ 或 $[\sigma_1\ \sigma_2\ \phi]^T$ 来表示，此处，σ_1 和 σ_2 为主应力，ϕ 为主应力倾角。对于各向同性材料，材料的强度特性与方向无关，所以在研究强度问题时，一点的应力可以用两个分量 $[\sigma_1\ \sigma_2]^T$

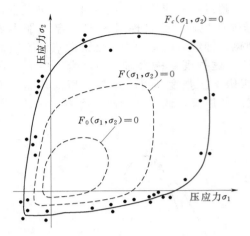

图 3 - 26　在二维应力空间中的屈服面和破坏面

来表示。设以 σ_1 和 σ_2 为直角坐标系的坐标轴，则坐标系中任意一点的坐标（σ_1，σ_2）可以代表一点的应力状态。$\sigma_1 \sim \sigma_2$ 坐标系称为应力空间，如图 3 - 26 所示。在加载、卸载过程中，结构中一点的应力在不断变化，反映在二维应力空间，应力点（σ_1，σ_2）在不断移动，（σ_1，σ_2）所经的路线称为应力路径。

在平面应力问题中，存在一个初始屈服面，所谓屈服面就是连接初次屈服应力点构成的面。当应力点落在屈服面 F_0（σ_1，σ_2）＝0 上时，材料开始屈服。把材料进入某一特定塑性状态时称为破坏，理想弹塑性材料的初始屈服面就是破坏面。

而硬化材料则要从初始屈服起，经过强化阶段才能达到破坏。在图 3 - 26 中，给出了混凝土、岩石一类材料，在平面应力条件下由试验得出的屈服面和破坏面。F_0（σ_1，σ_2）＝0 为初始屈服面，一点的应力（σ_1，σ_2）从零状态向外移动，当在 F_0 面以内时，材料处于弹性状态，当超出 F_0 面时，便进入塑性阶段。历经了强化阶段卸载后再加载时，屈服极限有所提高，此时，屈服面也逐渐向外扩大，该扩大的屈服面 F（σ_1，σ_2）＝0 称为后继屈服面，再经加载后达到破坏面 F_c（σ_1，σ_2）＝0，材料完全破坏。

判别材料是否进入塑性状态的准则称为屈服准则。目前，混凝土、岩石一类材料的屈服准则多用摩尔—库仑准则或德儒克尔准则。

4. 弹塑性材料的本构关系及解题方法

在弹塑性状态下，应力应变关系是非线性的。混凝土、岩石一类材料的本构模型可通过试验测试少量弹塑性应力应变关系曲线，通过增量弹塑性理论以及一些补充假设，把试验结果推广到复合应力组合状态上去，并用数学表达式来表示应力应变的普遍关系。但应指出，在弹塑性状态下，应力应变关系还与应力路径、应力历史、加载和卸载状态等有关，简单地说成应力应变关系已不能完全反映弹塑性材料的实际情况，因此，现在常用本构关系这个名词来代替应力应变关系。采用弹塑性理论方法解题时，要提供能反映材料强化和软化特性的应力应变关系曲线常常是困难的。所以在工程计算中常将基岩和混凝土近似假定为理想弹塑性材料，如图 3 - 27 所示。

建立了本构关系，解题时可以采用以下两种方法：①变刚度法，在每一个增量步中都根据新的应变或应力水平建立新的刚度矩阵 [K]；②常刚度法，每一个增

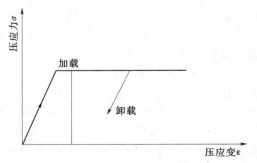

图 3 - 27　理想弹塑性材料的应力应变曲线

量步都采用初始弹性刚度矩阵 $[K_0]$，通过应力转移的方法逐步逼近真解。目前广泛采用常刚度法。

5. 计算应用

解题时将坝体混凝土和基岩视为理想弹塑性材料，采用无拉分析法，笼统假定材料不具备抗拉能力，将用弹性解求出的坝踵部位的拉应力视为超余应力转移给附近单元承担，反复迭代计算，直到收敛为止。无拉分析法可给出拉应力松弛区的范围及开裂后应力重分布的情况。以材料不承受拉应力为原则求出的解，符合平衡条件和材料强度要求，在工程设计中具有实用意义，在地下工程中的应用更为广泛。

在高坝的坝踵部位，往往会产生较大的拉应力。当拉应力超过岩体的抗拉强度时，便产生断裂。图 3-28 是用有限元法计算得出的成果，可以看出，断裂后坝踵拉应力得到了释放。坝踵断裂可能破坏防渗帷幕，增大坝底扬压力，是值得重视的一个问题。近年来已开始应用断裂力学的理论研究坝踵的断裂问题。

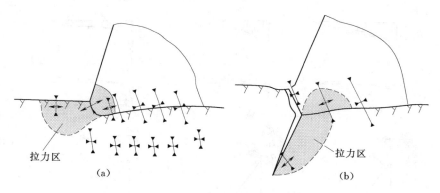

图 3-28　坝踵断裂前后的应力情况
(a) 断裂以前的应力情况；(b) 断裂以后的应力情况

3.4.4.3　有限元法的应力控制标准

DL 5108—1999 和 SL 319—2005《混凝土重力坝设计规范》都对用有限元法进行坝体应力计算给出了如下的控制标准：

（1）铅直应力。

1）坝基上游面。计入扬压力时，拉应力区宽度宜小于坝底宽度的 7%（铅直拉应力分布宽度/坝底面宽度）或坝踵至帷幕中心线的距离。

2）坝体上游面。计入扬压力时，拉应力区宽度宜小于计算截面宽度的 7%（铅直拉应力分布宽度/计算截面宽度）或计算截面上游边缘至排水孔（管）中心线的距离。

（2）有限元法分析坝基深层抗滑稳定的成果，可作为坝基加固处理方案的评价和选择依据。

（3）坝内孔洞配筋可依据有限元法应力计算结果，闸墩应力计算也可用有限元法。

3.4.5　各种因素对坝体应力的影响

应用材料力学法分析坝体应力时，曾假定水平截面上的正应力 σ_y 按直线分布，而

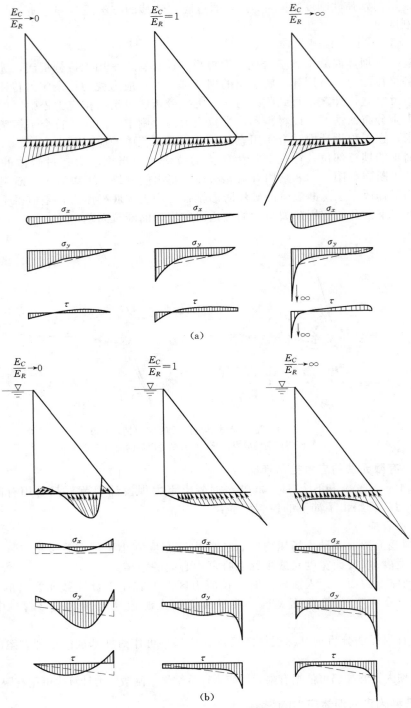

图 3 - 29　坝底应力随 E_C/E_R 比值的变化

(a) 空库；(b) 满库

坝体应力由于受很多因素影响，实际分布情况是比较复杂的。主要影响因素有：

1. 地基变形模量对坝体应力的影响

坝体的应力分布情况，与外荷载及约束条件等因素有关。地基和坝体相互约束，相互牵制，在接触面上，两者的变形必须协调一致。地基对坝体的约束作用，与其本身的刚度特性有关，所以，坝底附近的应力情况要受到地基刚度特性的影响。图 3－29 是一座外形轮廓为基本三角形的重力坝，在满库和空库情况下，筑坝材料弹性模量 E_C 与地基变形模量 E_R 比值不同时的应力图形。由图 3－29 可见，在空库情况下，坝踵 σ_y 出现应力集中，且随 E_C/E_R 增大而加大，并出现了指向坝底中心的剪应力 τ，同时也出现了有利于裂缝闭合的水平压应力 σ_x。在满库情况下，随 E_C/E_R 比值减小，边缘 σ_y 降低，甚至变为拉应力，截面中部出现应力集中；当 E_C/E_R 比值较高时，坝踵和坝趾处均出现压应力集中现象。由此可见，地基刚度与坝体刚度不宜相差太大，否则均会出现程度不同的应力集中现象。

如果坝体位于沿水流流向不同变形模量的岩体上，坝基面附近的应力分布也将受到一定的影响。试验结果表明，当坝踵附近地基的变形模量较高时，有可能在坝踵产生拉应力。所以在坝轴线选择及地基处理时，应当考虑这种影响。

2. 坝体混凝土分区对坝体应力的影响

由于坝体内部应力较低，对防渗、抗冻的要求也低，所以坝体内部常采用标号较低的混凝土。坝体内外弹性模量不同，对坝体应力分布也有一定影响。坝体外部弹性模量愈高，近坝踵处愈容易产生拉应力，如图 3－30所示。

3. 纵缝对坝体应力的影响

对于较高的重力坝，除沿坝轴线用横缝将坝体分为若干个坝段外，有时还需在垂直水流流向设纵缝将坝段分为若干坝块，以适应混凝土浇筑能力和温度控制的要求。一般在纵缝灌浆后水库才开始蓄水。

纵缝灌浆前各坝块独立工作，自重产生的铅直正应力与上游坝坡坡率有关，如图 3－31中的虚线所示，其与坝为整体浇注时的自重应力是有差别的。纵缝灌浆后坝成为

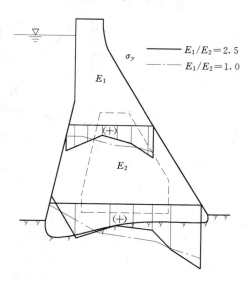

图 3－30 坝体混凝土分区对坝体
应力分布的影响

整体，上游水压力由整个坝体承担。坝基面的最终应力应是由以上两部分应力叠加起来的合成应力。可以看出：①上游面铅直（$n=0$）时，纵缝对应力分布没有影响；②上游面为正坡（$n>0$）时，坝踵合成铅直正应力减小，甚至产生拉应力；③上游面为倒坡（$n<0$）时，坝踵铅直压应力增大，对坝体强度有利。我国石泉重力坝和瑞士大狄克桑斯坝上游面均采用倒坡以改善坝体应力。但这种倒坡不宜太大，以免造成施工上的困难。

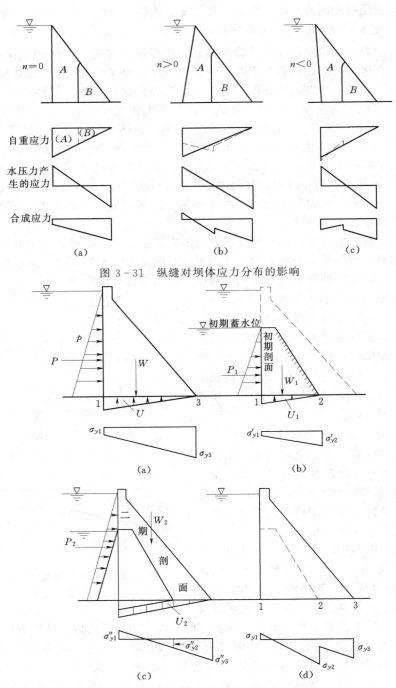

图 3-31　纵缝对坝体应力分布的影响

图 3-32　分期施工对坝体应力分布的影响
(a) 按整体计算的正应力 σ_y；(b) 初期应力 σ'_y；
(c) 二期应力 σ''_y；(d) 合成应力 $\sigma'_y + \sigma''_y$

近年来，我国很多工程采用有限元法，按接触问题计算带缝重力坝的应力情况，取得了一定的成果。

4. 分期施工对坝体应力的影响

在高坝建设中，有时由于淹没区太大，或一次投资过多，或为提前发电而采用分期施工的方式，第一期先建一个较低的坝，随之蓄水运行，以后再将坝体加宽加高，成为最终剖面。考虑和不考虑分期施工的应力分布情况将有较大差别，如图 3-32 所示。其中，图 3-32（a）是不考虑分期施工，按材料力学方法算出的铅直正应力 σ_y；图 3-32（d）是考虑分期施工算出的最终应力，σ_y 呈折线分布，在坝踵处产生了拉应力。

5. 温度变化及施工过程对坝体应力的影响

温度变化对重力坝的位移和应力均有较大的影响。坝体裂缝多是由温度应力引起的，但目前在重力坝计算中一般都不考虑温度作用（荷载），理由是：在施工期已采取了温控措施；在运用期温度变化的影响仅限于坝体表面附近；混凝土徐变问题至今仍未很好解决。研究结果表明，温度对坝体工作状态具有较大的影响。为确保坝体的施工质量和安全，探讨重力坝在温度作用下的应力状态仍是一个重要的研究课题。

混凝土重力坝的温度场与应力场全过程仿真计算研究表明：大坝浇筑顺序、混凝土浇筑块大小、间歇时间、浇筑日期、浇筑温度、混凝土材料的热学及力学特性、施工期的温控措施等对混凝土坝的应力场均有较大影响。

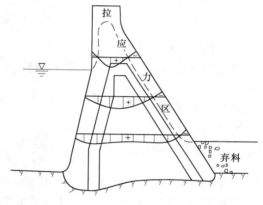

图 3-33　某宽缝重力坝在最冷月的温度应力示意图

图 3-33 是某宽缝重力坝受气温影响在最冷月产生的温度应力示意图，图上显示出在坝体下游面和上游水位以上部分产生了较大范围的拉应力区。

3.5　重力坝的渗流分析

混凝土和岩体都是透水性材料，坝建成蓄水运行一段时间，在坝体及坝基内形成稳定渗流后，按弹性理论分析坝体应力时，应将渗流压力按渗流体积力计算。岩石属于裂隙介质，渗流情况比较复杂，在实际计算中，常假定岩体是均匀渗流介质，并遵循达西定律。当边界条件比较复杂时，用解析法很难求解，但采用有限元法则可得到较为满意的结果。在弹性结构中的场变量是位移或应力，在稳定渗流场和温度场中的场变量则为势头或温度等标量函数，在计算中后者较前者更为简单。

3.5.1　稳定渗流场的计算

1. 渗流基本方程和定解条件

符合达西定律的平面问题稳定渗流基本方程为

$$\frac{\partial}{\partial x}\left(k_x \frac{\partial H}{\partial x}\right) + \frac{\partial}{\partial y}\left(k_y \frac{\partial H}{\partial y}\right) = 0 \qquad (3-59)$$

式中：H 为势头函数；k_x、k_y 分别为沿 x、y 轴方向的渗流系数。

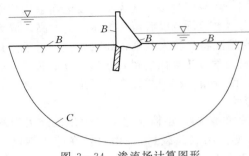

图 3-34　渗流场计算图形

势头函数还应满足一定的边界条件，如图 3-34 所示。

第一类边界 B（势头值已知），如上、下游的入渗面、出渗面及坝下游自由渗出段，其势头是已知的。

$$H = H_B \qquad (3-60)$$

第二类边界 C（已知流量边界条件），如稳定渗流的浸润面和不透水边界，没有流量流进和流出。

$$\frac{\partial H}{\partial n} = 0 \qquad (3-61)$$

式中：n 为边界外法线方向。

由基本方程式（3-59）和边界条件式（3-60）、式（3-61），可解出势头函数 H。

根据变分原理，式（3-59）的解等价于下述泛函 $J(H)$ 在渗流区 D 内求极值，即

$$J(H) = \iint_D \frac{1}{2}\left[k_x\left(\frac{\partial H}{\partial x}\right)^2 + k_y\left(\frac{\partial H}{\partial y}\right)^2\right]\mathrm{d}x\mathrm{d}y = \min \qquad (3-62)$$

满足式（3-62）的函数 H 便是所求的渗流场在定解条件下的解。由于水工渗流分析的边界条件比较复杂，寻求 H 函数的解析解答是极为困难的。而有限元法，则是借助于里兹法的原理，通过离散化而得出 H 的数值解。

2. 用有限元法求解势头函数 H

有限元法是用有限个单元的集合体代替连续的渗流场，以三角形单元为例，假定单元内势头函数 H 为线性函数

$$H = a_1 + a_2 x + a_3 y \qquad (3-63)$$

设三角形单元 3 个结点的势头值分别为 H_i、H_j、H_m，式（3-63）中的 3 个常数 a_1、a_2、a_3 可用 3 个结点 i、j、m 的坐标及其相应的势头值 H_i、H_j、H_m 表示，于是势头函数为

$$H = \begin{bmatrix} N_i & N_j & N_m \end{bmatrix} \begin{Bmatrix} H_i \\ H_j \\ H_m \end{Bmatrix} = [N]\{H\}^e \qquad (3-64)$$

$$N_i = (a_i + b_i x + c_i y)/(2A)$$
$$N_j = (a_j + b_j x + c_j y)/(2A)$$
$$N_m = (a_m + b_m x + c_m y)/(2A)$$

式中：$[N]$ 为形函数矩阵，只是坐标 x、y 的函数。

单元内势头函数 H 的导数为

$$\begin{Bmatrix} \dfrac{\partial H}{\partial x} \\[2mm] \dfrac{\partial H}{\partial y} \end{Bmatrix} = \frac{1}{2A} \begin{bmatrix} b_i & b_j & b_m \\ c_i & c_j & c_m \end{bmatrix} \begin{Bmatrix} H_i \\ H_j \\ H_m \end{Bmatrix} \qquad (3-65)$$

式中：A 为三角形单元的面积；b_i、b_j、b_m、c_i、c_j、c_m 为三角形单元结点坐标的函数。

求单元泛函的微分，经演算得

$$\left\{ \frac{\partial J}{\partial H} \right\}^e = [K]^e \{H\}^e \qquad (3-66)$$

式中：$[K]^e$ 为单元渗流率矩阵，只与单元结点坐标及渗流系数有关。

离散化为 m 个单元的渗流场，其泛函 J 为各个单元泛函 J^e 之和，即

$$J = J^1 + J^2 + \cdots + J^m \qquad (3-67)$$

这样，对所有单元的泛函求得微分后叠加，并使其等于零（求极小值），就得到泛函对结点势头的微分方程组

$$\frac{\partial J}{\partial H_i} = \sum_{e=1}^{m} \frac{\partial J^e}{\partial H_i} = 0 \quad i = 1, 2, \cdots, n \qquad (3-68)$$

式中：n 为结点数。

写成矩阵形式，得稳定渗流的有限元法计算公式为

$$[K]\{H\} = \{F\} \qquad (3-69)$$

式中：$[K]$ 为总渗流率矩阵，为 $n \times n$ 阶方阵，由各单元渗流率矩阵 $[K]^e$ 组成；$\{H\}$ 为结点势头的列阵；$\{F\}$ 为已知常数项列阵，由已知边界条件得出。

求解式（3-69），即可得到各结点的势头值。图 3-35 是由计算得出的渗流场等势线示意图。

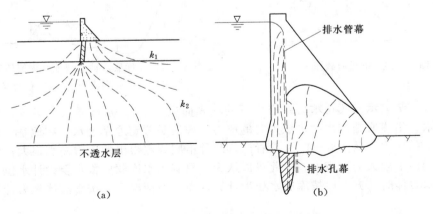

(a)　　　　　　　　　　　　　(b)

图 3-35　重力坝渗流场等势线示意图

3.5.2 渗流体积力的计算

渗流在稳定渗流场各点产生的渗流压力，就像结构物的自重、地震惯性力一样，也是一种体积力。当已求出渗流场各点的势头值后，在 H 中减去该点的纵坐标 y，

再乘以水的容重 γ，即可求得各点的渗流压力 p 为

$$p = \gamma(H - y) \tag{3-70}$$

对三角形单元，设3个结点上的渗流压力分别为 p_i、p_j 和 p_m，则单元荷载如图 3-36 所示。渗流压力的合力分量为

$$\sum P_x = \frac{1}{2}(p_i + p_j)(y_i - y_j)$$

$$- \frac{1}{2}(p_j + p_m)(y_m - y_j) + \frac{1}{2}(p_m + p_i)(y_m - y_i)$$

$$\sum P_y = \frac{1}{2}(p_i + p_j)(x_j - x_i) - \frac{1}{2}(p_j + p_m)(x_j - x_m) - \frac{1}{2}(p_m + p_i)(x_m - x_i)$$

整理后得

$$\left. \begin{array}{l} \sum P_x = \dfrac{1}{2}\big[p_i(y_m - y_j) + p_j(y_i - y_m) + p_m(y_j - y_i)\big] \\[2mm] \sum P_y = \dfrac{1}{2}\big[p_i(x_j - x_m) + p_j(x_m - x_i) + p_m(x_i - x_j)\big] \end{array} \right\} \tag{3-71}$$

将此合力三等分后，移置到3个结点上，即可得到作用于每个结点上的渗流体积力为 $\frac{1}{3}\sum P_x$ 和 $\frac{1}{3}\sum P_y$。

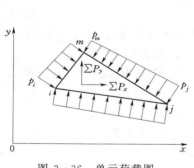

图 3-36　单元荷载图

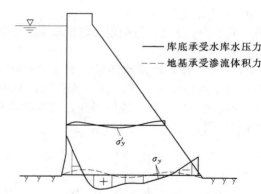

图 3-37　受库底水荷载或地基渗流体积力
作用下沿坝底面应力 σ_y 的分布情况

图 3-37 表示库底在水荷载作用下的坝底面应力 σ_y 的分布情况。实线是假定地基不透水、沿库底施加水库水压力时的应力；虚线是假定地基透水，在地基渗流体积力作用下的应力。从图 3-37 可以看出，两种不同假定得出的应力差别很大，前者在坝踵处给出了较大的拉应力。由此可以认为：只有当水库骤然蓄水至设计水位或地基为不透水岩体时，方可以按库底水压力计算，在一般情况下应按渗流体积力计算。

3.6　重力坝的温度应力、温度控制和裂缝防止

3.6.1　坝体温度变化

坝体内各点的温度是不相同的，而且随时间在变化。图 3-38 是美国海瓦西坝

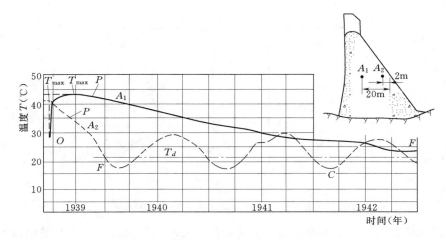

图 3-38 美国海瓦西坝实测温度过程线

（坝高 93.7m，底宽 68m）的实测温度过程线，图中 A_1 和 A_2 分别代表坝内和靠近坝面某点的温度曲线。坝体的温度过程可分为 3 个阶段。

第一阶段（OP 段）为上升期。混凝土入仓时的浇筑温度为 T_j，入仓后，由于水泥水化热作用，在混凝土凝固和硬化过程中产生水化热（1kg 水泥的发热量约为 334.4kJ，如 1m³ 混凝土中有 200kg 水泥，则 100 万 m³ 混凝土因水泥水化热所产生的热量相当于燃烧 2000t 煤所释放的能量），使混凝土温度从 T_j 上升至最高值 T_{max}。主要温升发生在 3～7d 内，温差 $T_r = T_{max} - T_j$，称为水化热温升，其值一般为 15～25℃，最高可达 36℃。

第二阶段（PF 段）为降温期。温度达到了 T_{max} 后，逐渐散热冷却，温度下降。靠近坝体表面由于水化热散逸较快，该部位的温度较早地达到稳定温度，如图中 A_2 的 PF 段。坝体内部由于水化热不易散发，温度下降缓慢，需要较长时间才能到达稳定温度，如图中的 A_1 所示。

第三阶段为稳定期。靠近坝体表面的温度随外界温度变化而波动，坝体内部一般接近坝址的年平均气温 T_d。

实体重力坝从 T_{max} 降到 T_d 所需的时间，视散热条件，自几个月至几年不等。而温度回降值 $\Delta T = T_{max} - T_d$，则是重力坝温度控制的一个重要指标。

3.6.2 施工期的温度应力

坝体浇筑块的温度变化引起体积变形，如变形受到地基或内部约束便产生温度应力。施工期的温度应力包括地基约束引起的应力和内外温差引起的应力。

1. 地基约束引起的应力

设靠近基岩的混凝土入仓温度为 T_j，最大温升为 T_r，在温升过程中，浇筑块底部受基岩约束不能自由膨胀，将承受水平压应力。由于混凝土浇筑初期弹性模量较低，因而压应力不高。混凝土达到最高温度 T_{max} 后，开始下降，直到稳定温度 T_d，总温降为 $\Delta T = T_j + T_r - T_d$。在降温过程中，如不受基岩约束，浇筑块自由收缩，如图 3-39（a）中 $a'b'$ 和 $c'd'$ 所示，实际上受到基岩约束后的变形为 $a'b$ 和 $c'd$。此

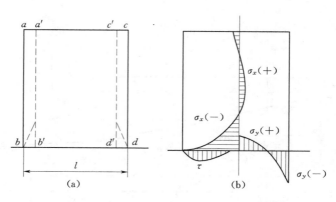

图 3-39　受地基约束混凝土浇注块由温度下降产生的变形及应力示意图

时，在浇筑块底部，由于混凝土温度下降而产生的水平拉应力 σ_x、水平剪应力 τ 和垂直正应力 σ_y 如图 3-39（b）所示。水平拉应力 σ_x 为

$$\sigma_x = k_p \frac{RE_C\alpha}{1-\mu}(T_j - T_d) + \frac{E_C\alpha k_p k_q}{1-\mu}AT_r \qquad (3-72)$$

式中：E_C 为混凝土的弹性模量，kPa，E_C 值浇筑初期发展较快，7d 龄期可达到 28d 龄期的 70%，28d 到一年龄期仅增长 10%～20%；μ 为混凝土的泊松比；α 为混凝土的线胀系数，1/℃；k_p 为由混凝土徐变引起的应力松弛系数，如无专门试验资料，可取 0.5；k_q 为考虑早期升温阶段的压应力折减系数，可取 0.75～0.85；R 为反映基岩对混凝土块体约束程度的约束系数，见表 3-7 和表 3-8；A 为系数，可从图 3-40 中查得。

表 3-7　　　　　　　　　　　　　约 束 系 数 表

y/l	0	0.1	0.2	0.3	0.4	0.5
R	0.61	0.44	0.27	0.16	0.10	0

注　1. 适用于 $E_C = E_R$ 的情况。

　　2. l 为浇筑块长度，m；y 为计算点离建基面的高度，m。

表 3-8　　　　　　　　　　约束系数随 E_C/E_R 变化表

E_C/E_R	0	0.5	1.0	1.5	2.0	3.0	4.0
R（$y=0$）	1.0	0.72	0.61	0.51	0.44	0.36	0.32

注　E_R 为基岩的变形模量。

同样，新浇混凝土受老混凝土（龄期超过 28d）约束也将产生温度应力。

2. 内外温差引起的应力

混凝土块在浇筑初期，由于表面温度降低，在块体内外形成的温差将使外部收缩受拉而内部受压，如图 3-41 所示，当拉应力超过材料的抗拉强度时，将产生表面裂缝。施工期坝体温度取决于混凝土入仓时的浇筑温度 T_j 和水化热温升，由于水化热温升和边界温度都随时间而变化，因而求解施工期的坝体温度场是很复杂的。

在坝体非稳定温度场、分期施工、徐变应力场全过程仿真计算方面，有的研究者结

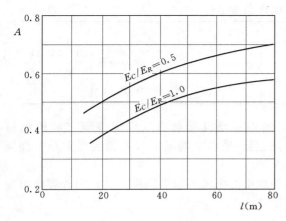

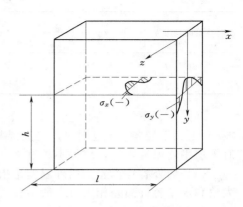

图 3-40   水化热温升应力系数 A 与
浇筑块长度 l 的关系曲线

图 3-41   由内外温差引起的
应力示意图

合具体工程进行了较深入的研究,并编制了相应的计算软件,获得了较为满意的成果。

3.6.3   重力坝的温度裂缝和温控措施

1. 裂缝的分类

当坝体某部位的拉应力超过混凝土的抗拉强度时,就会出现裂缝。重力坝的裂缝多是由于温度应力引起的。裂缝可分为:贯穿性裂缝和表面裂缝两类,如图 3-42 所示。其中,横向贯穿性裂缝会导致漏水和渗流侵蚀性破坏,纵向贯穿性裂缝会损坏坝的整体性,水平向贯穿性裂缝会降低大坝的抗剪强度。横向和纵向贯穿性裂缝多发生在降温过程因混凝土收缩受到基岩约束的情况下。

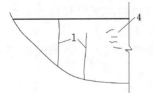   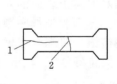

图 3-42   重力坝裂缝型式
1—横向竖直贯穿性裂缝;2—纵向竖直贯穿性裂缝;3—水平贯穿性裂缝;
4—坝表面裂缝;5—仓面裂缝

为防止大坝裂缝,除适当分缝、分块和提高混凝土质量外,还应对混凝土进行温度控制。

2. 温度控制的目的

对大体积混凝土进行温度控制的目的,一是防止由于混凝土温升过高、内外温差过大及气温骤降产生各种温度裂缝;二是为做好接缝灌浆,满足结构受力要求,提高施工工效,简化施工程序提供依据。

3. 温度控制标准

(1) 地基容许温差。即地基约束范围内的混凝土最高温度与稳定温度之差,建议不超过表 3-9 中的数值。

表 3 - 9 　　　　　　　　　　　　　　地 基 容 许 温 差 **Δ*T*** 　　　　　　　　　　单位:℃

离建基面高度 h	浇筑块长边 l（m）				
	17 以下	17～20	20～30	30～40	40 至通仓长块
（0～0.2）l	26～25	24～22	22～19	19～16	16～14
（0.2～0.4）l	28～27	26～25	25～22	22～19	19～17

（2）上、下层容许温差。上、下层温差系指其接触面（先浇混凝土龄期超过 28d）上、下层各 1/4 范围内，先浇混凝土上层最高平均温度与新浇混凝土开始浇筑时下层平均温度之差，建议不超过 15～20℃。

（3）内外容许温差。内外温差是指坝块中心温度与边界温度之差。内外容许温差大致和地基容许温差相当，一般不宜大于 20～25℃。

4. 温度控制措施

为达到温控标准，防止坝体在施工期产生温度裂缝，应采取必要的温控措施。从图 3-38 坝体温度过程线可以看出，稳定温度受自然条件制约，不易控制，因而温控措施只能靠降低 T_j 和 T_r，即降低混凝土水化热温升 T_r 和混凝土入仓温度 T_j，温控措施有：

（1）降低混凝土的浇筑温度 T_j。用预冷骨料和加冰屑拌和等措施来降低混凝土的入仓温度；运输中注意隔热保温。

（2）减少混凝土水化热温升 T_r。混凝土硬化初期发热量最大，温升最快，采用中、低热水泥；在混凝土中埋大块石；用冷却水管进行初期冷却；减小浇筑层厚度，延长浇筑块之间的间歇时间，利用仓面天然散热；在混凝土中加入掺和料（如粉煤灰）和外加剂（如塑化剂）来尽量减少水泥用量。

（3）加强对混凝土表面的养护和保护。在混凝土浇筑后初期需要对坝块表面加覆盖、浇水养护。冬季要抵御寒潮袭击，夏季防止热量回灌进入混凝土。

以上这些措施，要综合考虑工程的具体条件和设计原则研究确定，并同时做好施工组织设计，安排好施工季节，施工进度，坝块浇筑顺序等。

3.6.4　稳定温度场及温度应力的有限元计算

1. 稳定温度场

坝体竣工蓄水后，经过较长时间的散热，当外界温度变化只影响靠近坝体表面的混凝土，而内部各点的温度变幅极微时，称为稳定温度，一般取年平均温度作为稳定温度，将稳定温度用等值线表示，即为坝体的稳定温度场。

重力坝按平面问题分析时，其稳定温度场 $T(x, y)$ 应满足拉普拉斯方程，即

$$\frac{\partial}{\partial x}\left(\alpha_x \frac{\partial T}{\partial x}\right) + \frac{\partial}{\partial y}\left(\alpha_y \frac{\partial T}{\partial y}\right) = 0 \qquad (3-73)$$

式中：α_x、α_y 分别为 x、y 向的导温系数。

函数 T 应符合一定的边界条件：在边界 B 上，温度已知（如坝上游面的库水温度、坝下游水面以上的大气温度等），$T = T_B$；在绝热边界 C 上，沿外法线方向 n 没有热传递，即 $\partial T / \partial n = 0$，参见图 3-34。

据此，可以看出，稳定温度场的基本方程和边界条件与稳定渗流场相似。用有限元法求解时，稳定渗流场的计算公式完全适用，只需将 k_x、k_y 换成 α_x、α_y，将 H 换成 T。图 3-43 是计算得出的某重力坝稳定温度场的等温线图。

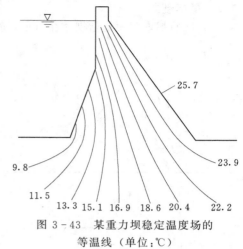

图 3-43 某重力坝稳定温度场的等温线（单位：℃）

2. 温度应力计算

物体的温度变化产生体积变形，当变形受到外部或内部约束时便产生温度应力。设三角形单元 3 个结点的温度变化为 ΔT_i、ΔT_j、ΔT_m，则单元的平均温度变化为

$$\Delta T = \frac{1}{3}(\Delta T_i + \Delta T_j + \Delta T_m)$$

在无约束条件下，由 ΔT 引起的初应变为

$$\{\varepsilon_0\} = \begin{Bmatrix} \varepsilon_{x0} \\ \varepsilon_{y0} \\ \gamma_{xy0} \end{Bmatrix} = \begin{Bmatrix} \alpha\Delta T \\ \alpha\Delta T \\ 0 \end{Bmatrix} \tag{3-74}$$

式中：α 为线胀系数，约为 1.0×10^{-5}。

在约束作用下，初应变 $\{\varepsilon_0\}$ 不能自由产生，设实际产生的应变为 $\{\varepsilon\} = [\varepsilon_x \quad \varepsilon_y \quad \gamma_{xy}]^T$，则单元的温度应力为

$$\{\sigma\}^e = [D](\{\varepsilon\} - \{\varepsilon_0\}) = [D][B]\{\delta\}^e - [D]\{\varepsilon_0\} \tag{3-75}$$

式中：$[D]$ 为弹性矩阵；$[B]$ 为应变矩阵；$\{\delta\}$ 为结点变位列阵。

由虚功原理可得因温度变化产生的单元等效结点荷载为

$$\{P_t\} = [B]^T[D]\{\varepsilon_0\}tA \tag{3-76}$$

式中：t 为单元厚度；A 为单元面积。

将 $\{P_t\}$ 与结点荷载列阵 $\{P\}$ 叠加，即得

$$[K]\{\delta\} = \{P\} - \{P_t\} \tag{3-77}$$

由式（3-77）解出结点位移后，即可计算单元应力。

3.7 重力坝的剖面设计

3.7.1 剖面设计原则

重力坝的设计断面应由基本荷载组合控制，以材料力学法和刚体极限平衡法计算成果作为确定坝体断面的依据，并以特殊荷载组合复核。设计断面要满足稳定和强度要求，保证大坝安全，工程量要小，运用方便，优选体形，便于施工，避免出现不利的应力分布状态。

3.7.2 基本剖面

重力坝的基本剖面是指坝体在自重、静水压力（水位与坝顶齐平）和扬压力 3 项主要荷载作用下，满足稳定和强度要求，并使工程量最小的三角形剖面，如图 3-44 所示。在已知坝高 H、水压力 P、抗剪强度参数 f、c 和扬压力 U 的条件下，根据抗滑稳定和强度要求，可以求得工程量最小的三角形剖面尺寸。

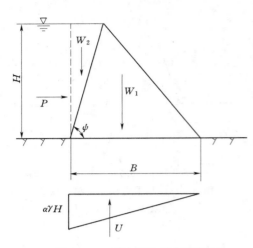

对于完整、坚硬的岩基，f、c 值较大，剖面尺寸主要由上游面不出现拉应力的条件控制，上游坝坡较陡，甚至可做成倒坡（$n<0$），但倒坡对施工不利，且在空库时，坝趾易出现拉应力。

对于完整性较差、较软弱的岩基，f、c 值较小，需要将上游坝坡放缓，以便借助上游坝面上的水重帮助坝体维持稳定。

图 3-44　重力坝的基本剖面

但当 n 太大时，在满库情况下，合力可能超出底边三分点，坝踵易出现拉应力。

根据工程经验，一般情况下，上游坝坡坡率 $n=0\sim0.2$，常做成铅直或上部铅直下部倾向上游；下游坝坡坡率 $m=0.6\sim0.8$；底宽约为坝高的 $0.7\sim0.9$ 倍。

3.7.3 实用剖面

根据交通和运行管理的需要，坝顶应有足够的宽度。为防波浪漫过坝顶，在静水位以上还应留有一定的超高。

1. 坝顶宽度

一般取坝高的 $8\%\sim10\%$，且不小于 2m。当在坝顶布置移动式启闭机时，坝顶宽度要满足安装门机轨道的要求。

2. 坝顶高程

坝顶高程应高于校核洪水位，坝顶上游防浪墙顶的高程，应高于波浪顶高程。防浪墙顶至设计洪水位或校核洪水位的高差 Δh，可按式（3-78）计算。

$$\Delta h = h_{1\%} + h_z + h_c \tag{3-78}$$

式中：$h_{1\%}$ 为累计频率为 1% 时的波浪高度，m；h_z 为波浪中心线高于静水位的高度，按式（3-6）计算；h_c 为安全加高，按表 3-10 选用。

坝顶上游防浪墙顶高程按式（3-79）计算，并选用其中的较大值。

$$\left.\begin{array}{l}防浪墙顶高程＝设计洪水位＋\Delta h_设\\防浪墙顶高程＝校核洪水位＋\Delta h_校\end{array}\right\} \tag{3-79}$$

表 3-10　安全加高 h_c　单位：m

运用情况	坝 的 级 别		
	1	2	3
设计情况（基本情况）	0.7	0.5	0.4
校核情况（特殊情况）	0.5	0.4	0.3

常用的剖面形态，如图 3-45 所示。

①上游坝面铅直，适用于混凝土与基岩接触面间的 f、c 值较大或坝体内设有泄水孔

或引水管道、有进口控制设备的情况；②上游坝面上部铅直，下部倾斜，既便于布置进口控制设备，又可利用一部分水重帮助坝体维持稳定，是实际工程中经常采用的一种形式；③上游坝面略向上游倾斜，适用于混凝土与基岩接触面间的 f、c 值较低的情况。

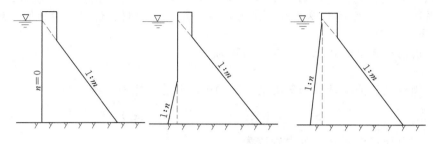

图 3-45 非溢流坝剖面形态

坝体剖面可参照条件相近的已建工程的经验，结合本工程的实际情况，先行拟定，然后根据稳定和应力分析进行必要的修正。对整个坝体要统一考虑，如溢流坝段、非溢流坝段、底孔坝段、电站坝段等，使其既经济合理又在外观上协调一致。至于重力坝基本剖面的优化设计，可参考本书 4.6 节的有关内容。

3.8 重力坝的极限状态设计法

3.8.1 重力坝剖面设计原则

直接采用结构目标可靠指标进行水工结构设计，可以比较全面地考虑有关因素变异性对结构可靠性的影响，使设计更趋合理。但考虑水工结构设计的传统习惯和所掌握资料的局限性，1994 年国家颁布的 GB 50199—94《水利水电工程结构可靠度设计统一标准》和 2000 年电力行业标准 DL 5108—1999《混凝土重力坝设计规范》，明确规定采用概率极限状态设计原则，以分项系数极限状态设计表达式进行结构计算，并应按材料的标准值和作用的标准值或设计值分别计算基本组合和偶然组合。

重力坝剖面设计，应遵循以下原则：

（1）各基本变量均应作为随机变量。

（2）以现行规范规定的计算方法为基础建立极限状态方程。

（3）要同时满足抗滑稳定和坝趾抗压强度承载能力的极限状态，以及坝踵应力约束条件的正常使用极限状态。

（4）重力坝按其所处的工作状况分为：持久状况、短暂状况和偶然状况。对处于长期使用的持久状况应考虑承载能力和正常使用两种极限状态，对短暂状况和偶然状况只考虑承载能力极限状态。

3.8.2 极限状态设计表达式

承载能力极限状态是指坝体沿坝基面或地基中软弱结构面滑动和坝趾因超过筑坝材料抗压强度而破坏的临界状态；正常使用极限状态是指坝踵不出现拉应力。

1. 承载能力极限状态设计式

承载能力极限状态设计式为

$$\gamma_0 \psi S(F_d, a_k) \leqslant \frac{1}{\gamma_d} R(f_d, a_k) \qquad (3-80)$$

式中：$S(\cdot)$ 为作用效应函数；$R(\cdot)$ 为抗力函数；γ_0 为结构重要性系数；ψ 为设计状况系数；F_d 为作用的设计值；a_k 为几何参数；f_d 为材料性能的设计值；γ_d 为结构系数。

（1）抗滑稳定极限状态作用效应函数为

$$S(\cdot) = \sum P$$

（2）坝趾抗压强度计入扬压力情况下的极限状态作用效应函数为

$$S(\cdot) = \left(\frac{\sum W}{B} - \frac{6\sum M}{B^2} \right)(1 + m^2)$$

（3）抗滑稳定极限状态抗力函数为

$$R(\cdot) = f' \sum W + c' A$$

（4）坝趾抗压强度极限状态抗力函数为

$$R(\cdot) = R_a$$

式中：R_a 为混凝土的抗压强度。

各基本变量 f'、c'、R_a 及扬压力系数 α 应以设计值代入计算。

2. 正常使用极限状态设计式

正常使用极限状态设计式为

$$\gamma_0 S(F_k, f_k, a_k) \leqslant \frac{c}{\gamma_d} \qquad (3-81)$$

式中：F_k 为作用的标准值；f_k 为材料性能的标准值；c 为结构功能的极限值。

式（3-81）中的设计状况系数、作用分项系数、材料性能分项系数均采用1.0。

以坝踵铅直应力不出现拉应力作为正常使用极限状态，作用效应的长期组合采用下列设计表达式

$$S(\cdot) = \frac{\sum W}{B} + \frac{6\sum M}{B^2}$$

坝体应力约定压应力为正，拉应力为负。因此，正常使用极限状态设计式为

$$\gamma_0 \left(\frac{\sum W}{B} + \frac{6\sum M}{B^2} \right) \geqslant 0$$

结构安全级别为Ⅱ级的建筑物 $\gamma_0 = 1.0$，有

$$\frac{\sum W}{B} + \frac{6\sum M}{B^2} \geqslant 0$$

与单一安全系数法的表达式完全相同。

短期组合下游坝面的垂直拉应力，正常使用极限状态设计式为

$$\frac{\sum W}{B} - \frac{6\sum M}{B^2} \leqslant 100 \text{（kPa）}$$

3.9　重力坝的抗震设计

抗震设计包括：抗震计算和选择安全、经济、合理的抗震结构及工程措施。

3.9.1 抗震计算

抗震计算包括：抗震强度计算和抗震稳定计算。

DL 5073—2000《水工建筑物抗震设计规范》规定：工程抗震设防等级为甲类的重力坝地震作用效应采用动力法，工程抗震设防等级为乙类、丙类的重力坝采用动力法或拟静力法，设计烈度小于 8 度且坝高不大于 70m 的重力坝可采用拟静力法。重力坝的抗震计算一般只考虑顺河流方向的水平地震作用，而对设计烈度为 8 度、9 度的 1 级、2 级坝，则应同时计入水平和竖向地震作用，但对竖向地震惯性力尚需乘以0.5 的遇合系数。抗震计算中需要考虑的地震作用有：地震惯性力、水平地震作用下的动水压力和地震动土压力。地震对扬压力和泥沙压力的影响以及竖向地震作用下的动水压力可以不计。

采用动力法时，地震动水压力可折算为与设计地震加速度相应的坝面附加质量，即

$$P_w(y) = \frac{7}{8}\alpha_h\rho_w\sqrt{H_1 y} \qquad (3-82)$$

式（3-82）中各参数的物理意义与式（3-21）和式（3-23）相同。

采用拟静力法验算重力坝坝体强度和沿坝基面抗滑稳定时，抗压、抗拉强度的结构系数应分别取 2.80 和 2.10，抗滑稳定的结构系数应取 2.70。

混凝土重力坝的动力分析可采用振型分解反应谱法，特殊重要的重力坝，可补充进行时程分析法计算。振型分解反应谱法是将坝体视为固接于刚性地基上的悬臂梁，沿高程划分为 n 个区段，各段的质量集中在各自的结点上，并假定一部分库水与坝体一起振动。忽略阻尼力的影响，令动力方程式（2-8）右端荷载项为零，可以解出 n 个自振频率和振型，进而求得相应于各振型的地震荷载。由于重力坝的地震反应是以低阶振型为主，一般只需考虑 3~5 个振型即可满足设计要求。

1. 计算地震荷载及相应的坝体动应力和地震总惯性力

作用于质点 i 的 j 振型沿地震方向的地震荷载 $q_{je}(i)$ 可按下式计算

$$q_{je}(i) = \frac{\alpha_h\xi}{g}\beta_j\gamma_j\left[X_{je}(i)G_{Ei} + \frac{1}{g}\overline{p}_{je}(i)A_i\right] \qquad (3-83)$$

$$\gamma_j = \frac{\sum_i G_{Ei}X_{je}(i) + \sum_i \overline{p}_{je}(i)A_i}{\sum_i G_{Ei}X_{je}^2(i) + \sum_i \overline{p}_{je}(i)X_{je}(i)A_i} \qquad (3-84)$$

式中：β_j 为相应于重力坝 j 振型自振周期 T_j 的设计加速度反应谱值，可由图 2-3 查得；γ_j 为 j 振型的振型参与系数（实际地面运动加速度参与激发 j 振型振动所占的比重）；$X_{je}(i)$ 为 j 振型质点 i 沿地震方向的相对位移；$\overline{p}_{je}(i)$ 为作用于质点 i 的 j 振型沿地震方向的地震动水压力；A_i 为质点 i 的迎水面分块面积；α_h 为水平向地震加速度，当设计烈度为 7 度、8 度、9 度时，α_h 分别取 $0.1g$、$0.2g$ 和 $0.4g$；ξ 为综合影响系数，可取 $1/4$；G_{Ei} 为集中在质点 i 的重量。

算出各质点不同振型的地震荷载后，可用材料力学方法求解由各振型地震荷载产生的动应力，再用平方和方根法，求得坝体动应力 S。

$$S = \sqrt{\sum S_j^2} \qquad (3-85)$$

式中：S_j 为由 j 振型地震荷载产生的动应力。

采用振型分解反应谱法计算地震作用效应时，当两个振型的频率差的绝对值与其中一个较小的频率之比小于 0.1 时，地震作用效应宜采用完全二次型方根法组合。有关公式可参见 DL 5073—2000《水工建筑物抗震设计规范》。

将 S 与相应荷载组合下的静应力叠加，即为坝体在地震作用下的总应力。

作用在重力坝上沿地震方向的总惯性力为

$$Q_0 = \frac{\alpha_h \xi}{g} \sum_i G_{Ei} \sqrt{[1 - \sum_j \gamma_j X_{je}(i)]^2 + \sum_j [\gamma_j \beta_j X_{je}(i)]^2} \qquad (3-86)$$

将 Q_0 与相应荷载组合下的滑动力叠加，即为坝体在地震作用下的总滑动力。

用上述方法求得的计算成果，既未考虑坝体的几何特性，也未考虑坝和地基的相互作用，因而是比较粗略的。对重要的或结构和地基条件复杂的重力坝，还应补充进行有限元动力分析，考虑坝和地基、坝和水体的动力相互作用，视地基为无质量地基，只计其弹性作用，将坝体、部分地基和坝前一定范围内的水域进行离散化，利用振型分解反应谱法，通过电算求得解答。

2. 材料强度和坝体强度、抗滑稳定验算

抗震强度计算中，混凝土的容许应力可比静力荷载情况适当提高，但不超过 30%；允许出现瞬时拉应力，但从偏于安全角度出发，需要核算仅由地震荷载引起的拉应力，抗拉安全系数不小于 2.5。

坝体强度和抗滑稳定应当满足 DL 5073—2000《水工建筑物抗震设计规范》的要求，同时规定：

(1) 不同抗震设防等级的水工建筑物应采用的地震反应计算方法，参见 3.2 节地震荷载部分。

(2) 作为线弹性结构的混凝土重力坝，应采用振型分解反应谱法；对特殊重要的重力坝，宜补充采用时程分析法。

(3) 采用振型分解反应谱法，其地震作用效应可由各振型反应按平方和方根法组合。当两个振型的频率差的绝对值与其中一个较小的频率之比小于 0.1 时，宜采用完全二次型方根法组合，具体计算公式见规范条文。

(4) 抗滑稳定应按抗剪断公式计算。

(5) 强度和抗滑稳定应采用分项系数极限状态设计方法，其设计表达式为

$$\gamma_0 \psi S(\gamma_G, F_{GK}, \gamma_Q, F_{QK}, \gamma_E, F_E, a_k) \leqslant \frac{1}{\gamma_d} R\left(\frac{f_K}{\gamma_f}, a_k\right) \qquad (3-87)$$

式中：γ_0 为结构重要性系数，对抗震设防等级为甲级、乙级的取 1.1，对丙级取 1.0，对丁级取 0.9；ψ 为设计状况系数，可取 0.85；$S(\cdot)$ 为作用效应函数；γ_G 为永久作用的分项系数；F_{GK} 为永久作用的标准值；γ_Q 为可变作用的分项系数；F_{QK} 为可变作用的标准值；γ_E 为对应于设计烈度的地震作用分项系数，$\gamma_E = 1.0$；F_E 为对应于设计烈度的地震作用设计值；a_k 为几何参数的标准值；γ_d 为承载能力极限状态的结构系数，对坝体应力，抗压取 1.9，抗拉取 0.85，对抗滑稳定取 0.6；$R(\cdot)$

为抗力函数；f_K 为材料性能的标准值；γ_f 为材料性能的分项系数。

与地震作用组合的各个静态作用的分项系数及标准值，应按 DL 5108—1999《混凝土重力坝设计规范》选用。凡未作为随机变量的作用和抗力，在抗震计算中，其分项系数均取为 1.0。

3.9.2　抗震措施

对建筑物实际震害调查表明：地震时，坝体顶部，特别是断面突变处，是容易出现裂缝的薄弱部位；原有裂缝将扩展延伸；孔口及廊道附近容易开裂；接缝止水易遭破坏。为此，需要采取以下工程和结构措施：

（1）做好地基处理，加强对地基中断层、破碎带、软弱夹层等薄弱部位的工程处理措施，适当提高底部混凝土标号，加强混凝土与基岩的结合，并在坝基一定范围内做好接触灌浆和固结灌浆。

（2）确保混凝土的施工质量，加强温控措施和养护，尽量减少表面裂缝。对容易出现拉应力的施工缝，要认真加强处理。

（3）在重量、刚度、地形、地质条件沿坝轴线方向有突变的部位，均应设置横缝，并选用能适应较大变形的止水型式和材料。有时横缝可做键槽。对设计烈度为 9 度的 1 级坝，可根据具体情况进行横缝灌浆，将全坝或部分坝体连在一起。

（4）适当增大坝顶部位的刚度，减轻重量，提高混凝土标号，必要时可在上、下游面布设钢筋。在折坡处宜做成圆弧形，避免突变，以减少应力集中。对溢流坝应做好闸墩与桥面板的连接。

（5）在坝内孔口和廊道附近的拉应力区，要适当增配钢筋，防止受震后裂缝发生和扩展。

（6）为便于震后检查、修复和加固，除坝底灌浆廊道外，可在下游面距坝顶约 1/4 坝高处设坝后桥等。

3.10　泄　水　重　力　坝

泄水重力坝既是挡水建筑物又是泄水建筑物，其泄水方式有坝顶溢流和坝身泄水孔泄水。在水利枢纽中，泄水重力坝可承担泄洪、向下游输水、排沙、放空水库和施工导流等任务。

3.10.1　泄水重力坝设计要点

设计泄水重力坝，除应满足稳定和强度要求外，还需要根据洪水特性、水利枢纽布置、地形、地质、工程造价、水库运用方式及下游河道安全泄量等问题，经技术经济比较，研究确定泄水重力坝的位置选择、泄水方式的组合、下泄流量分配、堰顶和泄水孔口高程、溢流坝和泄水孔体形以及消能防冲设施等。

1. 泄水重力坝位置选择

泄水重力坝的布置应结合枢纽布置全面考虑，避免与其他水工建筑物相互干扰，其下泄水流不致淘刷坝基与其他建筑物的地基及岸坡。

对于宽阔河道，泄水重力坝应布置在河道主河槽，以利于顺畅泄流、水流消能、下泄水流归槽与下游水流妥善衔接以及减少土石方开挖等。对于狭窄河道，泄水重力坝常与水电站厂房在布置上发生矛盾，解决矛盾的办法常是加大泄水重力坝的泄流单宽流量以缩短泄流前沿长度或采用泄水重力坝与电站厂房重叠布置。加大过坝单宽流量缩短泄流前沿长度的办法，有可能简化枢纽布置、降低工程造价，但要慎重考虑下游消能和抗冲的承载能力。泄水重力坝与水电站厂房重叠布置的型式有：厂房顶溢流式、挑越厂房式与坝内厂房式，这种布置非常紧凑，整体安全性好，工程量省，经济效益显著，但施工复杂，干扰较大。

2. 泄水方式的组合与流量分配

根据我国的水文特点，泄洪流量多是峰高量大，必须选择好组成泄水系统的建筑物的类别以及确定各泄水建筑物的泄流量。

泄水建筑物的泄水方式分为：表面溢流式（如溢流重力坝和岸边溢洪道）和深水泄流式（如坝身泄水孔和河岸泄水隧洞等），坝身泄水孔按进水口高程的高低又可分为中孔和底孔。坝身泄洪是经济的，表面溢流孔泄流能力大，又具有较大的超泄潜力，宜优先考虑。深水泄水孔虽然泄流能力不及表面溢流孔，但进水口淹没在水面以下，放水条件好，给水库运用带来了很大灵活性，可提高水库的利用率和安全程度。此外，深水泄水孔还具有排沙、放空水库、导流等功能。因此，泄水重力坝一般都兼有表面溢流孔和深水泄水孔。

表面溢流孔泄流能力大，宣泄同样的流量，表面溢流孔造价远小于深水泄水孔，所以泄洪任务主要应由表面溢流孔承担，其工程规模应按调洪演算，经水库调节后的泄流量来确定。深水泄水孔的工程规模应按它所担负的功能需要来确定。

3. 溢流坝堰顶和泄水孔进口高程的确定

溢流坝为满足泄洪要求，可以选择不同的溢流堰顶高程。但同样的泄流量，堰顶高程愈低，泄流前沿就愈短，可减少泄水建筑物造价，但过堰的单宽流量加大，会增加消能困难和下游河床的抗冲负担，为此需要从经济、安全两方面做周密的分析。

泄水孔进口高程选择主要按泄水孔所担负的功能和水库调度运用要求来确定。如担负放空水库和导流的泄水孔的进口高程应接近河床高程；为避免泥沙淤堵水电站进水口，排沙洞进水口应置于电站进水口下方等。进水口高程低，工作水头大，对闸门及其启闭设备要求就高，也就是说泄水孔的进水口设计要考虑国内闸门与启闭机的制造水平，目前已建深孔弧形闸门承受的总水压力已超过 87350kN，最高设计水头为142m，超过百米水头的闸孔最大面积为 $48m^2$。

有的水库因运用上的要求和其他原因，必须将溢流堰顶降低，而单宽流量又不允许增大过多，则可采用带胸墙的溢流孔口。

3.10.2 溢流重力坝

3.10.2.1 溢流重力坝的工作特点

溢流重力坝是重力坝枢纽中最重要的泄水建筑物，用于将规划库容所不能容纳的绝大部分洪水经由坝顶泄向下游，以保证大坝安全。溢流重力坝应满足的泄洪要求包括：

(1) 有足够的孔口尺寸、良好的孔口体形和泄水时具有较高的流量系数。

(2) 使水流平顺地流过坝体，不产生不利的负压和振动，避免发生空蚀现象。

（3）保证下游河床不产生危及坝体安全的局部冲刷。

（4）溢流坝段在枢纽中的位置，应使下游流态平顺，不产生折冲水流，不影响枢纽中其他建筑物的正常运行。

（5）有灵活控制水流下泄的设备，如闸门、启闭机等。

3.10.2.2 孔口设计

溢流坝的孔口设计涉及很多因素，如洪水设计标准、下游防洪要求、库水位壅高有无限制、是否利用洪水预报、泄水方式以及枢纽所在地段的地形、地质条件等。设计时，先选定泄水方式，拟定若干个泄水布置方案（除表面溢流孔口外，还可配合坝身泄水孔或泄洪隧洞），初步确定孔口尺寸，按规定的洪水设计标准进行调洪演算，求出各方案的防洪库容、设计和校核洪水位及相应的下泄流量，然后估算淹没损失和枢纽造价，进行综合比较，选出最优方案。

1. 洪水标准

洪水标准包括洪峰流量和洪水总量，是确定孔口尺寸、进行水库调洪演算的重要依据，可根据 SL 252—2000《水利水电枢纽工程等级划分及设计标准》的规定，参照表 3-11 选用。

表 3-11　山区、丘陵区水利水电工程永久性水工建筑物洪水标准 ［重现期（年）］

项　目		水工建筑物级别				
		1	2	3	4	5
设计		1000～500	500～100	100～50	50～30	30～20
校核	土石坝	可能最大洪水（PMF）或 10000～5000	5000～2000	2000～1000	1000～300	300～200
	混凝土坝、浆砌石坝	5000～2000	2000～1000	1000～500	500～200	200～100

对土石坝，如失事后下游将造成特别重大灾害时，1 级建筑物的校核洪水标准，应取可能最大洪水（PMF）或重现期 10000 年标准；2～4 级建筑物的校核洪水标准，可提高一级。对混凝土坝、浆砌石坝，如洪水漫顶将造成极严重的损失时，1 级建筑物的校核洪水标准，经过专门论证并报主管部门批准，可取可能最大洪水（PMF）或重现期 10000 年标准。

2. 孔口型式

（1）开敞溢流式（图 3-46）。这种型式的溢流孔除宣泄洪水外，还能用于排除冰凌和其他漂浮物。堰顶可以设闸门，也可不设。不设闸门的溢流孔，其堰顶高程与正常蓄水位齐平，泄洪时，库水位壅高，淹没损失加大，非溢流坝坝顶高程也相应提高，但结构简单、管理方便。适用于洪水量较小、淹没损失不大的中、小型工程。设置闸门的溢流孔，其闸门顶

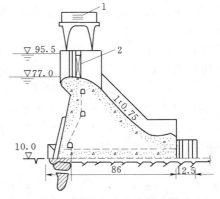

图 3-46　开敞溢流式重力坝（单位：m）
1—门机；2—工作闸门

略高于正常蓄水位，堰顶高程较低，可以调节水库水位和下泄流量，减少上游淹没损失和非溢流坝的工程量。通常大、中型工程的溢流坝均设有闸门。

　　由于闸门承受的水头较小，所以孔口尺寸可以较大，目前我国已建表孔最大闸孔面积为 437m²。当闸门全开时，下泄流量与堰顶水头 H 的 3/2 次方成正比。随着水库水位的升高，下泄流量可以迅速增大，因此，当遭到意外洪水时可有较大的超泄能力。闸门在顶部，操作方便，易于检修，工作安全可靠，所以，开敞溢流式得到了广泛采用。

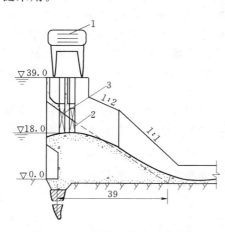

图 3-47　大孔口溢流式重力坝
（单位：m）
1—门机；2—工作闸门；3—检修闸门

　　（2）大孔口溢流式（图 3-47）。上部设胸墙，堰顶高程较低。这种型式的溢流孔可根据洪水预报提前放水，加大蓄洪库容，从而提高了调洪能力。当库水位低于胸墙时，下泄水流形式和开敞溢流式相同；库水位高出孔口一定高度后为大孔口泄流，超泄能力不如开敞溢流式。胸墙是钢筋混凝土结构，一般与闸墩固接；也有做成活动的，遇特大洪水时可将胸墙吊起，以提高泄流能力。

　　3. 孔口尺寸

　　（1）单宽流量的确定。通过调洪演算，可得出枢纽的总下泄流量 $Q_{总}$（坝顶溢流、泄水孔及其他建筑物下泄流量的总和），通过溢流孔口的下泄流量应为

$$Q_{溢} = Q_{总} - \alpha Q_0 \tag{3-88}$$

式中：Q_0 为经过电站和泄水孔等下泄的流量；α 为系数，正常运用时取 0.75～0.9，校核运用时取 1.0。

　　设 L 为溢流段净宽（不包括闸墩的厚度），则通过溢流孔口的单宽流量为

$$q = Q_{溢} / L \tag{3-89}$$

　　单宽流量的大小是溢流重力坝设计中一个很重要的控制性指标。单宽流量一经选定，就可以大体确定溢流坝段的净宽和堰顶高程。单宽流量愈大，下泄水流所含的动能也愈大，消能问题就愈突出，下游局部冲刷可能愈严重，但溢流前沿短，对枢纽布置有利。因此，一个经济而又安全的单宽流量，必须综合地质条件、下游河道水深、枢纽布置和消能工设计，通过技术经济比较后选定。对一般软弱岩石常取 $q = 30 \sim 50 \mathrm{m^3 / (s \cdot m)}$ 左右；对地质条件好、下游尾水较深和采用消能效果好的消能工，可以选取较大的单宽流量。近年来，随着消能技术的进步，选用的单宽流量也在不断增大。我国已建成的大坝中，龚嘴水电站表孔的单宽流量达 $254.2 \mathrm{m^3 / (s \cdot m)}$，安康水电站表孔单宽流量达 $282.7 \mathrm{m^3 / (s \cdot m)}$。委内瑞拉的古里坝单宽流量已突破了 $300 \mathrm{m^3 / (s \cdot m)}$。

　　（2）孔口尺寸。设有闸门的溢流坝，需用闸墩将溢流段分隔为若干个等宽的孔口。若孔口宽度为 b，则孔口数 $n = L/b$，一般选用略大于计算值的整数。令闸墩厚度为 d，则溢流前沿总长 L_0 应为

$$L_0 = nb + (n-1)d \qquad (3-90)$$

由调洪演算可求出设计洪水位及相应的下泄流量 $Q_溢$。当采用开敞溢流时，可利用式（3-91）计算堰顶水头 H_0。

$$Q_溢 = nb\varepsilon m \sqrt{2g} H_0^{3/2} \qquad (3-91)$$

式中：ε 为闸墩侧收缩系数，与墩头型式有关；m 为流量系数，与堰顶型式有关；g 为重力加速度，m/s^2。

设计洪水位减去 H_0 即为堰顶高程。

当采用大孔口泄流时，可用式（3-92）计算

$$Q_溢 = nbam \sqrt{2g(H_0 - \alpha a)} \qquad (3-92)$$

式中：a 为闸门开启高度，m；α 为孔口垂直收缩系数，与比值 a/H 有关，见表3-12。

表 3-12　　　　　　　　　　　孔口垂直收缩系数随 a/H 变化表

a/H	<0.005	0.2	0.4	0.5	0.6	0.7
α	0.61	0.62	0.633	0.645	0.66	0.69

确定孔口尺寸时应考虑以下因素：

（1）泄洪要求。对于大型工程，应通过水工模型试验检验泄流能力。

（2）枢纽布置。宣泄同一流量，孔口高度愈大，单宽流量愈大，溢流段愈短；设有闸门的孔口宽度愈小，孔数愈多，闸墩数也愈多，溢流段总长度也相应加大；孔口宽度愈大，启门力也愈大，工作桥跨度也相应加大。近期建成的溢流坝，一般都尽可能加大孔口尺寸，以增大表孔宣泄总泄量的比例。孔口宽高比的确定要考虑闸门结构合理、操作方便等因素。表孔宜选用宽而扁的形状，宽高比常采用 $b/H \approx 1.0 \sim 2.0$；在狭窄河道上的溢流坝，因溢流前沿宽度受限，从枢纽布置考虑，孔口宽高比取小于1是经济合理的。为了便于闸门的设计与制造，应尽量采用规范推荐的孔口尺寸。

（3）下游水流条件。单宽流量愈大，下游消能问题就愈突出。为了控制下游河床水流流态，闸门要对称均衡开启，孔口数目最好采用奇数。

当校核洪水和设计洪水相差较大时，应考虑非常泄洪设施，如适当加长溢流前沿长度；当地形、地质条件适宜时，还可以像土坝枢纽一样设置岸边非常溢洪道。

4. 闸门和启闭机

闸门分为工作闸门、检修闸门和事故闸门。工作闸门用来调节下泄流量，需要在动水中启闭，要求有较大的启门力；检修闸门用于短期挡水，以便对工作闸门、建筑物及机械设备进行检修，可在静水中启闭，启门力较小；事故闸门是在建筑物或设备出现事故时紧急应用，要求能在动水中关闭孔口。工作闸门一般设在溢流堰顶，有时为了使溢流面更陡一些，可将闸门设在靠近堰顶不远的下游处。检修闸门和工作闸门之间应留有 $1 \sim 3m$ 的净距，以便进行检修。全部溢流孔通常备有 $1 \sim 2$ 个检修闸门，交替使用。

常用的工作闸门有平面闸门和弧形闸门。平面闸门的主要优点是：结构简单，闸墩受力条件好，各孔口可共用一个活动式启门机；缺点是：启门力较大，闸墩较厚，

设有门槽，水流条件差。弧形闸门的主要优点是：启门力较小，闸墩较薄，无门槽，水流平顺；缺点是：闸墩较长，且受力条件较差。

检修闸门可以采用平面闸门、浮箱闸门，也可以采用比较简单的叠梁。

启闭机有活动式的和固定式的。活动式启闭机多用于平面闸门，可以兼用于启吊工作闸门和检修闸门。固定式启闭机固定在工作桥上，多用于弧形闸门。

关于闸门与启闭机的型式和构造可参见本书第9章。

5. 闸墩和工作桥

闸墩承受闸门传来的水压力，也是坝顶桥梁的支承。

闸墩的平面形状，在上游端应使水流平顺，减小孔口水流的侧收缩；下游端应减小墩后水流的水冠和冲击波。上游端常采用半圆形或椭圆形；下游端一般用流线型或圆弧曲线，也有用半圆形的。常见的闸墩形状如图3-48所示。近年来，溢流坝闸墩的下游端也常采用方形，使墩后形成一定范围的空腔，有利于过坝水流底部掺气，防止溢流坝面发生空蚀。

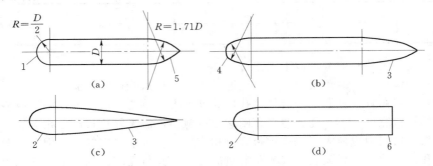

图3-48　常见的闸墩形状

1—半圆曲线；2—椭圆曲线；3—抛物曲线；4—三圆弧曲线；5—圆弧曲线；6—方形

闸墩厚度与闸门型式有关。采用平面闸门时需设闸门槽，工作闸门槽深0.5～2.0m，宽1～4m，门槽处的闸墩厚度不得小于1～1.5m，以保证有足够的强度。弧形闸门闸墩的最小厚度为1.5～2.0m。如果是缝墩，墩厚要增加0.5～1.0m。由于闸墩较薄，需要配置受力钢筋和温度钢筋。表孔采用大跨度弧形闸门，加大闸墩厚度有利于加强弧形闸门的支铰结构。将大坝横缝及止水结构设在坝段跨中，采用整体闸墩，并使用预应力结构，是溢流坝表孔布置的一种发展趋势。

闸墩的长度和高度，应满足布置闸门、工作桥、交通桥和启闭机械的要求，如图3-49所示。平面闸门多用活动式启闭机，轨距一般在10m左右。当交通要求不高时，工作桥可兼做交通桥使用，否则需另设交通桥。门机高度应能将闸门吊出门槽。在正常运用中，闸门提起后可用锁定装置挂在闸墩上。弧形闸门一般采用固定式启门机，为将闸门吊至溢流水面以上，需将工作桥提高。交通桥则要求与非溢流坝坝顶齐平。为了改善水流条件，闸墩需向上游伸出一定长度，并将这部分做到溢流坝坝顶以下约一半堰顶水深处。

溢流坝两侧设边墩，也称为边墙，一方面起闸墩的作用，同时也起分隔溢流坝段和非溢流坝段的作用，如图3-50所示。边墩从坝顶延伸到坝趾，边墩高度由溢流水

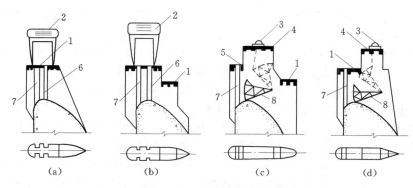

图 3-49　溢流坝顶布置图

1—公路桥；2—门机；3—启闭机；4—工作桥；5—便桥；6—工作门槽；7—检修门槽；8—弧形闸门

图 3-50　边墩和导墙

深决定，并应考虑溢流面上由水流冲击波和掺气所引起的水深增加值，边墩顶一般高出水面 1~1.5m。当采用底流式消能工时，边墩还需延长到消力池末端形成导墙。当溢流坝与水电站并列时，导墙长度要延伸到厂房后一定的范围，以减少溢流时尾水波动对电站运行的影响。为了防止温度裂缝，在导墙上每隔 15m 左右做一道伸缩缝，缝内做简单的止水，以防止工作时漏水。导墙的顶部厚度为 0.5~2.0m，下部厚度根据结构计算确定。

6. 横缝的布置

溢流坝段的横缝，有以下两种布

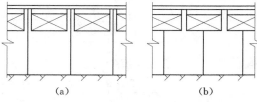

图 3-51　溢流坝段横缝的布置

置方式（图 3-51）：①缝设在闸墩中间，当各坝段间产生不均匀沉降时，不致影响闸门启闭，工作可靠，缺点是闸墩厚度较大；②缝设在溢流孔跨中，闸墩成为整体墩，可使大跨度弧形闸门支铰结构得到加强，但易受地基不均匀沉降的影响。

3.10.2.3　泄水重力坝设计中有关高速水流的几个问题

高水头泄水重力坝泄水时，由于流速很高（可达 30~40m/s），因而产生了高速水流特有的一些物理现象，如空蚀、掺气、压力脉动和冲击波等，设计时必须予以考虑。

1. 空化和空蚀

在自然条件下，水体中含有许多很小的气核，当过坝水流中某点的压强降至饱和蒸汽压强时，气核迅速膨胀为小空泡，这种现象称为空化。当低压区的空化水流流经下游高压区时，空泡遭受压缩而溃灭，由于溃灭时间极为短暂（一般只有千分之几秒），会产生一个很高的局部冲击力（可达几千个大气压）。若空泡溃灭发生在靠近过水坝面，局部冲击力大于材料的内聚力时，可使坝面遭到破坏，这种现象称为空蚀。

国内外的工程运行经验和试验表明，当水流流速超过 15m/s 时，就有可能发生空蚀破坏，且空蚀强度与水流流速的 5～7 次方成正比。溢流面不平整，往往是引起空蚀破坏的主要原因。而溢流面不平整不论在施工期还是在运行期都会产生，例如，施工期放样不准、模板走样、混凝土质量不佳和运行期泥沙对坝面不均匀磨损等，都会造成不平整。常见的空蚀部位及过流流态如图 3-52 所示。

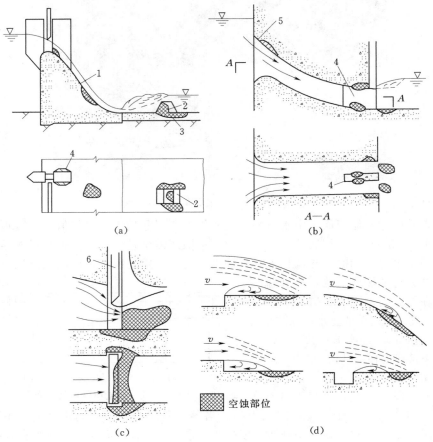

图 3-52　泄水建筑物常见的空蚀部位

1—溢流面；2—辅助消能工；3—护坦板；4—闸墩；

5—孔口的进口；6—底孔或隧洞的深水闸门

水流空化数 σ 是衡量实际水流发生空化可能性大小的指标，其表达式为

$$\sigma = \frac{p_0 - p_v}{\gamma v^2 / (2g)} \qquad (3-93)$$

式中：p_0 为水流未受到边界局部变化扰动处的绝对压强，kPa；p_v 为汽化压强，kPa；γ 为水的容重，kN/m^3；v 为水流未受到边界局部变化扰动处的流速，m/s；g 为重力加速度，m/s^2。

当过流边壁几何形状一定，水流空化数 σ 小到某一临界值时，边壁某处出现空化，这时的空化数称为该体形的初生空化数 σ_i。初生空化数 σ_i 只与几何体形有关，可由减压试验求出。一般情况下，当 $\sigma > \sigma_i$ 时，不会发生空化水流，当然也就不会发生空蚀；当 $\sigma \leqslant \sigma_i$ 时，产生空化水流，就可能发生空蚀。设计时应使 $\sigma > \sigma_i$。

不平整度愈大，产生初生空化的流速愈小，且不平整形状对初生空化的流速也有影响。为了防止空蚀，对过水表面不平整度提出适当的限制是完全必要的。为此，中国水利水电科学研究院水力学所建议按不同水流空化数 σ 来确定突体磨削坡度，见表 3-13。

由表 3-13 可以看出，水流空化数 σ 愈小，要求过水表面突体的坡面愈缓。相同的水流空化数要求垂直水流流向的突体坡度比顺水流流向的突体坡度要更缓些。

表 3-13 水流空化数 σ 与突体磨削坡度的关系

水流空化数 σ	0.5~0.3	0.3~0.1	<0.1
垂直水流流向的磨平坡度	1/30	1/50	1/100
顺水流流向的磨平坡度	1/10	1/30	1/50

表 3-14 流速与磨削坡度的关系

流速（m/s）	12.2~27.4	27.4~36.6	>36.6
磨削坡度	1/20	1/50	1/100

美国对不平整度提出了相当严格的要求：垂直水流流向的升坎坎高不允许大于 3.2mm，顺水流流向的升坎坎高不允许大于 6.3mm。当超出此限度时，要按流速与磨削坡度的关系磨平，见表 3-14。在水流边界层发展比较充分的区域，靠近过水表面的流速减小，此时应按近壁流速进行磨削处理。

总之，在高速水流作用下的过水表面，应按不平整度要求精心施工，尤其在易发生空蚀的闸门槽底坎及其下游侧、闸墩下游端附近坝面、变坡段、反弧起点、紧邻反弧终点的下游水平段和其他边界条件变化段，更应注意。施工完成后，若发现不平整度不符合要求，则应进行磨削处理。

依靠控制不平整度来预防空蚀，在工程实施中是很困难的，因为溢流坝过水表面积大，混凝土强度又高，要把所有突体处理到要求的平顺光滑度，不仅工作量大，费用高昂，而且工艺上也存在困难。特别是在水流空化数小于 0.2 时，不平整度很难达到要求。为此，必须采取其他防空蚀措施，例如，设计合理的溢流坝面体形、设置掺气减蚀装置、采用抗空蚀性能好的材料以及合理的运行方式等。这些措施将在后续的有关章节中讲授。

2. 掺气

由溢流重力坝下泄的水流，当流速超过 7~8m/s 时，空气从自由表面进入水体，产生掺气现象。掺气水流主要分为自掺气和强迫掺气两大类。溢流坝面泄流，由于底部边界层发展到水流表面而掺气、挑射水流射入空中扩散而掺气以及挑射水流射入水

垫时发生卷吸空气等都是自掺气。而由于结构物的扰动，使水流局部区域掺气，如闸门槽、闸墩等部位的掺气现象则是强迫掺气。

高速水流掺气，对工程来讲有利有弊。溢流面水流底部掺气可以减免空蚀，射流在空中扩散掺气和射流在水垫中掺气，可消耗大部分多余能量，有利于消能防冲。水流掺气后水体膨胀，水深增加，要求溢流坝边墙加高；对明流隧洞要求加大洞顶净空；水流掺气后，水滴飞溅，会形成雾化区，对工程、设备及工作与生活都有不利的影响。

沿陡槽泄流时的掺气水流可划分为：无掺气水流区、发展中的掺气水流区和充分发展的掺气水流区3个区域，如图3-53所示。水、气开始掺混处，或出现乳白色水处，称为掺气起点，亦即水流边界层由底部发展到表面的位置。有人提出沿陡坡水流掺气起点的位置可按式（3-94）计算。

$$L = (10 \sim 15)q^{2/3} \tag{3-94}$$

式中：L为掺气起点至堰顶的沿程距离，m；q为单宽流量，$\mathrm{m^3/(s \cdot m)}$。

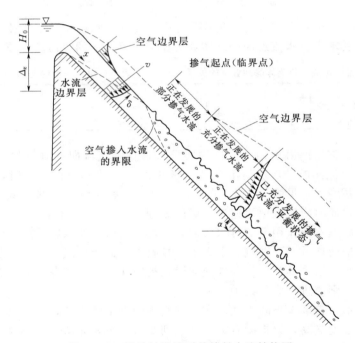

图3-53 沿陡坡泄流时的掺气水流结构图

计算掺气起点的经验公式很多，但在理论上还有待深入。由于各家所采用的测量方法和分析方法不同，所得经验公式也不尽相同，故在求掺气起点时，应多选用几个公式计算，经比较后选定。

掺气水深h_a的计算尚无理论公式，SL 253—2000《溢洪道设计规范》规定：掺气水深可按式（3-95）估算。

$$h_a = \left(1 + \frac{\zeta v}{100}\right)h \tag{3-95}$$

式中：h 为未计入波动及掺气的水深，m；h_a 为计入波动及掺气的水深，m；v 为未计入波动及掺气计算断面上的平均流速，m/s；ζ 为修正系数，s/m，一般取 1.0～1.4，视流速和断面收缩情况而定，当流速大于 20m/s 时，宜采用较大值。

3. 水流脉动

泄水建筑物中的水流属于高度紊动的水流，其基本特征是流速和压力随时间在不断变化，即所谓脉动。水流对泄水建筑物的作用力主要是动水压力，作用在溢流坝面某点上的瞬时总压力 p 可视为时均压力 $\overline{p}$ 和脉动压力 p' 之和，即 $p = \overline{p} + p'$，如图 3-54 所示。

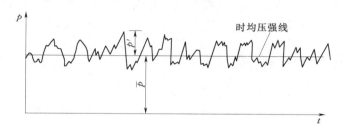

图 3-54　压力时均值与脉动值示意图

在设计中，表征脉动压力的主要参数是频率和振幅（指波峰顶点或波谷底点到时均压强线的垂直距离）。水流脉动对水工建筑物的影响主要有以下几个方面：

（1）增大作用在建筑物上的瞬时荷载。在许多情况下，确定动水荷载时只考虑时均水压力是不够的，还应考虑脉动压力引起的荷载增加。溢流坝面的脉动压力，根据国内外室内及原型观测资料表明，其双倍振幅为 2%～10% 的流速水头。

（2）脉动压力变化有一定的周期性。如果脉动压力频率与其作用的建筑物固有频率相接近，则可能引起建筑物振动，甚至共振。为此，设计护坦、溢流厂房顶板、闸门等轻型结构时，应对脉动压力诱发结构振动产生的危害进行分析。

（3）增加空蚀破坏的可能性。由于水流强烈紊动，瞬时总压力因脉动压力有时比时均压力小，因而瞬时水流空化数有时要比时均水流空化数小。在此情况下，即使时均水流空化数较初生空化数大，也有可能出现瞬时水流空化数小于初生空化数的情况，而使水流发生空化，导致过水表面的空蚀破坏。

4. 冲击波

在高速水流边界条件发生变化处，如断面扩大、收缩、转弯处，将产生冲击波。溢流坝闸门槽、墩尾等处均是引起冲击波的部位。有关冲击波对溢流面上流态的影响，将在岸边溢洪道泄槽中作详细介绍。

3.10.2.4　溢流面体形设计

溢流面由顶部曲线段、中间直线段和反弧段三部分组成。设计要求：①有较高的流量系数，泄流能力大；②水流平顺，不产生不利的负压和空蚀破坏；③体形简单、造价低、便于施工等。

1. 顶部曲线段

溢流坝顶部曲线是控制流量的关键部位，其形状多与锐缘堰泄流水舌下缘曲线相吻合，否则会导致泄流量减小或堰面产生负压。顶部曲线的型式很多，常用的有克—奥曲线和 WES 曲线。我国早期多用克—奥曲线。由于 WES 坝面曲线的流量系数较大且剖面较瘦，工程量较省，坝面曲线用方程控制，比克—奥曲线用给定坐标值的方法设计施工方便，所以近年来我国多采用 WES 曲线。

　　WES 型溢流堰顶部曲线以堰顶为界分上游段和下游段两部分。上游段曲线曾用过双圆弧、椭圆等型式。近年来，又提出了三圆弧及下列型式的曲线

$$\frac{y}{H_d} = 0.413\left(\frac{x}{H_d}\right)^{0.625} - 0.81\left(\frac{x}{H_d}\right)^{1.85} \tag{3-96}$$

式中：H_d 为定型设计水头，一般为校核洪水位时堰顶水头的 75%～95%。

　　WES 型堰顶下游段曲线，当坝体上游面为铅直时，可按式（3-97）计算。

$$x^{1.85} = 2.0 H_d^{0.85} y \tag{3-97}$$

坐标原点在堰顶，如图 3-55 所示。

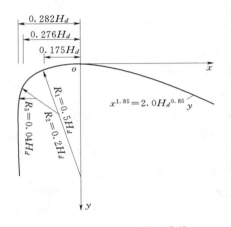

图 3-55　WES 型堰面曲线

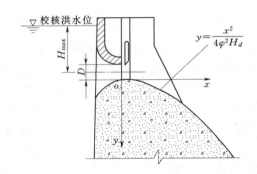

图 3-56　孔口射流曲线

　　若坝的上游面不是铅直的，则下游段曲线尚需做一定的修正。

　　对于设有胸墙的大孔口。若校核洪水情况下最大作用水头 H_{max}（孔口中心线上）与孔口高度 D 的比值 $H_{max}/D > 1.5$ 或闸门全开时仍属孔口泄流，则应按孔口射流曲线设计溢流面，曲线方程为

$$y = \frac{x^2}{4\varphi^2 H_d} \tag{3-98}$$

式中：H_d 为定型设计水头，m，一般取孔口中心线至校核洪水位时堰顶水头的 75%～95%；φ 为孔口收缩断面处的流速系数，一般取 $\varphi = 0.96$，若孔前设有检修闸门槽时取 $\varphi = 0.95$。

　　坐标原点设在堰顶最高点，如图 3-56 所示，原点左侧的上游段采用复合圆弧或椭圆曲线与上游坝面连接，胸墙下缘也采用圆弧或椭圆曲线。当 $1.2 \leqslant H_{max}/D \leqslant 1.5$ 时，堰面曲线应通过模型试验确定。

　　按定型设计水头确定的溢流面顶部曲线，当通过校核洪水时将出现负压，一般要求负压值不超过 3～6m 水柱高（1m 水柱高 = 9.8kPa）。

2. 反弧段

溢流坝面反弧段是使沿溢流面下泄水流平顺转向的工程设施，通常采用圆弧曲线，反弧半径应结合下游消能设施来确定。根据 DL 5108—1999《混凝土重力坝设计规范》规定：对于挑流消能，$R = (4 \sim 10) h$，h 为校核洪水闸门全开时反弧段最低点处的水深。反弧处流速愈大，要求反弧半径愈大。当流速小于 16m/s 时，取下限；流速大时，宜采用较大值。当采用底流消能，反弧段与护坦相连时，宜采用上限值。

合理选取反弧半径 R 值，是一个尚待妥善解决的问题。实际工程反弧半径 R 的取值范围，远远超过 $R = (4 \sim 10) h$ 的限度。有人根据国内外 60 个工程资料，针对影响反弧半径的主要因素进行优化，提出反弧半径的经验公式为

$$R = \frac{2}{3} Fr^{3/2} h \qquad (3-99)$$

$$Fr = v / \sqrt{gh}$$

式中：Fr 为反弧最低点处的弗劳德数。

式（3-99）可作为工程设计参考，大、中、小工程均能应用。

圆弧曲线结构简单，施工方便，但工程实践表明容易发生空蚀破坏。水流沿溢流面下泄，沿程流速递增，而水深递减，亦即水流的空化数沿程是递减的。水流进入反弧段受凹曲率的影响，该处的压力为动水压力与离心力之和。在反弧段最低点附近的压力最大，最低点之前存在逆压力梯度，最低点之后存在顺压力梯度。所以，在反弧段起点附近的空化数比其他部位低，是可能产生水流空化的部位；反弧段末端因离心力消失，压力突然降低，流速脉动强烈，该处最易发生空蚀破坏。为此，许多人开展了探求新型反弧曲线的研究，如等空化数反弧曲线和等安全压力反弧曲线等。

3. 中间直线段

中间直线段与坝顶曲线和下部反弧段相切，坡度与非溢流坝段的下游坡相同。

4. 剖面设计

溢流重力坝剖面要与其邻近的非溢流重力坝的基本剖面相适应。上游坝面一般设计成铅直的，或上部铅直、下部倾向上游，并尽量与非溢流重力坝的上游坝面相一致。当溢流重力坝剖面小于基本三角形剖面时，可适当调整堰顶曲线，使其与三角形的斜边相切；对有鼻坎的溢流坝，鼻坎超出基本三角形以外，当 $l/h > 0.5$，经核算 $B—B'$ 截面的拉应力较大时，可设缝将鼻坎与坝体分开，如图 3-57 (a) 所示。我国窝、石泉等工程就是采用的这种型式。当溢流重力坝剖面大于基本三角形剖面时，为节约坝体工程量，但又不影响泄流能力，可将堰顶突向上游，如图 3-57 (b) 所示，其突出部分的高度 h_1 应大于 $0.5 H_{max}$（H_{max} 为堰顶最大水头）。如溢流重力坝较低，其坝面顶部曲线段可直接与反弧段连接，而无中间直线段，见图 3-57 (c)。

3.10.2.5 消能防冲设计

1. 消能工的设计原则及型式

由溢流坝下泄的水流具有巨大的能量，必须妥善进行处理，否则势必导致下游河床被严重冲刷，甚至造成岸坡坍塌和大坝失事。所以，消能措施的合理选择和设计，对枢纽布置、大坝安全及工程量都有重要意义。

消能工消能是通过局部水力现象，把水流中的一部分动能转换成热能，随水流散

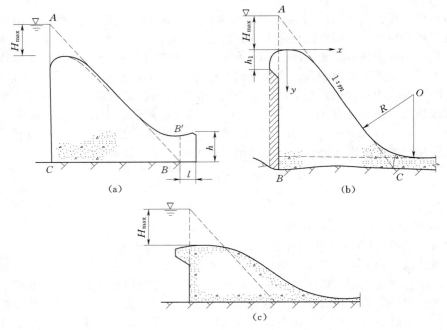

图 3-57　溢流重力坝剖面

逸。实现这种能量转换的途径有：水流内部的紊动、掺混、剪切及漩滚；水股的扩散及水股之间的碰撞；水流与固体边界的剧烈摩擦和撞击；水流与周围气体的摩擦和掺混等。消能型式的选择，要根据枢纽布置、地形、地质、水文、施工和运用等条件确定。消能工的设计原则是：①尽量使下泄水流的大部分动能消耗在水流内部的紊动中，以及水流和空气的摩擦上；②不产生危及坝体安全的河床或岸坡的局部冲刷；③下泄水流平稳，不影响枢纽中其他建筑物的正常运行；④结构简单，工作可靠；⑤工程量小。

　　常用的消能工型式有：底流消能、挑流消能、面流消能和消力戽消能等。其中，挑流消能方式应用最广，底流消能方式次之，而消力戽和面流消能方式应用较少。随着坝工建设的迅速发展，泄洪消能技术已有不少新的进展，主要表现在：①常见的底流和挑流消能方式有了很大的改进与发展，增强了适应性和消能效果；②出现了一些新型高效的消能工；③因地制宜采用多种消能工的联合消能型式。

　　2. 底流消能

　　(1) 底流消能的特点及措施。底流消能是通过水跃，将泄水建筑物泄出的急流转变为缓流，以消除多余动能的消能方式。消能主要靠水跃产生的表面漩滚与底部主流间的强烈紊动、剪切和掺混作用。底流消能具有流态稳定、消能效果较好、对地质条件和尾水变幅适应性强以及水流雾化很小等优点，多用于中、低水头。但护坦较长，土石方开挖量和混凝土方量较大，工程造价较高。

　　根据尾水深度小于、等于或大于水跃跃后水深，下泄水流将出现远驱、临界和淹没水跃 3 种衔接流态。在工程上，要设计成能产生具有一定淹没度 σ（$\sigma=1.05\sim$

1.10）的水跃，此时水跃消能的可靠性大，流态稳定；但淹没度不能过大，否则将使消能效率降低，护坦长度加长。临界水跃消能效果最好，但流态不稳定，有时会产生远驱水跃，河床需要保护的范围反而加长，应设法避免。实际工程中，常采用以下 3 种措施：①在护坦末端设置消力坎，在坎前形成消力池；②降低护坦高程形成消力池；③既降低护坦高程，又建造消力坎形成综合消力池。底流消能设计是在给定的泄流量和相应的上、下游水位的条件下，选定合适的护坦高程和护坦长度。消力池的长度取决于水跃长度，一般为平底自由水跃长度的 70%～80%。

消力池是水跃消能工的主体，其横断面除少数为梯形外，绝大多数呈矩形。在平面上多数是等宽的，也有做成扩散式或收缩式的。为了适应较大的尾水位变化及缩短平底段护坦长度，护坦前段常做成斜坡。又为了控制下游河床与消力池的高差，以期获得较好的出池水流流态，可采用多级消力池。在消力池内设置辅助消能工，可增强消能效果，缩短池长。有的工程采取工程措施引用一部分水体，反向与下泄水流对冲，形成反向流消力池，此种消力池对低弗劳德数消能特别有效，在德国、印度等国家均有工程实

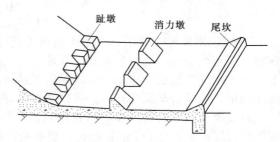

图 3-58　辅助消能工

例。常见的辅助消能工有分流趾墩、消力墩及尾坎等，如图 3-58 所示。当跃前流速大于 15m/s 时，辅助消能工易遭空蚀破坏，不宜采用。

底流消能多用于中、小型工程，而用于高坝泄洪消能的则较少。坝高超过 200m 采用底流消能的有 3 座：俄罗斯的萨扬舒申斯克重力拱坝、印度的巴克拉重力坝和美国的德沃歇克重力坝。我国安康水电站重力坝，最大坝高 120m，也采用了底流消能。萨扬舒申斯克坝代表了目前世界上水跃消能的最高水平。

底流消能历史悠久，在实践中积累了丰富的经验，如做好护坦底板的接缝及其与基岩的锚固和排水；为了获得较好的出池水流流态，应避免消力池底板过多地低于下游河床，尾坎高度一般控制在尾水水深的 1/4 以内；在消力池出口一定范围内要做好清渣，防止回流、漩涡将石砾卷进池内，使护坦遭受磨损；规定闸门操作程序，避免消力池内产生不对称水流等，可供设计借鉴。

（2）护坦构造。护坦用来保护河床免受高速水流的冲刷。对底流消能，护坦长度应延伸至水跃跃尾；对其他型式的消能工，当可能产生临近坝趾的冲刷时，也需在坝趾下游设置护坦。护坦厚度应满足稳定要求，即在扬压力和脉动压力等荷载作用下不被浮起，可按下面介绍的方法进行粗略估算。

令时均压强 p 为

$$p = \alpha \gamma H_2 \tag{3-100}$$

粗略估算时，护坦始端取 $\alpha = \frac{1}{3} \sim \frac{1}{2}$，在距离收缩断面 $x = \left(\frac{1}{3} \sim \frac{1}{2}\right) L$ 之后取 $\alpha = 1.0$。

护坦上的平均脉动压强可取

$$A' = \pm \alpha_m \frac{\gamma v_c^2}{2g} \tag{3-101}$$

式中：H_2 为下游水深，m；γ 为水的容重，kN/m^3；L 为护坦长度，m；v_c 为收缩断面处的平均流速，m/s；α_m 为脉动压力系数，护坦上游端可取 $\alpha_m = 0.10$，下游端可取 $\alpha_m = 0.05$。

作用于护坦上的动水压力比较复杂，最好由水工模型试验确定。

护坦下设有排水，一般可不考虑渗流压力，作用于护坦底面的扬压力强度为

$$u = \gamma(H_2 + \delta) \tag{3-102}$$

式中：δ 为护坦厚度，m。

令 P 为护坦顶面的总静水压力，A 为总脉动压力，U 为总扬压力，W 为总的混凝土重，则护坦抗浮起的稳定安全系数为

$$K = \frac{W}{U + A - P} \tag{3-103}$$

一般要求 $K = 1.2 \sim 1.4$，当 K 值小于设计要求时，需设锚筋，采用 $\phi25 \sim \phi36$ 的钢筋，间距 $1.5 \sim 2.0m$，插入基岩深度 $1.5 \sim 3.0m$，锚筋应连接在护坦的温度钢筋网上。为了增强钢筋的锚定力，可将钢筋下端锯开，插入楔子，打入孔内，再用水泥浆浇注固结，当基岩坚固完整时，可以获得良好的效果。

假设锚筋被拔起时所带动的岩体底部呈锥形体［图 3-59（b）］，锚筋的有效长度为 T，间距为 l，岩石容重为 γ_R，则每根钢筋的抗拔力 f 为

$$f = (\gamma_R - 1)l^2 T \tag{3-104}$$

加上锚筋的锚固长度后，锚筋的实际长度应为

$$D = T + l/4 + 30d \tag{3-105}$$

式中：d 为钢筋直径。

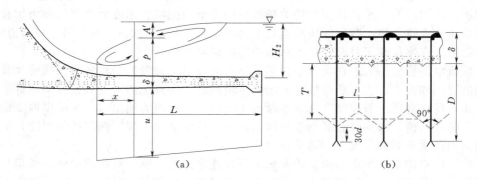

图 3-59　护坦稳定计算简图

令 F 为护坦全部锚筋的总抗拔力，则稳定安全系数为

$$K = \frac{W}{(U + A - P) - F} \tag{3-106}$$

护坦厚度可以是变化的，即靠上游侧厚，下游侧薄，也可做成等厚的。为了防止护坦混凝土受基岩约束产生裂缝，在护坦内应设置温度伸缩缝，顺河流流向的缝一般与闸墩中心线对应，横向缝间距为 $10 \sim 15m$。为了降低护坦底部的扬压力，应设置排水系统，排水沟尺寸约为 $0.2m \times 0.2m$。护坦末端可做齿坎或齿墙以防止水流淘刷，如图 3-60 所示。

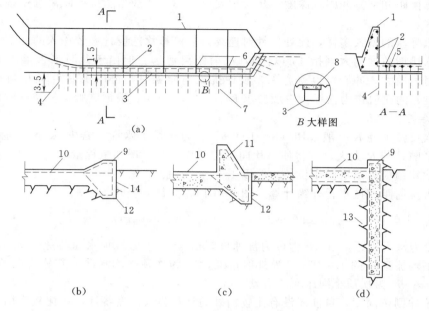

图 3-60 护坦构造（单位：m）

1—边墙；2—$\phi19@30$ 双向钢筋；3—$0.2m \times 0.2m$ 排水沟，间距 6m；4—$\phi25$ 排水孔，间距 1.5m；
5—纵缝，涂沥青；6—横缝，设键槽；7—$\phi25$ 排水孔，间距 2.6m；8—排水沟盖板；9—尾坎；
10—护坦；11—消力坎；12—齿墙；13—防淘墙；14—沥青涂面

当护坦上的水流流速较高时，应采用抗蚀耐磨混凝土，以防止空蚀及磨损破坏。需要强调指出的是：在护坦分块之间必须做好止水。萨扬舒申斯克水电站消力池护坦分块的平面尺寸为 $6.25m \times 7.5m$，最大厚度约 9m，分块间未设止水，在 1986 年、1988 年泄洪时，护坦块体产生失稳破坏。经研究认为，护坦分块在高速水流作用下所产生的振动位移，与混凝土护坦面上及分块间缝中的脉动压力有关。缝中的脉动压力随溢流坝工作时间增长而加大，混凝土块的振动逐渐加剧，引起混凝土块与地基连接面的疲劳破坏，造成了护坦混凝土块的振动加大而失稳。实践证明，缝间无止水设施的护坦是不能持久的，必须加强各分块之间的机械联系和止水设施，阻止脉动压力在分块之间的缝隙传播，以保证护坦运行的安全。

3. 挑流消能

（1）挑流消能的特点与设计。挑流消能是利用泄水建筑物出口处的挑流鼻坎，将下泄急流抛向空中，然后落入离建筑物较远的河床，与下游水流相衔接的消能方式。能量耗散大体分 3 部分：急流沿固体边界的摩擦消能；射流在空中与空气摩擦、掺气、扩散消能；射流落入下游尾水中淹没紊动扩散消能。挑流消能通过鼻坎可以有效地控制射流落入下游河床的位置、范围和流量分布，对尾水变幅适应性强，结构简单，施工、维修方便，工程量小。但下游冲刷较严重，堆积物较多，尾水波动与雾化都较大。挑流消能适用于基岩比较坚固的中、高水头各类泄水建筑物，是应用非常广泛的一种消能工。

挑流消能设计的主要内容包括：选择鼻坎型式，确定鼻坎高程、反弧半径、挑角，计算挑距和下游冲刷坑深度。从大坝安全考虑，一般希望挑射距离远一些，冲刷坑浅一些。

挑流鼻坎的型式多样，此处仅针对连续式挑流鼻坎的设计做较深入的介绍。

鼻坎挑射角度愈大（指45°以内），挑射距离愈远。但由于此时水舌落入下游水垫的入射角较大，冲刷坑也就愈深。设计挑流消能工时，可用挑射距离 L 与最大冲刷坑深度 t'_k 的比值作为指标，一般要求 $L/t'_k > 2.5 \sim 5.0$。根据试验，鼻坎挑射角度一般采用 $\theta = 20° \sim 25°$。

鼻坎反弧半径 R 一般采用 $(8 \sim 10)h$，h 为鼻坎上水深。若 R 太小，则水流转向不够平顺；若 R 太大，则将使鼻坎向下游延伸太长，增加工程量。

鼻坎坎顶应高出下游水位，一般以 $1 \sim 2m$ 为宜。

水舌挑射距离按水舌外缘计算（图3-61），其估算公式为

$$L = \frac{1}{g}\left[v_1^2\sin\theta\cos\theta + v_1\cos\theta\sqrt{v_1^2\sin^2\theta + 2g(h_1 + h_2)}\right] \qquad (3-107)$$

式中：L 为水舌挑距，m；g 为重力加速度，m/s²；v_1 为坎顶水面流速，m/s，约为鼻坎处平均流速 v 的 1.1 倍；θ 为挑射角度；h_1 为坎顶平均水深 h 在铅直向的投影，$h_1 = h\cos\theta$；h_2 为坎顶至河床面的高差，m。

关于冲刷坑深度，目前还没有比较精确的计算公式。据统计，在比较实用的几个公式中，计算结果相差可达 $30\% \sim 50\%$，工程上常按式（3-108）进行估算。

$$t_k = \alpha q^{0.5} H^{0.25} \qquad (3-108)$$

式中：t_k 为水垫厚度，自水面至坑底的距离，m；q 为单宽流量，m³/（s·m）；H 为上、下游水位差，m；α 为冲坑系数，对坚硬完整的基岩 $\alpha = 0.9 \sim 1.2$，坚硬但完整性较差的基岩 $\alpha = 1.2 \sim 1.5$，软弱破碎、裂隙发育的基岩 $\alpha = 1.2 \sim 2.0$。

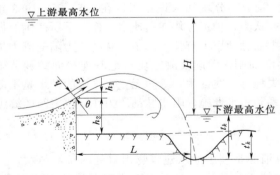

图3-61　连续式挑流鼻坎的水舌及冲刷坑示意图

当坝基内有缓倾角软弱夹层时，冲刷坑可能造成软弱夹层的临空面，失去下游岩体的支撑，对坝体抗滑稳定产生不利影响。对于狭窄的河谷，水舌可能冲刷岸坡，也可能影响岸坡的稳定。水舌在空中扩散，使附近地区产生雾化，高水头溢流坝，雾化区可延伸数百米，设计时应注意将变电站、桥梁和生活区布置在雾化区以外，或采取可靠的防护措施。连续式挑流鼻坎构造简单，射程远，鼻坎上水流平顺，一般不易产生空蚀。

（2）挑坎体形[1]。选择适宜的挑坎体形是采用挑流消能方式的关键。随着高坝建设的迅速发展，挑流消能技术进步很快，多种多样的挑流鼻坎，已成为高水头、大流量泄水建筑物有效的消能设施。主要有：扩散坎、连续坎、差动坎、斜挑坎、扭曲

［1］　陈椿庭主编，高坝大流量泄洪建筑物，水利电力出版社，1990年。

坎、高低坎、窄缝坎和分流墩等，如图 3-62 所示。

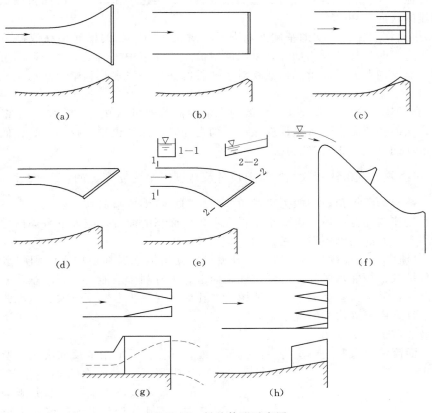

图 3-62　挑坎体形示意图

(a) 扩散坎；(b) 连续坎；(c) 差动坎；(d) 斜挑坎；
(e) 扭曲坎；(f) 高低坎；(g) 窄缝坎 (h) 分流墩

1）扩散坎。沿流程宽度增大，底部上仰，左右边墙为对称曲面。由扩散坎挑出的射流，横向扩散充分，入水后下游局部冲刷轻微，便于与下游水流衔接。工程中，对于宽度相对较小的泄水孔和泄洪洞，适宜于采用扩散坎。

2）连续坎，也称为实坎。结构简单，易于避免发生空蚀破坏，急流在挑离鼻坎前可获得均化，水流雾化也轻。适用于尾水较深、基岩较为均一、坚硬及溢流前沿较长的泄水建筑物。

3）差动坎。差动坎是齿、槽相间的挑坎。射流挑离鼻坎时上下分散，在空中的扩散作用充分，可以减轻下游局部冲刷，但齿的棱线和侧面易遭受高速绕流的空蚀破坏。差动坎的齿可以是矩形、梯形或余弦形。齿的挑角 θ_1 大于槽的挑角 θ_2，常用 θ_1 为 $20°\sim 30°$，挑角差 $\Delta\theta=\theta_1-\theta_2=5°\sim 10°$。齿的高度 d 为急流水深的 $3/4\sim 1.0$ 倍，齿、槽宽度比为 $1.5\sim 2.0$。齿宽为 d 的 $1\sim 2$ 倍，以满足齿的结构要求。为防止齿的空蚀破坏，齿坎应设置通气孔。

4）斜挑坎。挑坎坎顶与水流方向斜交，两侧边墙长度不同，利用沿坎顶射流水股的出坎起点与挑角不相同，可以控制射流的入水位置。适用于宽度相对较小的泄水孔和岸边泄水建筑物。有时可将长边墙做成直线、短边墙做成扩张的曲斜挑坎，使它有更明显的转向作用。

5）扭曲坎。在斜挑坎的基础上，进一步对长边墙一侧的槽底抬高或贴角，促使射流向短边一侧扩散的作用加强，挑出的射流水股在空中扭曲成斜面，以满足射流入水区顺水流流向散开的要求。扭曲坎对于峡谷区高坝的泄水孔和岸边泄水建筑物适应性较好。

6）高低坎。坎间高差较大，泄放的水流由高坎和低坎挑射，在空中互相冲撞扩散消能，从而使所要求的水垫深度减小，随之冲刷坑深度也相应减小。高、低坎常用于混凝土坝的表孔、中孔和底孔。

7）窄缝坎。坎沿流程收缩，将出口过流宽度缩窄为原宽度的 $\left(\dfrac{1}{3}\sim\dfrac{1}{5}\right)$，鼻坎挑角很小，甚至为负挑角，一般为零挑角。挑出的水流形成窄而高的射流，在空中向竖向和顺水流流向充分扩散，以减小水舌入水单位面积的能量，减轻下游局部冲刷。窄缝坎适用于峡谷区的高坝泄水建筑物。

8）分流墩。在连续坎上设置几个分流墩，使射流水股在空中竖向和顺水流流向获得充分扩散，相邻水股部分可形成互相撞击，更有利于消能。但应注意若分流墩为急流所淹没，易于发生绕流空化。适用于多孔泄水建筑物总宽度较大、水流弗劳德数较低、不宜采用窄缝坎的情况。

4. 面流消能与消力戽

（1）面流消流。利用鼻坎将主流挑至水面，在主流下面形成反向漩滚，使主流与河床隔开。主流在水面逐渐扩散而消能，反向漩滚也消除一部分能量。反向漩滚流速较低且沿河床流向坝趾，河床一般无需加固。但需注意防止水滚裹挟石块，磨蚀坝脚地基，如图 3 - 63 所示。

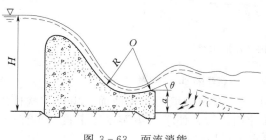

图 3 - 63　面流消能

面流消能适用于下游尾水较深，流量变化范围较小，水位变幅不大，或有排冰、漂木要求的情况。我国富春江、西津、龚嘴等工程都采用这种消能型式。面流消能虽不需要做护坦，但因为高速水流在表面，并伴随着强烈的波动，使下游在很长的距离内（有的可绵延数里）水流不够平稳，可能影响电站的运行和下游航运，且易冲刷两岸，因此也需采取一定的防护措施。

面流流态的水力学计算，理论上的研究还不充分，设计时可参考有关水力学手册或文献，必要时可通过水工模型试验验证。

（2）消力戽。消力戽的挑流鼻坎潜没在水下，形不成自由水舌，水流在戽内产生漩滚，经鼻坎将高速的主流挑至表面，其流态如图 3 - 64 所示，戽内的漩滚可以消耗大量能量，因高速水股在表面，也减轻了对河床的冲刷。

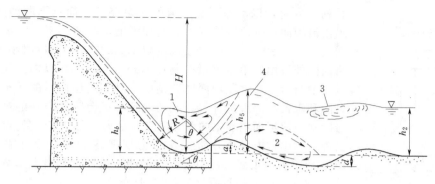

图 3 - 64　消力戽消能

1—戽内漩滚；2—戽后底部漩滚；3—下游表面漩滚；4—戽后涌浪

消力戽适用于尾水较深（大于跃后水深）且变幅较小，无航运要求且下游河床和两岸抗冲能力较强的情况。高速水流在表面，不需做护坦，但水面波动较大，其缺点与面流消能工相同。

消力戽设计的主要内容是：确定反弧半径、戽坎高度和挑射角度。要求做到：既要防止在下游水位过低时出现自由挑流，造成严重冲刷，也要避免下游水位过高，淹没度太大时，急流潜入河底淘刷坝脚。后一种情况可能更为不利。

关于消力戽的水力计算和理论研究都还不成熟，计算时可参考有关文献。一般认为当下游尾水所造成的淹没度 $\sigma > 1.1$ 时，就可能产生消力戽流态。初步拟定尺寸时可参考下述经验数据：挑射角 θ，国外多采用 $45°$，我国多选用 $25° \sim 45°$ 之间的值，对于中、低水头的溢流坝，θ 可取较大值。反弧半径 R，R 愈大，出流条件愈好，戽内漩滚水体增大，对消能有利，R 多为 $\left(\dfrac{1}{3} \sim \dfrac{1}{6}\right) H$，目前多数工程的实际尺寸大致为 $10 \sim 25\mathrm{m}$。戽坎高度 a。一般 a 约取尾水深度的 $\dfrac{1}{6}$。戽底高程，一般取与下游河床同高。

当下泄水流的单宽流量较大时，为了加大戽内漩滚体积，提高消能效率和确保戽流流态，可在戽底插入一水平段，这种结构型式称为戽式消力池。我国岩滩溢流坝就是采用的这种型式。消力戽的优点是：工程量较消力池小，冲刷坑比挑流式浅，不存在雾化问题；缺点是：下游水面波动大，绵延范围长，易冲刷岸坡，对航运不利，底部漩滚将泥沙带入戽内时，磨损戽面，增加了维修费用。

5. 其他新型消能工

随着水利水电建设的发展，出现了一些新型高效的消能工，如宽尾墩、台阶式溢流坝面和 T 形墩等。

（1）宽尾墩。将尾部逐渐拓宽的闸墩称为宽尾墩，如图 3 - 65 所示。一般，闸孔收缩比为 $0.3 \sim 0.5$，墩体收缩角为 $20°$ 左右。宽尾墩消能工使过坝水流横向收缩、竖向增高，到墩尾形成窄而高的三元收缩射流沿坝面下泄，提高了消能效果。通常宽尾墩消能工不单独使用，可与挑流、底流、消力戽以及台阶式溢流坝面等消能工联合运用，是大流量、低弗劳德数以及深尾水的泄水工程有效而经济的消能方式。

（2）台阶式溢流坝面。如图 3 - 66 所示，在溢流堰面曲线下游段的坝面，设置一

图3-65　宽尾墩
体形示意图

系列的台阶，以消除下泄水流的多余能量，简化下游消能设施。水流沿坝面台阶逐级掺气、减速和消能，其消能率比常规光滑坝面高40％～80％。一般台阶高度取1.0m左右，宽度略小于高度。目前国外采用的单宽流量控制在30m³/（s·m）以内。我国应用宽尾墩与台阶式溢流坝面联合消能，利用宽尾墩后的无水区，向台阶和水舌底部天然补气，成功地解决了台阶抗空蚀的难题，使台阶式溢流坝面消能工向着能适应高水头、大单宽流量方向发展。云南大朝山水电站碾压混凝土重力坝坝高111m，采用宽尾墩—RCC台阶溢流坝面—消力戽联合消能，设计过坝最大单宽流量为193m³/（s·m），目前已经受了过坝单宽流量165m³/（s·m）的考验。碾压混凝土坝技术的成熟与发展，为台阶溢流坝面消能工

开创了广阔的前景。

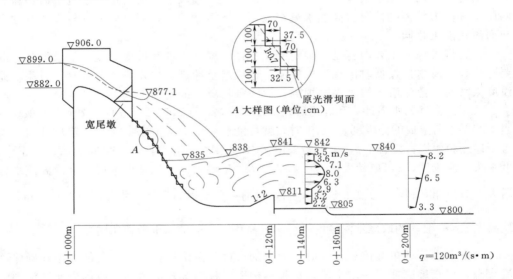

图3-66　大朝山工程宽尾墩台阶式溢流坝面泄流状况图（高程：m）

（3）T形墩。墩头平面为矩形，其后以一矩形直墙支撑与消力池尾坎相连，整体在平面上呈T形，故称为T形墩，如图3-67所示。根据已有工程经验，下列T形墩各尺寸可供参考：墩头高约取1倍跃前水深；直墙与墩头同高；直墙宽度与墩头厚度相等；各尺寸比例为，墩头厚：墩头高：墩头宽：尾坎高：直墙长：两墩中心线间距＝2：3：4：5：6：8。T形墩消能效果和抗空蚀性能好，结构稳定，可缩短消力池长，节省工程量，是一种很有发展前途的消力墩。它首先用于印度的布哈伐尼坝，我国澧水三江口水电站溢流坝消力池也采用了这种型式，消力池长度由平底消力池的50m缩短到15m。

6. 多种消能工联合消能

随着高坝建设的增多，国内外在处理大流量泄洪时，一般都采用分散洪水联合消能的方式，充分发挥单项泄水建筑物和不同型式消能工的优点，以取得最佳的消能组合。

联合消能可以是：①多种泄水建筑物的联合，包括坝体的表孔、中孔、底孔，岸边

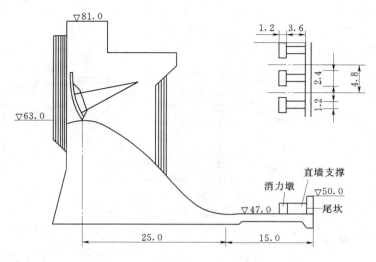

图 3-67 三江口水电站溢流坝 T 形墩消力池（单位：m）

溢洪道及泄洪隧洞等，而以溢流坝和岸边溢洪道为主；②不同型式消能工的联合，如宽尾墩与挑流联合，宽尾墩与消力池联合，宽尾墩、台阶式溢流坝面与消力戽联合等。

我国针对江河洪水峰高量大的特点，在分散泄洪联合消能方面积累了丰富的经验，例如：乌江渡水电站的大坝为拱形重力坝，最大坝高 165m，坝址处两岸山坡陡峻，河床狭窄，校核洪水流量为 24400m³/s，坝址下游有九级滩页岩破碎带，抗冲能力极弱。经深入研究，因地制宜地选定在中部设 4 个溢流表孔，左右侧各设 1 条滑雪道式溢洪道，并设 2 个中孔和 2 条泄洪洞进行联合泄洪。中部 4 个表孔是挑越式厂、坝联合泄洪，两侧滑雪道式溢洪道是溢流式厂、坝联合泄洪。这样的联合消能体系，成功地解决了泄洪建筑物与厂房争位的矛盾。各泄水建筑物出口前后拉开、高低错开，使挑流水舌纵向扩散并避开九级滩页岩，有效地减小了河床的冲刷深度。又如，潘家口水电站的宽尾墩与挑流联合消能，宽尾墩促使溢流水舌在墩尾形成窄而高的三元收缩射流，此时溢流水舌只有底部一部分与坝面接触，墩尾射出的水舌将在反弧附近与坝面水流冲碰，由于重力和离心力的影响及相邻孔之间水流扩散彼此交汇并碰撞，激起很高的水冠向下游挑射，增强了空中扩散与掺气，从而提高了消能效果，如图 3-68 所示。五强溪水电站采用宽尾墩—底孔—消力池新型联合消能，较原设计的消力池缩短了 50m，并利用宽尾墩形成的坝面无水区，沿闸墩轴线在坝内设置 7 个泄洪底孔，取消一个溢流表孔，获得了很好的经济效益。

7. 下游折冲水流及防止措施

在水利枢纽中，溢流坝段往往只占河床的一部分。泄水时，特别是当只开启部分孔口泄水时，由于下泄水流不能迅速在平面上扩散，在主流两侧容易形成回流，主流受到压缩，致使主流区的单宽流量增加，流速在长距离内不能降低，引起河床冲刷。当主流两侧的回流强度不同、水位不同时，主流两侧存在压差，就可能将主流压向一侧，形成折冲水流，冲刷河岸，也影响航运。

图 3-69 是某工程溢流坝泄水时出现的不利流态，在电站尾水区形成大回流，使

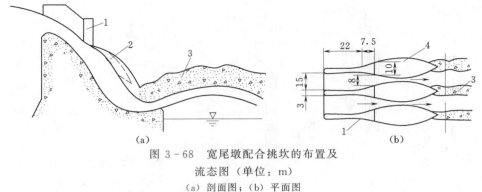

图 3-68　宽尾墩配合挑坎的布置及

流态图（单位：m）

（a）剖面图；（b）平面图

1—墩尾；2—气袋；3—水冠；4—无水区

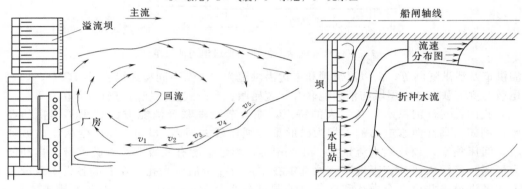

图 3-69　某工程溢流坝泄水时的下游流态　　　　　图 3-70　坝下折冲水流

尾水有所抬高，加大了电能损失。图 3-70 是溢流坝下游发生折冲水流的情况，使主流冲向左岸。

　　为了改善下游流态，可采取以下措施：①在枢纽布置上，尽量使溢流坝的下泄水流与原河床主流的位置和方向一致；②规定闸门操作程序，使各孔闸门同时均匀开启，或对称开启；③布置导流墙，使主流充分扩散；④进行水工模型试验，研究下游流态及改善措施。

3.10.3　坝身泄水孔

3.10.3.1　坝身泄水孔的作用及工作条件

　　坝身泄水孔的进口全部淹没在水下，随时都可以放水。其作用有：①宣泄部分洪水；②预泄库水，增大水库的调蓄能力；③放空水库以便检修；④排放泥沙，减少水库淤积；⑤随时向下游放水，满足航运或灌溉等要求；⑥施工导流。

　　坝身泄水孔内水流流速较高，容易产生负压、空蚀和振动；闸门在水下，检修较困难；闸门承受的水压力大，有的可达 20000～40000kN，启门力也相应加大；门体结构、止水和启闭设备都较复杂，造价也相应增高。水头愈高，孔口面积愈大，技术问题愈复杂。所以，一般都不用坝身泄水孔作为主要的泄洪建筑物。泄水孔的过水能力主要根据预泄库容、放空水库、排沙或下游用水要求来确定。在洪水期可作为辅助泄洪之用。

在枢纽中设置坝身泄水孔、泄洪隧洞或泄水管道，用以放空水库是非常必要的。我国早期有些工程没有修建这类泄水建筑物，给后来的运用和检修造成很大困难。

3.10.3.2 坝身泄水孔的型式及布置

按水流条件，坝身泄水孔可分为有压和无压；按泄水孔所处的高程可分为中孔和底孔；按布置的层数又可分为单层和多层。

1. 有压泄水孔（图 3−71）

工作闸门布置在出口，门后为大气，可以部分开启；出口高程较低，作用水头较大，断面尺寸较小。缺点是，闸门关闭时，孔内承受较大的内水压力，对坝体应力和防渗都不利，常需钢板衬砌。为此，常在进口处设置事故检修闸门，平时兼用作挡水。我国安砂等工程即采用了这种型式的有压泄水孔。

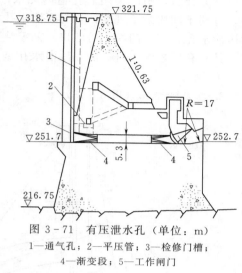

图 3−71 有压泄水孔（单位：m）

1—通气孔；2—平压管；3—检修门槽；
4—渐变段；5—工作闸门

2. 无压泄水孔（图 3−72）

工作闸门布置在进口。为了形成无压水流，需要在闸门后将孔的顶部升高。闸门

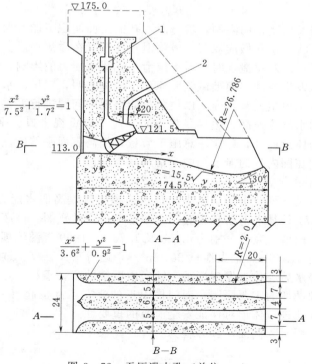

图 3−72 无压泄水孔（单位：m）

1—启闭机廊道；2—通气孔

可以部分开启,闸门关闭后孔道内无水。明流段可不用钢板衬砌,施工简便,干扰少,有利于加快施工进度;与有压泄水孔相比,对坝体削弱较大。国内重力坝多采用无压泄水孔,如三门峡、丹江口、刘家峡等工程。

具有有压短管型进口的无压泄水孔是无压泄水孔常见的型式,它的设计参见本书8.3 节。

3. 双层泄水孔(图 3-73)

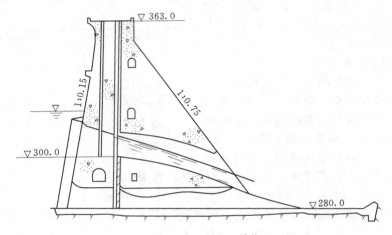

图 3-73　双层泄水孔(单位:m)

因受闸门结构及启闭机的限制,坝身泄水孔的断面面积不能太大。为了增大经过坝体的泄流量,可将泄水孔做成双层,或将泄水孔布置在溢流坝段。采用这种布置时需要注意两个问题:①双层泄水时,对下层泄水孔泄流能力的影响;②在尾部上、下层水流交汇处容易发生空蚀。模型试验和原型观测都表明,双层泄水孔在技术上是可行的,但应开展水工模型试验研究,以便对可能出现的问题进行妥善处理。

坝身泄水孔的水流流速高,边界条件复杂,应十分重视进口、闸门槽、渐变段、竖向连接等部位的体形设计,并应注意施工质量,提高表面平整度,否则容易引起空蚀破坏,这类事故在国内外的泄水孔中是常常发生的。

3.10.3.3　进口曲线

进口曲线应满足下列要求:①减小局部水头损失,提高泄水能力;②控制负压,防止空蚀。图 3-74 是某水电站导流底孔空蚀破坏部位示意图。该底孔进口顶部由折线组成,设有两个门槽,宽度分别为 0.8m 及 1.23m。1960 年溢流坝和泄水孔同时泄水,进口坎上水头 31.08m,最大泄量 2640m³/s,运行三天三夜。过水时有相当强烈的振动和响声,停水后经检查发现严重空蚀,中墩被蚀穿。事故后分析认为,进口形状不良是造成空蚀破坏的主要原因,而门槽附近的流态紊乱也起着一定的破坏作用。此实例表明,泄水孔进口体形对保证安全泄流的重要性。

进口曲线常采用 1/4 椭圆,其方程为

$$\frac{x^2}{A^2} + \frac{y^2}{(\alpha A)^2} = 1 \tag{3-109}$$

椭圆长轴(x 轴)多与孔轴平行。有些试验资料表明,长轴稍向上倾斜(倾角约

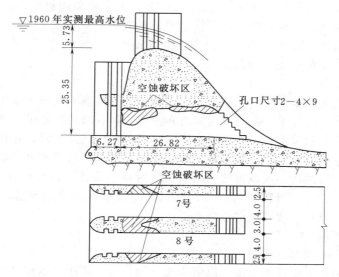

图 3-74 某水电站导流底孔空蚀破坏情况（单位：m）

在 12°左右），不但可以保证良好的压力分布，且有较大的泄水能力。对于圆形断面的泄水孔，式（3-109）中的 A 为圆孔直径，α 可取 0.30。对于矩形断面泄水孔的顶面曲线，A 为孔高，α 采用 1/3～1/4；孔口两侧壁曲线也用椭圆曲线，A 为孔宽，α 采用 1/4；进口底部边界线可以采用圆弧。进口段的孔口中心线，一般布置成水平。

3.10.3.4 闸门和闸门槽

在坝身泄水孔中最常采用的闸门也是平面闸门和弧形闸门，详见本书第 9 章闸门。

平面闸门的门槽是最易产生负压和空蚀的部位。图 3-75（a）是门槽附近的水流流态，水流经过门槽，先是扩散，随即收缩，在门槽及其下游侧产生漩涡。随着水流流速的增大，漩涡中心的压力愈趋降低，导致负压增大，会引起空蚀破坏和结构振动。

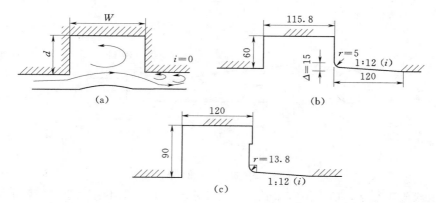

图 3-75 平面闸门门槽附近的水流流态和门槽的型式（单位：cm）

矩形闸门槽适用于流速小于 10m/s 的情况。为了减免门槽空蚀，曾对门槽型式进行了系统的研究，结果表明，矩形收缩型门槽较好，如图 3－75 (b)、(c) 所示，其尺寸为：门槽宽深比 $W/d＝1.6～1.8$；错矩 $\Delta＝(0.05～0.08)W$；下游边墙坡率为 1：8～1：12；圆角半径 $r＝0.1d$。

3.10.3.5　孔身

有压泄水孔多用矩形断面，但泄流能力较小的有压泄水孔则常采用圆形断面。由于防渗和应力条件的要求，孔身周边需要布设钢筋，有时还需要采用钢板衬砌。

无压泄水孔通常采用矩形断面。为了保证形成稳定的无压流，孔顶应留有足够的空间，以满足掺气和通气的要求。孔顶距水面的高度可取通过最大流量不掺气水深的 30%～50%。门后泄槽的底坡可按自由射流水舌曲线设计，以获得较高的流速系数，为保证射流段为正压，可按最大水头计算。为了减小出口单宽流量，有利于下游消能，在转入明流段后，两侧可以适当扩宽。

3.10.3.6　渐变段

泄水孔进口一般都做成矩形，以便布置进口曲线和闸门。当有压泄水孔断面为圆形时，在进口闸门后需设渐变段，以便水流平顺过渡，防止负压和空蚀的产生。渐变段可采用在矩形 4 个角加圆弧的办法逐渐过渡，如图 3－76 (a) 所示；当工作闸门布置在出口时，出口断面也需做成矩形，因此在出口段同样需要设置渐变段，如图 3－76 (b) 所示。

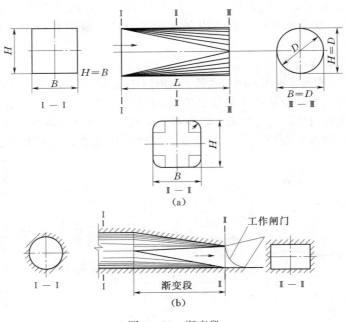

图 3－76　渐变段
(a) 进口渐变段；(b) 出口渐变段

渐变段施工复杂，所以不宜太长。但为使水流平顺，也不宜太短，一般采用洞身直径的 1.5～2.0 倍。边壁的收缩率控制在 1：5～1：8 之间。

在坝身有压泄水孔末端,水流从压力流突然变成无压流,引起出口附近压力降低,容易在该部位的顶部产生负压,所以,在泄水孔末端常插入一小段斜坡将孔顶压低,面积收缩比可取 0.85～0.90,孔顶压坡取 1:10～1:5。

3.10.3.7　竖向连接

坝身泄水孔沿轴线在变坡处,需要用竖曲线连接。对于有压泄水孔,可以采用圆弧曲线,曲线半径不宜太小,一般不小于 5 倍孔径。对于无压泄水孔,可以采用抛物线连接,如图 3-72 所示。曲线方程为

$$x = 15.5\sqrt{y} \tag{3-110}$$

一般应通过水工模型试验确定曲线型式。

3.10.3.8　平压管和通气孔

为了减小检修闸门的启门力,应当在检修闸门和工作闸门之间设置与水库连通的平压管。开启检修闸门前先在两道闸门中间充水,这样就可以在静水中启吊检修闸门。平压管直径根据规定的充水时间决定,控制阀门可布置在廊道内(图 3-71)。

当充水量不大时,也可在闸门上设充水阀,充水时先提起门上的充水阀,待充满后再提升闸门。

当工作闸门布置在进口,提闸泄水时,门后的空气被水流带走,形成负压,因此在工作闸门后需要设置通气孔。通气孔直径 d 可按式(3-111)估算。

$$\left.\begin{aligned} Q_a &= 0.09V_w A \\ a &= \frac{Q_a}{[V_a]} \\ d &= \sqrt{\frac{4a}{\pi}} \end{aligned}\right\} \tag{3-111}$$

式中:Q_a 为通气孔的通气量,m^3/s;V_w 为闸门全开时过流断面平均流速,m/s;A 为闸门后泄水孔断面面积,m^2;$[V_a]$ 为通气孔允许风速,一般不超过 40～45m/s;a 为通气孔断面面积,m^2;d 为通气孔直径,m。

在向两道闸门之间充水时,需将空气排出,为此,有时在检修闸门后也需设通气孔。

3.10.3.9　泄水孔的应力分析

泄水孔附近的应力状态比较复杂,属于三维应力状态,可采用三维有限元法或结构模型试验进行分析。在泄水孔断面与坝段断面之比相对较小、坝段独立工作、横缝不传力的情况下,可近似按弹性理论无限域中的平板计算孔口应力。计算图形如图 3-77 所示,垂直泄水孔轴线切取截面 I—I,设泄水孔中心处在无泄水孔情况下垂直孔轴的应力为 σ_y,将 σ_y 作为均布荷载作用在板的上、下端,根据弹性理论公式,可以求得孔周附近的应力。对有压泄水孔,除上述应力外,还应计入由于内水压力引起的孔周附近的应力。

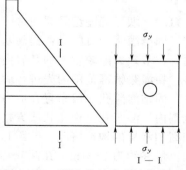

图 3-77　泄水孔的应力计算简图

3.11　重力坝的地基处理

修建在岩基上的重力坝，其坝址由于经受长期的地质作用，一般都有风化、节理、裂隙等缺陷，有时还有断层、破碎带和软弱夹层，所有这些都需要采取适当的有针对性的工程措施，以满足建坝要求。坝基处理时，要综合考虑地基及其上部结构之间的相互关系，有时甚至需要调整上部结构型式，使其与地基工作条件相协调。地基处理的主要任务是：①防渗；②提高基岩的强度和整体性。

3.11.1　坝基的开挖与清理

坝基开挖与清理的目的是使坝体坐落在稳定、坚固的地基上。DL 5108—1999《混凝土重力坝设计规范》要求：混凝土重力坝的建基面应根据岩体物理性质，大坝稳定性、坝基应力，地基变形和稳定性，上部结构对地基的要求，地基加固处理效果及施工工艺、工期和费用等经济技术条件比较确定。原则上应在考虑地基加固处理后，在满足坝的强度和稳定性的前提下减少开挖量。坝高超过 100m 时，可建在新鲜、微风化或弱风化下部基岩上；坝高在 50～100m 时，可建在微风化至弱风化上部基岩上；坝高小于 50m 时，可建在弱风化中部至上部基岩上；两岸岸坡较高部位的坝段，其利用基岩的标准可适当放宽。

靠近坝基面的缓倾角软弱夹层应尽可能清除。顺河流流向的基岩面尽可能略向上游倾斜，以增强坝体的抗滑稳定性。基岩面应避免有高低悬殊的突变，以免造成坝体内应力集中。在坝踵或坝趾处可开挖齿槽以利稳定。采用爆破开挖时应避免放大炮，以免造成新的裂隙或使原有裂隙张开。基岩开挖到最后 0.5～1.0m 时，应采用手风钻钻孔，小药量爆破；遇有易风化的页岩、黏土岩等，应留 0.2～0.3m 的保护岩层，待到浇筑混凝土前再挖除。从改善坝体应力分布的角度考虑，地基刚度较低反而能改善坝踵的应力情况，所以，国外有的工程适当放宽了对坝踵附近地基开挖的要求。对岸坡坝段，在平行坝轴线方向宜开挖成台阶状，但须避免尖角，或不用台阶而采取其他结构措施，如锚系钢筋、横缝灌浆等，以确保坝段的侧向稳定。

坝基开挖后，在浇筑混凝土前，需要进行彻底的清理和冲洗，包括：清除松动的岩块，打掉突出的尖角。基坑中原有的勘探钻孔、井、洞等均应回填封堵。

3.11.2　坝基的固结灌浆

固结灌浆的目的是：提高基岩的整体性和强度，降低地基的透水性。现场试验表明：在节理裂隙较发育的基岩内进行固结灌浆后，基岩的弹性模量可提高 2 倍甚至更多，在灌浆帷幕范围内先进行固结灌浆可提高帷幕灌浆的压力。

固结灌浆孔一般布置在应力较大的坝踵和坝趾附近，以及节理裂隙发育和破碎带范围内。灌浆孔呈梅花状或方格状布置，如图 3-78 所示，孔距、排距和孔深取决于坝高和基岩的构造情况。孔距和排距一般从 10～20m 开始，采用内插逐步加密的方法，最终约为 3～4m。孔深 5～8m，必要时还可适当加深，帷幕上游区的孔深一般为 8～15m。钻孔方向垂直于基岩面。当存在裂隙时，为了提高灌浆效果，钻孔方向尽

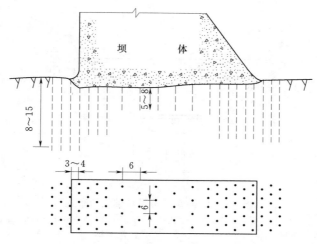

图 3-78 固结灌浆孔的布置（单位：m）

可能正交于主要裂隙面，但倾角不能太大。灌浆时先用稀浆，而后逐步加大浆液的稠度。在无混凝土盖重灌浆时，灌浆压力以不抬动地基岩石为原则，一般为 0.2～0.4MPa；有混凝土盖重时其灌浆压力为 0.4～0.7MPa。

3.11.3 帷幕灌浆

帷幕灌浆的目的是：降低坝底渗流压力，防止坝基内产生机械或化学管涌，减少坝基渗流量。灌浆材料最常用的是水泥浆，有时也采用化学灌浆。化学灌浆可灌性好，抗渗性强，但较昂贵，且污染地下水质，使用时需慎重。在国外，已较少采用化学灌浆。

防渗帷幕布置于靠近上游面坝轴线附近，自河床向两岸延伸。钻孔和灌浆常在坝体内特设的廊道内进行，靠近岸坡处也可在坝顶、岸坡或平洞内进行。平洞还可以起排水作用，有利于岸坡的稳定。钻孔方向一般为铅直，必要时也可有一定的斜度，以便穿过主节理裂隙，但角度不宜太大，一般在 10°以下，以便施工。

防渗帷幕的深度根据作用水头和基岩的工程地质、水文地质情况确定。当地基内的透水层厚度不大时，帷幕可穿过透水层深入相对隔水层 3～5m。DL 5108—1999《混凝土重力坝设计规范》规定：岩体相对隔水层的透水率 q 根据不同坝高可采用下列标准：坝高在 100m 以上，$q=1～3Lu$ [$1Lu=0.01L/$（min·m）]；坝高在 100～50m 之间，$q=3～5Lu$；坝高在 50m 以下，$q=5Lu$。

对于抽水蓄能电站或水源短缺水库，q 值控制标准宜取小值。

如相对隔水层埋藏较深，则帷幕深度可根据渗流计算，并结合工程地质条件、地层的透水性、坝基扬压力、排水以及工程经验等因素研究确定，通常采用坝高的 0.3～0.7 倍。

帷幕深入两岸的部分，原则上也应达到上述标准，并与河床部位的帷幕保持连续。当相对隔水层距地面不远时，帷幕应伸入岸坡与该层相衔接。当相对隔水层埋藏很深时，可以伸到原地下水位线与最高库水位的交点 B 处，如图 3-79 所示，在 BC' 以上设置排水，以降低水库蓄水后库岸的地下水位。

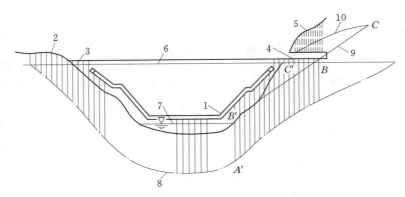

图 3-79　防渗帷幕沿坝轴线的布置

1—灌浆廊道；2—山坡钻孔；3—坝顶钻孔；4—灌浆平洞；5—排水孔；6—最高库水位；
7—原河水位；8—防渗帷幕底线；9—原地下水位线；10—蓄水后地下水位线

　　防渗帷幕的厚度应当满足抗渗稳定的要求，即帷幕内的渗流坡降不应超过规定的容许值，见表 3-15。

表 3-15　　　　　　　　　　　防渗帷幕的容许渗流坡降

帷幕区的透水率 q（Lu）	帷幕区的渗流系数 k（cm/s）	容许渗流坡降 J
<5	$<1\times10^{-4}$	10
<3	$<6\times10^{-5}$	15
<1	$<2\times10^{-5}$	

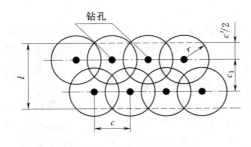

图 3-80　防渗帷幕厚度

　　灌浆所能得到的帷幕厚度 l 与灌浆孔排数有关，如图 3-80 所示，图中 r 为浆液扩散半径。当有 n 排灌浆孔时，有

$$l = (n-1)c_1 + c'$$

式中：c_1 为灌浆孔排距，一般 $c_1 = (0.6\sim0.7)c$，c 为孔距；c' 为单排灌浆孔时的帷幕厚度，$c' = (0.7\sim0.8)c$。

　　帷幕灌浆孔的排数，在一般情况下，高坝可设两排，中、低坝设一排，对地质条件较差的地段还可适当增加。当帷幕由 n 排灌浆孔组成时，一般仅将其中一排孔钻灌至设计深度，其余各排的孔深可取设计深度的 1/2～2/3。孔距一般为 1.5～4.0m，排距宜比孔距略小。钻孔方向可以是铅直的，也可以有一定的倾斜度，依工程地质情况而定，如图 3-81 所示。

　　帷幕灌浆必须在浇筑一定厚度的坝体混凝土后施工。灌浆压力一般应通过试验确定，通常在帷幕表层段不宜小于 1～1.5 倍坝前静水头，在孔底段不宜小于 2～3 倍坝前静水头，但应以不破坏岩体为原则。

3.11.4　坝基排水

　　为进一步降低坝底面的扬压力，应在防渗帷幕后设置排水孔幕。排水孔幕与防渗帷幕下游面的距离，在坝基面处不宜小于2m。排水孔幕一般略向下游倾斜，与帷幕成 $10°\sim15°$ 交角。排水孔孔距为 $2\sim3$m，孔径约为 $150\sim200$mm，不宜过小，以防堵塞。孔深一般为帷幕深度的 $0.4\sim0.6$ 倍，高、中坝的排水孔深不宜小于 10m。

排水孔幕在混凝土坝体内的部分要预埋钢管，待防渗帷幕灌浆后才能钻孔。渗水通过排水钢管进入排水沟，再汇入集水井，最终经由横向排水管自流或由水泵抽水排向下游，如图3-82所示。

对较高的坝，当下游尾水较深时，可以采用抽排降压措施，除上述排水孔幕（主排水孔幕）外，沿坝基面设辅助排水孔幕 $2\sim3$ 排，中坝设 $1\sim2$ 排，布置在纵向排水廊道内，孔距约 $3\sim5$m，孔深 $6\sim12$m。纵向廊道用作排水孔幕施工和检查维修。必要时还可沿横向排水廊道或在宽缝内设置排水孔。纵向廊道与坝基面的横向廊道或宽缝（有时还有基面排水管）相连通，构成坝基排水系统，如图 3-82 及图3-18所示。渗水汇入集水井内，用水泵抽水排向下游。如尾水较深，且历时较久，尚宜在坝趾增设一道防渗帷幕。

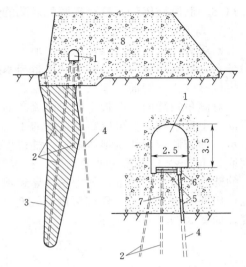

图 3-81　防渗帷幕和排水
孔幕布置（单位：m）

1—坝基灌浆排水廊道；2—灌浆孔；3—灌浆帷幕；
4—排水孔幕；5—$\phi100$ 排水钢管；6—$\phi100$
三通；7—$\phi75$ 预埋钢管；8—坝体

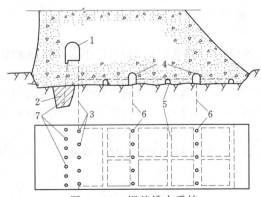

图 3-82　坝基排水系统

1—灌浆排水廊道；2—灌浆帷幕；3—主排水孔幕；
4—纵向排水廊道；5—半圆混凝土管；
6—辅助排水孔幕；7—灌浆孔

我国新安江、丹江口、刘家峡等工程重力坝的坝基排水均采用这种布置，实测结果表明，坝底面扬压力较常规扬压力设计图形可减小 30% 以上，减压效果明显。浙江峡口重力坝、湖南镇梯形重力坝在设计中考虑了抽水减压作用，收到了良好的经济效果。

灌浆帷幕和排水孔幕在渗流控制中的作用不同，前者主要是减小坝基渗流量，而后者主要是降低扬压力。我国工程实践和理论研究认为，对透水性较大的岩基，应首先作好灌浆帷幕，使坝基保持渗流稳定，并设排水孔幕降低扬压力；对透水性较小的岩基，应采取排水为主的原则，灌浆只是为了封堵局部的洞穴或裂隙；对弱透水的岩浆岩，甚至只设排水幕而不设灌浆帷幕，以降低扬压力。

3.11.5 断层破碎带、软弱夹层和溶洞的处理

1. 断层破碎带的处理

断层破碎带的强度低，压缩变形大，易于使坝基产生不均匀沉降，引起不利的应力分布，导致坝体开裂。如果破碎带与水库连通，还会使坝底的渗流压力加大，甚至产生机械或化学管涌，危及大坝安全。

对倾角较陡的走向近于顺河流流向的破碎带，可采用开挖回填混凝土的措施，做成混凝土塞，其高度可取断层宽度的 1～1.5 倍，且不得小于 1.0m，如图 3-83（a）所示。如破碎带延伸至坝体上、下游边界线以外，则混凝土塞也应向外延伸，延伸长度取为 1.5～2 倍混凝土塞的高度。在选择坝址时，应尽量避开走向近于垂直河流流向的陡倾角断层破碎带，因为它将导致坝基渗流压力或坝体位移增大。如难以避开，也可用混凝土塞，但其开挖深度要比近于顺河流流向的大，约为 1/10～1/4 坝底宽度，如图 3-83（b）所示。

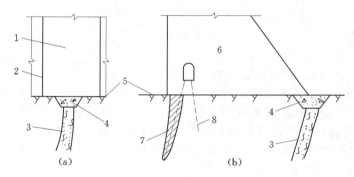

图 3-83   陡倾角断层破碎带的处理

1—坝段；2—伸缩缝；3—断层破碎带；4—混凝土塞；
5—基岩面；6—坝体；7—灌浆帷幕；8—排水孔幕

对走向近于顺河流流向的缓倾角断层破碎带，埋藏较浅的应予挖除；埋藏较深的，除应在顶面作混凝土塞外，还要考虑其深埋部分对坝体稳定的影响。必要时可在破碎带内开挖若干个斜井和平洞，回填混凝土，形成由混凝土斜塞和水平塞组成的刚性骨架，封闭该范围内的破碎物，以阻止其产生挤压变形和减少地下水产生的有害作用，如图 3-84 所示。

在选择坝址时，应尽量避开走向近于垂直河流流向的缓倾角断层破碎带。如不可避免，也可采用上述方法进行处理。

2. 软弱夹层的处理

软弱夹层的厚度较薄，遇水易软化或泥化，使抗剪强度降低，不利于坝体的抗滑稳定，特别是连续、倾角小于 30° 的软弱夹层，更为不利。

对埋藏较浅的软弱夹层，多用明挖换基方法，将夹层挖除，回填混凝土。对埋藏较深的软弱夹层，应根据夹层的埋深、产状、厚度、充填物的性质，结合工程的具体情况采用不同的处理措施：①在坝踵部位做混凝土深齿墙，切断软弱夹层直达完整基岩，如图 3-17（a）所示，当夹层埋藏较浅时，此法施工方便，工程量不大，且有

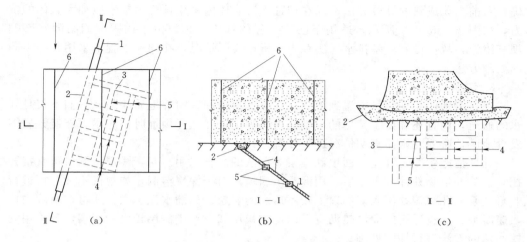

图 3-84 缓倾角断层破碎带的处理
1—断层破碎带；2—地表混凝土塞；3—阻水斜塞；4—加固斜塞；5—平洞回填；6—伸缩缝

利于坝基防渗，使用得较多；②对埋藏较深、较厚、倾角平缓的软弱夹层，可在夹层内设置混凝土塞，如图 3-85（a）所示；③在坝趾处建混凝土深齿墙，切断软弱夹层直达完整基岩，以加大尾岩抗力，如图 3-85（b）所示，这种方法适用于在建坝过程中发现未预见到的软弱夹层或已建工程抗滑稳定的加固处理；④在坝趾下游侧岩体内设钢筋混凝土抗滑桩，切断软弱夹层直达完整基岩，由于抗滑桩的作用不十分明

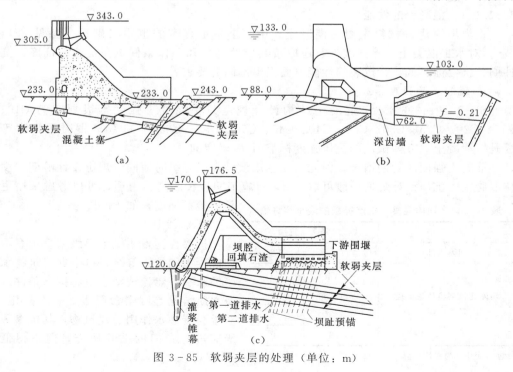

图 3-85 软弱夹层的处理（单位：m）

确，目前尚无成熟的计算方法；⑤在坝趾下游岩体内采用预应力锚索以加大岩体的抗力，如图 3-85（c）所示，适用于已建工程的加固处理。由于锚固区固结灌浆影响坝基渗流，故应做好坝基排水。实践中常根据实际情况，在同一工程上采用几种不同的处理方法。

3. 溶洞的处理

在岩溶地区建坝，可能遇到溶洞、漏斗、溶槽和暗河等地质缺陷，它们不仅是漏水的通道，而且还降低了基岩的承载能力。因此，在选择坝址时，应尽可能避开岩溶发育地区，必要时则需查明情况进行处理。

处理措施主要是开挖、回填和灌浆等办法的配合应用。对于浅层溶洞，可直接开挖，清除冲填物并冲洗干净后，用混凝土回填。对于深层溶洞，如规模不大，可进行帷幕灌浆，孔深需要深入溶洞以下较不透水的岩层；如漏水流速大，还可在浆液中掺入速凝剂、加投砾石或灌注热沥青等以便加快堵塞。对于深层较大的溶洞，可采用洞挖回填的方法进行加固处理。

我国乌江渡水电站坐落在石灰岩地层上，岩溶及暗河发育，溶洞规模大、分布广，有的深达河床以下 200m。通过采用高压水泥灌浆，总结出一套处理深部岩溶的灌浆工艺，为在岩溶地区建坝提供了宝贵的经验。

3.12 重力坝的材料及构造

3.12.1 混凝土

3.12.1.1 混凝土的性能

重力坝的建筑材料主要是混凝土，中、小型工程有的也用浆砌石（参见 3.14 节）。对水工混凝土，除强度外，还应按其所处部位和工作条件，在抗渗、抗冻、抗冲刷、抗侵蚀、低热、抗裂等性能方面提出不同的要求。

1. 混凝土的强度等级

SL/T 191—96《水工混凝土结构设计规范》将混凝土强度等级划定为 C10、C15、C20、C25、C30、C35、C40、C45、C50、C55、C60 等 11 级。混凝土强度等级是按混凝土立方体试块的抗压强度标准值 f_{ck} 确定的。

混凝土强度随龄期增长，因此，在选用设计强度等级时应同时规定设计龄期。坝体混凝土的抗压设计龄期一般可取 90d，对施工期较长的高、中坝，可以考虑采用更长的龄期强度，如 180d。

2. 抗渗性

抗渗性通常用抗渗等级来表示。坝体混凝土的抗渗等级，可根据建筑物承受的水头、渗流坡降、下游排水条件以及水质情况等因素参照表 3-16 选定。对承受侵蚀水作用的建筑物，其抗渗等级应进行专门的试验研究，但不得低于 W4。

表 3-16　坝体混凝土抗渗等级的最小容许值

部　位	渗流坡降	抗渗等级
坝体内部		W2
坝体其他部位按渗流坡降考虑时	$i<10$	W4
	$10 \leqslant i<30$	W6
	$30 \leqslant i<50$	W8
	$i \geqslant 50$	W10

注　表中 i 为渗流坡降。

3. 抗冻性

抗冻性是指混凝土在饱和状态下，经多次冻融循环而不破坏，也不严重降低强度的性能，通常以抗冻标号表示。水工建筑物的抗冻标号可根据建筑物所在地区的气候条件、建筑物的结构类别和工作条件等因素参照表 3-17 选定。

表 3-17　　　　　　　　　坝体混凝土抗冻等级

气　候　分　区	严　寒[①]		寒　冷[②]		温　和[③]
年冻融循环次数（次）	≥100	<100	≥100	<100	—
受冻严重且难于检修部位：流速大于 25m/s、过冰、多沙或多推移质过坝的溢流坝、深孔或其他输水部位的过水面及二期混凝土	F300	F300	F300	F200	F100
受冻严重但有检修条件部位：混凝土重力坝上游面冬季水位变化区；流速小于 25m/s 的溢流坝、泄水孔的过水面	F300	F200	F200	F150	F50
受冻较重部位：混凝土重力坝外露阴面部位	F200	F200	F150	F150	F50
受冻较轻部位：混凝土重力坝外露阳面部位	F200	F150	F100	F100	F50
混凝土重力坝水下部位或内部混凝土	F50	F50	F50	F50	F50

① 最冷月份平均气温低于 -10℃。

② 最冷月份平均气温不低于 -10℃，且不高于 -3℃。

③ 最冷月份平均气温高于 -3℃。

4. 抗冲刷性

抗冲刷性是指抗高速水流或挟沙水流冲刷、磨损的性能。目前，对抗冲刷性能的要求尚未制定明确的技术标准。根据经验，使用高标号硅酸盐水泥或硅酸盐大坝水泥和由质地坚硬的骨料拌制成的高强度等级混凝土，其抗冲刷能力较强。

5. 抗侵蚀性

抗侵蚀性是指混凝土抵抗环境水侵蚀的性能。当环境水具有侵蚀性时，应选用适宜的水泥及骨料。

6. 抗裂性

为防止大体积混凝土结构产生温度裂缝，除合理分缝、分块和采取必要的温控措施外，还应选用发热量较低的水泥和适量减少水泥用量，以提高混凝土的抗裂性能。

3.12.1.2　混凝土的材料

由于水泥的品种不同，其在混凝土凝固和硬化过程中所产生的热量也不同。我国常用中热水泥（也称为大坝水泥），如矿渣水泥等。水泥的标号愈高，混凝土的强度等级也愈高。

在混凝土中加入掺和料，可减少水泥用量，改善混凝土的抗渗性与和易性，降低工程造价。常用的掺和料为带有一定活性的粉煤灰，掺和量一般为水泥用量的 15%～25%。

在混凝土中掺用外加剂，同样可以节约水泥用量，改善混凝土的和易性，有利于抗渗和抗冻。外加剂的种类很多，常用的有：加气剂、塑化剂、减水剂等。近 10 多年来，广泛采用复合剂。我国广西大化工程采用粉煤灰和外加剂，使混凝土的水泥用量从 267 kg/m³ 减少到 162kg/m³，收到了较好的效果。

混凝土中的粗骨料是指粒径为 0.5～15cm 的天然砾石、卵石或人工碎石。对粗骨料的要求是：质地坚硬，强度高，扁平状的颗粒含量符合规范的规定；对其中所含泥土及石粉等杂物必须清洗干净；不能有碱性反应，否则与水泥起化学作用后，会使混凝土膨胀而断裂；对含有少量碱性反应的骨料，可配合采用抗碱化反应的水泥。

混凝土中的细骨料是指粒径在 5mm 以下的天然河砂或人工砂，其中，呈扁平状的颗粒含量以及黏土、石粉等杂质的含量均应符合规范规定的要求。在可行性研究阶段或初步设计阶段，究竟采用天然砂石料还是人工砂石料，必须经过技术经济比较后确定。

一般不含酸、碱等有害物质的水均可用作拌和水。

3.12.2 坝体混凝土分区

坝体各部位的工作条件不同，对混凝土强度、抗渗、抗冻、抗冲刷、抗裂等性能的要求也不同。为了节约与合理使用水泥，通常将坝体按不同部位和不同工作条件分区，采用不同强度等级的混凝土，如图 3-86 所示。

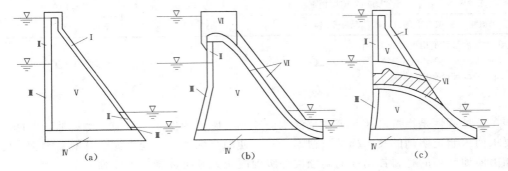

图 3-86 坝体混凝土分区示意图

(a) 非溢流坝；(b) 溢流坝；(c) 坝身泄水孔

Ⅰ—上、下游水位以上坝体表层混凝土；Ⅱ—上、下游水位变化区的坝体表层混凝土；Ⅲ—上、下游最低水位以下坝体表层混凝土；Ⅳ—靠近地基的混凝土；Ⅴ—坝体内部混凝土；Ⅵ—有抗冲刷要求部位的混凝土，如溢流面、泄水孔、导墙和闸墩等

各区对混凝土性能的要求见表 3-18。

表 3-18　坝体各区对混凝土性能的要求

分区	强度	抗渗	抗冻	抗冲刷	抗侵蚀	低热	最大水灰比		选择各区宽度的主要因素
							严寒和寒冷地区	温和地区	
Ⅰ	+	−	++	−	−	+	0.55	0.60	施工和冰冻深度
Ⅱ	+	+	++	−	+	+	0.45	0.50	冰冻深度、抗裂和施工
Ⅲ	++	++	+	−	+	+	0.50	0.55	抗渗、抗裂和施工
Ⅳ	++	+	+	−	+	++	0.50	0.55	抗裂
Ⅴ	++	−	−	−	−	++	0.65	0.65	
Ⅵ	++	−	++	++	++	+	0.45	0.45	抗冲耐磨

注　表中有"++"的项目为选择各区混凝土的主要控制因素，有"+"的项目为需要提出要求的，有"−"的项目为不需要提出要求的。

　　为了便于施工，坝体混凝土采用的强度等级种类应尽量减少，并与枢纽中其他建筑物的混凝土强度等级一致。同一浇筑块中的强度等级不得超过两种，相邻区的强度等级不得超过两级，以免引起应力集中或产生温度裂缝。分区宽度一般不小于 2～3m，以便浇筑施工。

3.12.3　重力坝的分缝、分块

3.12.3.1　横缝

　　横缝垂直坝轴线，用于将坝体分成若干个独立的坝段，横缝的划分主要取决于地基特性、河谷地形、温度变化、结构布置和浇筑能力等。其作用是：减小温度应力，适应地基不均匀变形和满足施工要求（如混凝土浇筑能力及温度控制等）。横缝间距（即坝段宽度）一般为 15～20m，横缝间距超过 22m 或小于 12m 时，应作论证。横缝有永久性和临时性两种。

　　1. 永久性横缝

　　永久性横缝常做成竖直平面，不设键槽，缝内不灌浆，以使各坝段独立工作。根据地基及温度变化情况，一般在坝段间预留 1～2cm 的缝；如基岩良好，也可不留间隙，缝面不凿毛，冬季坝体收缩时，横缝张开，夏季横缝挤紧，产生一定的压应力。横缝内需设止水。DL 5108—1999《混凝土重力坝设计规范》规定：对高坝，应采用两道金属止水片，中间设沥青井；对中、低坝可适当简化。金属止水片一般采用 1.0～1.6mm 厚的紫铜片，做成可伸缩的"＿∧＿"形，每侧埋入混凝土的长度一般为 20～25cm。第一道止水至上游坝面的距离应有利于改善该部位的应力，一般为 1～2m，缝间贴沥青油毡。中坝的第一道止水应为铜片，第二道或低坝的止水片在气候温和地区可采用塑料，在寒冷地区可采用橡胶。止水片的接长和安装要注意保证施工质量。沥青井呈方形或圆形，其一侧可用混凝土预制块，预制块长 1～1.5m，厚 5～10cm。方形沥青井的尺寸常用 20cm×20cm～30cm×30cm。井内灌注的填料由Ⅱ号或Ⅲ号石油沥青、水泥和石棉粉组成。井内设加热设备（通常采用电加热的方法，将钢筋埋入井内，并以绝缘体固定），在井底设沥青排出管，以便排出老化的沥青，重填新料。图 3-87（a）、（b）、（c）是几种不同布置型式的横缝止水。

　　止水片及沥青井应伸入基岩约 30～50cm。对于非溢流坝段和横缝设在闸墩中间的溢流坝段，止水片必须延伸到最高水位以上，沥青井则需到坝顶。

　　在横缝止水之后，宜设排水井。必要时还可设检查井，井的断面尺寸一般为 1.2m×0.8m，井内设爬梯和休息平台，并与检查廊道相连通。

　　对设在溢流孔中间的横缝、非溢流坝段下游最高水位以下的缝间和穿越横缝的廊道及孔洞周边均需设止水片，如图 3-87（d）、（e）所示。

　　2. 临时性横缝

　　临时性横缝主要用于下述几种情况：①河谷狭窄，做成整体式重力坝，可在一定程度上发挥两岸山体的支撑作用，有利于坝体的强度和稳定；②岸坡较陡，将各坝段连成整体，可以改善岸坡坝段的稳定性；③坐落在软弱破碎带上的各坝段，连成整体后，可增加坝体刚度；④在强地震区，将各坝段连成整体，可提高坝体的抗震性能。

　　临时性横缝的缝面应设置键槽和灌浆系统。灌浆高度视坝高和传力的需要而定。大狄克桑斯坝的横缝全部灌浆；我国乌江渡拱形重力坝，最大坝高 165m，坝顶以下

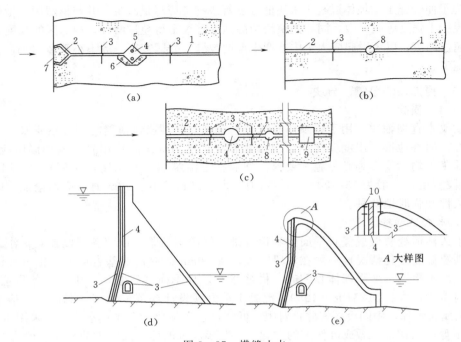

图 3－87　横缝止水

1—横缝；2—沥青油毡；3—止水片；4—沥青井；5—加热电极；6—预制块；

7—钢筋混凝土塞；8—排水井；9—检查井；10—闸门底坎预埋件

65m，横缝不灌浆，再向下直达基岩，横缝灌浆，形成拱形整体结构；新安江宽缝重力坝也只在底部 10～18m 范围内进行了局部灌浆。

　　3. 坝段与基岩面的连接

　　坝体混凝土必须与基岩面紧密结合，以防沿基面漏水，影响坝体稳定。当基岩横向（对岸方向）坡度缓于 1∶2 时，通常在坝体浇筑后利用帷幕灌浆对接触面进行灌浆封实；当横向坡度陡于 1∶2 时，应设接触面止水，在基岩上挖槽，将止水铜片的一侧埋入槽内，回填混凝土；当横向坡度陡于 1∶1 时，应按临时性横缝处理，沿周围嵌入止浆片，并在接触面上布设灌浆系统，待坝体混凝土接近稳定温度后，进行接缝灌浆。

3.12.3.2　纵缝

　　为了适应混凝土的浇筑能力和减小施工期的温度应力，常在平行坝轴线方向设纵缝，将一个坝段分成几个坝块，待其温度接近稳定温度后再进行接缝灌浆。

　　纵缝按其布置型式可分为：铅直纵缝、斜缝和错缝 3 种，如图 3－88 所示。

　　1. 铅直纵缝

　　这是最常采用的一种纵缝型式。缝的间距根据混凝土浇筑能力和温度控制要求确定，一般为 15～30m。块长超过 30m 应严格温度控制。高坝通仓浇筑应有专门论证，应注意防止施工期和蓄水以后上游面产生深层裂缝。纵缝过多，不仅增加缝面处理的工作量，还会削弱坝的整体性。

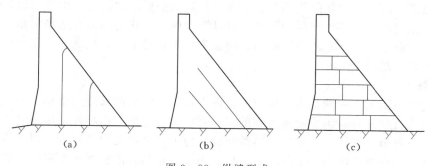

图 3-88 纵缝型式
(a) 铅直纵缝；(b) 斜缝；(c) 错缝

纵缝缝面应设水平向键槽。为了更好地传递压力和剪力，键槽应呈斜三角形，槽面大致沿主应力方向，在缝面上布设灌浆系统，如图 3-89 所示。待坝体冷却到接近稳定温度，坝块收缩至缝的张开度达到 0.5mm 以上时再进行灌浆。灌浆沿高度分区进行，分区高度为 10～15m。为了灌浆时不使浆液从缝内流出，必须在缝的四周设置止浆片。止浆片过去常用镀锌铁片，现在普遍采用塑料，厚度 1～1.5cm，宽 24cm。灌浆压力必须严格控制，太高可能在坝块底部产生过大的拉应力，使坝体遭到破坏；太低又不能保证灌浆质量。一般进浆管的压力控制在 0.35～0.45MPa，回浆管的压力控制在 0.2～0.25MPa。

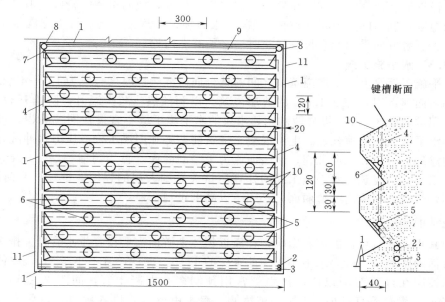

图 3-89 纵缝灌浆系统布置图（单位：cm）
1—止浆片；2—φ38进浆管；3—φ38回浆管；4—φ38升浆管；5—φ19水平管；6—出浆盒；
7—φ38出浆管；8—φ38冲洗管；9—三角形通气槽；10—键槽；11—横缝

纵缝两侧的坝块可以单独浇筑上升，但高差不宜太大。若相邻坝块的高差超过某个限度，常因后浇混凝土的温度和干缩变形造成缝面的挤压和剪切，这样不但影响纵缝灌浆效果，而且可能使刚浇不久、强度仍然较低的后浇块的键槽出现剪切裂缝。为此，常根据键槽面不产生挤压的要求，对纵缝两侧浇筑块的高差作适当限制，如丹江口工程，控制正高差（先浇块键槽的长边在下）不超过10m，反高差（先浇块键槽的短边在下）不超过5m。

2. 斜缝

斜缝大致沿满库时的最大主压应力方向设置，因缝面的剪应力很小，中、低坝有可能不必进行灌浆。我国安砂重力坝的部分坝段和日本的丸山坝曾采用斜缝不灌浆方法施工，经分析研究认为，坝的整体性和缝面应力均能满足设计要求。斜缝不宜直通上游坝面，需在离上游面一定距离处终止。为了防止斜缝沿缝顶向上贯穿，必须采用并缝措施，如布设骑缝钢筋、设置并缝廊道等。采用斜缝布置的最大缺点是：各浇筑块间的施工干扰较大；相邻坝块的浇筑间歇时间及温度控制均有较严格的限制，所以，目前已很少采用。

3. 错缝

错缝式浇筑块的厚度一般为3～4m，在靠近基岩面附近为1.5～2m。错缝间距为10～15m，缝的错距为1/3～1/2浇筑块的厚度。采用错缝布置时，缝面间不需灌浆处理，施工较简便，但整体性差。前苏联曾在第聂伯水电站等中、小型重力坝中采用错缝浇筑。我国极少采用这种型式。

近年来，由于温度控制和施工技术水平的不断提高，国外有些高坝采用通仓浇筑，不设纵缝。通仓浇筑施工简便，可加快施工进度，坝的整体性较好，但必须进行严格的温度控制。DL 5108—1999《混凝土重力坝设计规范》规定：常态混凝土重力坝在上、下游方向采用通仓长块浇筑时，必须有专门论证。

3.12.3.3 水平施工缝

水平施工缝是上、下层浇筑块之间的结合面。浇筑块厚度一般为1.5～4.0m，在靠近基岩面附近用0.75～1.0m的薄层浇筑，以利散热，减少温升，防止开裂。上、下层之间常间歇3～7d。纵缝两侧相邻坝块的水平施工缝不宜设在同一高程，以免削弱坝体水平截面的抗剪强度。上层混凝土浇筑前，必须用风水枪或压力水冲洗施工缝面上的浮渣、灰尘和水泥乳膜，使表面成为干净的麻面，再均匀铺一层2～3cm厚的水泥砂浆，然后浇筑。水平施工缝的处理质量关系到大坝的强度、整体性和防渗性，处理不好将成为坝体内的薄弱面，必须予以高度重视。

3.12.4 坝体排水

为减小渗水对坝体的不利影响，在靠近坝体上游面需要设置排水管幕。排水管幕至上游面的距离，一般要求不小于坝前水深的1/10～1/12，且不小于2m，以便将渗流坡降控制在许可范围以内。排水管常用预制多孔混凝土管，间距2～3m，内径15～25cm。管径不宜过小，否则易被堵塞。渗水由排水管进入廊道，然后汇入集水井，经由横向排水管自流或用水泵抽水排向下游。排水管与廊道的连通多采用直通式，如图3-90所示。侧通式难以清理，不宜采用。

3.12.5 廊道系统

为了满足灌浆、排水、观测、检查和交通等的要求，需要在坝体内设置各种不同

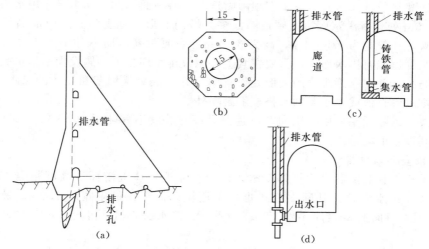

图 3-90 坝体排水管（单位：cm）
（a）坝体与坝基排水；（b）多孔混凝土管；（c）排水管与廊道的
直通式连接；（d）排水管与廊道的侧通式连接

用途的廊道，这些廊道互相连通，构成廊道系统，如图 3-91 所示。

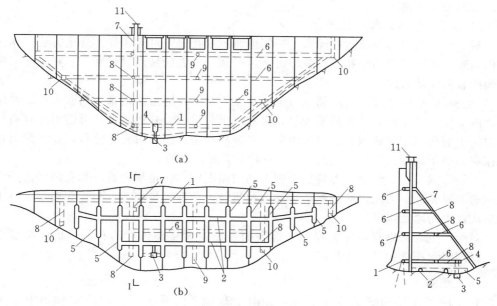

图 3-91 坝内廊道系统图
（a）立面图；（b）水平剖面图
1—坝基灌浆排水廊道；2—基面排水廊道；3—集水井；4—水泵室；5—横向排水廊道；
6—检查廊道；7—电梯井；8—交通廊道；9—观测廊道；10—进出口；11—电梯塔

1. 坝基灌浆廊道

帷幕灌浆需要在坝体浇筑到一定高度后进行，以便利用混凝土压重提高灌浆压力，保证灌浆质量。为此，需要在坝踵附近距上游坝面 0.05～0.1 倍作用水头、且不小于 4～5m 处设置灌浆廊道。廊道断面多为城门洞形，宽度和高度应能满足灌浆作业的要求，一般为宽为 2.5～3m，高为 3～4m，底面距基岩面不宜小于 1.5 倍廊道宽度。灌浆廊道兼有排水作用，需要在其上游侧设排水沟、下游侧设坝基排水孔幕及扬压力观测孔，并在靠近廊道的最低处设置集水井，汇集从坝基和坝体的渗水，然后，经横向排水管自流或由水泵抽水排至下游坝外。

灌浆廊道随坝基面由河床向两岸逐渐升高，坡度不宜陡于 40°～45°，以便钻孔、灌浆及其设备的搬运。

2. 检查和坝体排水廊道

为了检查、观测和排除坝体渗水，还应在靠近坝体上游面沿高度每隔 15～30m 设置检查和排水廊道，其断面型式也多采用城门洞形，最小宽度 1.2m，最小高度 2.2m，至上游面的距离应不小于 0.05～0.07 倍水头，且不小于 3m，上游侧设排水沟。

各层廊道在左右岸应各有一个出口，并与直井或电梯井相连通。

对于高坝，除上述靠近上游坝面的检查和排水廊道外，有时尚需布置其他纵向和横向廊道，以供检查、观测和交通之用。为观测坝体在不同高程处的位移，要在坝体内设置垂直井。此外，还可根据需要设置专门性廊道，如操作闸门用的操作廊道、进入钢管的交通廊道等。

3. 廊道的应力计算和配筋

对于距离坝体边界较远的圆形、椭圆形和矩形孔道，可应用弹性理论方法，作为平面问题按无限域中的小孔口计算应力；对于靠近边界的城门洞形廊道，则主要依靠试验或有限元法求解。

过去对廊道周边都进行配筋，假定混凝土不承担拉应力。近来，西欧和美国对位于坝内受压区的孔洞，一般都不配筋，仅对位于受拉区、外形复杂及可能引起较高拉应力集中的孔洞才配置钢筋。美国内务部垦务局规定：按有限元法分析，如孔洞周边的拉应力小于混凝土抗压强度的 5%，一般不需配置钢筋。

工程实践表明，温度应力特别是施工期的温度应力，是坝内廊道和孔洞周边产生裂缝的主要原因。为此，应采取适当的温控措施，合理安排施工，防止在表层混凝土内形成过大的温度梯度。

对于产生裂缝后有可能贯穿到上游坝面或影响大坝整体性的孔洞，仍应配置钢筋，以期限制裂缝的进一步扩展。

3.12.6　坝顶

典型的坝顶结构如图 3-92 所示。由于布置上的要求，有时需在坝顶上、下游侧做悬臂结构；当要求的坝顶较宽时，也可将下游侧做成桥梁结构型式。坝顶防浪墙的高度一般为 1.2m，采用与坝体连成整体的钢筋混凝土结构，墙身应有足够的强度以抵御波浪与漂浮物的冲击。下游侧设防护栏杆。在坝体伸缩缝处，防浪墙也应设伸缩缝，并设止水。坝顶面应有倾向上游的横坡，并有排水管通向上游。

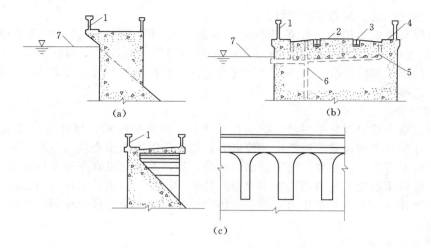

图 3 - 92 坝顶结构布置
1—防浪墙；2—公路；3—起重机轨道；4—人行道；5—坝顶排水管；
6—坝体排水管；7—最高水位

3.13 碾压混凝土重力坝

3.13.1 概述

用碾压混凝土筑坝是将土石坝施工中的碾压技术应用于混凝土坝，采用自卸汽车或皮带输送机将超干硬性混凝土运到仓面，以推土机平仓，振动碾压实的筑坝新方法。1980 年，日本建成了世界上第一座高 90m 的岛地川碾压混凝土重力坝；1982 年，美国建造了高 52m 的柳溪坝；1986 年，我国建成了高 56.8m 的福建坑口坝，而江垭、大朝山和棉花滩 3 座超过 100m 级的碾压混凝土重力坝也已建设完成。目前世界最高的碾压混凝土重力坝是日本的宫濑坝，高达 155m。我国已建和在建的碾压混凝土重力坝有 32 座，其中在建的龙滩碾压混凝土重力坝，第一期工程的最大坝高达 192m。

碾压混凝土坝与常态混凝土坝相比，具有以下一些优点：

（1）工艺程序简单，可快速施工，缩短工期，提前发挥工程效益。

（2）胶凝材料（水泥＋粉煤灰、矿渣或其他具有一定活性的混合材料）用量少，一般在 $120 \sim 160 kg/m^3$ 之间，其中水泥约为 $60 \sim 90 kg/m^3$。

（3）由于水泥用量少，结合薄层大仓面浇筑，坝体内部混凝土的水化热温升可大大降低，从而简化了温控措施。据日本岛地川坝的实测资料表明，大坝内部混凝土温升仅有 $8 \sim 10℃$。

（4）不设纵缝，节省了模板和接缝灌浆等费用，有的甚至整体浇筑，不设横缝。

（5）可使用大型通用施工机械设备，提高混凝土运输和填筑的工效。

（6）降低工程造价。

3.13.2 碾压混凝土重力坝的设计

碾压混凝土重力坝的工作条件与常态混凝土重力坝基本相同。DL/T 5005—92《碾压混凝土坝设计导则》规定：碾压混凝土重力坝的剖面设计原则、计算方法和控制指标，仍按照现行混凝土重力坝设计规范执行，但在材料与构造等方面需要适应碾压混凝土的特点。

1. 应力特点

常态混凝土重力坝常采用独立坝块柱状浇筑，接缝灌浆前，坝体不承受水荷载，温度应力计算只考虑地基约束产生的拉应力。而碾压混凝土重力坝既不设纵缝，施工时也不进行水管冷却，在坝体竣工蓄水运行时，坝内温度远没有降低至稳定温度。计算表明，对碾压混凝土重力坝，如果模拟坝的施工过程，自重、水压力与温度3种荷载分步叠加计算，自重和水压力对减小坝体内部和表面由于温度变化而产生的拉应力是有利的。

2. 坝体的抗剪断强度参数

由于分层碾压的缘故，碾压混凝土重力坝的层面是抗滑稳定的薄弱面，其抗剪断强度参数相对较低，DL 5108—1999《混凝土重力坝设计规范》中，给出了碾压混凝土层面 f'、c' 均值和80%保证率的标准值，见表3-19。

表 3-19　　　碾压混凝土层面 f'、c' 均值和80%保证率的标准值

类别名称	特　征	抗剪断强度参数均值和标准值			
		均值 f_c'	标准值 f_{ck}'	均值 c_c'（MPa）	标准值 c_{ck}'（MPa）
碾压混凝土（层面黏结）	贫胶凝材料配比 180d 龄期	1.0～1.1	0.82～1.00	1.27～1.50	0.89～1.05
	富胶凝材料配比 180d 龄期	1.1～1.3	0.91～1.07	1.73～1.96	1.21～1.37
常态混凝土（层面黏结）	90d 龄期 C10～C20	1.3～1.5	1.08～1.25	1.6～2.0	1.16～1.45

注　胶凝材料小于 $130kg/m^3$ 为贫胶凝材料，大于 $160kg/m^3$ 为富胶凝材料，在 $130～160kg/m^3$ 之间为中等胶凝材料。

3. 材料

碾压混凝土胶凝材料的用量远少于常态混凝土，其中，粉煤灰在胶凝材料中所占比重一般为30%～60%，有的高达70%。为防止骨料分离，骨料的最大粒径大多小于80mm，并需级配良好。砂率（砂与砂、石子的重量比）在30%左右，水胶比一般在 0.45～0.65 之间，外加剂用量为胶凝材料的 0.25% 左右。为保证混凝土的碾压质量，在施工现场，常以其稠度作为控制指标。碾压混凝土的稠度以振动密实时间 VC 值表示（试件在振动台上从开始振动到混凝土全面翻浆所需的时间，以 s 计），通常采用 15～20s。国内外几座碾压混凝土重力坝胶凝材料的用量见表 3-20。

4. 混凝土分区

剖面内的混凝土分区，目前还没有一个统一的模式。日本的做法是：仅将碾压混凝土用于坝体内部，而在坝体上、下游面和靠近基岩面浇筑 2～3m 厚的常态混凝土作为防渗层、保护层和垫层，即所谓金包银式，铺筑层厚 0.5～0.75m，分 2～3 次铺

筑。图 3-93 (a) 为日本玉川坝的典型剖面。美国的柳溪坝采用钢筋混凝土预制模板，全剖面均为碾压混凝土，铺筑层厚为 0.3m，如图 3-93 (b) 所示；美国上静水坝则是采用滑动模板，在模板内侧浇筑平均厚度为 0.3~0.6m 的常态混凝土，坝体内部全用碾压混凝土，铺筑层厚为 0.3m。

表 3-20	国内外几座碾压混凝土重力坝胶凝材料用量表		单位：kg/m³
工程名称	胶凝材料用量	水泥	粉煤灰
坑口重力坝	150	60	90
岩滩重力坝	150	55	95
水口重力坝	160	65	95
观音阁重力坝	130	72	58
美国上静水重力坝	245	76	169
美国柳溪重力坝	66	47	19
日本岛地川重力坝	120	84	36

我国修建的碾压混凝土重力坝，型式多样，有的与日本类似，采用外包常态混凝土，如辽宁省 82m 高的观音阁坝。也有的采用其他型式，如福建的坑口坝［图 3-93 (c)］，坝高 56.8m，坝顶长 122.5m，坝内采用单一的 100 号三级配高掺量粉煤灰碾压混凝土，铺筑层厚为 0.5m，近坝基用层厚 2m 的 150 号常态混凝土找平，不设纵横缝，上游面用钢筋混凝土预制模板浇灌 6cm 厚的沥青砂浆防渗层，下游面用混凝土预制块代替模板，作为坝体的一部分，溢流面为钢筋混凝土防冲层。又如，潘家口下池坝［图 3-93 (d)］，采用大型组装式钢模板，全剖面均为碾压混凝土。

5. 坝体防渗

坝体上游面的常态混凝土可用作防渗体。如坝体设有横缝，则在常态混凝土内也要设横缝，并设止水。当采用富胶凝材料碾压混凝土作防渗层时，其厚度和抗渗标号均应满足坝体的防渗要求，一般布置在上游面约 3m 范围内。此外，还有其他型式的防渗层，如喷涂合成橡胶薄膜防渗层等。我国坑口坝上游面用 6cm 厚的沥青砂浆作防渗层，沥青砂浆外侧为钢筋混凝土预制板，预制板与坝体之间用钢筋连接，这种布置对坝体的碾压施工干扰较少。

6. 坝体排水

碾压混凝土重力坝一般均需设置坝体排水。排水管可设在上游面的常态混凝土内，也可置于碾压混凝土区。若为后者，为便于碾压，可在铺筑层面排水孔的位置上用瓦楞纸做成与铺筑层厚相同的砂柱（直径约 150mm），待混凝土铺好后一起碾压，孔内砂料可在一天后清除；或采用拔管法造孔。美国上静水坝不设坝体排水，也不依靠上游坝面的常态混凝土体来防渗，这种做法的效果尚有待实践来检验。

7. 坝体分缝

由于碾压混凝土重力坝采用通仓浇筑，故可不设纵缝，也可减少或不设横缝。但为适应温度伸缩和地基不均匀沉降，仍以设置横缝为宜，目前国内有的工程不设横缝，有些工程设短间距横缝，或设长间距横缝。短间距横缝的间距一般为 15~20m。当坝上游面设有常态混凝土防渗层时，其横缝的构造与常态混凝土坝相同。日本的玉

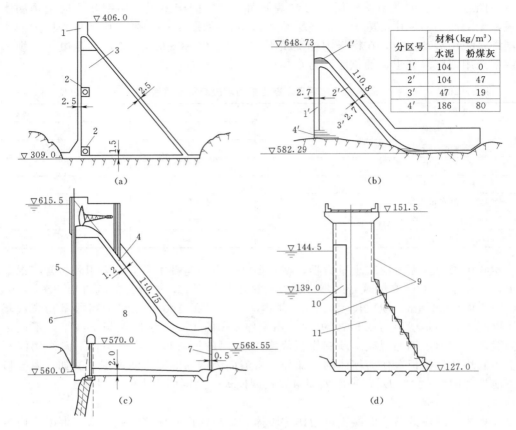

图 3 - 93   碾压混凝土重力坝典型剖面（单位：m）

(a) 日本玉川坝；(b) 美国柳溪坝；(c) 中国坑口坝；(d) 中国潘家口下池坝

1—常态混凝土；2—钢筋混凝土；3—不同配合比的碾压混凝土；4—钢筋混凝土防冲层；

5—沥青砂浆防渗层；6—钢筋混凝土预制板；7—混凝土预制块；8—坝内碾压混凝土；

9—浓胶凝浆液；10—F150 碾压混凝土；11—F50 碾压混凝土

川坝，坝高 103m，坝顶长 441m，铺筑层厚 0.75m，横缝间距 15～18m，在铺料平仓后用振动切缝机切成横缝，然后插入一块块 30cm 宽、60cm 高的钢板作为隔缝板，再进行振动碾压。我国坑口坝、龙门滩坝和水东坝均不设横缝。在建的江垭坝横缝间距 35m，大朝山坝横缝间距 36m，棉花滩坝左岸非溢流坝段横缝间距 50m、右岸横缝间距 64m 和 70m，均为长间距横缝。

8. 坝内廊道

为减少施工干扰，增大施工作业面，碾压混凝土重力坝的内部构造应尽可能简化。廊道层数可适当减少，中等高度以下的坝可只设一层坝基灌浆廊道；100m 以内的高坝，可设两层，以满足灌浆、排水和交通的需要。廊道用混凝土预制件拼装而成，可设在常态混凝土内，也可在预制件外侧用薄层砂浆与碾压混凝土相接。

9. 温度控制

从总体上讲，用碾压混凝土筑坝有利于温度控制，但其水化热增温过程缓慢，高温持续时间长，加之坝体快速升高，不设纵缝，不设冷却水管等，对温控又将产生不利的影响。为防止坝体产生温度裂缝，可以采取以下措施：①减少水泥用量，选用低热水泥，合理确定混合材料的掺量；②对原材料进行预冷却；③用冰屑代替部分拌和水；④根据工程的具体条件（季节、气温和工程量等）合理安排施工等。

3.13.3 经验和展望

20世纪80年代初，世界各国相继成功地建成了几十座碾压混凝土重力坝。从发展趋势看，碾压混凝土不仅适用于重力坝，而且已开始在拱坝上采用。碾压混凝土重力坝的高度已超过百米。

我国在碾压混凝土筑坝技术方面的主要经验有：①具有高掺粉煤灰、薄层大仓面、低稠度、快速短间歇、连续浇筑、全截面碾压施工等特点；②采用改性混凝土防渗结构，在坝上游面应用二级配富胶凝材料碾压混凝土形成自身防渗体；③部分溢流坝采用台阶式溢流面；④采用有限元法对坝体温度场及温度应力进行考虑施工方法的仿真计算等。

碾压混凝土筑坝技术目前仍处于发展阶段，有些问题尚有待进一步深化和完善，例如：①上、下层之间的结合面附近是碾压混凝土的薄弱部位，如何提高结合面的抗剪断强度和抗渗能力？②如何从材料、配合比、施工工艺等方面提高现场碾压混凝土的质量？③研究经济、有效的防渗措施；④研究有效的改善碾压混凝土的散热条件，解决碾压混凝土散热慢和温度裂缝等问题。随着科学技术水平的不断提高和经验积累，碾压混凝土坝必将在规模和数量上得到更快的发展。

3.14 其他型式的重力坝

3.14.1 浆砌石重力坝

用浆砌石筑坝在我国已有悠久的历史，早在公元前833年就在浙江省大溪河上砌筑了长140m、高约27m的条石溢流坝——它山堰。1949年以来，我国修建了很多浆砌石重力坝，其中，最高的是河北省朱庄水库重力坝，坝高95m。目前，世界上最高的浆砌石重力坝是印度的纳加琼纳萨格坝，坝高125m。

与混凝土重力坝相比，浆砌石重力坝具有以下一些优点：①就地取材，节省水泥；②由于水泥用量少，水化热温升低，因而不需要采取温控措施，也不需设纵缝，还可增大坝段宽度；③节省模板，减少脚手架，因而木材用量较少，减少了施工干扰；④施工技术易于掌握，施工安排比较灵活，可以分期施工，分期受益，在缺少施工机械的情况下，可用人工砌筑。浆砌石重力坝的缺点有：①人工砌筑，砌体质量不易均匀；②石料的修整和砌筑难以机械化，需要大量劳动力；③砌体本身防渗性能差，需另作防渗设备；④工期较长。

3.14.1.1 浆砌石重力坝的构造特点

由于坝体是用块石或粗料石和胶结材料砌成的，因而在构造上具有如下一些特点。

1. 坝体防渗设施

通常采用的坝体防渗设施有以下3种：

（1）混凝土防渗面板或防渗墙。在坝体迎水面浇筑一道防渗面板是大、中型浆砌石重力坝广泛采用的一种防渗设施。面板的底部厚度宜取坝体承受的最大水头的 1/30～1/60，为便于施工，顶厚不应小于 0.3m。面板内需要布置温度钢筋，以防裂缝。为了将面板与砌体牢固地连在一起，可在砌体内预埋锚筋，并把锚筋与面板内的钢筋网连接起来。面板需嵌入基岩 1～2m，并与地基防渗帷幕连成整体。面板沿坝轴线方向设伸缩缝，间距一般为 10～20m，缝宽约 1.0cm，缝间设止水。

这种防渗设施的优点是：防渗效果好，面板位于坝体表面便于检修。缺点是：易受气温变化影响，有的防渗面板不同程度地产生了一些裂缝；施工时需要立模，耗用木材较多。为简化施工，节省木材，中、小型工程常用一层浆砌石或预制混凝土块代替模板，在其后做混凝土防渗墙，墙距上游面 0.5～2m，与砌石浇筑在一起。这种做法的主要缺点是检修不便。

（2）浆砌石、水泥砂浆勾缝。在坝体迎水面用水泥砂浆将质地良好的粗料石或形状较规则的块石砌筑成防渗层，并用高标号水泥砂浆勾缝。砌缝厚 2～3cm，勾缝深不大于 2～3cm。防渗层厚度约为坝体承受的最大水头的 1/15～1/20。这种防渗体比较经济，施工也较简便，但防渗效果较差，适用于中、低水头的浆砌石坝。

（3）钢丝网水泥喷浆护面。在坝的迎水面挂一层或两层钢丝网，喷上水泥砂浆作为防渗层，可收到较好的防渗效果。防渗层厚度根据水头大小而定，一般为 5～6cm。为使防渗层能均匀传递水压力，要求在其下游侧用块石浆砌一层垫层，该垫层需砌得平直，不要勾缝。

2. 溢流坝面的衬护

当过坝流速较大时，溢流坝面可用混凝土衬护，厚约 0.6～1.5m，衬护内需配置温度钢筋，并用插筋将混凝土衬护与砌体锚固在一起。沿坝轴线方向每隔 10～20m 做一条伸缩缝。图 3-94 是福建峰头水库浆砌石溢流重力坝剖面图。

如过坝流速不大，可以只在堰顶和鼻坎部位用混凝土衬护，直线段采用细琢的粗料石。对一些单宽流量较小的溢流坝，可以全部用质地良好、抗冲力强、经过细琢的粗料石作为溢流面的衬护。

3. 坝体分缝

浆砌石重力坝由于水泥用量少，施工期分层砌筑，散热条件好，所以一般不设纵缝。横缝的间距也可比混凝土重力坝稍大，一般为 20～30m，最大不宜超过 50m，并应与防渗设备的伸缩缝相一致。在坝轴线方向基岩岩性或地形变化较大处应设横缝，以适应可能发生的不均匀沉降。

为使砌体与基岩紧密结合，在砌石前需先浇筑一层 0.3～1.0m 厚的混凝土垫层，垫层面应大致平整，以便砌石。

其他如坝体排水、廊道布置、地基处理、坝体抗滑稳定及应力计算等，可参见 SL 319—2005《混凝土重力坝设计规范》和 SL 25—2006《浆砌石坝设计规范》。

3.14.1.2　浆砌石重力坝的材料

1. 石料

石料的性能和形状对砌体强度有很大影响。坝的高度不同、部位不同，对石料的要求也不同。砌体所用石料必须质地坚硬、新鲜、完整、不得有剥落层和裂纹，上坝

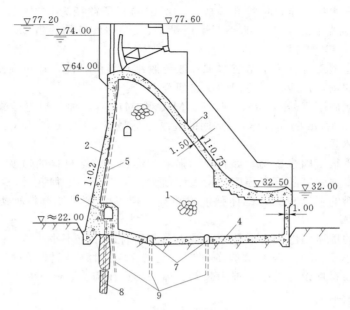

图 3-94　峰头水库溢流坝剖面（单位：m）

1—M10 号小石子砂浆砌块石；2—C15 号混凝土；3—C20 号混凝土；4—混凝土垫层，厚 1.5m；
5—排水管；6—灌浆廊道；7—坝基排水廊道；8—灌浆帷幕；9—坝基排水孔

的石料一定要洁净，以免影响与胶结材料的黏结。

砌筑坝体的石料可分为以下几种：

（1）毛石。无一定规格形状，单块重量宜大于 25kg，中部或局部厚度不宜小于 20cm，毛石最大边长（长、宽、高）不宜大于 100cm。

（2）块石。外形大致呈方形，上、下两面基本平行且大致平整，无尖角、薄边，块厚宜大于 20cm，块石最大边长（长、宽、高）不宜大于 100cm。

（3）粗料石。应棱角分明，六面基本平整，同一面最大高差不宜大于石料长度的 3%，石料长度宜大于 50cm，宽度、高度不宜小于 25cm。

石料的抗压强度可根据石料饱和抗压强度值划分为 ≥100MPa、80MPa、60MPa、50MPa、40MPa、30MPa 六级。石料使用前应进行岩块的物理力学性质试验，中小型工程无条件时，可按 SL 25—2006《砌石坝设计规范》中推荐的力学指标选用。

2. 骨料

（1）骨料的品质必须符合 SL 352—2006《水工混凝土试验规范》的规定。

（2）细骨料分天然沙和人工砂两类。人工砂不应包括软质岩、风化岩石的颗粒。天然沙和人工砂的粒径均宜小于 5mm。

（3）粗骨料（砾石、碎石）宜按粒径分级：当最大粒径为 20mm 时，分成 5～20mm 一级；当最大粒径为 40mm 时，分成 5～20mm 和 20～40mm 两级。

3. 胶结材料

常用的胶结材料有水泥砂浆和一、二级配混凝土。水泥砂浆所用的砂应级配良好、质地坚硬，最大粒径不超过 5mm，杂质含量不超过 5%。一、二级配混凝土由水泥、砂、石子和水按一定比例拌和而成。一级配的石子粒径为 0.5～2cm，用量为砂石总重量的 60％ 左右；二级配的小石子用量中，0.5～2cm 的约占 45％，2～4cm 的约占 55％。

一些中、小型工程，为了节省水泥和改善胶结材料的性能，还可在水泥砂浆中加入掺和料与外加剂，但应进行专门的试验研究。

常用的水泥砂浆标号有 M5、M7.5、M10 和 M12.5 4 种（测定砂浆标号所用的试件是边长为 7.07cm 的立方体），常用的混凝土标号有 C10、C15 和 C20 3 种。

3.14.1.3 砌体强度

砌体强度受很多因素影响，如石料的强度和形状、胶结材料的强度、砌筑工艺和砌筑质量等。砌体强度随石料强度的增大而增大，但大到一定程度后，其影响即不甚明显。胶结材料的强度愈高，砌体强度也愈高，但影响程度随石料种类不同而有所差异。

浆砌石体的抗压强度安全系数，在基本荷载组合时，应不小于 3.5；在特殊荷载组合时，应不小于 3.0。当无试验资料时，可按石料和胶结材料的标号，参照 SL 25—2006《浆砌石坝设计规范》选用浆砌石体的容许压应力。

3.14.2 宽缝重力坝

为了充分利用混凝土的抗压强度，将实体重力坝横缝的中下部扩宽成为具有空腔的重力坝，称为宽缝重力坝，如图 3-95 所示。

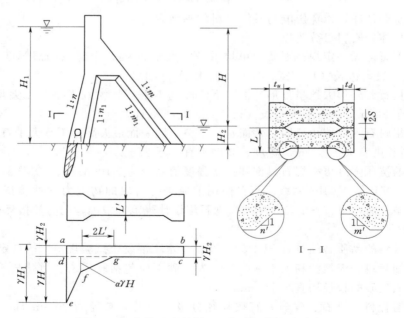

图 3-95 宽缝重力坝剖面及坝底面扬压力分布

3.14.2.1 工作特点

设置宽缝后，坝基的渗水可自宽缝排出，因而渗流压力显著降低，作用面积也相应减小。在排水孔幕处的渗压为 $\alpha\gamma H$，折减系数 α 与实体重力坝的相同，在 g 点处渗压为零，该点距宽缝起点的距离约为宽缝处坝段厚度 L' 的 2 倍。

宽缝重力坝由于所受的扬压力较小，所以，坝体混凝土方量较实体重力坝可节省 10%～20%，甚至更多；宽缝增加了坝块的侧向散热面，加快了坝体混凝土的散热进程；便于观测、检查和维修。从结构角度看，坝体内部应力较低，在该处将厚度减薄也是合理的。宽缝重力坝的缺点是：增加了模板用量，立模也较复杂；分期导流不便；在严寒地区，对宽缝需要采取保温措施。

3.14.2.2 坝体尺寸

1. 坝段宽度 L

可根据坝高、施工条件、泄水孔布置、坝后厂房机组间距选定，一般采用 $L=16～24\mathrm{m}$。

2. 缝宽比 $\dfrac{2S}{L}$

缝宽比愈大，愈省混凝土，但当比值大于 0.4 时，在宽缝部分将会产生较大的主拉应力，一般采用 $\dfrac{2S}{L}=0.2～0.35$。

3. 上、下游坝面坡率 n 和 m

上游坝面一般做成变坡，上部铅直，下部 $n=0.15～0.35$；下游坡率 $m=0.6～0.8$。

4. 上游头部厚度 t_u 和下游尾部厚度 t_d

上游头部厚度应当满足强度、防渗、人防和布置灌浆廊道等的需要，通常取 $t_u\geqslant(0.08～0.12)h$（h 为截面以上的水深），且不小于 3m。下游尾部厚度 t_d 通常采用 3～5m，考虑强度和施工要求，不宜小于 2m，在寒冷地区还应适当加厚。为了减小变厚突变引起的应力集中，在变厚处的坡率 n' 和 m' 一般在 1～2 之间。宽缝的上、下游坡率 n_1 和 m_1 一般与坝面坡率 n 和 m 一致。宽缝不宜贯穿坝顶。

3.14.2.3 应力计算和稳定分析

宽缝重力坝的坝体应力计算应属三维问题，但目前在工程设计中仍简化成平面问题。取一个坝段作为计算单元，将实际的水平截面化引为工字形截面，仍假定铅直正应力 σ_y 沿水平截面按直线分布，利用材料力学偏心受压公式，可求得上、下游边缘处的 σ_{yu} 和 σ_{yd}。

$$\left.\begin{aligned}\sigma_{yu}&=\frac{\sum W}{A}+\frac{T_u\sum M}{J}\\[2mm]\sigma_{yd}&=\frac{\sum W}{A}-\frac{T_d\sum M}{J}\end{aligned}\right\}\tag{3-112}$$

式中：$\sum W$ 为作用于计算截面以上全部荷载（包括扬压力）的铅直分力总和，kN；$\sum M$ 为作用于计算截面以上全部荷载（包括扬压力）对截面垂直水流流向形心轴的力矩总和，kN·m；T_u、T_d 分别为截面形心至上、下游面的距离，m；A 为计算截面的面积，m²；J 为计算截面对垂直水流流向形心轴的惯性矩，m⁴。

计算出 σ_y 后，即可根据上、下游坝面微分体的平衡条件，求得边缘应力 σ_x、τ 以及主应力。

坝体内部应力可根据上、下游头部及中间宽缝三段的平衡条件推算，具体计算公式可参见 SL 319—2005《混凝土重力坝设计规范》。

宽缝重力坝坝段中部容易出现主拉应力，设计要求其最大值不得超过混凝土的容许拉应力。

按平面问题分析宽缝重力坝的坝体应力，是在假定应力沿坝段宽度均匀分布的条件下进行的。由于坝体水平截面中间缩窄，实际应力状态比较复杂。为研究在上游水压力等荷载作用下的头部应力，可垂直上游面截取单位高度的坝段（图 3-96），利用平面有限元法或结构模型试验进行计算分析。设计要求该部分的应力为压应力或仅有较小的拉应力。

宽缝重力坝的抗滑稳定分析与实体重力坝相同，但需以一个坝段作为计算单元。

目前世界上已建成的较高的宽缝重力坝是俄罗斯的布拉茨克坝，坝高 125m，坝段宽 22m，缝宽 3～7m。我国也建成了若干座宽缝重力坝，其中新安江坝，坝高 105m，坝段宽 20m，缝宽 8m。

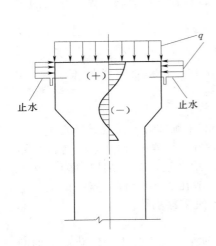

图 3-96　宽缝重力坝上游头部
应力示意图
（＋）—压应力；（－）—拉应力

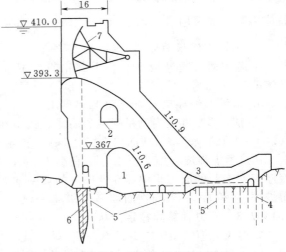

图 3-97　石泉空腹重力坝剖面（单位：m）
1—下腹孔；2—上腹孔；3—消力戽；4—灌浆孔；5—排水孔；6—灌浆帷幕；7—弧形闸门（13.5m×17.2m）

3.14.3　空腹重力坝

坝体内沿坝轴线方向设有较大空腔的重力坝，称为空腹重力坝。图 3-97 是我国陕西省石泉空腹重力坝剖面图。

1. 工作特点

空腹重力坝与实体重力坝相比，具有以下一些优点：①由于空腔下部不设底板，减小了坝底面上的扬压力，可节省坝体混凝土方量 20％左右；②减少了坝基开挖量；③坝体前后腿嵌固于岩体内，有利于坝体的抗滑稳定；④前后腿应力分布均匀，坝踵压应力较大；⑤便于混凝土散热；⑥坝体施工可不设纵缝；⑦便于监测和维修；⑧空腔内可以布置水电站厂房。缺点有：①施工复杂；②钢筋用量大；③如在空腔内布置水电站厂房，施工干扰大。

值得指出的是，如在空腔内布置水电站厂房，则要在空腔下部设置底板。此时，需要妥善研究解决底板下的排水设施和由于尾水管削弱坝体所产生的不利影响。

2. 坝体尺寸

空腹重力坝的坝体尺寸需经试验和计算确定。根据已有的经验，下列数据可供参考：开孔率，即空腹面积与坝体剖面面积之比，一般在 10％～20％左右；空腹高约为坝高的1/3，净跨约占坝底全宽的1/3，前后腿的宽度大致相等；顶拱常采用椭圆形或复合圆弧形曲线，椭圆长短轴之比约为3：2；长轴接近满库时水压力和坝体自重的合力方向，这样可以减免空腹周边的拉应力。为便于施工，空腔上游边大都做成铅直的，下游边的坡率大致为 0.6～0.8。

空腹重力坝的应力状态比较复杂，材料力学方法已不再适用，需要利用有限元法或结构模型试验求解。

奥地利于 20 世纪 30 年代修建了世界上第一座空腹重力坝，坝高 79m。我国从 20 世纪 70 年代开始，也先后修建了 6 座，其中，广东省枫树坝，坝高95.3m，坝内布置了水电站厂房，装机 2 台，共 15 万 kW。

3.15 支 墩 坝

支墩坝由一系列支墩和挡水面板组成，支墩沿坝轴线排列，前面设挡水面板。支墩坝也是依靠重力维持稳定的挡水建筑物。库水压力、泥沙压力等荷载通过面板传给支墩，再由支墩传递到地基。

支墩坝按其结构型式分为：

（1）大头坝［图 3 - 98 （a）］。不另设面板，直接由支墩的上游部分向两侧扩大，形成悬臂大头，大头相互紧贴，起挡水作用。

（2）连拱坝［图 3 - 98 （b）］。面板是一系列倚在支墩上的拱筒，与支墩组成整体结构。

（3）平板坝［图 3 - 98 （c）］。面板为平板，简支于支墩上。

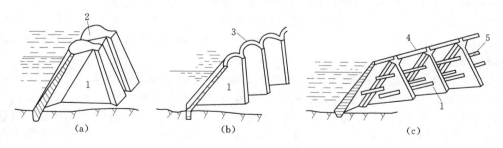

图 3 - 98 支墩坝的类型
1—支墩；2—大头；3—拱筒；4—平板；5—加劲梁

支墩坝一般为混凝土或钢筋混凝土结构。在小型工程中，除平板坝的面板外，还可采用浆砌石。支墩坝与实体重力坝相比，具有以下一些特点：

（1）支墩坝的自重较轻，坝体工程量小，其中大头坝工程量可节省 15％～25％，连拱坝与平板坝可节省 40%～60%。为维持坝体的抗滑稳定，需要借助部分水重，因而面板都做成斜向上游。

（2）支墩可随受力情况调整厚度，能充分利用圬工材料的抗压强度。由于支墩的应力较大，所以对地基的要求比重力坝高，特别是连拱坝，因其为整体结构，对地基的要求就更加严格。平板坝的面板与支墩铰支，易于适应地基的不均匀变形，因而在非岩石地基或软弱岩基上也可修建较低的平板坝。

（3）支墩本身单薄，侧向刚度比纵向（上、下游方向）刚度低，在遭遇垂直水流流向的地震作用时，其抗震能力明显低于重力坝。另外，支墩是一个受压板壁，当作用力超过临界值时，会因丧失侧向弯曲稳定而破坏。为此，需要采取适当的工程措施。

（4）节省坝基开挖和固结灌浆工作量，可加快施工进度。

（5）施工散热条件好，但对温度变化较敏感，容易产生裂缝。因此，在寒冷地区建造支墩坝，需要采取适当的保温措施。

（6）模板较复杂且用量大，混凝土标号高，平板坝与连拱坝的钢筋用量多，致使每立方米混凝土的单价较高，但总的工程造价仍较重力坝低。

（7）大头坝接近宽缝重力坝，单宽泄流量可以较大，已建的溢流大头坝单宽泄流量已达到 100m³/（s·m）以上；平板坝可以溢流，但因结构单薄，当单宽泄流量稍大时，容易引起坝体振动；连拱坝一般不溢流，必要时可利用支墩布置溢流面陡槽。

综上所述，大头坝与宽缝重力坝接近，但可进一步节省坝体工程量，缩短工期，降低工程造价，因而用得较多；连拱坝虽钢筋用量大，模板复杂，对地基条件和施工工艺要求较高，但在宽阔的河谷和适宜的地基条件下，仍是一种较好的坝型；至于平板坝，由于钢筋用量大，且面板容易产生裂缝，只能用于较低的坝，但当河谷宽阔、地基条件较差、且又缺少适宜的土料和混凝土骨料时，仍不失为一种可以选用的坝型。

我国从 20 世纪 50 年代开始先后建成了佛子岭、梅山连拱坝，磨子潭、新丰江、柘溪、桓仁大头坝以及金江平板坝等不同型式的支墩坝。其中，多数运行正常，有的由于混凝土施工质量不良和温控不力等原因，导致施工期发生裂缝，如柘溪、桓仁大头坝；也有的由于水库诱发地震导致坝顶附近产生水平裂缝，如新丰江大头坝，但经补强加固后都在正常运行。20 世纪 70 年代以来，除少数中、小型工程外，很少选用支墩坝。

支墩坝在国外建设得较早，墨西哥于 1930 年建成了马丁大头坝，高 105m。20 世纪中后期，大头坝和连拱坝发展较快，全世界已建成支墩坝 500 余座。当今最高的连拱坝是加拿大于 1968 年建成的丹尼尔约翰逊坝，高 215m；最高的平板坝是阿根廷于 1949 年建成的艾思卡巴坝，高 88m；而巴西与巴拉圭于 1982 年合建的伊泰普水电站，其拦河坝采用大头坝，坝高 196m，是世界上最高的大头坝。

3.15.1　大头坝

大头坝属于大体积混凝土结构，故也称为大体积支墩坝。

在支墩坝中，我国建造较多的是大头坝，如柘溪水电站、磨子潭水库、新丰江水电站等工程，其中柘溪大头坝高达 104m，如图 3-99（a）所示。

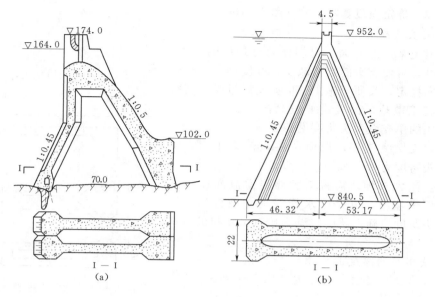

图 3-99　大头坝剖面（单位：m）

（a）柘溪单支墩溢流大头坝；（b）双支墩大头坝

大头坝设计包括以下几项主要内容：①选定头部和支墩型式；②确定坝段基本尺寸（大头跨度、支墩平均厚度、上下游坝面坡率）；③验算坝体抗滑稳定和强度；④进行地基处理和细部设计等。

3.15.1.1　选定头部和支墩型式

1．头部型式

单支墩大头坝的头部有平头式、圆弧式和折线式3种。

（1）平头式。施工简便，但迎水面常有沿坝轴线方向的水平拉应力，容易在坝面产生劈头裂缝，故在实际工程中很少采用。

（2）圆弧式。水压力环向辐聚，应力情况好，但模板较复杂，所以用得不多。

（3）折线式。兼有以上两者的优点，因而大都采用这种型式，如图3-99（a）所示。

双支墩大头坝的头部一般也采用折线式，如图3-99（b）所示。

2．支墩型式

支墩有4种型式。

（1）开敞式单支墩。结构简单，施工方便，便于观察和检修；但侧向刚度较低，保温条件差。高大头坝较少采用。

（2）封闭式单支墩［图3-99（a）］。侧向刚度较高，墩间空腔被封闭，保温条件好，便于坝顶溢流，是广为采用的一种型式。

（3）开敞式双支墩［图3-99（b）］。侧向刚度高，导流底孔和坝身引水管可从双墩之间的空腔穿过；但施工较复杂，大头中部背水面容易出现拉应力。多用于高坝。

（4）封闭式双支墩。侧向刚度在这4种型式中是最高的，但施工也最复杂。

3.15.1.2　确定坝段基本尺寸（图 3 - 100）

1. 大头跨度 L

一般说来，跨度大小对坝体总方量影响不大。加大跨度，可使支墩的数目减少，厚度增大，既有利于侧向稳定，又便于施工。但如支墩过厚，则将不利于施工散热，而且需要较高的混凝土浇筑能力。常用的单支墩大头跨度见表 3 - 21。

对双支墩大头坝，当坝高在 80m 以上时，常用的大头跨度为 18～27m。

对溢流大头坝，需将支墩伸出溢流面作为闸墩；对厂房坝段，电站引水管需由支墩穿出。为此，大头跨度的确定还应与溢流孔口尺寸和机组宽度相适应。

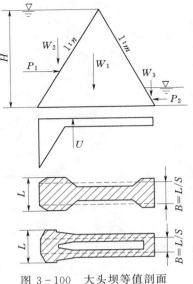

图 3 - 100　大头坝等值剖面

2. 支墩平均厚度 B

大头跨度与支墩平均厚度之比 $L/B = S$，通常按表 3 - 22 采用。

<table>
<tr><td colspan="2">表 3 - 21　　常用的单支墩
大头跨度　　单位：m</td></tr>
<tr><td>坝高 H</td><td>大头跨度 L</td></tr>
<tr><td><45</td><td>9～12</td></tr>
<tr><td>45～60</td><td>12～16</td></tr>
<tr><td>>60</td><td>16～18</td></tr>
</table>

<table>
<tr><td colspan="2">表 3 - 22　坝高与大头跨度、支墩平均
厚度之比 L/B = S 关系表</td></tr>
<tr><td>坝高 H（m）</td><td>L/B = S</td></tr>
<tr><td>40</td><td>1.4～1.6</td></tr>
<tr><td>60</td><td>1.6～1.8</td></tr>
<tr><td>60～100</td><td>1.8～2.0</td></tr>
<tr><td>>100</td><td>2.0～2.4</td></tr>
</table>

支墩可以是等厚的，也可以是变厚的，在竖直向自上向下逐渐加厚，高、中坝一般采用变厚的。

3. 上、下游坝面坡率 n 和 m

在大头跨度及支墩平均厚度拟定之后，即可根据稳定和强度要求选定上、下游坝坡坡率。目前建造的大头坝，其上、下游坡度大多在 1：0.4～1：0.6 之间。

需要指出的是，S 值愈大，即 B 愈小，坝体工程量也愈省。但为了维持坝体的抗滑稳定，需要放缓上游边坡，即多利用一部分水重，因而坡率 n 值将有所增加，而 m 值稍有减小，但两者之和 $n+m$ 是增加的。上游边坡过缓，对应力不利；底宽加大，开挖量也将随之增加；而支墩过薄，侧向刚度低，对抵抗侧向弯曲和抗震都不利。

设计时，可以选择几组不同的 L、S 及相应的 n、m，分别进行稳定和强度验算，通过技术经济比较，定出基本尺寸。

3.15.1.3　大头坝的稳定和强度验算

大头坝的抗滑稳定计算和重力坝相同，不再赘述。

大头坝的强度计算包括头部应力分析、支墩应力分析、支墩侧向弯曲稳定分析和抗震分析等，计算要点如下。

1. 头部应力分析

头部应力与其几何尺寸、迎水面和背水面的轮廓、止水位置及荷载等因素有关，可采用有限元法或光弹试验法分析确定。在初拟尺寸时，也可用材料力学方法估算应力。

劈头裂缝影响大坝安全，必须注意防止。我国有的大头坝，如柘溪大头坝就曾出现过这种裂缝。通过观测和分析认为是由于施工期发生在坝体表面的裂缝，蓄水后在渗流压力作用下，使裂缝逐步扩展的结果。经加固处理（前堵、后排、在空腔内回填部分混凝土）后，运行正常。为此，在分析头部应力时应计入渗流压力和温度作用；在施工期，要加强温控措施，保证施工质量；并在结构上采取防渗和排水等措施。

2. 支墩应力分析

支墩的上游侧有大头，下游侧视支墩的结构型式可以做成开敞的，也可以做成封闭的。支墩的应力分析应取一个坝段用三维有限元法或结构模型试验进行整体分析。但为简化计算，可用有限元法、材料力学法或结构模型试验，按平面问题进行分析研究。

当上游坡度较缓、支墩较薄时，常在支墩下部靠近上游部位产生主拉应力，设计中应将其控制在容许范围之内。

3. 支墩侧向弯曲稳定分析

支墩可视为在中面受压的板壁，当作用荷载超过临界值时，会因丧失侧向弯曲稳定而破坏。大头坝的支墩一般不致发生弯曲失稳，但对百米以上的高坝，由于支墩相对较薄，需要进行该项验算。

支墩的底部与基岩弹性固接，上游边相邻大头之间相互制约，下游边视支墩型式，可以是紧贴的，也可以是自由的。由于边界条件复杂，要确切进行支墩的侧向弯曲稳定分析是困难的。工程中较常采用的近似方法有：能量法和欧拉法，其中，后一方法更为简捷和近似。这些方法系将支墩视为由一系列被分割开的柱条所组成，忽略支墩的整体作用。计算时，选择最有可能失稳的柱条作为分析对象。对于开敞式支墩，邻近下游边最长的柱条最为危险；对于封闭式支墩，可取离下游头部稍远的一根较长的柱条来验算。这样就把一个支墩中面受压板的侧向弯曲稳定问题简化为计算柱条轴心受压的侧向弯曲稳定问题。显然，采用这样的假定，计算结果是偏于安全的。

4. 大头坝的抗震计算

大头坝的抗震计算与混凝土重力坝相同。由于支墩较薄，故应采取适当的措施，以保证坝体具有足够的侧向刚度。

支墩坝的体形比较复杂，型式也较多，但只要能恰当地选定数学模型，仍然可以进行优化设计。

3.15.1.4 大头坝的构造特点

1. 分缝

缝的布置原则和止水设备的构造与重力坝基本相同。

在相邻大头之间要用横缝隔开，中间设止水。在地震区或对高坝，为了使相邻大头之间能互相传力，可在止水下游侧设置横缝灌浆系统，待坝体冷却到稳定温度后，进行接缝灌浆。图 3－101 为几种不同型式的横缝构造示意图，其中，图 3－101（b）为伊泰普大头坝的横缝构造及排水布置。

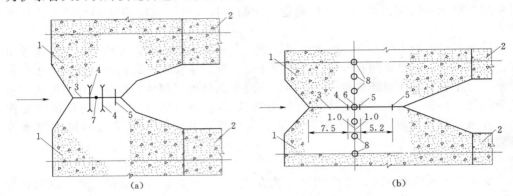

图 3－101　横缝构造示意图（单位：m）

1—大头；2—支墩；3—横缝；4—止水片；5—止浆片；6—横缝排水孔；

7—沥青井；8—头部排水孔（孔径 0.2～0.3m，孔距 3m）

当坝较高、支墩底部顺河流流向的长度超过 30m 时，一般要在支墩内设纵缝。纵缝有 3 种布置型式：①沿第一主应力方向；②沿第二主应力方向；③竖直向。设纵缝会给施工带来不便，且影响支墩的整体性。如有较严格的温控措施，也可采用通仓浇筑。

在大头与支墩交界处，由于混凝土标号不同且断面急剧变化，容易产生温度裂缝，故需在此处设置施工缝并加锚筋，以确保大头与支墩结成整体。

2. 廊道和坝头排水

坝基灌浆排水廊道的布置和构造与重力坝相同。为便于检查、观测和交通，在支墩内，沿高程每隔 20～30m 设一条廊道，在廊道通过空腔处以桥梁相连通，各高程廊道可在空腔中设爬梯或电梯井。

为减小坝头内的渗流压力，防止产生劈头裂缝，可沿坝面设防渗层，并在大头内从不同高程廊道钻设与坝段中心线斜交的水平排水孔幕。

3. 坝顶溢流与管孔布置

溢流大头坝需要采用封闭式支墩，其溢流面设计与溢流重力坝相同，如图 3－99（a）所示。泄水管和引水钢管可以穿过双支墩的空腔，如伊泰普水电站的河床坝段为双支墩大头坝，最大坝高 196m，大头跨度 34m，其发电引水钢管（直径 10.5m）即是从双支墩空腔内穿过的。对单支墩，则需将管道埋藏在支墩内，为避免过多地削弱坝体，管径不宜太大，并需对穿管处的支墩采取加固措施。

3.15.2　连拱坝

连拱坝的支墩与拱筒多采用刚性连接。由于温度变化和地基不均匀变形对坝体应力的影响比较敏感，所以，连拱坝适于建在气候温和的地区和良好的岩基上。

由于拱的承载能力强，拱筒可以做得较薄，支墩间距较大，所以，在支墩坝中，以连拱坝的坝体方量最小；但施工较复杂，钢筋用量多。

1. 拱筒与支墩的型式和尺寸

垂直于上游坝面的拱筒断面呈圆弧形，中心角多用 180°，拱顶厚 0.4～1.0m，沿高程自上向下逐渐加厚，呈直线变化，即拱筒的内侧为等半径、等中心角，外半径渐次增大。支墩可以做成单支墩或双支墩，后者侧向刚度较大，多在高坝中采用。但在高连拱坝中也有采用单支墩的，因其厚度增大，有利于机械化施工。支墩间距常在20m 左右，近年来趋向增大，有的工程已用到 50m。顶部厚度为该部位拱筒在支座处厚度的 1.5～2 倍，向下逐渐加厚。上游坝面坡度一般为 1∶0.9～1∶0.6，即坡率 $n=0.9～0.6$，下游坝坡坡率 $m=（1.1～1.3）－n$。

参照上述各项经验数据初拟尺寸后，即可进行稳定分析和应力计算。

2. 构造特点

支墩与拱筒多为刚性连接。为减小拱筒内沿坡面方向的温度应力，可在拱筒部分沿坡面间隔 20m 左右设伸缩缝，缝内设键槽，缝的上、下游侧设止水片，缝中填沥

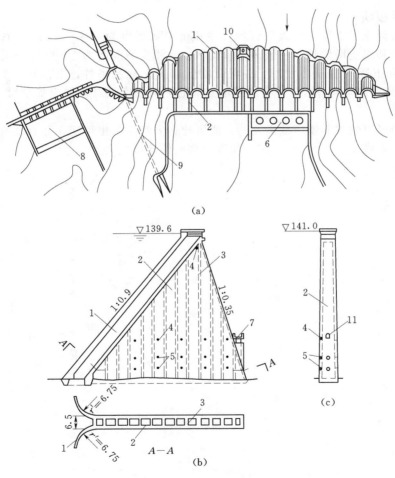

图 3-102 梅山水库工程布置示意图（单位：m）

（a）平面布置；（b）坝身剖面；（c）支墩下游立视

1—拱筒；2—支墩；3—隔墙；4—通气孔；5—排水孔；6—水电站；7—交通桥；

8—溢洪道；9—泄洪隧洞；10—泄水孔；11—进人孔

青油毛毡。连拱坝不宜从坝顶溢流，需另设溢洪道。泄水钢管多布置在支墩内，较大的泄水管也可通过拱筒布置在支墩之间。水电站厂房可布置在支墩之间，如佛子岭水电站；对机组较大的厂房，一般都设在坝的下游，如梅山水电站；或采用其他布置型式，如岸边或地下。图3-102是梅山水库的工程布置示意图，最大坝高88.24m，是当时世界上最高的连拱坝。

连拱坝多数是钢筋混凝土结构，20世纪50年代后，开始建造拱及支墩均为混凝土的连拱坝，如1968年加拿大建造的丹尼尔约翰逊连拱坝，坝长1220m，最大坝高215m，由13个跨度为76.2m的拱和1个跨度为161.5m的拱组成。

近年来国内还修建了不少砌石连拱坝，坝高一般不超过15m，较高的有自贡市老蛮桥砌石连拱坝，高24m，拱跨43m。

3.15.3　平板坝

将平板简支于支墩上形成平板坝，坝顶部平板厚度为0.3～0.5m左右。支墩型式有单支墩和双支墩两种，一般多用单支墩。常用支墩间距为3～9m，支墩顶厚0.3～0.6m，向下逐渐加厚，上、下游坝面坡度取决于地基条件，上游坡角常为40°～60°，下游坡角常为60°～85°。为加强单支墩的侧向稳定性，常增设加劲梁，如图3-98（c）所示。

平板坝可以做成非溢流或溢流的。既可建在岩基上，也可建在非岩基或软弱岩基上，但此时需将2～3个坝段连在一起置于坝底的连续板上。

第 **4** 章

拱　坝

4.1　概　　述

4.1.1　拱坝的工作特点

　　拱坝是固接于基岩的空间壳体结构，在平面上呈凸向上游的拱形，其拱冠剖面呈竖直的或向上游凸出的曲线形。坝体结构既有拱作用又有梁作用，其承受的荷载一部分通过拱的作用压向两岸，另一部分通过竖直梁的作用传到坝底基岩，如图 4-1 所示。与其他坝型相比，拱坝具有如下一些特点：

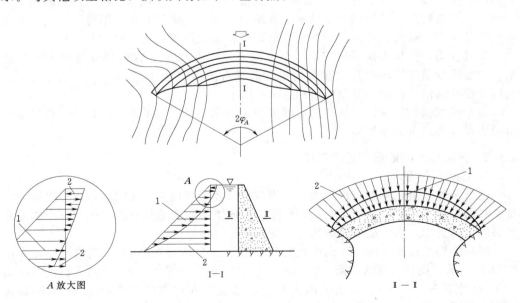

图 4-1　拱坝平面和剖面及荷载分配示意图
1—拱荷载；2—梁荷载

（1）稳定特点。坝体的稳定主要依靠两岸拱端的反力作用，不像重力坝那样依靠自重来维持稳定。因此拱坝对坝址的地形、地质条件要求较高，对地基处理的要求也较严格。1959 年 12 月，法国马尔巴塞拱坝溃决，就是由于左坝肩失稳造成拱坝破坏最为严重的一例。所以，在设计与施工中，除考虑坝体强度外，还应十分重视拱坝坝肩岩体的抗滑稳定和变形。

（2）结构特点。拱坝属于高次超静定结构，超载能力强，安全度高，当外荷载增大或坝的某一部位发生局部开裂时，坝体的拱和梁作用将会自行调整，使坝体应力重新分配。根据国内外拱坝结构模型试验成果表明，拱坝的超载能力可以达到设计荷载的 5～11 倍。意大利的瓦依昂拱坝，坝高 262m，1961 年建成，1963 年 10 月 9 日，库区左岸发生大面积滑坡，2.7 亿 m^3 的滑坡体以 25～30m/s 的速度滑入水库，产生的涌浪越过坝顶，右岸涌浪超过坝顶 260m，左岸涌浪超过坝顶 100m，致使 2600 人丧生，水库因淤满报废，而拱坝仅在左岸坝顶略有损坏，可见拱坝的超载能力是很强的。迄今为止，拱坝几乎没有因坝身出现问题而失事的。

拱坝是整体空间结构，坝体轻韧，弹性较好，工程实践表明，其抗震能力也很强。1999 年 9 月 21 日，我国台湾南投县发生 7.3 级强烈地震，坝高 181m 的德基拱坝坝址处的水平向地震加速度约达 $0.4g$～$0.5g$，震后，坝总体状态良好，未发现新的裂缝，老裂缝也无恶化现象。

另外，由于拱是一种主要承受轴向压力的推力结构，拱内弯矩较小，应力分布较为均匀，有利于发挥材料的强度。拱的作用利用得愈充分，混凝土或砌石材料抗压强度高的特点就愈能充分发挥，从而坝体厚度可以减薄，节省工程量。拱坝的体积比同一高度的重力坝大约可省 1/3～2/3，从经济意义上讲，拱坝是一种很优越的坝型。

（3）荷载特点。拱坝坝身不设永久伸缩缝，温度变化和基岩变形对坝体应力的影响比较显著，设计时，必须考虑基岩变形，并将温度作用列为一项主要荷载。

实践证明，拱坝不仅可以安全溢流，而且可以在坝身设置单层或多层大孔口泄水。目前坝顶溢流或坝身孔口泄流的单宽泄量有的工程已达 200m^3/（s·m）以上。我国在建的溪洛渡拱坝坝身总泄量约达 30000m^3/s。

由于拱坝剖面较薄，坝体几何形状复杂，因此，对于施工质量、筑坝材料强度和防渗要求等都较重力坝严格。

4.1.2 拱坝坝址的地形和地质条件

1. 对地形的要求

地形条件是决定拱坝结构型式、工程布置以及经济性的主要因素。理想的地形应是左右两岸对称，岸坡平顺无突变，在平面上向下游收缩的峡谷段。坝端下游侧要有足够的岩体支承，以保证坝体的稳定，如图 4-1 所示。

河谷的形状特征常用坝顶高程处的河谷宽度 L 与最大坝高 H 的比值，即宽高比 L/H 来表示。拱坝的厚薄程度，常以坝底最大厚度 T 和最大坝高 H 的比值，即厚高比 T/H 来区分。图 4-2 给出了国内外一些已建和在建拱坝宽高比 L/H 与厚高比 T/H 的关系曲线，从图中可见，一般情况下，在 $L/H<1.5$ 的深切河谷可以修建薄拱坝，$T/H<0.2$；在 $L/H=1.5$～3.0 的稍宽河谷可以修建中厚拱坝，$T/H=0.2$～0.35；在 $L/H>3.0$～4.5 的宽河谷多修建重力拱坝，$T/H>0.35$；而在 $L/H>4.5$

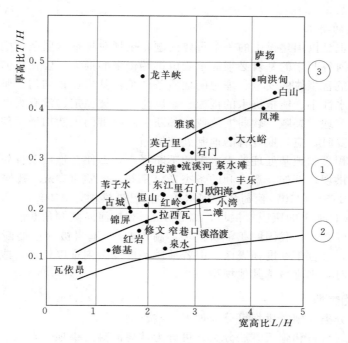

图 4-2　国内外拱坝的厚高比和宽高比散点图

的宽浅河谷，由于拱的作用已经很小，梁的作用将成为主要的传力方式，一般认为以修建重力坝或拱形重力坝较为适合。随着近代拱坝建设技术的发展，已有一些成功的实例突破了这些界限，例如，奥地利的希勒格尔斯双曲拱坝，高 130m，$L/H=5.5$，$T/H=0.25$；美国的奥本三圆心拱坝，高 210m，$L/H=6.0$，$T/H=0.29$。

　　不同河谷即使具有同一宽高比，其剖面形状也可能相差很大。图 4-3 代表两种不同类型的河谷形状，在水压荷载作用下拱梁系统的荷载分配以及对坝体剖面的影响。左右对称的 V 形河谷最适合发挥拱的作用，靠近底部水压强度最大，但拱跨短，因此底部厚度仍可较薄；U 形河谷靠近底部拱的作用显著降低，大部分荷载由梁的作用来承担，故厚度较大；梯形河谷的情况则介于这两者之间。根据工程经验，拱坝最好修建在对称河谷中，但在不对称河谷中也可修建，缺点是，坝体受力条件较差，

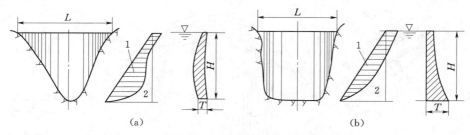

图 4-3　河谷形状对荷载分配和坝体剖面的影响

（a）V 形河谷；（b）U 形河谷

1—拱荷载；2—梁荷载

设计、施工复杂。

　　2. 对地质的要求

　　地质条件也是拱坝建设中的一个重要问题。拱坝对坝址地质条件的要求比重力坝和土石坝高，河谷两岸的基岩必须能承受由拱端传来的推力，要在任何情况下都能保持稳定，不致危害坝体的安全。理想的地质条件是：基岩比较均匀、坚固完整、有足够的强度、透水性小、能抵抗水的侵蚀、耐风化、岸坡稳定、没有大断裂等。实际上很难找到没有节理、裂隙、软弱夹层或局部断裂破碎带的天然坝址，但必须查明工程地质条件，必要时，应采取妥善的地基处理措施。

　　随着经验积累和地基处理技术水平的不断提高，即使在地质条件较差的地基上也建成了不少高拱坝，例如，意大利的圣杰斯汀那拱坝，高 153m，基岩变形模量只有坝体混凝土的 1/5～1/10；葡萄牙的阿尔托·拉巴哥拱坝，高 94m，两岸岩体变形模量之比达 1∶20；瑞士的康脱拉拱坝，高 220m，有顺河向陡倾角断层，宽 3～4m，断层本身挤压破碎严重；我国的龙羊峡拱坝，高 178m，基岩被众多的断层和裂隙所切割，岩体破碎，且位于 9 度强震区。但若地质条件复杂到难以处理，或处理工作量太大，费用过高时，则应另选其他坝型。

4.1.3　拱坝的类型

　　按不同的分类原则，拱坝可分为如下一些类型：

　　(1) 按建筑材料和施工方法分类。可分为常规混凝土拱坝、碾压混凝土拱坝和砌石拱坝。

　　(2) 按坝的高度和体形分类。除前文已提及的按厚高比分类外，还可按坝高、拱圈线形、坝面曲率分类。

　　1) 按坝高分类：大于 70m 的为高坝、30～70m 的为中坝、小于 30m 的为低坝。

　　2) 按拱圈线形分类：可分为单心圆、双心圆、三心圆、抛物线、对数螺旋线、椭圆拱坝等。

　　3) 按坝面曲率分类：只有水平向曲率，而各悬臂梁的上游面呈铅直的拱坝称为单曲拱坝 (图 4-4)；水平和竖直向都有曲率的拱坝称为双曲拱坝 [图 4-5，图 4-7(a)]。

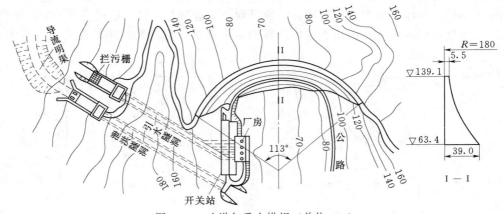

图 4-4　响洪甸重力拱坝（单位：m）

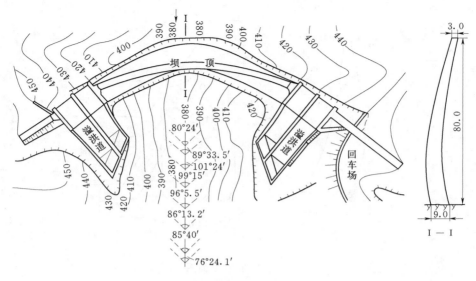

图 4-5　泉水薄拱坝（单位：m）

（3）按拱坝的结构构造分类。通常拱坝多将拱端嵌固在岩基上。在靠近坝基周边设置永久缝的拱坝称为周边缝拱坝（图 4-6）；坝体内有较大空腔的拱坝称为空腹拱坝［图 4-7（b）］。

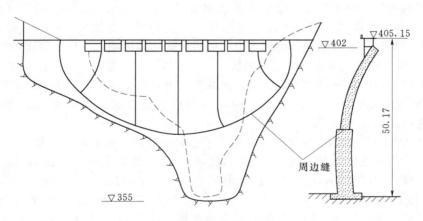

图 4-6　巴尔西斯拱坝（单位：m）

4.1.4　拱坝的发展概况

　　人类修建拱坝有着悠久的历史，现在发现的最古老拱坝遗址是古罗马时期建于法国南部的鲍姆拱坝，坝高约 12m。13 世纪伊朗修建的库力特拱坝，高达 60m，这个纪录一直保持到 20 世纪初。早期的拱坝建设没有理论指导，只是通过实践积累的经验，摸索前进。随着拱坝结构分析方法的提出，才使拱坝建设得到飞速发展。20 世纪 20～30 年代，美国开始大规模修建较高的拱坝，于 1936 年建成了高 221m 的胡佛重力拱坝，并对大体积混凝土的温度控制进行了系统研究。1935 年法国著名的坝工

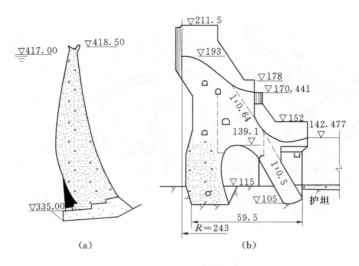

图 4-7　拱坝剖面图

(a) 马立奇拱坝剖面；(b) 凤滩拱坝剖面（单位：m）

专家柯因（A. Coyne）设计了世界上第一座既有水平曲率又有竖向曲率的双曲拱坝——高达 90m 的马立奇拱坝。1939 年意大利建成了高 75m、设有垫座及周边缝的奥雪莱塔薄拱坝。第二次世界大战后，高拱坝建设在意大利、西班牙、瑞士、法国、美国等国取得了更快的发展，建成了一系列著名的拱坝，如 236m 高的莫瓦桑拱坝、262m 高的瓦依昂拱坝、第一座抛物线拱坝（以抛物线型作拱圈）——埃默森拱坝、第一座椭圆拱坝——莱图勒斯拱坝、第一座对数螺旋线拱坝——乌格郎斯拱坝等。近 30 年来，前苏联的拱坝建设也发展很快，先后建成了 4 座超过 200m 的高拱坝，如目前世界上已建成的最高拱坝——格鲁吉亚的英古里双曲拱坝，也是周边缝拱坝，坝高 272m，厚高比为 0.19；以及俄罗斯的萨扬舒申斯克拱坝，坝高 245m，厚高比为 0.46，宽高比为 4.35。

　　1949 年以来，我国在拱坝建设上取得了很大的进展。据中国大坝委员会 1999 年统计，全世界已建成的坝高大于 30m 的拱坝共 1102 座，其中，中国有 517 座，占 46.9%。截至 20 世纪末，我国已建成的坝高大于 70m 的混凝土拱坝 35 座，其中，高于 100m 的混凝土拱坝 11 座（含台湾 2 座），高于 70m 的砌石拱坝 20 余座。目前我国已建成的最高拱坝是四川省的二滩双曲拱坝，高 240m，$T/H=0.23$；最高的重力拱坝是青海省的龙羊峡拱坝，高 178m；最薄的拱坝是广东省的泉水双曲拱坝，高 80m，$T/H=0.112$。在砌石拱坝中，最高的是河南省的群英重力拱坝，高 100.5m；最薄的是浙江省的方坑双曲拱坝，高 76m，$T/H=0.147$。为适应不同的地质条件和布置要求，还修建了一些特殊型式的拱坝，如湖南省的凤滩拱坝，采用了空腹型式［图 4-7（b）］；贵州省的窄巷口水电站，将拱坝修建在拱形支座上，以跨过河床的深厚砂砾层。我国的拱坝建设正在快速发展，一批高拱坝已陆续开工建设或正在筹建，如小湾拱坝（坝高 292m）、溪洛渡拱坝（坝高 278m）、锦屏拱坝（坝高 305m）、构皮滩拱坝（坝高 232m）、拉西瓦拱坝（坝高 250m）、白鹤滩拱坝（277m）等。

工程规模的扩大促进了拱坝设计理论、计算和施工技术的改进。计算机的快速发展，缩短了计算周期，提高了计算精度。优化技术、CAD 技术和人工智能系统在拱坝设计中逐步得到了应用和发展。拱坝的破坏机理和极限承载能力的研究进一步加强。在施工方面，采用新工艺，由计算机进行系统分析，选择最优施工方案。碾压混凝土施工技术已开始应用于拱坝的工程实践中。水工及结构模型试验技术的不断提高，拱坝监控和反馈分析的研究，都在不同程度上发展和改进了拱坝的工程技术。

4.2 拱坝的体形和布置

拱坝属于空间壳体结构，其体形设计要比重力坝复杂得多，拱坝的体形设计与河谷地形、枢纽的整体布置密切相关。合理的体形应该是：在满足枢纽布置、运用和施工等要求的前提下，通过调整其外形和尺寸，使坝体材料强度得以充分发挥，不出现不利的应力状态，并保证坝肩岩体的稳定，而工程量最省，造价最低。

4.2.1 拱圈的型式

1. 圆弧拱圈的几何参数与应力、稳定的关系

水平拱圈以圆弧拱最为常用。为了说明拱圈的几何参数与应力的关系，如图 4-8 所示，取单位高度的等截面圆拱，拱圈厚度为 T，中心角为 $2\varphi_A$，设沿外弧承受均匀压力 p，截面平均应力为 σ，由圆筒公式可得

$$T = \frac{pR_u}{\sigma} \qquad (4-1)$$

式中：R_u 为外弧半径。

因为 $R_u = R + \dfrac{T}{2} = \dfrac{l}{\sin\varphi_A} + \dfrac{T}{2}$

所以 $T = \dfrac{2lp}{(2\sigma - p)\sin\varphi_A} \qquad (4-2)$

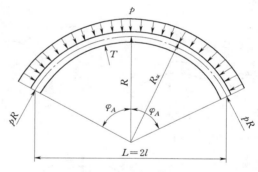

图 4-8 圆弧拱圈

可以看出，对于一定宽度的河谷，拱中心角愈大，拱圈厚度愈小，材料强度愈能得到充分利用，因而适当加大中心角是有利的。然而加大中心角会使拱圈的弧长增加，在一定程度上抵消了减薄拱圈厚度所节省的工程量，经过演算，可以得出使拱圈体积最小的中心角 $2\varphi_A = 133.57°$。但从稳定条件考虑，过大的中心角将使拱轴线与河岸基岩等高线间的交角过小，以致拱端推力过于趋向岸边，不利于坝肩岩体的稳定。现代拱坝，顶拱中心角多为 $70° \sim 120°$；对于向下游缩窄的河谷，可采用 $110° \sim 120°$；当坝址下游基岩内有软弱带或坝肩支承在比较单薄的山嘴时，则应适当减小拱的中心角，使拱端推力转向岩体内侧，以加强坝肩稳定，如日本的矢作拱坝最大中心角为 $76°$，菊花拱坝为 $74°$。

由于拱坝的最大应力常在坝高 $1/3 \sim 1/2$ 处，所以，有的工程在坝的中下部采用较大的中心角，由此向上向下中心角都减小，如我国的泉水拱坝（图 4-5），最大中心角为 $101°24'$，约在 2/5 坝高处；伊朗的卡雷迪拱坝最大中心角为 $117°$，位于坝

的中下部。

2. 水平拱圈的型式选择

合理的拱圈型式应当是压力线接近拱轴线，使拱截面内的压应力分布趋于均匀。在河谷狭窄而对称的坝址，水压荷载的大部分靠拱的作用传到两岸，采用圆弧拱圈，在设计和施工上都比较方便。但从水压荷载在拱梁系统的分配情况看，拱所分担的水荷载沿拱圈并非均匀分布，而是从拱冠向拱端逐渐减小，如图 4-1 所示。近年来，对建在较宽河谷中的拱坝，为使拱圈中间部分接近于均匀受压，并改善坝肩岩体的抗滑稳定条件，拱圈型式已由早期的单心圆拱向三心圆拱、椭圆拱、抛物线拱和对数螺旋线拱等多种型式（图 4-9）发展。

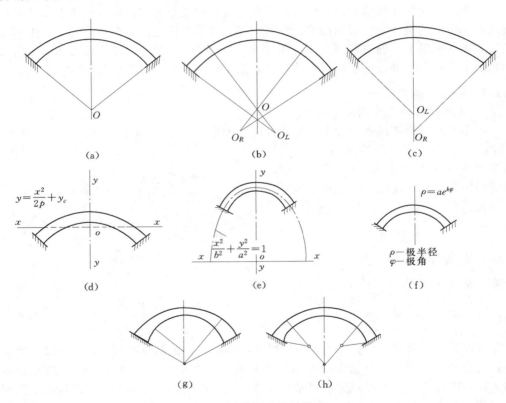

图 4-9　拱坝的水平拱圈

(a) 圆拱；(b) 三心圆拱；(c) 双心圆拱；(d) 抛物线拱；(e) 椭圆拱；
(f) 对数螺旋线拱；(g)、(h) 变厚拱

三心圆拱由三段圆弧组成，通常是两侧弧段的半径比中间大，从而可以减小中间弧段的弯矩，使压应力分布趋于均匀，改善拱端与两岸的连接条件，更有利于坝肩的岩体稳定。美国、葡萄牙、西班牙等国采用三心圆拱坝较多，我国的白山拱坝、紧水滩拱坝和李家峡拱坝都是采用的三心圆拱坝。

椭圆拱、抛物线拱和对数螺旋线拱均为变曲率拱，拱圈中段的曲率较大，向两侧逐渐减小，使拱圈中的压力线接近中心线，拱端推力方向与岸坡线的夹角增大，有利

于坝肩岩体的抗滑稳定。例如，1965 年瑞士建成的康脱拉双曲拱坝是当前最高的椭圆拱坝，高 220m；日本的集览寺拱坝，高 82m，两岸山头单薄，采用了顶拱中心角为 75°的抛物线拱，坝肩岩体稳定得到了改善。日本、意大利等国采用抛物线形拱坝较多。我国已建成的二滩和东风拱坝、在建的小湾拱坝和溪洛渡拱坝也是采用的抛物线形拱坝。在建的拉西瓦拱坝采用的是对数螺旋线形拱坝。

当河谷地形不对称时，可采用人工措施使坝体尽可能接近对称，例如：①在较陡的一岸向深处开挖；②在较缓的一岸建造重力墩；③设置垫座及周边缝等。有的情况下也可采用不对称的双心圆拱布置，如图 4－10 所示。

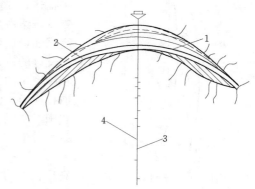

图 4－10　双心圆拱坝平面图
1—坝轴线；2—坝顶；3—左侧圆心；4—右侧圆心

4.2.2　拱冠梁的型式和尺寸

在拱坝的轴线确定以后，需要拟定拱冠梁的剖面型式和尺寸，包括：坝顶厚度、坝底厚度和剖面形状（或上游面曲线）。在 U 形河谷中，可采用上游面铅直的单曲拱坝，在 V 形和接近 V 形河谷中，多采用具有竖向曲率的双曲拱坝。

拱冠梁的厚度可根据我国《水工设计手册》建议的公式初步拟定。

$$T_C = 2\varphi_c R_{轴}(3R_f/2E)^{1/2}/\pi \tag{4-3}$$

$$T_B = 0.7\overline{L}H/[\sigma] \tag{4-4}$$

$$T_{0.45H} = 0.385HL_{0.45H}/[\sigma] \tag{4-5}$$

式中：T_C、T_B、$T_{0.45H}$ 分别为拱冠梁顶厚、底厚和 $0.45H$ 高度处的厚度，m；φ_c 为顶拱的半中心角，rad；$R_{轴}$ 为顶拱中心线的半径，m；R_f 为混凝土的极限抗压强度，kPa；E 为混凝土的弹性模量，kPa；$\overline{L}$ 为两岸可利用基岩面间河谷宽度沿坝高的平均值，m；H 为拱冠梁的高度，m；$[\sigma]$ 为坝体混凝土的容许压应力，kPa；$L_{0.45H}$ 为拱冠梁 $0.45H$ 高度处两岸可利用基岩面间的河谷宽度，m。

美国垦务局建议的公式为

$$T_C = 0.01(H + 1.2L_1) \tag{4-6}$$

$$T_B = \sqrt[3]{0.0012HL_1L_2\left(\frac{H}{122}\right)^{H/122}} \tag{4-7}$$

$$T_{0.45H} = 0.95T_B \tag{4-8}$$

式中：L_1 为坝顶高程处拱端可利用基岩面间的河谷宽度，m；L_2 为坝底以上 $0.15H$ 处拱端可利用基岩面间的河谷宽度，m。

前一组公式是根据混凝土强度确定的，后一组则是根据拱坝设计资料总结出来的，可以互为参考。在选择拱冠梁的顶部厚度时，还应考虑工程规模和运用要求，如无交通规定，一般为 3～5m，至少不小于 3m。坝顶厚度体现了顶部拱圈的刚度。顶拱刚度不仅对坝体上部应力有影响，而且对拱冠梁附近的梁底应力也有较大的影响。

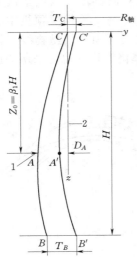

图 4-11　拱冠梁剖面尺寸示意图
1—凸点；2—拱冠顶点铅垂线

当河谷上部较宽时，适当加大坝顶厚度将有利于降低梁底上游面的拉应力。

对于双曲拱坝，拱冠梁的上游面曲线可用凸点与坝顶的高差 Z_0（$Z_0 = \beta_1 H$）、凸度 β_2（$\beta_2 = D_A/H$）和最大倒悬度 S（A、B 两点之间的水平距离与其高差之比）来描述，如图 4-11 所示。拟定这些参数的原则是：控制悬臂梁由自重产生的拉应力不超过 0.3～0.5MPa，对高坝还可适当加大，并使坝体在正常荷载组合情况下具有良好的应力状态。坝的下部向上游倒悬，由于自重在坝踵产生的竖向压应力可抵消一部分由水压力产生的竖向拉应力，但倒悬度不宜太大，一般不超过 0.3。根据我国对东风、拉西瓦等 11 座拱坝的 β_1、β_2 和 S 值的敏感性计算分析，其适合范围是：$\beta_1 = 0.6\sim0.7$，$\beta_2 = 0.15\sim0.2$，$S = 0.15\sim0.3$。对基岩变形模量较高或宽高比较大的河谷，β_1、β_2 取小值、S 取大值。定出 A、B、C 三点位置后，可按圆弧或二次抛物线 $y = a_1 z + a_2 z^2$，通过三点定出上游面曲线；对于下游面，可根据拟定的 T_A、T_B、T_C 定出相应的三个点 A'、B'、C'，然后采用与上游面相同的方法定出下游面曲线。也可通过假定厚度沿高度按二次或三次曲线变化，用拟定的几个厚度定出厚度沿高度的变化曲线 $T(z)$，则下游面的曲线等于上游面的曲线加上 $T(z)$。对于单曲拱坝，拱冠梁上游面是铅直线，下游面是倾斜直线或几段折线。这样拟定的拱冠梁剖面是初步的，经过应力和稳定计算分析后还需做适当的调整。

4.2.3　拱坝布置的一般步骤和原则

1. 步骤

由于拱坝体形比较复杂，剖面形状又随地形、地质情况而变化，因此，拱坝的布置并无一成不变的固定程序，而是一个从粗到细反复调整和修改的过程。根据经验，大致可以归纳为以下几个步骤：

（1）根据坝址地形图、地质图和地质查勘资料，定出开挖深度，画出可利用基岩面等高线地形图。

（2）在可利用基岩面等高线地形图上，试定顶拱轴线的位置。在实际工程中常以顶拱外弧作为拱坝的轴线。顶拱轴线的半径可用 $R_{轴} = 0.6 L_1$ [L_1 的含义见式（4-6）] 或参考其他类似工程初步拟定。将顶拱轴线在地形图上移动，调整位置，尽量使拱轴线与基岩等高线在拱端处的夹角不小于 30°，并使两端夹角大致相近。按选定的半径、中心角及顶拱厚度画出顶拱内外缘弧线。

（3）按初拟拱冠梁剖面尺寸，自坝顶往下，一般选取 5～10 道拱圈，绘制各层拱圈平面图，布置原则与顶拱相同。各层拱圈的圆心连线在平面上最好能对称于河谷可利用基岩面的等高线，在竖直面上圆心连线应能形成光滑的曲线。

（4）切取若干铅直剖面，检查其轮廓线是否光滑连续，有无上层突出下层的倒悬现象，确定倒悬程度。为了便于检查，可将各层拱圈的半径、圆心位置以及中心角分别按高程点绘，连成上、下游面圆心线和中心角线。必要时，可修改不连续或变化急剧的部位，以求沿高程各点连线达到平顺光滑为度。

（5）进行应力计算和坝肩岩体抗滑稳定校核。如不符合要求，应修改坝体布置和尺寸，重复以上的工作程序，直至满足要求为止。

（6）将坝体沿拱轴线展开，绘成坝的立视图，显示基岩面的起伏变化，对突变处应采取削平或填塞措施。

（7）计算坝体工程量，作为不同方案比较的依据。

归纳起来，拱坝布置的基本原则是：坝体轮廓力求简单，基岩面、坝面变化平顺，避免有任何突变，如图 4－12 所示。

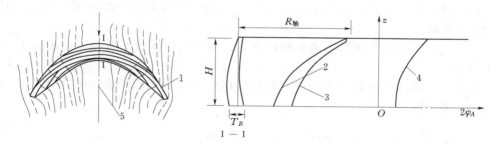

图 4－12　双曲拱坝的布置示意图

1—坝轴线；2—下游面圆心线；3—上游面圆心线；4—拱圈中心角线；5—基准面

2. 拱端的布置原则

拱坝两端与基岩的连接也是拱坝布置的一个重要方面。拱端应嵌入开挖后的坚实基岩内。拱端与基岩的接触面原则上应做成全半径向的，以使拱端推力接近垂直于拱座面。但在坝体下部，当按全半径向开挖将使上游面可利用岩体开挖过多时，允许自坝顶往下由全半径向拱座渐变为 1/2 半径向拱座，如图 4－13（a）所示。此时，靠上游边的 1/2 拱座面与基准面的交角应大于 $10°$。如果用全半径向拱座将使下游面基岩

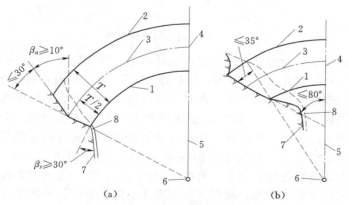

图 4－13　拱端与基岩的连接

（a）1/2 径向拱座；（b）非径向拱座

1—内弧面；2—外弧面；3—拱轴线；4—拱冠；5—基准面；6—坝轴线圆心；7—可利用基岩面线；8—原地面线

开挖太多时，也可改用中心角大于半径向中心角的非径向拱座，如图 4 - 13（b）所示，此时，拱座面与基准面的夹角，根据经验应不大于 80°。

3. 坝面倒悬的处理

由于上、下层拱圈半径及中心角或拱圈曲线参数的变化，坝体上游面不能保持直立。如上层坝面突出于下层坝面，就形成了坝面的倒悬，这种上、下层的错动距离与其间高差之比称为倒悬度。在双曲拱坝中，很容易出现坝面倒悬现象。这种倒悬不仅增加了施工上的困难，而且未封拱前，由于自重作用很可能在与其倒悬相对的另一侧坝面产生拉应力，甚至开裂。对于倒悬的处理，如图 4 - 14 所示，大致可归纳为以下几种方式：

（1）使靠近岸边的坝体上游面维持直立，这样，河床中部坝体将俯向下游，如图 4 - 14（a）所示。

（2）使河床中间的坝体上游面维持直立，而岸边坝体向上游倒悬，如图 4 - 14（b）所示。

（3）协调前两种方案，使河床段坝体稍俯向下游，岸坡段坝体稍向上游倒悬，如图 4 - 14（c）所示。

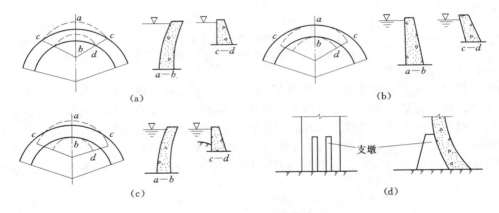

图 4 - 14 拱坝倒悬的处理

设计时宜采用第三种折中处理方式，以减小坝面的倒悬度。按一般施工经验，浆砌石拱坝倒悬度可控制在 $1/10 \sim 1/6$，局部可为 $1/5 \sim 1/4$ 左右；混凝土拱坝可达 $1/3$ 左右。对向上游倒悬的岸边段坝体，在其下游面可能产生过大的拉应力，必要时需在上游坝脚加设支墩［图 4 - 14（d）］，或在开挖基岩时留下部分基坑岩壁作为支撑。对俯向下游的河床段坝体，在俯向下游部分需加速冷却，采用重复灌浆，使收缩缝随浇随灌。这样做尽管施工比较复杂，但也有一定的优点：①增加了向下的竖向水压力，坝内主应力轨迹线也倾斜向下，有助于坝体稳定；②如沿主应力倾斜方向截取拱圈，其中心角将比水平拱圈大，故应力情况要比不向下游倾斜的拱坝为好；③采用坝顶溢流布置时，下泄水流的冲刷坑距离坝脚可以远些。现代的双曲拱坝，一般都在坝体下部 $1/3$ 左右坝高范围内向上游倒悬，再向上就逐渐俯向下游。这样，不仅改善了坝体应力情况，而且有助于解决岸边坝段的倒悬问题。

4. 拱坝体形评估

拱坝体形取决于坝址河谷形状、地质条件、坝体稳定和强度、枢纽布置及施工条件等因素。但当人们在宏观评估拱坝体形时，往往借助于已建拱坝的资料，对拱坝的形状和尺寸进行类比分析，以判断拱坝体形的安全性和经济性。

对拱坝体形评估最常采用的是厚高比。此法虽有不足，但因其简单，而一直被沿用。我国拱坝设计规范至今仍用它作为拱坝按厚薄进行分类的指标。图 4-2 是国内

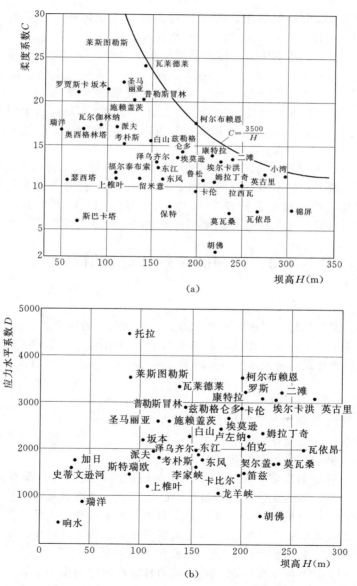

图 4-15 柔度系数、应力水平系数和坝高散点图

（a）柔度系数和坝高散点图；（b）应力水平系数和坝高散点图

外一些拱坝的厚高比 T/H 和宽高比 L/H 的散点图，其中，曲线①表征拱坝尺度处于平均水平的曲线；曲线②表征拱坝尺度处于较经济的曲线；曲线③表征拱坝尺度处于富裕度较大的曲线。这些曲线可作为设计拱坝时宏观控制参考。

目前较流行使用柔度系数法对拱坝体形作宏观评估。柔度系数法是瑞士著名坝工专家龙巴第（Lombardi）提出的，柔度系数为

$$C = \frac{A^2}{VH} = \frac{S_m}{T_m} \tag{4-9}$$

式中：A 为拱坝上游面展开面积，m^2；V 为拱坝混凝土体积，m^3；H 为拱坝坝高，m；T_m 为拱坝平均厚度，m；S_m 为拱坝平均弧长，m。

式（4-9）中的 C 值实质上是体现拱坝在水平向柔韧程度的一个系数。龙巴第认为正常情况下，当 C 值在 15 左右时，拱坝是安全的，若混凝土浇筑技术较高，施工合理，C 的取值可达 20。但实际工程表明，不少较低的拱坝，C 值较大仍能正常运行，因此用柔度系数评估坝体安全性和经济性时，还应注意坝高这个因素。

图 4-15（a）为拱坝柔度系数和坝高散点图，可供对拱坝安全性和经济性判断时参考。

图 4-15（b）为拱坝应力水平系数和坝高散点图。拱坝应力水平系数 $D = A^2/V$，实质上是拱坝单位平均厚度所对应的拱坝上游承载面积，隐存着应力大小的含义，适宜的应力水平系数 D 一般应控制在 3500 以内。为此，A^2/V 的大小对评估拱坝体形也有一定的参考意义，尤其在河谷宽度相差不大时，其参考性较佳。

4.3　拱坝的荷载及荷载组合

4.3.1　荷载

拱坝承受的荷载包括：自重、静水压力、动水压力、扬压力、泥沙压力、冰压力、浪压力、温度作用以及地震作用等，基本上与重力坝相同。但由于拱坝本身的结构特点，有些荷载的计算及其对坝体应力的影响与重力坝不尽相同。本节仅介绍这些荷载的不同特点。

1. 一般荷载的特点

（1）水平径向荷载。水平径向荷载包括：静水压力、泥沙压力、浪压力及冰压力。其中，静水压力是坝体承受的最主要荷载，应由拱、梁系统共同承担，可通过拱梁分载法来确定拱系和梁系上的荷载分配。

（2）自重。混凝土拱坝在施工时常采用分段浇筑，最后进行灌浆封拱，形成整体。这样，由自重产生的变位在施工过程中已经完成，全部自重应由悬臂梁承担，悬臂梁的最终应力应是由拱梁分载法算出的应力加上由于自重产生的应力。在实际工程中，如遇：①需要提前蓄水，要求坝体浇筑到某一高程后提前封拱；②对具有显著竖向曲率的双曲拱坝，为保持坝块稳定，需要在其冷却后先行灌浆封拱，再继续上浇；③为了度汛，要求分期灌浆等情况。灌浆前的自重作用应由梁系单独承担，灌浆后浇筑的混凝土自重参加拱梁分载法中的变位调整。有时为了简化计算，也常假定自重全由梁系承担。

由于拱坝各坝块的水平截面都呈扇形，如图 4－16 所示，截面 A_1 与 A_2 间的坝块自重 G 可按辛普森公式计算，即

$$G = \frac{1}{6}\gamma_c \Delta Z(A_1 + 4A_m + A_2) \qquad (4-10)$$

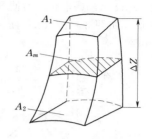

式中：γ_c 为混凝土容重，kN/m^3；ΔZ 为计算坝块的高度，m；A_1、A_2、A_m 分别为上、下两端和中间截面的面积，m^2。

图 4－16　坝块自重计算图

或简略地按式（4－11）计算

$$G = \frac{1}{2}\gamma_c \Delta Z(A_1 + A_2) \qquad (4-11)$$

（3）水重。水重对于拱、梁应力均有影响，但在拱梁分载法计算中，一般近似假定由梁承担，通过梁的变位考虑其对拱的影响。

（4）扬压力。从近年美国对一座中等高度拱坝坝内渗流压力所作的分析表明，由扬压力引起的应力在总应力中约占 5％。由于所占比重很小，设计中对于薄拱坝可以忽略不计，对于重力拱坝和中厚拱坝则应予以考虑；在对坝肩岩体进行抗滑稳定分析时，必须计入渗流水压力的不利影响。

（5）动水压力。拱坝采用坝顶或坝面溢流时，应计及溢流坝面上的动水压力。对溢流面的脉动压力和负压的影响可以不计。

实践证明，岩体赋存于一定的地应力环境中，对修建在高地应力区的高拱坝，应当考虑地应力对坝基开挖、坝体施工、蓄水过程中的坝体应力以及坝肩岩体抗滑稳定的影响。

2. 温度作用

温度作用是拱坝设计中的一项主要荷载。实测资料分析表明，在由水压力和温度变化共同引起的径向总变位中，后者约占 1/3～1/2，在靠近坝顶部分，温度变化的影响更为显著。拱坝系分块浇筑，经充分冷却，待温度趋于相对稳定后，再灌浆封拱，形成整体。封拱前，根据坝体稳定温度场（图 4－17），可定出沿不同高程各灌浆分区的封拱温度。封拱温度低，有利于降低坝内拉应力，一般选在年平均气温或略低时进行封拱。封拱温度即作为坝体温升和温降的计算基准，以后坝体温度随外界温度作周期性变化，产生了相对于上述稳定温度的改变值。由于拱座嵌固在基岩中，限制坝体随温度变化而自由伸缩，于是就在坝体内产生了温度应力。上述温度改变值，即为温度作用，也就是通常所称的温度荷载。坝体温度受外界温度及其变幅、周期、封拱温度、坝体厚度及材料的热学特性等因素制约，同一高程沿坝厚呈曲线分布。设坝内任一水平截面在某一时刻的温度分布如

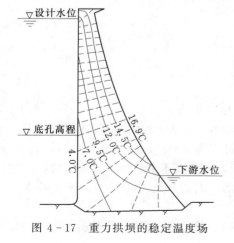

图 4－17　重力拱坝的稳定温度场

图 4 - 18（a）所示。为便于计算，可将其与封拱温度的差值，即温差视为三部分的叠加，如图 4 - 18（b）所示。

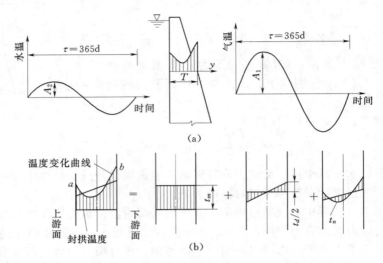

图 4 - 18　坝体外界温度变化、坝体内温度分布及温差分解示意图

（1）均匀温度变化 t_m。即温差的均值，这是温度荷载的主要部分。它对拱圈轴向力和力矩、悬臂梁力矩等都有很大影响。

（2）等效线性温差 t_d。等效线性化后，上、下游坝面的温度差值，用以表示水库蓄水后，由于水温变幅小于下游气温变幅沿坝厚的温度梯度 t_d/T。它对拱圈力矩的影响较大，而对拱圈轴向力和悬臂梁力矩的影响很小。

（3）非线性温度变化 t_n。它是从坝体温度变化曲线 $t(y)$ 扣去以上两部分后剩余的部分，是局部性的，只产生局部应力，不影响整体变形，在拱坝设计中一般可略去不计。

以上三部分 t_m、t_d、t_n 可按以下公式计算

$$t_m = \frac{1}{T} \int_{-T/2}^{T/2} t(y) \mathrm{d}y \tag{4-12}$$

$$t_d = \frac{12}{T^2} \int_{-T/2}^{T/2} t(y) y \mathrm{d}y \tag{4-13}$$

$$t_n = t - t_m - \frac{t_d y}{T} \tag{4-14}$$

如图 4 - 18（a）所示，设下游坝面的温度变化过程为 $t' = A_1 \cos\omega (\tau - \tau_0)$，其中，$A_1$ 为气温的年变幅，近似等于气温年变幅加日照影响，后者可按实测资料或取 1～2℃。尾水位以下为水温年变幅。上游坝面的温度变化过程为 $t'' = A_2 \cos\omega (\tau - \varepsilon - \tau_0)$，其中，$A_2$ 为上游坝面水温年变幅，ε 为 t'' 相对于 t' 的滞后，约相当于水温对于气温的滞后。实测资料表明：A_2 随水深增加而渐减，ε 随水深增加而渐增，至 50～60m 深度处基本稳定在 1～2 月之间。

在上述边界条件下，某截面在任一时刻 τ 的 t_m 及 t_d 值，可由热传导理论求解，

其计算式为

$$t_m = \frac{\rho_1}{2}[A_1\cos\omega(\tau - \theta_1 - \tau_0) + A_2\cos\omega(\tau - \varepsilon - \theta_1 - \tau_0)] \tag{4-15}$$

$$t_d = \rho_2[A_1\cos\omega(\tau - \theta_2 - \tau_0) - A_2\cos\omega(\tau - \varepsilon - \theta_2 - \tau_0)] \tag{4-16}$$

其中

$$\rho_1 = \frac{1}{\eta}\sqrt{\frac{2(\mathrm{ch}\eta - \cos\eta)}{\mathrm{ch}\eta + \cos\eta}}$$

$$\theta_1 = \frac{1}{\omega}\left[\frac{\pi}{4} - \arctan\left(\frac{\sin\eta}{\mathrm{sh}\eta}\right)\right]$$

$$\rho_2 = \sqrt{a^2 + b^2}$$

$$\theta_2 = \frac{1}{\omega}\arctan\left(\frac{b}{a}\right)$$

$$a = \frac{6}{\rho_1\eta^2}\sin\omega\theta_1$$

$$b = \frac{6}{\eta^2}\left(\frac{1}{\rho_1}\cos\omega\theta_1 - 1\right)$$

$$\eta = \sqrt{\frac{\pi}{\alpha p}}T$$

式中：ω 为坝面温度变化的圆频率，$\omega = \frac{2\pi}{p}$；p 为温度变化周期，年变化周期以月为单位，$p = 12$ 个月；T 为计算截面的坝体厚度，m；α 为导温系数，$m^2/$月；τ 为时间，月。通常在 7 月中旬气温达到最高值，可取 $\tau_0 = 6.5$ 月，1 月中旬气温最低。温度应力的极值比气温极值约滞后 $1\sim1.5$ 月。初步计算时只需计算 8 月中旬（$\tau = 7.5$）或 8 月底（$\tau = 8$）的温度荷载和应力。

用式（4-15）、式（4-16）算出的 t_m 和 t_d 是温升时的温度荷载。因为温度的变化在时间上具有反对称性质［图 4-18（a）］，改变其正负符号，即得 2 月中旬或 2 月底温降时的温度荷载。

当坝体温度低于封拱温度时，坝轴线收缩，使坝体向下游变位，如图 4-19（a）所示，由此产生的弯矩和剪力的方向与水压力作用所产生的相同，但轴力方向相反。当坝体温度高于封拱温度时，坝轴线伸长，使坝体向上游变位，如图 4-19（b）所示，由此产生的弯矩和剪力的方向与水压力产生的相反，但轴力方向则相同。因此，

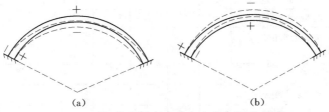

(a) (b)

图 4-19 坝体由温度变化产生的变形示意图

(a) 温降；(b) 温升

＋ 压应力；－ 拉应力

注 虚线为坝变位后的位置。

在一般情况下，温降对坝体应力不利；温升将使拱端推力加大，对坝肩岩体稳定不利。

应当指出，混凝土的徐变对温度应力有很大影响，SL/T 191—96《水工混凝土结构设计规范》规定，考虑混凝土的徐变特性后，温度应力可减小35%。

3. 地震作用

拱坝受地震作用，当采用拟静力法计算时，水平向地震惯性力按式（3-21）计算；水平向地震动水压力按式（3-82）计算，并乘以动态分布系数 α_i 和地震作用的效应折减系数 ξ。其中动态分布系数 α_i 在坝顶处取3.0，在坝基处取1.0，且沿高程按线性内插，地震作用力沿拱圈径向均匀分布。

4.3.2　荷载组合

荷载组合分为基本组合和特殊组合（包括施工期组合）。拱坝的荷载组合应根据各种荷载同时作用的实际可能性，选择最不利情况，作为分析坝体应力和坝肩岩体抗滑稳定的依据。拱坝的荷载组合一般应按表4-1的规定确定。

对地震较频繁地区，当施工期较长时，应采取措施及时封拱，必要时对施工期的荷载组合尚应增加一项地震荷载，其地震烈度可按设计烈度降低1度考虑。表4-1中"特殊组合、施工情况、灌浆"状况下的荷载组合，也可为自重和设计正常温升的温度荷载组合。

表 4-1　　　　　　　　　　　　荷　载　组　合

荷载组合	主要考虑情况		自重	静水压力	设计正常温降	设计正常温升	扬压力	泥沙压力	浪压力	冰压力	动水压力	地震荷载
基本组合	1. 正常蓄水位情况		√	√	√		√	√		√		
	2. 正常蓄水位情况		√	√		√	√	√	√			
	3. 设计洪水位情况		√	√		√	√	√	√			
	4. 死水位（或运行最低水位）情况		√	√	√		√	√		√		
	5. 其他常遇的不利荷载组合情况											
特殊组合	1. 校核洪水位情况		√	√		√	√	√			√	
	2. 地震情况	（1）基本组合1+地震荷载	√	√	√		√	√		√		√
		（2）基本组合2+地震荷载	√	√		√	√	√	√			√
		（3）常遇低水位情况＋地震荷载	√	√		√	√	√				√
	3. 施工情况	（1）未灌浆	√									
		（2）未灌浆遭遇施工洪水	√	√								
		（3）灌浆	√		√							
		（4）灌浆遭遇施工洪水	√	√		√						
	4. 其他稀遇的不利荷载组合情况											

4.4 拱坝的应力分析

4.4.1 应力分析方法综述

拱坝是一个变厚度、变曲率而边界条件又很复杂的空间壳体结构，要进行严格的理论计算是有困难的。在实际工程中，通常需要做一些必要的假定和简化。拱坝应力分析方法可归纳为如下几种。

1. 纯拱法

纯拱法假定坝体由若干层独立的水平拱圈叠合而成，每层拱圈可作为弹性固端拱进行计算。和一般弹性拱相比：①由于拱坝厚度较大，拱圈的剪力也较大，当拱厚 T 与拱圈平均半径 R 之比 $\frac{T}{R} > \frac{1}{5}$ 时，忽略剪力对内力计算成果将带来较大的误差；②拱坝的轴力很大，不能忽略轴向变位；③基岩变形影响显著，不能忽略。由于纯拱法没有反映拱圈之间的相互作用，假定荷载全部由水平拱承担，不符合拱坝的实际受力状况，因而求出的应力一般偏大，尤其对重力拱坝，误差更大，但对于狭窄河谷中的薄拱坝，仍不失为一个简单实用的计算方法。另外，按拱梁分载法计算时，纯拱法也是其中的一个重要组成部分。

2. 拱梁分载法

拱梁分载法是将拱坝视为由若干水平拱圈和竖直悬臂梁组成的空间结构，坝体承受的荷载一部分由拱系承担，一部分由梁系承担，拱和梁的荷载分配由拱系和梁系在各交点处变位一致的条件来确定。荷载分配以后，梁是静定结构，应力不难计算；拱的应力可按纯拱法计算。荷载分配从 20 世纪 30 年代开始采用试载法，先将总的荷载试分配由拱系和梁系承担，然后分别计算拱、梁变位。第一次试分配的荷载不会恰好使拱和梁共轭点的变位一致，必须调整荷载分配，继续试算，直到变位接近一致为止。近代由于计算机的出现，可以通过求解结点变位一致的代数方程组来求得拱系和梁系的荷载分配，避免了繁琐的计算。拱梁分载法是目前国内外广泛采用的一种拱坝应力分析方法，它把复杂的弹性壳体问题简化为结构力学的杆件计算，概念清晰，易于掌握。

拱冠梁法是一种简化了的拱梁分载法。它是以拱冠处的一根悬臂梁为代表，与若干水平拱作为计算单元进行荷载分配，然后计算拱冠梁及各个拱圈的应力，计算工作量比多拱梁分载法节省很多。拱冠梁法可用于大体对称、比较狭窄河谷中的拱坝的初步应力分析。对于中、低拱坝也可用于可行性研究阶段的坝体应力分析。

3. 有限元法

将拱坝视为空间壳体或三维连续体，根据坝体体形，选用不同的单元模型。薄拱坝可选用薄壳单元；中厚拱坝可选用厚壳单元；对厚度较大，外形复杂的坝体和坝基多用三维实体单元。如图 4-20 所示。有限元法适用性强，是拱坝应力分析的一种有效方法。有限元法应用于拱坝分析具有下列优点：

（1）有限元法可用于解算体形复杂、坝内设有较大的孔口、垫座或重力墩的拱坝应力和变形。

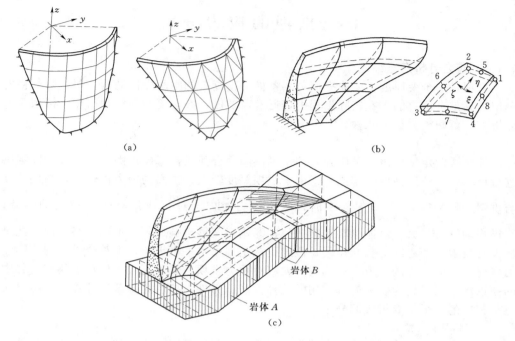

图 4 - 20　拱坝的单元划分

（a）薄壳单元；（b）厚壳单元；（c）三维实体单元

（2）可以分析复杂坝基及其对拱坝应力和稳定的影响。

（3）可以考虑坝体材料和坝基的非线性性质，分析坝体和坝基的开裂和破坏、接缝影响、坝基处理的效果等。

（4）可以模拟拱坝施工和运行过程，进行施工期和运行期的仿真分析。

（5）可以分析渗流场和温度场及其对应力的影响。

（6）可以求解地震对坝体—坝基—库水相互作用的动力反应。

4. 壳体理论计算方法

早在 20 世纪 30 年代，F·托尔克就提出了用薄壳理论计算拱坝应力的近似方法。由于拱坝体形和边界条件十分复杂，使这种计算方法在工程中的应用受到了很大的限制。近年来由于高速度、大容量计算机的出现，壳体理论计算方法也取得了新的进展，网格法就是应用有限差分解算壳体方程的一种计算方法，适用于薄拱坝。我国泉水双曲薄拱坝采用网格法进行应力计算，收到了较好的效果。

5. 结构模型试验

结构模型试验也是研究解决拱坝应力问题的有效方法。它不仅能研究坝体、坝基在正常运行情况下的应力和变形，而且还可进行破坏试验。在有的国家如葡萄牙、意大利，甚至以模型试验成果作为拱坝设计的主要依据，认为试验是最可靠的手段。当前在模型试验中需要研究解决的问题有：寻求新的模型材料，施加自重、渗流压力及温度荷载的实验技术等。

　　纯拱法、拱梁分载法（拱冠梁法、多拱梁分载法）属于结构力学分析方法的范畴，各种方法的计算精度不同，可在不同的设计阶段选用。SL 282—2003《混凝土拱坝设计规范》要求，拱坝应力分析应以拱梁分载法或有限元计算成果作为衡量强度安全的主要指标。但对1级、2级拱坝和高拱坝或情况比较复杂的拱坝（如拱坝内设有大的孔洞、坝基条件复杂等），除用拱梁分载法计算外，还应采用有限元计算，必要时，尚需进行结构模型试验加以验证。

4.4.2　拱坝应力分析的结构力学方法

　　用结构力学方法计算拱坝应力时，采用了以下几项基本假定：

　　(1) 坝体和基岩都是均匀、各向同性的弹性体。

　　(2) 忽略库岸、库底在库水压力作用下的变形影响。

　　(3) 拱的法向截面在变形后仍保持平面。

　　(4) 用伏格特（F. Vogt）公式计算地基变形。

4.4.2.1　地基变形计算

　　地基变形对坝体应力影响很大，设计中必须加以考虑。目前国内外多采用伏格特概化地基模型，有时也可采用延长坝高的更为粗略的处理方法。

　　伏格特地基模型，假定基岩为均匀、各向同性的半无限弹性体，将均匀受力面（$a \times b$）单位宽度上的作用力或力矩取单位值1时的平均变位定义为变位系数（图4-21），则有

$$\left. \begin{array}{lll} \alpha' = \dfrac{K_1}{E_R T^2} & \beta' = \dfrac{K_2}{E_R} & \gamma' = \dfrac{K_3}{E_R} \quad \underline{\gamma'} = \dfrac{\underline{K_3}}{E_R} \\[3mm] \delta' = \dfrac{K_4}{E_R T^2} & \alpha'' = \dfrac{K_5}{E_R T} & \gamma''' = \dfrac{K_5}{E_R T} \end{array} \right\} \tag{4-17}$$

式中：α' 为单位力矩作用在基岩面上产生的平均角变位，rad；β' 为单位法向压力作用在基岩面上产生的平均法向线变位，m；γ' 为单位径向剪力作用在基岩面内产生的平均径向剪变位，m；$\underline{\gamma'}$ 为单位切向剪力作用在基岩面内产生的平均切向变位，m，方向与 γ' 相垂直；δ' 为单位扭矩作用在基岩面内产生的平均扭转角变位，rad；α'' 为单位径向剪力作用在基岩面内产生的平均角变位，rad；γ''' 为单位力矩作用在基岩面上产生的平均径向剪变位，m，根据马氏互等定理，有 $\alpha'' = \gamma'''$；E_R 为基岩的变形模量，kPa；T 为坝底厚度，m；$K_1 \sim K_5$、$\underline{K_3}$ 为伏格特系数，是矩形受力面边长比 b/a 与基岩泊松比 μ 的函数，可查阅《水工设计手册》及有关文献。

　　为了使拱坝基岩面与上述假定的受力面（$a \times b$）相适应，还需作如下的假定：

　　(1) 基岩与坝底接触面展开摊平后的不规则平面图形，可以用一个等量矩形，即等面积矩形（$a \times b$）来代替，如图4-22所示。

　　(2) 计算单元（$T \times 1$）受力后的变位，相当于同样作用力均匀分布在 $a' \times b'$ 矩形面上的平均变位值，并认为 $\dfrac{b'}{a'} = \dfrac{b}{a}$，且 a' 等于计算拱厚 T。实际上，作用在坝基各处的作用力是不同的，各点变位也是互有影响的。

　　(3) 水库蓄水后，库水压力对坝基变形的影响不予考虑。

　　用式（4-17）计算的变位系数，只适用于岸壁铅直的情况。实际上河谷岸坡都

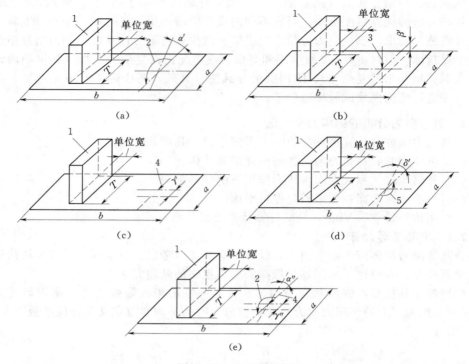

图 4-21 地基变形图

1—单元体；2—单位力矩；3—单位法向力；4—单位剪力；5—单位扭矩

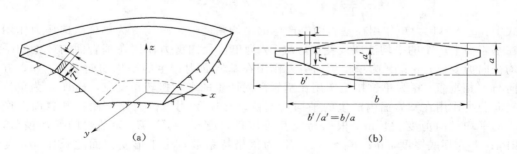

图 4-22 计算拱坝地基变形的当量矩形图

(a) 拱坝与基岩接触面图；(b) 展视图

是倾斜的，此时水平拱圈的两端和铅直梁的底部与基岩面相互斜交，如图 4-23 所示。在拱端和梁底力系作用下，基岩面的变形需要在式（4-17）的基础上进行换算。

在拱端力系（径向剪力 V，拱推力 H，力矩 M_z）作用下的基岩面变位公式为

$$\left.\begin{array}{l} \theta_Z = M_Z\alpha + V\alpha_2 \\ \Delta r = V\gamma + M_Z\alpha_2 \\ \Delta s = -H\beta \end{array}\right\} \qquad (4-18)$$

其中

$$\alpha = \alpha'\cos^3\psi + \delta'\sin^2\psi\cos\psi$$

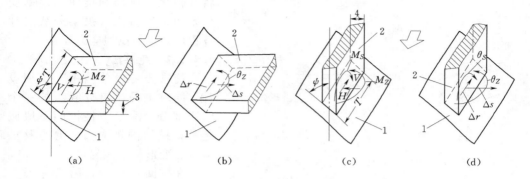

图 4-23 拱端和梁底力系及基岩变位图
(a) 拱端作用力；(b) 拱端基岩变位；(c) 梁底作用力；(d) 梁底基岩变位
1—基岩面；2—单元体；3—单位高度；4—单位宽度

$$\alpha_2 = \alpha'' \cos^2 \psi$$
$$\gamma = \gamma' \cos \psi$$
$$\beta = \beta' \cos^3 \psi + \lfloor \gamma' \rfloor \sin^2 \psi \cos \psi$$

式中：ψ 为拱座岩面与铅垂线的交角。

在梁底力系（径向剪力 V，力矩 M_S）及由拱端传来的扭矩 M_z、切向力 H 等作用下的基岩面变位公式为

$$\left.\begin{aligned}
\theta_S &= M_S \alpha + V \alpha_2 \\
\Delta r &= V \gamma + M_S \alpha_2 \\
\theta_Z &= M_z \delta \\
\Delta s &= -H \lfloor \gamma \rfloor
\end{aligned}\right\} \qquad (4-19)$$

其中

$$\alpha = \alpha' \sin^3 \psi + \delta' \sin \psi \cos^2 \psi$$
$$\alpha_2 = \alpha'' \sin^2 \psi$$
$$\gamma = \gamma' \sin \psi$$
$$\delta = \delta' \sin^3 \psi + \alpha' \sin \psi \cos^2 \psi$$
$$\lfloor \gamma \rfloor = \lfloor \gamma' \rfloor \sin^3 \psi + \beta' \sin \psi \cos^2 \psi$$

式中：ψ 为梁底岩面与铅垂线的交角。式（4-19）中，Δr 和 θ_S 是梁底的主要变位，θ_Z 和 Δs 是由拱端 M_z 及 H 所引起的梁底附加变位。

应当指出，用伏格特公式求得的基岩变位是相当粗略的，但考虑到基岩地质和受力情况的复杂性，难以求得确切的解答，因而伏格特基岩变位公式目前仍为工程界所采用。但在复杂的地基条件下，这种处理方式有时会带来严重的失真。为了在拱梁分载法中能考虑岩性分布的不均匀性等地基实际情况，可采用三维有限元法确定地基变位系数，以代替伏格特地基变位系数。其基本思路是：对地基采用三维有限元离散，沿坝轴线方向取单位长度，称为单位坝基，并建立局部坐标系，如图 4-24 (a) 所示。假定荷载和变位仅考虑 5 个分量，如图 4-24 (b) 所示，则在局部坐标系中的荷载列阵为 $\{P\} = [P_{\bar{y}} \ P_{\bar{x}} \ P_{\bar{z}} \ M_{\bar{z}} \ M_{\bar{x}}]^T$，地基变位列阵为 $\{\delta\} = [\Delta \bar{y} \ \Delta \bar{x} \ \Delta \bar{z} \ \theta_{\bar{z}} \ \theta_{\bar{x}}]^T$。先计算出单位力系 $\{\bar{P}\} = 1$ 作用下的地基变位系数矩阵 $\{\Delta\}$，通过坐标变换，

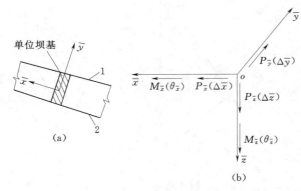

图 4 - 24　有限元地基模型

（a）局部坐标系；（b）荷载与变位分量示意图

1—坝基上游轮廓线；2—坝基下游轮廓线

将其转化为拱向和梁向的地基变位系数，然后代入拱梁分载法计算程序，进行拱坝应力计算。

4.4.2.2　纯拱法

纯拱法可以单独用于拱坝设计，同时也是拱梁分载法的一个组成部分。除了弹性拱的一般假定外，拱圈的轴向力、剪力及拱端基岩变形都不能忽略。

在拱圈计算中，因为考虑了地基变形，弹性中心不易求得，故通常将超静定力 M_0、H_0 和 V_0 选在切开截面的中心，如图 4 - 25（b）所示。荷载、静定力、内力及变位的正方向如图 4 - 25（a）所示。

设想拱圈在拱冠处切开，拱的左右两半都可按静定结构计算。对于左半拱，任一截面上由外荷产生的静定力系为 M_L、H_L 和 V_L，则在中心角为 φ 的任一截面 C，其内力 M、H 及 V 分别为

$$\left.\begin{aligned} M &= M_0 + H_0 y + V_0 x - M_L \\ H &= H_0 \cos\varphi - V_0 \sin\varphi + H_L \\ V &= H_0 \sin\varphi + V_0 \cos\varphi - V_L \end{aligned}\right\} \qquad (4-20)$$

式中：x、y 和 φ 如图 4 - 25（b）所示，脚标 L 代表左半拱圈，R 代表右半拱圈。

为了计算 M、H 及 V，需先求出 M_0、H_0 和 V_0。为此，可利用切口处的变形连续条件，经过演算得出

$$\left.\begin{aligned} A_1 M_0 + C_1 V_0 + B_1 H_0 - D_1 &= 0 \quad \text{（转动连续条件）} \\ C_1 M_0 + C_2 V_0 + B_2 H_0 - D_2 &= 0 \quad \text{（径向变位连续条件）} \\ B_1 M_0 + B_2 V_0 + B_3 H_0 - D_3 &= 0 \quad \text{（切向变位连续条件）} \end{aligned}\right\} \qquad (4-21)$$

其中
$$A_1 = {}_L A_1 + {}_R A_1$$
$$B_1 = {}_L B_1 + {}_R B_1；\ B_2 = {}_L B_2 - {}_R B_2；\ B_3 = {}_L B_3 + {}_R B_3$$
$$C_1 = {}_L C_1 - {}_R C_1；\ C_2 = {}_L C_2 + {}_R C_2$$
$$D_1 = {}_L D_1 + {}_R D_1；\ D_2 = {}_L D_2 - {}_R D_2；\ D_3 = {}_L D_3 + {}_R D_3$$

式中：A_1、B_1、C_1、B_2、C_2 及 B_3、D_1、D_2、D_3 为常数，其中，A_1、B_1、C_1、B_2、C_2 及 B_3 只和拱圈尺寸及基岩变形有关，称为形常数；而 D_1、D_2 及 D_3 除此之外还与荷载有关，称为载常数。这些常数可查阅《水工设计手册》第五卷混凝土坝及有关文献。

这些常数的含义为：

A_1——单位力矩作用于拱圈任一点［切口断面，可以在拱冠，也可以是任一断面，如图 4 - 25（c）所示，下同］使该点产生的角变位 θ；

B_1——单位轴向力（或力矩）作用于拱圈任一点使该点产生的 θ（或 Δs）；

C_1——单位剪力（或力矩）作用于拱圈任一点使该点产生的 θ（或 Δr）；

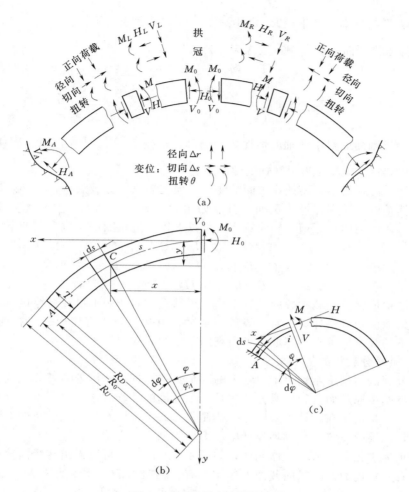

图 4-25 拱圈应力分析图

B_2——单位轴向力（或剪力）作用于拱圈任一点使该点产生的 Δr（或 Δs）；

C_2——单位剪力作用于拱圈任一点使该点产生的 Δr；

B_3——单位轴向力作用于拱圈任一点使该点产生的 Δs；

D_1——由拱端至拱圈任一点的外荷载使该点产生的 θ；

D_2——由拱端至拱圈任一点的外荷载使该点产生的 Δr；

D_3——由拱端至拱圈任一点的外荷载使该点产生的 Δs。

求解式（4-21），可得出 M_0、H_0 及 V_0，再代入式（4-20），即可计算拱圈任一径向截面的内力 M、H 及 V。然后用偏心受压公式计算坝体上下游面的边缘应力 σ_x，即

$$\sigma_x = \frac{H}{T} \pm \frac{6M}{T^2} \tag{4-22}$$

式（4-22）中，σ_x 以压应力为正，"+"号用于上游边缘。

当拱厚 T 与拱圈中线半径 R_0 之比 $\frac{T}{R_0} > \frac{1}{3}$ 时，截面应力不再呈直线分布，应按厚拱考虑，计入拱圈曲率的影响，边缘应力公式为

$$\sigma_x = \frac{H}{T} \pm \frac{M}{I_n}\left(\frac{T}{2} \pm \varepsilon\right)\frac{R_0 - \varepsilon}{R_0 \pm 0.5T} \qquad (4-23)$$

$$\varepsilon = R_0 - \frac{T}{\ln[(1 + 0.5T/R_0)/(1 - 0.5T/R_0)]}$$

式中：I_n 为拱圈断面对中性轴的惯性矩，仍可近似按 $I_n = \frac{T^3}{12}$ 计算，因为即使令 $\frac{T}{R_0} = 1$，误差也不超过 2%；ε 为中性轴的偏心距。

对于纯拱法一般不需要计算拱圈的变位，但在多拱梁分载法中，则必须计算。计算方法仍然是设想拱圈在计算截面切开，如图 4-25（c）所示，坐标原点取在切开的截面中心，利用虚功原理，经演算后，可以求得左边拱圈的变位公式如下

$$\left.\begin{array}{l}
{}_L\theta_i = {}_LA_1 M_0 + {}_LB_1 H_0 + {}_LC_1 V_0 - {}_LD_1 \\
{}_L\Delta r_i = {}_LC_1 M_0 + {}_LB_2 H_0 + {}_LC_2 V_0 - {}_LD_2 \\
{}_L\Delta s_i = -{}_LB_1 M_0 - {}_LB_3 H_0 - {}_LB_2 V_0 + {}_LD_3
\end{array}\right\} \qquad (4-24)$$

纯拱法中形常数和载常数的计算工作量很繁重，对非圆形拱或变厚拱只能用分段累计或高斯数值积分法计算；对于等截面圆拱，由基本公式直接积分已有现成解答。标准荷载下的载常数都有计算数表可资查用，详细算式本书不再列出。

4.4.2.3　拱梁分载法的基本原理

拱梁分载法的理论基础源于力学上的两个基本原理：①内外力替代原理；②唯一解原理。就基本原理而言，拱梁分载法是一个准确的计算方法。之所以计算得出的结果是近似的，是由于在计算中采用了一些简化的假定，以及拱、梁数目的有限性。到目前为止，拱梁分载法还是拱坝设计中应力分析的主要方法。

若从坝体中任意切取一个微元体，如图 4-26 所示，可以看出在径向截面和水平截面上各有 6 种内力。在径向截面上作用力有：轴向力 H、水平力矩 M_z、垂直力矩 M_r、扭矩 M_s、径向剪力 V_r、铅直剪力 V_z。在水平截面上用力有：法向力 G、垂直力矩 M_s、垂直力矩 M_r、扭矩 M_z、径向剪力 Q_r 和切向剪力 Q_s。

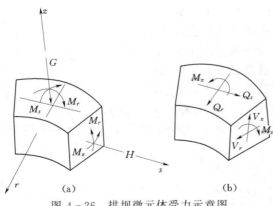

用圆筒法只能粗略地估计轴向力 H；用纯拱法也只能考虑到轴向力 H、水平力矩 M_z 和径向剪力 V_r，因此，还不足以充分反映拱坝的实际受力情况。而拱梁分载法就其原理讲是能同时考虑上述 12 个内力的。但根据拱坝的实际工作状态，有些内力影响较小，如剪力 V_z 和两个面上的力矩 M_r 可以忽略，而扭矩 M_z 和 M_s 可分别合并入 M_z 和 M_s 计算。对拱坝起重要作用的内力是径向截面上的 H、M_z、V_r 以及水平截

图 4-26　拱坝微元体受力示意图

面上的 G、M_s、Q_r。前一组内力相当于拱圈的轴力、弯矩和剪力，后一组内力相当于悬臂梁的重力、弯矩和剪力。

应用拱梁分载法的关键是拱梁系统的荷载分配。拱系和梁系承担的荷载要根据拱梁各交点（称为共轭点）变位一致的条件来确定。如图 4-27 所示，空间结构任一点的变位分量共有 6 个，即 3 个线变位和 3 个角变位，如某交点 C 的 6 个变位分量为：径向变位 Δr、切向变位 Δs、铅直变位 Δz、水平面上转角变位 θ_z、径向截面上转角变位 θ_s 和沿坝壳中面的转角变位 θ_r。从理论上讲，应该要求坝体各共轭点的这 6 个变位分量都一致，即六向全调整。但这样做将增加求解问题的复杂性和计算工作量。作为壳体，θ_r 一般数值很小，可以忽略不计，称为五向全调整。铅直变位 Δz 除双曲拱坝外数值很小，可以忽略不计，于是每个结点只有 4 个未知量，称为四向全调整。再考虑壳体理论中两个相互垂直面上扭矩近似相等的条件，角变位 θ_z 和 θ_s 不是独立而是相互关联的，只要 θ_z 变位一致，θ_s 也就自动满足相等的要求。因此，对于拱梁交点的变位，只需根据 Δr、Δs 及 θ_z 三个变位分量一致的条件，就可以决定荷载的分配，称为三向调整。

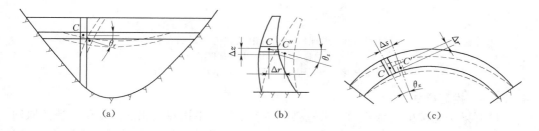

图 4-27　拱坝 C 点在拱和梁单元上的变位示意图

在拱坝的变位中，一般是径向变位值 Δr 最大，所以应用试载法进行变位调整时，首先是调整径向变位。图 4-28（b）表示拱、梁在各自分担的荷载作用下，在交点处的径向变位。由于变位不一致，必须重新分配拱、梁的荷载，直至拱梁各共轭点的径向变位一致或接近一致，如图 4-28（c）所示。但此时各点的切向变位 Δs 和扭转角变位 θ_z 不会恰好一致 ［图 4-28（c）、（d）］，必须在拱和梁之间加一对内力，促使两者的切向变位和扭转角变位也相等。第一次径向、切向和扭转调整结束后，拱和梁相应点的径向变位又会不一致，需再调整径向荷载的分配，如此反复计算，直至相应点的径向、切向和角变位基本一致（变位差满足精度要求），如图 4-28（e）所示，这就是变位调整的计算过程。现在应用计算机，可以通过解算各交点变位一致的代数方程

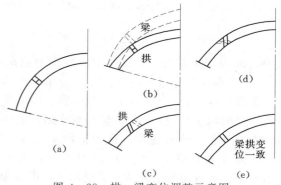

图 4-28　拱、梁变位调整示意图
（a）最初位置；（b）径向变位；（c）径向调整；
（d）切向调整；（e）扭转调整

组，一次求解拱系和梁系的荷载分配，进而计算坝体应力。但也有的程序是按上述试载法逐步调整过程编制的。

　　理论上要求坝体拱、梁系统的变位处处相符，而工程上只需选择有代表性的几层拱圈和几根悬臂梁进行计算即可。在计算中，一般可选取 5～9 层拱和 7～13 根梁，如图 4-29 所示。

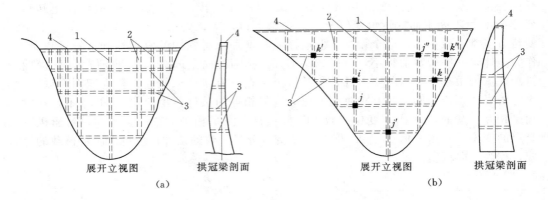

图 4-29　拱坝应力分析中拱和梁单元的布置

（a）对称拱坝；（b）不对称拱坝

1—拱冠梁；2—悬臂梁单元；3—拱单元；4—坝顶

4.4.2.4　拱冠梁法

　　拱冠梁法是按中央悬臂梁（拱冠梁）与若干层水平拱在其相交点变位一致的原则分配荷载的拱坝应力分析方法，是简化了的拱梁分载法。一般是沿坝高选取 5～7 层拱圈，仅考虑承受径向荷载，并假定荷载沿拱圈均匀分布。这种方法仅适用于对称或接近对称的拱坝，是一种近似的应力分析方法。

　　1. 基本算式

　　如图 4-30 所示，从坝顶到坝底选取 n 层拱圈，令各划分点的序号为自坝顶 $i=1$ 至坝底 $i=n$，各层拱圈之间取相等的距离 Δh，拱圈高为 1m。

　　由拱冠梁和各层拱圈交点处径向变位一致的条件可以列出方程组

$$\sum_{j=1}^{n} \alpha_{ij} x_j + \delta_i'' = (p_i - x_i)\delta_i + \Delta A_i \qquad (4-25)$$

式中：p_i 为作用在第 i 层拱圈中面高程的总水平荷载强度，包括水压力及泥沙压力等；i 为拱圈层数序号，$i=1$、2、…、n；x_i 为拱冠梁在第 i 层拱高程处分配承担的水平荷载强度，则（$p_i - x_i$）为第 i 层拱圈分配承担的水平荷载强度；x_j 为拱冠梁 j 点所承受的水平荷载；j 为单位荷载作用点的序次；α_{ij} 为拱冠梁上 j 点的单位荷载在另一点 i 产生的径向变位，称为梁的单位变位，所谓单位荷载是指在作用点（如 j 点）上强度为 10kPa，在上下 Δh 距离处强度为零的三角形分布荷载，如图 4-30（f）所示的Ⅰ、Ⅱ或Ⅲ等；δ_i 为第 i 层水平拱圈在单位强度的均布径向荷载作用下，在拱冠处产生的径向变位，称为拱的单位变位；δ_i'' 为拱冠梁第 i 层截面在铅直荷载作用下产生的水平径向变位；ΔA_i 为第 i 层拱圈由于均匀温度变化 t_m 在拱冠处产生的径向

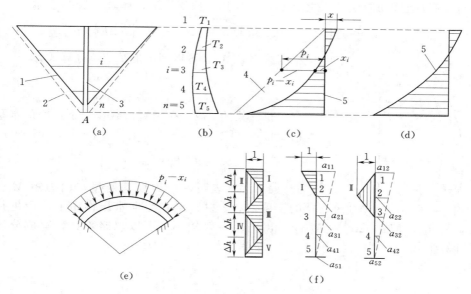

图 4-30　拱冠梁法荷载分配示意图

1—地基表面；2—可利用基岩面；3—拱冠梁；4—拱荷载；5—梁荷载

变位。

将式（4-25）展开后，可以列出下列联立方程组

$$\left.\begin{aligned}
a_{11}x_1 + a_{12}x_2 + \cdots + a_{1n}x_n + \delta_1^{\omega} &= (p_1 - x_1)\delta_1 + \Delta A_1 \\
a_{21}x_1 + a_{22}x_2 + \cdots + a_{2n}x_n + \delta_2^{\omega} &= (p_2 - x_2)\delta_2 + \Delta A_2 \\
\vdots \quad\quad\quad & \\
a_{n1}x_1 + a_{n2}x_2 + \cdots + a_{mn}x_n + \delta_n^{\omega} &= (p_n - x_n)\delta_n + \Delta A_n
\end{aligned}\right\} \quad (4-26)$$

式中：x_1、x_2、$\cdots$、x_n 均为未知量。这是一个线性方程组，可用逐步消元法求得解答。由上列方程组求得拱冠梁分配的水平荷载 x_i，连同自重、水重引起的内力，即可计算拱冠梁的边缘应力。拱的应力则由拱分得的水平荷载 $(p_i - x_i)$ 及均匀温度变化 t_m 产生的应力叠加而得。

2. 梁的变位计算

梁的径向变位包括：水平荷载产生的 $\sum\limits_{j=1}^{n} a_{ij}x_j$ 和竖直荷载产生的 δ_i^{ω} 两部分。对于混凝土拱坝，在变位调整计算中，一般只需考虑坝体在水重作用下产生的变位，而不计入坝体自重的作用，因为自重产生的变位在封拱前即已基本完成。但对整体砌筑的，如浆砌石拱坝，自重和水重产生的变位，都需要在径向变位调整中加以计算。

拱冠梁是静定结构的悬臂梁。设 M、V 分别为悬臂梁在外荷载作用下的截面弯矩和径向剪力，E、G 分别为材料的拉压及剪切弹性模量，I、A 分别为梁截面的惯性矩和面积，K 为剪应力分布系数，并以 h 代表梁高，则计算悬臂梁径向变位 Δr 的基本公式为

$$\Delta r = \iint \frac{M}{EI} \mathrm{d}h\,\mathrm{d}h + \int \frac{VK}{AG}\,\mathrm{d}h \quad\quad (4-27)$$

积分自梁底算起，加上地基变形的影响，应用分段累计法计算时，Δr 可表示为

$$\Delta r = \sum \left(\theta_f + \sum \frac{M}{EI}\Delta h \right)\Delta h + \left(\Delta r_f + \sum \frac{KV}{AG}\Delta h \right) \quad (4-28)$$

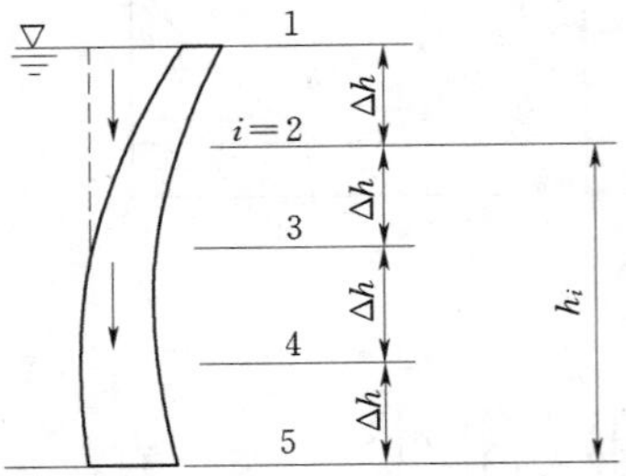

根据式（4-19）可以列出地基变位计算式为

$$\theta_f = {}_A M_s\alpha + {}_A V_r\alpha_2$$

$$\Delta r_f = {}_A V_r\gamma + {}_A M_s\alpha_2$$

拱冠梁的 i 截面在竖直荷载作用下产生的水平径向变位 δ_i^{ω} 可按式（4-29）计算，如图 4-31 所示。

$$\delta_i^{\omega} = (\theta_f h_i + \Delta r_f) + \int_0^{h_i} \frac{Mh}{EI}\mathrm{d}h \quad (4-29)$$

图 4-31　δ_i^{ω} 的计算简图

式（4-29）表明，δ_i^{ω} 为地基变位与内力矩 M 产生的变位之和。拱冠梁在竖向水压作用下不产生径向剪力，故 $\theta_f = {}_A M_s\alpha$，$\Delta r_f = {}_A M_s\alpha_2$。由于 α_2 一般较小，可以忽略不计，写成分段累计的计算形式，可得

$$\delta_i^{\omega} = \frac{5.075}{E_R T^2}\,{}_A M_s h_i + \sum_0^{h_i}\left(\sum_0^h \frac{M}{EI}\Delta h \right)\Delta h \quad (4-30)$$

3. 拱冠的径向变位

在均布径向荷载和均匀温度变化作用下，拱冠的径向变位 Δr_0 可用纯拱法中的基本公式求得。

上述计算只考虑了拱、梁交点径向变位一致。为提高计算精度，有时还可采用考虑扭转的拱冠梁法，即同时考虑拱与拱冠梁交点处的径向变位和垂直扭转变位一致。

4.4.2.5　多拱梁分载法

多拱梁分载法是根据变位一次全调整法来建立变位协调方程的。如图 4-29（b）所示，一个拱圈及其两端悬臂梁组成一个 U 形结构体系，考虑地基变形的影响，在此体系上，任一点的荷载均会引起其他各点的变位。若按三向调整，每一个结点 i 处有 3 个变位分量：径向变位 Δr、切向变位 Δs 和水平扭转角变位 θ_z，可用变位列阵 $\{\delta\}_i = [\Delta r \ \Delta s \ \theta_z]^T$ 表示。引起拱、梁变位的因素，除分配的水压力和温度等荷载外，还有拱梁之间相互作用的切向剪力 q 和水平扭矩 M_z，待求的未知量是梁上各结点承担的径向、切向和水平扭转荷载，可用一个荷载列阵 $\{x\}_i = [p_c \ q \ M_z]_i^T$ 表示；拱上同结点的荷载列阵为 $[p-p_c \ -q \ -M_z]^T$，后两项是内力荷载，大小相等，方向相反。

按"U 形计算体系"，梁上某点 i 的变位可写成

$$\{\delta\}_i^b = \sum_j [c]_{ij}^{bb}\{x\}_j + \sum_{j'} [c]_{ij'}^{ba}\{x\}_{j'} + \sum_{j''} [c]_{ij''}^{bb'}\{x\}_{j''}$$
$$+ \sum [\delta_0]_i^{bb} + \sum [\delta_0]_i^{ba} + \sum [\delta_0]_i^{bb'} \quad (4-31)$$

式中：角标 a、b 分别代表拱和梁；j 为左侧梁上的结点；$[c]_{ij}^{bb}$ 为作用于 j 结点上的单位三角形荷载在 i 点产生的变位矩阵；j' 为与该梁交于坝基上同一点的拱上结点；$[c]_{ij'}^{ba}$ 为单位三角形荷载作用于 j' 点，在 i 点产生的变位矩阵；j'' 为该拱另一端右侧梁上的结点；$[c]_{ij''}^{bb'}$ 为单位三角形荷载作用于 j'' 点，在 i 点产生的变位矩阵；$[\delta_0]_i^{bb}$、

$[\delta_0]_i^{ba}$、$[\delta_0]_i^{ab'}$ 分别为左侧梁、拱、右侧梁上有初始荷载作用时在 i 点产生的变位矩阵。所谓初始荷载是指在分析前全部划由梁或拱承担的某些荷载，如水重、均匀温度变化等。$[c]_{ij}^{ba}$、$[c]_{ij}^{ab'}$、$[\delta_0]_i^{ba}$、$[\delta_0]_i^{ab'}$ 均是通过地基变位传过来的。

同理，拱上 i 点的变位可写成

$$[\delta]_i^a = \sum_k [A]_{ik}^{aa} \{\bar{x}\}_k + \sum_{k'} [A]_{ik'}^{ab} \{x\}_{k'} + \sum_{k''} [A]_{ik''}^{ab'} \{x\}_{k''}$$
$$+ \sum [\delta_0]_i^{aa} + \sum [\delta_0]_i^{ab} + \sum [\delta_0]_i^{ab'}$$

$(4-32)$

式中：k 为拱上的结点；k'、k'' 分别为左、右拱端悬臂梁上的结点，其余各项意义同上。将 $\bar{x}$ 以 $p-x$ 代入，令 $[\delta]_i^b = [\delta]_i^a$，即可得到变位协调方程，其中，$c_{ij}$ 和 A_{ik} 可用结构力学方法求得。

为了提高计算精度，在三向变位调整中，还应考虑垂直扭转荷载 M_s，因为它在悬臂梁中会引起径向力矩，对梁的径向变位的影响不容忽略。对于 M_s 的影响，通常可用 $2M$ 法、逐次调整法和迭代法进行处理，其中 $2M$ 法较为简单、常用。所谓 $2M$ 法，即在水平拱上作用两倍的水平扭转荷载 $2M_z$，同时略去垂直扭转荷载 M_s，即用增加水平扭转荷载来补偿略去垂直扭转荷载对变位调整的影响，而使 Δr、Δs、$\Delta \theta$ 三项变位达到拱、梁一致。

求出作用于拱和梁上的径向、切向和扭转荷载后，即可分别计算拱和梁的内力，进而解算坝体应力，具体计算公式可参考有关文献。

近年来，我国学者围绕提高计算精度，扩展程序功能，对拱梁分载法的计算模型、计算方法等方面进行了开拓与改进，例如：①完成了多种拱坝几何模型的分载法计算程序；②研制了具有三向、四向、五向和六向全调整的拱梁分载法计算程序；③改进了拱梁分载法的力学模型，如分载位移法、分载混合法；④开拓了能考虑坝体开裂计算功能的弹塑性拱梁分载法；⑤完成了拱梁分载法的动力分析程序等，使拱梁分载法更趋完善与合理。

4.4.3 拱坝应力分析的有限元方法

有限元法的计算功能远比拱梁分载法为强，可以考虑大孔口、复杂地基、重力墩、不规则外形等多种因素的影响，并可进行仿真计算。而拱梁分载法计算拱坝应力时，采用了伏格特公式计算地基变形等一系列近似假定，即使是采用多拱梁分载法，其计算结果也是近似的。但到目前为止，拱坝设计仍以拱梁分载法作为主要计算手段，其主要原因是：用有限元法计算拱坝应力时，近坝基部位存在着显著的应力集中现象，而且应力数值随着网格加密而急剧增加，尤其是算出的拉应力有时远远超过了混凝土的抗拉强度，因而很难直接用有限元法计算结果来确定拱坝体形。对于理想的弹性体，上述应力集中现象从理论上是存在的，但实际工程中，由于岩体内存在着大小不同的各种裂隙，应力集中现象将有所缓和，在已建拱坝中，用拱梁分载法设计的大量拱坝，至今一直在正常运行，所以用有限元法计算拱坝所反映的严重应力集中现象并不完全符合实际。

在拱坝设计中采用有限元法的关键是解决应力控制标准。为消除有限元计算中的应力集中现象和应力数值随着计算网格大小而变化的现象，可根据"在一定的荷载条件下，沿坝体厚度方向应力的合力为恒定"的原理，建立等效应力法。根据有限元法计算的应力分量，沿拱、梁断面积分，得到拱、梁上的内力，包括集中力和力矩，然后用材料力学方法计算断面上的应力分量，经过这样处理，基本上可以消除应力集中的影响和应力数值随网格大小而变化的现象。

用有限元法分析拱坝应力的等效处理方法如下：

（1）基本假定。用有限元法分析拱坝应力的等效处理仅限于建基面上的坝体薄层单元，由薄层单元中点应力推求的等效应力服从材料力学法的假定，正应力沿截面为线性分布，剪应力沿截面呈抛物线分布。

（2）单元剖分。薄层单元的厚度为坝高的 $1/200 \sim 1/50$，以 $1 \sim 2m$ 为宜，等效应力基本保持为一稳定值。薄层单元沿坝厚度方向不少于3排，结合坝踵开裂分析，以5排为宜。

（3）应力等效步骤。

1）将用有限元计算得到的整体坐标（x、y、z）中的应力，转换成局部坐标（x'、y'、z'）的应力。其中，x'、y'、z' 轴分别为拱圈中心线的切线方向、径向和铅直向，原点在拱圈中心线上。

2）在梁的水平截面拱中心线上取单位宽度和在单位高度拱圈的径向截面上取单位宽度，沿厚度方向对转换后的梁应力、拱应力及其矩进行积分，即可得到：梁的内力（梁的铅直力、弯矩、径向剪力、切向剪力和扭矩）和拱的内力（拱的水平推力、弯矩和径向剪力）。

3）求得拱与梁上的内力后，即可用材料力学方法计算坝内应力。

等效应力法的计算结果表明：①消除了应力集中的影响，所求得的最大主应力比有限元法直接得出的主应力值要小得多；②求出的最大主压应力与多拱梁法求得的最大主压应力值比较接近；③求出的最大主拉应力较多拱梁法求得的主拉应力略大一些。

4.4.4 拱坝设计的应力指标

应力指标涉及到筑坝材料强度的极限值和有关安全系数的取值。容许应力为坝体材料强度的极限值与安全系数的比值，是控制坝体尺寸、保证工程安全和经济性的一项重要指标。材料强度的极限值需由试验确定，混凝土的极限抗压强度，一般是指90d 龄期、$15cm \times 15cm \times 15cm$ 立方体的强度，保证率为80%。应力指标取值与计算方法有关，且各国规定的容许应力和安全系数也不一致，在确定应力指标时应注意配套选用。

SL 282—2003《混凝土拱坝设计规范》指出：用拱梁分载法计算时，坝体的主压应力和主拉应力，应符合下列应力控制指标的规定：

（1）容许压应力。混凝土的容许压应力等于混凝土的极限抗压强度除以安全系数。对于基本荷载组合，1级、2级拱坝的安全系数采用4.0，3级拱坝的安全系数采用3.5；对于非地震情况特殊荷载组合，1级、2级拱坝的安全系数采用3.5，3级拱坝的安全系数采用3.0。当考虑地震作用时，混凝土的容许压应力可比静荷载情况适当提高，但不超过30%。

（2）容许拉应力。在保持拱座稳定的条件下，通过调整坝的体形来减少坝体拉应力的作用范围和数值。对于基本荷载组合，拉应力不得大于1.2MPa；对于非地震情况特殊荷载组合，拉应力不得大于1.5MPa。当考虑地震作用时，容许拉应力可比静荷载情况适当提高，但不超过 30%。

（3）用有限元法计算时，应补充计算有限元等效应力。按有限元等效应力求得的坝体主拉应力和主压应力，应符合下列应力控制指标的规定：

1）容许压应力。与拱梁分载法的控制标准相同。

2）容许拉应力。对于基本荷载组合，拉应力不得大于 1.5MPa；对于非地震情况特殊荷载组合，拉应力不得大于 2.0MPa。超过上述指标时，应调整坝的体形，减少坝体拉应力的作用范围和数值。

（4）拱坝应力分析除研究运行期外，还应验算施工期的坝体应力和抗倾覆稳定性。在坝体横缝灌浆以前，按单独坝段分别进行验算时，坝体最大拉应力不得大于 0.5MPa，并要求在坝体自重单独作用下，合力作用点落在坝体厚度三分点范围内。坝体横缝灌浆前遭遇施工洪水时，坝体抗倾覆稳定安全系数不得小于 1.2。

近年来，随着拱坝建设的发展，国内外均有提高容许应力、减小安全系数的趋向。美国内务部垦务局 1977 年颁布的《拱坝设计准则》规定：对于正常荷载组合，抗压安全系数为 3.0，允许压应力为 10.58MPa，拉应力不大于 1.06MPa；对于非常荷载组合，抗压安全系数为 2.0，容许压应力为 15.68MPa，拉应力不大于 1.57MPa。

4.5 拱坝的稳定分析

4.5.1 拱坝的失稳型式

拱坝稳定是拱坝安全的根本保证。拱坝失稳包括：坝肩岩体（拱座）失稳和沿建基面及其附近软弱面的上滑失稳，最常见的失稳是坝肩岩体在拱端推力作用下发生的滑动失稳。坝肩岩体失稳一般发生在岩体中存在着明显的滑裂面，如断层、节理、裂隙、软弱夹层等，如图 4-32（a）所示；但当坝的下游岩体中存在着较大的软弱带或断层时，即使坝肩岩体抗滑能够满足要求，但过大的变形仍会在坝体内产生不利的应力，同样会给工程带来危害。当两岸岸坡较平缓，坝基附近存在软弱面的情况下有可能发生拱坝的上滑失稳，如图 4-32（b）所示。

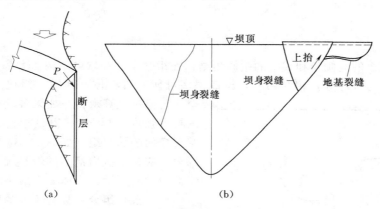

图 4-32 拱坝的失稳型式

（a）坝肩岩体失稳；（b）上滑失稳

坝肩岩体滑动的主要原因有：①岩体内存在着软弱结构面；②荷载作用（拱端推力、渗流压力等）。为此，在进行抗滑稳定计算时，首先必须查明坝轴线附近基岩的节理、裂隙等各种软弱结构面的产状，研究失稳时最可能的滑动面和滑动方向，选取滑动面上的抗剪强度指标，然后进行抗滑稳定计算，找出最危险的滑裂面组合和相应的最小安全系数。

常见的坝肩滑移体由两个或三个滑裂面组成，其中一个较缓，构成底裂面；一个较陡，构成侧裂面；另一个是拱座上游边的开裂面或假定坝体受力后，由于坝肩上游侧岩体内存在着一个水平拉应力区，产生近乎竖直的裂隙。如河流转弯或河岸有深冲沟，在可能滑动岩体下游不远处将成为临空面。滑裂面可以是平面，也可以是折面或曲面。滑移体可沿两个滑裂面的交线滑移，也可沿单一滑裂面滑动。由于滑裂面的产状、规模和性质不同，可能出现下列不同的组合：

（1）单独的陡倾角结构面 F_1 和缓倾角结构面 F_2 组合。这些软弱结构面大都属于比较明显的连续的断层破碎带、大裂隙、软弱夹层等，如图 4 − 33 所示。

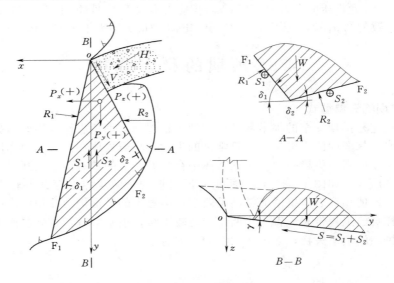

图 4 - 33　单一的破裂面

（2）成组的陡倾角和成组的缓倾角结构面组合。这些软弱结构面大都属于成组的裂隙密集带与节理等，相互切割，构成很多可能的滑移体，其中一组抗力最小的组合，可通过试算求得。如果各软弱结构面上的抗剪强度指标 f、c 大致相近，则紧靠坝基开挖面的那一组（如图 4 - 34 所示的阴影部分）应该是抗力最小的滑裂面，因为沿这组面滑裂时下游的山体重力最小。

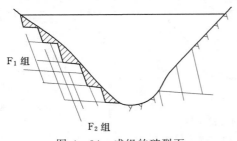

图 4 - 34　成组的破裂面

（3）混合组合。具有单独的陡倾角结构面与成组的缓倾角结构面组合；或者是成组的陡倾角结构面与单独的缓倾角结构面组合。在这些情况下需对各种组合进行试算，从而求出抗滑稳定安全系数最小的组合面和方向。

（4）多刚体组合。在实际工程中，常会遇到较上述几种组合更为复杂的情况，如在可能的滑移体内，由于其他结构面（裂隙、断层等）的存在，将滑移体分割为多块刚体。滑动时各块刚体之间的接触面可能相互错动，构成多刚体组合空间滑动的滑移体。图4-35表示在坝肩岩体中存在两个连续、呈折线形的铅直软弱面 F_1、F_2 和一个水平软弱面 F_3，被另一软弱面 F_0 切割成①、②两块，计算时，按极限平衡理论，假定各分块岩体都达到极限平衡状态，即两块岩体的 K 值相等，据此确定安全系数。一般用试算法求解。

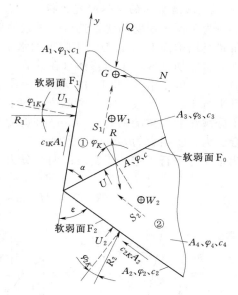

图 4-35 多刚体组合滑移体

拱坝上滑失稳是指拱坝受力后沿建基面、周边缝或坝肩附近的软弱面向上或向上同时向下游滑移的现象，这种滑移将使坝体中部或其他部分断裂，导致拱坝失去承载力或完全破坏。对于拱坝上滑稳定问题，早在 20 世纪 40 年代美国等国家坝工专家就曾提出过。1981 年我国梅花拱坝失事，是拱坝上滑失稳的典型实例。梅花拱坝坝高 22m，坝顶长 64.35m，设有周边缝，蓄水后在水荷载作用下坝体沿缝向上滑，恶化了坝体应力，造成拱坝中部完全裂开而失事（失事时"像门一样打开"，发生了"开门破坏"）。法国马尔巴塞拱坝溃决的原因目前尚有各种看法，部分专家还是坚持认为与上滑失稳有关。

4.5.2 稳定分析方法

目前国内外评价拱坝稳定的方法，归纳起来有 3 种：刚体极限平衡法、有限元法和地质力学模型试验方法。

4.5.2.1 刚体极限平衡法

在实际工程设计中，用作判断坝肩岩体稳定性的常用方法是刚体极限平衡法，其基本假定是：①将滑移体视为刚体，不考虑其间的相对位移；②只考虑滑移体上力的平衡，不考虑力矩的平衡，认为后者可由力的分布自行调整满足，因此，在拱端作用的力系中不考虑弯矩的影响；③忽略拱坝的内力重分布作用，认为作用在岩体上的力系为定值；④达到极限平衡状态时，滑裂面上的剪力方向将与滑移的方向平行，指向相反，数值达到极限值。

刚体极限平衡法是半经验性的计算方法，因其具有长期的工程实践经验，采用的抗剪强度指标和安全系数是配套的，与目前勘探试验所得到的原始数据的精度相匹配，方法简便易行。所以，目前国内外仍沿用它作为判断坝肩岩体稳定的主要手段。对于大型工程或当地基情况复杂时，可辅以结构模型试验和有限元分析。

1. 坝肩岩体的整体稳定分析

为了便于说明问题，选取一种最简单的情况。在图 4-36 所示的坝肩岩体中有一条铅直结构面 F_1，它与河床附近的水平结构面 F_2、上游破裂面 F_3 以及临空面一起把坝肩岩体切割成一个滑移体（在计算中一般均假定 F_3 被拉裂，不计其影响）。岩体失稳时，一般是沿 F_1 和 F_2 的交线①—①滑动。因此，F_1 与 F_2 上的剪力也将是水平的且平行于①—①线。从一个单位高的水平拱圈来看，坝端对岸坡岩体的作用力，按拱梁分载法有：梁的铅直力 $G\tan\psi$ 和剪力 $V_b\tan\psi$、拱的推力 H 和剪力 V_a。这些力可以合成为：①铅直力 $G\tan\psi$；②剪力 $V = V_a + V_b\tan\psi$；③水平推力 H。将 H 与 V 分解为正交与平行于①—①交线的两个分力，有

$$N = H\cos\alpha - (V_a + V_b\tan\psi)\sin\alpha \tag{4-33}$$

$$Q = H\sin\alpha + (V_a + V_b\tan\psi)\cos\alpha \tag{4-34}$$

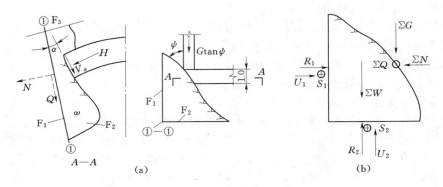

图 4-36　坝肩岩体抗滑稳定计算简图

假设从坝顶到 F_2 可以分成 n 个单位拱，则其作用力之和为

$$\sum N = \sum_1^n \left[H\cos\alpha - (V_a + V_b\tan\psi)\sin\alpha \right] \tag{4-35}$$

$$\sum Q = \sum_1^n \left[H\sin\alpha + (V_a + V_b\tan\psi)\cos\alpha \right] \tag{4-36}$$

$$\sum G = \sum_1^n G\tan\psi \tag{4-37}$$

求解以上 3 个力，不一定要逐个拱计算。通常可按拱梁分载法中选取的几个代表性拱圈，计算出它们的 N、Q、G 值，然后按高程连成曲线，曲线内的面积，即为 $\sum N$、$\sum Q$、$\sum G$。

作用在滑移体上的另一个重要荷载是其本身的自重。计算时，可以求出几个高程处滑移体的面积 ω，并沿高程连成曲线，将曲线内的面积乘以基岩容重 γ_R 后即得 $\sum W$。库水压力和渗流压力等，要根据具体情况来确定。

设在滑裂面 F_1 和 F_2 上，分别作用有法向力 R_1 和 R_2、切向力 S_1 和 S_2、渗流压力 U_1 和 U_2，如图 4-36（b）所示，由平衡条件可得

$$R_1 + U_1 = \sum N \text{ 或 } R_1 = \sum N - U_1 \tag{4-38}$$

$$R_2 + U_2 = \sum W + \sum G \text{ 或 } R_2 = \sum W + \sum G - U_2 \tag{4-39}$$

$$S_1 + S_2 = \sum Q \qquad (4-40)$$

又由极限平衡条件

$$S_1 = \frac{f_1}{K}(\sum N - U_1) + \frac{c_1}{K}A_1 \qquad (4-41)$$

$$S_2 = \frac{f_2}{K}(\sum W + \sum G - U_2) + \frac{c_2}{K}A_2 \qquad (4-42)$$

将式 (4-41)、式 (4-42) 代入式 (4-40)，可得

$$K = \frac{f_1(\sum N - U_1) + c_1 A_1 + f_2(\sum W + \sum G - U_2) + c_2 A_2}{\sum Q} \qquad (4-43)$$

式中：K 为抗滑稳定安全系数；f_1、c_1 为 F_1 滑裂面上的抗剪强度指标；f_2、c_2 为 F_2 滑裂面上的抗剪强度指标；A_1、A_2 为滑裂面 F_1 与 F_2 的面积。

实际上很少有这样简单的情况，但这些公式可用来作为处理各种复杂情况的基础，具体计算时可结合工程实际情况参阅有关文献进行。

2. 坝肩岩体的平面分层稳定分析

在坝体任一高程选取一定高度 Δz 的拱圈（通常取 $\Delta z = 1\text{m}$）作为计算单元。按平面分层核算坝肩岩体稳定时，由于没有考虑坝肩岩体的整体作用，所以是偏于安全的。

图 4-37 (a) 表示某核算高程拱圈的平面图。设 aa' 是通过上游拱端的一条陡倾角滑裂面，与拱端径向的夹角为 α。与整体稳定分析相似，可得作用于滑移体上的力为

$$\left.\begin{array}{l} N = H\cos\alpha - (V_a + V_b\tan\psi)\sin\alpha \\ Q = H\sin\alpha + (V_a + V_b\tan\psi)\cos\alpha \\ G = G\tan\psi \end{array}\right\} \qquad (4-44)$$

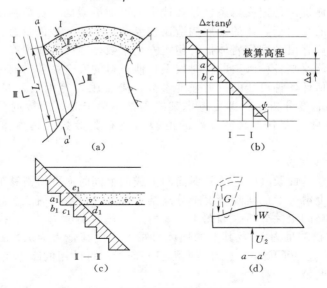

图 4-37 平面分层稳定分析计算简图

　　对所核算的那层拱圈，抗滑力显然发生在竖直滑裂面 ab 和水平滑裂面 bc 上，见图 4 - 37，方向与 aa' 平行，指向上游。两个滑裂面上的抗滑力分别为

$$S_1 = f_1(N - U_1) + c_1 L \tag{4-45}$$

$$S_2 = f_2(\overline{G + W}\tan\psi - U_2) + c_2 L\tan\psi \tag{4-46}$$

式中：U_1 为作用于 ab 面上的渗流压力，作用面积为 L（高 $\Delta z = 1\text{m}$，长为 L）；U_2 为作用于 bc 面上的渗流压力，作用面积为 $L\tan\psi$（宽为 $1 \times \tan\psi$，长为 L）。

　　应当注意到 abc 剖面是沿上游坝面选取的，若选取 Ⅱ—Ⅱ 剖面，如图 4 - 37（c）所示，被推动的岩体将是 $a_1 b_1 c_1 d_1 e_1$，比图 4 - 37（b）中所示的要大，愈往下游，抗滑岩体愈大，到剖面 Ⅲ—Ⅲ 处达到最大，然后又随地形逐渐减小，直到破裂面与下游山坡相交为止。因此，岩体重量 W 应当是水平破裂面 bc 上相应岩体的重量，见图 4 - 37（d）剖面 a—a'。W 和 G 一样，应乘以作用宽度，即梁底宽 $1 \times \tan\psi$，于是得出平面分层抗滑稳定安全系数为

$$K = \frac{[f_1(N - U_1) + c_1 L] + [f_2(\overline{G + W}\tan\psi - U_2) + c_2 L\tan\psi]}{Q} \tag{4-47}$$

　　当坝肩岩体中存在成组的倾角很小的软弱面与陡倾角软弱面相切割，构成如图 4 - 34 所示阴影部分滑移体，这时在不同高程上采用平面分层稳定分析，基本上是合理的。

　　对整个拱坝来说，可能滑动的岩体是图 4 - 37 中的阴影部分，即各高程拱圈都有向下游滑动的趋势。平面分层稳定分析仅是在计算中选取一定高度的拱圈进行核算而已，并非只有被核算的这层拱圈推动基岩向下游滑动，而相邻的上下层拱圈及基岩都不动。因而局部的不稳定并不能肯定要发生整体破坏，对整体稳定而局部不稳定的岩体，可采取必要的工程措施，以资补救。坝肩岩体抗滑稳定计算原则上应按整体进行，在情况简单、无特定的滑裂面和作初步计算时可按平面分层核算。

　　上述坝肩岩体抗滑稳定安全系数是在选定的可能滑裂面、抗剪强度指标和渗流压力的情况下得出的。由于岩体的地质构造比较复杂，上述滑裂面及有关参数等又难以准确确定，所以计算出的坝肩岩体抗滑稳定安全系数，往往会漏掉有关因素的某些最不利组合，且不能反映各种因素的相对权重，使求得的安全系数带有一定的假象。为了在分析中能够估计各种可能的抗剪强度参数、渗流压力等因素对抗滑稳定的相对影响，可采用可靠度分析法，即在考虑某些因素不确定时，用敏度分析研究其变化对抗滑稳定的影响，从中选取最危险的滑裂面及有关参数。具体作法可参阅有关文献。

　　3. 拱坝上滑稳定分析

　　拱坝自身沿建基面及其附近的软弱面向上或向上同时向下游滑移的现象称为拱坝上滑失稳。拱坝上滑失稳的实际情况十分复杂，需要进行专门研究。这里仅通过刚体极限平衡法做简略的定性分析。如图 4 - 38 所示，选取高度为 Δz 的拱圈，在岸坡建基面 A 处只考虑拱端推力 H 及其上的坝体自重 V，设其合力为 R，α 为合力 R 与水平面的夹角，β 为建基面倾角，φ 为拱坝沿建基面滑动可动用的摩擦角。

　　根据抗剪强度公式，有

$$K = \frac{fR\cos(90° - \alpha - \beta)}{R\sin(90° - \alpha - \beta)} = \tan\varphi\cot(90° - \alpha - \beta)$$

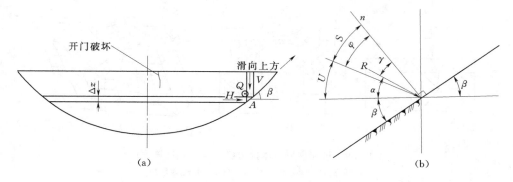

图 4-38　拱坝的上滑稳定分析示意图（S—稳定区；U—不稳定区）

(a) 上滑破坏示意图；(b) 稳定状态关系图

失稳条件为 $K<1$，即

$$\tan\varphi\cot(90°-\alpha-\beta)<1$$

$$\cot(90°-\alpha-\beta)<\cot\varphi$$

则有
$$90°-\alpha-\beta<\varphi \qquad\qquad (4-48)$$

式（4-48）是 A 处发生上滑失稳的判别式。若 A 处以上岸坡所有点均能使式 (4-48) 成立，则 A 处以上有可能发生拱坝上滑失稳。

由上述分析可知，影响上滑稳定的因素有：

（1）河谷几何形状。河谷愈宽，两岸岸坡愈平缓，即坝基面倾角 β 愈小，对稳定愈不利。

（2）坝体几何形状。坝薄，坝扁，平面曲率愈小，合力倾角愈小，对稳定愈不利。

（3）渗流力。坝肩、坝基产生渗流力愈大，对稳定愈不利。

（4）摩擦角。滑动面的可动用摩擦角愈小（如坝基面下有平行岸坡的浅层软弱面），愈不利于稳定。

4.5.2.2　有限元法

SL 282—2003《混凝土拱坝设计规范》规定：拱坝拱座抗滑稳定的计算方法应以刚体极限平衡法为主，对于 1 级、2 级拱坝或坝基地质情况复杂的工程，应辅以有限元法或其他方法进行分析论证。实际上，岩体并非刚体，其应力应变关系有着显著的非线性特性。岩体的破坏过程十分复杂，一般要经过硬化、软化、剪胀阶段，并伴随有裂隙的扩展过程。这样复杂的本构关系，刚体极限平衡滑移破坏的假定并不能真实反映坝肩岩体的失稳机理。有限元法，特别是三维非线性有限元分析，为复核和论证坝肩岩体稳定条件提供了较为合理的途径。

有限元法可用于进行平面或空间坝肩岩体稳定分析。对单元的物理力学特性，可以采用线弹性模型，也可以采用非线性模型。对于平面问题，可取单高拱圈或单宽悬臂梁剖面划分单元；对于空间问题，则按整体划分单元，如图 4-39 所示。计算模型的边界范围应根据地质和荷载条件选定，一般为 1.0～1.5 倍坝高。

关于有限元法的基本原理和解题步骤在本书第 3 章已做了简单论述，最终是求解

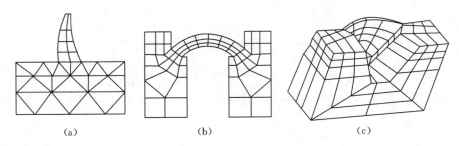

图 4-39　拱坝坝肩岩体抗滑稳定有限元计算图形
(a) 单宽悬臂梁；(b) 单高拱圈；(c) 整体模型

下列方程组

$$[K]\{\delta\} = \{P\} \tag{4-49}$$

先求解结点位移 δ，然后再由单元结点位移 δ^e 求出单元应力 σ^e。对平面线弹性分析，在正常荷载作用下求得各单元的 σ^e 后，一般可用点安全度检验岩体的稳定性，即计算范围内所有单元的应力均应满足式 (4-50)。

$$K = \frac{c + f\left[\frac{1}{2}(\sigma_1 + \sigma_2) + \frac{1}{2}(\sigma_1 - \sigma_2)\cos2\alpha\right]}{\frac{1}{2}(\sigma_1 - \sigma_2)\sin2\alpha} \tag{4-50}$$

$$\alpha = \frac{1}{2}\arccos\left[\frac{-f\left(\frac{\sigma_1 - \sigma_2}{2}\right)}{c + \frac{1}{2}(\sigma_1 + \sigma_2)f}\right] \tag{4-51}$$

式中：c、f 分别为岩体的凝聚力和摩擦系数；σ_1、σ_2 分别为计算单元应力点的第一、第二主应力，以压应力为正；α 为 σ_1 与法向应力 σ_n 的夹角；K 为安全系数，一般要求 $K > 2$。

　　平面线弹性分析，计算简便，但在力学模型上则比较粗略，适用于初步分析。

　　对于非线性问题，由于弹性矩阵 $[D]$ 不再是常量，而是一个随位移函数变化的矩阵，所以，式 (4-49) 变为

$$[K(\delta)]\{\delta\} = \{P\} \tag{4-52}$$

　　非线性分析的数值解法很多，如初应力法、变刚度法、增量综合法等，在迭代计算时，应考虑收敛性、精度、效率等方面的要求，详细论述可参阅有关文献。

4.5.2.3　地质力学模型试验方法

　　SL 282—2003《混凝土拱坝设计规范》规定：对于 1 级、2 级拱坝或坝基地质情况复杂的工程，除采用数值分析方法外，必要时尚应辅以地质力学模型试验的方法来进行拱坝稳定性研究。20 世纪 70 年代发展起来的地质力学模型试验是研究坝肩岩体稳定的有效方法。这种方法能模拟不连续岩体的自然条件：岩体结构（软弱结构面、断层破碎带等）及其物理力学特性（岩体自重、变形模量、抗剪强度指标等）。国内多采用石膏加重晶石粉、甘油、淀粉等作为模型材料，其特性是容重高、强度和变形模量低。采用小块体叠砌或用大模块拼装成型。量测系统主要是位移量测和应变量

测。通过试验可以了解复杂地基上拱坝和坝肩岩体相互作用下的变形特性、超载能力、破坏过程和破坏机理、拱推力在坝肩岩体内的影响范围、裂缝的分布规律、各部位的相对位移和需要加固的薄弱部位以及地基处理后的效果等，是一种很有发展前途的研究方法。但由于地质构造复杂，模型不易做到与实际一致，一些参数难以准确测定，温度作用和渗流压力难以模拟，因而试验成果也带有一定的近似性；另外，试验工作量大，费用高。就试验本身讲，还需要进一步研究模型材料、改进测试手段和加载方法等以提高试验精度。

4.5.3 渗流水压力对坝肩岩体稳定的影响

在拱坝坝肩岩体稳定计算中，应当考虑下列荷载：坝体传来的作用力、岩体的自重和渗流水压力等，其中，渗流水压力是控制拱坝坝肩岩体稳定的重要因素之一。如1959年法国马尔巴塞拱坝（图4-40）在初次蓄水不久即全坝溃决，许多专家在分析其原因时，认为渗流压力起着重要的作用：①Bellier 和 Londe（1976）认为，左岸拱推力方向与岩体结构面（带状片麻岩）平行，岩体应力不能扩散，拱端传来的压应力过分集中，致使岩体在该部位的渗流系数减为初始值的 1/100，渗水受阻，水压力增大，坝肩岩体沿断层滑移而失稳，如图4-40（b）所示；②Wittke（1985）认为，在库水压力作用下，坝体上游侧地基出现拉应力，岩层层面被拉开，高压水进入张开的裂隙又被下部断层堵截，裂隙内形成全水头压力，使坝肩岩体失稳，如图4-40（c）所示。两种分析思路不同，但结论均为由于渗流压力增大而导致岩体失稳。据失事后计算表明，由渗流压力引起的滑动力大约相当于设计计算拱推力的3倍，以致使坝肩岩体自重产生的抗滑力无法维持稳定。1962年，我国梅山水库连拱坝右坝端发生错动，其原因也是由于库水渗入陡倾角裂隙，渗流压力加大（高达库水静压力的82%），致使岩体沿另一组缓倾角裂隙面向河床方向滑动。还有许多岩体滑坡事故都与渗流压力直接有关。这就充分说明在坝肩岩体稳定分析中渗流压力的重要作用，它不仅能在岩体中形成相当大的渗流压力推动岩体滑动，而且还会改变岩体的力学性质（降低抗压强度和抗剪强度）。

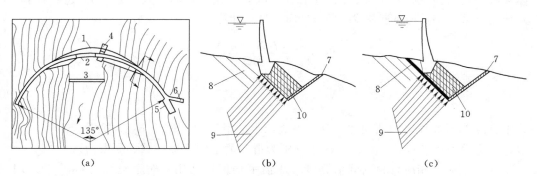

图4-40　马尔巴塞拱坝平面布置及事故分析示意图

(a) 平面布置；(b) Bellier 和 Londe 分析剖面图；(c) Wittke 分析剖面图

1—坝；2—溢流段；3—护坦；4—泄水底孔；5—推力墩；6—翼墙；

7—断层；8—层面；9—渗流水压力；10—带状片麻岩

　　在裂隙岩体渗流研究工作中，对均质和节理裂隙发育的岩体中形成的稳定渗流，通常可用达西定律确定岩体内的渗压强度。对节理、裂隙、断层等各向异性的岩体，其渗流特性也呈各向异性，且随岩体内的应力状态而改变，这种裂隙岩体内的裂隙水流已不服从达西定律。此时，尽管也有不同的模拟方法，如不连续体的裂隙网络计算模型和等效连续介质模型等，但更为可靠的手段则是在现场设置测压孔，进行试验和监测。

　　目前，控制渗压的有效方法是在地基内设置灌浆帷幕和排水系统。但排水孔布置要得当，只有当排水孔位于拱推力引起的压应力集中区的上游时，才能获得良好的效果，如图 4-41 所示。

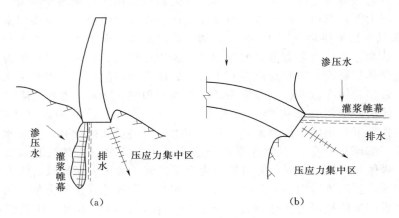

图 4-41　排水布置
(a) 横剖面；(b) 水平剖面

4.5.4　拱坝设计的稳定指标

　　SL 282—2003《混凝土拱坝设计规范》规定：拱坝坝肩岩体抗滑稳定计算，以刚体极限平衡法为主。对 1 级、2 级工程及高坝，应按抗剪断公式（4-53）进行计算；其他则可采用抗剪断或抗剪强度公式（4-54）计算。

$$K_1 = \frac{\sum(f_1 N + c_1 A)}{\sum Q} \qquad (4-53)$$

$$K_2 = \frac{\sum f_2 N}{\sum Q} \qquad (4-54)$$

式中：N 为滑裂面上的法向力；Q 为滑裂面上的滑动力；K_1、K_2 为抗滑稳定安全系数；A 为滑裂面的面积；f_1、f_2、c_1 分别为滑裂面上的摩擦系数和凝聚力。

　　f_1、c_1 应按相应材料的峰值强度（小值平均值）选用；对于脆性材料，f_2 采用比例极限；对于塑性或脆塑性材料，f_2 采用屈服强度；对于已剪切错断过的材料，f_2 采用残余强度。

　　SL 282—2003《混凝土拱坝设计规范》规定，采用式（4-53）和式（4-54）计算时，相应安全系数应满足表 4-2 规定的要求。

表 4-2　　　　　　　　　　　　拱坝坝肩岩体抗滑稳定安全系数

荷　载　组　合		拱坝级别		
		1	2	3
基本	按式（4-53）	3.50	3.25	3.00
特殊（非地震）		3.00	2.75	2.50
基本	按式（4-54）			1.30
特殊（非地震）				1.10

　　完整坚硬或带有随机节理构造的岩体多属于脆性破坏型，这类岩体的抗剪强度较高，并具有一定的凝聚力，其破坏形式一般是从局部开始，并逐渐扩大，直至破坏。采用抗剪断公式计算坝肩岩体稳定时，通常各国均以比例极限强度作为抗剪断强度的破坏准则，并对摩擦系数 f 和凝聚力 c 给予同一的安全系数。实验资料统计分析表明，f 和 c 值的可信程度差异很大，因为 c 值实验值的离散程度远大于 f 值。因此，合理的解决办法是用分部安全系数来作为判定坝肩岩体的稳定平衡条件，其表达式为

$$\frac{\sum N_i f_{1i}/K_f + \sum c_{1i}A_i/K_c}{\sum Q_i} \geqslant 1.0 \qquad (4-55)$$

$$K_c = K'_c K_G K_L K_t$$
$$K_f = K'_f K_G K_L K_t$$

式中：f_{1i}、c_{1i} 为相应滑裂面上抗剪断强度的峰值平均值，根据实验数据按最小二乘法取值；K'_f、K'_c 分别为 f_{1i} 和 c_{1i} 从峰值平均值换算为某保证率的比例极限值的折减系数，由于 f 和 c 的离散程度不同，对坝肩岩体稳定的可靠度指标 β 所作的贡献也不同，因而应取不同的保证率；K_G 为建筑物的等级安全系数，对 1 级、2 级和 3 级建筑物应取不同的值；K_L 为荷载组合系数，参照 GB 50199—94《水利水电工程结构可靠度设计统一标准》规定，对正常运行情况下的基本组合与非常情况下的特殊组合取不同的值；K_t 为作用效应系数，主要考虑在瞬时荷载如地震等的作用下，抗剪强度参数有一定的变化。K_G、K_L、K_t 一般也称为附加安全系数。

　　在实际工程中，坝肩岩体内常存在着断层、大规模延伸的裂隙结构面、软弱夹层或岩体裂隙发育，且分布有明显的某种优势产状，在其渐近破坏过程中，由于岩体不能承受拉力而最终形成连通的、错台状的滑裂面，此时抗剪断强度参数 c 已变得很小（可略去不计），这类不连续岩体属于塑性或弹塑性破坏型，所以，用抗剪强度公式进行高拱坝坝肩岩体稳定计算还是必要的。目前国外已趋向于采用抗剪强度公式来分析坝肩不连续岩体的稳定性。我国的二滩、李家峡工程在坝肩岩体稳定分析中，同时采用了抗剪断公式和抗剪强度公式。

4.5.5　改善拱坝稳定的措施

　　通过拱坝稳定分析，如发现不能满足要求，可采取以下改善措施：

　　（1）加强地基处理，对不利的节理和结构面等进行有效的冲洗和固结灌浆，以提高其抗剪强度。

　　（2）加强坝肩岩体的灌浆和排水措施，减少岩体内的渗流压力。

（3）将拱端向岸壁深挖嵌进，以扩大下游的抗滑岩体，也可避开不利的滑裂面。这种做法对增加拱座的稳定性较为有效。

（4）改进拱圈设计，如采用三心拱、抛物线拱等型式，使拱端推力尽可能转向正交于岸坡。

（5）如拱端基岩承载能力较差，可局部扩大拱端或设置重力墩。

4.6　拱坝体形优化设计

由于拱坝的体形和边界条件都很复杂，而影响体形设计的因素又很多，如坝址的地形、地质条件、枢纽布置要求、施工工艺水平及设计准则等。所以，拱坝体形优化设计具有设计变量多、约束条件复杂和数学模型具有高度非线性等特点。

4.6.1　几何模型的建立

几何模型是拱坝体形优化的重要组成部分。通常可用拱冠梁剖面和水平拱圈两部分来描述，描述方法以函数型描述较为实用。

拱冠梁剖面的上游面可以是铅直的，也可以是曲线形的；拱坝的水平截面可以是单心拱、多心拱、抛物线拱、椭圆拱、二次曲线拱、对数螺旋线拱。坝轴线可以在一定范围内移动和转动。坝的体形可由一组变量 x_1、x_2、$\cdots$、x_n 来确定，x_i（$i=1$，2，$\cdots$，n）称为设计变量。

1. 河谷形状

河谷形状是任意的。在优化中，将河谷沿高程分为数层，各层可有不同的变形模量，两岸可利用基岩轮廓线用几段折线表示，以结点坐标和岩性参数作为原始数据输入。

2. 坝轴线位置

在图 4-42（a）中，C 点是拱冠梁剖面上游面顶点，坝轴线位置可由 x、y 及水平面上的转角 α_{xy} 来确定，在优化过程中分别用 x_1、x_2、x_3 表示。通过改变上述 3 个设计变量，可寻求最有利的坝轴线位置。

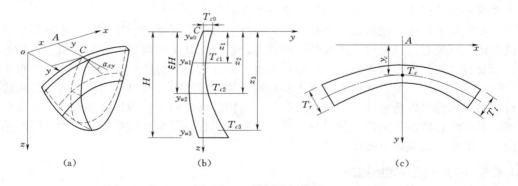

图 4-42　拱坝几何模型
(a) 坝体；(b) 拱冠梁；(c) 水平拱

3. 拱冠梁剖面的几何模型

拱冠梁的剖面形状可由上游坝面曲线和沿高度变化的厚度来确定。图 4-42（b）

为双曲拱坝拱冠梁的典型剖面，上游坝面曲线和厚度沿坝高的变化规律一般为三次多项式。对单曲拱坝，上游坝面通常是铅直线，因此，仅需要一个三次多项式来确定沿坝高变化的厚度。

$$y_u = a_0 + a_1\xi + a_2\xi^2 + a_3\xi^3 \qquad (4-56)$$

$$T_c = b_0 + b_1\xi + b_2\xi^2 + b_3\xi^3 \qquad (4-57)$$

其中

$$\xi = \frac{z}{H}$$

式中：H 为坝高。

根据各控制高程所对应的几何参数，由式（4-56）和式（4-57）可求解多项式的待定系数 a_i、b_i，从而定出拱冠梁剖面的尺寸。

4. 水平拱的几何模型

图 4-42（c）为任一水平拱圈，y_c 为拱冠中心点的 y 轴坐标，T_c 为拱冠厚度，T_l、T_r 分别为左、右拱端的厚度。水平拱的形状同样可以由拱轴线的形状及其厚度的变化规律来确定。

拱厚沿拱轴线的变化规律可表示为

$$\left.\begin{array}{ll} \text{左半拱} & T_i = T_c + (T_l - T_c)S_i^2/S_l^2 \\ \text{右半拱} & T_i = T_c + (T_r - T_c)S_i^2/S_r^2 \end{array}\right\} \qquad (4-58)$$

式中：T_i、S_i 分别为拱轴线上计算点 i 处的拱厚与拱冠至 i 点的弧长；S_l、S_r 分别为左、右半拱的总弧长。

拱轴线的形状取决于各类不同水平拱的型式，如抛物线形拱的右半轴线为 $y = y_c + \dfrac{x^2}{2R_{cr}}$，其轴线参数为 R_{cr}；椭圆形拱为 $\dfrac{x^2}{R_{xr}^2} + \dfrac{y^2}{R_{yr}^2} = 1$，其参数为 R_{xr}、R_{yr}；对数螺旋线形拱为 $\rho = R_{cr}e^{k_r\theta}$，其参数为 R_{cr}、k_r。其中角标 R 表示右半拱。对左半拱，公式相同，只需将 r 代以 l 即可。若拱是对称的，左、右拱轴的参数相同。若令 ϕ 代表上述各类拱轴的几何参数，通常假定 ϕ 沿坝高的变化规律为三次多项式，其通式为

$$\phi(\xi) = c_0 + c_1\xi + c_2\xi^2 + c_3\xi^3 \qquad (4-59)$$

$$\xi = z/H$$

式中：c_i 为待定系数，可由各控制高程对应的几何参数代入式（4-59）求得。

在拱坝体形优化计算中，一般将各控制高程对应的几何参数定义为设计变量。

4.6.2 约束条件

约束条件包括：几何约束条件、应力约束条件和稳定约束条件。

1. 几何约束条件

几何约束条件可以是：①根据坝址区的地形、地质条件，给定坝轴线的移动范围，即确定 x_1、x_2 和 x_3 的变化范围；②根据构造、交通等要求，坝顶厚度不小于允许值 $[T_{co}]$；③坝体的倒悬度不得超过允许值 $[S]$；④为避免坝体设置纵缝，以简化施工，有时限定坝体最大厚度小于设计规定值；⑤如坝址有较大的断层，可限制拱座和该断层的最小距离不小于设计规定值；⑥对于坝顶溢流的拱坝，有时还要求水舌落点与坝趾保持一定的距离等。

2. 应力约束条件

坝体主应力必须满足下列要求

$$\left.\begin{array}{c} \sigma_1/[\sigma_1] \leqslant 1 \\ \sigma_2/[\sigma_2] \leqslant 1 \\ \sigma_t/[\sigma_t] \leqslant 1 \end{array}\right\} \tag{4-60}$$

式中：σ_1、σ_2 分别为大坝运行时坝面的最大主压应力和主拉应力；$[\sigma_1]$、$[\sigma_2]$ 分别为压、拉应力的容许值；σ_t、$[\sigma_t]$ 分别为施工期由自重产生的主拉应力和主拉应力容许值。

3. 稳定约束条件

(1) 以抗滑稳定安全系数作为约束条件，要求

$$[K_i]/K_i \leqslant 1 \tag{4-61}$$

式中：K_i 为实际抗滑稳定安全系数；$[K_i]$ 为规范要求的抗滑稳定安全系数。

(2) 拱端的拱推力与基准面间的夹角 β 不小于容许值 $[\beta]$，即

$$[\beta]/\beta \leqslant 1 \tag{4-62}$$

(3) 拱端下游面的切线与可利用岩体等高线间的夹角 β_s 不小于容许值 $[\beta_s]$，常取 $[\beta_s] \geqslant 30°$，即

$$[\beta_s]/\beta_s \leqslant 1 \tag{4-63}$$

全部约束条件可规格化为如下形式

$$G_i(x) \leqslant 1 \quad i = 1, 2, \cdots, p$$

式中：p 为全部约束条件的个数。

4.6.3　初始方案与结构分析

在求解拱坝优化问题时，先从初始点开始，逐渐逼近最优点。初始方案愈靠近最优点，计算工作量愈小。初始方案的设计步骤参见 4.2 节。

在拱坝体形优化的结构分析中，重复计算应力的工作量很大。为提高计算效率，可以采用基于内力与荷载平衡，当结构尺寸变化而荷载基本保持不变时，内力变化敏感性较小的原理建立起来的内力展开法，将控制点的内力 $F(x)$（包括轴力、剪力、力矩和扭矩）展开成一阶泰勒级数表达式。这样，在优化计算过程中，对任何一个新的设计方案，不必重复进行坝体的应力分析，而是先进行内力敏度分析 $\left(\dfrac{\partial F}{\partial x_i}\right)$，再按泰勒级数表达式计算控制点的内力，最后由材料力学公式计算各控制点的应力。

计算结果表明，采用内力展开法，可以节省机时，简化程序编制，并可取得满意的计算精度。对于稳定分析，则采用稳定系数展开法。

4.6.4　目标函数和优化算法

以工程造价或坝体体积为目标函数，在满足各项设计要求（约束条件）的前提下优化设计变量，使工程造价或坝体体积达到极小值，称为拱坝优化的最经济模型，即

$$\left.\begin{array}{ll} \text{极小化} & V(x) \longrightarrow \text{极小值} \\ \text{约束条件} & G_i(x) \leqslant 1 \quad i = 1, 2, \cdots, p \end{array}\right\} \tag{4-64}$$

以拱坝的最小安全系数为目标函数，在满足各项设计要求（约束条件）和一定造

价范围的前提下优化设计变量，使安全系数达到极大值，称为拱坝优化的最安全模型，即

极大化 $K_{\min}(x) \longrightarrow$ 极大值

约束条件 $G_i(x) \leqslant 1 \quad i = 1, 2, \cdots, p$ (4-65)

$$V(x) \leqslant V_0$$

式（4-64）、式（4-65）是一个高度非线性的数学规划问题，求解方法很多。目前采用的优化算法包括：序列线性规划法（SLP）、罚函数法、序列二次规划法（SQP）和遗传算法等。如果在优化过程中兼顾拱坝的造价和拱坝的安全性等，属多目标优化设计，可用线性加权法、理想点法、约束法等进行求解。

4.7 拱坝坝身泄水

4.7.1 拱坝坝身泄水方式

拱坝枢纽中的泄水建筑物可以布置在坝体以外，也可以与坝体结合在一起。除有明显适合修建岸边泄洪的通道外，宜优先研究采用坝身泄洪的可行性。通过拱坝坝身的泄水方式可以归纳为：自由跌流式、鼻坎挑流式、滑雪道式及坝身泄水孔式等。

1. 自由跌流式

对于比较薄的双曲拱坝或小型拱坝，常采用坝顶自由跌流的方式，如图4-43所示。溢流头部通常采用非真空的标准堰型。这种型式适用于基岩良好，单宽泄洪量较小的情况。由于下落水舌距坝脚较近，坝下必须设有防护设施，堰顶设或不设闸门，视水库淹没损失和运用条件而定。

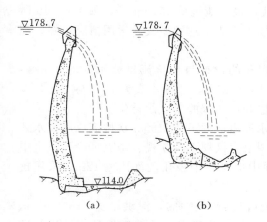

图4-43 布桑拱坝的自由跌流与
护坦布置（单位：m）

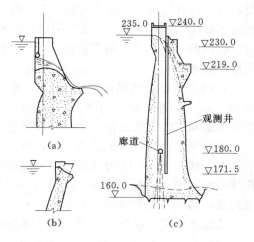

图4-44 拱坝溢流表孔挑流坎（单位：m）
(a) 带胸墙的坝顶表孔挑流坎；(b) 坝顶表孔挑流坎；
(c) 流溪河拱坝溢流表孔

2. 鼻坎挑流式

为了使泄水跌落点远离坝脚,常在溢流堰顶曲线末端以反弧段连接成为挑流鼻坎,如图 4 - 44 所示。挑流鼻坎可采用连续式结构或各类异型鼻坎(差动坎、舌形坎等),挑坎末端与堰顶之间的高差约为堰顶设计水头 H_d 的 1.5 倍左右;坎的挑角 $0°≤α≤25°$;反弧半径 R 与 H_d 大致接近,最后应由水工模型试验来确定。差动坎可促使水流在空中扩散,增加与空气的摩擦,减小单位面积的入水量,但在构造与施工上都较复杂,又易受空蚀破坏。近年来,设计采用的舌形坎,如图 4 - 45 所示,既可促使水流在空中扩散,又不易受空蚀破坏,有较大的推广应用价值。溢流段,一般仅布置在坝顶中间部位,溢流顶高程,有的同高,有的中间低,两侧稍高,小流量时由中间过水,大流量时中部流量大于两岸,以利于消能。堰顶可设闸门或者不设。

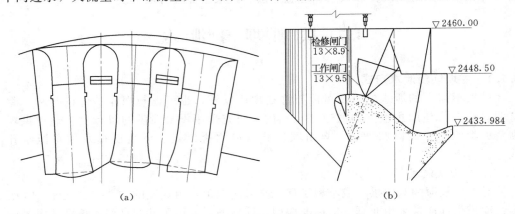

图 4 - 45 拉西瓦拱坝的异型鼻坎(单位:m)

目前世界上最高的英古里拱坝,坝高 272m,就是采用坝顶鼻坎挑流的泄洪方式,设有 6 个每孔宽为 9m 的溢流孔和 7 个直径 5m 的深孔,其中 5 个深孔作为将来修建抽水蓄能电站的取水孔,2 孔作为坝的泄水孔,最大泄流量 2500m³/s,如图 4 - 46 所示。我国的东风、流溪河双曲拱坝、半江拱坝也采用了这种型式,运用情况良好,坝体振动很小。

我国二滩双曲拱坝,坝高 240m,溢流表孔的设计与校核流量分别为 6300m³/s 和 9600m³/s,相应泄洪功率为 11000MW 与 15650MW,堰顶水头为 12m 与 15m,以泄洪功率和堰顶水头而论,居目前世界上已建和在建双曲拱坝的首位。

对于单宽流量较大的重力拱坝,可采用水流沿坝面下泄,经鼻坎挑流或底流水跃的消能方式。图 4 - 47 为我国白山单曲三心圆重力拱坝下游立视、溢流坝段和泄洪中孔坝段的剖面图,最大坝高 149.5m,在坝顶中部设 4 个表孔,每孔宽 12m,采用挑流消能,最大单宽泄流量 140m³/(s•m)。

我国凤滩重力拱坝是目前世界上拱坝坝身泄洪量最大的,泄洪量达 32600m³/s,单宽流量为 183.3m³/(s•m)。经过方案比较和试验研究,采用高低鼻坎挑流互冲消能,共有 13 孔,其中高坎 6 孔,低坎 7 孔,如图 4 - 48 及图 4 - 7(b)所示。高低坎水流以 50°~55°交角互冲,充分掺气,效果良好。

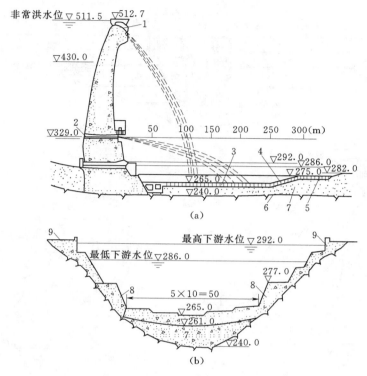

图 4-46 英古里拱坝水垫塘和反拱底板（单位：m）
（a）坝体剖面；（b）水垫塘横剖面
1—溢流表孔；2—深式泄洪孔；3—消力池底板；4—倾斜的尾坎；5—海漫；
6—基岩面线；7—河床冲积层；8—两岸混凝土；9—左岸和右岸公路

3. 滑雪道式

滑雪道式泄洪是拱坝特有的一种泄洪方式，其溢流面由溢流坝顶和与之相连接的泄槽组成，而泄槽为坝体轮廓以外的结构部分。水流过坝以后，流经泄槽，由槽尾端的挑流鼻坎挑出，使水流在空中扩散，下落到距坝较远的地点。挑流坎一般都比堰顶低很多，落差较大，因而挑距较远，是其优点。但滑雪道各部分的形状、尺寸必须适应水流条件，否则容易产生空蚀破坏。所以，滑雪道溢流面的曲线形状、反弧半径和鼻坎尺寸等都需经过试验研究来确定。滑雪道的底板可设置于水电站厂房的顶部或专门的支承结构上，前者的溢流段和水电站厂房等主要建筑物集中布置，对于泄洪量大而河谷狭窄的枢纽是比较有利的。滑雪道也可设在岸边，一般多采用两岸对称布置，也有只布置在一岸的。滑雪道式适用于泄洪量大、较薄的拱坝。我国泉水双曲薄拱坝采用岸坡滑雪道，左右岸对称布置，平面对冲消能，如图 4-5 所示。左右岸各设两孔，每孔宽9m，高6.5m，鼻坎挑流，泄洪量约 1500m³/s，落水点距坝脚约110m。

4. 坝身泄水孔式

坝身泄水孔是指位于水面以下一定深度的中孔或底孔，一般以靠近坝体半高或更高处的为中孔，多用于泄洪；位于坝体下部的为底孔，多用于放空水库、辅助泄洪、

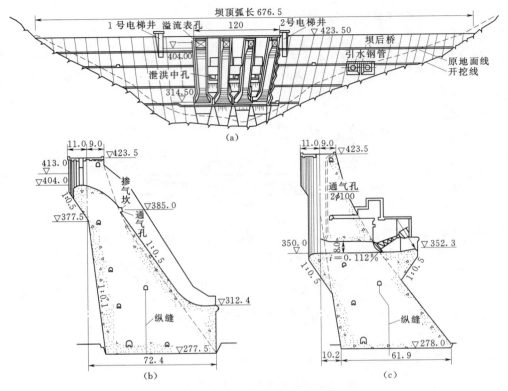

图 4-47　白山重力拱坝工程布置图（单位：m）

（a）下游立视；（b）溢流坝段剖面；（c）泄洪中孔坝段剖面

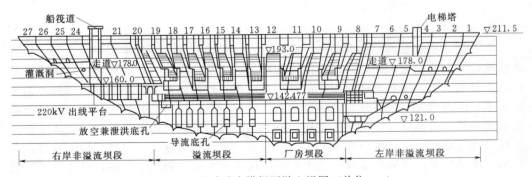

图 4-48　凤滩重力拱坝下游立视图（单位：m）

排沙以及施工导流。坝身泄水孔一般都是压力流，比坝顶溢流流速大，挑射距离远。泄水中孔一般设置在河床中部的坝段，以便于消能与防冲。也有的工程将泄水中孔分设在两岸坝段，在河床中部布置电站厂房。泄水中孔孔身一般可做成水平或近乎水平、上翘和下弯 3 种型式。对于设置在河床中部的泄水中孔，通常多布置成水平型式，例如，白山拱坝共有 3 个出口断面为宽 6m、高 7m 的泄水中孔，分别布置在 4 个表孔之间，如图 4-47（a）、（c）所示，出口孔底以上的最大工作水头为 69.6m，每孔的泄洪流量为 1340m³/s，挑流坎设置在出口坝面的悬臂上。我国的石门、红岩、欧阳海等双曲拱坝也采用了这种型式。也有采用上翘型的，例如，莫桑比克的卡博拉巴萨双曲拱坝，高 164m，坝身设有 8 个出口断面为宽 6m、高 7.8m 的上翘型中孔，如图 4-49 所示，出口孔底以上的最大工作水头为 85m，总泄量为 13100m³/s，单宽流量为 268m³/（s·m）。我国二滩双曲拱坝，高 240m，坝身设有 6 个出口断面为宽 6m、高 5m 的上翘型中孔，出口孔底以上的最大工作水头为 80m，总泄量为 6600 m³/s，单宽流量为 183.3m³/（s·m），如图 4-50 所示。对重力拱坝，一般采用下弯型式，例如，俄罗斯的萨扬舒申斯克重力拱坝，高 245m，坝身设有 11 个出口断面为宽 5m、高 6m 的下弯式中孔及两层导流孔（最后用混凝土封堵），如图 4-51 所示，最大工作水头为 110m，总泄量为 13600m³/s。对于设置在两岸坝段的泄水中孔，通常也采用下弯型式，与重力拱坝下弯型式不同之处，在于出口后与滑雪道的泄槽相衔接。

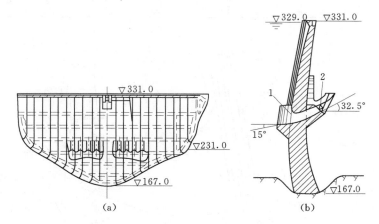

图 4-49　卡博拉巴萨双曲拱坝（高程：m）
(a) 下游立视图；(b) 中孔坝段剖面
1—检修闸门槽；2—弧形闸门

　　泄水孔的工作闸门大多采用弧形闸门，布置在出口，进口设事故检修闸门。这样不仅便于布置闸门的提升设备，而且结构模型试验成果表明，在泄水孔口末端设置闸墩及挑流坎后由于局部加厚了孔口附近的坝体，可显著地改善孔口周边的应力状态，对于孔底的拱应力也有所改善。实践证明，孔口对坝体应力的影响是局部的，拉应力可能使孔口边缘开裂，但只限于孔口附近，不致危及坝的整体安全。对于局部应力的影响，可在孔口周围布置钢筋。

　　由于拱坝较薄，中孔断面一般采用矩形。为使孔口泄流保持压力流，避免发生负压，应将出口断面缩小，出口高约为孔身高度的 70%～80%。为使水流平顺，提高泄水能力，进口及沿程体形宜做成曲线形。对大、中型工程，中孔体形还应通过水工模型试验研究确定。

　　底孔处于水下更深处，孔口尺寸往往限于高压闸门的制作和操作条件而不能太大。目前深孔闸门的作用水头已达 154m。在薄拱坝内，多采用矩形断面。对重力拱坝等较厚的坝体，可以采用圆形断面，以渐变段与闸门段的矩形断面相连接。

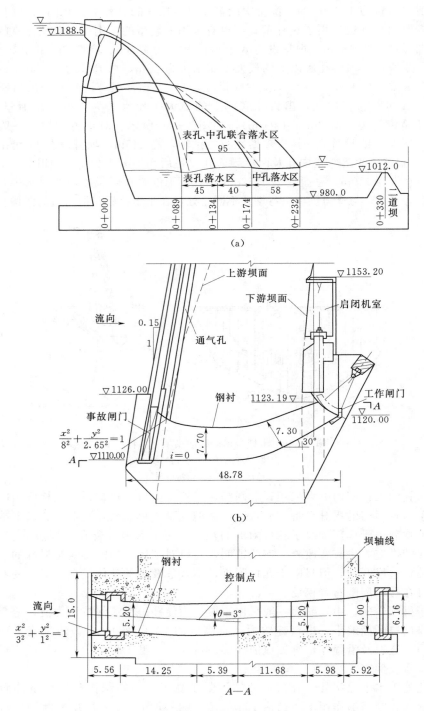

图 4-50 二滩水电站坝身中孔体形和泄洪水舌（单位：m）

（a）泄洪水舌纵向落水范围；（b）3 号和 4 号中孔剖面

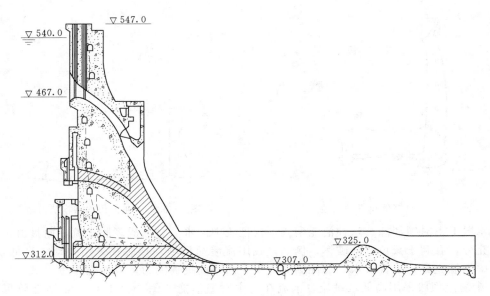

图 4-51　萨扬舒申斯克重力拱坝泄洪中孔（高程：m）

拱坝的坝身泄水还可将上述各种型式结合使用，如坝顶溢流同时设置坝身泄水孔。当泄洪流量大，坝身泄水不能满足要求时，还可布置泄洪隧洞或岸边溢洪道，如二滩工程设计泄水总量为 20600m³/s，其中，坝身泄水表孔为 6600m³/s，中孔为 6600m³/s，泄洪隧洞为 7400m³/s。

4.7.2　拱坝的消能与防冲

拱坝的消能方式主要有以下几种：

（1）跌流消能。水流从坝顶表孔直接跌落到下游河床，利用下游水垫消能。跌流消能最为简单，但由于水舌入水点距坝趾较近，需要采取相应的防冲设施，例如，法国的乌格朗拱坝，利用下游施工围堰做成二道坝，抬高下游水位（图 4-52）；美国的卡尔德伍德拱坝，在跌流的落水处建戽斗，并在其下游设置了二道坝，运用情况良好，如图 4-53 所示。

（2）挑流消能。鼻坎挑流式、滑雪道式和坝身泄水孔式泄水大都采用各种不同形式的鼻坎，使水流分散、扩散、冲撞或改变方向，在空中消减部分能量后再跌入水中，以减轻对下游河床的冲刷。

泄流过坝后向心集中是拱坝泄水的一个特点。对于中、高拱坝，可利用这个特点，在拱冠两侧各布置一组溢流表孔或泄水孔，使两侧挑射水流在空中对冲，并沿河槽纵向扩散，从而消耗大量的能量，以减轻对下游河床的冲刷。但应注意，必须使两侧闸门同步开启，否则射流将直冲对岸，危害更甚。我国泉水双曲拱坝是岸坡滑雪道式对冲消能的一例，见图 4-5。在中孔泄洪布置上，如卡博拉巴萨拱坝（图 4-49），将 8 个上翘型中孔分为两组，对称布置于拱冠两侧，每一组孔口自相平行，两组孔的轴线在平面上以 8°角相交，水舌在空中对撞，消能效果良好。

近年来，不少中、高拱坝，特别是在大泄量情况下，采用高低坎大差动形式，形

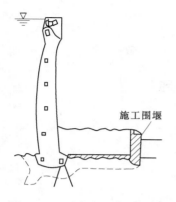

图 4-52　乌格朗拱坝消力池

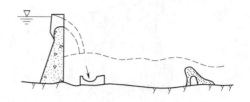

图 4-53　卡尔德伍德拱坝消力池

成水股上下对撞消能。这种消能型式不仅把集中的水流分散成多股水流，而且由于通气充分，有利于减免空蚀破坏，例如，我国流溪河拱坝坝顶表孔采用差动式高低坎，空中消能充分，水舌入水后的冲刷能力小于河道的抗冲能力；凤滩空腹重力拱坝，有13个溢流坝段采用高低坎挑流，水流在空中对撞消能［图 4-54（a）］，消能效果良好；白山重力拱坝采用高差较大的溢流面低坎和中孔高坎相间布置，形成挑流水舌相互穿射，横向扩散，纵向分层的三维综合消能［图 4-54（b）］，效果很好。

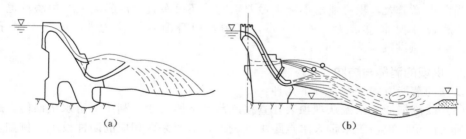

(a)　　　　　　　　　　　　　　　(b)

图 4-54　拱坝大差动高低坎消能
(a) 凤滩重力拱坝高低坎挑流对撞消能流态；(b) 白山拱坝溢
流面低坎与中孔高坎对撞消能流态

（3）底流消能。对重力拱坝，有的也可采用底流消能，如前所述的萨扬舒申斯克重力拱坝，高 245m，采用下弯型中孔，泄流沿下游坝面流入设有二道坝的收缩式消力池，池的上游端宽 123m，下游端宽 97m，长约 130m，二道坝下游护坦长 235m，末端设有齿墙，单宽泄流量为 139m³/（s·m），运用情况良好，如图 4-51 所示。

其他如窄缝式挑坎消能，反向防冲消能工等都曾被一些工程采用，也取得了良好的效果。

拱坝坝址处的河谷一般比较狭窄，不仅要防止过坝水流冲刷岸坡，而且要注意当泄流量集中在河床中部时，避免两侧形成强力回流，淘刷岸坡，以保证坝体稳定。关于冲坑深度及冲刷安全度的估算可参考本书第 3 章，但需考虑拱坝泄流时径向集中的影响。在估算冲坑深度时，单宽流量 q 宜采用挑流跌入下游水面处的数值。赞比亚和津巴布韦合建的卡里巴拱坝，坝高 128m，总泄洪量为 9500m³/s，水垫深度为 20～

40m，于 1959 年建成后，经过从 1961～1972 年泄洪运行，河床片麻岩已刷深约 60m，冲坑边缘距坝脚仅约 40m，预计还将冲深，随后不得不在坑内填预应力混凝土形成消力戽，如图 4-55 所示。我国欧阳海拱坝，坝基为花岗岩，于 1971 年建成，坝高 58m，总泄量为 6090m³/s，经多年运行，坝下河床及岸坡冲刷严重，后在下游修建了一座高 17m 的二道坝，并沿两岸岸坡砌筑了厚 1m 的钢筋混凝土护坡，取得了良好效果。

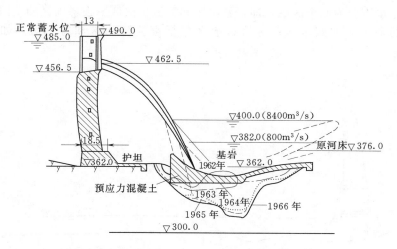

图 4-55　卡里巴拱坝坝身孔口泄洪及冲坑示意图（单位：m）

泄水拱坝的下游一般都需采取防冲加固措施，如护坦、护坡、二道坝等。护坦、护坡的长度、范围以及二道坝的位置和高度等，应由水工模型试验确定。

4.7.3　泄洪雾化

SL 282—2003《混凝土拱坝设计规范》规定：对拱坝挑流、跌流消能，特别是高拱坝空中对冲消能的泄洪雾化问题，应进行专门的研究，确定雾化范围和强度分布，研究泄洪雾化对枢纽建筑物、下游两岸山体、电器设备、输电线路、交通道路和各种洞口等的不利影响，必要时采取适当的防护措施。

对于挑流消能，其雾化源来自 3 个方面，即水舌空中扩散掺气、水舌空中相碰和水舌入水喷溅。

由泄水建筑物的鼻坎射出的高速水舌在空气中运动时，由于水舌和空气的相互作用，形成了两个边界层，并且在交界面上产生漩涡，漩涡的混掺和交换，加剧了水流紊动，使得水舌在横向和纵向不断扩散，从而形成掺气水舌。其中，紊动强度较大的水滴，从水舌边缘脱离水舌的束缚落入地面或岸坡。

当两股水舌在空中相撞时，引起水流高度紊动和变形，使水舌的掺气急剧增加并深入到水舌核心，动能损失明显增加。在水舌相撞点附近有大量水滴从水舌中喷出，形成降雨。

当水舌和下游水面撞击后，水舌中大部分水流进入下游水垫，而其小部分在下游水垫压弹效应和水体表面张力作用下反弹起来，以水滴的形式向下游及两岸抛射出去，形成降雨，落入河床及两岸。

　　理论分析和原型观测资料都表明，空中水舌掺气扩散形成的雾化源是不大的，雾化源主要是由水舌撞击下游水垫产生水滴喷溅引起的。这些水滴在重力、浮力和空气阻力作用下，以不同的初始抛射角度和初速度作抛射运动，在一定范围内产生强烈水舌风，水舌风又促进水滴向更远处扩散，即向下游和两岸山坡扩散。随着雾化水流向下游的延伸，降雨强度逐渐减小。根据雾化水流各区域的形态特征和形成的降雨强弱，将雾化水流分为两个区域，即强暴雨区和雾流扩散区。强暴雨区的范围为水舌入水点前后的暴雨区和溅水区；雾流扩散区包括雾流降雨区和雾化区，如图 4-56 所示。

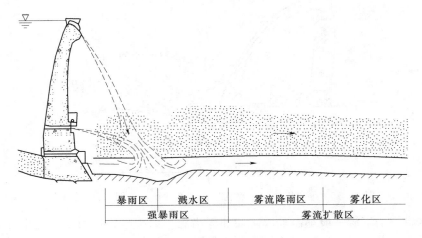

暴雨区	溅水区	雾流降雨区	雾化区
强暴雨区		雾流扩散区	

图 4-56　泄洪雾化分区示意图

　　泄洪雾化水流是一种复杂的水—气和气—水二相流，其运动既受泄洪水头、流量和泄洪方式的影响，又受地形、气象等条件的制约。模型试验由于相似律的问题，难以反映原型的雾化情况。采用类似工程的原型观测资料，进行反馈分析，建立雾化数学模型来预测不同泄洪水位和工况组合下泄洪雾化雨分布规律和强度分布，是目前普遍采用且行之有效的方法。由于泄洪雾化的影响因素多，机理复杂，雾化的数学模型还不成熟，仍有待于进一步改进。下列各式是根据一些已建工程雾化原型观测资料，经统计分析后得出的，简单但不够完善，可供拟建工程粗略估算雾化范围时参考。

　　对于强暴雨区

　　纵向范围　　　　　　　　　　　$L_1 = (2.2 \sim 3.4)H$

　　横向范围　　　　　　　　　　　$B_1 = (1.5 \sim 2.0)H$

　　高　　度　　　　　　　　　　　$T_1 = (0.8 \sim 1.4)H$

　　对于雾流扩散区

　　纵向范围　　　　　　　　　　　$L_2 = (5.0 \sim 7.5)H$

　　横向范围　　　　　　　　　　　$B_2 = (2.5 \sim 4.0)H$

　　高　　度　　　　　　　　　　　$T_2 = (1.5 \sim 2.5)H$

式中：H 为最大坝高；L_1、L_2 为距坝趾的纵向距离。

4.8 拱坝的材料和构造

4.8.1 拱坝对材料的要求

用于修建拱坝的材料主要是混凝土，中、小型工程也可就地取材，使用浆砌块石。对混凝土和浆砌石材料性能指标的要求和重力坝相同，在此不再列举。混凝土应严格保证设计规范对强度、抗渗、抗冻、低热、抗冲刷和抗侵蚀等方面的要求。

坝体混凝土的极限抗压强度一般以 90d 或 180d 龄期强度为准，极限抗拉强度一般取极限抗压强度的 $1/10 \sim 1/15$。此外，还应注意混凝土的早期强度，控制表层混凝土 7d 龄期的标号不低于 C10 号，以确保早期的抗裂性。高坝近地基部分混凝土的 90d 龄期标号不得低于 C25 号，内部混凝土 90d 龄期不低于 C20 号。

除强度外，还应保证抗渗性、抗冻性和低热等方面的要求。为此，对坝体混凝土的水灰比必须严格控制，对较高的拱坝，坝体外部混凝土的水灰比应限制在 $0.45 \sim 0.5$ 的范围内，内部可为 $0.6 \sim 0.65$。在承受高速水流和挟沙水流冲刷的部位，混凝土应具有很好的抗磨性。用水灰比低的、振捣密实并表面抹光的混凝土，抗磨性能较高。实践证明，水灰比大于 0.55 的混凝土，抗磨性能常不能满足要求。对于高度不大、厚度小于 20m 的薄拱坝，可以不改变混凝土标号。对于高拱坝或较厚的重力拱坝，由于应力有较大的差异，可在坝体内部、外部和拱端分别采用不同标号，拱端应力较大，可提高标号，坝体内部应力较低，可用较低标号；如有抗震要求，坝体中、上部是高应力区，在考虑混凝土标号分区时应予以注意；对于溢流面及孔管内壁需设有专门的混凝土面层。

4.8.2 拱坝分缝与接缝处理

拱坝是整体结构，为便于施工期间混凝土散热和降低收缩应力，防止混凝土产生裂缝，需要分段浇筑，各段之间设有收缩缝，在坝体混凝土冷却到年平均气温左右、混凝土充分收缩后，再用水泥浆封填，以保证坝的整体性。

收缩缝有横缝和纵缝两类，如图 4-57 所示。横缝是半径向的，间距一般取 15~20m。在变半径的拱坝中，为了使横缝与半径向一致，必然会形成一个扭曲面。有时为了简化施工，对不太高的拱坝也可以中间高程处的径向为准，仍用铅直平面来分缝。横缝底部缝面与建基面或垫座面的夹角不得小于 60°，并应尽可能接近正交。缝内设铅直向的梯形键槽，以提高坝体的抗剪强度。拱坝厚度较薄，一般可不设纵缝，

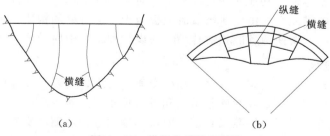

(a)　　　　　　　　　　(b)

图 4-57 拱坝的横缝和纵缝

对厚度大于 40m 的拱坝，经分析论证，可考虑设置纵缝。相邻坝块间的纵缝应错开，纵缝的间距约为 20～40m。为方便施工，一般采用铅直纵缝，到缝顶附近应缓转与下游坝面正交，避免浇筑块出现尖角。

收缩缝是两个相邻坝段收缩后自然形成的冷缝，缝的表面做成键槽，预埋灌浆管与出浆盒，在坝体冷却后进行压力灌浆。

横缝和纵缝都必须进行接缝灌浆。灌浆时坝体温度应降到设计规定值，缝的张开度不宜小于 0.5mm。缝两侧坝体混凝土龄期，在采取有效措施后，不宜小于 4 个月。灌浆浆液结石达到预期强度后，坝体才能蓄水。

横缝上游侧应设置止水片。止水片可与上游止浆片结合。止水的材料和做法与重力坝相同。

根据对已建成的拱坝实地检查，收缩缝灌浆的效果也不尽如人意，仍然是坝体的薄弱面。因此，现代拱坝建设的趋向是，尽可能减少收缩缝，在施工期加强冷却措施，实践证明效果良好。对于较薄的拱坝，须注意第一期冷却不宜过快，否则可能导致拉裂。

收缩缝的灌浆工艺和重力坝相同。

应该指出，在一定的条件下，也可将横缝的一部分保持为永久性的明缝。当近拱端有一岸或两岸自坝顶到某一高程范围内的地质条件很差，不足以承担拱端的巨大推力时，可将这一范围内的横缝保持为永久缝，或自拱冠顶部起向两侧往下逐渐加深明缝，使拱端推力向下斜传入两岸基岩，如日本黑部第四拱坝和我国隔河岩拱坝就是这样设计的。

4.8.3　坝顶与坝面

拱坝坝顶高程不得低于校核洪水位。坝顶上游侧防浪墙顶超高值应包括风浪壅高、风浪波高和安全加高，其结构型式和尺寸应按使用要求来决定。当无交通要求时，非溢流坝的顶宽一般不小于 3m。溢流坝段坝顶工作桥、交通桥的尺寸和布置必须能满足泄洪、闸门启闭、设备安装、运行操作、交通、检修和观测等的要求。地震区的坝顶工作桥、交通桥等结构应尽量减轻自重，以提高结构的抗震性能。

现代拱坝一般只是在上游面约 $(1/10～1/15)h$（h 为水面下深度）厚度内浇筑抗渗和抗冻性较好的混凝土，在下游面 1～2m 范围内浇筑抗冻性较好的混凝土。除特殊情况外，一般都不配筋。但在严寒地区，有的薄拱坝可在顶部配筋，以防渗水冻胀而开裂。建在地震区的拱坝由于靠近坝顶附近易开裂，可在该部位穿过横缝布置钢筋，以增强坝的整体性。其他如遇特殊地基，对薄拱坝也可考虑局部配筋。

对滑雪道式的溢流面，由于泄槽溢流面板与坝身结合处的构造比较复杂，既要保持水流平顺衔接，又要使两者能相对移动，在设计和施工中应予注意。

4.8.4　廊道与排水

为满足检查、观测、灌浆、排水和坝内交通等要求，需要在坝体内设置廊道与竖井。廊道的断面尺寸、布置和配筋基本上和重力坝相同。对于高度不大、厚度较薄的拱坝，在坝体内可只设置一层灌浆廊道，而将其他检查、观测、交通和坝缝灌浆等工作移到坝后桥上进行，桥宽一般为 1.2～1.5m，上下层间隔 20～40m，在与坝体横缝对应处留有伸缩缝，缝宽约 1~3cm。

建在无冰冻地区的薄拱坝，坝身可不设排水管。对较厚的或建在寒冷地区的薄拱坝，则要求和重力坝一样布置排水管，间距为 2.5~3.5m，管径为 15~20cm。图 4-58 为我国响洪甸重力拱坝最大剖面的廊道及排水管布置图。

4.8.5 管孔

为泄洪用的泄水孔断面如前所述多为矩形，因流速较高，最好用钢板衬砌，以防止孔壁混凝土受冲刷、减小对水流的摩阻力、避免内水向坝体渗透和改善孔口附近的应力状态。由于钢板衬砌施工不便，且钢板外壁易产生空隙，故当内水压力不大时，也可不用。矩形孔口的尖角处应抹圆，以消除应力集中，并需局部配筋。图 4-59 为日本绫北拱坝泄洪中孔的衬砌及配筋简图，钢板厚 10mm。

为引水发电、灌溉和供水等目的在坝体内设置的管孔，一般泄流量和断面都较小，常用圆形断面，进口多为矩形，中间需设渐变段相连接。

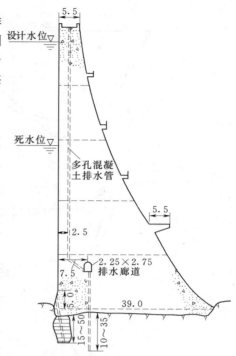

图 4-58　响洪甸重力拱坝廊道与排水管布置（单位：m）

4.8.6 垫座与周边缝

对于地形不规则的河谷或局部有深槽时，可在基岩与坝体之间设置垫座，在垫座与坝体间形成周边缝，如图 4-60 所示。周边缝一般做成二次曲线或卵形曲线，使垫座以上的坝体尽量接近对称。在径向断面上，周边缝多数为圆弧曲线［图 4-60（c）］，其半径取该处坝体厚度的一倍以上，缝面略向上游倾斜，与坝体传至垫座的压力线正交，也有的做成一般弧线［图 4-60（a）］或直线［图 4-60（b）］。

拱坝设置周边缝后，梁的刚度有所减弱，相对加强了拱的作用，这就改变了拱梁分载的比例。周边缝还可减小坝体传至垫座的弯矩，从而可减小甚至消除坝体上游面的竖向拉应力，使坝体和垫座接触面的应力分布趋于均匀，并可利用垫

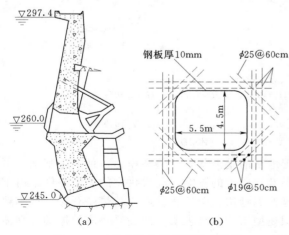

图 4-59　日本绫北拱坝泄洪中孔的衬砌与配筋（高程：m）

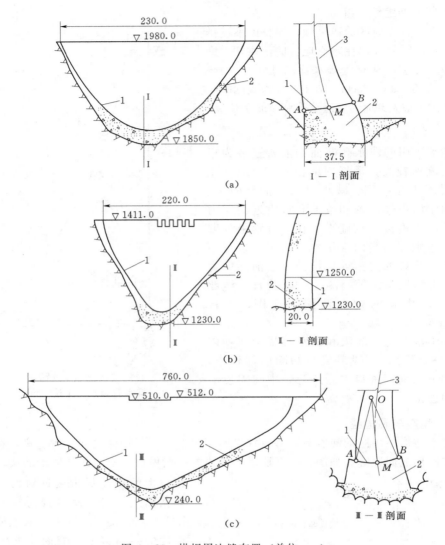

图 4-60 拱坝周边缝布置（单位：m）

(a) 意大利及阿他斯拱坝（$H=130$m，$L/H=1.77$，$T/H=0.29$）；

(b) 我国台湾德基拱坝（$H=181$m，$L/H=1.56$，$T/H=0.109$）；

(c) 格鲁吉亚英古里拱坝（$H=272$m，$L/H=2.36$，$T/H=0.19$）

1—周边缝；2—垫座；3—坝体中线

座增大与基岩的接触面积，调整和改善地基的受力状态。垫座作为一种人工基础，可以减小河谷地形的不规则性和地质上局部软弱带的影响，改进拱坝的支承条件。由于周边缝的存在，坝体即使开裂，只能延伸到缝边就会停止发展。若垫座开裂，也不致影响到坝体。根据意大利安卓斯塔拱坝模型试验成果表明，地震时垫座的振动较坝体振动强烈，说明垫座对坝体振动起缓冲作用。

图 4-61 是意大利鲁姆涅拱坝采用的垫座周边缝构造示意图。垫座浇筑后，表面

不冲毛，直接在其上浇筑坝体混凝土。缝的上游端布置钢筋混凝土防渗塞，周围填以沥青防渗材料，防渗塞的下游侧埋设止水铜片，并设置排水孔道，以排除渗水，缝面用钢筋网加强。这种缝施工复杂，如质量控制不严，容易漏水。

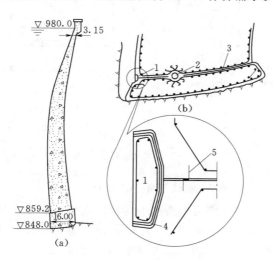

图 4-61　意大利鲁姆涅拱坝周边缝构造示意图（单位：m）
(a) 横剖面；(b) 周边缝
1—钢筋混凝土防渗塞；2—排水；3—钢筋；4—沥青防渗材料；5—止水铜片

　　我国有些宽浅河谷中的小型拱坝，为了使梁的作用减弱，以加强拱的作用，采用了沥青底滑缝垫座，如浙江省的光明、东溪等混凝土双曲薄拱坝。

4.8.7　重力墩

　　重力墩是拱坝坝端的人工支座，可用于：河谷形状不规则，为减小宽高比，避免岸坡的大量开挖；河谷有一岸较平缓，用重力墩与其他坝段（如重力坝或土石坝）或岸边溢洪道相连接等情况。我国龙羊峡水电站枢纽布置时，在其左、右坝肩设置重力墩后，使坝体可基本上保持对称。

　　通过重力墩可将坝体传来的作用力传到基岩。坝体与重力墩之间的传力作用和重力墩本身的刚度有关。与坝高相比，如重力墩高度不大，可假设重力墩的刚度与基岩相同，按拱端支承于基岩的条件求得拱端作用力，然后将此作用力施加到重力墩上来校核重力墩的稳定和应力，如图 4-62 所示。

　　根据稳定要求

$$K_c = \frac{f(W+G-U)}{\sqrt{H^2+(V+P)^2}} \qquad (4-66)$$

重力墩的自重 W 应满足

$$W \geqslant \frac{K_c\sqrt{H^2+(V+P)^2}}{f} - (G-U) \qquad (4-67)$$

式中：K_c 为抗滑稳定安全系数，不计凝聚力时，$K_c > 1.0 \sim 1.1$；f 为重力墩与基岩间的摩擦系数；G 为拱端作用在重力墩上的铅直力，kN；H、V 分别为水平拱的拱

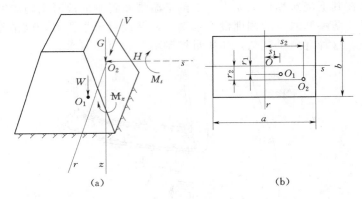

图 4-62 重力墩计算简图

a、b—重力墩边长；r_1、s_1 及 r_2、s_2—墩重心 O_1 及力 G
的作用点 O_2 至墩底面形心 O 的坐标

端推力和剪力，kN；P、U 分别为重力墩上游面的水压力和墩底扬压力，kN。

设墩底面积 $A = a \times b$，m^2；I_s 和 I_r 分别为底面绕 s 轴及 r 轴的惯性矩，m^4；z 和 h 分别为拱端力作用点和墩上游面水压力作用点至墩底面的高度，m；M_s 为作用于墩上的梁向弯矩，kN·m，则重力墩底边缘的正应力 σ 为

$$\sigma = \frac{W + G - U}{A} \pm \frac{Gs_2 + Ws_1 - Hz}{I_r} \frac{a}{2}$$

$$\pm \frac{Gr_2 + Wr_1 + Vz + Ph - M_s}{I_s} \frac{b}{2} \tag{4-68}$$

根据经验，重力墩的最大推力通常出现在"校核洪水位时的水压力＋温升"的情况。重力墩的最大扭矩，即水平拱的最大弯矩，一般出现在"冬季最高水位时的水压力＋温降"的情况。

4.9 拱坝的建基面与地基处理

4.9.1 建基面

1. 建基面设计准则

在拱坝建设中，确定坝的建基面时多以岩体的风化标准为依据，一般是：高坝应开挖至新鲜或微风化的基岩；中坝应尽量开挖至微风化或弱风化中、下部的岩体。这种利用岩体固有的力学强度来满足拱坝稳定和变形要求的规定，有时会使建基面开挖过深（对于高坝更甚）或难以实现，不但增加了开挖工程量及回填混凝土的方量，而且还将延长施工工期。所以，目前国内外在确定建基面时，已不过分强调利用岩体固有的力学强度来满足坝的稳定和变形，而是要求坝基岩体在进行加固处理后，在强度、变形和稳定方面均应满足安全要求的规定。

在工程设计中，不但要考虑坝的体形调整和布置、大坝的泄洪消能方式、枢纽总体布置、施工质量、地基处理加固措施等因素，而且还应考虑坝基岩体的开挖量，回

填混凝土的浇筑量，施工条件、工期以及提前发挥工程效益等各方面的因素，综合进行技术经济比较，选择最优方案。在确定建基面时，要在保证大坝安全运行的前提下，尽可能减少开挖，缩短工期，节约投资，这是一项必须遵守的基本设计准则。

2. 建基面设计中应当考虑的几个问题

（1）岩体质量分级与合理选取力学参数。岩体质量分级是对岩体可利用性宏观判断的前提条件。在岩体质量分级的基础上，通过深入研究各级岩体的物理力学特性，可以合理选择作为工程岩体稳定分析的参数。

（2）弱风化岩体的可利用问题。谷坡浅层总是存在着一定厚度的弱风化岩带，从工程角度讲，对它的正确认识和客观评价，对建基面的选择具有重要意义。应从岩质条件、岩体结构、赋存环境和风化裂面中的物质充填情况等，对其基本特征进行认真的分析研究，并需进行大量而细致的工程岩体稳定性分析，以期对弱风化岩体的可利用问题作出客观评价。

（3）高地应力区建基面的选择。在高地应力区，深切河谷浅层的初始地应力场，一般可划分为：表层的应力释放区、浅层应力过渡区、深层应力平稳区和河谷底部应力集中区。建基面的选取应从坝基岩体的初始地应力场、大坝基坑开挖后的二次应力场以及工程荷载（大坝蓄水正常运用、超载或强度储备）引起的附加应力场的历史全过程中进行全面系统的研究。以既能满足坝基开挖时岩体稳定和坝肩岩体抗滑稳定要求，又能减小高地应力危害为原则。根据工程实践，建基面的选取原则是：应充分利用应力过渡区，部分利用应力释放区，尽可能不扰动应力集中区。

（4）坝基岩体变形对建基面的影响。一般应从变形模量的大小和变形的均匀性两方面来分析。对属于均匀的基岩，其变形特性基本上不影响坝的应力状态。对变形不均一的基岩，除了较大的局部软弱岩带需用混凝土置换外，固结灌浆对均化变形模量具有很好的效果。因此，只要不是强风化岩带，就不一定因变形模量低而过多开挖。工程实践经验表明，只要坝体混凝土弹性模量与基岩变形模量的比值不大于 4，且地基质量均匀，则基岩变形对拱坝的应力状态影响不大。

（5）建基面岩体的强度问题。由于岩体是一种复合损伤材料，水库蓄水后，坝体在水平荷载作用下，坝踵区基岩处于拉剪应力状态，又是应力集中区；坝趾区基岩处于压剪应力状态。对有微裂隙等缺陷的损伤材料，若采用线弹性材料的力学模型进行分析，所得成果与实际情况相去甚远，应采用损伤类材料的断裂损伤模型，计入扬压力，研究其破坏机理。应当允许坝踵应力集中部位存在局部拉裂区，但拉裂区范围应有所控制，其控制原则是：在正常荷载组合情况下，微裂纹贯通区的范围不得超过帷幕，保证帷幕不断裂失效；在超载情况下，坝趾区岩体的主压应力应小于基岩裂隙起裂贯通状态的应力，对于混凝土应小于混凝土的允许抗压强度。

（6）建基面岩体的稳定性问题。施工期坝基开挖时的岩体稳定性和运行期的坝肩岩体抗滑稳定性均是决定坝基开挖深度的重要条件。影响基岩稳定性的因素很多，如可能的滑裂面、各种岩体的力学参数、渗流水压力、初始地应力场等，但这些因素均带有一定程度的不确定性，应进行仔细研究。此外，还应根据不同的岩体结构、不同力学特性的介质，采用不同的力学模型和破坏判据进行多种手段的对比分析研究。

上述某些原则，同样对重力坝的建基面选定也是适用的，但对其要求低于拱坝。

4.9.2　地基处理

拱坝的地基处理和岩基上的重力坝基本相同，但要求更为严格，特别是对两岸坝肩的处理尤为重要。

1. 坝基开挖

根据上述原则定出建基面后，即可进行开挖。在开挖过程中还应注意以下几点：拱端应嵌入岸坡内，最好开挖成全径向，当按全径向开挖工程量过大时，也可采用非全径向开挖，如图 4-13 所示。同一坝体采用两种开挖形式时，自上而下应平缓过渡。河床段基岩面的上、下游高差不宜过大，且尽可能略向上游倾斜。整个坝基可利用岩面在垂直水流方向应平顺，避免突变，也不宜开挖成台阶状。基岩面的起伏差应小于 0.3～0.5m。拱座基岩面的等高线与拱端内弧切线的夹角不宜小于 30°。当开挖到接近设计的岩面时，应保留 0.3～0.5m，用风铲撬挖，挖至检验合格为止。对坝基内的局部地质缺陷，如夹泥裂隙、节理密集带、风化岩脉、断层破碎带等，埋藏不深的，应予以挖除。对于河床中的覆盖层，原则上要全部挖除，如覆盖层太深，挖除有困难，则应在结构上采取措施，如在挖除表层覆盖层后，浇筑混凝土支承拱，将坝体建在支承拱上。

2. 固结灌浆和接触灌浆

拱坝坝基的固结灌浆孔一般按全坝段布置。对于比较坚硬完整的基岩，也可以只在坝基的上游侧和下游侧设置数排固结灌浆孔。对节理、裂隙发育的基岩，为了减小地基变形，增加岩体的抗滑稳定性，还需在坝基外的上、下游侧扩大固结灌浆的范围。孔距与孔向应根据地质条件、裂隙分布情况确定，对于高坝还应进行固结灌浆试验。孔距一般为 3～6m，在岩石破碎地区还应适当加密，孔深一般为 5～15m。固结灌浆压力，在保证不掀动岩石的情况下，宜采用较大值，一般为 0.2～0.4MPa，有混凝土盖重时，可取 0.3～0.7MPa。

对于坝体与陡于 50°～60° 的岸坡间和上游侧的坝基接触面以及基岩中所有槽、井、洞等回填混凝土的顶部，均需进行接触灌浆，以提高接触面的强度，减少渗漏。接触灌浆应在坝体混凝土浇筑到一定高度、混凝土充分收缩、钻排水孔之前进行。有条件时，可利用帷幕灌浆孔与部分固结灌浆孔进行接触灌浆。

3. 防渗帷幕

防渗帷幕的设计和施工应依据地质、水文地质等资料和现场灌浆试验来进行。拱坝的帷幕灌浆孔原则上应伸入相对隔水层以下 3～5m；若相对隔水层埋藏较深，孔深可采用 0.3～0.7 倍水头；对地质条件特别复杂的地段，经论证，孔深可达 1 倍水头以上。帷幕灌浆孔一般用 1～3 排，视坝高和地基情况而定，其中 1 排孔应钻灌至设计深度，其余各排可取主孔深的 0.5～0.7 倍。孔距是逐步加密的，开始约为 6m，最终为 1.5～3.0m，排距宜略小于孔距。

帷幕位置与拱座及坝基应力情况有关，一般布置在压应力区，并尽可能靠近上游坝面。防渗帷幕还应深入两岸山坡内，深入长度与方向应根据工程地质、水文地质、地形条件、坝肩岩体的稳定情况和防渗要求等来确定，并与河床部位的帷幕保持连续。两岸帷幕原则上应延伸至正常蓄水位与相对隔水层相交处，或与蓄水前的天然地下水位线相交处。如按此原则帷幕需延伸很远时，可在不影响坝肩岩体稳定的前提下，暂向岸坡延伸 20～50m 或更远，待蓄水后根据坝基的渗漏情况，决定是否再行延伸。

防渗帷幕一般采用水泥灌浆。在水泥灌浆达不到防渗要求时，可采用化学材料灌浆，但应注意防止污染环境。帷幕灌浆一般在廊道中进行，两岸山坡内的帷幕灌浆，可在岩体内开挖的平洞中进行，如图 4-63 所示。灌浆压力应通过灌浆试验确定，在保证不破坏岩体的条件下取较大值，通常在顶部段不宜小于 1.5 倍、底部不宜小于 2～3 倍坝前静水头。

4. 坝基排水

排水孔幕设在防渗帷幕下游侧，一般只设 1 道主排水孔，必要时增设 1～2 排辅助排水孔。在裂隙较大的岩层中，防渗帷幕可有效地减小渗流压力，

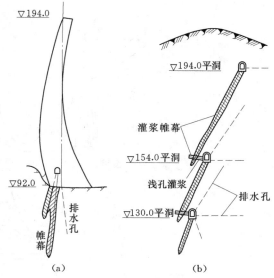

图 4-63 拱坝基岩灌浆帷幕与
排水孔布置（单位：m）
(a) 坝体剖面；(b) 坝肩（基岸）剖视

减少渗水量。但在弱透水性的微裂隙岩体中，防渗帷幕降低渗压的效果不甚明显，而排水孔则可显著地降低渗压，因此，对坝基排水应予重视。

排水孔与防渗帷幕下游侧的距离应不小于帷幕孔中心距的 1～2 倍，且不得小于 2～4m。主排水孔间距一般为 3m 左右，辅助排水孔间距一般为 3～6m，孔径不宜小于 15cm。主排水孔深度在两岸坝肩部位可采用帷幕孔深的 0.4～0.75 倍，河床部位孔深不大于帷幕孔深的 0.6 倍，但不应小于固结灌浆孔的深度。对于高坝以及两岸地形较陡、地质条件较复杂的中坝，宜在两岸设置多层排水平洞，加钻排水孔，组成空间排水孔洞系统。

5. 断层破碎带或软弱夹层的处理

对于坝基范围内的断层破碎带或软弱夹层，应根据其产状、宽度、充填物性质、所在部位和有关的试验资料，分析研究其对坝体和地基应力、变形、稳定与渗漏的影响，并结合施工条件，采用适当的方法进行处理。

一般情况下，位于坝肩部位的断层破碎带比位于河床部位的断层破碎带对拱坝的安全影响大；缓倾角比陡倾角断层的危害性严重；位于坝趾附近的比位于坝踵附近的断层破碎带对坝体应力和稳定更为不利；断层破碎带宽度愈大，对应力和稳定的影响也愈严重。要针对断层破碎带对拱坝的危害程度，采取不同的处理方法，原则上可以参考岩基上重力坝的地基处理方法进行。对特殊的地基，还需进行专门的研究。图 4-64 为日本奈川渡拱坝坝肩陡倾角顺河流方向断层处理示意图。

6. 高边坡处理

在高山峡谷建坝，普遍存在高边坡问题，既有天然高边坡，又有工程岩体高边坡。前者是指工程之前就存在、未受人类活动扰动的高边坡。后者是指工程施工开挖

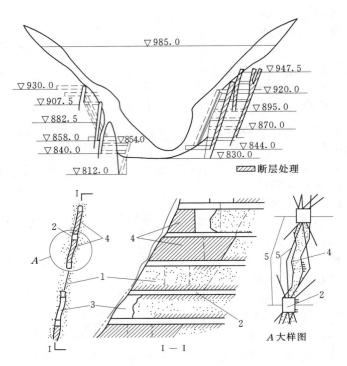

图 4-64 日本奈川渡拱坝坝肩陡倾角顺河流方向断层处理示意图（单位：m）
1—断层；2—工作隧洞；3—开挖；4—回填混凝土；5—灌浆

形成的高边坡，如坝肩边坡、水工地下洞室进出口边坡、地面电站厂房边坡、溢洪道边坡、船闸边坡以及引水渠道、道路边坡等。李家峡工程的左、右岸坝肩边坡高达220m，在建的小湾、拉西瓦、溪洛渡及锦屏等工程边坡高达 200～300m，天然边坡甚至高达 1000m 以上。

高边坡岩体变形、失稳，将造成工程事故，甚至是灾难性的事故。例如，1963年 10 月 9 日，意大利瓦依昂拱坝库区发生山体大滑坡，滑动范围长 1.8km、宽1.6km、体积达 2.7 亿 m^3；山坡体突然滑动诱发地震，远在维也纳和布鲁塞尔都测到了地震信号，激起水库涌浪高过坝顶 260m，水浪漫坝和强烈气流，冲毁下游河谷中的建筑物，导致拱坝和电站报废，2600 人丧生。我国龙羊峡拱坝坝肩边坡、漫湾水电站左岸边坡、天生桥二级水电站厂房边坡也发生过大小不同的滑坡事故。由于高边坡变形、失稳危害巨大，因此高边坡问题引起了工程界的普遍重视。

边坡失稳有滑动、崩塌、倾倒、溃屈、断裂、流动等型式，其中以滑动最多发。造成边坡失稳的原因很多，其内因是边坡岩体自身的缺陷，如岩体完整性差、存在不利于稳定的层面、断层、软弱夹层、破碎带、节理、裂隙等结构面以及各结构面相互切割。影响边坡失稳的外因有：降雨、地表水、地下水、水库水位变化、施工方法和程序、爆破震动、岩体存在较高初始应力、地震以及蓄水形成的水库诱发地震等。

防范边坡失稳，要认真做好以下工作：认真做好边坡的勘察工作，对坝址的地形地貌、区域地质构造、地震地质环境、地层岩性、汇水域、地表、地下水文网络及水文动力参数等都应查清，这是防治边坡的基础；水对边坡稳定影响重大，地下水对坡体作用有渗流压力，高位地表水下渗将加大坡体的渗流，水下坡体受有水的浮力，水渗入岩层能降低岩体层面抗剪强度以及水流的冲刷作用等；高边坡开挖要自上而下分层进行，避免二次削坡，采用预裂爆破或光面爆破，在设有锚索、锚杆或混凝土支护的高边坡，每层开挖后宜立即锚喷，坡顶设排水沟等；在地震区的高边坡，要按地震级别做好设防；对高地应力地区的边坡，以不扰动或少扰动高地应力地层为宜，以免开挖后，岩体因高地应力释放产生过大变形而失稳，若有必要开挖，需对岩坡稳定性作出评价后进行；要认真做好边坡体性状的监测工作，以便及时了解边坡体在施工过程和运行中性状的变化，这是对边坡体安全评估的重要依据，也是检验设计、计算是否正确的最有效途径。

对危坡体加固，较常采用的方法有：用截、堵、排水工程措施降低地下水位；在坡体前缘设置抗滑桩，增加坡体抗滑力；在坡体后缘削坡减载，减少坡体下滑力；采用预应力锚索、锚杆加固，或进行固结灌浆，以增强岩体的整体性；开挖置换软弱带或设抗滑键，提高抗剪能力；以及在坡体坡脚压载护坡，以提高坡前缘的局部稳定等。

目前对高边坡稳定的判别尚无统一的标准，分析方法很多，其中刚体极限平衡分析法较为成熟，应用也最广泛。高边坡稳定分析是坝工理论发展非常活跃的分支，如高边坡稳定非线性动力学分析、灰色统计判别法、模糊极值理论、突变模型、神经网络法以及信息优化处理法等也已先后问世，读者应注意跟踪这方面的发展。

4.10 浆砌石拱坝

4.10.1 浆砌石拱坝的工作特点

浆砌石拱坝在我国拱坝建设中占有很大的比重，在全国已建中、小型拱坝中，约有 90% 是砌石拱坝。这是因为：①山区石多土少，便于就地取材，节省三材；②工程量比同样高度的重力坝约小 40%；③坝顶可以溢流；④施工导流和度汛较易解决；⑤施工技术便于群众掌握。因此，砌石拱坝在中、小型工程中获得了广泛采用。

目前砌石拱坝的建设和混凝土拱坝一样，正朝着双曲、轻型、高坝以及建坝条件日益放宽的方向发展。砌石拱坝不同于混凝土拱坝的特点如下：

（1）在坝体造型方面。采用双曲坝型，易在两岸坝段产生倒悬，这对于砌石拱坝，在受力条件和施工条件上都更为不利，因此，砌石拱坝的倒悬度一般不大于 $1/10 \sim 1/5$。适当加大砌石拱坝的坝顶厚度，一方面可以防止坝顶产生裂缝，有利于坝体稳定；另一方面在宽浅河谷修建砌石拱坝，加大顶拱厚度，可增加水平拱的刚度，有利于改善坝体应力。

（2）在受力状态方面。砌石拱坝由砌石和混凝土防渗体两部分组成，砌石本身又有砌缝存在，因此，坝体实际上具有非均一和各向异性的力学性质。试验表明，坝体应力分布呈非线性关系，砌缝对坝体的变形和应力有着不可忽视的影响。目前采用的应力计算方法有：①假定坝体为各向同性均质体，采用与混凝土拱坝一样的计算方法；②为了在一定程度上能反映坝体的非均质和各向异性，对砌体和混凝土防渗体分别采用不同的弹性模量来模拟。

（3）在应力控制指标方面。根据 SL 25—91《浆砌石坝设计规范》规定：抗压强度安全系数，对基本荷载组合取 3.5，特殊荷载组合取 3.0，均比 SL 282—2003《混凝土拱坝设计规范》规定的相应值小 0.5。容许拉应力取决于所用石料和胶结材料的标号，其值接近砌石体的极限抗拉强度，如胶结材料强度等级为 10MPa 的粗料石、块石砌体，拱冠梁底的容许拉应力为 1.2MPa。总之，与混凝土拱坝相比较，砌石拱坝的容许应力增大，安全系数相应减小。

4.10.2 浆砌石拱坝的构造特点

1. 坝体

坝体材料和防渗设施基本上同砌石重力坝，但砌石拱坝对砌体强度的要求较高。采用的砂浆标号一般为 M7.5～M15 号，绝大多数用 M10 号，整个坝体都用同一标号。砌石拱坝的水泥用量一般为 $100～150 kg/m^3$。图 4-65 是我国两座浆砌石拱坝的剖面图。

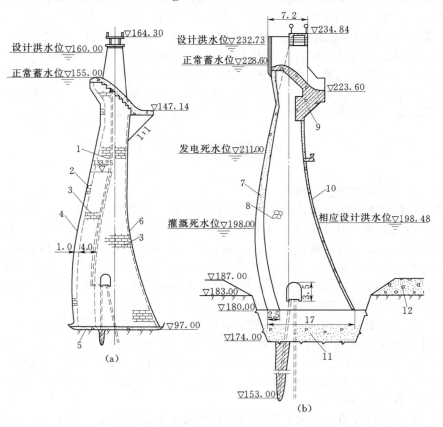

图 4-65 浆砌石拱坝拱冠梁剖面（单位：m）

(a) 福建省南溪拱坝（坝高 67.3m）；(b) 广西省板峡拱坝（坝高 60.3m）

1—φ15cm 排水管，间距 5m；2—M10 号水泥砂浆砌粗料石；3—C10 号细骨料混凝土砌粗料石；4—M15 号水泥砂浆深勾缝 6cm；5—C15 号混凝土垫层，厚 50cm；6—M10 号水泥砂浆砌粗料石并勾缝；7—C20 号混凝土防渗层；8—C15 号细骨料混凝土砌块石；9—C20 号混凝土；10—C15 号混凝土护面；11—C15 号埋石混凝土；12—砂卵石工程实践表明，在坝体上、下游面、坝端接头及靠近地基等部位适当用一部分混凝土，对保证工程质量是有利的。

2. 溢流面

砌石拱坝大都采用坝顶溢流。溢流面的衬护常用的有下列 3 种：

（1）混凝土或钢筋混凝土溢流面。在砌石表面浇一层混凝土或钢筋混凝土，混凝土层厚度一般不小于 0.6～1.0m。

（2）混凝土与粗料石溢流面。为节约水泥与钢材，有些砌石拱坝只在溢流面曲线段及挑流鼻坎处用钢筋混凝土浇筑，而在直线段则用粗料石砌筑，但要求胶结材料的标号较高。

（3）粗料石溢流面。对于单宽流量较小的工程，溢流面可用粗料石丁砌，要求石料质地坚硬，表面加工平整。

3. 砌体分缝

早期建造的砌石拱坝大都不设收缩缝，但有些坝产生了不同程度的裂缝。为防止坝体开裂，可采用以下措施：

（1）当气温接近年最高温度时，停止砌筑；在气温超过年平均气温的季节，可分段浇筑，到气温接近或略低于年平均气温时封拱，分段长度约为 20m 左右；当气温低于年平均气温时，施工不分缝。

（2）坝体全年施工，砌筑时坝体分缝，在气温等于或略低于年平均气温时封拱。

4.11 碾压混凝土拱坝

1988 年南非建成了世界上第一座碾压混凝土（RCC）拱坝——克耐尔浦特坝（高 50m）。1993 年我国建成了国内第一座普定 RCC 拱坝（高 75m），随后又相继建成了温泉堡 RCC 拱坝（高 48m）、溪柄溪 RCC 拱坝（高 62m）、沙牌 RCC 拱坝（高 132m）、石门子 RCC 拱坝（高 109m）等。目前世界上已建和在建的碾压混凝土拱坝仅 16 座，主要集中在我国和南非。

碾压混凝土拱坝和碾压混凝土重力坝在施工工艺上是相同的，两种坝型在设计方面的主要区别在于应力分析和坝体接缝设计。以下仅就体形设计、应力分析、接缝设计和坝体防渗作简要介绍。

4.11.1 体形设计

碾压混凝土拱坝的坝体设计，一方面要保证其本身的整体性，另一方面需要采用相对简化的坝体外部轮廓，为此多采用单曲拱坝，且坝内孔、洞布置相对集中，以利于立模和碾压混凝土大仓面薄层连续碾压快速施工。泄洪建筑物尽量采用坝顶表孔或隧洞泄洪，当泄洪量大时，可采用两者兼用的方式。对发电系统，一般采用引水式厂房布置。图 4-66 给出了普定碾压混凝土拱坝的工程布置及剖面图。

4.11.2 应力分析

碾压混凝土拱坝与常态混凝土拱坝在应力分析方面的不同主要表现在自重应力和温度应力上。常态混凝土拱坝是分段浇筑的，在横缝未灌浆前，各坝段单独承载，混

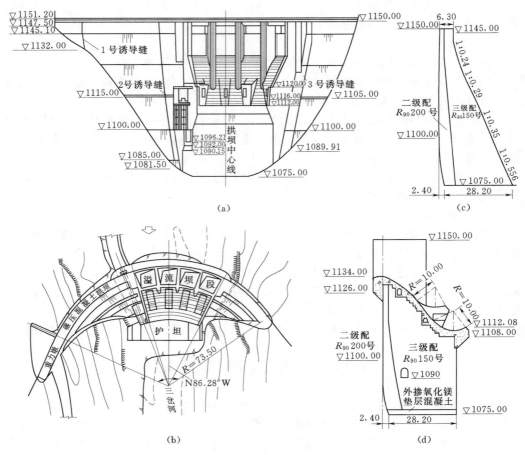

图 4-66　普定碾压混凝土拱坝（单位：m）

（a）下游立视；（b）平面图；（c）非溢流段剖面；（d）拱冠梁剖面

凝土的自重作用只产生竖直的梁向应力，而不产生水平的拱向应力，同时，施工期坝体的温度变化不产生整体温度应力。而碾压混凝土拱坝是采用通仓浇筑的，自重应力一开始就受拱圈约束，自重作用不但产生竖直的梁向应力，还产生水平的拱向应力，如对沙牌碾压混凝土拱坝的研究发现：自重作用下在中上部拱端处产生约 0.5MPa 的拱向拉应力；按常态混凝土拱坝封拱温度的概念，则意味着碾压混凝土拱坝的混凝土入仓温度即其封拱温度，施工期坝体混凝土的温度回降将引起很大的拱向拉应力，而温度回降值与混凝土的入仓温度直接相关。因此，为了减小坝体的温度应力，一般多利用低温季节浇筑混凝土，以降低入仓温度。

4.11.3　接缝设计

碾压混凝土拱坝如果在高温季节浇筑混凝土，当温度回降时，由于坝体的温度变形受到两岸基岩的约束坝内将产生较大的温度应力。所以碾压混凝土拱坝与碾压混凝土重力坝在温度控制和接缝设计上有很大的区别。碾压混凝土拱坝的接缝有两种：诱导缝或短缝和灌浆横缝。

1. 诱导缝或短缝

在我国南方，对于小型拱坝，如果在几个低温月份可以浇筑完整个坝体，温降时温差小，坝内拉应力仍能保持在允许范围之内，可以设计成无灌浆横缝的碾压混凝土拱坝，但为了安全起见，可考虑设些诱导缝。

诱导缝是碾压混凝土拱坝的一种构造缝，当坝内拉应力达到一定数值后，它先被拉开，从而松弛了坝体拉应力，以使坝体其他断面不出现裂缝。由于拱端附近的拉应力数值和变化较大，诱导缝间距应小些；拱中央两侧大部分区域的拉应力小且变化缓慢，其间距可大些。在南非的两座 RCC 拱坝中，沿拱的切线方向每隔 10m 左右设一道诱导缝，防裂效果较好，但工作量大，且影响施工速度。而我国的 RCC 拱坝的诱导缝间距较大，约为 30～70m，但防裂效果差些。诱导缝一般采用双向间断型式，使其在坝的径向断面上预先形成若干个人造缝隙。在南非的两座 RCC 拱坝中采用两层 0.25mm 厚的塑料板作为裂缝诱导器，普定拱坝采用 4～5cm 厚的两块多孔混凝土成缝板、沙牌拱坝采用 35cm 厚的重力式混凝土成缝板作为裂缝诱导器，诱导器两端指向诱导缝方向，以便由于应力集中而产生的裂缝沿诱导缝方向延伸。在诱导缝的坝面处常常设一道楔形短缺口，利用缺口应力集中，以便更快地先拉开缝面。诱导缝的上、下游部位设置跨缝止水（止浆）结构。诱导缝中灌浆系统采用分区封闭布置，每区均设水平止浆（止水）和排气系统，以便进行接缝分区灌浆。普定拱坝的诱导缝布置和构造型式如图 4-67 所示。

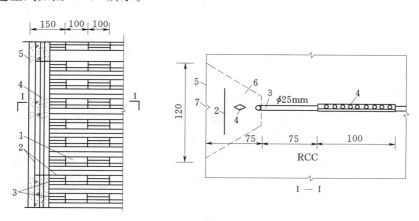

图 4-67　普定碾压混凝土拱坝的径向诱导缝布置与构造型式（单位：cm）
1—多孔诱导板；2—塑料止水片；3—灌浆孔；4—诱导孔；5—坝体上游面；
6—变态混凝土塞；7—坝面楔形短缺口

在温降和水压力作用下，最大拉应力通常发生在拱座上游面，有的碾压混凝土拱坝在两坝肩上游侧各设一条人工短缝，缝长 2～4m，靠上游面设置止水，缝内有排水管，在缝端埋设槽钢止裂，设人工短缝的目的是降低拱肩拉应力。

2. 灌浆横缝

如果不能在一个低温季节浇筑完全部坝体混凝土，或者拱坝地处寒冷地区，由于温降，在坝内将产生很大的温度应力，在这种情况下，只设诱导缝还不能完全解决问题，必须设置灌浆横缝，缝内设置灌浆系统，待坝体冷却到接近稳定温度后进行灌浆。灌浆横缝一般只设置在拱坝的上部。我国普定拱坝因为只设了两条诱导缝而没设横缝，运行后出现 40 余条裂缝，其中贯穿性裂缝 2 条，坝顶裂缝 27 条，而两条诱导缝并未拉开。由于坝体尚未冷却到稳定温度，诱导缝可能尚未完全张开或张开度不够，不能起到防裂的作用，因而碾压混凝土拱坝一般不要轻易取消横缝。

4.11.4 坝体防渗

拱坝上游面的防渗层比同等高度的重力坝要求高。由于"金包银"的防渗方式施工工序相互干扰大，近年来多采用全断面碾压混凝土自身防渗为主的结构措施。一般采用在上游迎水面设一层二级配富胶凝材料混凝土作为防渗体，其厚度由上而下逐渐加厚，底部厚约为坝高的 1/12，普定拱坝其厚度由 1.8m 增到 6.5m；防渗标号根据坝高选定，一般为 W8～W10；在每一碾压层层面铺一层不厚于 1cm、掺有缓凝剂的水泥净浆，以增强层间结合；紧靠防渗层下游设坝体排水孔，个别坝除垂直排水孔外，还设置了若干层水平排水管。

PVC 防渗薄膜因成本低、施工快、防渗效果好，在碾压混凝土坝防渗中也得到了广泛采用。但它有老化问题，铺在坝面上使用寿命只有 20 年，浇筑在混凝土中使用寿命可达 60～100 年。此外，暴露的薄膜还易遭到外力而损坏。

第 5 章

土 石 坝

5.1 概　　述

土石坝是指由土、石料等当地材料填筑而成的坝，是历史最为悠久的一种坝型，是世界坝工建设中应用最为广泛和发展最快的一种坝型。土石坝得以广泛应用和发展的主要原因是：

（1）可以就地、就近取材，节省大量水泥、木材和钢材，减少工地的外线运输量。由于土石坝设计和施工技术的发展，放宽了对筑坝材料的要求，几乎任何土石料均可筑坝。

（2）能适应各种不同的地形、地质和气候条件。除极少数例外，几乎任何不良地基，经处理后均可修建土石坝。特别是在气候恶劣、工程地质条件复杂和高烈度地震区的情况下，土石坝实际上是唯一可取的坝型。

（3）大容量、多功能、高效率施工机械的发展，提高了土石坝的压实密度，减小了土石坝的断面，加快了施工进度，降低了造价，促进了高土石坝建设的发展。

（4）由于岩土力学理论、试验手段和计算技术的发展，提高了分析计算的水平，加快了设计进度，进一步保障了大坝设计的安全可靠性。

（5）高边坡、地下工程结构、高速水流消能防冲等土石坝配套工程设计和施工技术的综合发展，对加速土石坝的建设和推广也起到了重要的促进作用。

据不完全统计，我国兴建的各种类型的坝共有 8.48 万余座，其中 95％以上为土石坝。全世界所建的百米以上的高坝中，土石坝所占的比重呈逐年增长趋势，20 世纪 50 年代以前为 30％，60 年代接近 40％，70 年代接近 60％，至 80 年代后增至 70％以上。土石坝在我国高坝中所占的比重也是逐步增长的。目前，世界上已建成的最高土石坝为前苏联的努列克坝，高 300m。我国已建成的天生桥一级面板堆石坝，高 178m，在建的水布垭面板堆石坝，高 233m，在建的糯扎渡心墙堆石坝，高 261.5m。设计中的双江口堆石心墙坝，高 314m。21 世纪我国水利水电事业进入大发展时期，在西部大开发战略的支持下，一批水利水电工程将在黄河上游、长江中上游干支流、红水河等水力资源丰富的江河上开工建设。这些筑坝地点，大都处于交通不便、地质条件复杂的地区，自然条件相对恶劣，施工困难较多，修建土石坝具有更强的适应性。因此，我国十分重视推广和发展高土石坝的建设。

5.1.1 土石坝设计的基本要求

（1）具有足够的断面以保持坝的稳定。土石坝的边坡和坝基稳定是大坝安全的基本保证。国内外土石坝的失事，约有 1/4 是由滑坡造成的，足见保持坝坡稳定的重要性。施工期、稳定渗流期、水库水位降落期以及地震时，作用在坝上的荷载和土石料的抗剪强度指标都将发生变化，应分别进行核算，以保障坝体和坝基稳定的要求。

（2）设置良好的防渗和排水设施用以控制渗流。土石坝挡水后，在坝体内形成渗流，饱和区内土石料承受上浮力，减轻了抵抗滑动的有效重量；浸水以后土石料的抗剪强度指标将有所减小；渗流力可对坝坡形成不利作用；渗流从坝坡、坝基或河岸逸出时可能引起管涌、流土等渗流破坏。设置防渗和排水设施可以控制渗流范围、改变渗流方向、减小渗流的逸出比降以增加坝坡、坝基和河岸的抗滑和抗渗稳定。防渗设施还有利于减小坝体和坝基的漏水量。

（3）根据现场条件选择筑坝土石料的种类、坝的结构型式以及各种土石料在坝体内的配置。还应根据土石料的物理、力学性质选择坝体各部分的填筑压实标准，达到技术经济上的合理性。

（4）坝基足够稳定。在地震区兴建的土石坝，坝基和坝坡均应有足够的抗液化能力。坝基中存在有可液化土壤时，应予清除或采取加固措施，以保持坝基的抗震稳定。

（5）泄洪建筑物具有足够的泄洪能力，坝顶在洪水位以上要有足够的安全超高，以防洪水漫顶，造成坝的失事。

（6）采取适当的构造措施，使坝运用可靠和耐久。在库水变化范围内，上游坝面应有坚固的护坡，防止波浪冲击和淘刷。下游坝坡应能抗御雨水的冲刷破坏。保护坝内黏性土料，防止夏季日晒、冬季冻胀等形成裂缝。对压缩性大的土料应采取工程措施，减少沉降变形和不均匀沉降，避免裂缝形成和发展。

5.1.2 土石坝的类型

土石坝按坝高可分为：低坝、中坝和高坝。SL 274—2001《碾压式土石坝设计规范》规定：高度在 30m 以下的为低坝，高度在 30～70m 之间的为中坝，高度超过 70m 的为高坝。土石坝的坝高有两种算法：从坝轴线部位的建基面算至坝顶（不含防浪墙）和从坝体防渗体（不含坝基防渗设施）底部算至坝顶，取两者中的大值。

土石坝按施工方法可分为：碾压式土石坝、冲填式土石坝、水中填土坝和定向爆破土石坝等。应用最广泛的是碾压式土石坝。

按照土料在坝身内的配置和防渗体所用材料的种类，碾压式土石坝可分为以下几种主要类型：

（1）均质坝。坝体主要由一种土料组成，同时起防渗和稳定作用，如图 5-1（a）所示。

（2）土质防渗体分区坝。由相对不透水或弱透水土料构成坝的防渗体，而以透水性较强的土石料组成坝壳或下游支撑体。按防渗体在坝断面中所处的部位不同，又可

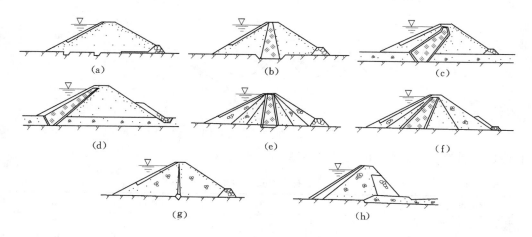

图 5-1 碾压式土石坝类型

(a) 均质坝；(b) 土质心墙坝；(c) 土质斜心墙坝；(d) 土质斜墙坝；(e) 多种土质心墙坝；
(f) 多种土质斜心墙坝；(g) 人工材料心墙坝；(h) 人工材料面板坝

进一步区分为心墙坝、斜心墙坝、斜墙坝等，如图 5-1 (b)、(c)、(d) 所示。坝壳部位除采用一种土石料外，常采用多种土石料分区排列，如图 5-1 (e)，(f) 所示。

（3）非土质材料防渗体坝。以混凝土、沥青混凝土或土工膜作防渗体，坝的其余部分则用土石料进行填筑。防渗体位于坝的上游面时，称为面板坝；位于坝的中央部位时，称为心墙坝。如图 5-1 (g)、(h) 所示。

5.2 土石坝的基本剖面

土石坝的基本剖面根据坝高、坝的等级、坝型、筑坝材料特性、坝基情况以及施工、运行条件等参照现有工程的实践经验初步拟定，然后通过渗流和稳定分析检验，最终确定合理的剖面形状。

5.2.1 坝顶高程

坝顶高程等于水库静水位与坝顶超高之和，应按以下 4 种运用条件计算，取其最大值：①设计洪水位加正常运用条件的坝顶超高；②正常蓄水位加正常运用条件的坝顶超高；③校核洪水位加非常运用条件的坝顶超高；④正常蓄水位加非常运用条件的坝顶超高，再加地震安全加高。当坝顶上游侧设有防浪墙时，坝顶超高是指水库静水位与防浪墙顶之间的高差，但在正常运用条件下，坝顶应高出静水位 0.5m，在非常运用条件下，坝顶不得低于静水位。

坝顶超高 d 按式（5-1）计算（图 5-2），对特殊重要的工程，可取 d 大于此计算值。

$$d = R + e + A \tag{5-1}$$

式中：R 为波浪在坝坡上的设计爬高，m；e 为风浪引起的坝前水位壅高，m；A 为安全加高，m，根据坝的级别按表 5-1 选用，其中非常运行条件 (a) 适用于山区、

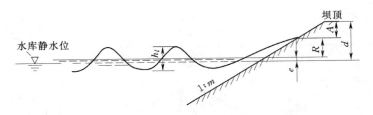

图 5 - 2　坝顶超高计算图

丘陵区，非常运行条件（b）适用于平原区、滨海区。

表 5 - 1　　　　　　　　　　　　土石坝的安全加高　　　　　　　　　　　单位：m

坝的级别	1	2	3	4，5
正常运行条件	1.50	1.00	0.70	0.50
非常运行条件（a）	0.70	0.50	0.40	0.30
非常运行条件（b）	1.00	0.70	0.50	0.30

　　式（5-1）中 R 和 e 的计算公式很多，主要都是经验和半经验性的，适用于一定的具体条件，可按 SL 274—2001《碾压式土石坝设计规范》推荐的公式计算确定。

　　设计的坝顶高程是针对坝沉降稳定以后的情况而言的，因此，竣工时的坝顶高程应预留足够的沉降量。根据以往工程经验，土质防渗体分区坝预留沉降量一般为坝高的 1%。

　　地震区的土石坝，坝顶高程应在正常运行情况的超高上附加地震涌浪高度。根据地震设计烈度和坝前水深情况，地震涌浪高度可取为 0.5～1.5m。对库区内可能因地震引起大体积塌岸和滑坡时的涌浪高度应进行专门研究。设计地震烈度为 8 度或 9 度时，尚应考虑坝和地基在地震作用下的附加沉降量。

5.2.2　坝顶宽度

　　坝顶宽度根据运行、施工、构造、交通和地震等方面的要求综合研究后确定。

　　SL 274—2001《碾压式土石坝设计规范》规定：高坝顶宽可选为 10～15m，中、低坝顶宽可选为 5～10m。

　　坝顶宽度必须考虑心墙或斜墙顶部及反滤层布置的需要。在寒冷地区，坝顶还须有足够的厚度，以保护黏性土料防渗体免受冻害。

5.2.3　坝坡

　　坝坡坡率关系到坝体稳定以及工程量的大小。坝坡坡率的选择一般遵循以下规律：

　　（1）上游坝坡长期处于饱和状态，加之水库水位有可能快速下降，使坝坡稳定处于不利地位，故其坡率应比下游坝坡为缓，但堆石料上、下游坝坡坡率的差别可比砂土料为小。

　　（2）土质防渗体斜墙坝上游坝坡的稳定受斜墙土料特性的控制，所以斜墙坝的上游坝坡一般较心墙坝为缓。而厚心墙坝的下游坝坡，因其稳定性受心墙土料特性的影响，一般较斜墙坝为缓。

（3）黏性土料的稳定坝坡为一曲面，上部坡陡，下部坡缓，所以用黏性土料做成的坝坡，常沿高度分成数段，每段 10～30m，从上而下逐段放缓，相邻坡率差值取 0.25 或 0.5。砂土和堆石的稳定坝坡为一平面，可采用均一坡率。

（4）由粉土、砂、轻壤土修建的均质坝，透水性较大，为了保持渗流稳定，一般要求适当放缓下游坝坡。

（5）当坝基或坝体土料沿坝轴线分布不一致时，应分段采用不同坡率，在各段间设过渡区，使坝坡缓慢变化。

土石坝的坝坡初选可参照已有工程的实践经验拟定。

中、低高度的均质坝，其平均坡率约为 1:3。

土质防渗体的心墙坝，当下游坝壳采用堆石时，常用坡率为 1:1.5～1:2.5，采用土料时，常用 1:2.0～1:3.0；上游坝壳采用堆石时，常用 1:1.7～1:2.7，采用土料时，常用 1:2.5～1:3.5。斜墙坝下游坝坡的坡率可参照上述数值选用，取值宜偏陡；上游坝坡则可适当放缓，石质坝坡放缓 0.2，土质坝坡放缓 0.5。心墙和斜墙的尺寸可参照 5.7 节选定。

人工材料面板坝，采用优质石料分层碾压时，上游坝坡坡率一般采用 1:1.4～1:1.7，按施工要求，沥青混凝土面板坝上游坝坡不宜陡于 1:1.7；良好堆石的下游坝坡可为 1:1.3～1:1.4，如为卵砾石，可放缓至 1:1.5～1:1.6，坝高超过 110m 时，也宜适当放缓。人工材料心墙坝，可参照上述数值选用，并且上下游可采用同一坡率。

当坝基土层的抗剪强度较低，预计坝体难以满足深层抗滑稳定要求时，可采用在坝坡脚处压戗的方法以提高其稳定性。

从土石坝建设的发展情况看，土质防渗体分区坝和均质坝，上游坝坡除观测需要外，已趋向于不设马道或少设马道，非土质防渗材料面板坝则上游坝坡不设马道。根据施工、交通需要，下游坝坡可设置斜马道，其坡度、宽度、转弯半径、弯道加宽和超高等要满足施工车辆的行驶要求。斜马道之间的实际坝坡可局部变陡，但平均坝坡不应陡于设计坝坡。马道宽度按用途确定，一般不小于 1.5m。

5.3 土石坝的渗流分析

渗流分析的内容包括：①确定坝体内浸润线；②确定渗流的主要参数——渗流流速与比降；③确定渗流量。

渗流分析的目的在于：①土中饱水程度不同，土料的抗剪强度等力学特性也相应地发生变化，渗流分析将为坝体内各部分土的饱水状态的划分提供依据；②确定对坝坡稳定有较重要影响的渗流作用力；③进行坝体防渗布置与土料配置，根据坝体内部的渗流参数与渗流逸出比降，检验土体的渗流稳定性，防止发生管涌和流土，在此基础上确定坝体及坝基中防渗体的尺寸和排水设施的容量和尺寸；④确定通过坝和河岸的渗水量损失，并设计排水系统的容量。渗流分析可为坝型初选和坝坡稳定分析打下基础。

在坝与水库失事事故的统计中约有 1/4 是由于渗流问题引起的，这表明深入研究渗流问题和设计有效的控制渗流措施是十分重要的。

5.3.1　土石坝中的渗流特性

坝体和河岸中的渗流均为无压渗流，有浸润面存在，大多数情况下可看作为稳定渗流。但水库水位急降时，则产生不稳定渗流，需要考虑渗流浸润面随时间变化对坝坡稳定的影响。

土石坝中渗流流速 v 和比降 J 的关系一般符合如下的规律

$$v = kJ^{1/\beta} \tag{5-2}$$

式中：k 为渗流系数，量纲与流速相同；β 为参量，$\beta = 1 \sim 1.1$ 时为层流，$\beta = 2$ 时为紊流，$\beta = 1.1 \sim 1.85$ 时为过渡流态。

注意，式（5-2）中的 v 是指概化至全断面的流速，实际土体孔隙中的流速较此为高。

在渗流分析中，一般假定渗流流速和比降的关系符合达西定律，即 $\beta = 1$。细粒土如黏土、砂等，基本满足这一条件。粗粒土如砂砾石、砾卵石等只有部分能满足这一条件，当其渗流系数 k 达到 $1 \sim 10\text{m/d}$ 时，$\beta = 1.05 \sim 1.72$，这时按达西定律计算的结果和实际会有一定出入。堆石体中的渗流，坝基和河岸中裂隙岩体中的渗流，各自遵循不同的规律，均需做专门的研究。

渗流系数通常在一定范围内变化。为安全计，在实际工程中计算渗流量时，应采用土层渗流系数的大值平均值，计算水位降落时的浸润线则采用小值平均值。

土石坝施工时，坝体分层碾压，天然坝基也多由分层沉积形成，因此，渗流计算时，应考虑坝体和坝基渗流系数的各向异性影响。此外，黏性土由于团粒结构的变化以及化学管涌等因素的影响，渗流系数还可能随时间而变化。一般说来，土体中的渗流取决于孔隙大小的变化，从而取决于土石坝中的应力和变形状态，对高坝而言，渗流分析和应力分析是有耦联影响的。

对于宽广河谷中的土石坝，一般采用二维渗流分析即可满足要求。对狭窄河谷中的高坝和岸边的绕坝渗流，则需进行三维渗流分析。

5.3.2　渗流分析的基本方程

根据达西定律和连续条件

$$v_x = - k_x \frac{\partial H}{\partial x}, v_y = - k_y \frac{\partial H}{\partial y} \tag{5-3}$$

$$\frac{\partial v_x}{\partial x} + \frac{\partial v_y}{\partial y} = 0 \tag{5-4}$$

可得二维渗流方程

$$\frac{\partial}{\partial x}\left(k_x \frac{\partial H}{\partial x}\right) + \frac{\partial}{\partial y}\left(k_y \frac{\partial H}{\partial y}\right) = 0 \tag{5-5}$$

式中：v_x、v_y 分别为 x 向和 y 向的渗流流速；k_x、k_y 分别为 x 向和 y 向的渗流系数，计算时，对于同一种土质通常假设 k_x 和 k_y 不随坐标而变化；H 为渗流场中某一点的渗压水头。

羊足碾碾压的土层，k_x 和 k_y 的比值在 $2 \sim 10$ 范围内变化，平均为 4 左右；气胎碾碾压时，k_x 和 k_y 的比值可达到 $20 \sim 30$，甚至更大。为了简化计算，可将各向异性

渗流场近似地化为均匀渗流场进行分析。这时，将式（5-5）进行坐标变换

$$X = \frac{k_y}{\sqrt{k_x k_y}} x, Y = y \qquad (5-6)$$

则在变换后的坐标系 XY 中，有

$$\frac{\partial^2 H}{\partial X^2} + \frac{\partial^2 H}{\partial Y^2} = 0 \qquad (5-7)$$

此时，H 符合拉普拉斯方程，计算可在一定程度上得到简化。在变换后的坐标系中，渗流系数 $k = \sqrt{k_x k_y}$，渗流流速仍如式（5-3）所示，但需将 k_x 和 k_y 代之以 k。最后再将 XY 坐标系中的计算结果按式（5-6）转换到 xy 坐标系中。

图 5-3 所示为均质土坝在各向同性和各向异性渗流场中的流网变化图，其中，图 5-3（a）为 $k_x = k_y$ 时的流网；图 5-3（b）为 $k_x = 10k_y$ 时按式（5-6）变换后在 XY 坐标系中的流网；图 5-3（c）为由图 5-3（b）转换回 xy 坐标系后的流网。从中可见，当 k_x 和 k_y 相差较大时，由于浸润线抬高，致使渗流从下游坝坡逸出，表明此时水平排水作用显著减小，在工程设计中需要改用竖直排水。前苏联在建造奥尔多—托柯伊坝（坝体采用河口冲积土料填筑）时，发生了类似情况，浸润线在下游坡面逸出时的高度接近上游水位。从而，不得不在坝体内灌注了一道黏土—水泥浆防渗心墙以降低下游坝壳内的浸润线。

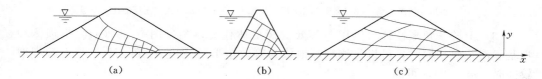

图 5-3　均质土坝在各向同性和各向异性渗流介质中的流网变化

（a）各向同性，$k_x = k_y$；（b）各向异性坐标变换后，$k = \sqrt{k_x k_y}$；（c）各向异性，$k_x = 10k_y$

5.3.3 渗流分析的水力学方法和流网法

有许多方法可用来进行渗流分析，其中，水力学方法和流网法比较简单实用，同时也具有一定的精度，以下扼要阐述这些方法。对于高坝和较复杂的情况，则需要采用有限元等数值解法。

1. 水力学方法

水力学方法可用来近似确定浸润线的位置，计算渗流流量、平均流速和比降。水力学方法采用的基本假定是：

（1）渗流为缓变流动，等势线和流线均缓慢变化。渗流区可用矩形断面的渗流场模拟 [图 5-4（a）]，渗流量 q 和渗流水深 H_x 的计算公式可表示为

$$q = k \frac{H_1^2 - H_2^2}{2L} \qquad (5-8)$$

$$H_x = \sqrt{H_1^2 - (H_1^2 - H_2^2)x/L} \qquad (5-9)$$

式中：H_1、H_2 分别为上、下游水深；L 为渗流区长度；x 为计算点至上游面的距离。

（2）渗流系数相差在 10 倍以内的竖向条带土层或是水平条带土层均可以用一等

效的均质土层代替。代替土层的厚度 d_l 或宽度 d_h 按所通过的渗流量不变的原则予以确定。

$$d_l = d_1 + \frac{k_1}{k_2}d_2 + \frac{k_1}{k_3}d_3 + \cdots \tag{5-10}$$

$$d_h = d_1 + \frac{k_2}{k_1}d_2 + \frac{k_3}{k_1}d_3 + \cdots \tag{5-11}$$

式中：d_l 为所选代表性土层的厚度；其余符号的意义如图 5-4（b）、（c）所示，代替土层的渗流系数等于第一层土的渗流系数。

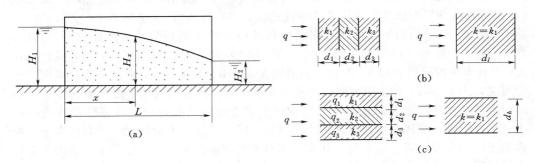

图 5-4　水力学方法计算简图
(a) 矩形区域渗流场；(b) 竖向条带土层的代替土层；(c) 水平条带土层的代替土层

（3）上游三角形棱体可以用一等效的矩形体代替，参见图 5-5（a）。当坝体和坝基渗流系数相同时，可以足够精确地认为等效矩形的宽度 $b = 0.4H_1$。当上游坝坡较陡时（$m_1 < 2$），可取

$$b = \frac{m_1}{1 + 2m_1}H_1 \tag{5-12}$$

式中：m_1 为上游坝坡坡率。

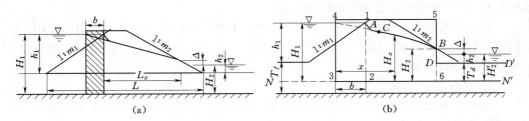

图 5-5　均质坝的渗流计算图形
(a) 上游棱体的简化；(b) 坝基的简化

（4）当坝体和坝基渗流系数相同时，浸润线在下游坡面上的逸出高度 Δ 可近似确定为

$$\Delta = 1.2\left[A + \sqrt{A^2 + 0.4DH_2}\right] \tag{5-13}$$

其中

$$A = 0.5\left[Dm_2 - \left(1 + \frac{0.4}{m_2}\right)H_2\right]$$

$$D = \frac{q}{k} \approx \frac{H_1^2 - H_2^2}{2(L_x + 0.4H_1)} \qquad (5-14)$$

式中：m_2 为下游坝坡坡率；其余符号的含义参见图 5-5。

当土石坝位于透水地基上时，如地基中的不透水层埋藏较深，可取地基的计算深度为坝基宽度的一半；如不透水层埋藏较浅，则取计算深度等于实际深度。如坝基与坝体的渗流系数不同，则可按式（5-11）给出的原则换算为相同渗流系数的土层，然后进行渗流分析。当地基含多种土层时，也可按类似的原则换算为单一土层。还可将渗流系数较小，不足上覆土层 1/100 的土层视为不透水层。

现将均质坝浸润线和渗流量的计算步骤和要点总结如下（图 5-5）：①按式（5-11）将不透水层以上的多种土层坝基换算为与坝体渗流系数相同的单一坝基，厚度为 T_f；②在代替坝基中，根据不透水层的埋藏深度选定计算深度 T_d；③求出坝体和坝基上游棱体的等效矩形体的宽度 b，并从水库水位与上游坝坡的交点 A 向上游延伸长度 b，求得渗流场的上游边界 3—4；④按预估的渗流量，依据式（5-13）、式（5-14）近似确定出渗流在下游坡面的逸出高度 Δ、逸出点位置 B 以及下游渗流水深 $H_2 = T_d + h_2 + \Delta$；⑤按等效渗流剖面 $N'345DD'$ 和上、下游计算水深 H_1、H_2，依照式（5-8）和式（5-9）确定渗流量和浸润线的位置，计算时 $H_1 = h_1 + T_d$，L 为点 4—5 间的距离；⑥如按式（5-8）计算出的渗流量与式（5-14）的估计值不相符，则应将新的渗流量值代入式（5-13）、式（5-14）重新计算逸出高度，重复步骤④、⑤，直至渗流量数值前后接近为止，一般迭代 2~3 次即可满足要求；⑦订正浸润线的进口段 AC，浸润线在 A 点应与上游坝面正交，可通过直观描绘。如下游坝趾设有排水棱体，则渗流场的下游边界可近似取为通过下游水位与排水内坡面的交点，参见图 5-6。

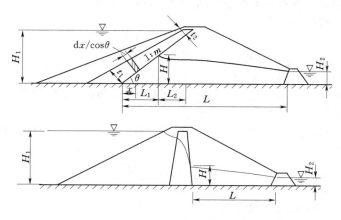

图 5-6　斜墙坝和心墙坝的渗流计算图形

依据沿坝轴线地形和坝基土质条件的变化，一般需分段计算。

应用以上原则不难进行各种地基上均质坝的渗流分析。图 5-6 中所示的斜墙坝，斜墙后的渗流也可看作是缓变流动，其下游出口水深可假设为 H_2。斜墙后的水深 H 可按通过斜墙的渗流量等于通过坝体的渗流量这一连续条件加以确定。

通过斜墙的渗流包括两部分：

（1）水深小于 H 的斜墙下部，作用的水头为常值 $H_1 - H$，斜墙的厚度为

$$t = t_1 - (t_1 - t_2)x/(L_1 + L_2)$$

通过该段的渗流量为

$$q_1 = k_1 \int_0^{L_1} \frac{H_1 - H}{t_1 - (t_1 - t_2)x/(L_1 + L_2)} \frac{\mathrm{d}x}{\cos\theta} \qquad (5-15)$$

（2）水深大于 H 的斜墙上部，渗流在重力作用下自由降落，作用在斜墙上的水头为上游水面与斜墙底面高度之差 $H_1 - y$，通过该段的渗流量为

$$q_2 = k_1 \int_{L_1}^{L_1 + L_2} \frac{H_1 - y}{t_1 - (t_1 - t_2)x/(L_1 + L_2)} \frac{\mathrm{d}x}{\cos\theta} \qquad (5-16)$$

应用以下几何关系

$$\left.\begin{array}{l} y = x/m \\ L_1 + L_2 \approx mH_1 \\ L_1 = mH \\ L_2 \approx m(H_1 - H) \end{array}\right\}$$

将式（5-15）和式（5-16）积分并求和，即可得到通过斜墙的渗流量为

$$q = \frac{k_1 m}{\cos\theta(t_1 - t_2)} [H_1(1 + a_1) - H(2 + a_1) + a_2] \qquad (5-17)$$

其中

$$a_1 = H_1 \ln \frac{t_1 H_1}{t_1 H_1 - H(t_1 - t_2)}$$

$$a_2 = \frac{H_1 t_2}{t_1 - t_2} \ln \frac{t_2 H_1 + H(t_1 - t_2)}{t_1 H_1 - H(t_1 - t_2)}$$

式中：m 为斜墙背水坡坡率；k_1 为斜墙土料的渗流系数。

通过坝体内的渗流量为

$$q = k_2 \frac{H^2 - H_2^2}{2(L - mH)} \qquad (5-18)$$

式中：k_2 为坝壳土料的渗流系数。

联立求解式（5-17）、式（5-18）即可确定 H 和 q。已知斜墙后水深 H 和出口水深 H_2，浸润线可参考式（5-9）得出。

心墙坝也可仿此进行计算（图 5-6）。令心墙上、下部的平均厚度为 t_c，则通过心墙的渗流量为

$$q = k_1 \frac{(H_1^2 - H^2)}{2t_c} \qquad (5-19)$$

通过心墙下游坝壳的渗流量为

$$q = \frac{k_2(H^2 - H_2^2)}{2L} \qquad (5-20)$$

式中：k_1、k_2 分别为心墙土料和坝壳土料的渗流系数。同样，联立求解式（5-19）和式（5-20），即可求得渗流量 q 和心墙下游浸润线高度 H，其浸润线方程亦可仿照式（5-9）得出。

对多种土层的地基可参照上述方法换算，简化为单一土层。在应用水力学方法时要注意适用条件，例如，给出的断面平均流速和比降一般只有在远离排水处才是适

宜的。

2. 流网法

流网法是一种图解法。当坝体和坝基中的渗流场不十分复杂时，流网绘制方便，其精度尚能满足设计要求。

绘制流网时，可应用流网的一些基本特性（图 5-7）：①等势线和流线互相正交；②流网各个网格的长宽比保持为常数时，相邻等势线间的水头差相等，各相邻流线间通过的渗流量相等；③上游水位下的坝坡和库底，以及下游水位下的坝坡和河底均为等势线，总水头等于坝上、下游水位差；④坝底下不透水层面为一流线；⑤浸润线为一流线，线上各点按其高程确定水头；⑥渗流在下游坝坡上的逸出段与浸润线一样，其压强等于大气压强，各点水头也随高程而变化；⑦在两种渗流系数不同的土层交界面上，流线间的夹角有如下关系：$\tan\alpha_1/\tan\alpha_2=k_1/k_2$ ［图 5-7（b）］。

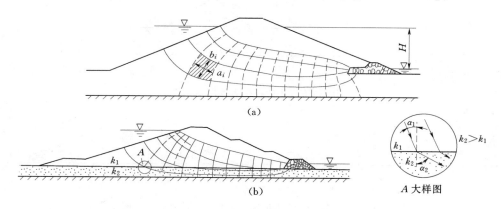

图 5-7　流网特性图

设上、下游总水头 H 被等势线分割成 m 个分格，各分格的水头差 ΔH 相同，同时，渗流边界所围成的区域被流线分割成 n 个分格，各分格通过的渗流量相同，则各网格流线和等势线的边长保持相同的比例。如某计算点所在网格 i 的流线和等势线的平均边长分别为 a_i 和 b_i，则该网格内渗流的平均水力比降 J_i、平均流速 v_i 以及通过全断面的单宽渗流量 q 分别为

$$J_i = \frac{H}{a_i m}; \quad v_i = kJ_i = k\frac{H}{a_i m}; \quad q = kH\frac{b_i n}{a_i m} \quad (5-21)$$

如为正方形网格，则式（5-21）中 $a_i = b_i$。

图 5-8 是几种有代表性的土坝流网图，可供参考。

当水库水位以较快速度下降时，浸润线来不及相应降低，在渗流水头作用下，坝体内一部分孔隙水将从上游坝坡渗出，影响上游坝坡的稳定。此时渗流为不稳定渗流，渗流参数随时间而变化。有的文献根据坝身土体渗流系数 k 与库水位下降速度 v 的比值大小，将渗流分为急降与缓降两种情况进行近似处理。下述方法可供初步分析时参考。图 5-9（a）是不透水地基上均质坝水库水位急降前的流网图。当 $k/v < 0.1c$ 时，属于急降情况，可假设浸润线保持水位下降前的位置不变，根据下降后的水库水位按稳定渗流绘制流网，核算上游坝坡稳定，如图 5-9（b）所示。当 $k/v =$

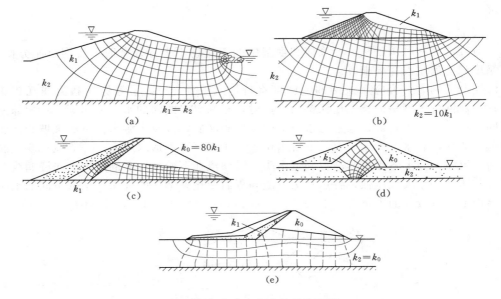

图 5 - 8　几种有代表性的流网图

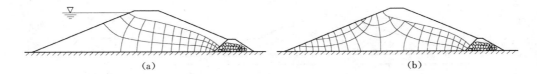

图 5 - 9　不透水地基上均质坝水库水位急降前后的流网变化
(a) 水位急降前的流网；(b) 水位急降放空后的流网

$(0.1 \sim 60)$ c 时，属于缓降情况，此时可将库水下降过程划分成若干时段，分别按稳定渗流近似分析浸润线和渗流参数的变化。而当 $k/v > 60c$ 时，则可不计水位下降对坝坡稳定的影响。此处，c 为一系数，对于透水性较强的砂性土，当 $k \approx 10^{-3}\,\mathrm{cm/s}$ 时，取 $c=5$；对于透水性较弱的黏性土，当 $k \approx 10^{-6}\,\mathrm{cm/s}$ 时，取 $c=12$。

3. 有限元法

有限元法可以更好地适应复杂的边界条件和坝体、非均质坝基、各向异性等不同的情况，所以在工程设计中逐渐得到广泛应用。下面以均质坝平面渗流问题为例，阐述有限元法的基本要点。

稳定渗流计算的基本微分方程见式（5-5）。渗流计算域 D 的边界如图 5-10 所示。已知水头值的边界为第一类边界，包括：上游坝坡 $H=H_1$，下游坝坡水下部分 $H=H_2$，渗流自坝面逸出部分 $H=y$。已知渗出流速或流量的边界为第二类边界，包括：坝基不透水层 $\partial H/\partial n=0$（n 指边界外法线方向），坝内浸润线 $\partial H/\partial n=0$，$H=y$。

将渗流区域进行单元划分，以结点水头 H 作为待求值，可以得到与式（5-5）等价的计算方程如下

$$[K]\{H\} = \{0\} \qquad\qquad (5-22)$$

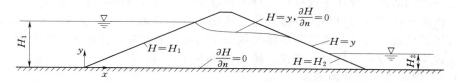

图 5-10   有限元法渗流计算的边界条件

矩阵 $[K]$ 由各单元的 $[K^e]$ 组成，单元中 ij 元素的表达式如下

$$K_{ij}^e = \iint_e \left[k_x \frac{\partial N_i}{\partial x} \frac{\partial N_j}{\partial x} + k_y \frac{\partial N_i}{\partial y} \frac{\partial N_j}{\partial y} \right] \mathrm{d}x \mathrm{d}y$$

式中：N_i、N_j 为结点 i、j 的形函数。在上、下游坝坡结点处，水头值已知，将其表示为 $\{H_1\}$，其余待求结点的水头值表示为 $\{H_2\}$，代入式（5-22）后进行分块，可有

$$\begin{bmatrix} K_{11} & K_{12} \\ K_{21} & K_{22} \end{bmatrix} \begin{Bmatrix} H_1 \\ H_2 \end{Bmatrix} = \begin{Bmatrix} 0 \\ 0 \end{Bmatrix}$$

从而

$$[K_{22}]\{H_2\} = -[K_{21}]\{H_1\} \tag{5-23}$$

求解代数方程组（5-23），可以得出各结点的水头值，进而绘制等势线和流网。据此不难计算各点的渗流比降、渗流流速以及通过全断面的单宽渗流量。由于浸润线的位置事先不能准确知道，需要采用试算法。首先可根据水力学方法粗略估计浸润线和下游坝坡逸出点的位置，作为第一次试算值；根据计算结果检验浸润线上各点水头是否符合 $H=y$ 的条件；如不满足，调整浸润线和逸出点的位置重新计算，一般经过 5～6 次迭代，即可满足设计要求。

5.3.4   土石坝的渗流变形及防护

5.3.4.1   渗流变形及其危害

渗流对土体产生渗流力，从宏观上看，这种渗流力将影响坝的应力和变形形态，应用连续介质力学方法可以进行这种分析。从微观角度看，渗流力作用于无黏性土的颗粒以及黏性土的骨架上，可使其失去平衡，产生以下几种型式的渗流变形：

（1）管涌。指在渗流作用下，土中的细颗粒由骨架孔隙通道中被带走而流失的现象。这主要出现在较疏松的无黏性土中。

（2）流土。指在向上渗流作用下，表层局部土体被顶起或是粗细颗粒群发生浮动而流失的现象。前者多发生在表层为黏性土或其他细粒土组成的土层中，后者多发生在不均匀砂土层中。

（3）接触冲刷。指渗流沿着渗流系数不同的两种土层接触面上或是建筑物与地基接触面上流动时，将细颗粒沿接触面带走的现象。

（4）接触流土。指在渗流系数相差悬殊的两种土层交界面上，由于渗流垂直于层面流动，将渗流系数较小土层中的细颗粒带入渗流系数较大土层中的现象。

前两种渗流变形主要出现在单一土层中，后两种渗流变形则多出现在多种土层中。黏性土的渗流变形型式主要是流土。渗流变形可在小范围内发生，也可发展至大范围，导致坝体沉降、坝坡塌陷或形成集中的渗流通道等，危及坝的安全。

　　土石坝的防渗设计在于选择好筑坝土料以及坝的防渗结构型式、过渡区和排水反滤等，以防止渗流变形对坝的危害。防渗体用以控制渗流，减小逸出比降和渗流量。过渡区用以实现心墙或斜墙等防渗体与坝壳土料的可靠连接，并防止渗流变形。反滤则是实现坝体、坝基与排水的连接，防止管涌与流土。

5.3.4.2　渗流变形的防护标准

　　为保持坝的渗流稳定，应查明坝体与坝基内易发生渗流变形的土料、土层及其范围、确定使其发生渗流变形的临界比降、相应的容许比降以及不致造成危害的可被渗流水带走的细粒土的百分比。进行渗流稳定性的评价，主要依靠实验找出必要的规律。不同研究者给出的计算公式很多，读者可参考有关的设计手册。下面列出了 GB 50287—99《水利水电工程地质勘察规范》推荐的渗流变形判别的有关公式（这是在我国和国外有关的部分实验资料基础上得出的）。

　　1. 土的渗流变形类型的判别

　　渗流变形取决于土的颗粒组成和级配。天然土一般包含粗、细两种颗粒，粗粒土形成骨架，细粒土填充于其中。渗流变形的类型主要决定于细粒土的含量，同时也和土的密实程度或孔隙率有关。

　　土的细粒含量 P_c 是指细粒所占土的质量百分比。对于连续级配的土，以下式所确定的界限粒径 d_f 来区分粗、细粒土。

$$d_f = \sqrt{d_{70} d_{10}} \tag{5-24}$$

式中：d_{70}、d_{10} 分别为级配曲线中含量小于 70% 和 10% 的土粒的最大粒径，mm。下文中其他含量粒径表示的方法与此相同。对于不连续级配的土，可参照规范规定选取划分粗、细粒的界限粒径。

　　(1) 按土的细粒含量 P_c 和土的密实度判别管涌或流土。定义临界含量为

$$P_k = \frac{1}{4(1-n)} \tag{5-25}$$

式中：n 为土的孔隙率。当 $P_c < P_k$ 时，只发生管涌型破坏；当 $P_c > P_k$ 时只发生流土型破坏。

　　(2) 对于不均匀系数 C_u 大于 5 的不连续级配土，也可直接按细粒土含量判别管涌或流土。

　　当 $P_c < 25\%$ 时，只发生管涌型破坏；当 $P_c \geqslant 35\%$ 时只发生流土型破坏。当 $25\% \leqslant P_c < 35\%$ 时，根据土的密度、颗粒级配和形状，可发生过渡型破坏。这里不均匀系数 C_u 指的是 d_{60} 与 d_{10} 的比值。

　　(3) 接触冲刷判别。对双层结构地基，当两层土的不均匀系数 C_u 均等于或小于 10，并且符合式 (5-26) 的条件时，不会发生接触冲刷。

$$D_{10}/d_{10} \leqslant 10 \tag{5-26}$$

式中：D 为较粗土层的粒径；d 为较细土层的粒径；D_{10}、d_{10} 的定义同前。

　　(4) 接触流土判别。对于渗流向上的情况，符合以下条件的土层将不会发生接触流土。

$$\left.\begin{array}{l} C_u \leqslant 5,\ D_{15}/d_{85} \leqslant 5 \\ C_u \leqslant 10,\ D_{20}/d_{70} \leqslant 7 \end{array}\right\} \tag{5-27}$$

2. 土的临界水力比降 J_{cr} 与容许水力比降 J_p

对判定的可发生渗流变形的各种土层，应根据其实际承受的渗流比降是否超过容许比降，判断其是否发生管涌或流土。临界水力比降按式（5-28）～式（5-30）确定。

流土型
$$J_{cr} = (G_s - 1)(1 - n) \tag{5-28}$$

管涌型或过渡型
$$J_{cr} = 2.2(G_s - 1)(1 - n)^2 d_5/d_{20} \tag{5-29}$$

管涌型
$$J_{cr} = \frac{42d_3}{\sqrt{k/n^3}} \tag{5-30}$$

式中：G_s 为土的颗粒密度与水的密度之比；k 为渗流系数。

设计时采用的容许水力比降等于临界水力比降除以安全系数 k_a。一般情况下，取 $k_a = 1.5 \sim 2$；当流土对水工建筑物危害较大时，取 $k_a = 2.0$；对于特别重要的工程，也可取 $k_a = 2.5$。超过容许比降的管涌型土层应设置反滤层进行保护。超过容许比降的流土型土层应设置排水盖重或排水减压井等防护措施，这种情况多发生在下游坝脚渗流逸出处。

5.4 土石坝的稳定分析

稳定分析是确定坝的剖面和评价坝体安全的主要依据。稳定分析的可靠程度对坝的经济性和安全性具有重要影响。土是一种具有强非线性性质的材料，目前，人们对土坡失稳破坏机理的研究还不够充分，所以，稳定分析的方法和控制标准，在相当大的程度上还要依靠工程经验和判断。

5.4.1 概述

作为稳定分析基础的土的强度与破坏理论，目前获得广泛应用的是摩尔—库仑理论。摩尔于 1900 年提出材料的强度准则，认为最大剪应力是导致材料破坏的控制因素，破坏面上的抗剪强度或极限剪应力是法向应力的函数。抗剪强度 τ 与法向

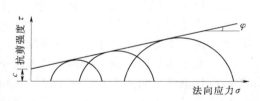

图 5-11 抗剪强度与法向应力的关系

应力 σ 的关系可以通过不同应力状态的破坏摩尔圆试验得出（图 5-11）。τ 和 σ 的关系一般为一曲线（称为摩尔破坏包线），但在一定的应力范围内，此包线可看作是一条直线，其表达式如下

$$\tau = c + \sigma \tan\varphi \tag{5-31}$$

式中：φ、c 分别为土的内摩擦角和凝聚力。

这一方程与 1773 年库仑所提出的强度概念相吻合，故通称摩尔—库仑强度理论。与其他强度理论相比较，摩尔—库仑理论和试验结果的符合性是比较好的。计算公式中土的抗剪强度有两种计算方法：总应力法与有效应力法。式（5-31）是总应力法的表达式，σ 为破坏面上的法向总应力。实际上土体在承受外力作用时，控制土的强度和变形的并不是作用在某一面上的总应力 σ，而是由土骨架所承受的那部分应力 σ'，称为有效应力。有效应力等于总应力与孔隙压力 u 两者之差。孔隙压力包括孔隙

水压力与孔隙气压力，后者存在于非饱和土中。孔隙水压力可由渗流作用、地震作用等产生。在土石坝的施工期和水库水位降落期，渗流系数小的防渗体中的孔隙水不能及时排出，也将引起附加的孔隙水压力。有效应力法的表达式

$$\tau = c' + \sigma' \tan\varphi' = c' + (\sigma - u) \tan\varphi' \qquad (5-32)$$

为此，一般将 c、φ 称为总强度参数，c'、φ' 称为有效强度参数。有效强度指标的测定和取值均比较稳定可靠，所以我国有关规范规定，确定土的抗剪强度以有效应力法作为基本方法。考虑到黏性土在施工期和库水位降落期孔隙水压力来不及消散，也可同时采用总应力法来验算土的强度。这时可在抗剪强度试验中模拟现场条件采用不排水剪方法保持孔隙水压力不发生消散，以得到总应力的强度指标。

值得强调的是，对某一种土来说，其强度指标 c、φ 并不是一个常量，它和土的固结历史、应力路径和加荷速率等因素有关。所以，土的抗剪强度指标的测定和选用是一个十分复杂的问题。经验表明，对同一土坡采用相同的稳定分析方法，按不同试验方法求得的抗剪强度指标计算出的安全系数可以相差 50% 以上。这表明稳定分析的关键在于获得可靠的抗剪强度指标，应使试验条件尽可能模拟土的实际受力情况，使试验指标具有一定的代表性。

5.4.2 计算工况与安全系数

土石坝的稳定分析需要考虑以下具有代表性的几种工况：

(1) 施工期（包括竣工时）。校核竣工剖面、施工拦洪剖面以及边施工、边蓄水过程的临时蓄水剖面上、下游坝坡的稳定。这种工况，黏性土坝坡和防渗体在填筑过程中产生的孔隙水压力一般来不及消散，将对坝坡稳定产生不利的影响。

(2) 稳定渗流期。校核两种工况下的上、下游坝坡稳定：①上游为正常蓄水位或设计洪水位至死水位之间的某一水位，下游为相应水位，属正常运用条件；②上游为校核洪水位，下游为相应水位，属非常运用条件Ⅰ。

(3) 水库水位降落期。校核两种工况下的上游坝坡稳定：①水库水位处于正常蓄水位或设计洪水位与死水位之间的某一水位发生降落，或是抽水蓄能电站水库水位的经常性变化和降落，属正常运用条件；②水库水位自校核洪水位降落至死水位以下或是水库以大流量快速泄空等，属非常运用条件Ⅰ。这种情况需要考虑不稳定渗流所形成的孔隙水压力的影响。

(4) 地震作用时。与正常运用条件的作用相组合验算上、下游坝坡的稳定，属非常运用条件Ⅱ。

按 SL 274—2001《碾压式土石坝设计规范》规定，坝坡抗滑稳定的最小安全系数根据坝的级别，参照表 5-2 加以选取。

表 5-2　　　　　　　　　　坝坡抗滑稳定的安全系数

坝的级别	1	2	3	4、5
正常运用条件	1.50	1.35	1.30	1.25
非常运用条件Ⅰ	1.30	1.25	1.20	1.15
非常运用条件Ⅱ	1.20	1.15	1.15	1.10

表 5-2 中的安全系数适用于计及条块间作用力的简化毕肖普法和摩根斯顿—普莱斯法等。采用瑞典圆弧法时，对 1 级坝正常运用条件要求最小安全系数不低于 1.30，其他情况可较表中数值减小 8%。

5.4.3 抗剪强度指标的测定和选择

5.4.3.1 黏性土的抗剪强度

黏性土的抗剪强度指标一般采用三轴仪进行测定。对 3 级以下重要性较低的坝，容许采用直剪仪进行测定。

通过三轴仪可进行以下 3 种代表性的试验：

（1）不排水剪（代号 UU），也称不固结不排水剪。试样在剪切前不固结，在剪切过程中保持含水量不变。

（2）固结不排水剪（代号 CU）。剪切前将试样固结，然后在不排水条件下剪切。

（3）固结排水剪（代号 CD）。试样先进行固结，然后在排水条件下缓慢剪切，使孔隙水压力得以充分消散。

不排水剪在试验前和试验中试样的含水量不变，试验条件接近坝体竣工时的情况，也可模拟地基固结速率慢于坝体填筑速率的土层状况。这种试验通常用来测定坝体或坝基中非饱和土样的总强度指标 c_u、φ_u。如果坝基在施工过程中会浸水饱和，则应对试样浸水饱和。非饱和土的摩尔包线呈曲线状，可根据需要在分析的应力范围内近似取为直线。

固结不排水剪的试样只在剪切时产生孔隙水压力，而且可以准确测定，因此，可用来确定总强度指标 c_{cu}、φ_{cu}，也可用来确定有效强度指标 c'、φ'。

排水剪试样在实验过程的任一阶段都不发生孔隙水压力，其总应力总是等于有效应力。实际应用中可以认为排水剪的强度指标 c_d、φ_d 与固结不排水剪的有效强度指标 c'、φ' 相一致。因为排水剪费时太长，所以其指标常用 c'、φ' 代替。但要注意，固结不排水剪在剪切过程中试样的体积保持不变，而排水剪在剪切过程中试样的体积一般要发生变化，两者是有差别的，只是这种差别目前还没有有效的修正办法。

天然状态下，土坡一般在平面应变条件下工作，这与三轴试验时的条件是有差别的。平面应变条件下的强度一般比三轴条件下的强度要提高 5% 左右。

直剪仪结构简单，操作方便，国内外在使用中积累了不少经验，有时也可用来测定抗剪强度指标。应用直剪仪可进行慢剪（代号 S）、固结快剪（代号 R）、快剪（代号 Q）等 3 种试验。直剪仪的缺点是：不能有效地控制排水，并且其剪切面积随剪切位移的增加而减小。SL 274—2001《碾压式土石坝设计规范》规定，对 3 级以下的中、低坝，可用直剪仪的慢剪试验测定有效强度指标，其结果与三轴仪的排水剪测值相近。对透水性很强的土用直剪仪进行的快剪和固结快剪试验得不出有意义的结果。所以，规范规定，只对渗流系数小于 10^{-7} cm/s 或压缩系数小于 0.2MPa^{-1} 的土才容许用直剪仪的快剪或固结快剪试验测定 3 级以下中、低坝的总强度指标，其数值与三轴仪的不排水剪或固结不排水剪结果相近。

5.4.3.2 无黏性土的抗剪强度

无黏性土的透水性强，其抗剪强度取决于法向有效应力与内摩擦角，一般通过排水剪确定强度指标。对土石坝应按现场填筑的密实度与含水率制备试样。浸润线以下采用饱和土的抗剪强度；浸润线以上采用湿土的抗剪强度。但核算水位降落期的稳定时，位于稳定渗流浸润线以下、降落水位浸润线以上的土体，也常偏保守地采用饱和土的抗剪强度指标。

5.4.3.3　抗剪强度指标的选择

各种计算工况下，土的抗剪强度指标应按 SL 274—2001《碾压式土石坝设计规范》要求加以选用，参见表 5-3。

表 5-3　　　　　　　　　　　　　　　土的抗剪强度指标选择

计算工况	计算方法	土的种类		使用仪器	试验方法	强度指标
A	有效应力法	无黏性土		直剪仪	S	c'、φ'
				三轴仪	CD	
		黏性土	$S_t<80\%$	直剪仪	S	
				三轴仪	UU*	
			$S_t>80\%$	直剪仪	S	
				三轴仪	CU*	
	总应力法	黏性土	$k<10^{-7}\,\mathrm{cm/s}$	直剪仪	Q	c_u、φ_u
			任意 k	三轴仪	UU	
B、C	有效应力法	无黏性土		直剪仪	S	c'、φ'
				三轴仪	CD	
		黏性土		直剪仪	S	
				三轴仪	CU*	
C	总应力法	黏性土	$k<10^{-7}\,\mathrm{cm/s}$	直剪仪	R	c_{cu}、φ_{cu}
			任意 k	三轴仪	CU*	

　＊　同时测定孔隙水压力。

表 5-3 中，工况 A 代表施工期；B 代表稳定渗流期；C 代表水库水位降落期；符号 S_t 代表饱和度；k 代表渗流系数。制备试样时，坝体部分采用填筑时的含水率和干密度，坝基部分采用原状土。对工况 B 和 C，试样要预先饱和，但浸润线以上的土则不需饱和。

黏性土料按三轴试验成果确定抗剪强度时，一般取 11 组以上的试验材料，应用小值平均值做应力圆获得强度包线。在试验数据较少的情况下，对坝壳堆石料、砾石土等粗砾料，以及黏性土等可根据试验成果并参考类似工程资料予以确定。

下面对抗剪强度指标的选用作一些说明。

1. 黏性土

对施工期和竣工时，按不排水剪或快剪测定的指标 c_u、φ_u 进行总应力分析，其结果与实际情况比较接近。这时，总应力法的强度计算公式为

$$\tau = c_u + \sigma\tan\varphi_u \qquad (5-33)$$

但是，坝体在施工期间一般都会在某种程度上得到固结，特别是填筑方量较大的土石坝，孔隙水压力会部分消散，故按总应力法分析将偏于保守。如通过实测或分析

对施工过程中坝体中的孔隙水压力与固结的发展情况有所估计，则可以应用指标 c'、φ' 或 c_d、φ_d 进行有效应力分析。坝体或坝基中某点在施工期的起始孔隙水压力可通过不排水剪在相应的剪应力水平下测定。还要注意到在不排水剪试验中，对超固结土，当施加的荷载较小时，在剪切过程中会因剪胀而产生负的孔隙水压力，相应提高了有效抗剪强度，而目前对负孔隙水压力在现场能保持多长时间尚不能确切了解，为慎重起见，有人认为在总应力分析中可采用 UU 和 CD 的最小强度包线 [图 5 - 12 (a)]，如在 UU 试验中测定了试样的孔隙水压力，得到有效强度指标，则也可用以代替 CD 试验的强度指标。

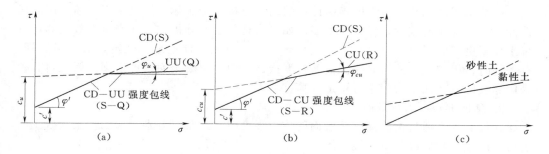

图 5 - 12 黏性土抗剪强度包线
(a) CD—UU 强度包线；(b) CD—CU 强度包线；(c) 砂性土与黏性土接触面强度包线

对稳定渗流期，由于孔隙水压力可以根据渗流分析比较准确地确定，所以，采用有效应力强度指标进行有效应力分析具有良好的精度。但是，实际情况表明，对高塑性黏性土，在剪切过程中产生的孔隙水压力可能要占较大的比重，并有可能高于稳定渗流期的孔隙水压力。有人认为，计入剪切过程中孔隙水压力变化的影响，可采用 (CD+CU) /2 强度包线的指标进行有效应力分析，甚至进一步加大 CU 包线指标的比重，但在小应力区则采用 CD 强度包线，不计负孔隙水压力的影响，以偏于安全。

水库水位降落期，由于水位降落后渗流的孔隙水压力基本上可以确定，所以，也适于进行有效应力分析，计算精度取决于孔隙水压力的测量精度。考虑到库水位降落前，土石坝已经历过一个比较高的库水位，并且坝内已形成了稳定渗流场，在浸润线以下的土体处于充分饱和状态，并在上覆土体的重力作用下充分固结。以后如果库水位降落的速度超过孔隙水压力的消散速度，则会产生超静孔隙水压力，从而，库水位急降时稳定安全系数降低主要是因为残留有较高的剩余孔隙水压力造成的，故可采用总应力法分析，抗剪强度由水位急降前在浮容重作用下处于固结状态下的应力状态所决定，采用固结不排水剪 CU 或固结快剪 R 确定强度指标，计算公式如下

$$\tau = c_{cu} + \sigma'_c \tan\varphi_{cu} \tag{5-34}$$

式中：σ'_c 为库水位降落前的法向有效应力。由于低应力状态下的总强度指标不够合理，所以采用 CD 和 CU 强度线的下包线 [图 5 - 12 (b)]。

对于重要工程，黏性土抗剪强度指标的选择，还应注意填土的各向异性、应力路径以及蠕变等其他因素的影响。

2. 粗粒料

工程实践经验表明，粗粒料内摩擦角随法向应力的增加而减小，呈现明显的非线

性现象。在靠近坝坡面的小应力部位，抗剪强度或内摩擦角较高；在靠近坝底的高应力部位，抗剪强度或内摩擦角较低。不考虑这种情况，计算出的危险滑动面多为浅层滑动面，与坝坡实际可能产生的破坏情况不尽相符。所以采用非线性强度包线是比较合理的。非线性强度包线是小主应力的函数，可采用如下表达式

$$\varphi = \varphi_0 - \Delta\varphi\lg(\sigma_3/p_a) \tag{5-35}$$

式中：φ 为土体滑动面的摩擦角，$(°)$；φ_0 为当 $\sigma_3/p_a = 1$ 时的 φ 值，$(°)$；$\Delta\varphi$ 为当 σ_3 增大至 10 倍时 φ 的减小量；σ_3 为土体滑动面的小主应力；p_a 为大气压力。

实际应用时可将坝体按应力大小分区，随应力的变化采用不同的抗剪强度指标。

虽然采用非线性抗剪强度指标计算的结果更接近于实际，但是由于目前采用非线性计算的工程还比较少，经验还不多。如何与现行稳定分析方法和安全系数配套还有待于积累更多的资料。SL 274—2001《碾压式土石坝设计规范》规定，对 1 级高坝，有条件时，粗粒料可采用非线性抗剪强度指标，但对混凝土面板堆石坝，粗粒料必须采用非线性抗剪强度指标进行稳定计算。

3. 黏性土和砂土接触面

在没有条件通过试验测定接触面的抗剪强度时，通常可分别测取黏性土和砂土的抗剪强度线，然后取其下包线 [图 5-12 (c)] 进行设计。

抗震计算时强度指标的采用详见 5.10 节。

5.4.4 稳定分析方法

工程上采用的土坡稳定分析方法，主要是建立在极限平衡理论基础之上的。假设达到极限平衡状态时，土体将沿某一滑裂面产生剪切破坏而失稳。滑裂面上的各点，土体均处于极限平衡状态，满足摩尔—库仑强度条件。土石坝设计中早期广泛使用的稳定分析方法是瑞典圆弧法。这种方法计算简单，通过长期运用，积累了比较丰富的经验，基本上保障了工程的安全。但是这种方法没有考虑条块间的作用力，理论上有一定的缺陷，对一些情况可能给出不合理的结果。进入 20 世纪 70 年代以后，随着计算机和计算技术的发展，不少更为严格合理的方法应运而生，并在实际工程设计中得到了应用，使极限平衡法在理论上逐渐走向成熟。SL 274—2001《碾压式土石坝设计规范》规定，以部分计及条块间作用力的简化毕肖普法和满足所有力和力矩平衡条件的摩根斯顿—普莱斯法等作为土石坝稳定分析的基本方法。

5.4.4.1 简单条分法——瑞典圆弧法

这一方法于 1916 年首先由瑞典彼得森提出，后经费伦纽斯（Fellenious）等改进，故常简称为瑞典法或费伦纽斯法。该法假定土坡失稳破坏可简化为一平面应变问题，破坏滑动面为一圆弧形面。计算时将可能滑动面以上的土体划分成若干铅直土条，略去土条间相互作用力的影响（图 5-13），据此，可以计算出产生滑动的作用力 S 与抗力 T。按有效应力分析时，S 与 T 的表达式如下

$$\left. \begin{array}{l} S = \sum W_i\sin\alpha_i \\ T = \sum[c'_ib_i\sec\alpha_i + (W_i\cos\alpha_i - u_ib_i\sec\alpha_i)\tan\varphi'_i] \end{array} \right\} \tag{5-36}$$

式中：i 为土条编号；W 为土条重量；u 为作用于土条底部的孔隙水压力；b、α 分别为土条宽度及其沿滑裂面的坡角；c'、φ' 为有效抗剪强度指标。

土坡稳定可以采用极限状态的评价方法（参见本书 3.8 节），也可以采用安全系数的评价方法。SL 274—2001《碾压式土石坝设计规范》规定，静力问题采用安全系数的评价方法，稳定安全系数 K_c 定义为抗力相对于圆心的阻滑力矩与作用力产生的滑动力矩的比值

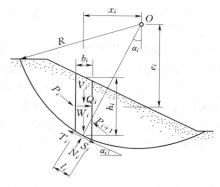

$$K_c = \frac{TR}{SR} = \frac{T}{S} \qquad (5-37)$$

图 5-13 简单条分法的计算图形

计入地震作用时，水工建筑物抗震设计规范要求采用极限状态的方法评价土坡稳定问题。令 V_i 和 Q_i 分别表示土条的竖向和横向地震惯性力（V_i 向下为正，Q_i 指向坡外为正），则滑动的作用力 S 与抗力 T 的表达式相应地可表示为

$$\left.\begin{aligned}
S &= \sum\left[(W_i \pm V_i)\sin\alpha_i + Q_i e_i / R\right] \\
T &= \sum\left\{\left[(W_i \pm V_i)\cos\alpha_i - u_i b_i \sec\alpha_i - Q_i \sin\alpha_i\right]\tan\varphi'_i + c_i' b_i \sec\alpha_i\right\}
\end{aligned}\right\} \quad (5-38)$$

式中：e_i 为 Q_i 相对于滑动圆弧圆心的力臂；R 为滑动圆弧半径。V 的正负号选择应使 K_c 取较小值。

进行总应力分析时，略去式（5-36）和式（5-38）中含 u 的项，同时将 c'、φ' 换成总应力强度指标。

对土石坝的上、下游坝坡，当坡外有水时可以采用如下的方法处理：如图 5-14（a）所示，将坡外水位线延长直至与滑动弧面相交，对水位延长线以上的土体，浸润线以上取实重（土体干重加含水重）W_b，浸润线以下取饱和重 W_a；对水位延长线以下的土体取浮重 W_c，水位延长线以下土体底面的孔隙水压力取为超静孔隙水压力，即将渗流孔隙水压力扣除水位以下的静水压力。这种处理方法是根据平衡条件推导得出的。据此，上游坝坡位于浸润线以上水位延长线以下的土体也应扣除同体积水重，而在土体底面的超静孔隙水压力此时可能为负值，如图 5-14（b）所示。

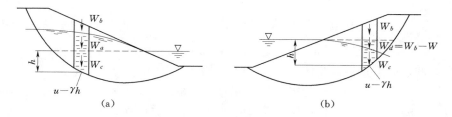

图 5-14 土坡外有水时土条重量的计算方案

（a）坡外水位低于坡内浸润线；（b）坡外水位高于坡内浸润线

具有最小安全系数的滑动面的位置需通过试算确定，土料的凝聚性愈强，相应的滑动面愈深；无黏性土的滑动面则较浅。初步试算时，可将滑动面圆心的位置选在坝坡中部上方、坡线中点铅垂线与法线之间的半径为（1/2～3/4）L 的范围内，L 为坝坡在水平面上的投影长度。

　　在平缓边坡和高孔隙水压力情况下，用瑞典法进行有效应力分析，可能得出不合理的结果。

5.4.4.2　简化的毕肖普（Bishop）法

　　简单条分法不满足每一土条力的平衡条件，一般使计算出的安全系数偏低，个别情况可达 60%。毕肖普法在这方面做了改进，近似考虑了土条间相互作用力的影响。该法仍假定滑动面形状为一圆弧面。其计算简图如图 5-15 所示。图中 E_i 和 X_i 分别表示土条间相互作用的法向和切向力；W_i 为土条自重；Q_i 为水平力，如地震力等；N_i 和 T_i 分别为土条底部的总法向力和总切向力，其余符号如图 5-15 所示。

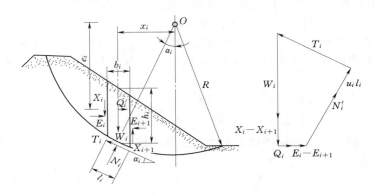

图 5-15　简化的毕肖普法的计算图形

　　根据摩尔—库仑条件，达到极限平衡状态时，在土条底面应有

$$T_i = \frac{1}{K_c}[c'_i b_i \sec\alpha_i + (N_i - u_i b_i \sec\alpha_i)\tan\varphi'_i] \tag{5-39}$$

由每一土条竖向力平衡条件得

$$N_i \cos\alpha_i = W_i + (X_i - X_{i+1}) - T_i \sin\alpha_i \tag{5-40}$$

其中，N_i 为有效法向力 N'_i 与孔隙水压力 $u_i l_i$ 之和，将式（5-39）代入式（5-40），得到

$$N_i = \frac{1}{m_i}\left[W_i + (X_i - X_{i+1}) - \frac{1}{K_c}(c'_i b_i \tan\alpha_i - u_i b_i \tan\alpha_i \tan\varphi'_i)\right] \tag{5-41}$$

其中

$$m_i = \cos\alpha_i(1 + \tan\alpha_i \tan\varphi'_i / K_c)$$

滑动体对圆心的力矩平衡条件为

$$\sum W_i x_i - \sum T_i R + \sum Q_i e_i = 0 \tag{5-42}$$

将式（5-39）和式（5-41）代入式（5-42），化简后得到

$$K_c = \frac{\sum \frac{1}{m_i}\{c'_i b_i + [W_i - u_i b_i + (X_i - X_{i+1})]\tan\varphi'_i\}}{\sum W_i \sin\alpha_i + \sum Q_i e_i / R} \tag{5-43}$$

　　式（5-43）中 X_i 和 X_{i+1} 是未知的。为使问题可解，毕肖普假设土条间的切向力 X_i 和 X_{i+1} 近似相等，相互抵消，只计水平力的作用，故称为简化的毕肖普法。此时，将 m_i 代入后，K_c 的表达式为

$$K_c = \frac{\sum [c'_i b_i + (W_i - u_i b_i)\tan\varphi'_i] / [\cos\alpha_i(1 + \tan\alpha_i\tan\varphi'_i / K_c)]}{\sum W_i \sin\alpha_i + \sum Q_i e_i / R} \quad (5-44)$$

由于等式两端均含 K_c，故需迭代求解。这时可假定初值 $K_c = 1$，经过若干次迭代后，即可满足精度要求。对地震作用的工况，可将式中的 W_i 代之以 $W_i \pm V_i$，并令 Q_i 代表土条的水平惯性力。然后将式（5-44）中的分母项取为地震时的作用力 S，分子项取为地震时的抗力 T，按极限状态公式验算抗震稳定，式中的 K_c 此时代表 T 与 S 的比值，也需通过试算迭代确定。

简化的毕肖普法一般都能得出比较准确的解答，但在某些情况下有可能出现数值计算上的问题。所以，常将毕肖普法与瑞典法的计算值相比较，如果出现毕肖普法的 K_c 值小于瑞典圆弧法的 K_c 值时，表明出现了数值计算上的问题，此时可对滑动面进行调整。毕肖普法的一个局限性是只适用于圆弧滑动面的情况。

5.4.4.3 滑楔法

无黏性土的坝坡，如心墙坝的上下游坝坡、斜墙坝的下游坝坡、斜墙的上游保护层、保护层连同斜墙和坝基中有软弱夹层的滑动等常形成折线形的滑动面。这时，可假设滑动体由若干楔形体组成，采用滑楔法计算稳定安全系数。例如，图 5-16（a）所示的斜墙与保护层的稳定分析，可以划分为若干楔形块，对于砂性土和黏性土接触面上的抗剪强度指标 φ、c 可参照图 5-12（c）的强度包线取值，然后根据各楔形块的力平衡条件，建立两侧块体间相互作用力 P 的计算关系式如下

$$P_i = \sec(\varphi'_{ei} - \alpha_i + \beta_i)[P_{i-1}\cos(\varphi'_{ei} - \alpha_i + \beta_{i-1}) - (W_i \pm V_i)\sin(\varphi'_{ei} - \alpha_i)$$
$$+ u_i\sec\alpha_i\sin\varphi'_{ei}\Delta x - c'_i\sec\alpha_i\cos\varphi'_{ei}\Delta x + Q_i\cos(\varphi'_{ei} - \alpha_i)] \quad (5-45)$$

其中

$$c'_{ei} = c'_i / K$$
$$\tan\varphi'_{ei} = \tan\varphi'_i / K$$

计算时，可首先假定一 K 值，自右端楔形块起，计算块间作用力 P，直至最左端的三角形楔形块，如果式（5-45）方括号中的值为零，则表示满足平衡要求，所假定的 K 值正确。否则，修正 K 值重新计算，直至收敛。

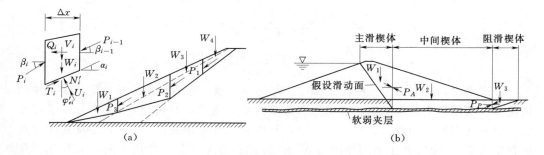

图 5-16 折线滑动面与复式滑动面
(a) 斜墙与保护层；(b) 坝基中含软弱夹层

楔形块间相互作用力 P 的倾角 β，根据工程经验，一般可选取以下数值：①β 为常数，等于边坡平均倾度；②β 等于楔形块顶面和底面倾角的平均值；③$\beta = 0$；

④β 等于楔形块体底面倾角。

滑楔法只满足力的平衡条件，而不满足力矩平衡条件，计算结果的准确性不足，而且安全系数对所假定的块间作用力倾角 β 的变化比较敏感。β 选择不当，则误差较大，有时还会出现数值计算上的问题，难以收敛。考虑到这一情况，SL 274—2001《碾压式土石坝设计规范》规定：当假定 β 角等于楔形块顶面和底面倾角的平均值时，容许抗滑稳定安全系数按简化的毕肖普法取值；当假定 $\beta=0$ 时，其计算结果接近不计条块间作用力的情况，容许抗滑稳定安全系数按瑞典圆弧法取值。

当坝基内存在软弱夹层时，常形成如图 5 - 16 （b）所示的复式滑动面。此时可将滑动土体分为三段：主滑楔体、中间楔体和阻滑楔体。为保持坝坡及坝基的稳定，要求：由左侧主滑楔体产生的主动土压力小于中间楔体产生的抗滑力与右侧阻滑楔体产生的被动土压力之和。

5.4.4.4 满足所有力和力矩平衡的方法

近年来，许多学者对稳定分析方法做了大量与深入的研究，从理论上加以完善并从计算方法上加以改进，使稳定计算的精度有所提高，并能更好地适应土坡稳定分析的各种复杂情况。

概括言之，以极限平衡理论为基础的稳定分析方法，属于超静定问题，未知量的数目超过可能建立的方程数。为使问题可解，需要引入一些人为的假设，不同的假设形成不同的方法，同时也得到不同精度的计算结果。因此，尽量减少人为的假设，将使计算结果趋于合理。

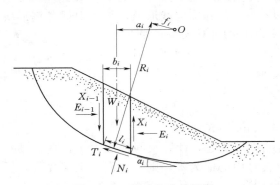

图 5 - 17 滑动体力的平衡

对于如图 5 - 17 所示具有任意形状滑动面的滑动体，根据 O 点的总体力矩平衡以及滑动体水平和竖向力的平衡，分别可得出如下的稳定安全系数的表达式

$$K_{cm} = \frac{\sum [c'_i b_i \sec\alpha_i + (N_i - u_i b_i \sec\alpha_i)\tan\varphi'_i]R_i}{\sum (W_i a_i - N_i f_i)} \qquad (5-46)$$

$$K_{cf} = \frac{\sum [c'_i b_i + (N_i \cos\alpha_i - u_i b_i)\tan\varphi'_i]}{\sum N_i \sin\alpha_i} \qquad (5-47)$$

一般来说，应有 $K_{cm} = K_{cf}$。式中的 N_i 为待求量。在滑动土体共分成 n 个条块的情况下，根据各土条水平力、竖向力和力矩的平衡条件，共可建立 $3n$ 个方程进行求解。但所含未知量的数目却有 $5n-2$ 个，其中包括各土条底面法向力 N_i 及其作用点位置 a_i，共 $2n$ 个；各土条间作用力 X_i 和 E_i 的合力大小 Z_i、作用方向 θ_i 及作用点高度 h_i，共 $3(n-1)$ 个；再就是建立各土条阻滑力 T_i 与法向力 N_i 之间联系的安全系数 K_c。这样，未知量数多于方程数 $2n-2$ 个。通常，当土条比较窄时，可假设 N_i 作用于土条底面的中点，可减少 n 个未知量；进一步地可对土条间作用力的方向或位置等做出假定，又可减少 $n-1$ 个未知量。但引入这些假定后，却使条件数超出未知量

数，成为超条件问题。

在最后补充的 $n-1$ 个条件中，毕肖普假设 $X_i-X_{i-1}=0$。这样，条件数仍然超出未知量数 1 个，所以不能同时满足力矩平衡和整体力平衡的条件，毕肖普选择了 K_{cm} 作为稳定安全系数。他证明了 K_{cm} 对 X_i 大小的变化较不敏感，且较稳定。从而形成了简化的毕肖普法。

斯潘塞（Spencer）假设 X_i 与 E_i 的比值为一常数，$X_i/E_i=\tan\theta$，并将 θ 作为待定常数，于是条件数等于未知量数，$K_{cm}=K_{cf}$。此法亦需迭代求解。

摩根斯顿（Morgenstern）与普莱斯（Price）假设 $X_i/E_i=\lambda f(x)$。式中 $f(x)$ 为一函数，沿滑动面连续变化 ［图 5-18（c）］，可将其假设为常数、梯形、正弦波形或某一形状；λ 为一尺度因子。对某一给定函数 $f(x)$，λ 的选择应使 $K_{cm}=K_{cf}$。摩根斯顿与普莱斯经过研究，认为只要 $f(x)$ 选择适当，稳定安全系数对 $f(x)$ 的变化并不敏感。

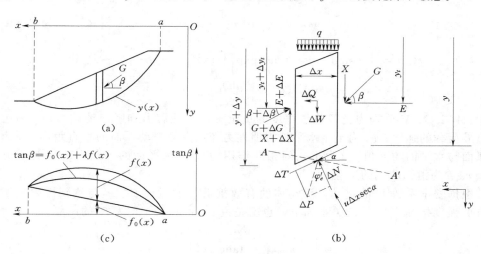

图 5-18 摩根斯顿—普莱斯法的计算图形

一般满足力和力矩平衡的方法都可达到良好的计算精度。SL 274—2001《碾压式土石坝设计规范》建议，对于有软弱夹层、薄斜墙、薄心墙等较复杂情况的坝坡稳定分析，采用能适合任意滑动面形状并满足力和力矩平衡的摩根斯顿—普莱斯（简称 M—P 法）等方法。M—P 法的推导过程比较繁复，以下介绍其基本概念与计算公式，以便于应用。

当滑裂面上土的抗剪强度指标等于 c'_e、φ'_e 时，土坡滑动体达到极限平衡状态，参见图 5-18，建立土条 x 和 y 方向力的平衡条件以及土条底部中点的力矩平衡条件，可得

$$\left.\begin{array}{l}\Delta N\sin\alpha-\Delta T\cos\alpha+\Delta Q-\Delta(G\cos\beta)=0\\-\Delta N\cos\alpha-\Delta T\sin\alpha+(\Delta W+q\Delta x)-\Delta(G\sin\beta)=0\end{array}\right\} \quad (5-48)$$

$$(G+\Delta G)\cos(\beta+\Delta\beta)\left[y+\Delta y-(y_t+\Delta y_t)-\frac{1}{2}\Delta y\right]$$
$$-G\cos\beta\left(y-y_t+\frac{1}{2}\Delta y\right)+G\sin\beta\Delta x-\frac{\mathrm{d}Q}{\mathrm{d}x}h_e=0 \quad (5-49)$$

根据平衡时土条底部法向力和切向力的关系，有

$$\Delta T = c'_e \Delta x \sec\alpha + (\Delta N - u\Delta x\sec\alpha)\tan\varphi'_e$$

在式（5-48）中消去 ΔN，并令 $\Delta x \rightarrow 0$，则式（5-48）、式（5-49）可化为两个非线性常微分方程。将其进行积分，并代入边界条件后，得出如下形式的两个静力平衡方程，分别代表土条竖直边上的总侧向力 G 以及土条底部中点力矩 M 的平衡条件，即

$$\left. \begin{array}{l} G = \displaystyle\int_a^b p(x)s(x)\mathrm{d}x = 0 \\[2mm] M = \displaystyle\int_a^b p(x)s(x)t(x)\mathrm{d}x - M_e = 0 \end{array} \right\} \tag{5-50}$$

其中

$$p(x) = \left(\frac{\mathrm{d}W}{\mathrm{d}x} \pm \frac{\mathrm{d}V}{\mathrm{d}x} + q\right)\sin(\varphi'_e - \alpha) - u\sec\alpha\sin\varphi'_e + c'_e\sec\alpha\cos\varphi'_e - \frac{\mathrm{d}Q}{\mathrm{d}x}\cos(\varphi'_e - \alpha)$$

$$s(x) = \sec(\varphi'_e - \alpha + \beta)\exp\left[-\int_a^x \tan(\varphi'_e - \alpha + \beta)\frac{\mathrm{d}\beta}{\mathrm{d}\zeta}\mathrm{d}\zeta\right]$$

$$t(x) = \int_a^x (\sin\beta - \cos\beta\tan\alpha)\exp\left[\int_a^\xi \tan(\varphi'_e - \alpha + \beta)\frac{\mathrm{d}\beta}{\mathrm{d}\zeta}\mathrm{d}\zeta\right]\mathrm{d}\xi$$

$$M_e = \int_a^b \frac{\mathrm{d}Q}{\mathrm{d}x}h_e\mathrm{d}x \tag{5-51}$$

式中：W、Q、V 分别为土条单位宽度的重量、水平地震力和竖向地震力；q 为土条顶上外荷载的强度；h_e 为土条水平地震惯性力作用点至滑动弧面的垂直距离；α 为滑动弧面与水平面的夹角；β 为土条间相互作用力 G 与水平面的夹角；ζ、ξ 为积分变量；a、b 为滑弧两端的 x 坐标。

根据安全系数 K 的定义，滑动体的有效抗剪强度指标 c'、φ' 与达到极限平衡时的抗剪强度指标 c'_e、φ'_e 的关系如下，也就是说 c'_e 和 $\tan\varphi'_e$ 均为 K 的函数。

$$\left. \begin{array}{l} c'_e = c'/K \\[2mm] \tan\varphi'_e = \tan\varphi'/K \end{array} \right\} \tag{5-52}$$

方程组（5-50）中待求的未知量为安全系数 K、土条间作用力 G 与水平面所成的夹角 β，为了便于求解，将 β 表示成如下的形式

$$\tan\beta = f_0(x) + \lambda f(x) \tag{5-53}$$

式（5-53）中，$f(x)$ 和 $f_0(x)$ 是假设的已知函数，这样各土条 β 的变化只取决于参数 λ 的大小，从而方程组（5-50）中 G 和 M 均为 K 和 λ 的函数。联立求解，就可得出安全系数 K 和与 K 相对应的表示土条 β 角变化规律的参数 λ。求解时函数 $f_0(x)$ 和 $f(x)$ 可选为以下两种形式：①取 $f_0(x)=0$、$f(x)=1$，这就是斯潘塞法，应用较广，但在某些情况下可能出现难以收敛等数值计算上的问题；②取 $f(x)$ 为一正弦曲线，$f_0(x)$ 为一直线，滑动体两端土条的 β 取为该处土坡的坡角。一般情况下，常采用斯潘塞法，计算比较简单。

M—P 法也适于采用迭代法求解。首先，参考简化方法的估算结果，假定一组初值 K_1 和 λ_1，代入方程组（5-50），求得 $G_1(K,\lambda)$、$M_1(K,\lambda)$ 后，如算得的 K 和 λ 与估算值不符，下一组更接近的解可按下式计算

$$\left. \begin{array}{l} K_{i+1} = K_i + \Delta K_i \\[2mm] \lambda_{i+1} = \lambda_i + \Delta \lambda_i \end{array} \right\} \tag{5-54}$$

其中

$$\Delta K_i = \frac{G_i \left(\frac{\partial M}{\partial \lambda}\right)_i - M_i \left(\frac{\partial G}{\partial \lambda}\right)_i}{\left(\frac{\partial G}{\partial \lambda}\right)_i \left(\frac{\partial M}{\partial K}\right)_i - \left(\frac{\partial G}{\partial K}\right)_i \left(\frac{\partial M}{\partial \lambda}\right)_i} \left.\begin{array}{c}\\\\\\\\\end{array}\right\} \qquad (5-55)$$

$$\Delta \lambda_i = \frac{- G_i \left(\frac{\partial M}{\partial K}\right)_i + M_i \left(\frac{\partial G}{\partial K}\right)_i}{\left(\frac{\partial G}{\partial \lambda}\right)_i \left(\frac{\partial M}{\partial K}\right)_i - \left(\frac{\partial G}{\partial K}\right)_i \left(\frac{\partial M}{\partial \lambda}\right)_i}$$

当 ΔK_i 和 $\Delta \lambda_i$ 足够小时，迭代结束。式中 G 和 M 对 K 和 λ 的导数可通过数值方法求得。

5.4.4.5 稳定分析方法的进一步讨论

稳定分析的最小安全系数应符合表 5-2 的规定，要求在众多可能的滑动面中寻找出安全系数为最小的滑动面。有许多优化的计算方法和计算程序可供实际应用。根据工程经验，对于比较均质的简单土坡，安全系数等值线的轨迹常形成简单的封闭曲线，只有一个安全系数的最小极值点。但对于多种材料组成的非均质土坡和地基，则安全系数的等值线轨迹会出现若干区域，滑动弧通过的每一土层区域都有一个低值，如图 5-19 所示。此时，应进行细致的分析比较，采用

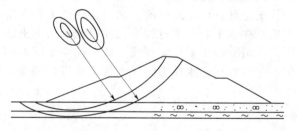

图 5-19 稳定计算中安全系数出现多极值的示意图

多种搜索方法和搜索策略，例如，可针对每一土层寻找一个极小值，直至求得全域最小的稳定安全系数。

极限平衡法隐含的一个假定是应力—应变关系符合理想弹塑性介质的特性，剪切强度到达峰值后可以保持不变。此外，这种方法的局限性是不能提供土坡内应变分布的信息，也不知道应变沿滑动面上的变化。除非能在较宽广的应变范围内使土的强度都能得到充分发挥，否则难以保证滑动面上各点的抗剪强度都能同时达到峰值。如果土料的抗剪强度到达峰值后出现下降的情况，则可能出现渐进破坏现象，某些点的抗剪强度将低于峰值强度。这时可靠的分析方法是应用剩余强度，而不是峰值强度。

研究表明，安全系数沿滑动面上各点实际上是变化的，但采用平均的安全系数可以满足实用要求。

三维土坡滑动一般发生在以下一些情况：坝坡在平面上呈曲线形状；坝坡上作用的荷载限于局部范围内；坝坡受局部地形条件限制，如位于狭窄河谷内等。三维土坡的抗滑稳定安全系数一般大于或等于二维情况，均质无黏性土坝坡多发生表层滑动，三维与二维情况安全系数基本一致。

土坡的稳定和坡内土的应力和变形状态密切相关。随着岩土力学理论、数值计算方法和计算机技术的发展，应用理论体系更为严密的方法进行土坡稳定分析已经成为可能。应用有限元等方法分析土坡稳定可以更好地反映土坡的不均质性、土的强非线

性、土的渗流固结过程、土的剪胀性等诸多因素的影响，可以提供土坡失稳破坏发展过程的全部应力和变形信息。根据有限元法计算出的土体内的应力分布和土的抗剪强度相比较，可以判断出失稳破坏的区域与可能滑动面的位置和形状。这种分析方法已逐步在工程中开始应用，是值得注意的发展方向。但是这方面仍需要积累经验，并制定出合适的评价准则，以便于实际应用。

由于计算机的发展和普及，目前进行大量的各种情况土坡的稳定分析已不十分困难，对工程技术人员的要求是：掌握土力学和土强度的基本理论和知识，熟悉各种计算程序的功能和局限性，能够对计算结果作出正确的判断。

5.5　土石坝的固结、沉降与应力分析

5.5.1　固结与沉降

土是具有可压缩性的含水与空气的多相介质，在饱和状态时是两相介质。土石坝和地基在施工和蓄水过程中，在荷载作用下土体不断得到压密，孔隙变小，孔隙水在压力作用下产生不稳定渗流。此时孔隙水压力和土骨架所承受的应力也相应地发生变化，并随着孔隙水压力的扩散传播而进行调整。最后，超过稳定渗流的孔隙水压力逐

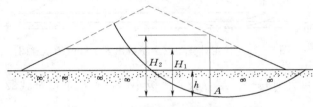

图 5-20　黏性土地基和坝体在固结
过程中对坝坡稳定的影响

步消散，外部荷载相应地转移到土骨架上，土体的压缩变形趋于稳定。黏性土地基和坝体在固结过程中的稳定处于不利状态，例如，图 5-20 中滑动弧经过的地基中的 A 点，在天然状态下土的有效应力由土层厚 h 决定，如果坝的填筑速度较快，在坝升高过程中，由于该处孔隙水来不及消散，孔隙水压力升高，土的有效应力基本上保持不变。但滑动力则随着坝的升高而增加，导致抗滑安全系数降低，坝和地基的稳定受到威胁。固结分析的目的在于了解施工期和蓄水期黏性土防渗体和坝基中孔隙水压力消散及沉降变形的发展过程，评价坝体和坝基的稳定。

孔隙水压力消散和抗剪强度增长的计算，对渗流系数在 $10^{-5} \sim 10^{-7}$ cm/s 范围内、饱和度大于 80% 的黏性土具有较重要的意义。因为，当土的渗流系数小于 10^{-7} cm/s 时，施工过程中孔隙水压力几乎不消散；而渗流系数大于 10^{-5} cm/s 的土，孔隙水消散较快，所形成的孔隙水压力较小，只有当填土体积大、渗径较长时（如坝高超过 50m 的均质坝），消散计算才可能是必须的。饱和度低于 80% 的黏性土，由于含气量大，在压缩过程中，土中的孔隙水基本上不发生变化，将不致引起孔隙水压力的增长。

5.5.1.1　固结分析

土的固结和压缩规律相当复杂，比较有代表性的饱和土体的固结理论分别由太沙基（Terzaghi）和比奥（Biot）于 1925 年和 1935 年先后提出。

太沙基与比奥固结理论采用的基本假定是：①土体完全饱和；②土中渗流服从达

西定律，在固结过程中，渗流系数不变；③土粒和水本身的压缩性可以忽略，土体变形主要由孔隙水排出和超静孔隙水压力（超过稳定渗流的孔隙水压力）的消散而引起。

1. 太沙基固结方程

太沙基理论对单向固结分析比较有效，下面简要介绍其内容。基本计算方程如下

$$\frac{\partial u}{\partial t} = C_v \frac{\partial^2 u}{\partial z^2} \tag{5-56}$$

其中

$$\left.\begin{array}{l} C_v = \dfrac{k(1+e)}{a_v \gamma_0} \\[3mm] a_v = -\dfrac{\partial e}{\partial \sigma'} \approx \dfrac{e_1 - e_2}{\sigma'_2 - \sigma'_1} \end{array}\right\} \tag{5-57}$$

式中：u 为孔隙水压力；C_v 为土的固结系数；k 为渗流系数；e 为压实过程土的平均孔隙比；γ_0 为水的容重；a_v 为土的压缩系数，即试验求得的土的孔隙比与有效应力关系曲线的斜率，在应力变化不大的范围内可近似取为直线（图 5-21）。

求解实际工程问题时，还需要根据具体情况，对 C_v 和 k 作适当调整。有些研究者对微分方程（5-56）进行了修正，以考虑一些实际因素的影响，其中包括：孔隙水与土颗粒压缩性的影响、渗流系数在固结过程中变化的影响以及土的蠕变特性的影响等。含土、水、气的非饱和三相介质的固结问题十分复杂，孔隙中的空气，在很大程度上影响了孔隙水压力的大小及其消散情况。经过一系列简化以后，可将固结系数表示为

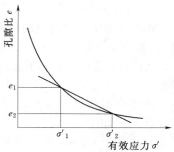

图 5-21 土的压缩曲线

$$C_v = \frac{k(1+e)}{a_v \gamma_0 \omega} \tag{5-58}$$

$$\omega = 1 + \frac{\beta(1+e)}{a_v}, \quad \beta = \frac{s + \alpha n}{u_0 + u}$$

式中：β 为体积压缩系数，取中间值；s 为单位容积中气体的含量；n 为单位容积中水的含量；α 为吸收系数，当环境温度为 $0℃$、$10℃$、$20℃$、$30℃$ 时，分别取值 0.0286、0.0224、0.0183、0.0154；u_0 为初始孔隙水压力。

推广至三维情况时，固结方程的形式为

$$\frac{\partial u}{\partial t} = \frac{1+2\xi}{3} C_v \left(\frac{\partial^2 u}{\partial x^2} + \frac{\partial^2 u}{\partial y^2} + \frac{\partial^2 u}{\partial z^2} \right) \tag{5-59}$$

式中：ξ 为侧压系数，对于二维情况，式（5-59）中的 $\dfrac{1+2\xi}{3}$ 应代之为 $\dfrac{1+\xi}{2}$。

太沙基假定，固结过程总应力场相应于稳定状态时的数值，不随时间变化，即

$$\sigma'_x + \sigma'_y + \sigma'_z + 3u = \sigma_x^* + \sigma_y^* + \sigma_z^* \tag{5-60}$$

式中：σ_x^*、σ_y^*、σ_z^* 为相应于稳定状态的有效应力。

据此可以确定初始条件

$$u_0 = (\sigma_x^* + \sigma_y^* + \sigma_z^*)/3 \tag{5-61}$$

求解问题的边界条件与渗流边界条件相同。

SL 274—2001《碾压式土石坝设计规范》建议，施工期黏性填土某点的起始孔隙水压力 u_0 可根据该处上部填土厚度 h 以及填土的平均容重 γ_s 按下式计算

$$u_0 = \overline{B}\gamma_s h \tag{5-62}$$

其中

$$\overline{B} = u/\sigma_1$$

式中：$\overline{B}$ 为孔隙压力系数，根据三轴不排水试验中相应剪应力水平下的孔隙水压力 u 和大主总应力 σ_1 算出。

根据施工进度，可得出 dt 时间内孔隙水压力的增量为 $\overline{B}\dfrac{\partial \sigma_1}{\partial t}$，于是，二维条件下孔隙水压力的消散过程可按下式计算

$$\frac{\partial u}{\partial t} = \frac{1+\xi}{2} C_v \left(\frac{\partial^2 u}{\partial x^2} + \frac{\partial^2 u}{\partial z^2} \right) + \overline{B}\frac{\partial \sigma_1}{\partial t} \tag{5-63}$$

2. 固结分析实例

影响孔隙水压力消散的因素很多，计算成果的可靠性一般难以充分保证。因此对 1 级、2 级坝及高坝，SL 274—2001《碾压式土石坝设计规范》要求加强现场孔隙水压力观测，以校核计算的成果。下面列出努列克坝固结过程孔隙水压力的计算与实测成果，供参考。

前苏联努列克坝（坝高 300m，施工期 1973～1980 年）固结过程孔隙水压力分布的计算成果如图 5-22（b）所示，图中还列出了实际观测的成果［图 5-22（a）］以资比较。其中，2000 年的计算结果代表稳定渗流期的孔隙水压力分布。计算中考虑了坝实际的填筑和蓄水过程，选用了实测的坝体各部分土的特性资料和非饱和土的变形模量，此外，还考虑了水平与竖向渗流系数的差别以及应力应变关系的加工硬化特性等的影响。由图 5-22 可见，计算结果与观测成果的符合性良好，两者孔隙水压力等值线的分布规律基本接近，心墙底部的最大孔隙水压力计算值为 2.77MPa，实测值为 2.99MPa，两者相差 7%～8%。此外，还计算了固结过程中坝的沉降，情况类似。

计算结果表明，努列克坝蓄水运行后，超静孔隙水压力的消散大约需要经历 20 年左右的时间。

孔隙水压力的大小对坝坡稳定性有很大影响。有的研究者做过分析，孔隙水压力系数 a（最大孔隙水压力与该处作用的总平均压力之比值）每增加 0.1，坝坡稳定安全系数 K_c 将减小 0.12。降低孔隙水压力的有效方法是降低土料的饱和度，最好使填筑土料的含水率低于最优含水率 0.5%～1%。坝愈高，孔隙水压力对坝坡稳定的影响愈大。

5.5.1.2 沉降计算

沉降计算包括两方面的内容：①计算孔隙水压力，主要针对施工期进行，因此时对坝坡的稳定较为不利；②计算坝体和坝基在土体自重及外荷作用下的沉降量，主要是竣工后的总沉降量，以便确定竣工时需要预留的坝顶超高，同时推算竣工时和竣工后坝体各部位的不均匀沉降量，初步判断有无出现裂缝的可能性。

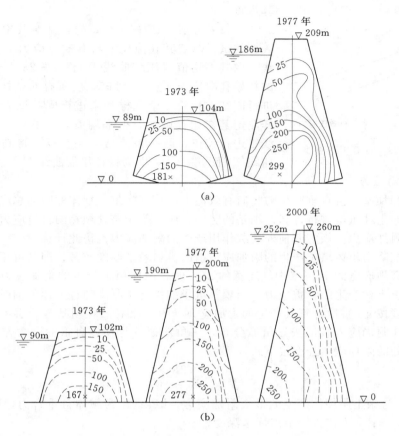

图 5-22　努列克坝心墙固结过程的孔隙水压力分布（单位：0.01MPa）
(a) 观测成果；(b) 计算成果

砂砾石坝体和坝基在施工期一般即可完成总沉降量的 80% 以上，而黏性土坝体和坝基在施工期一般只能完成总沉降量的 30%～50%，故沉降量计算主要是针对黏性土的坝体和坝基进行。

沉降估算可采用近似的简化公式进行。

1. 土的压缩曲线

沉降计算的主要依据是通过试验测定的土的压缩曲线。坝基土采用原状土试样；坝体采用筑坝土料，模拟施工情况在最优含水率条件下击实至设计干密度制成试样。计算施工期沉降量时，坝体土料采用非饱和状态的压缩曲线，坝基土料则根据实际的饱和情况，采用非饱和状态或饱和状态下的压缩曲线。计算最终沉降量时坝体和坝基均采用浸水状态下的压缩曲线。

坝体和坝基均分层选取土样，测量其平均压缩曲线。坝体分层的最大厚度取坝高的 1/5～1/10。均质坝基，分层厚度不大于坝底宽度的 1/4；非均质坝基，按坝基土的性质和类别分层，但每层厚度均不大于坝底宽度的 1/4。对覆盖厚度很深的坝基，选择该处修建坝体产生的竖向应力等于坝基自重应力的 20% 的深度作为计

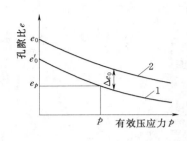

图 5 - 23　计算压缩曲线

算深度。

对每一分层，选择 m 个试样，并对其中 n 个有代表性的试样测定其孔隙比 e 与有效压应力 p 的关系曲线，取其平均值得压缩曲线 1 （图 5 - 23），其所对应的初始孔隙比为 e'_0。再对该土层所有的试样，包括已进行固结试验的 n 个试样和未进行固结试验的其他试样测定其初始孔隙比，得平均值 e_0。然后，对压缩曲线 1 进行校正，即按差值 $\Delta e_0 = e_0 - e'_0$ 将其平移后得曲线 2 （图 5 - 23），即为设计压缩曲线。

2. 竖向应力

坝体和坝基均按自重产生的竖向有效应力计算沉降量。坝体的竖向总应力按该处上部填土的土柱重量进行计算；坝基的竖向总应力等于该处坝基的自重应力加坝体填土产生的附加应力。坝上其他外荷载作用产生的附加应力也仿此计算。

坝基沉降由坝体填土产生的附加应力引起。当坝基厚度较薄，即其可压缩性土层厚度小于高坝底宽的 10% 或中坝底宽的 25% 时，坝体填土产生的附加应力即等于该处坝体填土土柱产生的自重应力。当坝基可压缩性土层厚度超过上述范围时，假定坝体填土荷载按 45°扩散计算其产生的附加应力 （图 5 - 24）。在坝基各分层中心的水平线上，坝体附加应力假定按三角形分布，三角形顶点与坝体自重的合力作用线相吻合，顶点处的附加应力强度按下式计算

$$p_{max} = \frac{2R}{B + 2y} \tag{5 - 64}$$

式中：p_{max} 为该土层坝体产生的最大附加应力，kPa；R 为坝体自重合力，kN；B 为坝基宽度，m；y 为该土层中点坝基深度，m。

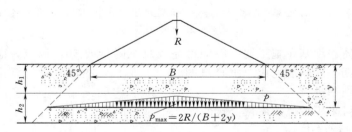

图 5 - 24　坝基中由建坝所产生的附加应力的计算图形

坝基中坝体填土产生的附加应力也可按弹性力学的有关公式进行计算。对于均质坝基，SL 274—2001《碾压式土石坝设计规范》给出了计算图表。对于 1 级、2 级高坝的土质防渗体心墙，计算竖向应力时需要考虑填土的拱效应对竖向应力引起的消减作用。

3. 沉降量计算

黏性土坝体和坝基竣工时的沉降量和最终沉降量均按各分层分别计算，然后累计求和。竣工后的坝顶沉降量等于最终沉降量减去竣工时的沉降量。沉降量的计算公式为

$$S_t = \sum_{i=1}^{n} \frac{e_{i0} - e_{it}}{1 + e_{i0}} h_i \qquad (5-65)$$

式中：S_t 为坝体和坝基竣工时的沉降量或最终沉降量；n 为坝体和坝基分层总数；e_{i0} 为第 i 层的起始孔隙比；e_{it} 为有效应力作用下第 i 层竣工时的孔隙比或最终孔隙比；h_i 为第 i 层土层的厚度。

非黏性土坝体和坝基的最终沉降量按下式计算

$$S_\infty = \sum_{i=1}^{n} \frac{p_i}{E_i} h_i \qquad (5-66)$$

式中：S_∞ 为坝体和坝基的最终沉降量；p_i 为坝体荷载产生的第 i 层竖向应力；E_i 为第 i 层土的变形模量。

湿陷性黄土、黄土状土以及软弱黏性土坝基的沉降量不能简单地按上述公式进行估算，一般要进行专门研究。

沉降量的计算公式相对比较粗略，所以对 1 级、2 级高坝和建于复杂软弱地基上的坝还要采用有限元法进行应力和变形分析。坝体竣工后预留的沉降超高则应根据沉降计算、有限元变形分析、施工期的观测成果和类似工程的对比等进行综合分析后加以确定。根据以往工程的经验，土质防渗体坝竣工后的坝顶沉降量一般不超过坝高的 1%，如果超过此值，SL 274—2001《碾压式土石坝设计规范》要求在分析成果的基础上，论证所选择的坝料填筑标准的合理性以及采取有关工程措施的必要性。

根据计算出的坝体各部位的不均匀沉降量和不均匀沉降梯度来判断发生裂缝的可能性，由于缺乏比较成熟的判别标准，目前只能参照类似工程的经验进行分析。

5.5.2 应力分析

坝的稳定、固结沉降等现象都和坝的应力和变形状态密切相关。但是，在土力学的发展历史中，限于当时的技术条件，从工程实用的角度出发，有些问题只能在一些假定和简化的条件下进行粗略的分析和计算。例如，稳定评价采用极限平衡方法，沉降量估计采用试验压缩曲线等。计算结果只能获得有限的信息，而不能了解失稳破坏的发展过程等。随着高土石坝建设的发展，人们逐渐认识到进行应力和变形分析对评价坝的稳定和安全可以提供更多、更有效的信息，有很好的发展潜力。20 世纪 60～70 年代以后，岩土应力和变形分析特别是岩土塑性分析技术得到很大发展，并在工程应用中积累了较丰富的资料和经验。但是，由于问题的复杂性，计算成果目前还仅限于对土石坝设计作定性的参考，达不到定量控制设计的程度。SL 274—2001《碾压式土石坝设计规范》也只要求对 1 级、2 级高坝以及建于复杂和软弱地基上的坝进行应力和变形分析。

5.5.2.1 土的本构模型

岩土本构关系即其应力—应变关系的研究是进行应力和变形分析的基础。单向受力情况下的应力—应变关系可以通过试验获得。岩土建筑物一般处于复杂的受力情况下，要通过大量的试验，来获得各种复杂应力组合情况下的应力—应变关系一般是不现实的。为此，通常建立一定的计算模型，即本构方程，通过少数典型应力组合情况下的试验确定模型参数，即可推算出各种复杂应力组合情况下的应力—应变关系。

岩土工程中目前应用的计算模型有弹性模型、非线性弹性模型和弹塑性模型等几种类型。弹性模型的应力—应变关系是线性的，服从广义虎克定律，计算比较简单，一般适用于小变形状态的分析。非线性弹性模型的应力—应变关系是非线性的，同时应力和应变存在着一一对应的关系。弹塑性模型具有以下一些特点：①应力—应变关系是非线性的；②塑性变形是不可逆的，应力和应变之间不再存在着单值的对应关系，而表示成增量形式的对应关系；③塑性体的应变不仅与当前的应力状态有关，而且还与应力路径，即加荷的历史有关。

实测的土的应力—应变关系具有如图 5-25 所示的形式，可以看出，它具有两方面的重要性质：①应力—应变曲线受侧压力的影响很大 ［图 5-25 （a）］；②卸载和加载曲线的形状不同，在弹性变形范围内卸载和再加载的曲线也有一定差别［图 5-25 （b）］。非线性弹性模型和弹塑性模型基本上能反映这两方面的特性，所以在土力学中获得了较广泛的应用。非线性弹性模型比较简便，并在一定条件下能取得比较好的效果。弹塑性模型能较好地反映土的物理力学特性，但计算比较复杂。

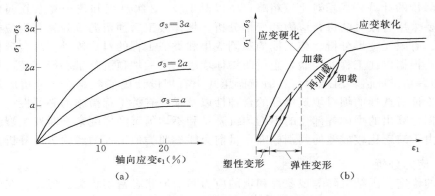

图 5-25 土的应力—应变关系

影响土的力学性质的因素很多，很难用一种比较简单的模型来全面反映各种类型土的特性与试验结果。在土的本构关系的研究中目前基本上存在着两种倾向：①从工程实用角度出发，建立理论上适当简化的模型，使计算和参数确定都比较简单，但仅能反映某种土在某些局部条件下的规律；②比较注重理论上的严密性，建立能较好地反映土体应力和变形内在规律的比较精细的模型，但所需要的模型参数比较多，参数的确定也有一定的难度，计算相对复杂。对工程设计来说，重要的是选择适宜的计算模型，并重视参数的测定和选用。实践经验表明，参数选用必须符合土工问题的实际情况，否则，即使理论上比较完善的模型也难以给出合理的结果。非线性弹性模型中比较具有代表性的是邓肯—张模型，弹塑性模型中比较具有代表性的是剑桥模型、修正剑桥模型和边界面模型等。我国学者在土的本构模型的发展中也作出了贡献。下面简要介绍邓肯—张模型，至于弹塑性模型的知识，读者可参考有关文献。

5.5.2.2 非线性弹性 E—B 模型

邓肯—张（Duncan and Chang）提出一种双曲线型非线性弹性模型，以土的切线模量 E 和体积模量 B 作为计算参数。该模型根据三轴试验得到的土的应力—应变关系曲线统计整理得出，因而，主要反映了轴对称情况下土的应力—应变特性。模型比较简单，计算方便，同时又能比较近似地反映土石材料的非线性特性，模型所需要的参数可通过常规三轴试验获取。该模型由于加载和卸载采用不同的曲线形式，已不属于严格意义下的弹性模型，所以需要采用增量形式的求解方法。

该模型根据康德纳（Kondner）的建议，将常规三轴压缩试验所得到的大、小主应力差 $\sigma_1 - \sigma_3$ 与轴向应变 ε_a 的关系表示成双曲线形式 [图 5 - 26 （a）]，即

$$\sigma_1 - \sigma_3 = \frac{\varepsilon_a}{a + b\varepsilon_a} \tag{5-67}$$

式中：a、b 为试验常数。该式对 σ_3 为常数时成立，将其改写成如下形式，即可直接由图 5 - 26 确定 a、b 值。

$$\frac{\varepsilon_a}{\sigma_1 - \sigma_3} = a + b\varepsilon_a \tag{5-68}$$

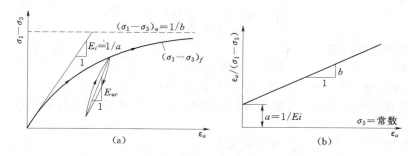

图 5 - 26 双曲线型应力—应变关系

对式 （5 - 67） 取导数，即得土应力—应变曲线上任一点的切线模量

$$E_t = \frac{\partial (\sigma_1 - \sigma_3)}{\partial \varepsilon_a} = \frac{a}{(a + b\varepsilon_a)^2}$$

当 $\varepsilon_a = 0, E_i = \frac{1}{a}$ $a = 1/E_i$；

当 $\varepsilon_a \rightarrow \infty, (\sigma_1 - \sigma_3)_u = \frac{1}{b}, b = 1/(\sigma_1 - \sigma_3)_u$

将曲线的初始斜率定义为初始切线模量 E_i，曲线的渐近值定义为极限抗剪强度 $(\sigma_1 - \sigma_3)_u$ [图 5 - 26 （a）中的虚线]。

曲线的最大值代表达到破坏时的抗剪强度 $\tau_f = (\sigma_1 - \sigma_3)_f$，它与极限抗剪强度 $(\sigma_1 - \sigma_3)_u$ 有一定差别。两者的比值 R_f 称为破坏比。

$$R_f = (\sigma_1 - \sigma_3)_f / (\sigma_1 - \sigma_3)_u$$

R_f 约在 $0.75 \sim 1.00$ 之间。将上列各式代入式 （5 - 67） 中，得到

$$\sigma_1 - \sigma_3 = \frac{\varepsilon_a}{\dfrac{1}{E_i} + \dfrac{R_f \varepsilon_a}{(\sigma_1 - \sigma_3)_f}} \tag{5-69}$$

对不同围压 σ_3，可得到一组 $(\sigma_1 - \sigma_3) \sim \varepsilon_a$ 的关系曲线。由图 5 - 26 （b） 可见，截距 a 对应于一定的侧压力 σ_3。根据试验研究，可建立无量纲量 E_i/p_a 和 σ_3/p_a 之间的关系式，它们在双对数坐标纸上近似为一直线，从而有

$$(E_i/p_a) = K(\sigma_3/p_a)^n$$

或

$$E_i = K p_a (\sigma_3 / p_a)^n \tag{5-70}$$

式中：p_a 为大气压力；K、n 为试验常数。

任一点的切线模量

$$E_t = \frac{\partial(\sigma_1 - \sigma_3)}{\partial \varepsilon_a} = \frac{1/E_i}{\left[\dfrac{1}{E_i} + \dfrac{R_f \varepsilon_a}{(\sigma_1 - \sigma_3)_f} \right]^2} \tag{5-71}$$

对式（5-69）将 ε_a 用 E_i 表示，代入式（5-71），并应用摩尔—库仑破坏准则

$$(\sigma_1 - \sigma_3)_f = (2c\cos\varphi + 2\sigma_3 \sin\varphi)/(1 - \sin\varphi)$$

可得切线模量的表达式为

$$E_t = \left[1 - \frac{R_f (1 - \sin\varphi)(\sigma_1 - \sigma_3)}{2c\cos\varphi + 2\sigma_3 \sin\varphi} \right]^2 E_i \tag{5-72}$$

卸载和再加载时用 E_{ur} 代替 E_t，有

$$E_{ur} = K_{ur} p_a (\sigma_3 / p_a)^n \tag{5-73}$$

式中：K_{ur} 为常数，可通过试验确定，一般情况下 $K_{ur} > K$。

初次加载与再加载时，通常认为 n 值基本相同，即式中采用与式（5-70）相同的 n 值。

根据弹性理论，体积模量 B 的定义为

$$B = (\Delta\sigma_1 + \Delta\sigma_2 + \Delta\sigma_3)/\Delta\varepsilon_v$$

式中：$\Delta\varepsilon_v$ 为体积应变增量。

在常规三轴压缩试验过程中，围压不变，$\Delta\sigma_2 = \Delta\sigma_3 = 0$，$\Delta\sigma_1 = \sigma_1 - \sigma_3$，$B = (\sigma_1 - \sigma_3)/\Delta\varepsilon_v$。

邓肯—张建议体积模量用下式表述

$$B = K_b p_a (\sigma_3 / p_a)^m \tag{5-74}$$

式中：K_b、m 为试验常数。

泊松比 μ 与体积模量的关系为

$$\mu = \frac{1}{2}\left(1 - \frac{E_t}{3B} \right)$$

因此，体积模量 B 的变化范围限定在 $E_t/3 \sim 17 E_t$ 的范围，相应的 μ 值为 $0 \sim 0.49$。

邓肯—张模型共有 8 个参数，它们是 φ、c、R_f、K、K_{ur}、K_b、n、m。采用有效应力分析时，这些参数通过三轴排水压缩试验测定；采用总应力分析时，通过三轴不排水压缩试验测定。模型以 E、B 为参量表示应力—应变关系，故称 $E—B$ 模型。在平面应变条件下应力—应变关系的增量形式为

$$\begin{Bmatrix} \Delta\sigma_x \\ \Delta\sigma_y \\ \Delta\tau_{xy} \end{Bmatrix} = \frac{3B}{9B - E_t} \begin{bmatrix} (3B + E_t) & (3B - E_t) & 0 \\ (3B - E_t) & (3B + E_t) & 0 \\ 0 & 0 & E_t \end{bmatrix} \begin{Bmatrix} \Delta\varepsilon_x \\ \Delta\varepsilon_y \\ \Delta\gamma_{xy} \end{Bmatrix} \tag{5-75}$$

式中：$\Delta\sigma_x$、$\Delta\sigma_y$、$\Delta\sigma_{xy}$ 为应力增量；$\Delta\varepsilon_x$、$\Delta\varepsilon_y$、$\Delta\gamma_{xy}$ 为应变增量。

邓肯—张模型预测的一些土石坝的变形与实测的结果比较接近。不过，该模型不能描述土的塑性变形特性，不能反映土体接近破坏时、破坏发生时和破坏后的特性，不

能考虑中间主应力的影响，也不能考虑土的剪胀性（即剪切作用对体积变形的影响）。

5.5.2.3 高坝的应力和变形特性

通过土石坝的应力分析可以定性地了解坝体内的塑流区、拉应力区及其变化范围，裂缝发生的可能性及部位，防渗体出现水力劈裂的可能性及其发生部位等，以便采取必要的工程措施。

图 5-27 所示为前苏联 300m 高的努列克坝一个设计剖面水平分层填筑时应力和变形的弹塑性分析成果。坝体中央为土质心墙防渗体，坝壳料为砾卵石。计算时将坝剖面划分为三角形网格，用平面有限元法结合局部变分法进行分析，上游水库水位分期上升。

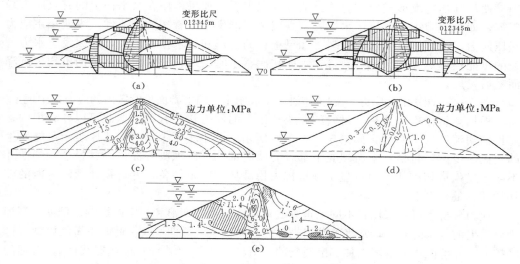

图 5-27 努列克坝建造过程的应力和变形状态

（a）竖直位移；（b）水平位移；（c）等应力线 σ_z；（d）等应力线 τ_{xz}；（e）塑流安全系数等值线

心墙的竖直位移一般比坝壳部分大 [图 5-27（a）]，这是因为心墙土料的压缩性比较大，同时水库水压力主要由心墙承受。最大竖直位移发生在下部 $H/3$ 处（H 为坝高）。一般计算的土石坝最大竖直位移多发生在 $H/2 \sim H/3$ 范围内，原型观测结果也基本上证实了这一点。努列克坝址河谷比较狭窄，宽高比 $L/H \leqslant 2.5$，三维分析结果，最大竖直位移的点略高于 $H/3$，但低于 $H/2$。

水平位移的最大值发生在心墙上游面 [图 5-27（b）]，并且沿坝高大体上呈均匀分布。沿心墙轴线的水平位移约占竖直位移的 $75\% \sim 80\%$ 甚至 100%。下游坝壳部位的水平位移基本上不衰减，这和实际情况是不相符的。对罗贡坝也进行了三维分析，结果表明，水平位移在下游坝壳部位已变得很小。

具有比较重要意义的是竖向应力 σ_z 的等值线图 [图 5-27（c）]。由于心墙和坝壳土料变形性质的不同，在坝体内产生"拱"效应，使心墙部位显著卸载，而在过渡区内形成应力集中。拱效应可使心墙中的竖向应力较 $\gamma_s h$（γ_s 为填土容重；h 为填土深度）减小很多，甚至达到 60%，随心墙厚度以及心墙和坝壳土料特性的差异而不同，在本例中拱效应达到 25%。

　　心墙的应力状态对于防止水力劈裂至关重要，但目前对水力劈裂现象还缺乏深入的认识。在一些土石坝的事故中，发现坝的下游坡出现集中漏水，但漏水不是在水库满蓄后立即发生，而是延迟几小时甚至几天后突然发生。这表明，在水库水位上升以前，防渗体内并没有大的裂缝，但是在一定的条件下，水库水压力可使已存在的闭合裂缝张开或是产生新的裂缝，故称为水力劈裂。这种裂缝常常在几小时甚至更短的时间内突然出现，裂缝张开的宽度可达 1cm 或更大，具有极大的危害性。根据分析，当坝体由于不均匀沉降而变形时，如果大主应力小于无侧限抗压强度，则在可能开裂区的小主应力会减小，甚至接近于零，此时裂缝就可能发生。变形进一步发展，裂缝还可能张开。尽管初始时裂缝很窄，甚至是看不见的裂缝，库水依然能够侵入其中，使裂缝加宽或形成新的裂缝。从设计观点看，如果作用在某平面上的有效应力趋于零，即总应力小于或等于水压力，则应考虑产生水力劈裂的可能性。纵使小主应力是压应力，也可能发生水力劈裂。如果土料的变形和透水性不均一，那么发生水力劈裂的可能性就更大。水力劈裂可在水库初次蓄水时出现，或者由于连续的不均匀沉降而随后发展。

　　图 5-27（d）中剪应力 τ_{xz} 的分布进一步表明了心墙上游面过渡区内的应力集中现象。

　　根据弹塑性应力分析，材料的屈服和该点的应力状态有关，据此可以计算坝内各点抵抗塑流的安全系数，如图 5-27（e）所示，图中小于 1.0 的影线区表示可能发生的塑流区范围，包括：上游坝壳下部，心墙底部和下游坝脚等部位。材料进入塑性并不等于发生剪切破坏，但可显示坝抵抗失稳破坏的安全储备，并可据此预测可能的破坏滑动面的位置。

　　应力分析也可用来比较不同填筑方法对坝体应力、变形和稳定的影响。例如，高坝为满足提前蓄水的需要，常将下游坝壳部分斜向分层，分期填筑。此时下游坝脚塑流区将扩大，并可能在下游坝壳顶部出现新的塑流区［图 5-27（e）虚线影线区］，对坝的稳定不利。

　　应力分析成果有助于预防坝体产生裂缝。裂缝可由拉应力或土体不能承受的过大变形而引起，如果应力分析中出现这种情况，则应设法予以消除。裂缝可在坝完建后一定时期内出现。因为土具有蠕变特性，而且愈接近极限状态，蠕变现象愈明显。土的固结和蠕变使应力不断发生重分布，导致在薄弱部位产生裂缝。为了预测裂缝出现的可能性，需在分析中考虑土的蠕变特性。但不计土的蠕变性所得出的应力分析成果，也可用以估计裂缝发生的大体范围。

　　土石坝防渗体的应力分析对于准确估计孔隙水压力的分布也是有益的。

　　二维应力分析一般可以提供许多有用的信息。但是，对于狭窄河谷中的土石坝，常常需要进行三维分析。

5.6　筑坝用土石料及填筑标准

　　就地取材是土石坝的一个主要特点。坝址附近土石料的种类及其工程性质，料场的分布、储量、开采及运输条件等是进行土石坝设计的重要依据。近年来，由于筑坝技术的发展，对筑坝材料的要求已逐渐放宽。原则上讲，一般土石料都可选作碾压式土石坝的筑坝材料。对设计者的要求是选择适宜的坝型，将土石料在坝体内进行适当的配置，以使所选择的坝型和所设计的坝体剖面经济合理、安全可靠和便于施工。

对筑坝土石料提出的一般要求是：

（1）具有与使用目的相适应的工程性质，例如，防渗料具有足够的防渗性能；坝壳料具有较高的强度；反滤料、过渡料、下游坝壳水下部分土石料具有良好的排水性能等。

（2）土石料的工程性质在长时期内保持稳定，例如，在大气和水的长期作用下不致风化变质；在长期渗流作用下不致因可溶盐溶滤形成集中渗水通道；在高水头作用下有足够的抗渗流稳定性；在地震等循环荷载作用下不会产生过大的孔隙水压力等。

（3）具有良好的压实性能，例如，防渗体土料的含水率接近最优含水率；无影响压实的超径材料；填土压实后有较高的承载力；有利于施工机械的正常运行等。

5.6.1 防渗体土料

1．选择原则

（1）防渗性。渗流系数小于 1×10^{-5} cm/s 即认为满足要求，均质坝或较低的坝可放宽至 1×10^{-4} cm/s。

（2）抗剪强度。坝体稳定主要取决于坝壳强度，一般防渗体的强度均能满足要求。斜墙防渗体的强度影响坝坡坡率，比心墙有更高的要求。

（3）压缩性。与坝壳料的压缩性不宜相差过大。浸水后的压缩性变化也不宜过大，以免蓄水后坝体产生过大的沉降。

（4）抗渗稳定性。级配较好，在渗流作用下有较高的抗渗流变形能力；有一定的塑性，发生裂缝后有较高的抗冲蚀能力。

（5）含水率。最好接近最优含水率，以便于压实。含水率过高或过低，需翻晒或加水，增加施工复杂性，延长工期和增加造价。特别在多雨地区，降低含水率十分不易。从降低孔隙水压力的观点出发，希望将含水率控制在最优含水率以下 0.5%～1%。含水率适度、压实的黏性土易出现裂缝，故高坝防渗体顶部有时采用塑性较大和未充分压实的黏性土。

（6）颗粒级配。小于 0.005mm 的黏粒含量不宜大于 40%，一般以 30% 以下为宜。因为黏粒含量大，土料压实性能差，而且对含水率比较敏感。土料中所含最大粒径不应超过铺土厚度的 2/3，以免影响压实。希望颗粒级配良好，级配曲线平缓连续，不均匀系数不小于 5。

（7）膨胀量及收缩值。膨胀土吸水膨胀、失水收缩比较剧烈，易出现滑坡、地裂、剥落等现象，应有限制地用于低坝。红黏土的天然含水率高，压实干容重低，但其强度较高，防渗性较好，压缩性不太大，可用来筑坝，不过，由于其黏粒含量过高，天然含水率常高出最优含水率很多，施工不便，对这样一些特殊类型的土，要加强研究，并采取适当的工程措施。

（8）可溶盐及有机质含量。应符合规范要求，有机质含量均质坝不大于 5%，心墙和斜墙不大于 2%；水溶盐含量不大于 3%。

对以上原则应结合料场的实际情况进行综合考虑、比较和选择，因为土料的某些性质常常是互相矛盾的，如在压实功能大体上相近的条件下，土料黏粒含量愈高，防渗性能愈好，可塑性也好，但强度愈低，压缩性愈大，施工困难增多。这就有一个权衡和优选的问题。

各类土料在工程中的适用性可参见表 5-4。表中字母 A、B、C 代表优选的顺序，透水性指压密后的透水性，抗剪强度和压缩性均指压密饱和后的性质。

表 5-4 各种土的工程性质及适用性

土的分类及符号		重要工程性质			建坝的适宜性	适合的建坝部位		
		透水性	抗剪强度	压缩性		均质坝	心墙、斜墙	坝壳
砾质土	GW	透水	很好	可不计	最好			A
	GP	很透水	很好	可不计	很好			A
	GM	微透水	很好	可不计	很好	A	A	
	GC	不透水	接近很好	很低	很好	A	A	
砂质土	SW	透水	最好	可不计	最好			A
	SP	透水	很好	很低	好			B
	SM	微透水	很好	低	好	A	B	
	SC	不透水	接近很好	低	很好	A	A	
细粒土	ML, MI	微透水	好	中	好	B	B	
	CL, CI	不透水	好	中	接近很好	B	B	
	OL	微透水	差	中	好	C	C	
	MH	微透水	较好	高	差	C	C	
	CH	不透水	差	高	差	C	C	
	OH	不透水	差	高	差	C	C	
有机土	P_t	不透水						

2. 国内外土石坝防渗体材料

我国修建了大量土石坝，近年来高坝数量逐渐增多。防渗体材料主要采用黏土、壤土等细粒土。这种土常常是天然含水率高，压实性差，在南方潮湿多雨地区施工困难，造价高。同时，这种土压缩性大，容易形成拱效应，降低心墙抵抗水力劈裂的安全度。所以，黏性土用作防渗料对修建高坝不利。

20 世纪 60 年代起，国外逐步采用砾石土、风化砾石土作为防渗体材料，并在合理解决其不均匀性、防渗性、可塑性等方面取得了经验，促进了高土石坝建设的发展。砾石土也称为含砾黏性土，是一种含有相当多粗砾土（粒径大于 5mm）及一定数量细粒土（粒径小于 5mm）的混合料。在这种土中，粗砾起骨架作用，细粒土充填于其孔隙中。砾石土根据其粗粒土的含量以及细粒土的特性显示出偏于黏性土或偏于砂性土的性质。日本在 20 世纪 50 年代前修建的土石坝，防渗料限于采用细粒黏性土，由于潮湿多雨，施工困难，坝高一般不超过 40m，自从 60 年代初，用砾石土建成了御母衣和牧尾两座高土石坝以后，百米以上的高土石坝有了很大发展。前苏联的努列克坝，最初选择黄土作为防渗料，经过研究认为，由于坝很高，黄土沉陷量较大，且颗粒细而均匀，一旦发生裂缝，抗冲蚀能力差，所以最后决定选用砾石土作为防渗体。世界范围内用砾石土修建的一些著名高坝还有：美国的奥洛维尔坝，坝高235m；加拿大的迈卡坝，坝高245m；日本的高濑坝，坝高176m；瑞士的郭兴能坝，坝高155m等。

将风化岩、软岩开挖碾压后，破碎为砾石土，用作防渗体，也建成了不少高坝，如美国的新美浓坝，坝高190.5m；我国新建成的鲁布革坝，坝高103.8m等。

3. 砾石土防渗料

实践证明，级配优良的砾石土，压实性好，抗剪强度高，压缩性低，便于施工，是一种优良的筑坝材料。对砾石土的特性可分述如下：

（1）干密度。击实试验表明，砾石土中的粗粒料和砾石（粒径大于5mm）开始起骨架作用时的含量称为第一特征含砾量（表示为P_5^I），砾石完全起骨架作用时的含量称为第二特征含砾量（表示为P_5^{II}）。当砾石含量小于P_5^I时，干密度随砾石含量成比例增加，其中的细料（粒径小于5mm）可以压实到最大干密度。当砾石含量大于P_5^I时，干密度不随砾石含量成比例增加，其中的细料已不能压实到最大干密度。当含砾量等于P_5^{II}时，最大干密度达到最大值。当含砾量大于P_5^{II}时，最大干密度反而减小，渗流系数增大很多，往往不能满足防渗要求。同时由于砾石已完全起骨架作用，细粒土不能得到压实，在渗流水作用下很容易发生渗流变形。砾石土的P_5^{II}大多在40%～60%范围内变化。SL 274—2001《碾压式土石坝设计规范》建议砾石含量不宜超过50%。作为防渗料的砾石土，最大粒径不宜超过铺土厚度的2/3，一般在75～150mm之间，我国采用的多在100mm以下。

（2）防渗性。一些天然状态下的砾石土是透水的，但经过压实后可变成相对不透水的。试验表明，砾石土的渗流系数与粒径小于0.075mm颗粒的含量密切相关，当含量小于10%时，渗流系数大于1×10^{-5}cm/s，不适于用作防渗料。一般要求粒径0.075mm以下颗粒的含量不小于15%～20%。

从渗流稳定性方面看，砾石土不如塑性大的细粒土。但级配良好的砾石土，其抗冲蚀的能力仍很强，用作防渗料，一旦出现裂缝，粗料不易被冲动带走，对缝壁起稳定作用，可防止裂缝进一步扩大。同时，砾石土粒径范围广，即使被冲动，小颗粒也可堵塞大颗粒间的孔隙，使裂缝自愈。

（3）可塑性、压缩性与抗剪强度。砾石土的变形模量高，可塑性差，抗拉能力低，适应坝体变形的能力差，但其压缩性低，沉降量小，抗剪强度高。砾石土的强度随其密度的增大而增加，只是浸水饱和后强度即随之降低，其中细粒土的黏性愈大，含量愈高，其降低亦愈显著。

天然状态砾石土的级配、防渗性和含水率等常常难以满足设计要求，这时可以采用堆成料堆人工混合的方法加以解决。例如，努列克坝防渗料采用沉积砾石土，料场各部位粗料含量变化幅度很大，从0～80%，设计要求粗料含量的上、下限分别为50%及20%，最大粒径200mm，经过人工分离将料场各部位土料拌和后达到了要求；御母衣坝斜墙料场的砂质黏土的含水率达到最优含水率的140%，掺入20%粒径150mm以下的花岗岩碎石后，填筑料的含水率降到最优值，摩擦角提高到40°。

砾石土压缩性低，沉降量小，对防止和控制裂缝有利；但其可塑性低，适应坝体变形的能力较差，抗裂能力较低。根据应力分析结果，设计时要将坝体顶部靠近两岸的部位、坝体与陡岸岩质边坡连接的部位等容易产生拉应力的区域以及与基岩的结合面处改用可塑性较大的细粒黏性土，并控制其含水率稍大于最优含水率，以利结合，同时更好地适应不均匀沉降。

4. 其他防渗土料

（1）红黏土。红黏土分布于我国长江以南，是热带、亚热带湿热地区的岩石风化产物，因其生成条件和母岩的不同，彼此间的性质差异可能很大。

红黏土具有稳定的团粒结构，在压实过程中由于团粒牢固，其内部的孔隙不易改变，所以压实干密度低，一般在 $1.5 \times 10^3 \text{kg/m}^3$ 以下。但仍有较高的强度、中低的压缩性和较小的渗透性，耐水性和抗冲刷能力也较好。故可用于填筑均质坝和分区坝的防渗体。有的用红黏土填筑的土坝已运行多年，情况良好。只是其黏粒含量过高，天然含水率高于最优含水率很多，施工不便，往往需要翻晒或掺料的工序，增加工程造价。应用于高坝时，其总沉降量往往偏大，需对其压缩性进行论证是否满足要求。

大多数红黏土对于干燥脱水非常敏感。干燥脱水以后的性质、指标皆有变化，且具有不可逆性。故土样制备的方法不同（"由湿到干"或"由干到湿"），其最优含水率、最大干密度以及抗剪强度均可有很大差别，在设计时应予注意。

（2）黄土。黄土在我国分布较广，由于各地区黄土的堆积环境、地质和气候条件的不同，其物理力学性质也有很大的差异。有些黄土层中含有大量孔隙，一旦浸水后，土料之间的大量可溶性盐类被软化或溶解，使粒间原有的连接受到破坏，强度显著降低，土体突然发生明显变形，具有这种性质的黄土称为湿陷性黄土。

湿陷性黄土和黄土状土也可用于填筑均质坝和分区坝的防渗体，但压实后应不再具有湿陷性。需要适当控制填筑含水率与压实密度，使土料的原状结构得到破坏，防止浸水后的湿陷和软化。黄土一般不耐冲蚀，且塑性偏低，适应变形的能力较差，易发生裂缝，因此要注意选好起保护作用的反滤料。

5. 不宜作防渗体的土料

塑性指数大于 20 和液限大于 40% 的冲积黏土以及干硬黏土，施工不便，难以保证填筑质量；冻土块不易压碎，含水率一般偏高，难以填筑密实；膨胀土是一种吸水膨胀、失水收缩均较剧烈的黏性土，其性质对建筑物不利；分散性黏土用来筑坝时，易出现大面积冲蚀破坏或管涌破坏。这类土料当有必要采用时，要根据其特性，采取相应的措施。

6. 填筑标准

土石坝的填筑标准应在综合考虑以下各项因素的基础上研究确定：①坝高和坝的重要性；②采用的压实机具；③土料的设计要求以及不同填筑标准对土料力学性质的影响；④土料的天然状态以及不同填筑标准对造价和施工难易程度的影响；⑤其他，如当地气候条件对施工的影响，坝基土的强度和压缩性，坝址区的设计地震烈度等。

土石坝施工时所用填筑土料常取自一个至数个料场。不同料场甚至同一料场的不同深度和不同部位土料的压实性能可能各不相同，有时甚至差别很大。故压实干密度需随土料的压实性能不同而进行浮动。SL 274—2001《碾压式土石坝设计规范》规定，含砾和不含砾的黏性土的填筑标准以压实度和最优含水率作为设计控制指标，采

用的设计干密度应等于最优含水率时击实
的最大干密度与压实度的乘积。最优含水
率是指在一定的压实功能条件下达到最佳
压实效果时的含水率。填土所能达到的干
密度与击实功能和含水率的关系如图 5-28
所示。最优含水率多在塑限附近。黏性土
的填筑含水率一般控制在最优含水率附近，
根据土料性质、填筑部位、气候条件和施
工机械等情况，在－2％～＋3％范围内变
动。大量研究成果表明，在最优含水率的
干侧和湿侧压实的土具有不同的结构和不
同的力学性质。在干侧压实的土偏向于颗

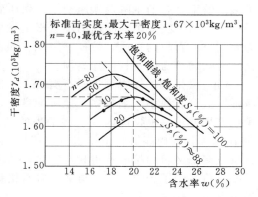

图 5-28　黏性土的击实曲线

粒任意排列的凝聚性结构，湿侧压实的土偏向于颗粒定向排列的分散性结构。干侧压
实的土，孔隙水压力明显减小，强度高；但过干时，碾压易发生干松层，土的结构不
均匀，有较大的孔隙，渗流系数明显增加，浸水后将产生附加沉降。湿侧压实的土可
增加其塑性，土的结构较均匀，渗流系数低，变形模量降低，对不均匀沉降的适应性
较好；但过湿时，碾压时易形成"弹簧土"，难以压密。故填筑含水率应慎重选择，
并综合考虑。上限值要求：①不影响压实和运输机械的正常运行；②施工期产生的孔
隙水压力不影响坝坡稳定；③在压实过程中不产生剪切破坏。下限值要求：①填土浸
水后不致产生大量的附加沉降而导致坝顶高程不满足设计要求，不致引起坝体的裂缝
萌生以及在水压力作用下不会产生水力劈裂等；②不致产生松土层面难以压实。冬季
气温在零度以下筑坝时，为了使土料在填筑过程中不易冻结，填筑含水率可略低于塑
限。对黏性土的压实度，SL 274—2001《碾压式土石坝设计规范》规定：1 级、2 级
坝和高坝为 98％～100％；3 级中、低坝和 3 级以下的中坝为 96％～98％；设计地震
烈度为 8 度、9 度地区的坝要求取上限。在已建工程中，美国和加拿大的一些土石坝
采用 100％，我国小浪底坝也采用 100％。对一些有特殊用途和性质特殊的土料，压
实度要根据工程实际情况加以确定，如混凝土防渗墙顶部的高塑性土要求能承受较大
的变形，而不需要太高的密实度；对膨胀土，为减小其膨胀性，压实度希望低一些；
对湿陷性黄土，需最大限度地破坏其原状结构，使之不再具有湿陷性，压实度希望高
一些等。

5.6.2　坝壳料

坝壳料主要用来保持坝体的稳定，应具有比较高的强度。下游坝壳的水下部位以
及上游坝壳的水位变动区内则要求具有良好的排水性能。砂、砾石、卵石、漂石、碎
石等无黏性土料以及料场开采的石料和由枢纽建筑物中开挖的石渣料，均可用作坝壳
料，但应根据其性质配置于坝壳的不同部位。均匀中细砂及粉砂等一般只能用于坝壳
的干燥区，如应用于水下部位则应进行论证，并采取必要的工程措施，以避免发生不
利的渗流变形和振动液化。

　　1. 风化岩、软岩等劣质石料的应用

随着土石坝堆石体施工机械的改进，施工方法已由抛填改为薄层碾压，从而提高

了碾压效率，有助于降低碾压费用；碾压后堆石表面平整，可减少运输车辆轮胎的磨损；碾压的密实度高，碾压的堆石很少发生颗粒分离现象，沉降和扭曲变形都较小。为此，对堆石料的石质、粒径、级配、细料含量等要求均大大放宽，并有可能采用风化岩、软岩等劣质石料修建高坝。

（1）风化岩、软岩等劣质石料的工程性质。这种石料的特点是：母岩石质软，抗压强度低，石块小，细料多，但级配良好，碾压密实，孔隙率低，其工程性质基本能满足筑坝要求。根据国内外一些工程的经验来看，有的细料（粒径小于 5mm）含量达 10%～30%尚能够自由排水，施工期无孔隙水压力。风化岩和软岩堆石料虽细料含量较多，但粒间接触点也相应增多，压实后，其压缩性并不很大。有的坝软岩压实后摩擦角达到了 49°～37°，与坚硬岩石相差无几。所以，用风化岩和软岩建成的堆石坝也可采用较陡的坝坡。

（2）应用风化岩、软岩筑坝时应注意的几个问题。应按石料质量分区使用，将坝壳由内向外分成几个区，质量差的、粒径小的石料放在内侧，质量好的、粒径大的石料放在外侧，这样可扩大材料的使用范围。现场和试验室观测表明，堆石距表面的深度超过 0.5m，遭受风化的影响便很小，设计时应在堆石料表面铺一层 1～1.5m 厚的新鲜岩石保护层，以防止内部继续风化。堆石中细料含量宜适当控制，以保持必要的透水性和压实密度，如细料含量较多难以自由排水，则应将其填筑在坝壳内要求较低的任意料区。任意料区一般布置在下游坝壳的干燥区或坝壳内侧靠近心墙附近。任意料区的周围应包一层排水过渡层，还应防止细料过分集中，形成软弱面，影响坝体稳定和不均匀沉降。如岩石的软化系数较低，则应研究浸水后的抗剪强度降低和湿陷问题，一般宜填筑在干燥区。

2. 填筑标准

（1）无黏性土。压实标准按相对密度确定，要求：砂砾石不低于 0.75，砂不低于 0.70，反滤料不低于 0.70。建在地震区的土石坝，一般要求浸润线以上不低于 0.75，浸润线以下按设计烈度大小，不低于 0.75～0.85。对于砂砾料，当粒径大于 5mm 的粗料含量小于 50%时，应保证细料的相对密度满足以上要求，并按此要求换算出不同粗料含量的填筑密实度值。

（2）堆石料。堆石的压实功能和设计孔隙率可参照已有类似工程的经验初步拟定，一般孔隙率为 20%～28%（设计地震烈度为 8 度、9 度的地区取小值），需根据碾压试验确定。实际施工时应同时控制碾压参数（碾压设备的型号、振动频率及重量、行进速度、铺土厚度、加水量、碾压遍数等）和干密度。

设计的填筑标准及碾压参数主要参照以往的工程经验确定，具体到一项工程，还须通过碾压试验进行验证。砾石土、风化岩石、软岩堆石料碾压前后的级配变化较大，湿陷性黄土原状结构的破坏程度对坝体变形的影响至关重要，故将这类土用于 1 级、2 级坝和高坝时要进行专门的碾压试验，论证其填筑标准。

5.6.3 反滤料、过渡料及排水材料

应采用质地致密坚硬、具有高度抗水性和抗风化能力的中高强度的岩石材料。风化料一般不能用作反滤料。宜尽量利用天然砂砾料筛选，当缺乏天然砂砾料时，亦可人工轧制，但应选用抗水性和抗风化能力强的母岩材料。

对反滤料的要求，除透水性和母岩质量外，还应满足级配要求。根据一般经验，粒径小于 0.075mm 的颗粒含量影响反滤料的透水性，故不应超过 5%。反滤料粒径、级配的设计参见 5.7 节。

5.7 土石坝的构造

对满足抗渗和稳定要求的坝的基本剖面，尚需进一步通过构造设计来保障坝的安全和正常运行。

5.7.1 防渗体

1. 土质防渗体

在土石坝中，土质防渗体是应用最为广泛的防渗结构。可用作防渗体的土料范围很广。透水和不透水是一对相对概念，所谓防渗体，是指该部位土体比坝壳其他部位更不透水，它的作用是控制坝体内浸润线的位置，并保持渗流稳定。

均质坝的整个坝体都是防渗体。分区坝防渗体的主要型式为心墙和斜墙（图 5-29）。心墙和斜墙的厚度，主要决定于土料的质量，如容许渗流比降、塑性、抗裂性能等。渗流分析表明，土石坝防渗体中的水头损失并不是按直线分布的。例如，心墙与下游水位相交处附近的逸出比降可达到平均比降的 1.6 倍或更大。在设计中通常采用平均容许比降 $[J_a]$ 作为控制标准，它等于作用水头 H 与防渗体厚度 T 的比值，这是一个半经验性的数据。SL 274—2001《碾压式土石坝设计规范》规定：心墙的 J_a 不宜大于 4，斜墙的 J_a 不宜大于 5。在国内外土石坝的建设实践中，厚心墙的底部厚度常取为水头的 30%~50%，薄心墙的底部厚度常取为水头的 15%~20%。由于反滤层设计的不断完善，20 世纪 50 年代以后实际采用的防渗体的容许比降值明显提高。前南斯拉夫的卡里门采和梯克维斜心墙坝，坝高分别为 92.0m 和 113.5m，采用的 $J_a = 4.9$~5.0。美国的库加尔斜心墙坝，坝高 158m，采用的 $J_a = 4.3$；布朗尼斜墙坝，坝高 122m，采用的 $J_a = 12.2$。薄心墙坝的发展表明，在控制渗流稳定的工

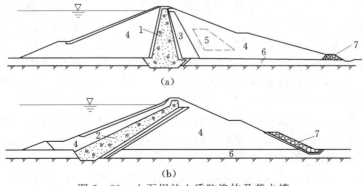

(a)

(b)

图 5-29 土石坝的土质防渗体及截水槽

(a) 心墙坝；(b) 斜墙坝

1—心墙；2—斜墙；3—过渡层；4—砂砾料；

5—任意料；6—河床砂砾料；7—排水

程措施中，除了渗径长度（防渗体的厚度）外，反滤层已起着愈来愈重要的作用。防渗体尺寸的确定，除土料的质量外，还应考虑：防渗土料的数量和施工的难易程度；坝基的性质及处理措施；防渗土料与坝壳材料的单价比值等因素。设计烈度为 8 度、9 度地震区的防渗体要适当加厚。

防渗体顶部的水平宽度需要考虑机械化施工的要求，不应小于 3m。自上而下逐渐加厚，在坝底部不低于容许比降所规定的要求。厚心墙一般做成上下游面对称。近代高土石坝多将心墙做成顶部略倾向下游的斜心墙，这样可兼取心墙坝与斜墙坝的优点，即上游坝坡可做得较陡以节省工程量，减小防渗体的拱效应以利于防止裂缝，同时下游坝坡也可做得较陡。

防渗体顶部在正常蓄水位或设计洪水位以上的超高，在正常运行条件下，斜墙应为 0.6～0.8m，心墙应为 0.3～0.6m；在非常运行情况下，均不应低于该工况下的静水位，并应核算风浪爬高的影响，以防风浪形成的壅水通过防渗体顶部渗向下游。当防渗体顶部设有稳定、坚固、不透水且与防渗体紧密结合的防浪墙时，可将防渗体顶部高程放宽至正常运用静水位以上即可。防渗体顶部尚需预留竣工后的沉降超高。

心墙和斜墙的顶部以及斜墙的上游侧均应设置保护层，以防止冰冻和干裂。保护层厚度（包括上游护坡的垫层在内）应不小于该地区的冻结或干燥深度。斜墙上游保护层应分层碾压，达到和坝体相同的标准。其外坡的坡率应按稳定计算确定，使保护层不致沿斜墙面或连同斜墙一起滑动。

2. 沥青混凝土防渗体

沥青混凝土具有较好的塑性和柔性，渗流系数约为 $10^{-7}\sim10^{-10}$ cm/s，防渗和适应变形的能力均较好，产生裂缝时，有一定的自行愈合的功能，而且施工受气候的影响也小，故适于用作土石坝的防渗体材料。20 世纪 60 年代以来，应用沥青混凝土作防渗体的土石坝发展较快，世界各国已建 200 多座。奥地利的欧申力克沥青混凝土斜墙堆石坝，坝高 106m。我国近一二十年来已建成 20 多座，其中，陕西石砭峪沥青混凝土斜墙定向爆破堆石坝，坝高 85m。

沥青混凝土防渗体可做成斜墙或心墙，如图 5 - 30 所示。早期的沥青混凝土斜墙做成双层状，即在两层密实的沥青混凝土防渗层之间夹一层由疏松沥青混凝土铺成的排水层，其作用是排除透过防渗层的渗水。但许多工程实践的应用表明效果并不明显，所以近年来倾向于不设排水层。斜墙铺设在垫层上，垫层一般为厚约 1～3m 的碎石，其上铺有 3～4cm 厚的沥青碎石层作为斜墙的基垫。垫层的作用是调节坝体的变形。斜墙本身由密实的沥青混凝土防渗层组成，厚 20cm 左右，分层铺压，每一铺层厚 3～6cm。在防渗层的迎水面涂一层沥青玛𤧛脂保护层，可减缓沥青混凝土的老化，增强防渗效果。由于保护层表面光滑，还可减轻结冰引起的冻害。斜墙与地基防渗结构连接的周边要做成能适应变形和错动的柔性结构。按铺筑施工的要求，沥青混凝土斜墙的上游坝坡一般不应陡于 1∶1.6～1∶1.7。

沥青混凝土心墙可做成竖直的或倾斜的。对于中、低坝，其底部厚度可采用坝高的 1/60～1/40，且不小于 40cm；顶部厚度可以减小，但不小于 30cm。如采用埋块石的沥青混凝土心墙，其最小厚度不宜小于 50cm。心墙两侧各设一定厚度的过渡层。心墙与基岩连接处设观测廊道，用以观测心墙的渗水情况。心墙与地基防渗结构的连

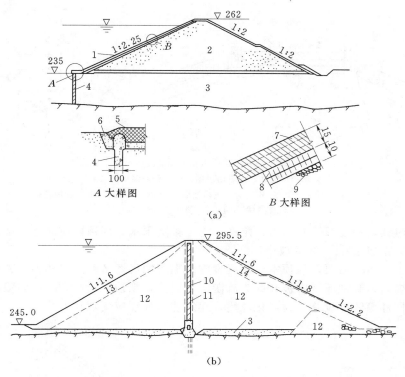

图 5-30　沥青混凝土斜墙坝和心墙坝（高程：m；尺寸：cm）

(a) 斜墙坝；(b) 心墙坝

1—沥青混凝土斜墙；2—砂砾石坝体；3—砂砾河床；4—混凝土防渗墙；5—致密沥青混凝土；
6—回填黏土；7—密实沥青混凝土防渗层；8—整平层；9—碎石垫层；10—沥青
混凝土心墙；11—过渡层；12—堆石体；13—抛石护坡；14—砾石土

接部分也应做成柔性结构。

用作防渗体的沥青混凝土，要求具有良好的密度、热稳定性、水稳定性、防渗性、可挠性、和易性和足够的强度。

5.7.2　坝顶和护坡

1. 坝顶

坝顶护面可采用密实的砂砾石、碎石、单层砌石或沥青混凝土等柔性材料以适应坝的变形，并对防渗体起保护作用，防止干裂和雨水冲蚀。从某些工程失事的教训看，洪水首先漫过防浪墙，冲蚀坝顶材料，淘刷防浪墙底脚，使防浪墙倾倒，造成洪水漫顶而失事。因此，坝顶选用耐冲材料，如混凝土、沥青、砾石等，对坝顶保护有一定好处。但这些材料适应坝体变形的能力较差，易和坝体间出现间隙，坝体中如出现裂缝也不易发现。故应根据实际情况，作出选择。

坝顶上游侧宜设防浪墙，墙顶高于坝顶 1.0～1.2m。防浪墙应坚固且不透水，可用浆砌石或钢筋混凝土筑成，墙底应和坝体防渗体紧密连接（图 5-31）。防浪墙的尺寸根据稳定、强度计算确定，使其在汛期等特殊情况，仍可发挥挡水作用。位于地

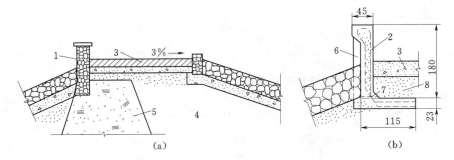

图 5-31 坝顶构造 （单位：cm）

（a）坝顶路面和浆砌石防浪墙；（b）钢筋混凝土防浪墙

1—浆砌石防浪墙；2—钢筋混凝土防浪墙；3—坝顶路面；4—砂砾坝壳；

5—心墙；6—方柱；7—排水管；8—回填土

震区的防浪墙，还要核算其动力稳定性。为了排除雨水，坝顶面应向上、下游侧或下游侧倾斜，作成 2%～3% 的坡度。

根据工程运行需要，坝顶常设照明设施。随着国民经济的发展和人民物质文化生活水平的提高，高坝库区常被开辟为旅游区。因此，坝顶下游侧和不设防浪墙的上游侧可设置栏杆等防护设施。为美化环境，建筑艺术处理应美观大方。

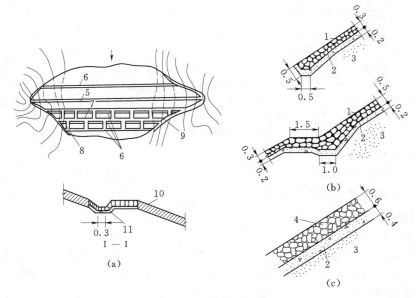

图 5-32 砌石、堆石护坡及坝坡排水 （单位：m）

（a）坝坡排水；（b）砌石护坡；（c）堆石护坡

1—干砌石；2—垫层；3—坝体；4—堆石；5—坝顶；6—马道；7—纵向排水沟；

8—横向排水沟；9—岸坡排水沟；10—草皮护坡；11—浆砌石排水沟

2. 护坡

土石坝上游坡面要经受波浪淘刷、冰层和漂浮物的撞击等危害作用；下游坡面要遭受雨水、大风、尾水部位的风浪、冰层和水流的损害以及动物、冻胀干裂等破坏作用。因此，上下游坝面都需设置护坡，只有石质下游坡可以例外。

上游护坡的常用型式为干砌石、浆砌石或堆石，参见图 5-32。近年来混凝土板护坡使用得也不少。在缺乏石料的地区，用水泥土做护坡比较经济。水泥土是在砂中掺入 7%～12%的水泥，分层填筑于坝面作成，厚度约为 0.6～0.9m。护坡厚度和材料粒径应根据浪压力大小及波浪要素参照规范建议的公式计算确定。护坡型式根据坝的等级、适用条件和当地材料等情况通过技术经济比较确定。有条件时，宜采用堆石作上游护坡。对波浪压力较大的坝段和部位，可以采用与其他部位不同的护坡厚度。砌石、堆石护坡下应按反滤原则设置碎石或砾石垫层，当坝壳料与护坡连接符合反滤要求时可以免设。对于抗冲刷能力较强的黏性土坝坡，护坡垫层不一定严格按照层间关系选择。垫层厚度与材料粒径有关，一般砂土用 0.15～0.30m，卵砾石和碎石用 0.30～0.60m。堆石坝的抛石护坡一般不设专门垫层。当库内风浪较大、干砌石护坡可能遭到破坏时，可在砌石护坡上用水泥砂浆或细骨料混凝土灌缝将石块连成整体，以提高抗冲能力。也可采用沥青混凝土、混凝土或钢筋混凝土护坡，这种护坡既可就地浇筑，也可预制。浆砌石和混凝土类的护坡均应设置排水孔，以消除水库水位降落或其他原因产生的自坝体内向上游渗水对护坡的不利影响。护坡范围应自坝顶或防浪墙起延伸至水库最低水位以下一定距离，一般为 2.5m。对 4 级以下的坝，可减少到最低水位以下 1.5m。当最低水位不确定时，则应护至坝脚。

土石坝下游坝面为防雨水冲刷和人为破坏，一般采用简化型式的护坡。护坡的覆盖范围应延伸至坝脚，但排水棱体不需防护。通常采用干砌石、碎石或砾石护坡，厚约 0.3m。对气候适宜地区的黏性土均质坝也可采用草皮护坡，草皮厚约 0.05～0.10m。若坝坡为砂性土，须在草皮下先铺一层厚 0.2～0.3m 的腐殖土，然后再铺草皮。为避免雨水漫流冲刷坝坡坡面，除砌石或堆石护坡外，应设坝面排水系统，如图 5-32 所示。坝面排水包括坝顶、坝坡、坝头及坝下游等部位的集水、截水和排水设施。坝面排水系统的布置、排水沟的尺寸与底坡均由计算确定。有马道时，坝轴向排水沟一般设于马道内侧，顺坡向排水沟间隔为 50～100m。坝坡与岸坡连接处的集水沟应能排除岸坡集水面积范围内的雨水。排水沟采用混凝土或浆砌石砌筑，采用混凝土预制件拼装时，应使接缝牢固成一整体。

位于严寒地区的黏性土坝坡，为使护坡不致因坝坡土冻胀而变形，应设防冻垫层，其厚度不得小于当地的冻结深度。

除堆石坝护坡外，应在马道、坝脚及护坡末端设置基座。

5.7.3 坝体排水和反滤层

土石坝渗流控制的基本原则是防、排结合，排水和反滤是其重要的组成部分。排水的作用是：控制和引导渗流，降低浸润线，加速孔隙水压力消散，以增强坝的稳定，并保护下游坝坡免遭冻胀破坏。反滤层则是保护渗流出口，防止坝体和坝基发生管涌、流土等渗流变形的最直接、最有效的措施。排水和反滤层对于土石坝的安全运行是十分重要的。

1. 坝体排水

坝体排水有以下几种型式：

（1）棱体排水，又称为滤水坝趾。在下游坝脚处用块石堆成的棱体［图5-33（a）］。棱体顶宽不小于1.0m，顶面超出下游水位的高度，对1级、2级坝不小于1.0m，对3～5级坝不小于0.5m，而且还应保证浸润线位于下游坝坡面的冻层以下。棱体内坡根据施工条件确定，一般为1∶1.0～1∶1.5，外坡为1∶1.5～1∶2.0。棱体与坝体以及土质地基之间均应设置反滤层。在棱体上游坡角处应尽量避免出现锐角。

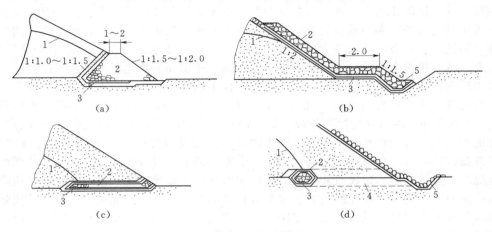

图5-33　排水型式（单位：m）
（a）棱体排水；（b）贴坡排水；（c）褥垫排水；（d）管式排水
1—浸润线；2—各种型式的排水；3—反滤层；4—横向排水带或排水管；5—排水沟

棱体排水适用于下游有水的各种坝型。它可以降低浸润线，防止坝坡冻胀，保护尾水范围内的下游坝脚不受波浪淘刷，还可与坝基排水相连接。当坝基强度足够时，可发挥支撑坝体、增加稳定的作用。但所需石料用量大，费用较高，与坝体施工有干扰，检修较困难。

（2）贴坡排水，又称为表面排水。用1～2层堆石或砌石加反滤层直接铺设在下游坝坡表面，不伸入坝体的排水设施［图5-33（b）］。排水顶部须高出浸润线逸出点，对1级、2级坝不小于2.0m，对3～5级坝不小于1.5m。排水的厚度应大于当地的冰冻深度。排水底脚处应设置排水沟或排水体，并具有足够的深度，以便在水面结冰后，其下部仍保持足够的排水断面。

这种型式的排水构造简单，用料节省，施工方便，易于检修，可以防止坝坡土发生渗流破坏，保护坝坡免受下游波浪淘刷。但不能有效地降低浸润线，且易因冰冻而失效。常用于土质防渗体分区坝。

（3）坝内排水。包括褥垫排水层，网状排水带、排水管、竖式排水体等。

褥垫排水是沿坝基面平铺的由块石组成的水平排水层，外包反滤层［图5-33（c）］。伸入坝体内的深度对于黏性土均质坝不超过坝底宽的1/2；对于砂性土均质坝不超过坝底宽的1/3；对于土质防渗体分区坝，则宜与防渗体下游侧的反滤层相连接。块石层厚约0.4～0.5m，并通过渗流计算进行检验。这种排水倾向下游的纵坡取为0.005～0.05。当下游无水时，褥垫排水能有效地降低浸润线，有助于坝基排水，加速软黏土地基的固结。主要缺点是对不均匀沉降的适应性差，易断裂，且难以检修。当下游水位高过排水设施时，降低浸润线的效果将显著降低。

网状排水由纵向（平行坝轴线）和横向排水带组成。纵向排水带的厚度和宽度根据渗流计算确定，横向排水的带宽不小于 0.5m，间距可在 30～100m 范围内选用，其坡度不宜超过 1%，或由不产生接触冲刷的要求确定。当渗流量大，所需排水带尺寸过大时，可铺设排水管 [图 5-33 (d)]，管径通过计算确定，但不小于 20cm。管内流速控制在 0.2～1.0m/s 范围内，管的坡度不大于 5%，并埋入反滤料中。排水管的管壁上有孔或留有孔隙，以收集渗水，其孔径或缝宽按反滤料的粒径计算确定。

为了有效地降低坝内浸润线，在均质坝内设置铅直的、向上游或向下游倾斜的竖式排水（图 5-34）是控制渗流的一种有效型式。这种排水顶部可伸到坝面附近，厚度由施工条件确定，

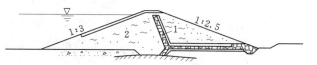

图 5-34 设有竖式排水和水平排水的土坝
1—竖式排水；2—砂壤土坝体

但不小于 1.0m，底部用水平排水带或褥垫排水将渗水引出坝外。SL 274—2001《碾压式土石坝设计规范》建议，均质坝和坝壳用弱透水材料填筑的土石坝，宜优先选用竖式排水。

对于由黏性土等弱透水材料填筑的均质坝或分区坝，为了加速坝壳内孔隙水压力的消散，降低浸润线，以增加坝的稳定，可在不同高程处设置坝内水平排水层，其位置、层数和厚度可根据计算确定，但其厚度不宜小于 0.3m。多数情况下，伸入坝体内的长度一般不超过各层坝宽的 1/3。在运用期需将上游侧的水平排水层用灌浆堵塞。

实际工程中，常根据具体情况将几种不同型式的排水组合在一起成为综合式排水，以兼取各型式的优点。例如，当下游高水位持续时间不长时，为了节省石料，可考虑在正常水位以上用贴坡排水，以下用棱体排水；在其他情况下，还可采用褥垫排水与棱体排水组合或贴坡排水、棱体排水与褥垫排水组合的型式等。

排水设施应具有充分的排水能力，以保证自由地向下游排出全部渗水；能有效地控制渗流，避免坝体和坝基发生渗流破坏；此外，还要便于观测和检修。

2. 反滤层及过渡层

反滤层的作用是滤土排水，防止土工建筑物在渗流逸出处遭受管涌、流土等渗流变形的破坏以及不同土层界面处的接触冲刷。对下游侧具有承压水的土层，还可起压重的作用。在土质防渗体与坝壳或坝基透水层之间，坝壳与坝基的透水部位均应尽量满足反滤原则。过渡层主要对其两侧土料的变形起协调作用。反滤层可起过渡层的作用，而过渡层却不一定能满足反滤的要求。在分区坝的防渗体与坝壳之间，根据需要与土料情况可以只设置反滤层，也可同时设置反滤层和过渡层。

反滤层按其工作条件可划分为两种主要类型（图 5-35）：①Ⅰ型反滤，反滤层位于被保护土的下部，渗流方向主要由上向下，如斜墙后的反滤层；②Ⅱ型反滤，反滤层位于被保护土的上部，渗流方向主要由下向上，如位于地基渗流逸出处的反滤层。渗流方向水平而反滤层成垂直向的，属过渡型，如心墙、减压井、竖式排水等的反滤层。Ⅰ型反滤要承受被保护土层的自重和渗流压力的双重作用，其防止渗流变形的条件更为不利。

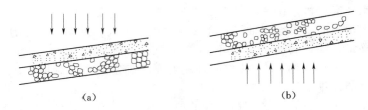

图 5-35 反滤层的类型

(a) Ⅰ型反滤；(b) Ⅱ型反滤

合理的反滤层设计要满足两个互相矛盾的要求：

(1) 被保护土层不发生管涌等有害的渗流变形，在防渗体出现裂缝的情况下，土颗粒不会被带出反滤层，而且能促使裂缝自行愈合。这就要求反滤料必须具有足够小的孔隙，以防土粒被冲入孔隙或通过孔隙而被冲走。

(2) 透水性大于被保护土层，能通畅地排出渗透水流，同时不致被细粒土淤塞而失效。这就要求反滤料必须具有足够大的孔隙。

反滤层一般由 1~3 层级配均匀，耐风化的砂、砾、卵石或碎石构成，每层粒径随渗流方向而增大。水平反滤层的最小厚度可采用 0.3m；垂直或倾斜反滤层的最小厚度可采用 0.5m。反滤层的级配、厚度和层数宜通过分析比较，选择最合理的方案。对于 1 级、2 级坝还需经过试验论证。反滤层应有足够的尺寸以适应可能发生的不均匀变形，同时避免与周围土层混掺。

SL 274—2001《碾压式土石坝设计规范》规定，当被保护土为无黏性土，且不均匀系数 $C_u \leqslant 5 \sim 8$ 时，其第一层反滤料的级配，建议按太沙基准则选用，即

$$D_{15}/d_{85} \leqslant 4 \sim 5 \tag{5-76}$$

$$D_{15}/d_{15} \geqslant 5 \tag{5-77}$$

式中：D_{15} 为反滤料的特征粒径；d_{85}、d_{15} 分别为被保护土的控制粒径和特征粒径。

这一准则在国内外得到了广泛应用，并经实践证明是适宜的。选择第二层反滤料时采用与以上相同的准则，只是应以第一层反滤料作为被保护土，其余类推。对于不均匀系数较大 ($C_u > 8$) 的被保护土，可取 $C_u \leqslant 5 \sim 8$ 细粒部分的 d_{85}、d_{15} 作为计算粒径；对于不连续级配的土，则应取级配曲线平段以下（一般是 1~5mm 以下）粒组的 d_{85}、d_{15} 作为计算粒径。选择不均匀系数 $C_u > 5 \sim 8$ 的砂砾石作为反滤料的第一层时，应取 5mm 以下的细粒部分的 D_{15} 作为计算粒径，并控制大于 5mm 的颗粒含量不超过 60%。其他情况都应通过试验确定。

当被保护土为黏性土时，SL 274—2001《碾压式土石坝设计规范》推荐采用谢拉德 1989 年提出的方法。该方法对被保护土的分类简单明了，而且设计步骤明确，可直接求出反滤料级配。详细内容可参见该规范附录。实际设计时可在此计算基础上适当放宽。

现代土石坝设计中防渗体的反滤层大多只用一层，有时两层，较少用三层。例如，前苏联的萨尔桑格、热瓦理斯克，哥伦比亚的契夫，我国台湾的石门，日本的御母衣、牧尾和鱼梁濑等坝，均采用一层反滤直接向坝壳过渡。罗贡、努列克、奥罗维尔、石头河等高坝，设两层反滤，第一层反滤料多为天然的和只经一次筛选的天然砂砾石，不均匀系数限制在 50 以下；第二层实际上是向堆石的过渡层，直接使用各种

组成的天然砂卵石料，不均匀系数不加限制。防渗体上游侧的反滤，其工作条件与下游反滤层不同，主要是水库水位降落时，保护防渗体不受冲蚀，承受水力坡降较小，故对上游反滤层材料的级配、层数和厚度均可适当简化。反滤料在加工、运输和填筑期间要防止发生颗粒离析，在填筑过程中应尽量与坝平起。反滤料还应有压实控制标准，保证在水库蓄水后不致因其变形导致心墙或斜墙出现裂缝。

过渡层可避免刚度相差较大的两侧土料之间产生急剧变化的变形和应力。故在混凝土面板堆石坝的垫层和堆石之间，沥青混凝土心墙和坝壳之间均应设置过渡层。土质防渗体分区坝，除坝壳为堆石外，一般不设过渡层，即使坝壳为堆石，若反滤层有一定厚度，也可不设过渡层。根据我国鲁布革与小浪底坝的经验，坝壳为堆石时，过渡层可采用连续级配、最大粒径不超过 300mm、满足强度与防渗要求的洞挖石渣料。

地震区、峡谷区的高坝，在防渗体与岩石岸坡或混凝土建筑物连接处，当防渗体由塑性较低、沉降量较大的土料筑成或是防渗体与坝壳的刚度相差悬殊，以及坝建于深厚覆盖层上时，均有可能出现防渗体裂缝或反滤层断裂等现象，故应将防渗体两侧的反滤层或过渡层适当加厚。

5.7.4　土工合成材料在土石坝防渗和排水反滤中的应用

土工合成材料是以人工合成的聚合物（包括各种塑料、合成纤维、合成橡胶）为原料制成的土工织物和土工膜等产品。土工合成材料具有重量轻、整体性好、产品规格化、强度高、耐腐蚀性强、运输和储运方便、施工简易等优点。应用于土石坝工程可收到节省工程投资、缩短工期的效果。土工合成材料具有防渗、排水、过滤、加筋、隔离、防护等多种功能，是一种很有发展前景的新型坝工材料。随着其日益广泛的应用，产品品种不断增加，质量性能不断提高，我国国家技术监督局与建设部也已发布了 GB 50290—98《土工合成材料应用技术规范》。

1. 土工膜

土工膜为高分子聚合物或由沥青制成的一种相对不透水薄膜。聚合物薄膜所用的聚合物有合成橡胶和塑料两类。合成橡胶薄膜可用尼龙丝布加筋，其抗老化及各种力学性能都较好，但价格比塑料薄膜贵。水利工程上采用的塑料薄膜主要是聚氯乙烯和聚乙烯制品。此外，还有各种复合型土工膜，如将土工薄膜与土工织物复合成一体，土工织物能起缓冲受力作用，可弥补土工膜强度的不足，又能改善接触面的抗磨性能。土工膜的渗流系数一般都在 1×10^{-8} cm/s 以下。土工膜早期应用于渠道防渗，20 世纪 60 年代以后应用于土石坝，在前苏联及法国等欧洲国家应用较多。据报道，前苏联曾在 150 多座土石坝中使用土工膜防渗，效果良好。1984 年西班牙建成的波扎弟洛斯拉莫斯堆石坝，坝高 97m，使用土工膜防渗运行良好，现已加高到 134m。自 20 世纪 80 年代我国开始将土工膜应用于一些中小型工程以来，发展十分迅速。

应用土工膜作土石坝防渗体时，可以铺设在上游面，并在其上部和下部分别设置上垫层和下垫层，再在表面加防护层。防护层可采用砂砾料、干砌或浆砌块石、混凝土块等；上垫层可采用砂砾料、沥青混凝土、土工织物或土工网等；下垫层可采用压实细粒土、土工织物、土工网、土工格栅等。当土工膜具有足够强度和抗老化能力时，也可不设防护层、上垫层；复合土工膜可不设下垫层。采用土工膜的坝坡坡度受垫层和土工膜间的摩擦系数所控制，一般比较平缓，用料较多，但铺设和检修较方便。也可将土工膜直立铺设于坝体中部，此时坝坡坡度可不受其影响，薄膜也不易损坏，但以后的维修更新不便。土工膜多用于斜墙坝。在土工膜防渗体设计施工中，要注意许多细部构造问题，以保证其防渗效果，如尽量采用复合型土工膜，膜厚不宜小于 0.5mm；做好底部、周边与不透水地基或岸坡的结合，一般采用锚固槽的连接方式；铺设时应保持松弛状态，以避免高应力造成的破坏；注意薄膜的黏结或焊接工艺，以保证连接质量。

土工膜的老化和使用寿命问题为工程界所关注。通过大量室内和现场试验研究表明，薄膜埋设于土石坝内，与温度、紫外线、大气等老化因素基本隔绝，加上抗老化剂的应用，可以认为，老化并不严重。前苏联在有关规程中规定：聚乙烯薄膜可用于使用年限不超过 50 年的建筑。从试验室加速老化试验的结果推算，埋在坝内的聚乙烯薄膜可使用 100 年。欧美国家也有类似的经验。

2. 土工织物

土工织物为用聚酯（PES）、聚酰胺（PA）、聚丙烯（PP）、聚乙烯（PE）和聚乙烯醇（PVA）等高分子聚合物纤维制造的透水性织物，但其中不得掺有棉、毛、丝、麻等天然纤维，因其强度较低，耐久性能较差。按加工工艺的不同，可区分为织造土工织物和非织造（无纺）土工织物两类。用途较广的是非织造土工织物，它的纤维呈不规则或随意排列，用化学黏合、热力黏合、机械黏合等方法制成。其最大优点是强度没有明显的方向性，不像纺织物沿经线、纬线的强度高，与经线、纬线斜交方向的强度低。土工织物已较普遍地应用于排水反滤系统与护坡垫层。土工织物的渗流系数一般为 $10^{-3} \sim 10^{-4}$ cm/s，与面板堆石坝对垫层料的要求相近。但应用土工织物作反滤层，要防止其被细粒土淤堵失效，宜尽可能用在易修补部位，如护坡下面的垫层、坝下游排水沟下面的反滤层、下游贴坡排水的反滤层等处。应用土工织物加筋垫层，可增加坝坡的稳定性。

3. 其他土工合成材料

由两种或两种以上土工合成材料复合而成的土工复合材料，包括复合土工膜、复合土工织物、复合防排水材料（排水带、排水管）等，可用于防渗、反滤、排水、加筋及防护等方面。土工特种材料为根据特殊需要加工而成的制品，包括土工格栅、土工带、土工格室、土工网、土工模袋、土工网垫、土工织物膨润土垫（GCL）、聚苯乙烯（EPS）等，主要用于防护、加筋等方面。

5.7.5　土石坝的裂缝及其防治措施

由于设计、施工不当等诸多方面的原因，土石坝中常常会出现裂缝，而在渗流等因素作用下，裂缝将进一步发展，威胁大坝的安全。20 世纪 60 年代以来，对土石坝的裂缝控制受到普遍重视，在国际范围内展开了普遍的研究。目前有关裂缝的分析计算和裂缝的控制技术虽然有了很大的发展，但仍不够完善。研究和解决坝的抗裂问题，主要还是依靠半经验和半理论性的方法。

5.7.5.1　裂缝的类型和成因

土石坝在建造和运行过程中一般都要发生变形。在不利的地形和坝基土质条件下，可能产生局部过大的变形和应力，当其超过坝体材料的承受能力时，将产生裂缝。不利的变形是在土石坝中产生裂缝的主要原因。

变形裂缝按其形态可以区分为以下几种：

（1）纵向裂缝。走向大体上与坝轴线平行，多数发生在坝顶和坝坡中部。在心墙坝和多种土质坝中，由于心墙土料的固结比较缓慢，坝壳土料的沉降速度比心墙快，坝壳和心墙之间发生应力传递，在坝顶部出现拉应力区导致裂缝。这种裂缝多发生在竣工初期，或初次蓄水等坝壳沉降变形较大的时候。裂缝形成后，应力释放，达到新的平衡，裂缝便不再发展。土质斜墙坝的坝壳材料，如压实不足，沉降变形大，上部和下部沉降不均，都可使斜墙断裂，形成纵向裂缝。在高压缩性地基上也易形成坝坡面和坝内部的纵向裂缝。

（2）横向裂缝。走向与坝轴线近乎垂直，多发生在两岸坝肩附近。当岸坡比较陡峻，或是岸坡地形突然变化时，都易发生这种裂缝。横缝常贯穿坝的防渗体，并在渗流作用下继续发展，因而危害极大。

（3）内部裂缝。主要由坝基和坝体的不均匀沉降引起。这是一种坝内裂缝，在坝体表面很难发现，它可能发展成为集中的渗流通道，危害性也很大。在较薄的黏土心墙坝中，坝壳沉降速度快，较早达到稳定，而心墙由于固结速度慢，还在继续沉降，坝壳将对心墙产生拱效应，使墙中的竖向应力减小，甚至可能由压应力转变为拉应力，从而产生内部裂缝。

地震区土石坝震害的主要形态是出现纵缝和横缝，这也是一种变形裂缝。此外，由于水力劈裂作用也可以产生裂缝。由于干缩和冻融作用产生的裂缝多发生于坝体表面，深度不大，危害性较小，且易于防治。

5.7.5.2 裂缝的防治措施

1. 改善坝体结构或平面布置

（1）将坝轴线布置成略凸向上游的拱形。

（2）根据需要适当放缓坝坡。

（3）采用具有适当厚度的斜心墙，在预计有较大差异变形处，以及与两岸或混凝土建筑物连接处将心墙适当加厚。

（4）在渗流出口处铺设足够厚的反滤层，特别是对易于出现裂缝的部位要适当加厚。

（5）进行土料分区时，要避免将粒径相差悬殊的两种土料相邻布置，在黏土心墙与坝壳粗料之间设置较宽的过渡区，使不同土料间的变形特性逐步变化，上游面宜铺设较厚的堆石，斜墙与下游坝壳之间也宜设置过渡层。

2. 重视坝基处理

对不利的岸坡地形，软弱、高压缩性、易液化的坝基土层均应按 5.8 节要求进行必要的处理，以避免过大的不均匀沉降及水力劈裂冲蚀。

3. 适当选用坝身土料

土料的选择与设计不仅要考虑其强度与渗透性能，而且还应充分重视土料的变形性能。

（1）对于防渗体，砂砾含量较高、塑性指数较低的黏性土，充分压实后其压缩性较小，但适应变形的能力较低；相反，黏粒含量高、塑性指数高的黏性土，适应变形能力强而压缩性较高。故宜针对不同要求的防渗体，以及防渗体的不同部位，选用不同的土料。斜墙对不均匀变形比较敏感，对土料适应变形的能力要求较高，而由于所承受的荷载较小，对土料的压缩性要求则可适当放宽。心墙的中上部对土料的要求与斜墙类似，但心墙的中下部所承受的荷载较大，而不均匀变形的可能性较小，故对其适应变形的要求可适当降低，对土料压缩性的要求则较高。

（2）对于坝壳料，在浸润线以下不宜采用粉、细、中砂以及黏性土或易软化变细的风化料。在浸水区外也宜采用粒粗质坚、易于压实的砂砾、卵石、堆石，尽量减少其中细粒及泥质含量。

（3）对于过渡区及渗流入口处，宜填筑自动淤填土料。

（4）对于可能的裂缝冲刷区，宜采用能抗冲刷的优良反滤料。

4. 采用适宜的施工措施和运行方式

（1）压实含水率对土的变形性能具有一定的影响。压实含水率高于最优含水率的黏性土，压实后土体的压缩性较大，而适应变形的性能较好，反之亦然。在坝体中、下部宜提高压实度，减小压缩性；河槽坝段中、上部的压实度也宜比两岸坝段稍高；两岸坝肩等易开裂区的防渗体宜填筑柔性较大，适应变形能力较强的塑性土。

（2）心墙、斜墙上部，或易于开裂的部位，其填筑速率可适当放缓，以使下部坝体有比较充分的时间达到预期的沉降量。

（3）当上游坝壳料易于湿陷时，宜边填筑边蓄水。

（4）设有竖直心墙的土坝，其心墙、过渡段和坝壳三者上升的高度不宜相差悬殊。斜墙坝的下游坝壳则宜提前填筑，使沉降早日完成。

（5）在施工间歇期要妥善保护坝面，防止干缩、冻溶裂缝的发生，一旦发现裂缝，应及时处理。

（6）运行期，特别是初次蓄水时，水位的升降速度不宜过快，以免坝体各部位的变形来不及调整，互不协调，产生高应力，同时避免出现水力劈裂。

5.7.5.3 裂缝处理

土石坝设计和施工时，应注意防范裂缝的形成和发展。发现裂缝时要查明性状，分析原因，根据其危害程度，分别采取不同的处理措施：

（1）对表面裂缝，先用砂土填塞，再以低塑性黏性土封填、夯实。对深度不大的裂缝，也可将裂缝部位的土体挖除，回填含水率稍高于最优含水率的土料，分层夯实。

（2）对深部裂缝，可进行灌浆处理，用低塑性黏性土或在其中加少量中、细砂等做灌浆材料自流或加压灌注，但要防止水力劈裂。对高的薄心墙及斜墙坝不宜采用高压灌浆。

（3）对严重的裂缝，可在坝内做混凝土防渗墙。该方法效果好，但施工周期长，造价高，在蓄水情况下施工，有一定风险，要慎用。

国内外一些土石坝工程，在裂缝控制方面取得了比较良好的效果。迈卡、努列克、奥罗维尔等近代高坝自竣工以来，尚无开裂信息。我国 20 世纪 50 年代修建的南湾、大伙房等坝，运行 50 年来也未见明显裂缝。

5.8 土石坝的坝基处理

土石坝底面积大，坝基应力较小，坝身具有一定的适应变形的能力，坝身断面分区和材料的选择也具有灵活性。所以，土石坝对天然地基的强度和变形要求，以及地基处理的标准等，都可以略低于混凝土坝。但是，土石坝坝基本身的承载力、强度、变形和抗渗能力等条件一般远不如混凝土坝，所以，对坝基处理的要求丝毫不能放松。据国外资料统计，土石坝失事约有 40% 是由地基问题引起的，可见坝基处理的重要性。坝基处理技术近年来已取得了很大的进展，从国内外坝工建设的成就来看，很多地质条件不良的坝基，经过适当处理以后，都成功地修建了高土石坝。例如，加拿大在深过 120m 的覆盖层上采用混凝土防渗墙，修建了高 107m 的马尼克 3 号坝；埃及在厚 225m 的河床冲积层上，采用水泥黏土灌浆帷幕，修建了高 111m 的阿斯旺坝；我国在深厚覆盖层上的防渗技术也已进入国际先进行列，世界上现有防渗墙深度超过 40m 的 36 座土石坝中，我国有 17 座，其中小浪底坝防渗墙深度达 80m。坝基处理的范围包括河床和两岸岸坡。处理的主要要求是：①控制渗流，减小渗流比降，避免管涌等有害的渗流变形，控制渗流量；②保持坝体和坝基的静力和动力稳定，不产生过大的有害变形，不发生明显的不均匀沉降，竣工后，坝基和坝体的总沉降量一般不宜大于坝高的 1%；③在保证坝安全运行的条件下节省投资。

5.8.1 岩基处理

岩基处理技术可参见混凝土坝的有关内容，但处理要求则应考虑土石坝的特点，主要是防渗。当岩基透水性强，或是含有软弱夹层、风化破碎带、易发生化学溶蚀带等以致坝基漏水影响水库效益，或影响坝体和坝基的稳定或渗流稳定时，均应进行处理。

当岩基上的覆盖层较薄时，只需将防渗体坐落在岩基上形成截水槽，阻截渗流即可；但对较高的土石坝，从防渗和稳定安全考虑，有时要挖除较大部分的覆盖层，将防渗体和透水坝壳建在岩基上。例如，努列克坝将心墙部位厚 20m 的覆盖层挖除；奥洛维尔坝将厚 18m 的坝基覆盖层全部挖除，斜心墙和透水坝壳均建在岩基上。

防渗体与基岩的接触面要求结合紧密。表层强风化、裂隙密集的岩石应挖除，将坝建在具有足够强度、整体性好并在渗流作用下不致产生严重溶蚀的岩层上。在岩面不平整或存在微小裂隙处，可通过灌浆、喷水泥砂浆或浇筑混凝土进行处理，防止表层裂隙渗水直接冲刷坝体。过去国内外许多土石坝常在基岩面上浇筑混凝土垫座或建混凝土齿墙。近代的建坝趋势则是将防渗体直接填筑在岩面上，认为混凝土垫座和齿墙作用不明显，受力条件不好，容易裂缝，而且对填土碾压有干扰，不宜采用，但对基岩表面要进行严格的处理，防渗体底部岩面要进行固结灌浆，并保持结合面具有足够的渗径长度。

对断层、破碎带、软弱夹层等不良地质构造，即使高土石坝，也不需过多地考虑承载力和不均匀沉降问题，而应着眼于了解其中填充物的性质和紧密程度以及两侧围岩的岩性，研究其抗渗稳定性和抗溶蚀的性能。要做好防渗体下部顺河断层的防渗处理。处理方法除接触面做好表面处理外，还可采用水泥或化学材料灌浆、混凝土塞、混凝土防渗墙，或加宽心墙、加设防渗铺盖等措施，以增长渗径，或将断层与坝的防渗体分隔开来，防止接触冲刷。并在防渗体下游断层或破碎带出露处做好排水反滤设施，以防止管涌和溶蚀。

美国和我国都曾在活断层上修建了土石坝。美国的赛达尔泉土石坝（图 5-36），坝下有两条活断层通过，估计大坝运行期内断层的侧向和竖向位移最大可达 0.9～1.5m。设计时将坝高由 92m 降为 66m，并移动坝轴线，使黏土心墙和主河床坝段均位于完好基岩上。采用黏土心墙分区坝，在心墙的上、下游两侧分别填筑砂、反滤层、砂砾过渡区以及石料。心墙采用黏韧性黏土填筑，具有很高的塑性和抗冲蚀性，不易开裂。即使产生裂缝渗水，因心墙下游有砂、反滤层、厚的砂砾过渡区以及石料，可以防止心墙土料流失，并将渗水顺畅地排到下游。该坝的抗断层错动的工程措施被认为是恰当的。

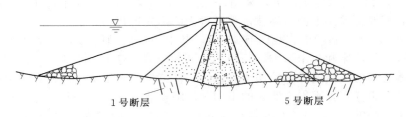

1号断层　　　　　　　　　　　　5号断层

图 5 - 36　赛达尔泉坝典型断面

　　基岩透水性较强时，土质防渗体和基岩的接触部位，需做帷幕灌浆，高坝还宜做固结灌浆。基岩裂隙宽度大于 0.15～0.25mm 时，采用水泥灌浆；小于 0.15mm 时采用化学灌浆和超细水泥灌浆。化学灌浆一般用于水泥灌浆后的加密灌浆，宜采用改性处理后的无毒或低毒材料。受灌地区地下水流速大于 600m/d 时，可在水泥浆液中加速凝剂或采用化学灌浆，并通过试验检验其可行性和效果。当地下水有侵蚀性时，选择抗侵蚀性水泥或采用化学灌浆。灌浆帷幕设在防渗体底部，均质坝可设于距上游坝脚 1/3～1/2 坝底宽度处。帷幕钻孔方向宜与岩石主导裂隙方向正交，当主导裂隙方向与水平面夹角不大时，采用垂直帷幕，否则采用倾斜帷幕。帷幕深入坝基相对不透水层至少 5m，当相对不透水层埋藏较深或分布无规律时，则结合渗流分析、防渗要求以及类似工程经验确定帷幕深度。帷幕伸入两岸的长度可根据防渗要求，按渗流计算成果确定。灌浆设计标准按灌后基岩的透水率进行控制。

　　当两岸坝肩岩体有承压水或山体较单薄存在岩体稳定问题时，宜做帷幕灌浆和排水幕设施，以减少作用于下游坡的渗流压力，增加下游坡的稳定。

　　对岩溶地区的处理参见本书 3.11 节。

5.8.2　砂砾石坝基处理

　　常见的砂砾石坝基，其河床段上部多为近代冲积的透水砾石层，具有明显的成层结构特性。在这种坝基上即使建造高土石坝，其地基承载力一般也是足够的，而且压缩性不大。如坝基土层中夹有松散砂层、淤泥层、软黏土层，则应考虑其抗剪强度与变形特性，在地震区还应考虑可能发生的振动液化造成坝基和坝体失稳的危险。为此，需进行专门的分析研究，必要时，可采取挖除、排水预压、振冲加固等措施。在砂砾石地基上建坝的主要问题是进行渗流控制，解决方法是做好防渗和排水，例如：①垂直防渗设施，包括黏性土截水槽、混凝土防渗墙、灌浆帷幕等；②上游水平防渗铺盖；③下游排水设施，包括水平排水层、排水沟、减压井、透水盖重等。这些设施可以单独使用，也可以综合使用。

　　各种垂直防渗设施能比较可靠而有效地截断坝基渗透水流，解决坝基渗流控制问题。在技术条件可能而又经济合理时，应优先采用。在下列情况下宜尽可能采用：①坝基砂砾石层渗流稳定性差，采用铺盖及排水减压设施仍不能保证坝与地基的渗流稳定时；②坝基水平成层显著，具有强透水渗漏带，上游铺盖不能有效地控制渗流时；③坝基砂砾石层厚度不大，不难采用垂直防渗设施解决渗流控制问题时；④水库不容许有大量渗漏损失时。

　　垂直防渗设施的型式可参照以下原则选用：①砂砾石层深度在 10～15m 以内，或不超过 20m 时，宜明挖截水槽回填黏土，对临时性工程则可采用泥浆槽防渗墙；②砂砾石层深度不大于 80m，可采用混凝土防渗墙；③砂砾石层更深，上述设施难以选用时，可采用灌浆帷幕，或在深层采用灌浆帷幕，上层采用明挖，回填黏土截水槽或混凝土防渗墙。不论采用何种型式，均宜将全部透水层截断。悬挂式的竖直防渗设施，防渗效果较差，不宜采用。沿坝轴线砂砾石层性质和厚度变化时，可分段采用不同措施，但要做好各段间的连接。

　　1. 黏性土截水槽

　　当坝基砂砾石层不太深厚时，截水槽是最为常用而又稳妥可靠的防渗设施。一般布置在坝身防渗体的底部（均质坝则多设在靠上游 1/3～1/2 坝底宽处），横贯整个河床并延伸到两岸，采用与坝防渗体相同的土料填筑。槽身开挖断面呈梯形，切断砂砾石层直达基岩，岩面经处理后回填黏性土料，槽下游侧按级配要求铺设反滤料，槽底宽应根据回填土料的容许渗流比降、与基岩接触面抗渗流冲刷的容许比降以及施工条件确定。容许比降一般对砂壤土取 3，壤土取 3～5，黏土取 5～10。截水槽上部与坝的防渗体连成整体，下部与基岩紧密结合，形成一个完整的防渗体系（图 5-29）。我国在 20 世纪 60 年代以前建成的坝曾广为采用截水槽，截水槽的最大开挖深度一般不超过 20m。国外高土石坝截水槽的开挖深度有的较大，如美国的马蒙斯湖坝、加拿大的迈卡坝和土耳其的凯班坝等最大挖深超过 40m，加拿大的下诺赫坝最大挖深达 82m。

　　2. 混凝土防渗墙

　　深厚砂砾石地基采用混凝土防渗墙是比较有效和经济的防渗设施（图 5-37）。一般做法是用冲击钻分段建造槽形孔，以泥浆固壁，然后在槽孔内用水下浇注混凝土的方法浇筑成墙。墙底嵌入弱风化基岩，深度不小于 0.5～1.0m，墙顶插入防渗体内的深度应大于坝高的 1/10，高坝可适当减小，低坝则不应低于 2m。墙厚按施工条件可在 0.6～1.3m 范围内选用。墙厚小于 0.6m 时，经济上不合理。采用冲击钻造孔，1.3m 直径钻具重量已达极限。当坝较高，水头较大时，应采用两道墙，每道墙最小

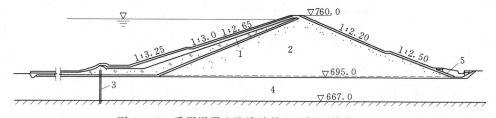

图 5-37　采用混凝土防渗墙的土石坝（单位：m）

1—黏土斜墙与铺盖；2—砂砾料坝壳；3—混凝土防渗墙；4—砂卵石覆盖层；5—贴坡排水

厚度不小于 0.6m。根据已建工程经验，容许渗流比降 80～100 可作为墙厚控制的低限。从混凝土溶蚀方面考虑，增大墙厚，降低渗流比降，有利于延长墙的使用寿命。从 20 世纪 60 年代起，混凝土防渗墙得到了比较广泛的应用并且技术逐渐成熟，我国和国外挖槽浇筑墙身的最大深度均已达到 80m 左右。70 年代末建成的马尼克 3 号坝，河床覆盖层最深达 120m，建两道混凝土防渗墙，各厚 0.61m，中心距 3.2m，墙深131m（墙身上部用抓斗建造槽孔，52m 以下采用连锁管柱）。我国晚近建设的狮子坪坝，最大混凝土防渗墙深 101.8m；下坂地坝试验中的混凝土防渗墙深达 102m；并发展了反循环回转新型冲击钻机、液压抓斗挖槽等技术，其效率已进入国际先进行列。防渗墙的受力条件比较复杂，对高坝和深厚砂砾层中修建的混凝土防渗墙，需进行应力和变形分析，以便为混凝土防渗墙的结构设计提供依据。目前关于墙的受力计算假定和参数取值与实际情况还有一定出入，计算成果和观测成果不尽相符，尚需进一步研究。防渗墙除需满足强度要求外，还应具有足够的抗渗性和耐久性，为此，可在混凝土内掺入黏土、粉煤灰及其他外加剂以提高这方面的性能。

混凝土防渗墙对各种地层适应性强，造价较低，所以在砂砾石层地基防渗处理中日益得到广泛的应用。

3. 灌浆帷幕

近年来在砂砾石冲积层中采用水泥黏土灌浆建造防渗帷幕已取得了成功的经验。法国的谢尔蓬松坝 ［图 5－38（a）］，高 129m，砂砾石冲积层地基，1957 年建成灌浆

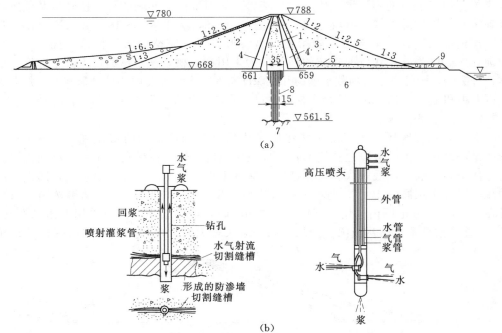

图 5－38　采用灌浆帷幕的土石坝和高压旋喷灌浆技术（单位：m）

(a) 谢尔蓬松土石坝；(b) 高压旋喷灌浆技术

1—心墙；2—上游坝壳；3—下游坝壳；4—过渡层；5—排水；6—砂砾石坝基；

7—基岩；8—灌浆帷幕；9—盖重

帷幕，深约 110m，顶部厚度 35m，底部厚度 15m，钻孔 19 排，中间 4 排直达基岩，边孔深度逐步变浅，渗流比降 3.5～8。埃及阿斯旺心墙坝，坝高 111m，砂砾石冲积层厚 225m，采用灌浆帷幕、与心墙相连接的铺盖以及下游减压井等综合处理措施，帷幕最大深度 170m，达到第三纪不透水层（未达基岩），在坝基内设有测压管 180 个，实测帷幕承担水头已达设计值的 96.6%，防渗效果显著，帷幕渗流比降为 3.5～5。

砂砾石坝基的灌浆宜用水泥、黏土和膨润土等粒状材料。这种材料灌浆的优点是：可以处理较深的砂砾石层；可以处理局部不便于用其他防渗方法施工的地层；可以作为其他防渗结构的补强措施。其缺点是：工艺较复杂，费用偏高，地表需加压重，否则灌浆质量达不到要求。更主要的问题是对地层的适应性差，即这种方法是否宜于采用，取决于地层的可灌性。地层土料的颗粒级配、渗流系数、地下水流速等都会影响到浆液渗入和凝结的难易，控制着灌浆效果的好坏和费用的高低。SL 274—2001《碾压式土石坝设计规范》建议采用可灌比值 M 来评价砂砾石坝基的可灌性。

$$M = D_{15}/d_{85} \tag{5-78}$$

式中：D_{15} 为受灌地层土料的特征粒径，mm；d_{85} 为灌浆材料的控制粒径，mm。

根据反滤原理，一般认为：$M<5$，不可灌；$M=5～10$，可灌性差；$M>10$，可灌水泥黏土浆；$M>15$，可灌水泥浆。当粒状材料浆液可灌性差时，可考虑采用化学浆液。化学浆液对所有砂层和砂砾石层都是可灌的。

帷幕设计的主要内容在于，根据容许的渗流比降 J 确定帷幕的厚度 T，对一般水泥黏土浆容许比降为 $[J] \leqslant 3～4$。对深度较大的多排帷幕，可以沿深度逐渐减薄。多排帷幕灌浆孔要求按梅花形排列，根据帷幕厚度和孔距可以确定灌浆孔的排数。灌浆结束后，对表层未固结好的砂砾石应予挖除。在完整的帷幕顶上填筑防渗体，必要时可设置利于结合的齿槽或混凝土垫层。

20 世纪 80 年代后，我国发展了高压旋喷灌浆技术，见图 5-38（b），其原理是：将 30～50MPa 的高压水和 0.7～0.8MPa 的压缩空气输到喷嘴，喷嘴直径 2～3mm，造成流速为 100～200m/s 的射流，切割地层形成缝槽，同时由 1.0MPa 左右的压力把水泥浆由另一钢管输送到另一喷嘴，以充填上述缝槽并渗入缝壁砂砾石地层中，凝结后形成防渗板墙。施工时，在事先形成的泥浆护壁钻孔中，将高压喷头自下而上逐渐提升即可形成全孔高的防渗帷幕。这种喷射帷幕的渗流系数一般在 $10^{-5}～10^{-6}$cm/s 左右，抗压强度达 6.0～20.0MPa，容许渗流比降突破规范限制，达到 80～100，施工效率较高，有一定发展前途。

4. 防渗铺盖

用黏性土料修筑铺盖与坝身防渗体相连接，并向上游延伸至要求的长度，也是土石坝常用的防渗设施（图 5-39）。铺盖的作用是延长渗径，从而使坝基渗漏损失和渗流比降减小至容许范围以内。当坝基覆盖层深厚，缺乏采用垂直防渗设施的条件或其造价昂贵难以实现时，适于采用铺盖防渗。当上游有天然铺盖或坝前淤积物较厚可以利用时，更值得考虑。铺盖不能像垂直防渗设施那样可以完全截阻渗流，其防渗效果有一定限度。我国一些工程采用铺盖防渗，成功的不少，但也有失败的。故对于高、中坝，复杂地层（地层中有透镜体、夹层，地层在纵向、横向和深度方向不均匀等），渗流系数较大的砂砾石坝基以及防渗要求较高的工程应慎重选用。

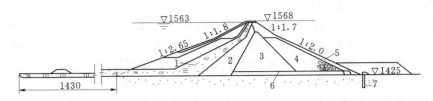

图 5-39 设有铺盖与排水的土石坝（单位：m）

1—斜墙与铺盖；2—过渡区；3—中心坝体；4—堆石；5—护坡；6—排水；7—减压井

铺盖的防渗效果取决于其长度、厚度和透水性，一般应通过计算和试验研究来合理确定各项参数。铺盖土料的渗流系数至少应比地基砂砾石的相应值小 100 倍以上，最好达 1000 倍。铺盖长度超过 6～8 倍水头以后，防渗效果增长缓慢。铺盖前缘的最小厚度不宜小于 0.5～1.0m，向下游方向逐渐加厚，末端与心墙或斜墙连接处的厚度按容许比降确定。铺盖与地基土之间不满足反滤原则时，应设反滤层。由于天然冲积层大多数不是很均匀，单纯依靠铺盖难以完全达到预期的效果，因而常和下游坝基的排水减压设施同时使用，以便有效地控制渗流，保证坝的稳定。有时可利用天然土层作铺盖，但应查明天然土层和下卧砂砾石层的分布、厚度及其渗流特性等，论证其可行性。必要时可辅以人工压实、局部补充填土、利用水库淤积等措施改善天然土层的质量。

5. 下游排水减压设施（图 5-39）

设置排水的目的是防排结合，控制渗流。排水有水平排水与竖向排水两种型式。水平褥垫排水的设计详见 5.7 节。坝后反滤盖重由透水材料做成，用以平衡坝基扬压力，其长度和高度根据计算确定，通常从坝脚处向下游延伸 ［图 5-38（a）］，与坝基土层之间按要求设置反滤层。

对于成层结构的砂砾石地基，单纯采用水平防渗设施，常常不能有效地降低渗流压力，特别是当下游坝基有较不透水的土层覆盖时，在其下卧的砂砾石层中可能产生较大的扬压力，导致管涌、流土以及下游沼泽化。这种情况即使采用垂直防渗设施，如果防渗效果不够彻底，也有类似情况发生。此时，可采用排水沟或减压井。当下游侧表层土较薄时，可开挖排水沟深入下部透水层，沟底及边坡设反滤层，表面用块石砌护或做成暗管式。当表层土较厚或坝基深部有强透水层时，则采用减压井较为有效。减压井是深入坝基透水层中的连续井排，其井距、井径、井深、出口水位等均需通过计算确定，使其能有效地排除渗水，降低扬压力。井径一般大于 15cm，井贯入强透水层中的深度宜为其层厚的 50%～100%。井的出口高程宜尽量降低，但应高于排水沟底面。井周设置反滤层。减压井的缺点是加大了坝基渗水量。减压井与其他防渗排水设施共同使用时，应统一考虑，权衡利弊。

5.8.3 细砂和软黏土坝基处理

1. 细砂等易液化土坝基

坝基中的细砂等地震时易液化的土层对坝的稳定性危害很大。关于液化的判别可参见 5.10 节。对判定可能液化的土层，应尽可能挖除后换填好土。当挖除困难或很不经济时，可首先考虑采取人工加密措施，使之达到与设计地震烈度相适应的密实状态，还可结合采取加盖重、设置砂石桩、加强排水等附加防护措施。

在易液化土层的人工加密措施中，对浅层土可以进行表面振动加密，对深层土则以振冲、强夯等方法较为经济和有效。振冲法是依靠振动和水冲使砂土加密，并可在振冲孔中填入粗粒料形成砂石桩。强夯法是利用几十吨的重锤反复多次夯击地面，夯击产生的应力和振动通过波的传播影响到地层深处，可使不同深度的地层得到不同程度的加固。

2. 软黏土坝基

软弱黏性土抗剪强度低，压缩性高，在这种地基上筑坝，会遇到下列问题：①天然地基承载力很低，高度超过 3~6m 的坝就足以使地基发生局部破坏；②土的透水性很小，排水固结速率缓慢，地基强度增长不快，沉降变形持续时间很长，在建筑物竣工后仍将发生较大的沉降，地基长期处于软弱状态；③由于灵敏度较高，受扰动后其强度较原状土变化较大，在施工中不宜采用振动或挤压措施，否则易扰动土的结构，使土的强度迅速降低造成局部破坏和较大变形。

软黏土地基一般不宜用作坝基，仅在采取有效处理措施后，才可修建高度不大的坝。我国在软土地基上筑坝也取得了一定的经验。例如，杜湖土坝，坝高 17.5m，采用砂井处理办法；溪口土坝，坝高 23m，采用镇压层方法。国外在软土地基上建坝的实例有委内瑞拉的古里坝，坝高 90m，地基为高压缩性残积土，采取了部分挖除、预浸水、设戗台、加强反滤等措施。

对软黏土坝基的处理，一般宜尽可能将其挖除。当厚度较大或分布较广，难以挖除时，可以通过振冲置换、排水固结或其他化学、物理方法，以提高地基土的抗剪强度、改善土的变形特性。常用的方法是：利用打砂井、插塑料排水带等措施加速排水，使大部分沉降在施工期内完成，并调整施工进度，结合加荷预压、真空预压等措施，使地基土强度的增长与填土重量的增长相适应，加强现场孔隙水压力和变形监测，保持地基稳定。杜湖水库土坝坝基表层有 11~13m 厚的淤泥质黏土层，抗剪强度只有 0.015MPa，采用砂井加固后，随着坝体增高，坝基强度增长较快，当坝体填筑到 14m 高度时，坝基土的抗剪强度已增至 0.05MPa，满足了稳定要求。建在软黏土地基上的坝，宜尽量减小坝基中的剪应力，防渗体填筑的含水率宜略高于最优含水率，以适应较大的不均匀沉降。

5.9　土石坝与坝基、岸坡及其他建筑物的连接

坝体与坝基、岸坡及混凝土建筑物的结合处是土石坝的薄弱部位，土石坝的失事多是由于连接部位处理不当而引起，故应重视防渗体与坝基、岸坡等结合面的处理，使其结合紧密，防止发生水力劈裂，避免产生集中渗流；保证坝体与河床及岸坡等结合面的质量，不使其形成影响坝体稳定的软弱层面；并不致因岸坡形状或坡度不当引起坝体不均匀沉降而产生裂缝。

5.9.1　坝体与坝基及岸坡的连接

对于岩质坝基与岸坡的表面处理要求参见 5.8 节。对于土质坝基与岸坡应进行表面清理与压实。坝体范围内的低强度、高压缩性软土及地震时易液化的土层都需清除

或处理。土质防渗体与地基防渗设施之间应妥善连接。防渗体与岸坡连接处附近，应扩大防渗体断面和加强反滤层。防渗体邻近岩质岸坡 0.5～1.0m 范围内，即使防渗料采用砾石土，也应改用黏土填筑，并控制其含水率略高于最优含水率，以提高其适应变形的能力。岩面在填土前应采用黏土浆抹面。当坝壳粗粒料与地基覆盖层之间不符合反滤要求时，应增设反滤层。

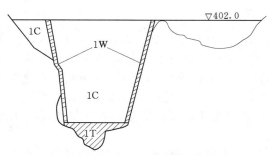

图 5-40 墨西哥奇科森坝纵剖面图

1T—用 Tejeria 料场的料，最优含水率；

1C—用 La Costilla 料场的料，比最优含水率低 0.8%；

1W—用 La Costilla 料场的料，比最优含水率高 2%～3%

与防渗体结合处的岸坡应大致平顺，不应成台阶状、反坡或突然变坡；当岸坡上缓下陡时，凸出部位变坡角不宜陡于 20°。为了使岸坡面上的土压力大于渗流水压力，防止水力劈裂和过大的不均匀沉降导致坝体产生横向裂缝，岩石岸坡一般不宜陡于 1:0.5。特殊情况，需要突破这一限制时，应采取必要的措施。国内外工程实践中，有的岸坡很陡，如墨西哥的奇科森堆石坝（图 5-40），不仅两岸岸坡结合部的坡度只有 1:0.1，而且其中一岸

的变坡率也很大，由于在设计中采用了一些合理的工程措施，因而取得了较好的效果。包括：在坝中部最大坝高区域采用了比最优含水率低 0.8% 的 1C 坝料，从而降低了沉降变形，减小了与岸坡邻接处沉降的变形差；在岸坡周围填筑了一层与 1C 料相同的 1W 料，但填筑含水率比最优含水率高 2%～3%，从而增大了这一过渡区土料的极限拉应变，减小了拉裂的可能性。该坝已建成 20 余年，运行良好。我国密云水库白河主坝，坝高 66m，左岸岸坡坡度为 1:0.5，多年来运行正常。土质岸坡的坡度不宜陡于 1:1.5。此外，还应注意对岸坡本身的整体性和稳定性的要求，防止蓄水后岸坡稳定条件恶化。如果岸坡岩体风化层深厚、节理裂隙发育，或有较大的断层破碎带，大量清除有困难时，可采取灌浆、加设铺盖或开挖截水槽等防渗措施，将岸坡与河床坝基的防渗体系连成整体，再结合岸坡的排水设施，控制有害的绕坝渗流。

5.9.2 坝体与混凝土建筑物的连接

土石坝与混凝土坝、溢洪道、船闸、涵管等建筑物连接时，要注意防止接触面的集中渗流和不均匀沉降引起的裂缝以及水流对上、下游坝坡和坡脚的冲刷等各种不利影响。连接结构基本上有两种型式：插入式与翼墙式。

1. 插入式（图 5-41）

插入式结构简单，主要应用于与混凝土坝的连接。从混凝土坝与土石坝的连接部位开始，混凝土坝的断面逐渐缩小，最后成为刚性心墙插入土石坝心墙内。例如，美国的夏斯塔坝，在坝高 48m 处与土坝连接，断面逐渐变化，最后形成顶宽 1.5m、底宽 3.0m 的混凝土心墙伸入河岸地基。又如，日本的宫川坝，坝高 29.5m，插入后下游坝坡按 1:0.5、1:0.3、1:0.1 分三段变化，最后形成顶宽 1.5m、上下游坡度均为 1:0.1 的混凝土心墙，伸入扩展的土质心墙中。

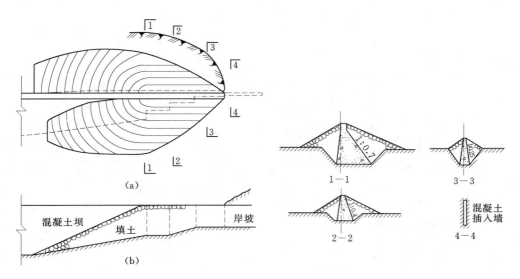

图 5-41　土石坝与混凝土坝的插入式连接

(a) 平面图；(b) 纵剖面图

这种连接型式，土石坝的坡脚要向混凝土坝方向延伸较长，故对中高坝不宜于直接与混凝土溢流坝相连接。从抗震观点看，土与混凝土两种材料性质不同的结构，地震时易于分离，插入部分断面变化易引起应力集中，结合部位施工不便，开裂后自愈作用小，修复困难。特别是对于高坝，采用高插入墙，根据受力条件，每隔一定高度还需设置柔性铰，结构也比较复杂。近年来，日本已不再采用，但因其结构简单，对于低坝尚有一定的适用性。我国三道岭水库的混凝土坝，坝高 24m，在与土坝黏土心墙连接处坝高 17.0m，采用插入式连接。海城地震时该坝位于烈度为 8 度的震区内，距震中 18km，地震时水位距坝顶 7m。震后发现土坝坝顶有一条延伸很长的宽大裂缝，缝宽 3~15cm，混凝土插入墙外土坡锥体沉降 60~70cm，墙两侧黏土心墙下沉8cm，并在接触面上形成肉眼可见的裂缝，缝的深度达到 1m 以上，运用中未发现漏水异常，说明这种结构型式具有一定的抗震能力。

2. 翼墙式（图 5-42）

在结合部位做成混凝土挡土墙，并向上、下游延伸，形成翼墙，参见 6.8 节。SL 274—2001《碾压式土石坝设计规范》建议，下游侧接触面与土石坝轴线间的水平夹角宜选在 85°~90°之间。土石坝与船闸、混凝土溢流坝、溢洪道等建筑物连接时常采用这种型式。

为使接触面结合紧密，并具有良好的抗震性能，翼墙式连接可采取以下措施：①混凝土挡土墙宜采用较缓的坡度，一般为 1:0.5 左右，不宜陡于 1:0.25，使填土高度缓慢变化，避免出现裂缝；②为避免土和混凝土两种不同类型结构地震时变形不协调，致使在结合部位脱开或产生间隙，宜尽可能增大接触面积，将土石坝的防渗体适当扩大，如日本四十四田坝，将土石坝心墙上、下游均做成 1:0.5 的坡度；③在结合部位数米范围内设置良好的反滤层，一旦出现裂缝可以自行愈合，如日本四

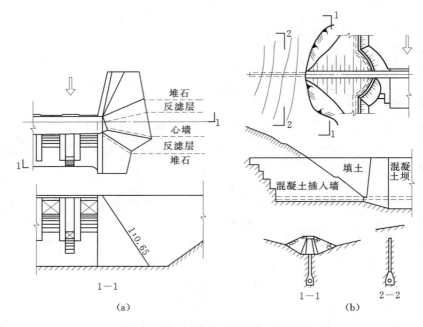

图 5-42　土石坝与混凝土坝的翼墙式连接
(a) 日本御所坝；(b) 日本永源寺坝

十四田坝在结合部心墙下游侧混凝土挡土墙上设有宽 2.0m、深 1.0m 的沟槽，填入反滤料，与心墙的反滤连成一体。为增加结合面防渗的可靠性，日本御所坝将结合面做成楔形，倾度 1∶0.65，在水压作用下可使心墙与混凝土面结合更为紧密。日本永源寺坝采用一种曲面的特殊结合型式，将防渗体心墙楔入其中，一旦发生剪切变形时，土体在自重作用下可沿曲面下滑下沉，使结合面闭合，这种结构型式比较复杂，但其设计思想可供参考。

　　为了泄洪、灌溉、发电和供水的需要，可在土石坝下的岩基或压缩性很小的土基上埋设涵管。在坝的防渗体与涵管相接的部分，应将防渗体的断面适当扩宽，并在涵管上设截流环，以增长渗径。涵管本身分缝，缝中设止水。在坝体与涵管相接部分，应在伸缩缝处做好反滤层。为灌浆、观测和排水等方面的需要设置廊道时，可将其全部或部分埋置于基岩内。

5.10　土石坝的抗震设计

　　在国内外发生的多次大地震中都有为数不少的土石坝遭受到不同程度的震害，但也有的坝经受住了强震的考验。对地震区的土石坝进行抗震设计，并对其安全性做出评价具有十分重要的意义。近年来，由于土动力学、计算分析和试验技术方面所取得的巨大进步，人们对地震作用下土的动力性质已有了比较深入的了解，在土石坝地震动力响应以及抗震稳定分析方面的研究也都获得了比较大的进步。但是，应用这些成果对土石坝在强震作用下的安全性做出估价，在很大程度上仍然需要依靠分析和判断。可以说，土石坝的抗震分析目前仍处于发展阶段。一方面，传统的分析方法，将地震作用以等效静力加于可能滑动体上计算其稳定安全系数的方法，在评价土石坝的抗震能力方面所出现的矛盾日益增多，难以预计土石坝可能出现的各种震害；另一方面，以计算土石坝在地震时的变形为基础，衡量其抗震安全性的分析方法正在发展。但是，新的方法还不够成熟，定量化仍有一定困难，付诸工程实践仍有一定距离。所以，目前对重要土石坝的抗震安全性评价，一般是建立在各种方法分析的基础上，进行综合判断。

5.10.1 土石坝的地震震害

中国、日本、美国等地震活动较频繁的国家，在过去所发生的多次强烈地震中都有大量土石坝处于地震影响区，这些坝在地震中遭受的震害，对抗震设计可提供有益的参考。

20 世纪 60 年代以来，在我国所发生的 10 多次强震中，有数以百计的土石坝遭受震害。按通海、海城和唐山等地震区调查的 180 余座土石坝来看，遭受震害的比例占 30%～40%，其中，较严重者达 8%。典型实例有唐山地震中的陡河水库和密云水库土坝。位于 9 度区的陡河水库土坝，坝高 22m，震后出现遍布全坝的 100 多条宽大的纵、横向裂缝，坝体发生大幅度沉降和位移，最大一条纵缝的塌陷宽度达 2.2m，坝顶最大沉降量 1.64m，最大水平位移 0.66m。位于 6 度区的密云水库白河主坝，坝高66m，震后上游坝坡砂砾石保护层大规模坍滑，滑坡范围长达 900m，坍滑量 15 万 m³。2008 年 5 月 12 日四川汶川发生 8.0 级大地震，距震中 17km 的紫坪铺面板堆石坝，坝高 156m，按烈度 8 度进行设计，经受了烈度 9 度以上强烈振动的考验，只发生了比较轻微的震害。

2001 年 1 月，印度古吉拉特邦发生的一次 7.9 级强震中，约有 200 余座 30m 以下的土坝遭受震害，其中 18 座坝由于液化造成严重震害。

2001 年 3 月，日本的广岛地震中有 184 座土坝发生裂缝与沉降。

1971 年，美国圣费尔南多地震中，发生了 38m 高的下圣费尔南多水力冲填坝大规模坍滑事故，主要是由坝体饱和砂土的液化所引起。所幸地震时水库水位较低，未出现垮坝事故。震后该坝已不再蓄水，仅作临时防洪之用。1994 年，北岭地震时该坝又遭重创，上游坝面出现了宽 5～9cm 的裂缝，延伸数百米长。1989 年，加州洛马—普里达地震中，距震中 80km 范围内有 111 座土坝，其中，30 余座有轻微至中等以下震害，2 座遭受中等程度震害，距震中 11km 的奥斯屈埃坝，坝高 56.4m，出现了比较严重的纵、横裂缝，靠近坝顶的一条纵向大裂缝，宽达 0.3m，坝顶沉降0.74m。地震时，大部分水库蓄水高度约为坝高之半，可以认为，这是对土石坝抗震能力的一次中等程度的检验。

从土石坝的震害情况看，遭受震害的坝主要是中、低高度以下的坝。设计和建造良好的高坝，有的经受了强烈振动而无明显震害。但高坝经受强震考验的实例尚不多，根据震害分析，可以得到以下几点启示：

（1）处于饱和状态下的砂土坝壳的抗震稳定值得重视。斜墙坝的保护层和心墙坝的上游砂土坝壳，如果其级配不良或压实度差，地震时由于饱和砂土中孔隙水压力上升，有可能失稳而滑坡，应检验其抗液化的能力。

（2）地基的抗震稳定十分重要。地基不良可以使土石坝在地震时发生严重震害，如地基液化、地基中软弱夹层的沉降和滑动，以及地基中渗水、管涌等都足以对坝造成危害。

（3）地震时坝体的裂缝和变形对坝的安全造成的威胁需要注意。不论是砂性土还是黏性土筑成的坝，在地震作用下产生裂缝是常见的震害。裂缝削弱了坝的整体性，许多裂缝常成为滑坡的先兆，裂缝可成为渗水的通道，特别是对易于发生管涌、侵蚀的土体危害更大。强震可使坝体发生坝顶沉陷和水平位移等永久变形，只有将变形控制在一定的范围内，才不致对坝的安全造成较大的影响。

5.10.2 地震作用下土的动力特性

土工建筑物在地震时的稳定性和土的动力特性密切相关。地震时土的动力特性主要受应变幅度、应变速率和循环加载等几种因素的影响。

（1）应变幅度的影响。土是具有强非线性特性的材料，表征土的动力特征的主要参数，如剪切模量 G 和阻尼比 D 等都是剪应变幅度 γ 的函数。和工程有关的土的动应变值约在 $10^{-6} \sim 10^{-1}$ 或更广的范围内变化。应变幅度小于 10^{-5} 时，土表现为弹性性质，此时土的动力和静力特性基本上没有什么差别，应变速率的影响不显著。例如，按现场弹性波速测量土的剪切模量时，其应变幅度约为 10^{-6}，与实验室不扰动土样测得的土的静态剪切模量一致。强震时，土工建筑物中土的应变幅度可在 $10^{-4} \sim 10^{-2}$（或 $10^{-4} \sim 10^{-1}$）范围内变化，在振动外力作用下，土工建筑物将产生永久变形，表现为出现裂缝、不均匀沉降等现象。应变幅度超过 10^{-2} 或 10^{-1} 以后，土工建筑物将不能保持原形而发生破坏。

（2）应变速率和循环加载的影响。土的剪切模量 G 和阻尼比 D 随剪应变幅度变化的规律还受到应变速率和循环加载的影响，和单调加载的情况有所不同。在地震循环荷载作用下，土的强度也发生变化。饱和砂土由于循环荷载作用可导致孔隙水压力上升，而使抗剪强度下降，并随着振动强度的加大和循环周数的增长，可能发生液化破坏。软弱黏土由于地震产生的循环剪切作用也可使强度降低。

1. 土的动应力—应变关系和阻尼特性

地震时，由剪切波产生的地面运动分量是对建筑物振动起最主要作用的因素。在振幅和频率都保持不变的稳态循环荷载作用下，土的应力—应变关系形成封闭的滞回圈，如图 5-43（a）所示。为了简化地震作用下土的动力响应的分析，希德（Seed）提出了等价线性化的计算模型。将土看作黏弹性介质，以滞回圈的平均斜率 G 作为土的剪切弹性模量，以滞回圈所代表的能量耗散作为土的阻尼比 D，其表达式如下

$$D = \frac{1}{4\pi} \frac{\Delta W}{W} \tag{5-79}$$

式中：ΔW 为滞回圈的面积，即振动一周的能量损耗；W 为该循环所储存的应变能。G 和 D 均随循环剪应变 γ 的幅度而变化，参见图 5-43（c）。希德通过试验总结出了砂、砾石和黏土的代表性曲线如图 5-44 所示，可供参考。图 5-43（a）中 G_0 为土的初始（或最大）剪切模量，由循环三轴试验求出。对于实际的土石坝，G_0 和泊松比 μ 可按式（5-80）求出。其中 ρ 为土的质量密度，V_P、V_S 分别为现场测得的 P

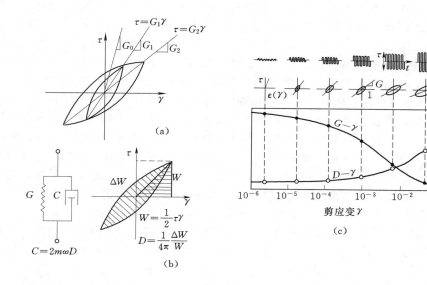

图 5-43　土的动态应力—应变关系

（a）循环荷载作用下的滞回圈；（b）计算模型；（c）G 和 D 随剪应变大小的变化

波和 S 波的波速。

$$G_0 = \rho V_S^2, \quad \mu = \frac{(V_P/V_S)^2 - 2}{2(V_P/V_S)^2 - 1} \tag{5-80}$$

应用等价线性法计算土石坝的地震响应时，在地震作用的整个过程中，可假设坝体各单元的剪切模量 G 和阻尼值 D 保持为常数，并与单元的等价剪应变 γ_{eq} 相对应。希德建议将 γ_{eq} 取为地震作用时程中最大剪应变 γ_{max} 的 65%，即 $\gamma_{eq} = 0.65 \mid \gamma_{max} \mid$。由于单元的 γ_{max} 事先是未知的。所以要通过试算确定。对于有经验的计算者来说，通常迭代 3 次左右就可

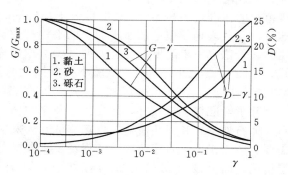

图 5-44　黏土和砂、砾石的 G—γ，D—γ 关系

获得满意的结果。等价线性法用线性分析方法近似地获得土石坝的非线性地震响应，使计算工作量得到很大程度的节约，同时又可得到稳定的满足工程应用的结果，所以获得了比较广泛的应用。但是，当应变超过 $10^{-3} \sim 10^{-2}$ 的范围以后，土的强非线性表现十分明显，按等价线性化计算出的加速度分布可能出现比较大的误差，这时需要采用非线性的分析方法。此外，等价线性法也无法反映伴随着材料塑性所发生的振动特性随时间的变化，以及永久变形随时间的变化等。

2. 土的动强度

饱和无黏性土和少黏性土的振动液化，是土的动强度中最主要的问题。1964 年，

美国阿拉斯加和日本新潟地震时，砂土地基液化造成建筑物大量破坏，引起了工程界的广泛重视。现在普遍认识到地震引起的无黏性土振动液化的基本原因是循环剪切作用产生超静孔隙水压力积累的结果。孔隙水压力上升导致有效应力下降，土的抗剪强度降低。剪应力循环作用的次数达到一定数量以后，有效应力趋于零，全部应力由土骨架转移到水，土的抗剪强度和抵抗变形的能力几乎完全丧失，这一过程称为"液化"。有一种中间状态，称为"循环流动性"，由于循环剪切产生的超静孔隙水压力相当大，使土的抗剪强度降得很低，但随着大的剪应变发生，强度会逐步有所恢复。这种情况虽然不会发生整体稳定的丧失，不过会发生比较大的变形，对土工建筑物的安全造成威胁。从而，在工程实践和研究中，通常采用两种液化破坏标准：①孔隙水压力标准。将孔隙水压力增长达到所施加的围压大小，土的抗剪强度丧失时称为初始液化；②变形标准。根据建筑物的重要程度、变形的抵抗能力和震害经验，选择某一双振幅应变值的百分数作为液化破坏标准，一般采用5%应变作为控制值。

土的抗液化能力和土的颗粒级配、相对密度、透水性、土的结构、初始应力状态（有效上覆压力、初始剪应力）及动荷载特性（振动幅度及变化规律、振动持续时间）等许多因素有关。除砂土为易液化土外，含黏粒的粉土也有液化问题。

评价液化发生的可能性，在工程实践中主要采用基于震害经验的现场勘测方法。对于重要工程，则采用现场勘测与试验室试验相结合的综合分析方法。在现场勘测中按标准贯入击数（SPT）来估计液化危险性的方法获得了比较广泛的应用。20 世纪70 年代希德等人收集了多次强震中液化场地与非液化场地土特性的实测资料，在统计分析的基础上获得了液化与非液化分界线的经验关系，根据发生液化场地的下限界，制成液化判别图［图 5 - 45 (a)］。图中以循环应力比 τ_h/σ'_0 表示振动强度，而以规范化的标准贯入击数 N_1（指贯入土层 30cm 的锤击数）来表示砂的密实度特性。这里，τ_h 代表地震引起的水平面上的平均有效剪应力；σ'_0 代表土层的初始有效上覆压力。希德进一步给出了经过大型试验数据补充的、相应于不同震级 M 的液化分界线，如图 5 - 45 (b) 所示。试验中判断液化的标准是峰值循环孔压比（孔隙水压力与初始有效应力之比）达到 100%，剪应变达到±5%。

除了标准贯入击数外，还发展了锥形贯入（CPT）、贝克贯入（BPT，适用于砾石、卵石地基）和剪切波速等现场测试方法来判断土的液化抗力，以适应各种情况的需要。应当指出，希德所统计的现场实测数据有一定的局限性，因其大多属于水平地层情况，面上没有初始剪应力存在，同时土层接近地表面，有效上覆压力小于150kPa。通过试验研究引入一定的改正系数后，虽然可将其推广应用于更复杂的情况，但其可靠性还缺乏现场资料的验证。饱和少黏性土的液化判别标准主要是由我国提出的。

对液化土层的判别，可参见 GB 50287—99《水利水电工程地质勘查规范》的有关规定。

5.10.3 土石坝的抗震分析

地震对土石坝的破坏作用，主要表现在两个方面：①库水漫顶。地震触发的液化或产生的过大变形都可使土石坝坝顶丧失必要的安全超高。此外，地震涌浪或是库区内的地震滑坡都将引起水库水位上升，形成库水漫顶的危险。②裂缝和内部侵蚀。地

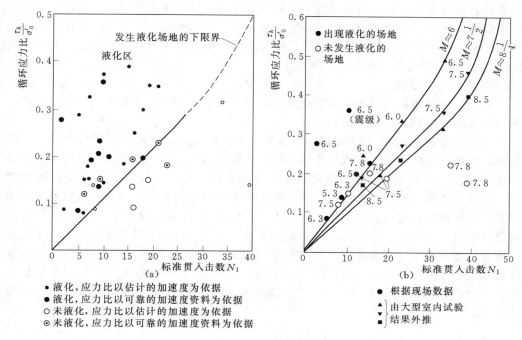

图 5-45　液化判别图

(a) 现场试验结果；(b) 经过大型试验补充的结果

震产生的坝体变形可引起裂缝或坝体错动，造成反滤层被切断，引起内部渗流侵蚀，发生管涌破坏。土石坝抗震分析的目的，就是检验坝抵抗地震破坏的能力。

1. 一般性的抗震安全检验

参照过去多次地震中土石坝的工作状况和震害分析，可以认为，如果坝和地基不会发生液化，则在满足下列条件下坝具有足够的抗震安全性，可以不必进行专门的抗震分析：①坝和地基均由非液化土料组成，并且不含松散土料或灵敏黏土；②坝良好施工，并压实到实验室实测的最大干容重的 95% 以上，或相对密度 80% 以上；③坝坡率 1:3 或更缓，浸润线在下游坝坡以内足够深度；④坝基输入地震加速度水平分量峰值不大于 0.2g；⑤地震前在相关载荷和预期孔隙水压力作用下，所有可能的危险滑动面（坝体表面浅层滑动面除外）的静力安全系数大于 1.5；⑥地震时坝顶超高至少为坝高的 3%～5%，并且不小于 0.9m，但地震引起的水库涌浪，或地震时水库或坝基中断层活动引起的地震涌浪的影响需另行考虑；⑦坝发生微小地震变形时不会影响坝各部分功能的发挥，也不会引起裂缝或内部侵蚀。

2. 液化评定和液化变形分析

在坝和地基中对砂、砾石含量低和细粒非黏性土料一般都需进行液化判别。如果地震有可能触发液化，则应进行震后静力坝坡稳定分析，对于液化区，采用液化残余强度的下限值。当抗滑安全系数小于 1.0 时，则发生失稳和大变形将不可避免。

如果震后静力抗滑安全系数大于 1.0，则可以认为整体失稳不会发生。不过，由于计算中含有较大的不确定性，一般要求震后抗滑安全系数不小于 1.2～1.3。同时，还要进行震后变形分析，判断可能发生的变形是否会导致水库漫顶，或是在重要部位产生裂缝，使土石坝由于内部侵蚀而发生破坏。变形分析可应用 TARA、FLAC、PLAXIS 等有限元或有限差分法程序。如果震后抗滑安全系数远大于 1.0，也可应用 Newmark 滑块法进行变形分析，详见下文。

3. 地震变形分析

如果坝体和地基不可能发生振动液化，同时预期也不会发生整体失稳，则可以应用 Newmark 滑块法进行变形分析。

滑块法由 Newmark 首先提出的，考虑了地震地面运动特性和坝体动力性质，指出土坝坝体稳定性的估计应取决于地震所产生的变形大小，而不取决于它所产生的最小安全系数。后来经过了许多研究者的完善和改进。这个分析方法的两个重要步骤是：①确定滑体的屈服加速度；②计算滑体的相对位移。它的出发点仍按普通的滑动圆弧法计算坝坡稳定（图 5 - 46 （a））。将滑动块看作刚体，滑动面的应力应变关系符合理想塑性。地震作用使滑动体的安全系数小于 1.0 时，滑块开始滑动。由于地震作用的瞬态和循环往复的特点，滑动变形将是有限的。按滑块法计算时要按等价线性法确定两个特征加速度；地震动输入产生的滑动体的平均加速度，称为有效加速度 a_e；滑动体抗滑安全系数等于 1.0 的加速度，称为屈服加速度 a_y。$a_e > a_y$ 时，滑动开始。

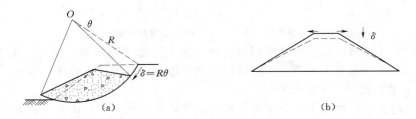

图 5 - 46　土石坝的地震变形
(a) 滑动变形；(b) 沉降变形

按圆弧滑块的转角 θ 计算其地震变形，角加速度、角速度和转角的计算公式如下

$$\ddot{\theta}_{t+\Delta t} = \frac{1}{J} \Delta M_{t+\Delta t}, \Delta M = M_D - M_R$$

$$\dot{\theta}_{t+\Delta t} = \dot{\theta}_t + \frac{1}{2}(\ddot{\theta}_t + \ddot{\theta}_{t+\Delta t})\Delta t \qquad (5-81)$$

$$\theta_{t+\Delta t} = \theta_t + \dot{\theta}\Delta t + \frac{1}{6}(2\ddot{\theta}_t + \ddot{\theta}_{t+\Delta t})\Delta t^2$$

$$\delta = R\theta \qquad (5-82)$$

式中：δ 为滑动位移；R 为滑动圆弧半径；M_D 为滑块滑动力矩；M_R 为滑块抵抗力矩；J 为滑块转动惯量。

滑块计算结果如图 5 - 47 所示。滑动体上作用的地震加速度 a_e 超过屈服加速度 a_y 后，滑移开始。转动的角加速度等于零时，角速度并不等于零，所以滑动并不马上停止。在通常的计算中不考虑滑动开始后滑动面上抗剪强度下降的影响。根据日本

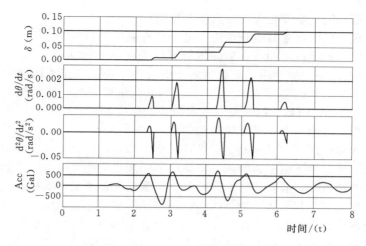

图 5－47　Newmark 法滑移变形量计算

佐藤等的研究，伴随着滑移变形的发生，峰值抗剪强度将向残余强度方向转化，滑移变形量趋于增长。为了考虑这种影响，滑动面上的抗剪强度宜适当降低。

Newmark 法是一种近似方法，由于其计算简便，对地震变形量的估计比较有效，所以在国外工程上获得了比较广泛的应用。根据变形的严重程度，可以预测土石坝在地震中的表现，包括坝顶超高的减小以及可能引起裂缝或内部渗流侵蚀的危险性等。不影响土石坝蓄水的安全性所能容许的滑移变形量是一个有待研究的问题。美国标准指出，有若干设计单位将变形量限定在 0.6m 以内作为安全衡量标准。

Newmark 法的内容可详见水利水电规划设计总院编写的《碾压式土石坝设计手册》下册第九篇抗震设计。或参考顾淦臣编著的《土石坝地震工程》有关章节。

4. 地震沉降变形估计

地震作用除了对土石坝引起剪切滑移之外，还可能由于土单元中增加的应力而产生沉降变形 [图 5－46 (b)]。在坝体和地基不发生液化的条件下，这种沉降变形可根据土力学的固结理论，或经验方法，或有限元计算分析加以估计。

5. 拟静力分析

地震作用具有瞬态特点，其方向和大小均随时间发生变化，但拟静力分析假定作用力的大小和方向不发生变化，作用时间假设为无限。故地震动力稳定和静力稳定有很大区别。对土石坝的动态失稳机制目前还研究得不够，美国、日本等国规范都不要求进行动态失稳核算，而代之以震后静力稳定和地震变形的核算。我国现行 DL 5073—2000《水工建筑物抗震设计规范》规定采用拟静力方法进行土石坝地震稳定的核算，不过在计算中引入了地震作用的效应折减系数 $\xi=0.25$ 来反映拟静态稳定和动态稳定的差别。在地震不引起振动孔隙水压力的条件下，采用土料的不排水剪强度进行的拟静力分析可作为评价土石坝地震抗力的一个指标，如果这时拟静力安全系数大于 1.0，土石坝在地震中将只会发生微小的震害或无震害。对位于高烈度区或重要的土石坝，我国规范要求除拟静力分析外，还宜结合地震变形等其他有关分析来进行抗震安全性评价。

5.10.4 土石坝的抗震安全评价与抗震防护措施

根据抗震分析的结果对土石坝进行安全评价主要从两方面着手：

（1）稳定分析评价。如按震后强度计算的稳定系数远大于 1.0（一般在 1.25 以上），根据过去震害经验表明，土石坝的变形较小，坝可以正常运行。如果坝抗液化的安全系数小于 1.0 或接近 1.0，同时抗震后残余抗剪强度计算的抗滑安全系数也不足 1.0 或接近 1.0，则坝的抗震安全令人担忧。如果临界滑动面对坝的整体安全起关键作用，则坝产生的较大变形可导致坝的破坏。

（2）变形分析评价。对坝的变形进行安全评价，要区分下述三种情况：液化不会发生；液化可能发生，但不影响坝的整体稳定；液化可能发生，并将造成坝的稳定丧失。对于前两种情况，需要作出的判断是：预测的临界滑动面的变形是否足够小，以免在坝体和坝基中引起可能发生管涌等内部侵蚀的裂缝；震后的抗滑安全系数和现有的坝顶安全超高是否足够，以免发生坝顶溢流并保障坝安全挡水。抗震安全评价不仅要依据抗震分析的结果，还要考虑到分析所采用的计算理论和基本假定的可信度水平以及分析中所采用参数的不确定性程度作出综合判断。

土石坝的许多震害现象目前还难以通过计算分析准确地进行预测和加以控制，对土石坝采取一定的防护措施有利于改善其抗震性能。根据震害经验总结，对土石坝有效的防护措施包括：①挖除坝基中有可能发生液化或软化的土层；②加宽土质防渗心墙可以提高抵抗渗流侵蚀的能力；③在心墙上游敷设级配良好的宽厚反滤层，可使心墙中张开的裂缝得以封闭，在心墙下游敷设的反滤层可以防止心墙中被侵蚀的颗粒外逸；④在心墙下游建造竖式排水以降低下游坝壳的饱和度；⑤将心墙与坝肩和岸坡相接触处的断面加以扩展以防止接触渗流；⑥调整心墙的位置使坝体中浸润线的位置最低；⑦保持或保护水库周边土坡稳定，防止滑坡塌方；⑧如果坝基中存在潜在活动断层的危险，则坝和地基接触面处应作专门处理；⑨建立高质量的排水通畅的堆石坝壳；⑩设立比较富余的坝顶超高，以适应坝体沉降、坍陷或断层错动产生的变形；⑪规划好坝与地基接触面的形状，避免断面突变、侧悬或较大的"台阶"；⑫筑坝土料充分压实，尽量减小可能产生的超静孔隙水压力；⑬设置反滤层或采取其他有效措施，防止坝体与埋设于其中的管道或其他结构结合处发生渗流侵蚀。

5.11 堆 石 坝

堆石坝泛指用石料经抛填、碾压等方法堆筑成的一种坝型。因为堆石体是透水的，故需要用土、混凝土或沥青混凝土等材料作为防渗体。一般根据防渗体的种类及位置来命名堆石坝，如土质心墙堆石坝、混凝土面板堆石坝等。随着筑坝经验的积累和大型施工机械的应用，这种坝的设计、施工技术以及坝的结构型式近年来有了很大的发展。

（1）自 19 世纪中叶至 1960 年前后为初期阶段。堆石的施工主要以抛填为主，辅以高压水枪冲实。堆石体的密实度差，沉降和水平位移量都很大，给堆石体的防渗结构造成困难。坝高超过 75m 以后，面板常出现平行于趾板的裂缝，并在河床中部的坝体面板压性垂直缝处出现挤压碎裂。

　　（2）1960 年后，欧洲首先采用振动碾薄层碾压，使堆石体的密实度提高，变形量显著降低。随着土质防渗体设计的改进和适应变形能力的提高，大量 200～300m 级的心墙堆石坝在许多国家顺利建成，使土石坝的建设迈上了一个新的高度。特别值得指出的是这一时期混凝土面板堆石坝（简称面板坝）的迅速发展。由于堆石填筑质量提高，堆石体的压缩量小，面板的防渗效果得到保证，使面板坝成为富有竞争力的一种坝型，技术上也日趋成熟。据 2006 年的不完全统计，我国已建成和在建的坝高大于 30m 的面板坝达 177 座以上，其中坝高大于 100m 的 43 座，均占世界总量的 40％以上。目前世界上已建成的最高面板坝为巴西的坎波斯·诺沃斯坝，高 202m。我国已建成的三板溪面板坝，高 185.50m；在建的水布垭面板坝，高 233m。一些 250～300m 级的面板坝则正在设计和研究之中。

　　（3）1965 年至今是钢筋混凝土面板堆石坝（简称面板坝）的发展阶段。面板坝采用振动碾薄层碾压填筑，堆石体压缩性小，面板的防渗效果得以保证，加上面板结构在设计、施工上的改进，使这种坝具有运行性能好、经济效益高等优点，在我国以及许多国家已成为可行性研究中优先考虑的坝型。目前世界上最高的面板坝是墨西哥 187m 高的阿瓜米尔帕坝。我国已建成的天生桥一级坝，高 178m；在建的水布垭面板坝，高 233m，高度居世界面板坝的前列。

　　面板坝在技术上和经济上的许多优越性，可概括如下：

　　（1）结构特点。碾压堆石的密度大，抗剪强度高，坝坡可以做得较陡，不仅节约了坝的填筑量，而且坝底宽度较小，输水建筑物和泄水建筑物的长度可相应减小，枢纽布置紧凑，使工程量进一步减小。

　　分层填筑和碾压的施工方法使每层的上半部比下半部的平均粒径小而细粒含量高，表面平整，这不仅有利于施工，而且透水性好，因为通过堆石体的渗流在水平方向比垂直方向更容易排出，使堆石体不会被水饱和。坝体处于干燥状态，地震时不存在孔隙水压力上升和材料强度降低的问题，坝的抗震性能较好。

　　（2）施工特点。根据坝体各部分的受力情况，堆石体可以分区，对各区的石料和压实度可有不同要求，枢纽中修建泄水建筑物时开挖的石料等可以得到充分合理的应用，使造价降低。

　　面板下的垫层和过渡层具有半透水性和反滤作用。施工期在没有面板保护的情况下可以直接挡水或过水，不影响坝的安全，从而简化了施工导流和度汛的工程设施，有利于加快施工进度，降低临时工程的费用。面板坝堆石体的施工受雨季和严寒等气候条件的干扰小，可以比较均衡正常地进行施工。

　　（3）运行和维修特点。碾压堆石体的沉降变形量很小。高 110m 的塞沙那坝和高 140m 的安奇卡亚坝堆石体压缩模量达到 135～145MPa，混凝土面板状态良好，未发现裂缝。

5.11.1　堆石坝料的工程性质

　　堆石坝料是指粒径大于 5mm、质量大于总质量 50％的粗颗粒集合体，也称为粗粒料。作为筑坝材料的粗粒料主要有堆石和砂砾石两种，堆石泛指通过爆破等方式开采得到的棱角分明的石料，砂砾石是指从天然河床开挖的、具有浑圆形状的砂卵石料，不经加工可直接上坝。

1. 堆石的岩性

工程上常以单轴抗压强度与风化度系数进行软硬程度和风化程度的分类。饱和无侧限抗压强度大于或等于30MPa的岩石为硬岩，否则为软岩。风化程度分级见表5-5。

表5-5　堆石坝料风化程度分级

风化程度	风化度系数	强度降低值（％）	风化程度	风化度系数	强度降低值（％）
新鲜（包括微风化）	0.9～1.0	0～10	强风化	0.2～0.4	60～80
弱风化	0.75～0.9	10～25	全风化	<0.2	>80
半风化	0.4～0.75	25～60			

2. 粗粒料的抗剪强度

抗剪强度是筑坝材料的重要工程特性，产生抗剪强度的物理机制为：①颗粒间的摩擦阻力，这是形成粗粒料抗剪强度的基本因素，它和母岩的性质、颗粒形状、表面形态和附着物有关；②随着剪切变形的增加，颗粒之间将产生滑移和转动，进行重新排列和定向，这也发挥出一定的抗剪强度，但这种影响随着孔隙率的减小而降低，孔隙率降至34％左右时逐渐趋向于零；③剪胀所发挥的抗剪强度随着孔隙率的减小而增长。颗粒破碎阻碍了剪胀效应的发挥，使抗剪强度降低。粗粒料的抗剪强度包线是一条曲线，内摩擦角 φ 随着法向应力 σ 的增大而减小，其表达式如式（5-35）所示。

粗粒料的抗剪强度主要通过大型三轴仪测定，大型直剪仪已较少采用。有的研究者指出，除了狭窄河谷以外，面板坝中的应力更接近于平面应变状态，因而发展了大型平面应变仪。平面应变条件下测出的抗剪强度中的内摩擦角一般比三轴压缩条件下高 $2°\sim6°$。此外，平面应变条件下的应力应变曲线有明显的应变软化特征，三轴压缩条件下的应力应变曲线则接近于双曲线 [图5-26（a）]。

3. 粗粒料的变形特性

变形也是筑坝材料的重要工程特性。粗粒料的变形特性通常用变形模量 E 和压缩模量 E_s 加以表示：E 指侧向无约束条件下，E_s 指侧限条件下粗粒料受压缩时，竖向有效应力与竖向应变的比值。粗粒料的级配愈好、密度愈高，压缩变形愈小；反之，粗粒料的颗粒愈大、棱角愈突出、母岩的强度愈低，则颗料愈容易破碎，压缩变形愈大。此外，浸水使粗粒料的颗粒发生一定程度的润滑和软化，更容易破碎产生浸水变形。砂砾石料的浸水变形比堆石料小，硬岩堆石料的浸水变形比软岩堆石料小。浸水变形还随围压和应力水平（或主应力差）的增大而增大。

4. 粗粒料的压实特性

筑坝材料的压实性能是决定坝坡、防渗体和坝料分区尺寸的重要因素。粗粒料的压实特性通过室内试验和现场碾压试验进行研究。在工程前期勘测设计阶段，常通过室内试验测定粗粒料的物理力学特性和压实特性，为选择料源和进行设计提供依据。在工程施工前一般应进行现场碾压试验，复核设计选定的填筑标准，论证筑坝材料的适用性，确定施工碾压参数和施工质量控制标准。

5. 粗粒料的渗流特性

粗粒料中的渗流状态可区分为层流区、紊流区和两者之间的过渡区。达西定律只适用于层流区，粗粒料中的渗流比降不再是渗流速度的线性函数，而是渗流速度的多项式函数。

5.11.2　混凝土面板堆石坝
5.11.2.1　坝剖面与堆石体设计
1. 坝坡设计

薄层碾压的现代混凝土面板堆石坝主要依靠经验进行设计。原因在于面板坝固有的安全性：①堆石体沉降量小，而且若干年后沉降趋于停止；②堆石体抗剪强度高；③不存在扬压力和孔隙水压力；④分区堆石体具有抵抗内部水流侵蚀的稳定性；⑤全部堆石体都对挡水发挥作用；⑥面板上的水荷载作用在坝轴上游的坝基上。我国100m级面板坝技术已经比较成熟；200m级面板坝技术积累了一定的实践经验，但成功的经验尚感不足；300m级面板坝技术正在研究之中。

库克（Cooke）认为面板坝无坝坡失稳先例，无需进行稳定分析，主张上、下游坝坡率采用1：1.3，我国一般采用1：1.4。碾压堆石的内摩擦角大于45°，坝坡率1：1.3～1：1.4具有足够的安全度。位于覆盖层上的面板坝、地震区的面板坝、采用软岩筑坝、或是下游堆石体采用任意料时，均应适当放缓坝坡。国内外已建100m以上面板坝的坝坡率，上游面为1：1.3～1：1.7，下游面为1：1.2～1：2.0。

面板坝顶部上游面普遍设置L形钢筋混凝土防浪墙〔图5-48（c）〕，墙高4～6m。防浪墙底部宜高出正常蓄水位，并与面板间设置良好的止水连接。坝顶宽度一般5～8m，有抗震要求的高坝还应适当加宽。相应于面板顶部高程的宽度不应小于9m，以满足面板施工时浇筑平台的需要。

强震区的高面板坝，一般在距坝顶1/5坝高的范围内采用专门的加筋措施。常用的方式有土工格栅和混凝土框格梁与坝内钢筋相连接等。

2. 堆石体材料分区及填筑标准

堆石体在自重、水压等荷载作用下，各部分的应力和变形性态不同，对面板工作所产生的影响也不同，因此各部分对材料性质、级配、压实度和施工工艺的要求也各不相同。进行堆石体的材料分区有利于更合理和更充分地利用开采的石料，并降低造价。

坝体各部分根据料源及其对坝料强度、渗透性、压缩性、施工方便和经济合理性等不同的要求进行分区，并相应地确定其填筑标准。参照国际上通行的库克和谢拉德的建议，结合我国实践经验，SL 228—98《混凝土面板堆石坝设计规范》提出的硬岩堆石料填筑的坝体分区如图5-48（a）所示，可供设计参照使用。迎水面为混凝土面板F；然后从上游向下游方向划分为垫层区、过渡区、主堆石区、下游堆石区；在周边缝下游侧设置特殊垫层区；对100m以上高坝，还宜在面板上游面底部设置上游铺盖区及盖重区。通常1区为上游铺盖区，其中，1A用防渗土料碾压填筑或水下抛填，其作用是覆盖周边缝及高程较低处的面板，当周边缝张开或面板出现裂缝时，能自动淤堵，恢复防渗性能；1B为盖重区，可填充任意料，对1A起保护作用。2区为垫层区，2A直接位于面板下部，为面板提供均匀且可靠的支撑，同时具有半透水性，从防渗角度出发可发挥第二道防线的作用。3区为堆石区，是承受水荷载的主要支撑体，其中，3A为过渡区；3B为主堆石区；3C远离面板，基本上不承受水荷载，主要起稳定坝坡的作用，可用任意料填筑，为下游堆石区。E为可变动的主堆石区与

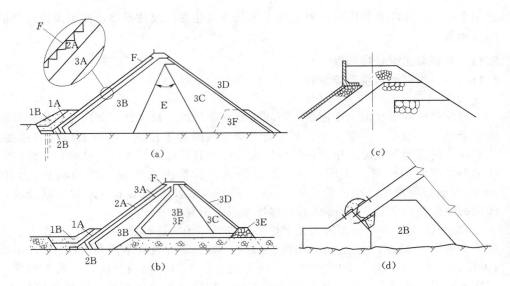

图 5 - 48 混凝土面板堆石坝

（a）硬岩堆石料坝体主要分区示意图；（b）砂砾石坝体材料主要分区示意图；

（c）坝顶构造；（d）面板与趾板和特殊垫层区的连接

下游堆石区的过渡区，其扩展角经综合考虑坝料特性及坝高等因素后加以选定。3D 为下游护坡，3F 为排水区，各区坝料的渗透性宜从上游向下游增大，并应满足水力过渡要求，但下游堆石区尾水位以上的坝料不受此限制。堆石坝体上游部分应具有低压缩性。当下游围堰和坝体结合布置时，可在下游坝趾部位设硬岩抛石体。此外，在下游坝坡表面还需设置大块石护面。

用砂砾石料填筑的坝体分区如图 5 - 48（b）所示。吸取沟后坝由于内部渗流侵蚀发生溃决的教训，对渗流不能满足自由排水要求的砂砾石、软岩坝体，要求在坝体上游区内设置竖向排水区，并与坝底水平排水区连接，使渗水可通畅地排至坝外，保持下游区坝体处于干燥状态。

各区的填筑标准可根据坝的等级、坝高、河谷形状、地震烈度及料场特性等因素，参照表 5 - 6 选定。国际上多采用碾压参数对填筑标准进行施工控制。我国目前采用碾压参数和干密度（孔隙率）相结合进行施工控制，并逐步向碾压参数为主的施工控制方向发展。

表 5 - 6   面板堆石坝各分区填筑要求

坝料分区	垫层区	过渡区	主堆石区	下游堆石区	砂砾料
孔隙率（%）	15～20	18～22	20～25	23～28	
相对密度					0.75～0.85

3. 垫层区

垫层区的主要作用是为面板提供均匀平整的支承，并实现从面板至过渡区和堆石区间的均衡过渡，能适应坝体的变形而不出现裂缝。为此，要求垫层料具有良好的颗粒级配、母岩本身强度较高、破碎率低、压实性能好、压实后变形模量和抗剪强度较高。垫层料应具有良好的渗流稳定性：一方面本身可容许较高的渗流比降，另一方面一旦面板开裂或接缝破损出现渗漏时，能够防止细颗粒流失，将裂缝淤塞。这就要求垫层料中含有足够数量的粒径在 5mm 以下的细料，但细粒含量又不宜过多，其渗流系数应控制在 $10^{-3} \sim 10^{-4}$ cm/s 范围内，以发挥垫层料的半透水作用，成为防渗的第二道防线。当面板出现渗漏时，垫层区可以承担 70% 左右的水头。国际大坝委员会和我国面板坝设计规范都对垫层区的颗粒大小及其级配要求作了比较详细的规定。

垫层区在与基岩和趾板相接触的部位适当加宽，形成特殊垫层区 2B [图 5-48 (a)]，为发挥反滤作用，既要有一定的透水功能，又要有滞留功能，在趾板止水结构破坏时，能使周边缝及其附近面板上铺设的堵缝材料和水库淤积的泥砂等发挥堵漏作用。

我国高面板坝垫层区水平宽度一般在 2～4m，大多为 3m。垫层上游坡面施工期常用喷水泥砂浆、碾压砂浆、喷乳化沥青等方法进行固坡。2000 年前后，引进了巴西的上游面设置挤压混凝土边墙的施工技术。研制了专用的挤压机，总结出了一套施工工艺，可一次性完成垫层上游面的压实、整坡、固坡等整个流程，使施工过程简化，从而得到推广应用。但也有的看法认为：这种做法会增加混凝土面板的约束，导致面板裂缝，建议研究改进。

4. 堆石区

堆石区是面板坝的主体，包括主堆石区 3B 和下游堆石区 3C，以及过渡区 3A。主堆石区和下游堆石区石料的开采、运输和碾压成为面板坝投资的主要组成部分。堆石材料的分区设计取决于料源和坝料的工程特性。进行枢纽布置时，要充分考虑利用建筑物基坑开挖的石料进行筑坝的可能性，以达到挖填平衡，取得良好的技术经济效果。现代筑坝技术的发展拓宽了筑坝材料的应用范围，除硬岩外，软岩和砂砾石都得到了广泛的应用。

主堆石区宜采用中等硬度以上级配良好的石料或砂砾料，考虑到国外有采用软岩建设百米级面板坝的经验，我国规范规定主堆石区也可采用软岩填筑，但需进行专门的技术论证。下游堆石区可充分利用料场中开挖出来的较次石料或枢纽建筑物基坑中开挖出来的石料，但下游水位以下应设立专门的水下堆石区，其基本要求为级配良好，抗冲蚀性好，渗透系数大。过渡区位于垫层区 2A 和主堆石区 3B 之间，用以保护垫层区并起到过渡作用。粒径介于两者之间，并符合水力过渡原则，过渡区的渗流系数应高于垫层区 1～2 个数量级，同时低于主堆石区水下部分 1～2 个数量级。

对于常用的面板坝断面和分区设计，坝体稳定和渗流控制一般是没有问题的，重要的是变形控制。因为变形与坝高的平方成比例，故高坝的变形控制问题更为突出。解决这一问题的发展趋势是采用重型碾压机具，提高压实密度和变形模量。堆石区的孔隙率不应大于 20%，我国 2000 年以后建设的洪家渡、三板溪和水布垭等 200m 级的面板坝基本上都达到了这一标准，坝的沉降率较小，都小于 1%；基准沉降率，即沉降率除以坝高和 100 的比值，则小于 0.5%，压缩模量大约为 80～100MPa，面板的裂缝较少。主堆石区和下游堆石区的孔隙率应基本一致，压缩模量也应相差不大，符合变形协调原则。墨西哥高 187m 的阿瓜密尔帕面板坝上游主堆石区压缩模量 260MPa，下游堆石区压缩模量 47MPa，上下游堆石区过大的沉降差导致坝中部距坝顶 50m 处出现一条长 160m 的水平拉伸裂缝，缝宽 15cm。这一经验值得引起重视。

主堆石区应尽量向坝轴线下游扩展，扩展的范围可视坝高不同而变化。图 5－49 所示为水布垭面板坝的填筑分区图。

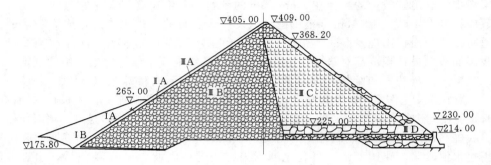

图 5－49　水布垭面板坝的填筑分区（单位：m）

天生桥面板坝蓄水后发现，坝中部两最长面板之间的垂直缝两侧混凝土出现挤压破坏现象。国外若干座面板坝也发现类似情况，其原因为两岸堆石向河谷方向位移所引起。天生桥面板坝挤压破损区长达 70 余 m，最大破损宽度 5.35m，最大破损深度 30～35cm，破损处混凝土破裂，水平钢筋向上弯曲凸起。为避免面板沿垂直缝压损，应控制面板挠度。高面板坝顶部挠度最大，主要由徐变产生。应通过分期蓄水措施，使大量的挠度变形在水库满蓄前发生。为减少面板裂缝，坝体施工应尽量均衡上升，上下游堆石体高差不宜过大，堆石体填筑到面板浇筑高程以后，要留出一定的预沉降期，使堆石体变形基本稳定后再浇筑面板。

5.11.2.2　面板及防渗结构设计

面板、趾板、趾板地基的灌浆帷幕、周边缝和面板间的接缝止水等构成面板坝的防渗体系，如图 5－50 所示。面板沿坝轴线方向分缝、分块浇筑，除临近岸坡地形变化剧烈处可设水平伸缩缝以减小面板所受的扭曲应力外，一般不设水平伸缩缝。面板在岸坡处的起始板块，形状不规则，和主板之间可布置水平施工缝。

1. 趾板

趾板是面板的底座，其作用是保证面板与河床及岸坡间的不透水连接，同时也作为坝基帷幕灌浆的盖板和滑模施工的起始工作面。

趾板的截面形状和布置如图 5－50（b）所示，根据地形条件布置成一系列折线段的组合，其最终定线需在施工过程中完成。趾板的宽度 b 取决于作用水头 H 和基岩性质，要求水力比降 J（$J＝H/b$）不超过容许值：新鲜基岩可大于 20；弱风化岩 10～20；强风化和破碎基岩 5～10；全风化岩 3～5。有的面板坝趾板建在河床冲积层上，要求 $J＝2～3$。趾板的最小宽度不宜小于 3m。趾板厚度可小于与其相连接的面板厚度，但不小于 0.3m。趾板与面板连接处相互垂直，并使面板底面下特殊垫层区的厚度不小于 0.9m。高坝趾板宜按高程分段采用不同的宽度和厚度，底部趾板厚度不小于 0.5m。

趾板配置双向温度筋，配筋率每向 0.3%，软基上为 0.3%～0.4%，单层铺设，净保护层厚度 10～15cm。趾板应用锚杆与基岩相连接，锚杆与温度筋连接，锚杆参

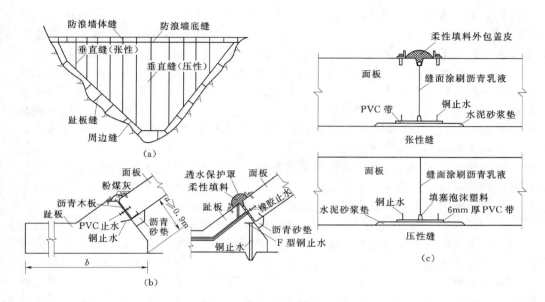

图 5-50   面板坝的接缝与止水布置

(a) 缝的总体布置；(b) 采用无黏性土填料与柔性填料的周边缝；(c) 张性与压性垂直缝

数参照经验选用。趾板建基面附近有缓倾角结构面存在时，锚杆参数要满足稳定要求，并能抵抗灌浆压力作用。

对建于砂砾石地基上设有防渗墙的趾板，宜分成上、下两段进行施工。上段趾板在防渗墙竣工后再行施工，以利于减少趾板接缝的位移量。

趾板地基应按要求进行固结灌浆与帷幕灌浆。在强风化岩地段可设置截水齿墙。有的坝在趾板上游地基表面喷射混凝土形成铺盖以延长渗径，从而节约了地基处理的工程量。

2. 面板

面板是防渗的主体，对质量有较高的要求。除良好的防渗性能，还要有足够的耐久性，足够的强度和防裂性能。为适应坝体变形和施工要求，需对面板进行分缝。垂直缝的间距取为 12～18m。两岸坝肩附近的缝为张性缝，其余部分为压性缝。张性缝和压性缝对止水有不同要求，参见图 5-50 (c)。为满足滑模连续浇注的要求，一般不设水平向伸缩缝。较长面板分期浇筑需设水平施工缝时，缝面距坝体填筑高程的高差不宜小于 5m。继续浇筑混凝土之前，缝面应经凿毛处理，并将面板钢筋穿过缝面。

面板的厚度应使面板承受的水力梯度不超过 200。为便于布置钢筋和止水，面板的最小厚度为 0.3m。中低坝可采用 0.3～0.4m 的等厚面板，高坝面板顶部厚度取为 0.3m，然后向下方逐渐增加一个数值，取为高差的 0.2%～0.35%。

面板混凝土强度等级不应低于 C25，抗渗等级不应低于 W8。面板内采用单层双向配筋，每向配筋率为 0.3%～0.4%，水平向配筋率可低于竖向配筋率。高坝的周边缝及临近周边缝的垂直缝两侧宜配置抵抗挤压的构造钢筋。

面板接缝设计主要是止水结构及布置。周边缝对面板防渗起关键作用，其中的底部止水铜片为最基本的防渗线，中部 PVC（聚氯乙烯）或橡胶止水片及顶部止水可视情况选用。顶部止水结构，目前尚处于发展阶段，可采用柔性填料或无黏性填料（粉煤灰、粉细砂）的一种或两种结合使用。柔性填料应保持在运行环境条件下高温不流淌、低温不硬化，在水压力作用下易压入缝内，缝口应设橡胶棒，棒的直径大于预计的周边缝张开值。无黏性填料的最大粒径应小于 1mm，其渗流系数应比特殊垫层区反滤料的渗流系数小一个数量级，外加能透水的保护罩［图 5 - 50 （b）］。高度 50m 以下的坝可以只采用一道底部止水；高度为 50～100m 的坝宜设置底部和顶部两道止水；100m 以上的高坝宜选用底部、顶部两道止水或底部、中部、顶部三道止水。周边缝采用沥青浸渍木板嵌缝，厚度为 12mm。压性垂直缝只需设一道底部止水，缝面涂刷薄层沥青乳液或其他防黏结材料；中低坝的张性垂直缝止水结构与压性垂直缝相同；高坝张性垂直缝在顶部加设与周边缝相同材料的止水［图 5 - 50 （c）］。防浪墙与面板间的水平接缝也宜设置底部、顶部两道止水。

　　周边缝和垂直缝内的各道止水应自成或相互组成封闭的止水系统，否则，通过垂直缝的渗水可能进入周边缝内，使 PVC 止水带和缝顶柔性填料失去止水能力。周边缝和垂直缝的底部止水铜片容易形成完整的止水系统。对周边缝顶部的柔性填料，可在周边缝附近的垂直缝内设柔性填料井，使柔性填料与止水铜片连接，实现封闭，截断从垂直缝向周边缝的渗水；也可同时在所有垂直缝顶部设柔性填料止水，自成完整的表面止水系统。

5.11.2.3　面板堆石坝的计算分析

　　上面已经指出面板堆石坝的设计基本上依靠经验加判断，很少进行分析计算。但随着工程规模的加大，材料强度特性的发挥越来越接近极限，各种潜在的不利因素也随之更为突出，一般的经验将不足以满足工程实践的要求，因此高面板坝的设计应增加计算分析的比重。

　　实践表明，建在岩基上的坝，坝坡率 1∶1.3～1∶1.4 已安全运行多年，稳定不成为问题。只有当坝基中存在软弱夹层或易液化土层、坝体由软岩堆石料填筑或坝址位于 8 度以上高烈度地震区等不利条件下，才需要进行坝坡稳定核算。

　　设计者普遍关心的是堆石体的变形，它影响到接缝的开度与面板的断裂和挤压破坏，严重时可导致防渗系统失效危及大坝安全。高面板堆石坝一般都要求进行有限元应力应变分析。对于高应力和高围压条件下堆石的弹塑性和徐变特性、复杂应力路径、颗粒破碎等因素对应力应变关系的影响等，在目前的计算模型中还难以充分反映。因此有限元计算成果只能在定性方面说明一些问题。为此，面板尺寸目前还主要依靠经验进行确定。这将是今后需要进一步研究的问题。

　　渗流控制也是面板坝的一个重要问题。沟后面板坝高 80m，采用砂砾石作为堆石料。这是一种可冲蚀材料，由于该坝施工质量较差，导致面板与防浪墙间的水平接缝处发生大量漏水，使下游坝坡顶部的砂砾石受到表面水流和渗流的冲蚀作用，这种现象进一步发展并向上游推进，造成面板下部脱空而折断，大量水体下泄，最终引起大坝溃决，成为沉痛教训。渗流控制不限于砂砾石坝，堆石坝也存在防止渗流扩大，保证正常运行的问题。渗流控制措施目前主要基于已建坝的经验总结。控制的重点是规定合适的分区材料级配，主要考虑的是垫层料。要求垫层料渗流系数较低，施工中又不产生分离，使之既可起限漏作用，又可在面板出现开裂时进行水下堵漏创造条件。

垫层料的级配建议为：最大粒径不大于 7.5cm，小于 4.75mm 的细粒含量 35%～55%，小于 0.075mm 的细粒含量不超过 12%。这是一种在渗流作用下不流失的自愈性材料。此外，过渡料要有良好级配，最大粒径不超过填筑层厚，细粒含量小于 20%，与垫层料相接触的表面，10cm 以上的超径石料应予以清除；主堆石料的最大粒径也不应超过填筑层厚，同时细料含量小于 20%。

5.11.2.4 坝基处理

面板坝坝基处理主要问题是趾板布置和砂砾石等渗水坝基的处理，在已建坝的基础上已总结出了一些有效的经验。趾板可建于风化破碎岩面上。为了防渗需要，可采用向下游延伸的混凝土板以增长渗径，减小渗流比降，同时用反滤层覆盖，以防止细料冲蚀。对于坐落在砂砾石覆盖层上的面板坝，有以下几种处理方式：①将覆盖层全部挖除，当河床冲积层中有连续分布的软弱夹层，或覆盖层较浅时应用。②将趾板建于挖除覆盖层后的基岩面上，当坝体下的砂砾石层有足够强度时可保留作为坝基。趾板后的开挖宽度一般为 30～60m，用以布置垫层和过渡层，同时满足施工时道路布置的需要 [图 5-48 (b)]。这种布置对混凝土面板和坝体的应力变形不会产生不利影响。③将趾板建于砂砾石层上，用混凝土防渗墙与趾板或连接板连接起来，接缝处设止水，以适应不均匀沉降。防渗墙可布置在上游坝脚以外一定距离，使防渗墙与坝体的施工可同时进行，互不干扰，最后待地基沉降变形达到相对稳定以后，再浇筑趾板与连接板。也有的工程将防渗墙与趾板直接连接。除防渗墙外，坝基覆盖层也可用灌浆帷幕、高压旋喷灌浆帷幕等进行处理，但帷幕的施工质量含有一定的不确定性，同时质量检测也有一定困难，因此，帷幕已逐渐为混凝土防渗墙所取代。

5.11.3 土质心墙堆石坝

在我国的高土石坝建设中，土质心墙堆石坝也有了很大发展。这种坝型的优点是：可利用大型振动碾压实堆石，使坝体达到比较高的紧密度，以减小工程量；可利用土质心墙的柔性，适应坝体变形，保障防渗体的安全。我国已建成的最高心墙堆石坝为小浪底斜心墙坝，坝高 160m，覆盖层厚 70m；在建的有糯扎渡砾质土心墙坝，坝高 261.5m，瀑布沟砾石土心墙坝，坝高 186m，覆盖层厚 75.4m；设计中的双江口心墙坝，坝高 314m，覆盖层厚 68m，两河口心墙坝，坝高 293m，岩基。

5.11.4 其他型式堆石坝

在其他型式堆石坝中，有一定应用前景的有：以沥青混凝土作为防渗体的堆石坝和定向爆破堆石坝。

以沥青混凝土作防渗体可建成心墙坝和斜墙坝，在已建的这类坝中以斜墙坝的数量居多。斜墙坝具有与混凝土面板坝相同的特点，又可称为沥青混凝土面板坝。

定向爆破堆石坝是在地形、地质条件适当的河谷的一岸或两岸布置药室，使爆破产生的岩块大部分抛掷到预定的位置堆积成坝，拦截河道。采用这种方法筑坝，一次爆破可得到数万、数十万甚至上百万石方，爆破抛射出的石块下落时以高速填入堆石体，紧密度较大，孔隙率可在 28% 以下，从而可节约大量的人力、物力和财力。但爆破对山体的破坏作用较大，使岩体内的裂缝加宽，有时可能形成绕坝渗流通道，并可使隧洞、溢洪道周围的地质条件以及岸坡的稳定条件恶化。此外，爆破后填平补齐、整修清理的工作量仍然很大，坝基处理与防渗施工均有一定困难。因此，这种坝型主要适用于山高、坡陡、窄河谷以及地质条件良好的中、小型工程。

我国在定向爆破堆石坝的设计和施工方面已经积累了一定的经验，已建成定向爆破堆石坝 18 座，在准确掌握坝的外形轮廓和减少单位耗药量的技术方面，居世界前列。如82m 高的石砭峪坝，上坝石方的单位炸药用量只有 1.1kg/m³，有效上坝方量达 60%。

5.12　土石坝的坝型选择

坝型选择是土石坝设计中需要首先解决的一个重要问题，因为它关系到整个枢纽的工程量、投资和工期。坝高、筑坝材料、地形、地质、气候、施工和运行条件等都是影响坝型选择的重要因素。

均质坝、土质防渗体的心墙和斜墙坝，可以适应任意的地形、地质条件，对筑坝土料的要求也逐渐放宽。这种类型的坝可以采用先进的施工机械建造，在条件不具备时，也可以采用比较简单的施工机械修筑，故在我国大量中小型工程中是比较常用的坝型。

均质坝坝体材料单一，施工方便，当坝址附近有数量足够的适宜土料时可以选用。这种坝所用土料的渗流系数较小，施工期坝体内会产生孔隙水压力，影响土料的抗剪强度，所以，坝坡较缓，工程量大；此外铺土厚度薄、填筑速度慢、施工容易受降雨和冰冻影响，不利于加快进度、缩短工期。一般适用于中、低高度的坝，但近年来也有向高坝发展的趋势，特别是在具有较大内摩擦角的含黏性的砂质和砾质土的情况下比较有利，因为在坝的中部设置竖向和水平排水后，可以大大降低坝体内的浸润线，并减小孔隙水压力。20 世纪 60 年代后在巴西等地已建成许多高 60～80m 的均质坝，委内瑞拉古里坝的土坝段，坝高 100m，也是采用的均质坝。

土质心墙和斜墙，便于与坝基内的垂直和水平防渗体系相连接，心墙和斜墙坝可以在深厚的覆盖层上修建，是高、中坝最常用的坝型。目前已建成的世界上最高的坝——前苏联的努列克坝，高 300m，就是采用的这类坝型。斜墙坝的坝壳可以超前于防渗体进行填筑，而且不受气候条件限制，也不依赖于地基灌浆施工的进度，施工干扰小。但斜墙坝由于抗剪强度较低的防渗体位于上游面，故上游坝坡较缓，坝的工程量相对较大。斜墙对坝体的沉降变形也较为敏感，与陡峻河岸的连接也较困难，故高坝中斜墙坝所占的比例较心墙坝为小。高度超过 100m 的斜墙坝，绝大多数采用内斜墙，即斜墙坡度变陡，斜墙上游还填筑一部分坝壳。例如，巴基斯坦高 148m 的塔贝拉坝等，实际上已经向心墙坝过渡。心墙坝的防渗体位于坝体中央，适应变形的条件较好，特别是当两岸坝肩很陡时，较斜墙坝优越。目前世界上已建的高 200～300m 级的土石坝几乎都是心墙坝。碾压技术的进步和采用砾石土作为防渗体为建造高心墙坝创造了条件。心墙的坡度缓于 1∶0.5 时，会影响坝坡的稳定，需将坝坡放缓。近年的发展趋势是采用薄心墙，这样有利于降低孔隙水压力。心墙土料的压缩性较坝壳料高，易产生拱效应，对防止水力劈裂不利，对坝的安全有影响。为此，有的高坝采用斜心墙，其上游坡设计成 1∶0.5～1∶0.6，以利于克服拱效应和改善心墙的受力条件。心墙在施工时必须和两侧坝壳平起上升，施工干扰大，受气候条件的影响也大，这是其缺点。高的心墙坝和斜墙坝多做成分区坝或多种土质坝，从防渗体到坝壳料，颗粒由细到粗逐渐过渡，这对于充分利用土石料，增加坝的稳定性和抗震能力都是有利的。

　　近几年发展的混凝土面板坝具有很多突出的优点：工程量较小，施工方便，拦洪度汛简单，对于我国水力资源丰富的西南、西北高山峡谷地区更具有重要意义。在具备大型振动碾等设备的条件下，是很有竞争力的坝型。坝壳材料既可用堆石，也可用砂砾石料。自 1985 年以来在我国发展迅速。

　　应用沥青混凝土作防渗体的土石坝、采用土工膜防渗的土石坝以及定向爆破堆石坝等，在各种具体条件下，都有一定的应用和发展前景。结合地区和土料特点的水坠坝、水中填土坝、水力冲填坝以及过水土石坝等都可以在适当情况下应用。这些坝的特点可参见有关文献。

第 **6** 章

水　闸

6.1　概　述

6.1.1　水闸的功能与分类

水闸是一种利用闸门挡水和泄水的低水头水工建筑物，多建于河道、渠系及水库、湖泊岸边。关闭闸门，可以拦洪、挡潮、抬高水位以满足上游引水和通航的需要；开启闸门，可以泄洪、排涝、冲沙或根据下游用水需要调节流量。水闸在水利工程中的应用十分广泛。

我国修建水闸的历史可追溯到公元前 6 世纪的春秋时代，据《水经注》记载，在位于今安徽寿县城南的芍陂灌区中就设有进水和供水用的 5 个水门。至 1997 年，全国已建成水闸 3.1 万多座，其中，大型水闸 340 座，促进了我国工农业生产的不断发展，给国民经济带来了很大的效益，并积累了丰富的工程经验。1988 年建成的长江葛洲坝水利枢纽，其中的二江泄洪闸，共 27 孔，闸高 33m，最大泄量达 83900m³/s，位居全国之首，运行情况良好。现代的水闸建设，正在向型式多样化、结构轻型化、施工装配化、操作自动化和遥控化方向发展。目前世界上最高和规模最大的荷兰东斯海尔德挡潮闸，共 63 孔，闸高 53m，闸身净长 3000m，连同两端的海堤，全长 4425m，被誉为海上长城。

水闸按其所承担的任务，可分为 6 种，如图 6-1 所示。

（1）节制闸。拦河或在渠道上建造，用于拦洪、调节水位以满足上游引水或航运的需要，控制下泄流量，保证下游河道安全或根据下游用水需要调节放水流量。位于河道上的节制闸也称为拦河闸。

（2）进水闸。建在河道、水库或湖泊的岸边，用来控制引水流量，以满足灌溉、发电或供水的需要。进水闸又称为取水闸或渠首闸。

（3）分洪闸。常建于河道的一侧，用来将超过下游河道安全泄量的洪水泄入分洪区（蓄洪区或滞洪区）或分洪道。

（4）排水闸。常建于江河沿岸，用来排除内河或低洼地区对农作物有害的渍水。

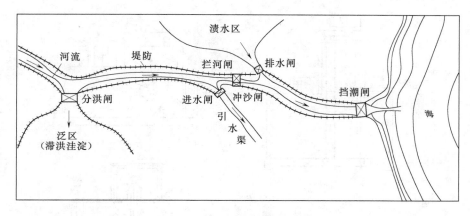

图 6-1　水闸分类示意图

当外河水位上涨时，可以关闸，防止外水倒灌。当洼地有蓄水、灌溉要求时，可以关门蓄水或从江河引水，具有双向挡水，有时还有双向过流的特点。

（5）挡潮闸。建在入海河口附近，涨潮时关闸，防止海水倒灌；退潮时开闸泄水，具有双向挡水的特点。

（6）冲沙闸（排沙闸）。建在多泥沙河流上，用于排除进水闸、节制闸前或渠系中沉积的泥沙，减少引水水流的含沙量，防止渠道和闸前河道淤积。冲沙闸常建在进水闸一侧的河道上，与节制闸并排布置或设在引水渠内的进水闸旁。

此外还有为排除冰块、漂浮物等而设置的排冰闸、排污闸等。

水闸按闸室结构型式可分为开敞式、胸墙式及涵洞式等，如图 6-2 所示。

对有泄洪、过木、排冰或其他漂浮物要求的水闸，如节制闸、分洪闸，大都采用开敞式。胸墙式一般用于上游水位变幅较大、水闸净宽又为低水位过闸流量所控制、在高水位时尚需用闸门控制流量的水闸，如进水闸、排水闸、挡潮闸多用这种型式。涵洞式多用于穿堤取水或排水。

6.1.2　水闸等别划分

平原地区水闸枢纽工程应根据水闸最大过闸流量及其防护对象的重要性划分等别，其等别按表 6-1 确定。

表 6-1　　　　　　　　　平原地区水闸枢纽工程分等指标

工程等别	Ⅰ	Ⅱ	Ⅲ	Ⅳ	Ⅴ
规模	大（1）型	大（2）型	中型	小（1）型	小（2）型
最大过闸流量（m³/s）	≥5000	5000～1000	1000～100	100～20	<20
防护对象的重要性	特别重要	重要	中等	一般	

注　当按表列最大过闸流量及防护对象重要性分别确定的等别不同时，工程等别应经综合分析确定。

水闸枢纽中各水工建筑物的级别应根据其所属枢纽的工程等别、建筑物的作用和重要性划分，其级别按表 6-2 确定。

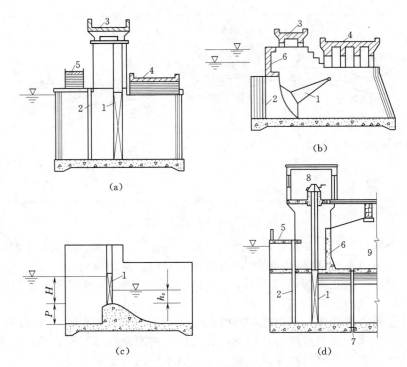

图 6-2　闸室结构型式

(a)、(c) 开敞式；(b) 胸墙式；(d) 涵洞式

1—闸门；2—检修门槽；3—工作桥；4—交通桥；5—便桥；6—胸墙；

7—沉降缝；8—启闭机室；9—回填土

各类水闸的洪水标准，按 SL 265—2001《水闸设计规范》的规定确定。

6.1.3　水闸的组成部分

水闸一般由闸室、上游连接段和下游连接段三部分组成，如图 6-3 所示。

闸室是水闸的主体，包括闸门、闸墩、边墩（岸墙）、底板、胸墙、工作桥、检修便桥、交通桥、启闭机等。闸门用来挡水和控制流量。闸墩用以分隔闸孔和支撑闸门、胸墙、工作桥、交通桥、检修便桥。底板是闸室的基础，用以将闸室上部结构的重量及荷载传至地基，并兼有防渗和防冲的作用。工作桥、交通桥和检修便桥用来安装启闭设备、操作闸门和联系两岸交通。

上游连接段包括两岸的翼墙和护坡以及河床部分的铺盖，有时为保护河床免受冲刷，还加做防冲槽和护底。用以引导水流平顺地进入闸室，保护两岸及河床免遭冲刷，并与闸室等共同构成防渗地下轮廓，确保在渗透水流作用下两岸和闸基的抗渗稳定性。

表 6-2　　水闸枢纽建筑物级别划分

工程等别	永久性建筑物级别		临时性建筑物级别
	主要建筑物	次要建筑物	
I	1	3	4
II	2	3	4
III	3	4	5
IV	4	5	5
V	5	5	

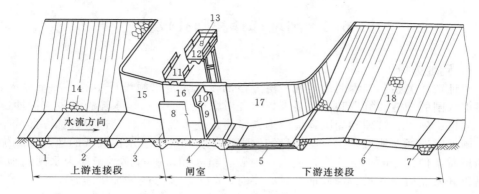

图 6-3　水闸的组成部分

1—上游防冲槽；2—上游护底；3—铺盖；4—底板；5—护坦（消力池）；6—海漫；

7—下游防冲槽；8—闸墩；9—闸门；10—胸墙；11—交通桥；12—工作桥；

13—启闭机；14—上游护坡；15—上游翼墙；16—边墩；

17—下游翼墙；18—下游护坡

下游连接段包括护坦、海漫、防冲槽以及两岸的翼墙和护坡等。用以消除过闸水流的剩余能量，引导出闸水流均匀扩散，调整流速分布和减缓流速，防止水流出闸后对下游的冲刷。

6.1.4　水闸的工作特点

水闸既可建在岩基上，也可建在软土地基上。本章主要讲述建在软土地基上的水闸。

建在软土地基上的水闸具有以下一些工作特点：

（1）软土地基的压缩性大，承载能力低，细砂容易液化，抗冲能力差。在闸室自重及外荷作用下，地基可能产生较大的沉降或沉降差，造成闸室倾斜，止水破坏，闸底板断裂，甚至发生塑性破坏，引起水闸失事。

（2）水闸泄流时，尽管流速不高，但水流仍具有一定的剩余能量，而土基的抗冲能力较低，可能引起水闸下游冲刷。此外，水闸下游常出现的波状水跃和折冲水流，将会进一步加剧对河床和两岸的淘刷。同时，由于闸下游水位变幅大，闸下出流可能形成远驱水跃、临界水跃直至淹没度较大的水跃。因此，消能防冲设施要在各种运用情况时都能满足设计要求。

（3）土基在渗透水流作用下，容易产生渗流变形，特别是粉、细砂地基，在闸后易出现翻砂冒水现象，严重时闸基和两岸会被淘空，引起水闸沉降、倾斜、断裂甚至倒坍。

基于上述特点，设计中需要解决好以下几个问题：

（1）选择适宜的闸址。

（2）选择与地基条件相适应的闸室结构型式，保证闸室及地基的稳定。

（3）做好防渗排水设计，在水闸上游侧布置防渗设施，如防渗铺盖、垂直防渗体，特别是上游两岸连接建筑物及其与铺盖的连接部分，要在空间上形成防渗整体。在水闸下游侧布置排水设施，如排水孔和反滤层等。做到防渗与排水相结合，以便防止渗流变形，减少底板渗流压力，增加闸室抗滑稳定性。

（4）做好消能、防冲设计，避免出现危害性的冲刷。

6.2　闸址选择和闸孔设计

6.2.1　闸址选择

闸址选择关系到工程的成败和经济效益的发挥，是水闸设计中的一项重要内容，应根据水闸的功能、特点和运用要求，综合考虑地形、地质、水流、潮汐、泥沙、冻土、冰情、施工、管理和周围环境等因素，通过技术经济比较，选定最佳方案。

闸址宜选择在地形开阔、岸坡稳定、岩土坚实和地下水水位较低的地点。应优先选用地质条件良好的天然地基，壤土、中砂、粗砂和砂砾石都适于作为水闸的地基；尽量避开淤泥质土和粉、细砂地基，必要时，应采取妥善的处理措施。

过闸水流的形态是选择闸址时需要考虑的重要因素。要求做到：过闸水流平顺，流量分布均匀，不出现偏流和危害性冲刷或淤积。拦河闸宜选在河道顺直、河势相对稳定的河段，闸的轴线宜与河道中心线正交，其上、下游河道直线段长度不宜小于 5 倍水闸进口处水面宽度。进水闸或分洪闸宜选在河岸基本稳定的顺直河段或弯道凹岸顶点稍偏下游处；进水闸的中心线与河道中心线的交角不宜超过 30°，其上游引河长度不宜过长；位于弯曲河段的进水闸宜布置在靠近河道深泓的岸边。分洪闸的中心线宜正对河道主流方向。在以拦河闸为主，兼有取水和通航要求的水利枢纽中，一般是拦河闸居中，其他建筑物靠岸布置。排水闸宜选择在地势低洼、出水通畅、靠近主要涝区和容泄区的老堤线上，闸的中心线与河道中心线的交角不宜超过 60°，其下游引河宜短而直。挡潮闸宜选择在岸线和岸坡稳定的潮汐河口附近，且闸址泓滩冲淤变化较小，上游河道有足够的蓄水容积的地点。冲沙闸大多布置在拦河闸与进水闸之间、紧靠拦河闸河槽最深的部位，有时也建在引水渠内的进水闸旁。

在河道上建造拦河闸，为解决施工导流问题，常将闸址选在弯曲河段的凸岸，利用原河道导流，裁弯取直，新开上、下游引水和泄水渠，新开渠道既要尽量缩短其长度，又要使其进、出口与原河道平顺衔接。

6.2.2　闸孔设计

闸孔设计包括：选择堰型、确定堰顶或底板顶面高程（以下简称底板高程）和单孔尺寸及闸室总宽度。

1. 堰型选择

常用的堰型有：宽顶堰 [图 6-2 (a)、(b)] 和低实用堰 [图 6-2 (c)]。

宽顶堰是水闸中最常采用的一种型式。它有利于泄洪、冲沙、排污、排冰，且泄流能力比较稳定，结构简单，施工方便；但自由泄流时流量系数较小，容易产生波状水跃。

低实用堰有梯形的、曲线形的和驼峰形的。实用堰自由泄流时流量系数较大，水流条件较好，选用适宜的堰面曲线可以消除波状水跃；但泄流能力受尾水位变化的影响较为明显，当 $h_s > 0.6H$ 以后，泄流能力将急剧降低，不如宽顶堰泄流时稳定，同时施工也较宽顶堰复杂。当上游水位较高，为限制过闸单宽流量，需要抬高堰顶高程时，常选用这种型式。

2. 闸底板高程的选定

闸底板置于较为坚实的土层上，并应尽量利用天然地基。在地基强度能够满足要求的条件下，底板高程定得高些，闸室宽度大，两岸连接建筑相对较低。对于小型水闸，由于两岸连接建筑在整个工程量中所占比重较大，因而总的工程造价可能是经济的。在大、中型水闸中，由于闸室工程量所占比重较大，因而适当降低底板高程，常常是有利的。当然，底板高程也不能定得太低，否则，由于单宽流量加大，将会增加下游消能防冲的工程量；闸门高度增加，启闭设备容量也随之加大；另外，还可能给基坑开挖带来困难。

一般情况下，拦河闸和冲沙闸的底板顶面可与河底齐平；进水闸的底板顶面在满足引用设计流量的条件下，应尽可能高一些，以防止推移质泥沙进入渠道；分洪闸的底板顶面也应较河床稍高；排水闸的底板顶面则应尽量定得低些，以保证将渍水迅速降至计划高程，但要避免排水出口被泥沙淤塞；挡潮闸兼有排水闸作用时，其底板顶面也应尽量定得低些。

3. 计算闸孔总净宽

根据给定的设计流量、上下游水位和初拟的底板高程及堰型，分别对不同的水流情况计算闸孔总净宽。

（1）当水流呈堰流时，有

$$L_0 = \frac{Q}{\sigma \varepsilon m \sqrt{2g} H_0^{3/2}} \tag{6-1}$$

式中：L_0 为闸孔总净宽，m；Q 为设计流量，m^3/s；H_0 为计入行近流速水头在内的堰顶水头，m；σ、ε、m 分别为淹没系数、侧收缩系数和流量系数，可由 SL 265—2001《水闸设计规范》的附表中查得；g 为重力加速度，m/s^2。

（2）当水流呈孔流时，有

$$L_0 = \frac{Q}{\sigma' \mu a \sqrt{2g} H_0} \tag{6-2}$$

式中：a 为闸门开度或胸墙下孔口高度，m；σ'、μ 分别为宽顶堰上孔流的淹没系数和流量系数，可由 SL 265—2001《水闸设计规范》的附表中查得。

闸孔总净宽 L_0 的增大或缩小，意味着过闸单宽流量 q 的减小或加大。如上所述，过闸单宽流量将直接影响消能防冲的工程量和工程造价。为此，需要结合河床或渠道的土质情况、上下游水位差、下游水深等因素，选用适宜的最大过闸单宽流量。根据我国的经验，对粉砂、细砂地基，可选取 $5\sim10m^3/$（$s \cdot m$）；砂壤土地基，取 $10\sim15m^3/$（$s \cdot m$）；壤土地基，取 $15\sim20m^3/$（$s \cdot m$）；坚硬黏土地基，取 $20\sim25m^3/$（$s \cdot m$）。

过闸水位差的选用关系到上游淹没和工程造价，例如，拦河闸在泄洪时，如过分壅高上游水位，将会增加上游河岸堤防的负担，使地下水位升高，加大下游消能防冲的工程量。设计中，应结合工程的具体情况选定，一般设计过闸水位差选用 0.1～0.3m。

水闸的过水能力与上下游水位、底板高程和闸孔总净宽等是相互关联的，设计时，需要通过对不同方案进行技术经济比较后最终确定。

4. 确定闸室单孔宽度和闸室总宽度

闸室单孔宽度 l_0，根据闸门型式、启闭设备条件、闸孔的运用要求（如泄洪、排冰或漂浮物、过船等）和工程造价，并参照闸门系列综合比较选定。我国大、中型水闸的单孔宽度一般采用 8～12m。

闸孔孔数 $n = L_0/l_0$，设计中应取略大于计算要求值的整数，但总净宽不宜超过计算值的 3%～5%。当孔数较少时，为便于闸门对称开启，使过闸水流均匀，避免由于偏流造成闸下局部冲刷和使闸室结构受力对称，孔数宜采用单数。当孔数较多，如多于 8 孔时，采用单数孔或双数孔均可。

闸室总宽度 $L_1 = nl_0 + (n-1)d$，其中，d 为闸墩厚度。

闸室总宽度拟定后，尚需考虑闸墩等的影响，进一步验算水闸的过水能力。

从过水能力和消能防冲两方面考虑，闸室总宽度应与河（渠）道宽度相适应。根据治理海河工程的经验，当河（渠）道宽 $B = 50～100\text{m}$ 时，两者的比值 $\eta \geqslant 0.6～0.75$；当 $B > 200\text{m}$ 时，$\eta \geqslant 0.85$。

6.3 水闸的防渗、排水设计

水闸建成后，由于上、下游水位差，在闸基及边墩和翼墙的背水一侧产生渗流。渗流对建筑物不利，主要表现为：①降低了闸室的抗滑稳定及两岸翼墙和边墩的侧向稳定性；②可能引起地基的渗流变形，严重的渗流变形会使地基受到破坏，甚至失事；③损失水量；④使地基内的可溶物质加速溶解。防渗、排水设计的任务在于拟定水闸的地下轮廓线和做好防渗、排水设施的构造设计。

6.3.1 水闸的防渗长度及地下轮廓的布置

1. 防渗长度的确定

图 6-4 为水闸的防渗布置示意图，其中，上游铺盖、板桩及底板都是相对不透水的，护坦上因设有排水孔，所以不阻水，在水头 H 作用下，闸基内的渗流，将从护坦上的排水孔等处逸出。不透水的铺盖、板桩及底板与地基的接触线，即是闸基渗流的第一根流线，称为地下轮廓线，其长度即为水闸的防渗长度。

水闸防渗、排水布置应根据闸基地质条件和水闸上、下游水位差等因素综合分析确定。SL 265—2001《水闸设计规范》规定，为保证水闸安全，初步拟定所需的防渗长度应满足式（6-3）的要求。

$$L \geqslant CH \tag{6-3}$$

式中：L 为水闸的防渗长度，即闸基轮廓线水平段和垂直段长度的总和，m；H 为上、下游水位差，m；C 为允许渗径系数，依地基土的性质而定，参见表 6-3，当闸基内设有板桩时，可采用表中所列规定值的小值。

表 6-3 中除了壤土和黏土以外的各类地基，只列出了有反滤层时的允许渗径系数值，因为在这些地基上建闸，必须设反滤层。

表 6-3 允 许 渗 径 系 数 值

排水条件	地 基 类 别									
	粉砂	细砂	中砂	粗砂	中砾、细砾	粗砾夹卵石	轻粉质砂壤土	砂壤土	壤土	黏土
有反滤层	13～9	9～7	7～5	5～4	4～3	3～2.5	11～7	9～5	5～3	3～2
无反滤层									7～4	4～3

2. 地下轮廓的布置

水闸的地下轮廓可依地基情况并参照条件相近的已建工程的实践经验进行布置。按照防渗与排水相结合的原则，在上游侧采用水平防渗（如铺盖）或垂直防渗（如齿墙、板桩、混凝土防渗墙、灌浆帷幕等）延长渗径，以减小作用在底板上的渗流压力，降低闸基渗流的平均坡降；在下游侧设置排水反滤设施，如面层排水、排水孔、减压井与下游连通，使地基渗水尽快排出，防止在渗流出口附近发生渗流变形。

由于黏性土地基不易发生管涌破坏，底板与地基土间的摩擦系数较小，在布置地下轮廓时，主要考虑的是如何降低作用在底板上的渗流压力，以提高闸室的抗滑稳定性。为此，可在闸室上游设置水平防渗，而将排水设施布置在消力池底板下，甚至可伸向闸底板下游段底部。由于打桩可能破坏黏土的天然结构，在板桩与地基间造成集中渗流通道，所以对黏性土地基一般不用板桩，如图 6-4（a）所示。

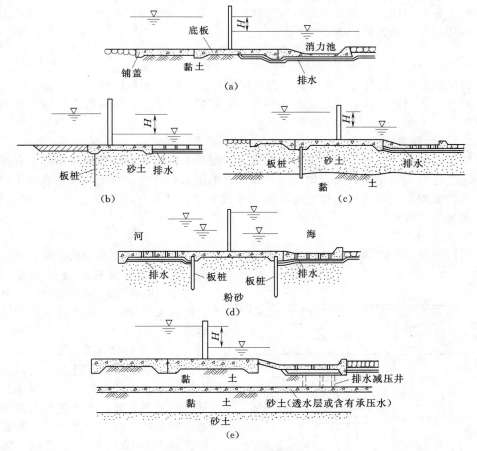

图 6-4　水闸的防渗布置

当地基为砂性土时，因其与底板间的摩擦系数较大，而抵抗渗流变形的能力较差，渗流系数也较大，因此，在布置地下轮廓时应以防止渗流变形和减小渗漏为主。对砂层很厚的地基，如为粗砂或砂砾，可采用铺盖与悬挂式板桩相结合，而将排水设施布置在消力池下面，如图 6-4 (b) 所示；如为细砂，可在铺盖上游端增设短板桩，以增长渗径，减小渗流坡降。当砂层较薄，且下面有不透水层时，最好采用齿墙或板桩切断砂层，并在消力池下设排水，如图 6-4 (c) 所示。对于粉砂地基，为了防止液化，大都采用封闭式布置，将闸基四周用板桩封闭起来，如图 6-4 (d) 所示。

当弱透水地基内有承压水或透水层时，为了消减承压水对闸室稳定的不利影响，可在消力池底面设置深入该承压水或透水层的排水减压井，如图 6-4 (e) 所示。

6.3.2 渗流计算

渗流计算的目的，在于求解渗流区域内的渗流压力、渗流坡降、渗流流速及渗流量（通常渗流量可以不计）。

6.3.2.1 渗流的基本方程

闸基渗流属于有压渗流。在研究闸基渗流时，一般作为平面问题考虑，假定地基是均匀、各向同性的，渗水是不可压缩的，并符合达西定律。在此情况下，闸基渗流运动可用拉普拉斯方程式表示

$$\frac{\partial^2 h}{\partial x^2} + \frac{\partial^2 h}{\partial y^2} = 0 \tag{6-4}$$

式中：h 为渗流在某点的计算水头，为坐标的函数，称为水头函数。

理论上，只要渗流区域的边界条件已知，根据式（6-4）就可解出渗流区域内任一点的 h，进而求得各项渗流要素。

6.3.2.2 计算方法

由于闸基渗流区域的边界条件十分复杂，很难求得解析解，因而在实际工程中常采用一些近似而实用的方法，如流网法和改进的阻力系数法；对于复杂地基宜采用电拟试验法或数值计算方法；对于地下轮廓比较简单，地基又不复杂的中、小型工程，可考虑采用直线法。

1. 流网法

流网的绘制可以通过手绘或试验来完成。前者适用于均质地基上的水闸，不仅简单易行，而且具有较高的精度。图 6-5 是不同地下轮廓的流网图，利用它可以求得渗流区域内任一点的渗流要素。

2. 改进的阻力系数法

（1）基本原理。这是一种以流体力学解为基础的近似方法。对于比较复杂的地下轮廓，可从板桩与底板或铺盖相交处和桩尖画等势线，将整个渗流区域分成几个典型流段，如图 6-6 (a) 所示，由 2、3、4、5、6、7 等点引出的等势线，将渗流区域划分成 7 个典型流段。

根据达西定律，任一流段的单宽

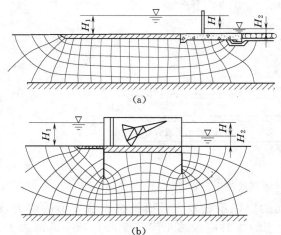

(a)

(b)

图 6-5 不同地下轮廓的流网图

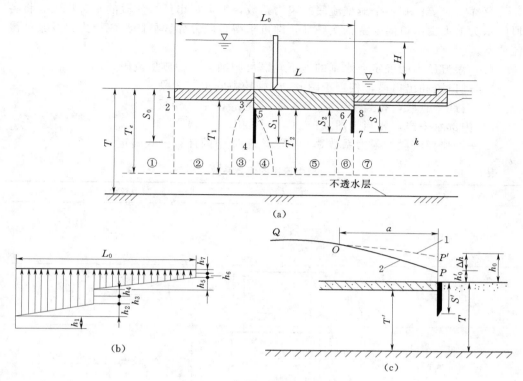

图 6-6 阻力系数法计算简图
1—修正前的水力坡降线；2—修正后的水力坡降线

渗流量 q 为

$$q = k \frac{h_i}{l_i} T \quad 或 \quad h_i = \frac{l_i}{T} \frac{q}{k}$$

令 $\frac{l_i}{T} = \xi_i$，则得

$$h_i = \xi_i \frac{q}{k} \qquad (6-5)$$

式中：q 为单宽渗流量，$\text{m}^3 / (\text{s} \cdot \text{m})$；$k$ 为地基土的渗流系数，m/s；T 为透水层深度，m；l_i 为渗流段内流线的平均长度，m；h_i 为渗流段的水头损失，m；ξ_i 为渗流段的阻力系数，只与渗流段的几何形状有关。

总水头 H 应为各段水头损失之和，即

$$H = \sum_{i=1}^{n} h_i = \sum_{i=1}^{n} \xi_i \frac{q}{k} = \frac{q}{k} \sum_{i=1}^{n} \xi_i$$

或

$$q = \frac{kH}{\sum_{i=1}^{n} \xi_i} \qquad (6-6)$$

将式（6-6）代入式（6-5），可得各流段的水头损失为

$$h_i = \xi_i \frac{H}{\sum_{i=1}^{n} \xi_i} \qquad (6-7)$$

　　这样，只要已知各个典型流段的阻力系数，即可算出任一流段的水头损失。将各段的水头损失由出口向上游依次叠加，即可求得各段分界线处的渗流压力以及其他渗流要素。

　　(2) 渗流压力的确定。水闸的地下轮廓可归纳为三种典型流段，即

　　1) 进口段和出口段，相当于图 6-6 (a) 中的①、⑦段。

　　2) 内部垂直段，相当于图 6-6 (a) 中的③、④、⑥段。

　　3) 内部水平段，相当于图 6-6 (a) 中的②、⑤段。

　　每一种典型流段的阻力系数 ξ，可按表 6-4 中的计算公式确定。

表 6-4　　　　　　　　　　　　　　典型流段的阻力系数

区段名称	典型流段型式	阻力系数 ξ 的计算公式
进口段和出口段		$\xi_0 = 1.5 \left(\dfrac{S}{T} \right)^{3/2} + 0.441$
内部垂直段		$\xi_y = \dfrac{2}{\pi} \ln \cot \dfrac{\pi}{4} \left(1 - \dfrac{S}{T} \right)$
内部水平段		$\xi_x = \dfrac{L - 0.7(S_1 + S_2)}{T}$

　　当地基不透水层埋藏较深时，需用一个有效计算深度 T_e 来代替实际深度 T，T_e 可按式 (6-8) 确定。

$$\left. \begin{array}{ll} \text{当 } L_0/S_0 \geqslant 5 \text{ 时} & T_e = 0.5 L_0 \\[2mm] \text{当 } L_0/S_0 < 5 \text{ 时} & T_e = \dfrac{5 L_0}{1.6 L_0/S_0 + 2} \end{array} \right\} \tag{6-8}$$

式中：L_0、S_0 分别为地下轮廓在水平及垂直面上投影的长度。

　　若算出的 T_e 值小于地基的实际深度，则应以 T_e 代替 T；若 T_e 值大于地基的实际深度，则应按地基实际深度计算。

　　各分段的阻力系数确定后，可按式 (6-7) 计算各段的水头损失。假设各分段的水头损失按直线变化，依次叠加，即可绘出闸基渗流压力分布图 [图 6-6 (b)]。

　　进、出口水力坡降呈急变曲线形式，由式 (6-7) 算得的进、出口水头损失与实际情况相比，误差较大，需要进行必要的修正，如图 6-6 (c) 所示。修正后的水头损失 h'_0 为

$$h'_0 = \beta h_0 \tag{6-9}$$

其中

$$\beta = 1.21 - \dfrac{1}{\left[12 \left(\dfrac{T'}{T} \right)^2 + 2 \right] \left(\dfrac{S'}{T} + 0.059 \right)}$$

式中：h_0 为按式（6-7）计算出的水头损失，m；β 为阻力修正系数；S' 为底板埋深与底面以下的板桩入土深度之和，m；T' 为板桩上游侧底板下的地基透水层深度，m。

当 $\beta > 1.0$ 时，取 $\beta = 1.0$。

修正后进、出口段水头损失将减小 Δh

$$\Delta h = h_0 - h'_0 = (1 - \beta)h_0$$

水力坡降呈急变形式的长度 a 可按式（6-10）计算。

$$a = \frac{\Delta h}{H} T \sum_{i=1}^{n} \xi_i \tag{6-10}$$

图 6-6 中的 QP' 为修正前的水力坡降线，根据 Δh 及 a 值，可分别定出 P 点及 O 点，QOP 的连线即为修正后的水力坡降线。有关进、出口水头损失值的详细计算，可参阅 SL 265—2001《水闸设计规范》。

（3）逸出坡降的计算。为防止渗流变形保证闸基的抗渗稳定性，要求出口段的逸出坡降必须小于规定的容许值。出口处的逸出坡降 J 为

$$J = \frac{h'_0}{S'} \tag{6-11}$$

防止流土破坏的出口段容许坡降值 $[J]$ 应满足表 6-5 的规定。

表 6-5 出口段的容许坡降值

地基土质类别	粉砂	细砂	中砂	粗砂	中砾、细砾	粗砾夹卵石	砂壤土	（黏）壤土	软（黏）土	坚硬黏土	极坚硬黏土
容许坡降	0.25～0.30	0.30～0.35	0.35～0.40	0.40～0.45	0.45～0.50	0.50～0.55	0.40～0.50	0.50～0.60	0.60～0.70	0.70～0.80	0.80～0.90

注 当渗流出口处有反滤层时，表列数值可加大 30%。

对于非黏性土地基，出口段既要验算流土破坏，也要验算管涌破坏。例如，对于砂砾石地基，可按 $4P_f(1-n) > 1.0$ 和 $4P_f(1-n) < 1.0$ 作为判别渗流破坏型式的标准，前者为流土破坏，后者为管涌破坏。防止管涌破坏的容许渗流坡降值 $[J]$ 可按式（6-12）计算。

$$[J] = \frac{7d_5}{Kd_f}[4P_f(1-n)]^2 \tag{6-12}$$

$$d_f = 1.3 \sqrt{d_{15}d_{85}}$$

式中：d_f 为闸基土的粗细颗粒分界粒径，mm；P_f 为小于 d_f 的土粒含量的百分数；n 为闸基土的孔隙率，%；d_5、d_{15}、d_{85} 为土粒粒径，闸基土颗粒级配曲线上小于该粒径土重所占百分比分别为 5%、15% 和 85%，d_5 代表被冲动的土粒粒径，可采用 0.2mm；K 为防止管涌破坏的安全系数，可采用 1.5～2.0。

3. 直线法

前面介绍的用渗径系数确定防渗长度的方法，实质上就是假定渗流沿地下轮廓的坡降是均一的，即水头损失按直线变化。当渗流水头 H 及防渗长度 L 已定，即可按直线比例求出地下轮廓各点的渗流压力，这种方法称为直线法。

如图 6-7（a）、（b）所示，将防渗长度 1、2、3、4、5、6、7、8、9、10、11

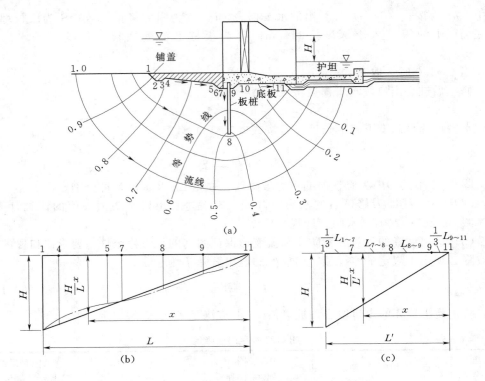

图 6-7　流网法和直线法的闸基渗压分布图

展开，按一定比例绘水平线，在渗流开始处（点 1）作一长度为 H 的垂线，将垂线顶点用直线和渗流出口（点 11）相连，即得地下轮廓展开为直线后的渗流压力分布图，如图 6-7（b）中的实线所示。

任一点的渗流压强 h_x 可由式（6-13）计算。

$$h_x = \frac{H}{L}x \qquad (6-13)$$

直线法是勃莱于 1910 年根据许多修建在土基上成功的和失败的低水头闸坝的观测资料统计得出的。莱因于 1934 年根据对更多的实际工程资料的分析后认为，水平渗径的消能效果仅为垂直渗径的 1/3。若按垂直渗径折算的渗径总长度为 L'，则渗压分布如图 6-7（c）所示。

图 6-7（b）中的点划线是根据流网绘制的沿地下轮廓的渗流压力分布图。由图可见，沿地下轮廓的渗流压力并不是直线变化的；用流网法求得的逸出坡降比按直线法求得的数值大得多；长度相同，形状各异的地下轮廓，逸出坡降的差别很大。这些都说明，直线法是比较粗略的，但因计算简便，对于地下轮廓比较简单的中、小型工程，还是可以采用的。

6.3.3　防渗及排水设施

防渗设施是指构成地下轮廓的铺盖、板桩及齿墙，而排水设施则是指铺设在护坦、浆砌石海漫底部或闸底板下游段起导渗作用的砂砾石层。排水常与反滤层结合使用。

6.3.3.1 铺盖

铺盖主要用来延长渗径，应具有相对的不透水性；为适应地基变形，也要有一定的柔性。铺盖常用黏土、黏壤土或沥青混凝土做成，有时也可用钢筋混凝土作为铺盖材料。

1. 黏土和黏壤土铺盖

铺盖的渗流系数应比地基土的渗流系数小100倍以上，最好达1000倍。铺盖的长度应由地下轮廓设计方案比较确定，一般为闸上、下游最大水头的3～5倍。铺盖的厚度 δ 可由 $\delta = \dfrac{\Delta H}{[J]}$ 确定，其中，ΔH 为铺盖顶、底面的水头差，m；$[J]$ 为材料的容许坡降，黏土为4～8，壤土为3～5。铺盖上游端的最小厚度由施工条件确定，一般不宜小于0.6m。铺盖与底板连接处为一薄弱部位，通常是：在该处将铺盖加厚；将底板前端做成倾斜面，使黏土能借自重及其上的荷载与底板紧贴；在连接处铺设油毛毡等止水材料，一端用螺栓固定在斜面上，另一端埋入黏土中，如图6-8所示。为了防止铺盖在施工期间遭受破坏和运行期间被水流冲刷，应在其表面铺砂层，然后在砂层上再铺设单层或双层块石护面。

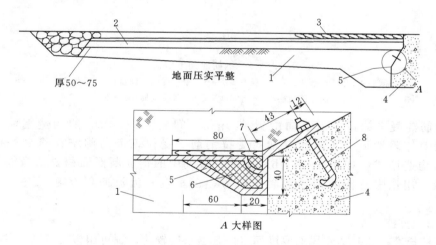

图6-8 黏土铺盖的细部构造（单位：cm）

1—黏土铺盖；2—垫层；3—浆砌块石保护层（或混凝土板）；4—闸室底板；
5—沥青麻袋；6—沥青填料；7—木盖板；8—斜面上螺栓

2. 沥青混凝土铺盖

在缺少适宜做铺盖的黏性土料的地区，可采用沥青混凝土铺盖。沥青混凝土的渗流系数较小，约为 $k = 10^{-8} \sim 10^{-9}$ cm/s，且有柔性。沥青混凝土铺盖的厚度一般为5～10cm，在与闸室底板连接处应适当加厚，接缝多用搭接形式。为提高铺盖与底板间的黏结力，可在与底板混凝土接触面先涂一层稀释的沥青乳胶，再涂一层较厚的纯沥青。沥青混凝土铺盖可以不分缝，但要分层浇筑和压实，各层的浇筑缝要错开。

3. 钢筋混凝土铺盖

当缺少适宜的黏性土料或需要铺盖兼作阻滑板时，常采用钢筋混凝土铺盖。钢筋混凝土铺盖的厚度不宜小于 0.4m，在与底板连接处应加厚至 0.8～1.0m，并用沉降缝分开，缝中设止水，如图 6-9 所示。在顺水流和垂直水流流向均应设沉降缝，间距不宜超过 8～20m，在接缝处局部加厚，并设止水。

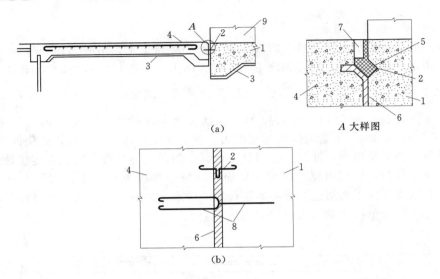

图 6-9 钢筋混凝土铺盖

1—闸底板；2—止水片；3—混凝土垫层；4—钢筋混凝土铺盖；5—沥青玛 脂；
6—油毛毡两层；7—水泥砂浆；8—铰接钢筋；9—闸墩

　　钢筋混凝土铺盖内需双向配置 $\phi 10mm$、间距 25～30cm 的构造钢筋。如利用铺盖兼作阻滑板，还须配置轴向受拉钢筋。受拉钢筋与闸室在接缝处应采用铰接的构造形式，如图 6-9 (b) 所示。接缝中的钢筋断面面积要适当加大，以防锈蚀。用作阻滑板的钢筋混凝土铺盖，在垂直水流流向仅有施工缝，不设沉降缝。

6.3.3.2 板桩

　　板桩长度视地基透水层的厚度而定。若透水层较薄，则可用板桩截断，并插入不透水层至少 1m；若不透水层埋藏很深，则板桩的深度一般采用 0.6～1.0 倍水头。用作板桩的材料有木材、钢筋混凝土及钢材三种。木板桩厚约 8～12cm，宽约 20～30cm，一般长 3～5m，最长 8m，可用于砂土地基，但现在用得不多。钢筋混凝土板桩使用较多，一般在现场预制，厚约 10～15cm，宽 50～60cm，长 12～15m，桩的两侧做成舌槽形，以便相互贴紧，可用于各种地基，包括砂砾石地基。钢板桩在我国较少采用。

　　板桩与闸室底板的连接型式有两种，一种是把板桩紧靠底板前缘，顶部嵌入黏土铺盖一定深度，如图 6-10 (a) 所示；另一种是把板桩顶部嵌入底板底面特设的凹槽内，桩顶填塞可塑性较大的不透水材料，如图 6-10 (b) 所示。前者适用于闸室沉降量较大，而板桩尖已插入坚实土层的情况；后者则适用于闸室沉降量小，而板桩桩尖未达到坚实土层的情况。

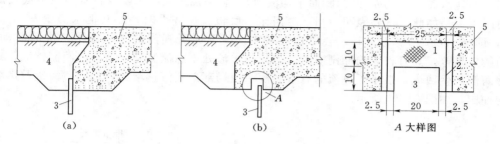

图 6-10　板桩与底板的连接（单位：cm）
1—沥青；2—预制挡板；3—板桩；4—铺盖；5—闸底板

6.3.3.3　齿墙

闸底板的上、下游端一般均设有浅齿墙，用来增强闸室的抗滑稳定，并可延长渗径。齿墙深一般在 1m 左右。

6.3.3.4　其他防渗设施

近年来，垂直防渗设施在我国有较大进展，就地浇筑混凝土防渗墙、灌注式水泥砂浆帷幕以及用高压旋喷法构筑防渗墙等方法已成功应用于水闸建设，详细内容可参阅有关文献。

6.3.3.5　排水及反滤层

排水一般采用粒径 1～2cm 的卵石、砾石或碎石平铺在护坦和浆砌石海漫的底部，或伸入底板下游齿墙稍前方，厚约 0.2～0.3m。在排水与地基接触处（即渗流出口附近）容易发生渗流变形，应做好反滤层。有关反滤层的设计，参见本书第 5 章。

6.4　水闸的消能、防冲设计

水闸泄水时，部分势能转为动能，流速增大，而土质河床抗冲能力低，所以，闸下冲刷是一个普遍的现象。不危害建筑物安全的冲刷，一般说来是允许的，但对于有害的冲刷，则必须采取妥善的防范措施。闸下消能、防冲是水闸设计的一项重要内容，应仔细做好，对于重要工程，需要通过水工模型试验加以验证。

闸下发生冲刷的原因是多方面的，有的是由于设计不当造成的，有的则是由于运用管理不善造成的。为了防止对河床的有害冲刷，保证水闸的安全运行，首先要选用适宜的最大过闸单宽流量；其次是合理地进行平面布置，以利于水流扩散，避免或减轻回流的影响；第三是消除水流的多余能量和采取相应的消能、防冲设施，保护河床及岸坡；第四是拟定合理的运行方式，严格按规定操作运行。

6.4.1　过闸水流的特点

初始泄流时，闸下水深较浅，随着闸门开度的增大而逐渐加深，闸下出流由孔流到堰流，由自由出流到淹没出流都会发生，水流形态比较复杂。

1. 闸下易形成波状水跃

由于水闸上、下游水位差较小，相应的弗劳德数 Fr 较低（$Fr = v_c / \sqrt{gh_c}$，h_c 为第一共轭水深，v_c 为 h_c 处的断面平均流速），容易发生波状水跃，特别是在平底板的情况下更是如此。试验表明，当下游河床与底板顶面齐平时，在共轭水深比 $h''/h_c \leqslant 2$，即当 $1.0 < Fr < 1.7$ 时，会出现波状水跃。此时无强烈的水跃漩滚，水面波动，消能效果差，具有较大的冲刷能力；另外，水流处于急流流态，不易向两侧扩散，致使两侧产生回流，缩小了过流的有效宽度，使局部单宽流量增大，加剧对河床及岸坡的冲刷，如图 6-11 所示。

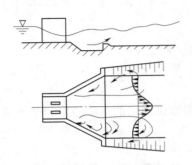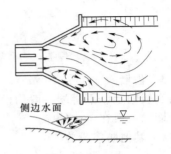

图 6-11　波状水跃示意图　　　　　　　　图 6-12　闸下折冲水流

2. 闸下易出现折冲水流

拦河闸的宽度通常只占河床宽的一部分，水流过闸时先行收缩，出闸后再行扩散，如果布置或操作运行不当，出闸水流不能均匀扩散，即容易形成折冲水流。此时水流集中，左冲右撞，蜿蜒蛇行，淘刷河床及岸坡，并影响枢纽的正常运行，如图 6-12 所示。

6.4.2　底流消能工设计

平原地区的水闸，由于水头低，下游水位变幅大，一般都采用底流式消能。对于小型水闸，还可结合当地的自然条件（地质、河道含沙量等）、运行情况和经济条件，选用更简易的消能方式，例如，利用设在闸底板末端的格栅和梳齿板消能；在底板末端建足够深的齿墙，并在其下游侧河床铺石加糙，借以消除水流中的余能等。

6.4.2.1　底流消能工的布置

底流消能工的作用是通过在闸下产生一定淹没度的水跃消除余能，保护水跃范围内的河床免遭冲刷。淹没度过小，水跃不稳定，表面漩滚前后摆动；淹没度过大，较高流速的水舌潜入底层，由于表面漩滚的剪切，掺混作用减弱，消能效果反而减小。淹没度取 1.05～1.10 较为适宜。

当尾水深度不能满足要求时，可采取：①降低护坦高程；②在护坦末端设消力坎；③既降低护坦高程又建消力坎等措施形成消力池，促使水流在池内产生一定淹没度的水跃，有时还可在护坦上设消力墩等辅助消能工。

消力池的型式主要受跃后水深与实际尾水深相对关系的制约：一般当尾水深约等于跃后水深时，宜采用辅助消能工或消力坎；当尾水深小于跃后水深 1.0～1.5m 时，宜采用降低护坦高程形成消力池；当尾水深小于跃后水深 1.5～3.0m 时，宜采用综合式消力池；当尾水深小于跃后水深 3.0m 以上时，应做一级消能和多级消能的方案比较，从中选择技术上可靠、经济上合理的方案。

消力池布置在闸室之后，池底与闸室底板之间用斜坡连接，斜坡面的坡度不宜陡于1∶4。为防止产生波状水跃，可在闸室之后留一水平段，并在其末端设置一道小坎，如图6-13（a）所示；为防止产生折冲水流，还可在消力池前端设置散流墩，如图6-13（b）所示。如果消力池深度不大（1.0m左右），常把闸门后的闸室底板用1∶3的坡度降至消力池底的高程，作为消力池的一部分。

消力池末端一般布置尾坎，用以调整流速分布，减小出池水流的底部流速，且可在坎后产生小横轴漩滚，防止在尾坎后发生冲刷，并有利于平面扩散和消减下游边侧回流，如图6-14所示。图6-15为不同型式的尾坎，其几

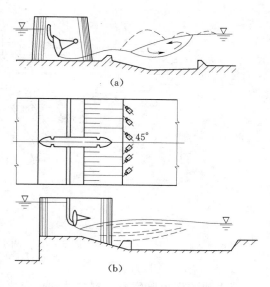

图6-13 小坎及散流墩布置示意图

何尺寸可供选用时参考，最终应由水工模型试验来确定。当尾水较浅时，消能效果视尾坎的型式而异；当尾坎淹没较深时，其功效无甚差异。

6.4.2.2 消力池的深度、长度及其底板（护坦）厚度的确定

1. 消力池的深度

消力池的深度是在某一给定的流量和相应的下游水深条件下确定的。设计时，应当选择几个泄流量分别计算其跃后水深，并与实际尾水深相比较，选取最不利情况对应的流量作为确定消力池深度的设计流量。要求水跃的起点位于消力池的上游端或斜坡段的坡脚附近。有关确定消力池深度的水力计算可参阅 SL 265—2001《水闸设计规范》。

2. 消力池的长度

平底消力池的长度 L_{sj} 可按式（6-14）计算。

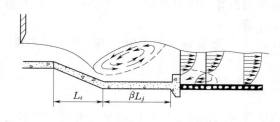

图6-14 消力池尾坎后的流速分布

$$L_{sj} = \beta L_j$$
$$L_j = 6.9(h'' - h_c) \qquad (6-14)$$

式中：L_j 为水跃长度，m；h_c 为跃前水深，m；h'' 为跃后水深，m；β 为水跃长度校正系数，可采用 0.7~0.8。

如消力池上游侧有斜坡段，则消力池的长度应为斜坡段水平投影长度 L_s 与水平段长度之和。

$$L_{sj} = L_s + \beta L_j \qquad (6-15)$$

大型水闸的消力池深度和长度，在初步设计阶段，应进行水工模型试验验证。

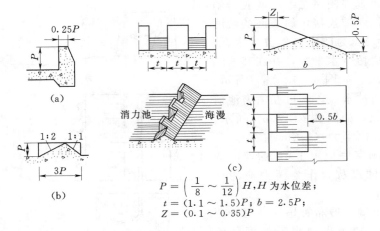

$$P = \left(\frac{1}{8} \sim \frac{1}{12} \right) H, H \text{ 为水位差;}$$
$$t = (1.1 \sim 1.5) P; b = 2.5P;$$
$$Z = (0.1 \sim 0.35) P$$

图 6-15　不同型式的尾坎

3. 消力池的底板厚度

消力池的底板厚度可根据抗冲和抗浮要求确定。

抗冲
$$t = k_1 \sqrt{q \sqrt{H}} \tag{6-16}$$

抗浮
$$t = K_f \frac{U - W \pm P_m}{\gamma_c A} \tag{6-17}$$

式中：t 为消力池底板始端厚度，m；q 为单宽流量，m³/（s·m）；H 为闸孔泄水时的上、下游水位差，m；k_1 为消力池底板计算系数，可采用 0.15～0.20；K_f 为消力池底板抗浮安全系数，可采用 1.1～1.3；W 为作用在消力池底板顶面的水重，kN；U 为作用在消力池底板底面的扬压力，kN；P_m 为作用在消力池底板上的脉动压力，kN，其值可取跃前收缩断面处流速水头值的 5%，通常计算消力池底板前半部的脉动压力时取"＋"号，计算消力池底板后半部的脉动压力时取"－"号；A 为消力池底板面积，m²；γ_c 为消力池混凝土底板的容重，kN/m³。

消力池底板厚度取式 (6-16)、式 (6-17) 计算结果的大值。消力池末端厚度，可采用 $\dfrac{t}{2}$，但不宜小于 0.5m。

6.4.2.3　辅助消能工

消力池中除尾坎外，有时还设有消力墩等辅助消能工，用以使水流受阻，给水流以反力，在墩后形成涡流，加强水跃中的紊流扩散，从而达到稳定水跃、减小和缩短消力池深度和长度的作用，如图 6-16 所示。

消力墩可设在消力池的前部或后部。设在前部的消力墩，对急流的反力大，辅助消能作用强，缩短消力池长度的作用明显，但易发生空蚀，且需承受较大的水流冲击力。设在后部的消力墩，消能作用较小，主要用于改善水流流态。消力墩可做成矩形或梯形，设两排或三排交错排列，墩顶应有足够的淹没水深，墩高约为跃后水深 h'' 的 1/5～1/3。在出闸水流流速较高的情况下，宜采用设在后部的消力墩。

辅助消能工的作用与其自身的形状、尺寸、在池内的位置、排数以及池内水深、泄量变化等因素有关，应通过水工模型试验确定。

6.4.2.4 消力池的构造

消力池底板一般用标号 C15 或 C20 混凝土浇筑而成，并需配置 $\phi 10 \sim 12mm$、@$25 \sim 30cm$ 的构造钢筋。大型水闸消力池底板的顶、底面均需配筋，中、小型水闸消力池底板可只在顶面配筋。对于消力墩等辅助消能工，由于承受水流的直接冲击，可能遭受空蚀破坏，有时还受到漂浮物的撞击及泥沙磨

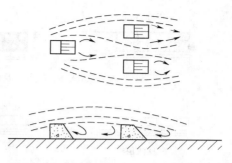

图 6-16 辅助消能工对水流的紊动作用

损等作用，应采用更高标号的混凝土，并配置适量的构造钢筋。

为增强护坦板的抗滑稳定性，常在消力池的末端设置齿墙，墙深一般为 $0.8 \sim 1.5m$，宽为 $0.6 \sim 0.8m$。为了减小作用在护坦底板上的扬压力，可在水平段的后半部设置排水孔，并在该部位的底面铺设反滤层。排水孔孔径一般为 $5 \sim 25cm$，间距为 $1.0 \sim 3.0m$，呈梅花状排列。但在多泥沙河道上，排水孔易被堵塞，不宜采用。

为增强消力池的整体稳定性，护坦板垂直水流向一般不分缝，顺水流向分缝，并应与闸室分缝间错布置，缝距为 $8 \sim 15m$。有防渗要求的缝，要设置止水。在消力池与闸室底板、翼墙及海漫之间，均应设置沉降缝。

6.4.3 海漫

水流经过消力池，虽已消除了大部分多余能量，但仍留有一定的剩余动能，特别是流速分布不均，脉动仍较剧烈，具有一定的冲刷能力。因此，护坦后仍需设置海漫等防冲加固设施，以使水流均匀扩散，并将流速分布逐渐调整到接近天然河道的水流形态。

1. 海漫的布置和构造

一般在海漫起始段做 $5 \sim 10m$ 长的水平段，其顶面高程可与护坦齐平或在消力池尾坎顶以下约 $0.5m$，水平段后做成不陡于 $1:10$ 的斜坡，以使水流均匀扩散，调整流速分布，保护河床不受冲刷，如图 6-17 所示。

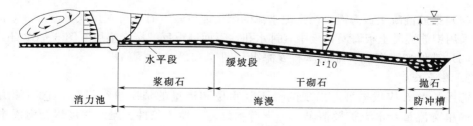

图 6-17 海漫布置及其流速分布示意图

对海漫的要求有：①表面有一定的粗糙度，以利进一步消除余能；②具有一定的透水性，以便使渗水自由排出，降低扬压力；③具有一定的柔性，以适应下游河床可能的冲刷变形。常用的海漫结构有以下几种：

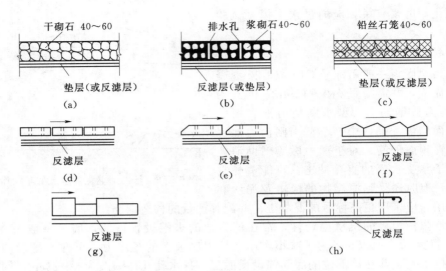

图 6-18　海漫构造示意图（单位：cm）

（1）干砌石海漫。一般由块径大于 30cm 的块石砌成，厚度为 0.4～0.6m，下面铺设碎石、粗砂垫层，厚 10～15cm〔图 6-18（a）〕。干砌石海漫的抗冲流速为 2.5～4.0m/s。为了加大其抗冲能力，可每隔 6～10m 设一浆砌石梗。干砌石常用在海漫后段。

（2）浆砌石海漫。采用 50 号或 80 号水泥砂浆砌块石，块径大于 30cm，厚度为 0.4～0.6m，砌石内设排水孔，下面铺设反滤层或垫层〔图 6-18（b）〕。浆砌石海漫的抗冲流速可达 3～6m/s，但柔性和透水性较差，一般用于海漫的前部约 10m 范围内。

（3）混凝土板海漫。整个海漫由混凝土板块拼铺而成，每块板的边长 2～5m，厚度为 0.1～0.3m，板中有排水孔，下面铺设反滤层或垫层〔图 6-18（d）、（e）〕。混凝土板海漫的抗冲流速可达 6～10m/s，但造价较高。有时为增加表面糙率，可采用斜面式或城垛式混凝土块体〔图 6-18（f）、（g）〕。铺设时应注意顺水流流向不宜有通缝。

（4）钢筋混凝土板海漫。当出池水流的剩余能量较大时，可在尾坎下游 5～10m 范围内采用钢筋混凝土板海漫，板中有排水孔，下面铺设反滤层或垫层〔图 6-18（h）〕。

（5）其他型式海漫。如铅丝石笼海漫〔图 6-18（c）〕等。

2. 海漫长度

海漫长度 L 应根据可能出现的最不利水位和流量的情况进行设计，它与消力池出口的单宽流量及水流扩散情况、上下游水位差、地质条件、尾水深度以及海漫本身的粗糙程度等因素有关，SL 265—2001《水闸设计规范》建议用式（6-18）进行估算。

$$L = k_2 \sqrt{q \sqrt{H}} \qquad (6-18)$$

式中：q 为消力池出口处的单宽流量，$m^3/(s \cdot m)$；H 为上、下游水位差，m；k_2 为河床土质系数，当河床为粉砂、细砂时，取 $14\sim13$，当河床为中砂、粗砂及粉质壤土时，取 $12\sim11$，当河床为粉质黏土时，取 $10\sim9$，当河床为坚硬黏土时，取 $8\sim7$。

式（6-18）适用于 $\sqrt{q}\sqrt{H}=1\sim9$ 的范围内。

6.4.4 防冲槽及末端加固

水流经过海漫后，尽管多余能量得到了进一步消除，流速分布接近河床水流的正常状态，但在海漫末端仍有冲刷现象。为保证安全和节省工程量，常在海漫末端设置防冲槽或采用其他加固设施。

1. 防冲槽

在海漫末端预留足够的块径大于 30cm 的石块，当水流冲刷河床，冲刷坑向预计的深度逐渐发展时，预留在海漫末端的石块将沿冲刷坑的斜坡陆续滚下，散铺在冲坑的上游斜坡上，自动形成护面，使冲刷不致再向上游侧扩展。参照已建水闸工程的实践经验，防冲槽大多采用宽浅式，其深度 t'' 一般取 $1.5\sim2.5\mathrm{m}$，底宽 b 取 $2\sim3$ 倍的深度，上游坡率 $m_1=2\sim3$，下游坡率 $m_2=3$，如图 6-19 所示。防冲槽的单宽抛石量 V 应满足护盖冲坑上游坡面的需要，可按式（6-19）估算。

$$V = At'' \tag{6-19}$$

其中
$$t'' = 1.1\frac{q'}{[v_0]} - t$$

式中：A 为经验系数，一般采用 $2\sim4$；t'' 为海漫末端的可能冲刷深度，m；q' 为海漫末端的单宽流量，$\mathrm{m^3/(s\cdot m)}$；$[v_0]$ 为河床土质的容许不冲流速，m/s；t 为海漫末端的水深，m。

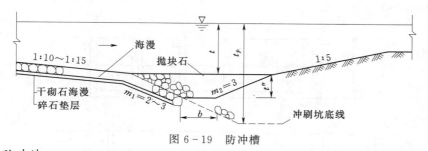

图 6-19 防冲槽

2. 防冲墙

防冲墙有齿墙、板桩、沉井等型式。齿墙的深度一般为 $1\sim2\mathrm{m}$，适用于冲坑深度较小的工程。如果冲深较大，河床为粉、细砂时，以采用板桩、井柱或沉井较为安全可靠，此时应尽量缩短海漫长度，以减小工程量。

6.4.5 翼墙与护坡

下游翼墙的作用、布置及型式，参见 6.8 节。

6.4.6 土工合成材料在水闸工程中的应用

土工合成材料具有重量轻、强度大、施工简便、节省劳力和造价低等优点，因而在水利工程中得到了广泛的采用。它不仅能用于防渗、排水、反滤和防护，还可用于土体加筋和隔离，参见本书 5.7 节。

　　葛洲坝水利枢纽二江泄水闸，为降低作用在底板上的扬压力和保护地基内的软弱夹层，在闸基内设排水井，贴井壁采用直径 60mm 聚丙烯硬质塑料花管，套以环形聚氯酯软泡沫塑料，再包以有纺斜纹土工织物的柔性组合滤层，运行十余年，工作正常，降压、防渗效果良好。

　　有些工程在海漫或护坦底面用土工织物代替砂石料反滤层，收到了良好效果。

　　江苏江都扬水站西闸，由于超载运行（过闸流量超过设计值的 2.65 倍），流速加大，致使河床遭受严重冲刷（上游冲深 6～7m，下游冲深 2～3m）。为制止冲刷继续扩展，曾考虑采用块石护砌方案，由于造价高和影响送水抗旱，后决定采用由聚丙烯编织布、聚氯乙烯绳网以及放置于其上面的混凝土块压重三种材料组成的软体沉排，沉放在预定需要防护的地段。从 1980 年整治后至今，沉排稳定，覆盖良好，上游落淤，下游不冲，有效地保护了河床。采用软体沉排不仅保证了施工期间扬水站不停止工作，而且工程费用较块石护砌方案节约了近 90%。

6.5　闸室的布置和构造

6.5.1　底板

　　常用的闸室底板有水平底板和低实用堰底板两种类型，前者用的较多。当上游水位较高，而过闸单宽流量又受到限制时，可将堰顶抬高，做成低实用堰底板。

　　对多孔水闸，为适应地基不均匀沉降和减小底板内的温度应力，需要沿水闸轴线方向用横缝（温度沉降缝）将闸室分成若干段，每个闸段可为单孔、两孔或三孔，如图 6-20（a）所示。

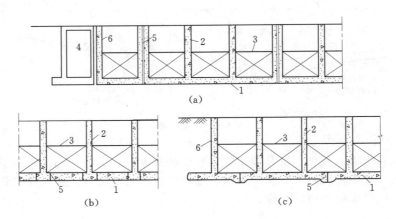

图 6-20　水平底板
1—底板；2—闸墩；3—闸门；4—空箱式岸墙；5—温度沉降缝；6—边墩

　　横缝设在闸墩中间，闸墩与底板连在一起的，称为整体式底板。整体式底板闸孔两侧闸墩之间不会出现过大的不均匀沉降，对闸门启闭有利，用得较多。整体式底板常用实心结构；当地基承载力较差，如只有 30～40kPa 左右时，则需考虑采用刚度大、重量轻的箱式底板。

在坚硬、紧密或中等坚硬、紧密的地基上，单孔底板上设双缝，将底板与闸墩分开的，称为分离式底板，如图 6-20 (b) 所示。分离式底板闸室上部结构的重量将直接由闸墩或连同部分底板传给地基。底板厚度根据自身稳定的需要确定，可用混凝土或浆砌块石建造。当采用浆砌块石时，应在块石表面再浇一层厚约 15cm、标号为 C15 的混凝土或加筋混凝土，以使底板表面平整并具有良好的防冲性能。施工时，先建闸墩及浆砌块石底板，待沉降接近完成时，再浇表层混凝土。

在地基较好、相邻闸墩之间不致出现不均匀沉降的情况下，还可将横缝设在闸孔底板中间，如图 6-20 (c) 所示。

底板顺水流方向的长度，取决于地基条件和上部结构布置并满足抗滑稳定和地基允许承载力的要求。底板长度可根据经验拟定：对于砂砾石地基，可取 $(1.5 \sim 2.5)$ H（H 为上、下游最大水位差）；对于砂土和砂壤土地基，取 $(2.0 \sim 3.5)$ H；对于粉质壤土和壤土地基，取 $(2.0 \sim 4.0)$ H；对于黏土地基，取 $(2.5 \sim 4.0)$ H。闸室结构沿水闸轴线方向的分段长度，在岩基上不宜超过 20m，在土基上不宜超过 35m，若超过上述数值宜做技术论证。底板厚度必须满足强度和刚度的要求，大、中型水闸可取 $(1/6 \sim 1/8)$ l_0（l_0 为闸孔净宽），一般为 $1.0 \sim 2.0$m，最薄不宜小于 0.6m，但小型水闸也有用到 0.3m 的。底板内布置钢筋较多，但最大含钢率不得超过 0.3%。底板混凝土应满足强度、抗渗、抗冲等要求，常用 C15 或 C20。

6.5.2 闸墩

闸墩顶高程应根据挡水和泄水两种情况确定。挡水时，墩顶高程等于最高挡水位加浪高及相应安全加高；泄水时，墩顶不应低于设计洪水位（或校核洪水位）加相应安全加高。

闸墩的布置和设计要求，可参见本书 3.10 节。如闸墩采用浆砌块石，为保证墩头的外形轮廓，并加快施工进度，多用预制构件。大、中型水闸因沉降缝常设在闸墩中间，故墩头多采用半圆形，这样不仅施工方便，而且也不易损坏，有时也采用流线形闸墩。

近年来，我国有些地区采用框架式闸墩，如图 6-21 所示。这种型式既可节约钢材，又可降低造价。

6.5.3 闸门

闸门型式的选择，应根据运用要求、闸孔跨度、启闭机容量、工程造价等条件比较确定。

闸门在闸室中的位置与闸室稳定、闸墩和地基应力，以及上部结构的布置有关。平面闸门一般设在靠上游侧，有时为了充分利用水重，也可移向下游。弧形闸门为不使闸墩过长，需要靠上游侧布置。

平面闸门的门槽应设在闸墩水流较平顺的部位，深度决定于闸门的支承型式，一般为 0.3m，门槽宽深比宜取 $1.6 \sim 1.8$。检修门槽深约 $0.15 \sim 0.20$m，宽约 $0.15 \sim 0.30$m。检修门槽与工作门槽之间的净距不宜小于 1.5m，以便检修。

闸门顶应高出最高蓄水位。对胸墙式水闸，闸门高度根据构造要求稍高于孔口即可。

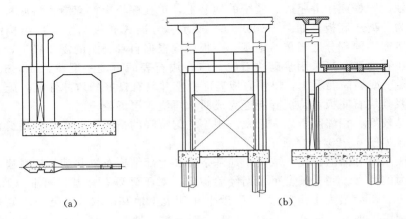

图 6 - 21 框架式闸墩

闸门不承受冰压力，为此，应采用压缩空气、开凿冰沟或漂浮芦柴捆等方法，将闸门与冰层隔开。

6.5.4 胸墙

胸墙顶宜与闸顶齐平。胸墙底高程应根据孔口泄流量要求计算确定。

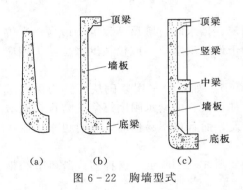

图 6 - 22 胸墙型式

胸墙一般做成板式或梁板式。板式胸墙适用于跨度不大于 6.0m 的水闸，墙板可做成上薄下厚的楔形板［图 6 - 22（a）］。跨度大于 6.0m 的水闸可采用梁板式，由墙板、顶梁和底梁组成［图 6 - 22（b）］。当胸墙高度大于 5.0m，且跨度较大时，可增设中梁及竖梁构成肋形结构［图 6 - 22（c）］。

板式胸墙顶部厚度一般不小于 20cm。梁板式的板厚一般不小于 12cm；顶梁梁高约为胸墙跨度的 1/12～1/15，梁宽常取 40～80cm；底梁由于与闸门顶接触，要求有较大的刚度，梁高约为胸墙跨度的 1/8～1/9，梁宽为 60～120cm。为使过闸水流平顺，胸墙迎水面底缘应做成圆弧形。

胸墙的支承型式分为简支式和固接式两种，如图 6 - 23 所示。简支胸墙与闸墩分开浇筑，缝间涂沥青；也可将预制墙体插入闸墩预留槽内，做成活动胸墙。简支胸墙可避免在闸墩附近迎水面出现裂缝，但截面尺寸较大。固接式胸墙与闸墩同期浇筑，胸墙钢筋伸入闸墩内，形成刚性连接，截面尺寸较小，可以增强闸室的整体性，但受温度变化和闸墩变位影响，容易在胸墙支点附近的迎水面产生裂缝。对于整体式底板胸墙可用固接式，对于分离式底板胸墙多用简支式。

6.5.5 交通桥、工作桥及检修便桥

由于交通需要，在闸墩顶部应设置交通桥（当公路通过水闸时，需设公路桥，即使无公路通过，闸上也应建有供拖拉机和行人通行的农桥或人行便桥）；为了安装闸

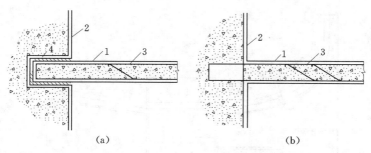

图 6-23　胸墙的支承型式

（a）简支式；（b）固接式

1—胸墙；2—闸墩；3—钢筋；4—涂沥青

门启闭机和便于操作管理，需要在闸墩上设置工作桥；为了满足闸室、闸门的检修和便于启、闭检修闸门，需要在闸墩上设置检修便桥。交通桥、工作桥和检修便桥可根据闸孔孔径、闸门启闭机型式及容量、设计荷载标准等分别选用板式、梁板式或板拱式，其与闸墩的连接型式应与底板分缝位置及胸墙支承型式统一考虑。桥的梁（板）底高程应高出最高洪水位 0.5m 以上；若有流冰，应高出流冰面以上 0.2m。有条件时，桥可采用预制构件，现场吊装。

交通桥一般设在水闸下游一侧，其设计应符合交通部门制定的规范要求。工作桥的支承结构可根据其高度及纵向刚度选用实体式或刚架式。工作桥高度视闸门型式及闸孔水面线而定，对采用固定式启闭机的平面闸门，桥高应为门高的两倍再加足够的富裕高度；若采用活动式启闭机，桥高则可适当降低。若采用升卧式平面闸门，由于闸门全开后接近平卧位置，因而工作桥可以做得较低。在检修门槽处设置的检修便桥，其桥跨结构一般为支承在闸墩上的两根简支梁，桥面宽 1.0～1.5m 左右。

6.5.6　分缝方式及止水设备

1. 分缝方式与布置

为了防止和减少由于地基不均匀沉降、温度变化和混凝土干缩引起底板断裂和裂缝，对于多孔水闸需要沿轴线每隔一定距离设置永久缝。缝距不宜过大或过小，建在岩基上的水闸，缝距不宜大于 20m；建在土基上的水闸，缝距不宜大于 35m。缝宽一般为 2.0～3.0cm。

整体式底板的温度沉降缝设在闸墩中间，1 孔、2 孔或 3 孔成为一个独立单元。靠近岸边，为了减轻墙后填土对闸室的不利影响，特别是当地质条件较差时，最好采用 1 孔，而后再接 2 孔或 3 孔的闸室，如图 6-20（a）所示。若地基条件较好，也可将缝设在底板中间或在单孔底板上设双缝，如图 6-20（c）、（b）所示。闸墩上不设缝，不仅可以减少工程量，而且还可以减小底板的跨中弯矩，但必须确保闸室能正常运行。

为避免相邻结构由于荷重相差悬殊产生不均匀沉降，也要设缝分开，如铺盖与底板、消力池与底板，以及铺盖、消力池与翼墙等连接处都要分别设缝。此外，混凝土铺盖及消力池本身也需设缝分段、分块，如图 6-24 所示。

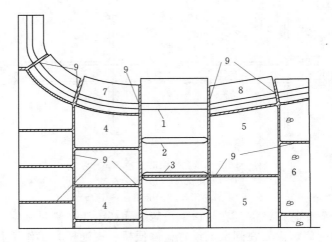

图 6－24　分缝的平面位置示意图

1—边墩；2—中墩；3—缝墩；4—钢筋混凝土铺盖；5—消力池；
6—浆砌石海漫；7—上游翼墙；8—下游翼墙；9—温度沉降缝

2. 止水设备

凡具有防渗要求的缝，都应设止水。止水分铅直止水及水平止水两种。前者设在闸墩中间，边墩与翼墙间以及上游翼墙本身；后者设在铺盖、消力池与底板和翼墙、底板与闸墩间，以及混凝土铺盖及消力池本身的温度沉降缝内。

图 6－25 为水闸上常用的铅直止水构造图，其中，图 6－25(a)、(c) 的紫铜片、橡皮或塑料止水片浇在混凝土内，这种止水型式施工简便、可靠，采用较广；图 6－25(b) 为沥青井型，井内设有加热管，供熔化沥青用，井的上、下游端设有角钢，以防沥青熔化后流失，这种止水型式能适应较大的不均匀沉降，但施工较为复杂；图 6－25(d) 缝间设沥青或柏油油毛毡井，适用于边墩与翼墙间的铅直止水。

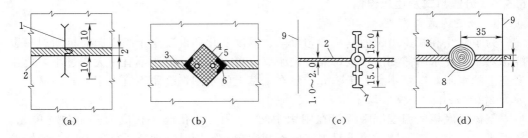

图 6－25　铅直止水构造（单位：cm）

1—紫铜片；2—沥青油毛毡；3—沥青油毛毡及沥青杉板；4—沥青填料；5—加热设备；
6—角钢；7—橡皮或塑料止水；8—沥青油毛毡；9—迎水面

图 6－26 为常用的几种水平止水构造图。其中，图 6－26（a）缝内设有紫铜片、橡皮或塑料止水，用得较多；图 6－26（b）多用于闸孔底板中的温度沉降缝；图 6－26（c）不设止水片或止水带，只铺沥青麻布封底止水，适用于地基沉降较小或防渗要求较低的情况。

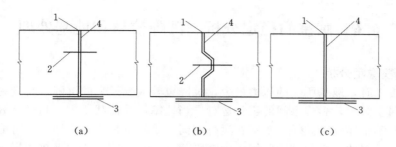

图 6-26 水平止水构造

1—温度沉降缝；2—止水片或止水带；3—沥青麻布封底止水；4—沥青油毛毡

必须做好止水交叉处的连接，否则，容易形成渗水通道。交叉有两类：①铅直交叉；②水平交叉。交叉处止水片的连接方式也可分为两种：①柔性连接，即将金属止水片的接头部分埋在沥青块体中，如图 6-27（a）、（b）所示；②刚性连接，即将金属止水片剪裁后焊接成整体，如图 6-27（c）、（d）所示。在实际工程中可根据交叉类型及施工条件决定连接方式，铅直交叉常用柔性连接，而水平交叉则多用刚性连接。

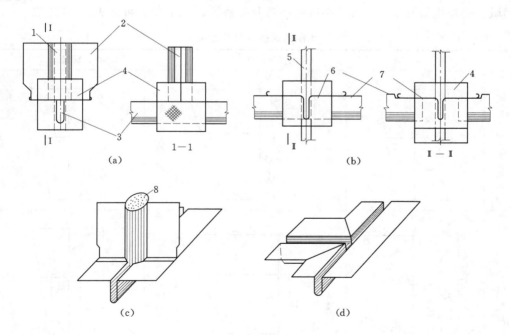

图 6-27 止水交叉构造图

（a）铅直交叉柔性连接；（b）水平交叉柔性连接；

（c）铅直交叉刚性连接；（d）水平交叉刚性连接

1—铅直缝；2—铅直止水片；3—水平止水片；4—沥青块体；5—接缝；

6—纵向水平止水片；7—横向水平止水片；8—沥青柱

6.6 闸室的稳定分析、沉降校核和地基处理

6.6.1 闸室稳定分析

水闸竣工时，地基所受的压力最大，沉降也较大。过大的沉降，特别是不均匀沉降，会使闸室倾斜，影响水闸的正常运行。当地基承受荷载过大，超过其容许承载力时，将使地基整体发生破坏。水闸在运行期间，受水平推力的作用，有可能沿地基面或深层滑动。因此，必须分别验算水闸在刚建成、运行、检修以及施工期等不同工作情况下的稳定性。对于孔数较少而未分缝的小型水闸，可取整个闸室（包括边墩）作为验算单元；对于孔数较多设有沉降缝的水闸，则应取两缝之间的闸室单元进行验算。

6.6.1.1 荷载及其组合

水闸承受的主要荷载有：自重、水重、水平水压力、扬压力、浪压力、泥沙压力、土压力及地震力等。

1. 地震力

可根据 SL 203—97《水工建筑物抗震设计规范》，按拟静力法计算。

沿水闸高度作用于质点 i 的水平地震惯性力 F_i 可按式（3-21）计算。其中，沿闸墩、闸顶机架及岸墙、翼墙高度的动态分布系数 α_i 的数值，可按表 6-6 选取。

表 6-6   水闸的动态分布系数 α_i

水　闸　闸　墩	闸　顶　机　架	岸墙、翼墙
竖向及顺河流方向地震（图：顶端 2.0，α_i，H，H_i，底端 1.0）	顺河流方向地震（图：顶端 4.0，α_i，H，底端 2.0）	顺河流方向地震（图：顶端 2.0，α_i，H，H_i，底端 1.0）
垂直河流方向地震（图：顶端 3.0，α_i，1.0，H，H_i，$H/2$，底端 1.0）	垂直河流方向地震（图：顶端 6.0，α_i，H，H_i，底端 3.0）	垂直河流方向地震（图：顶端 2.0，α_i，H，H_i，底端 1.0）

注　水闸闸墩底以下 α_i 取 1.0；H 为闸墩、机架、岸墙等建筑物的高度。

2. 浪压力

作用于水闸铅直或近似铅直迎水面上的浪压力，应根据闸前水深和实际波浪性态进行计算。

平均波高、平均波周期、平均波长、波浪中心线超出计算水位的高度以及使波浪破碎的临界水深等波浪要素的计算，可按 SL 265—2001《水闸设计规范》附录 E 中的公式和有关规定进行。

关于其他荷载的计算可参阅本书 3.2 节。

荷载组合分为基本组合和特殊组合。基本组合由同时出现的基本荷载组成；特殊组合由同时出现的基本荷载再加一种或几种特殊荷载组成。基本组合包括：完建情况、正常蓄水位情况、设计洪水位情况和冰冻情况等。特殊组合包括：施工情况、检修情况、校核洪水位情况和地震情况等。

水闸在运行情况下所受的荷载，如图 6-28 所示。

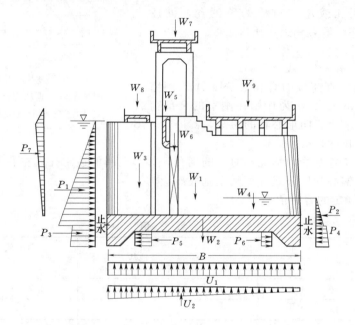

图 6-28 水闸在运行情况下的荷载示意图

W_1、W_2、…、W_9—闸墩、底板、水、胸墙、闸门及工作桥等的重力；

P_1、P_2、…、P_7—水压力等荷载；U_1—浮托力；U_2—渗流压力

6.6.1.2 闸室的稳定性及其安全指标

闸室的稳定性是指闸室在各种荷载作用下，满足：①平均基底压力不大于地基的容许承载力；②不发生明显的倾斜，基底压力的最大值与最小值之比不大于规定的容许值；③不致沿地基面或深层滑动。

在各种计算情况下，闸室平均基底应力不大于地基容许承载力，最大基底应力不大于地基容许承载力的 1.2 倍。地基容许承载力可根据地基土的标准贯入击数资料由图 6-29 中查得。

闸室上、下游端地基反力的比值 $\eta = \dfrac{\sigma_{\max}}{\sigma_{\min}}$，反映闸室基底反力分布的不均匀程度。$\eta$ 值愈大，表明闸室两端基底反力相差愈大，沉降差愈大，闸室的倾斜度也愈

大。从一些水闸的实测沉降资料分析,闸室两端的沉降差如果不超过闸室底宽的 2/1000,尚不致妨碍闸室的正常运行。设计中 η 的容许值应符合表 6-7 中的规定。

沿土基面的抗滑稳定安全系数 K_c 因水闸的级别而异,见表 6-8。

6.6.1.3 计算方法

1. 验算闸室基底压力

对于结构布置及受力情况对称的闸孔,如多孔水闸的中间孔或左右对称的单闸孔,可按式 (6-20) 计算基底最大和最小压应力 σ。

$$\frac{\sigma_{\max}}{\sigma_{\min}} = \frac{\sum W}{A} \pm \frac{6\sum M}{AB} \qquad (6-20)$$

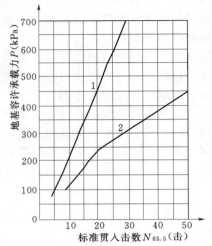

图 6-29 地基容许承载力与标准贯入击数关系曲线
1—黏性土;2—砂性土

式中:$\sum W$ 为铅直荷载的总和,kN;A 为闸室基底面的面积,m^2;$\sum M$ 为作用在闸室的全部荷载对基底面垂直水流流向形心轴的力矩,kN·m;B 为闸室底板的长度,m。

对于结构布置及受力情况不对称的闸孔,如多孔闸的边闸孔或左右不对称的单闸孔,应按双向偏心受压公式计算闸室基底压应力。

η 应小于规定的容许值。

表 6-7 η 的 容 许 值

地基土质	荷 载 组 合		地基土质	荷 载 组 合	
	基本	特殊		基本	特殊
松软	1.5	2.0	坚硬、紧密	2.5	3.0
中等坚硬、紧密	2.0	2.5			

表 6-8 K_c 的 容 许 值

荷载组合		水 闸 级 别			
		1	2	3	4、5
基本组合		1.35	1.30	1.25	1.20
特殊组合	1	1.20	1.15	1.05	1.05
	2	1.10	1.05	1.00	1.00

注 1. 特殊组合 1,适用于施工、检修及校核洪水位情况。
     2. 特殊组合 2,适用于地震情况。

2. 验算闸室的抗滑稳定

对建在土基上的水闸,除应验算其在荷载作用下沿地基面的抗滑稳定外,当地基面的法向应力较大时,还需核算其深层抗滑稳定性。

闸室产生平面滑动或深层滑动的可能性与地基的法向应力有关,可用下列经验公

式判别

$$\sigma_u = A\gamma_b B\tan\varphi + 2c(1 + \tan\varphi) \tag{6-21}$$

式中：σ_u 为地基产生深层滑动时的临界法向应力，kPa；A 为系数，一般在 3～4 之间；γ_b 为地基土的浮容重，kN/m^3；B 为底板顺河流方向的长度，m；φ 为地基土的内摩擦角，(°)；c 为地基土的凝聚力，kPa。

当闸底最大压应力 $\sigma_{max} < \sigma_u$ 时，可只做平面滑动验算；当 $\sigma_{max} > \sigma_u$ 时，则尚需进行深层滑动校核。

一般情况下，闸基面的法向应力较小，不会发生深层滑动。

水闸沿地基面的抗滑稳定，应按式（6-22）、式（6-23）之一进行计算。

$$K_c = \frac{f\sum W}{\sum P} \tag{6-22}$$

$$K_c = \frac{\tan\varphi_0 \sum W + c_0 A}{\sum P} \tag{6-23}$$

式中：$\sum P$ 为作用在闸室底面以上全部水平荷载的总和，kN；$\sum W$ 为作用在闸室底面以上全部荷载铅直分力的总和，kN；f 为底板与地基土间的摩擦系数。φ_0 为底板与地基土间的摩擦角，(°)；c_0 为底板与地基土间的凝聚力，kPa。

对于建在黏性土地基上的大型水闸，宜用式（6-23）计算。当闸室受双向水平力作用时，应验算其在合力方向的抗滑稳定性。

抗滑稳定计算的关键，在于合理选用 f、φ_0 和 c_0 值。当底板为混凝土，初步计算时，对黏性土地基，f 值可取 0.20～0.45；对壤土地基，取 0.25～0.40；对砂壤土地基，取 0.35～0.40；对砂土地基，取 0.40～0.50；对砾石、卵石地基，取 0.50～0.55。而 φ_0、c_0 值，对于黏性土地基，φ_0 可取室内固结快剪试验 φ 值的 90%，c_0 取室内固结快剪试验 c 值的 20%～30%；对于砂性土地基，φ_0 可取 φ 值的 85%～90%，不计 c_0；如 $\tan\varphi_0 > 0.50$，则应进行必要的论证。

当闸室沿基底面的抗滑稳定安全系数小于表 6-8 中的容许值时，可采取以下措施：

（1）增加铺盖长度或帷幕灌浆深度，或在不影响抗渗稳定的前提下，可将排水设施伸向水闸底板下游段底部，以减小作用在底板上的渗流压力。

（2）利用上游钢筋混凝土铺盖作为阻滑板，但闸室本身的抗滑稳定安全系数仍应大于 1.0。计算由阻滑板增加的抗滑力时，考虑到土体变形及钢筋拉长对阻滑板阻滑效果的影响，阻滑板效果应采用 0.8 的折减系数，即

$$S \approx 0.8f(W_1 + W_2 - U) \tag{6-24}$$

式中：S 为阻滑板的抗滑力，kN；W_1 为阻滑板上的水重，kN；W_2 为阻滑板的自重，kN；U 为阻滑板底面的扬压力，kN；f 为阻滑板与地基土间的摩擦系数。

（3）将闸门位置略向下游一侧移动，或将水闸底板向上游一侧加长，以便多利用一部分水重。

（4）增加闸室底板的齿墙深度。

（5）增设钢筋混凝土抗滑桩或预应力锚固结构。

3. 验算闸基的整体稳定

在竖向对称荷载作用下的地基容许承载力，可根据基础的宽度和埋置深度以及地

基土的容重和抗剪强度指标，按 SL 265—2001《水闸设计规范》附录 H 给定的公式计算。

在只有标准贯入击数资料的情况下，地基容许承载力可由图 6-29 查出，作为设计参考。

在竖向荷载和水平荷载共同作用下，地基整体稳定可按由塑性平衡理论推导出的公式（6-25）进行核算。

$$c_K = \frac{\sqrt{\left(\dfrac{\sigma_y - \sigma_x}{2}\right)^2 + \tau_{xy}^2} - \dfrac{\sigma_y - \sigma_x}{2}\sin\varphi}{\cos\varphi} \tag{6-25}$$

式中：c_K 为满足极限平衡条件所需的最小凝聚力，kPa；φ 为地基土的内摩擦角，(°)；σ_y、σ_x、τ_{xy} 分别为核算点的竖向正应力、水平正应力和剪应力，kPa，可按 SL 265—2001 附录 H 给定的公式计算。

当 $c_K < c$（c 为该核算点的凝聚力）时，表示该点处于稳定状态；当 $c_K \geqslant c$ 时，表示该点处于塑性变形状态。经过对多点核算后，即可找出塑性变形区的范围。对于地基土的容许塑性开展深度，大型水闸可取 $B/4$，中型水闸可取 $B/3$。

对建在软土地基上或地基内有软弱夹层的水闸，应对软弱土层进行整体稳定验算，参见本书 5.4 节。对复杂地基上大型水闸的整体稳定计算，应进行专门研究。

6.6.2 沉降校核

由于土基压缩变形大，容易引起较大的沉降，而过大的沉降差，将引起闸室倾斜、裂缝、止水破坏，甚至使建筑物顶部高程不足，影响建筑物的正常运行。所以，在研究地基稳定的同时，还应考虑地基的沉降。通过计算和分析，可以了解地基的变形情况，以便选用合理的水闸结构型式，确定适宜的施工程序和施工进度，或进行适当的地基处理。

对卵砾石和中、粗砂地基可不进行地基沉降计算。

地基沉降校核，一般采用分层总和法，每层厚度不宜超过 2m，计算深度根据实践经验，通常计算到附加应力与土体自重应力之比为 0.1~0.2 处，软土地基取小值，坚实地基取大值。

如果将计算土层分为 n 层，每层的沉降量为 S_i，则总的沉降量应为

$$S = m \sum_{i=1}^{n} S_i = m \sum_{i=1}^{n} \frac{e_{1i} - e_{2i}}{1 + e_{1i}} h_i \tag{6-26}$$

式中：S 为土质地基最终沉降量，m；n 为土质地基压缩层计算深度范围内的土层数；e_{1i}、e_{2i} 分别为底板以下第 i 层土在平均自重应力及平均自重应力加平均附加应力作用下，由压缩曲线查得的相应孔隙比；h_i 为底板以下第 i 层土的厚度，m；m 为地基沉降量修正系数，可采用 1.0~1.6，坚实地基取较小值，软土地基取较大值。

关于沉降量及沉降差的容许值，目前尚无统一标准，应以保证水闸安全和正常使用为原则，按工程具体情况研究确定。天然土质地基最大沉降量不宜超过 15cm，沉降差不宜超过 5cm。为了减小不均匀沉降，可采用以下措施：①尽量使相邻结构的重量不要相差太大；②重量大的结构先施工，使地基先行预压；③尽量使地基反力分布趋于均匀，其最大值与最小值之比不超过规定的容许值等。

地基沉降与时间的关系比较复杂，与土层的厚度、压缩性、渗透性、排水条件、附加应力以及土层的相对位置和建筑物的施工进度等因素有关，计算中尚难周密考虑，因而计算结果只能是近似的。对砂性土地基，由于压缩性小、渗透性强、压缩过程短，建筑物完工时地基沉降已基本稳定，故一般不考虑其沉降过程。而对黏性土地基，由于在施工过程中所完成的沉降量，一般仅为稳定沉降量的 $50\% \sim 60\%$，故需考虑地基的沉降过程。

6.6.3 地基处理

对建在土基上的水闸，为了保证其安全、正常地运行，有时需要对地基进行必要的处理，以满足上部结构的要求；或从上部结构及地基处理两个方面采取措施，使其相互适应，以满足稳定和沉降的要求。

根据工程实践，当黏性土地基的贯入击数大于 5、砂性土地基的贯入击数大于 8 时，可直接在天然地基上建闸，不需进行处理。如天然地基不能满足抗滑稳定和沉降方面的要求，则需进行适当的处理。常用的处理方法有以下几种。

1. 预压加固

在修建水闸之前，先在建闸范围内的软土地基表面加荷（如堆土、堆石），对地基进行预压，沉降基本稳定后，将荷重移去，再正式建闸。预压堆土（石）高度，应使预压荷重约为 $1.5 \sim 2.0$ 倍水闸荷载，但不能超过地基的承载能力。

堆土（石）预压时，施工进度不能过快，以免地基发生滑动或将基土挤出地面。根据经验，堆土（石）施工需分层堆筑，每层高约 $1 \sim 2m$，填筑后间歇 $10 \sim 15d$，待地基沉降稳定后，再进行下一次堆筑。预压施工时间约为半年左右。

对含水率较大的黏性土地基，为了缩短预压施工时间，可在地基中设置砂井，以改善软土地基的排水条件，加快固结过程。砂井的直径为 $20 \sim 30cm$，井距不小于 $3m$，井深应穿过预压层。

2. 换土垫层

换土垫层是工程上广为采用的一种地基处理方法，适用于软弱黏性土，包括淤泥质土。当软土层位于基面附近，且厚度较薄时，可全部挖除；当软土层较厚，不宜全部挖除时，可采用换土垫层法处理，将基础下的表层软土挖除，换以砂性土，水闸建在新换的土基上，如图 6-30 所示。

砂垫层的主要作用是：①通过垫层的应力扩散作用，减小软土层所受的附加应力，提高地基的稳定性；②减小地基沉降量；③铺设在软黏土上的砂层，具有良好的排水作用，有利于软土地基加速固结。

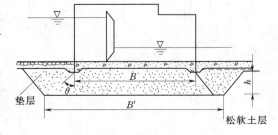

图 6-30 换土垫层布置

垫层设计主要是确定垫层厚度、宽度及所用材料。垫层厚度 h 应根据地基土质情况、结构型式、荷载大小等因素，以不超过下卧土层允许承载力为原则确定。垫层的

传力扩散角 θ，对中壤土及含砾黏土，可取 20°～25°；对中砂、粗砂，可取 30°～35°。垫层厚度过小，作用不明显；过大，基坑开挖困难，一般垫层厚度为 1.5～3.0m。垫层的宽度 B'，通常选用建筑物基底压力扩散至垫层底面的宽度再加 2～3m。换土垫层材料以采用中壤土最为适宜；含砾黏土也是较好的垫层材料；级配良好的中砂和粗砂，易于振动密实，用作垫层材料，也是适宜的；至于粉砂和细砂，因其容易液化，不宜作为垫层材料。

3. 桩基础

桩基础是一种较早使用的地基处理方法，一般采用摩擦桩，由桩周摩阻力和桩端支承力共同承担上部荷载。水闸的桩基础，一般均采用钢筋混凝土桩。按其施工方法又可分为灌注桩（参见 6.9 节）和预制桩两类。灌注桩在选用桩径和桩长时比较灵活，用的较多，桩径一般在 60cm 以上，中心距不小于 2.5 倍桩径，桩长根据需要确定；对桩径和桩长较小的桩基础，也可采用钢筋混凝土预制桩，桩径一般为 20～30cm，桩长不超过 12m，中心距为桩径的 3 倍。对需要进入承压水层的桩基础，不宜采用灌注桩。

桩基础适用于：①在松软地基上，有排放大块漂浮物或冰凌的要求，必须采用较大的闸孔跨度，利用桩基承受上部的主要荷载，以改善底板的受力条件；②水头高，水平推力大，一般地基处理方法难以满足抗滑稳定要求；③根据运用要求，需要严格控制地基变形等情况。

4. 沉井基础

沉井基础与桩基础同属深基础，也是工程上广为采用的一种地基处理方法。但在水闸工程中，过去用得不多，直到 20 世纪 70 年代中期才开始采用。沉井可作为闸墩或岸墙的基础，用以解决地基承载力不足和沉降或沉降差过大，如图 6-31 所示；也可与防冲加固结合考虑，在闸室下或消力池末端设置较浅的沉井，以减少其后防冲设施的工程量。

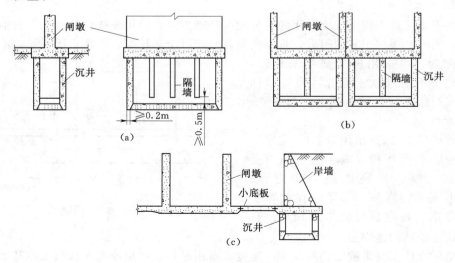

图 6-31 沉井布置

过去沉井都用钢筋混凝土。近年来，也有采用少筋混凝土或浆砌石建造的。在平面上多呈矩形，长边不宜大于 30m，长宽比不宜大于 3，以便于均匀下沉。沉井分节浇筑高度，应根据地基条件、控制下沉速度及沉井的强度要求等因素确定。沉井深度取决于地基下卧坚实土层的埋置深度和相邻闸孔或岸墙的沉降计算。如兼作防冲设施还需考虑闸下可能的冲坑深度。为了保证沉井顺利下沉到设计标高，需要验算自重是否满足下沉要求，其下沉系数（沉井自重与井壁摩阻力之比）可采用 1.15～1.25。沉井是否需要封底，取决于沉井下卧土层的容许承载力。若容许承载力能满足要求，应尽量采用不封底沉井，因为沉井开挖较深，地下水影响较大，施工比较困难。不封底沉井内的回填土，应选用与井底土层渗流系数相近的土料，并且必须分层夯实，以防止渗流变形和过大的沉降，使闸底与回填土脱开。

当地基内存在承压水层且影响地基抗渗稳定性时，不宜采用沉井基础。

地基处理除上述几种方法外，常见的还有振冲砂石桩、强夯法、爆炸振密法、高速旋喷法，可参见有关文献。

6.7　闸室的结构设计

闸室为一空间结构，它不仅要承受自重和各种外荷载，还要考虑闸室两侧的边荷载对闸室结构的影响，受力情况比较复杂，可用有限元法对两道沉降缝之间的一段闸室进行整体分析。但为简化计算，一般都将其分解为若干部件分别计算，但在单独计算时，应当考虑它们之间的相互作用。

6.7.1　底板

底板支承在地基上，因其平面尺寸远较厚度为大，可将其视为地基上的一块板，按照不同的地基情况采用不同的计算方法：对于相对紧密度 $D_r > 0.5$ 的非黏性土地基或黏性土地基，可采用弹性地基梁法；对于相对紧密度 $D_r \leqslant 0.5$ 的非黏性土地基，因地基松软，底板刚度相对较大，变形容易得到调整，可以采用地基反力沿水流流向呈直线分布、垂直水流流向为均匀分布的反力直线分布法；对于小型水闸，则常采用倒置梁法。

1. 弹性地基梁法

SL 265—2001《水闸设计规范》规定：用弹性地基梁法分析闸底板内力时，需要考虑可压缩土层厚度的影响。当压缩土层厚度 T 与计算闸段长度的一半 $L/2$ 之比 $2T/L < 0.25$ 时，可按基床系数法（文克尔假定）计算；当 $2T/L > 2.0$ 时，可按半无限深弹性地基梁法计算；当 $2T/L = 0.25～2.0$ 时，可按有限深弹性地基梁法计算。

底板连同闸墩在顺水流流向的刚度很大，可以忽略底板沿该方向的弯曲变形，假定地基反力呈直线分布。在垂直水流流向截取单宽板条及墩条，按弹性地基梁计算地基反力和底板内力，计算步骤如下：

（1）用偏心受压公式计算闸底纵向（顺水流流向）地基反力。

（2）计算板条及墩条上的不平衡剪力。以闸门为界，将底板分为上、下游两段，分别在两段的中央截取单宽板条及墩条进行分析，如图 6-32（a）所示。作用在板

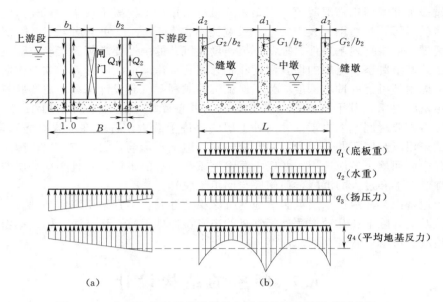

图 6-32　作用在单宽板条及墩条上的荷载及地基反力示意图

条及墩条上的力有：底板自重 (q_1)、水重 (q_2)、中墩重 (G_1/b_2) 及缝墩重 (G_2/b_2)，中墩及缝墩重中包括其上部结构及设备自重在内，在底板的底面有扬压力 (q_3) 及地基反力 (q_4)，如图 6-32 (b) 所示。

由于底板上的荷载在顺水流流向是有突变的，而地基反力是连续变化的，所以，作用在单宽板条及墩条上的力是不平衡的，即在板条及墩条的两侧必然作用有剪力 Q_1 及 Q_2，并由 Q_1 及 Q_2 的差值来维持板条及墩条上力的平衡，差值 $\Delta Q = Q_1 - Q_2$，称为不平衡剪力。以下游段为例，根据板条及墩条上力的平衡条件，取 $\sum F_y = 0$，则

$$\frac{G_1}{b_2} + 2\frac{G_2}{b_2} + \Delta Q + (q_1 + q'_2 - q_3 - q_4)L = 0 \qquad (6-27)$$

由式 (6-27) 可求出 ΔQ。式中假定 ΔQ 的方向向下，如计算的结果为负值，则 ΔQ 的实际作用方向应向上，$q'_2 = q_2 (L - 2d_2 - d_1)/L$。

(3) 确定不平衡剪力在闸墩和底板上的分配。不平衡剪力 ΔQ 应由闸墩及底板共同承担，各自承担的数值，可根据剪应力分布图面积按比例确定。为此，需要绘制计算板条及墩条截面上的剪应力分布图。对于简单的板条和墩条截面，可直接应用积分法求得，如图 6-33 所示。

由材料力学可知，截面上的剪应力 τ_y 为

$$\tau_y = \frac{\Delta Q}{bJ}S \qquad \text{或} \qquad b\tau_y = \frac{\Delta Q}{J}S$$

式中：ΔQ 为不平衡剪力，kN；J 为截面惯性矩，m^4；S 为计算截面以下的面积对全截面形心轴的面积矩，m^3；b 为截面在 y 处的宽度，m，底板部分 $b = L$，闸墩部分 $b = d_1 + 2d_2$。

显然，底板截面上的不平衡剪力 $\Delta Q_{板}$ 应为

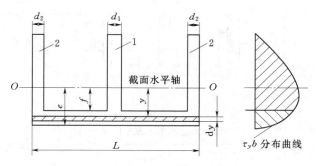

图 6-33 不平衡剪力 ΔQ 分配计算简图
1—中墩；2—缝墩

$$\Delta Q_{板} = \int_f^e \tau_y L \, \mathrm{d}y = \int_f^e \frac{\Delta QS}{JL} L \, \mathrm{d}y = \frac{\Delta Q}{J} \int_f^e S \, \mathrm{d}y$$

$$= \frac{\Delta Q}{J} \int_f^e (e-y) L \left(y + \frac{e-y}{2} \right) \mathrm{d}y \tag{6-28}$$

$$= \frac{\Delta Q}{2J} L \left[\frac{2}{3} e^3 - e^2 f + \frac{1}{3} f^3 \right]$$

$$\Delta Q_{墩} = \Delta Q - \Delta Q_{板}$$

一般情况，不平衡剪力的分配比例是：底板约占 $10\% \sim 15\%$，闸墩约占 $85\% \sim 90\%$。

（4）计算基础梁上的荷载。

1）将分配给闸墩上的不平衡剪力与闸墩及其上部结构的重量作为梁的集中力，即

中墩集中力 $\qquad P_1 = \dfrac{G_1}{b_2} + \Delta Q_{墩} \left(\dfrac{d_1}{2d_2 + d_1} \right)$

缝墩集中力 $\qquad P_2 = \dfrac{G_2}{b_2} + \Delta Q_{墩} \left(\dfrac{d_2}{2d_2 + d_1} \right)$ $\qquad$ (6-29)

2）将分配给底板上的不平衡剪力化为均布荷载，并与底板自重、水重及扬压力等合并，作为梁的均布荷载，即

$$q = q_1 + q'_2 - q_3 + \frac{\Delta Q_{板}}{L} \tag{6-30}$$

底板自重 q_1 的取值，因地基性质而异：由于黏性土地基固结缓慢，计算中可采用底板自重的 $50\% \sim 100\%$；而对砂性土地基，因其在底板混凝土达到一定刚度以前，地基变形几乎全部完成，底板自重对地基变形影响不大，在计算中可以不计。

（5）考虑边荷载的影响。边荷载是指计算闸段底板两侧的闸室或边墩背后回填土及岸墙等作用于计算闸段上的荷载。如图 6-34 所示，计算闸段左侧的边荷载为其相邻闸孔的闸基压应力，右侧的边荷载为回填土的重力以及侧向土压力所产生的弯矩。

边荷载对底板内力的影响，与地基条件和施工程序有关，在实际工程中，一般可按下述原则考虑：

1）对于在计算闸段修建之前、两侧相邻闸孔已经完建的情况，如果由于边荷载的作用减小了底板内力，则边荷载的影响不予考虑；如果由于边荷载的作用增加了底

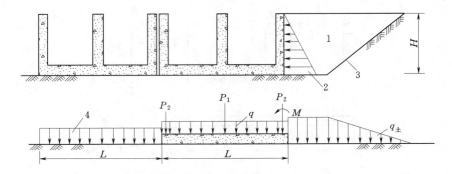

图 6 - 34　边荷载示意图
1—回填土；2—侧向土压力；3—开挖线；4—相邻闸孔的闸基压应力

板内力，此时，对砂性土地基可考虑 50％的影响，对黏性土地基则应按 100％考虑。

2）对于计算闸段先建、相邻闸孔后建的情况，由于边荷载使底板内力增加时，必须考虑 100％的影响；如果由于边荷载作用使底板内力减小，在砂性土地基中只考虑 50％，在黏性土地基中则不计其影响。

必须指出，要准确考虑边荷载的影响是十分困难的，上述设计原则是从偏于安全考虑的。在有些地区或某些工程设计中，对边荷载的考虑，可另做不同的规定。

（6）计算地基反力及梁的内力。根据 $2T/L$ 判别所需采用的计算方法，然后利用已编制好的数表计算地基反力和梁的内力，进而验算强度并进行配筋。

反力直线分布法进一步假定垂直水流流向的地基反力为均匀分布，其计算步骤是：

1）用偏心受压公式计算闸底纵向地基反力。

2）确定单宽板条及墩条上的不平衡剪力。

3）将不平衡剪力在闸墩和底板上进行分配。

4）计算作用在底板梁上的荷载，将由式（6 - 29）计算确定的中墩集中力 P_1 和缝墩集中力 P_2 化为局部均布荷载，其强度分别为 $p_1 = P_1/d_1$、$p_2 = P_2/d_2$，同时将底板承担的不平衡剪力化为均布荷载，则作用在底板底面的均布荷载 q 为

$$q = q_3 + q_4 - q_1 - q'_2 - \frac{\Delta Q_{板}}{L} \tag{6-31}$$

5）按静定结构计算底板内力。

2. 倒置梁法

倒置梁法也是假定地基反力沿闸室纵向（顺水流流向）呈直线分布，横向（垂直水流流向）为均匀分布，把闸墩当做底板的支座，在地基反力和扬压力、底板自重及作用在闸室底板上的水重等荷载作用下按连续梁计算底板内力。

倒置梁法的缺点是：①没有考虑底板与地基间的变形相容条件；②假设底板在横向的地基反力为均匀分布，与实际情况不符；③闸墩处的支座反力与作用在该处实际的铅直荷载也不相等。但倒置梁法计算简便，多用于小型水闸。

6.7.2　闸墩

闸墩主要承受结构自重（包括上部结构与设备重）和水压力等荷载，在地震区，

还需计入地震作用。

闸墩作为固接于底板的悬臂结构，可用材料力学方法进行分析，如图 6-35 所示。

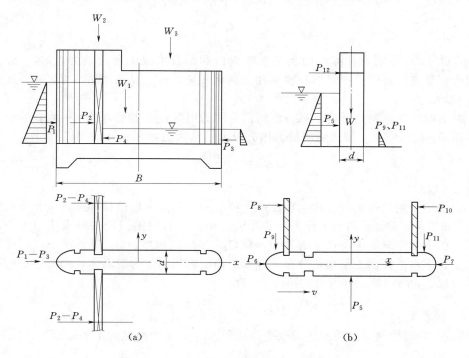

图 6-35　闸墩结构计算简图

$P_1 \sim P_4$—运行期上、下游顺水流流向水压力；$P_5 \sim P_{11}$—检修期作用于闸墩不同部位的水压力；

P_{12}—交通桥上车辆刹车制动力；W_1—闸墩自重；W_2—工作桥重；W_3—交通桥重

6.7.2.1　平面闸门闸墩

对于平面闸门闸墩，需要验算水平截面（主要是墩底）上的应力和门槽应力。

在运行期，当闸门关闭时，不分缝的中墩主要承受上、下游水压力和自重等荷载；对分缝的中墩和边墩，除上述荷载外，还将承受侧向水压力或土压力等荷载；不分缝的中墩，在一孔关闭、相邻闸孔闸门开启时，其受力情况与分缝的中墩相同。

在检修期，一孔检修、相邻闸孔运行（闸门关闭或开启）时，闸墩也将承受侧向水压力，与分缝的中墩一样，需要验算在双向水平荷载作用下的应力。

1. 闸墩水平截面上的正应力和剪应力

闸墩水平截面上的正应力可按材料力学的偏心受压公式计算，即

$$\sigma = \frac{\sum W}{A} \pm \frac{\sum M_x}{I_x} x \pm \frac{\sum M_y}{I_y} y \qquad (6-32)$$

式中：$\sum W$ 为计算截面以上竖向力的总和，kN；A 为计算截面的面积，m²；$\sum M_x$、$\sum M_y$ 分别为计算截面以上各力对截面形心轴 y 和 x 的力矩总和，kN·m；I_x、I_y 分别为计算截面对其形心轴 y 和 x 的惯性矩，m⁴；x、y 分别为计算点至形心轴沿 x 和 y 向的距离，m。

计算截面上顺水流流向和垂直水流流向的剪应力分别为

$$\tau_x = \frac{Q_x S_x}{I_x d}$$

$$\tau_y = \frac{Q_y S_y}{I_y B} \tag{6-33}$$

式中：Q_x、Q_y 分别为计算截面上顺水流流向和垂直水流流向的剪力，kN；S_x、S_y 分别为计算点以外的面积对形心轴 y 和 x 的面积矩，m^3；d 为闸墩厚度，m；B 为闸墩长度，m。

对缝墩或一侧闸门开启、另一侧闸门关闭的中墩，各水平力对水平截面形心还将产生扭矩 M_T，位于 y 轴边缘的最大扭剪应力 $\tau_{T\max}$ 可近似用式（6-34）计算。

$$\tau_{T\max} = \frac{M_T}{0.3 B d^2} \tag{6-34}$$

2. 门槽

门槽承受闸门传来的水压力后将产生拉应力，故需对门槽颈部进行应力分析。如图 6-36 所示，取 1m 高闸墩作为计算单元。由左、右侧闸门传来的水压力为 P，在单元上、下水平截面上将产生剪力 $Q_{上}$ 和 $Q_{下}$，剪力差 $Q_{下} - Q_{上}$ 应等于 P。假设剪应力在上、下水平截面上呈均匀分布，并取门槽前的闸墩作为脱离体，由力的平衡条件可求得此 1m 高门槽颈部所受的拉力 P_1 为

$$P_1 = (Q_{下} - Q_{上}) \frac{A_1}{A} = P \frac{A_1}{A} \tag{6-35}$$

式中：A_1 为门槽颈部以前闸墩的水平截面积，m^2；A 为闸墩的水平截面积，m^2。

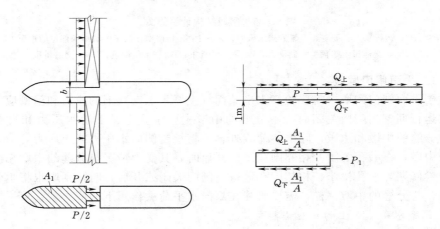

图 6-36　门槽应力计算简图

从式（6-35）可以看出，门槽颈部所受拉力 P_1 与门槽的位置有关，门槽愈靠下游，P_1 愈大。

1m 高闸墩在门槽颈部所产生的拉应力 σ 为

$$\sigma = \frac{P_1}{b} \tag{6-36}$$

式中：b 为门槽颈部厚度，m。

当拉应力小于混凝土的容许拉应力时，可按构造配筋；否则，应按实际受力情况配筋。由于水压力是沿高度变化的，故应分段计算钢筋用量。

由于门槽承受的荷载是由滚轮或滑块传来的集中力，因而还应验算混凝土的局部承压强度或配以一定数量的构造钢筋。

对于实体闸墩，除闸墩底部及门槽外，一般不会超过闸墩材料的容许应力，只需配置构造钢筋。

6.7.2.2 弧形闸门闸墩

对弧形闸门的闸墩，除计算底部应力外，还应验算牛腿及其附近的应力。

弧形闸门的支承铰有两种布置型式：一种是在闸墩上直接布置铰座；另一种是将铰座布置在伸出于闸墩体外的牛腿上。后者结构简单，制造、安装方便，应用较多。

牛腿轴线呈斜向布置，与闸门关闭时的门轴作用力方向接近，一般为 $1:2.5\sim$ $1:3.5$，宽度 b 不小于 $50\sim70\text{cm}$，高度 h 不小于 $80\sim100\text{cm}$，端部做成 $1:1$ 的斜坡，如图 6-37 所示。牛腿承受力矩、剪力和扭矩作用，可按短悬臂梁计算内力并据以配置钢筋和验算牛腿与闸墩的接触面积。

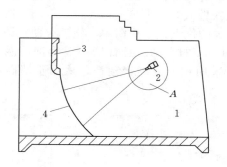 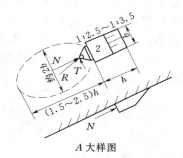

图 6-37　弧形门牛腿布置及其附近的应力集中区
1—闸墩；2—牛腿；3—胸墙；4—弧形门

作用在弧形闸门上的水压力通过牛腿传递给闸墩，远离牛腿部位的闸墩应力仍可用前述方法进行计算，但牛腿附近的应力集中现象则需采用弹性理论进行分析。有人把闸墩当作底部固定的矩形板，用有限元法分别计算各种单位荷载作用下闸墩各点的应力，并编制了计算用表。三向偏光弹性试验结果表明：仅在牛腿前约 2 倍牛腿宽，$1.5\sim2.5$ 倍牛腿高范围内（图 6-37 中虚线所示）的主拉应力大于混凝土的容许应力，需要配置受力钢筋，其余部位的拉应力较小，可按构造配筋。上述成果只能作为中、小型弧形门闸墩牛腿附近的配筋依据，对于大型闸墩的配筋需要进行深入研究。

6.8　水闸与两岸的连接建筑

6.8.1　连接建筑的作用

水闸与两岸或土石坝等建筑物相接，必须设置连接建筑，包括上、下游翼墙和边墩（或边墩和岸墙），有时还设有防渗刺墙，其作用是：

（1）挡住两侧填土，维持土石坝及两岸的稳定。

（2）当水闸泄水或引水时，上游翼墙主要用于引导水流平顺进闸，下游翼墙使出闸水流均匀扩散，减少冲刷。

（3）保护两岸或土石坝边坡不受过闸水流的冲刷。

（4）控制通过闸身两侧的渗流，防止与其相连的岸坡或土石坝产生渗流变形。

（5）在软弱地基上设有独立岸墙时，可以减小地基沉降对闸身应力的影响。

在水闸工程中，两岸连接建筑在整个工程中所占比重较大，有的可达工程总造价的 15%～40%，闸孔愈少，所占比重愈大。因此，在水闸设计中，对连接建筑的型式选择和布置，应予以足够的重视。

6.8.2 连接建筑的型式和布置

1. 边墩和岸墙

建在较为坚实地基上、高度不大的水闸，可用边墩直接与两岸或土石坝连接。此时，边墩即是挡土墙，承受迎水面的水压力、背水面的土压力和渗流压力，以及自重、扬压力等荷载。边墩与闸底板的连接，可以是整体式，也可以是分离式，视地基条件而定。边墩可做成重力式、悬臂式或扶壁式，如图 6-38（a）～（d）所示。重力式墙可用浆砌石或混凝土建造。这种型式的优点是结构简单，施工方便；缺点是耗用材料较多。重力式墙适用于墙高不超过 6m 的水闸。悬臂墙一般为钢筋混凝土结构，适用高度为 6～10m。扶壁式墙通常采用钢筋混凝土建造，适用于墙高不超过 10m 的水闸。

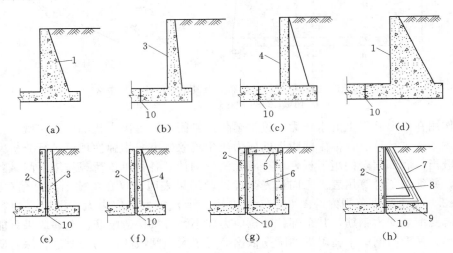

图 6-38 水闸闸室与河岸或土石坝的连接型式
1—重力式边墩；2—边墩；3—悬臂式边墩或岸墙；4—扶壁式边墩或岸墙；5—顶板；
6—空箱式岸墙；7—连拱板；8—连拱式空箱支墩；9—连拱底板；10—沉降缝

在闸身较高且地基软弱的条件下，如仍用边墩直接挡土，则由于边墩与闸身地基所受的荷载相差悬殊，可能产生较大的不均匀沉降，影响闸门启闭，在底板内引起较大的应力，甚至产生裂缝。此时，可在边墩背面设置岸墙。边墩与岸墙之间用缝分开，边墩只起支承闸门及上部结构的作用，而土压力则全部由岸墙承担。岸墙可做成悬臂式、扶壁式、空箱式或连拱式，如图 6-38 (e) ～ (h) 所示。这种连接型式可使作用在地基上的荷载从闸室向两岸过渡，从而减小边墩和底板的应力及不均匀沉降。

如地基承载力过低，还可采用保持河岸的原有坡度或将土石坝修整成稳定边坡，用钢筋混凝土挡水墙连接边墩与河岸或土石坝，边墩不挡土。

2. 翼墙

上游翼墙除挡土外，最主要的作用是将上游来水平顺地导入闸室，其次是配合铺盖起防渗作用，因此，其平面布置要与上游进水条件和防渗设施相协调。顺水流流向的长度应满足水流条件的要求，上游端插入岸坡，墙顶要超出最高水位至少 $0.5～1.0m$。当泄洪过闸落差很小、流速不大时，为减小翼墙工程量，墙顶也可淹没在水下。如铺盖前端设有板桩，还应将板桩顺翼墙底延伸到翼墙的上游端。

下游翼墙除挡土外，其主要作用是导引出闸水流沿翼墙均匀扩散，避免在墙前出现回流漩涡等不利流态。翼墙的平均扩散角每侧宜采用 $7°～12°$，其顺水流流向的投影长度应大于或等于消力池长度，下游端插入岸坡。墙顶一般要高出下游最高泄洪水位。当泄洪落差小，且闸室总宽度与下游水面宽度相差不大时，也可低于泄洪水位。为降低作用于边墩和岸墙上的渗流压力，可在墙上设排水孔，或在墙后底部设排水暗沟，将渗水导向下游。

根据地基条件，翼墙可做成重力式、悬臂式、扶臂式或空箱式。在松软地基上，为减小边荷载对闸室底板的影响，在靠近边墩的一段，宜用空箱式。

常用的翼墙布置有以下几种型式：

（1）曲线式。翼墙从边墩开始，向上、下游用圆弧或 1/4 椭圆弧的铅直面与岸边连接，或从边墩开始，向上、下游延伸一定距离后，转弯 90°，插入岸坡，墙面铅直（通称反翼墙），如图 6-39 (a)、(b) 所示。这种布置的优点是：水流条件和防渗效果好，但工程量大。适用于上、下游水位差及单宽流量较大的大、中型水闸。

（2）扭曲面式。翼墙的迎水面，从边墩端部的铅直面向上、下游延伸渐变为与其相连的河岸（或渠道）坡度为止，成为扭曲面，如图 6-39 (c) 所示。其优点是：进、出闸水流平顺，工程量较省，但施工复杂。这种布置在渠系工程中应用最广。

（3）斜降式。翼墙在平面上呈八字形，高度随其向上、下游延伸而逐渐降低，至末端与河底齐平，如图 6-39 (d) 所示。这种布置的优点是：工程量省，施工简便，但水流在闸孔附近容易产生立轴漩滚、冲刷岸坡，而且岸墙后渗径较短，有时需要另设刺墙，只能用于小型水闸。

对边墩不挡土的水闸，也可不设翼墙，采用引桥与两岸连接，在岸坡与引桥桥墩间设固定的挡水墙，如图 6-39 (e) 所示。在靠近闸室附近的上、下游采用钢筋混凝土、混凝土或浆砌块石护坡，再向上、下接块石护坡。这种布置的优点是：省去了岸墙和翼墙，减小了边荷载对闸孔的影响，适用于中、小型水闸。

3. 刺墙

当侧向防渗长度难以满足要求时，可在边墩后设置插入岸坡的防渗刺墙。有时为防止在填土与边墩、翼墙接触面间产生集中渗流，也可做一些短的刺墙。

刺墙应嵌入岸坡一定深度，伸入的长度可通过绕流计算确定。墙顶应高出由绕流

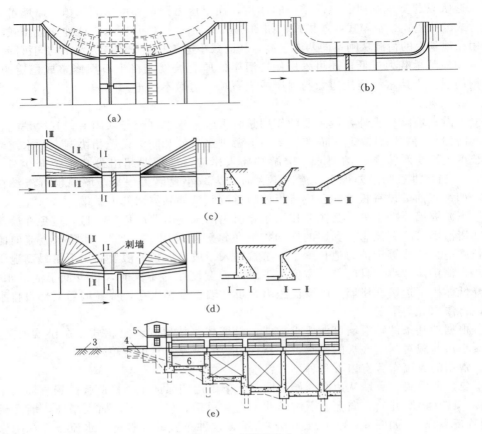

图 6 - 39　翼墙型式

1—空箱岸墙；2—空箱翼墙；3—回填土面；4—浆砌石墙；
5—启闭机操纵室；6—钢筋混凝土挡水墙

计算求得的浸润面。刺墙一般用混凝土或浆砌石筑成，其厚度应满足强度要求。刺墙对防渗虽有一定的作用，但造价较高，是否采用，应与其他方案进行比较后确定。

6.8.3　侧向绕渗及防渗、排水设施

1. 侧向绕渗计算

水闸与两岸或土石坝连接部分的渗流称为绕渗，如图 6 - 40 所示。绕渗不利于翼墙、边墩或岸墙的结构强度和稳定，有可能使填土发生危害性的渗流变形，增加渗漏损失。

绕渗是一个三维的无压渗流问题，可以用电比拟实验求得解答。当岸坡土质均一，透水层下有水平不透水层时，可将三维问题简化为二维问题，用解析法求得解答。此时，渗流运动的基本方程为

$$\frac{\partial^2 h^2}{\partial x^2} + \frac{\partial^2 h^2}{\partial y^2} = 0 \qquad (6-37)$$

可见，上述具有不透水层无压渗流的运动规律和闸基有压渗流一样，也可用拉普拉斯方程来表达，所不同的只是以水深平方函数 h^2 代替水深函数 h 而已，因而可以

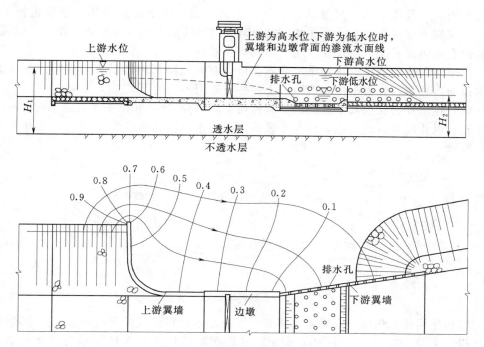

图 6-40　绕过连接建筑的渗流

利用解决底板下有压渗流的方法来解决绕渗问题。

　　边墩及上游顺水流流向的翼墙相当于闸室的底板和铺盖，反翼墙及刺墙相当于板桩和齿墙，连接建筑的背面轮廓即为第一根流线，上、下游水边线为第一条和最后一条等势线。首先，按闸基有压渗流分析方法（流网法、阻力系数法等）求出渗流轮廓上任意点的化引水头 h_r 和化引流量 q_r（当 $k=1$ 和 $H=1$ 时所确定的数值，此处，k、H 分别为渗流系数和上下游水位差）；然后，根据绕流渗流势函数的特点，用式（6-38）、式（6-39）计算出相应任意点在不透水层基面以上的水深 h 和渗流量。

$$h = \sqrt{(h_1^2 - h_2^2)h_r + h_2^2} \tag{6-38}$$

$$q = kq_r \left(\frac{h_1^2}{2} - \frac{h_2^2}{2} \right) \tag{6-39}$$

式中：h_1、h_2 分别为不透水层以上的上、下游水深，m。

　　最后，即可依照求得的边墩及翼墙背水面的渗流水面线，估算作用在墩及墙上的渗流压力和渗流坡降。

　　对于受到地下水影响的绕渗计算，可参阅有关文献。

　　上游翼墙及反翼墙正如闸底板上游的铺盖与板桩一样，在减小渗流坡降和渗流压力方面起着主要作用，而下游反翼墙和下游板桩一样会造成壅水，使边墩上的渗压加大，但可减小下游出口处的逸出坡降。为了避免填土与边墩、翼墙接触面间产生集中渗流，可将边墩与翼墙的背水面做成斜面，以便填土借自重紧压在墙背上。

　　2. 防渗及排水设施

　　两岸防渗布置必须与闸底地下轮廓线的布置相协调，如图 6-3 所示。要求上游翼墙与铺盖以及翼墙插入岸坡部分的防渗布置，在空间上连成一体。若铺盖长于翼墙，在岸坡上也应设铺盖，或在伸出翼墙范围的铺盖侧面加设垂直防渗设施，以保证铺盖的有效防渗长度，防止在空间上形成防渗漏洞。

在下游翼墙的墙身上设置排水设施，可以有效地降低边墩及翼墙后的渗流压力。排水设施多种多样，可根据墙后回填土的性质选用不同的型式。

（1）排水孔。在稍高于地面的下游翼墙上，每隔 2～4m 留一个直径 5～10cm 的排水孔，以排除墙后的渗水。这种布置适用于透水性较强的砂性回填土，如图 6-41 (a) 所示。

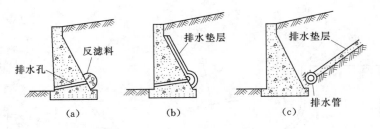

图 6-41　下游翼墙后的排水设施

（2）连续排水垫层。在墙背上覆盖一层用透水材料做成的排水垫层，使渗水经排水孔排向下游，如图 6-41 (b) 所示。这种布置适用于透水性很差的黏性回填土。连续排水垫层也可沿开挖边坡铺设，如图 6-41 (c) 所示。

6.8.4　连接建筑的破坏型式和稳定计算内容

边墩、岸墙和翼墙等连接建筑的稳定破坏型式有以下几种：

（1）滑动破坏。在墙后填土压力的作用下，沿墙底向前滑动，如图 6-42 (a) 所示。

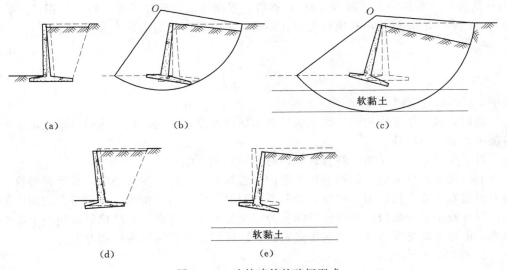

图 6-42　连接建筑的破坏型式

（2）浅层地基的剪切破坏。当地基压力超过其容许承载力时，使浅层地基中某一曲面上的剪应力过大而破坏，如图 6-42（b）所示。

（3）深层地基的剪切破坏。当地基内埋藏有较厚的软弱黏土层时，可能使墙身连同墙后填土沿某一曲面滑动，如图 6-42（c）所示。

（4）下沉破坏。由于地基压力分布不均引起墙身过度前倾或后倾，如图 6-42（d）、（e）所示。

针对上述可能出现的破坏型式，稳定计算一般包括：①抗倾覆稳定；②抗滑稳定；③地基深层滑动；④地基承载力验算等。

6.9 其他闸型和软基上的混凝土溢流坝

6.9.1 灌注桩水闸

灌注桩水闸是用钻机造孔，泥浆固壁，水下灌注混凝土建成的一种桩基型式的水闸（图 6-43）。其特点是：①底板以上的主要荷载借灌注桩传至地基深层，闸基不受表层地基承载能力的限制，可大大减小闸身的沉降量；②由于灌注桩嵌固于土体内，具有一定的水平承载力，抗滑稳定性和抗震性能好；③可采用较大跨度的闸孔，以利于泄放大块冰凌、漂浮物和改善消能条件；④设备简单，减轻了地基处理的工作量。一般说来，灌注桩水闸可比普通底板水闸的造价降低 1/3 以上，可用于各种地基。

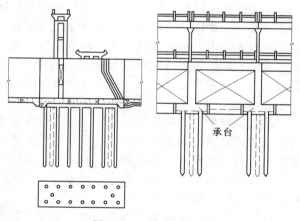

图 6-43 灌注桩水闸

6.9.1.1 闸身结构布置

闸底板采用分离式结构，由灌注桩承台及中间底板两部分组成。承台厚度一般采用 1.0～1.5m 左右，长度、宽度随上部结构布置和灌注桩根数而定。桩与承台边的最小净距一般为 0.3～1.0m。中间底板的主要作用是保护基土不受水流冲刷和构成地下防渗轮廓的一部分，其厚度主要取决于渗流压力。底板与承台间应分缝并设止水。闸孔净跨一般为 10～12m。当跨度较大时，可将底板分成数块。闸身上部结构只需满足强度要求。闸墩断面尺寸可以尽量减小，有时还可做成框架式结构，如图 6-21 所示。

两岸连接部分，应尽可能减少边墩背水面的填土高度，因为过高的填土，将引起边墩两侧的沉降差，对灌注桩可能产生"负摩擦"，降低桩的承载能力；地基沉降可能使承台底面与基土脱空，形成集中渗流通道，引起渗流破坏；将增大边孔灌注桩的水平荷载，使桩内应力加大或增加桩的工程量。为此，可考虑采用刺墙或斜坡式无翼墙连接。

6.9.1.2　桩的设计

1. 桩的水平承载力和根数的确定

合理确定灌注桩的水平承载力是一个比较复杂的问题。SL 265—2001《水闸设计规范》规定，单桩承担的水平荷载，可假设全部水平荷载由各桩平均承担。单桩的容许水平承载力可根据桩的直径、单桩和群桩关系、地基条件等因素，以控制容许的水平位移值为主要指标，通过计算并参照已建类似工程资料确定。根据一些工程实测资料统计，单桩容许水平承载力建议按以下数值选用：若直径为 0.7m，则选用 120～150kN；若直径为 0.8m，则选用 150～200kN；若直径为 1.0m，则选用 200～250kN；若直径为 1.1m，则选用 250～300kN。灌注桩顶容许的水平位移值可采用 0.5cm。

桩的根数可按式（6-40）确定。

$$n = \frac{\sum H}{T} \tag{6-40}$$

式中：$\sum H$ 为作用于桩基上的总水平荷载，kN；T 为每根桩承担的水平荷载，kN。

2. 桩的布置

常用的灌注桩直径为 0.6～1.2m。桩的布置取决于各种荷载组合下的地基反力图形。当采用 1 排桩时，可沿水流流向等距离布置，中心距不小于桩径的 2.5 倍；如闸孔宽度较大，可设置 2 排或 3 排，每排桩数不宜少于 4 根，在平面上呈梅花形、矩形或正方形。群桩的重心应尽量与地基反力的合力作用点相重合或偏向底板中心的下游，以使各桩受力接近相等，充分发挥每根桩的作用。

3. 桩长的确定

桩位确定后，即可根据偏心受压公式计算单桩承受的铅直荷载，而单桩的容许铅直承载力可根据桩尖支承面的容许承载力及桩周的容许摩擦力确定。灌注桩长度除需根据铅直荷载确定外，尚需满足嵌固条件，即桩长要大于 12 倍桩径。

对大型水闸，单桩容许铅直承载力，应有现场试验验证。

6.9.1.3　闸身稳定分析

灌注桩水闸主要依靠灌注桩的水平承载力和承台与土体间的摩阻力维持稳定。如上游铺盖作为阻滑板，还应包括阻滑板的摩阻力。设根据现场试验资料选用的单根灌注桩的水平承载力为 $[T]$（包含了承台与土体间的摩阻力），则水平抗滑稳定安全系数为

$$K_c = \frac{n[T] + S}{\sum H} \tag{6-41}$$

式中：S 为阻滑板的抗滑阻力。

6.9.2　装配式水闸

装配式水闸除底板采用现浇外，其他可分成若干不同型式的预制构件进行装配。其优点是：①施工进度快，可缩短工期；②节省大量木材和劳动力，一般可节约木材 60%～80%、节省劳力 20%；③便于施工管理，提高工程质量，构件可在施工条件较好的工厂中预制，不受季节、气候影响，可常年施工，且构件在预制过程中，质量易于控制，造型准确、美观。

　　装配式水闸和现场浇筑的水闸，在设计方法上无甚差别，只是对构件的运输、吊装、接缝、整体性及防渗等方面需要进行专门设计。设计要求：①构件力求定型化、规格化、简单化，事先绘制构件安装大样图，保证施工快速且准确；②根据运输及吊装设备能力，确定单元构件的尺寸和重量；③构件在安装时要满足结合紧密、牢固、简单、美观的要求；④充分利用材料强度，尽可能减轻自重；⑤混凝土标号，一般构件可采用 C15，门槽及桥梁等构件采用 C20～C25。

6.9.3　浮运水闸

　　浮运水闸是装配式水闸在施工方法上的又一发展，适用于修建沿海地区的挡潮闸。浮运水闸的施工程序是：

　　（1）在适宜的场地预制并装配成整体闸室单元，用封口板将上、下游封闭，形成空箱。与此同时，清理闸基表层松软的砂层，基面用砾石保护、夯实、整平，以防潮流冲刷，并做好反滤设施，防止挡潮闸在运行中发生渗流破坏。

　　（2）在涨潮期将空箱自动浮起，用拖船拖运至建闸地点，定位，向箱内填砂，沉放就位，填塞闸室单元间的横缝。

　　（3）完建护坦、护坡和工作桥、交通桥等上部结构。

　　浮运水闸的优点是：①可节约土方开挖和劳力；②不要求断流施工；③现场施工时间短，不受季节限制，可以常年施工；④对地基承载力的要求较低。设计浮运水闸需要考虑预制、浮运、沉放和竣工运用 4 个阶段的工作情况。各部件的结构尺寸和配筋，应按各阶段最不利的受力情况确定。单元长度一般为 15～25m。浮运水闸主要靠闸底板长度来满足防渗要求，而防渗设计的主要目的则是防止砂砾石地基的渗流破坏，故闸室与护坦的分缝可不设止水。护坦可采用预制混凝土箱格构件，内填卵石或块石，海漫采用抛石结构。

　　采用浮运水闸需要注意解决好以下几个方面的问题：①由于清基需在水下进行，基面平整度难以控制；②底板与护坦间没有连接，整体抗滑稳定和防渗性能较差；③水上作业多，需要有一定容量的拖船和其他水下施工设备。

6.9.4　橡胶坝

　　橡胶坝是以高强度合成纤维做胎（布）层，用合成橡胶粘合成袋，锚固在钢筋混凝土底板上，用水或气充胀坝袋挡水，排空坝袋内水或气，可恢复原有河渠的过水断面行洪，如图 6 - 44 所示。橡胶坝是 20 世纪 50 年代末随着高分子合成材料的发展而出现的一种新型水工建筑物，并于 1957 年建成了世界上第一座橡胶坝。实践表明：橡胶坝具有结构简单、抗震性能好、可用于大跨度、施工期短、操作灵活、工程造价低，比常规闸节省钢材 30%，水泥 50%，木材 60% 等优点。因此，很快在许多国家得到了应用和发展，特别是日本，从 1965 年至今已建成 3000 多座，我国从 1966 年至今也建成了 2000 余座。已建成的橡胶坝高度一般为 0.5～3.0m，少数为 4～7m。在我国，最高的已达 5.0m，据推测，其挡水高度可达 10m。橡胶坝的缺点是：橡胶材料易老化、要经常维修、易磨损、不宜在多泥沙河道上修建。

　　橡胶坝由三部分组成：①土建部分，包括底板、两岸连接建筑（岸墙）及护坡、上游防渗铺盖或截水墙、下游消力池、海漫等；②坝袋；③控制及观测系统，包括充

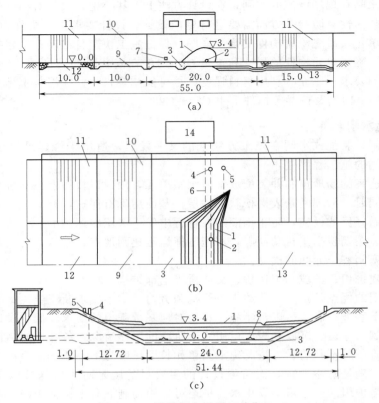

图 6-44　橡胶坝布置图（单位：m）

（a）横剖面图；（b）平面图；（c）纵剖面图

1—坝袋；2—进、出水口；3—钢筋混凝土底板；4—溢流管；5—排气管；

6—泵吸排水管；7—泵吸排水口；8—水帽；9—钢筋混凝土防渗板；

10—钢筋混凝土板护坡；11—浆砌石护坡；12—浆砌石护底；

13—铅丝石笼护底；14—泵房

胀坝袋的充排设备、安全及观测装置。

　　橡胶坝有单袋、多袋、单锚固和双锚固等形式。坝袋可用水或气充胀，前者用于经常溢流的坝袋，为防止充水冰冻也可以充气。

　　坝袋设计主要包括：根据给定的挡水高度和挡水长度，拟定坝袋充水（气）所需的内水（气）压力，进而计算坝袋周长、充胀容积和袋壁拉力，并据此选定橡胶帆布的型号。计算方法可采用壳体理论或有限元法。

6.9.5　水力自控翻板闸

　　这是我国创造的一种利用水力启闭闸门的水闸。闸门为平板门，可以是钢结构，也可以是钢筋混凝土结构，以单铰或多铰与固定的支墩相连接。门顶与上游水位齐平，当上游水位超过门顶 5～10cm，闸门即自动开启，开启度随上游水位升高而增大，直到全开。当上游水位降至全开水位以下，闸门又可自行关闭。

　　翻板门适用于高度为 2～4m 的小型水闸，其工作特点是：①由于门的高度较低，可以采用较大的跨度，从而简化闸室结构，降低造价；②运行中，闸门淹没在水下，不利于排放漂浮物；③不设检修门，检修不便；④难以控制水位和流量，且在某一开度下，闸门随水流而振动。

6.9.6 软基上的溢流坝

软基上的溢流坝在前苏联修建得较多，20 世纪 50～60 年代建造了古比雪夫、高尔基、卡尔霍夫、乌格里奇、雷宾斯克等十多座规模宏大的枢纽工程，单宽流量达 $70～80m^3/(s \cdot m)$ 以上。我国从 20 世纪 50 年代以来也建造了若干座软基上的溢流重力坝，其中，规模最大的是 1960 年建成的北京珠窝水库（下马岭水电站）溢流坝，最大坝高 32.2m，设计单宽流量 $22.6m^3/(s \cdot m)$，如图 6-45 所示。另外，山西、四川等地也分别在砂卵石地基上建成了几座混凝土和浆砌石溢流重力坝，坝高 7～12m，设计单宽流量 $4～30m^3/(s \cdot m)$。

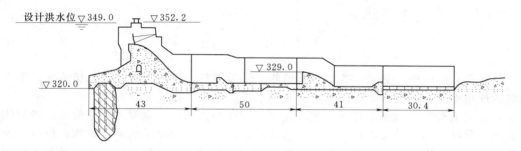

图 6-45 珠窝水库溢流坝（单位：m）

软基上的溢流重力坝与水闸相似，其主要特点是：①坝身较高，水头较大，为满足稳定和沉降要求，常采用向上游延伸的展宽型剖面，利用水重增加坝的稳定性，这样既可节省工程量，又改善了库空时地基的应力分布；②坝身、底板和闸墩成为一个空间整体结构，坝身应力分析方法比较复杂。

软基上的溢流坝采用水跃消能，效果较好，但防护长度较长。据统计，我国软基上溢流坝的消力池加刚性海漫的长度约为跃后水深的 8.4～14.8 倍。

第7章

岸边溢洪道

7.1 概　述

在水利枢纽中，必须设置泄水建筑物。溢洪道是一种最常见的泄水建筑物，用于宣泄规划库容所不能容纳的洪水，防止洪水漫溢坝顶，保证大坝安全。

溢洪道可以与坝体结合在一起，也可以设在坝体以外。混凝土坝一般适于经坝体溢洪或泄洪，如各种溢流坝。此时，坝体既是挡水建筑物又是泄水建筑物，枢纽布置紧凑、管理集中，这种布置一般是经济合理的。但对于土石坝、堆石坝以及某些轻型坝，一般不容许从坝身溢流或大量泄流；或当河谷狭窄而泄洪量大，难于经混凝土坝泄放全部洪水时，需要在坝体以外的岸边或天然垭口处建造溢洪道（通常称为岸边溢洪道）或开挖泄水隧洞。

溢洪道除了应具备足够的泄流能力外，还要保证其在工作期间的自身安全和下泄水流与原河道水流获得妥善的衔接。一些坝的失事，往往是由于溢洪道泄流能力不足或设计、运用不当而引起的。所以安全泄洪是水利枢纽设计中的重要问题。

溢洪道的使用率，取决于洪水特性、工程开发性质和水库设计标准。一般只是在汛期持续出现较大的流量，超过其他设施泄流能力的情况下，才启用溢洪道泄水。如库容较大或具有泄量较大的泄水孔或泄水隧洞，溢洪道是不会经常工作的。

随着高坝建设的迅速发展，近年来国内外在高水头、大流量泄洪消能技术方面进展很快，出现了一些明显的新趋向。溢洪道选用的过堰单宽流量日益提高，许多工程大于 200m³/（s·m），有的超过了 300m³/（s·m）。随着对空化、空蚀研究的深入，人们发现高速水流掺气是减免空蚀的有力措施，因此，近年来在溢洪道中利用的掺气减蚀设施不断增多。挑流消能方式发展很快，挑流鼻坎的型式多种多样，其中，将出口末端收缩得很窄的窄缝式挑坎，是一种先收缩、后扩散掺气的泄洪布置。收缩式挑坎的工程实例较多，我国刘家峡水电站的右岸溢洪道就是一例，其泄流量达 4250 m³/s，进口分 3 孔，连同中墩共宽 42m，于 150m 长度内缩窄为 30m，末端用斜鼻坎挑流。1970 年，西班牙建成的高为 202m 的阿尔门得拉拱坝，其左岸两条溢洪道也是采用的窄缝式挑坎，泄流量共 3000 m³/s，进口各由 15m×12.5m 弧形闸门控制，泄槽宽度于 190m 长度内由 15m 收缩到 5m，末端一段又局部缩窄为 2.5m，出口单宽流量达 600m³/（s·m）。底流消能方式历史悠久，多用于中、低水头的各类泄水建筑物，但近年来高水头、大单宽流量的泄水建筑物也有采用这种消能方式的，原因是底流消能对地质条件适应性强、流态稳定、消能效果好、雾化范围小。随着计算机的迅速普及与进步，溢洪道急流控制理论有了较大发展，即利用计算机，选出控制高速水流最优的结构型式和尺寸，具有一定的经济意义和发展前途。

岸边溢洪道按泄洪标准和运用情况，可分为正常溢洪道（包括主、副溢洪道）和非常溢洪道，其定义和功能关系如下：

$$
\text{岸边溢洪道}\begin{cases}\text{正常溢洪道——宣泄设计洪水}\begin{cases}\text{主溢洪道——宣泄常遇洪水}\\\text{副溢洪道——}\substack{\text{按设计泄量与主溢}\\\text{洪道泄量之差设计}}\end{cases}\\\text{非常溢洪道——宣泄超过设计标准的洪水}\end{cases}
$$

正常溢洪道的泄洪能力应能满足宣泄设计洪水的要求。超过此标准的洪水由正常溢洪道和非常溢洪道共同承担。正常溢洪道在布置和运用上有时也可分为主溢洪道和副溢洪道，但采用这种布置是有条件的，应根据地形、地质条件、枢纽布置、坝型、洪水特性及其对下游的影响等因素研究确定，主溢洪道宣泄常遇洪水，常遇洪水标准可在 20 年一遇至设计洪水之间选择。非常溢洪道在稀遇洪水时才启用，因此运行机会很少，可采用较简易的结构，以获得全面、综合的经济效益。

岸边溢洪道按其结构型式可分为正槽溢洪道、侧槽溢洪道、井式溢洪道和虹吸式溢洪道等。在实际工程中，正槽溢洪道被广为采用，也较典型，本章以其作为讲述侧重点，对于其他型式的溢洪道仅作简要介绍。

7.2 正 槽 溢 洪 道

正槽溢洪道通常由引水渠、控制段、泄槽、出口消能段及尾水渠等部分组成，溢流堰轴线与泄槽轴线接近正交，过堰水流流向与泄槽轴线方向一致，如图 7-1 所示。其中，控制段、泄槽及出口消能段是溢洪道的主体。

7.2.1 引水渠

由于地形、地质条件限制，溢流堰往往不能紧靠库岸，需在溢流堰前开挖引水渠，将库水平顺地引向溢流堰，当溢流堰紧靠库岸或坝肩时，此段只是一个喇叭口，如图 7-2 所示。

为了提高溢洪道的泄流能力，引水渠中的水流应平顺、均匀，并在合理开挖的前提下减小渠中水流流速，以减少水头损失。流速应大于悬移质不淤流速，小于渠道的不冲流速，设计流速宜采用 3~5m/s。引水渠愈长，

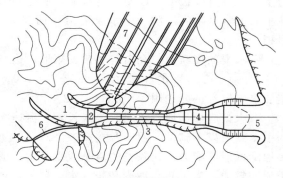

图 7-1 正槽溢洪道平面布置图
1—引水渠；2—溢流堰；3—泄槽；4—出口消能段；
5—尾水渠；6—非常溢洪道；7—土石坝

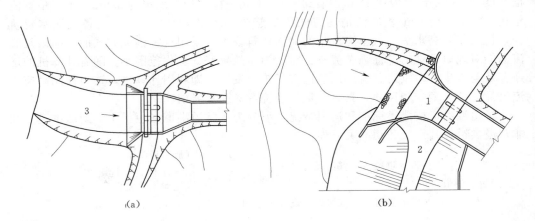

图 7 - 2　溢洪道引水渠的型式
1—喇叭口；2—土石坝；3—引水渠

流速愈大，水头损失就愈大。在山高坡陡的岩体中开挖溢洪道，为了减少土石方开挖，也可考虑采用较大的流速。例如，碧口水电站的岸边溢洪道，经技术经济比较，其引水渠中的水流流速，在设计情况下选用了 5.8m/s。

　　引水渠的渠底视地形条件可做成平底或具有不大的逆坡。渠底高程要比堰顶高程低些，因为在一定的堰顶水头下，行近水深大，流量系数也较大，泄放相同流量所需的堰顶长度要短。因此，在满足水流条件和渠底容许流速的限度内，如何确定引水渠的水深和宽度，需要经过方案比较后确定。

　　引水渠在平面布置上应力求平顺，避免断面突然变化和水流流向的急剧转变。通常把溢流堰两侧的边墩向上游延伸构成导水墙或渐变段，其高度应高于最高水位，这样水流能平稳、均匀地流向溢流堰，防止在引水渠中因发生漩涡或横向水流而影响泄流能力。此外，导水墙也起保护岸坡或上游临近坝坡的作用。引水渠在平面上如需转弯时，其轴线的转弯半径一般约为 4～6 倍渠底宽度，弯道至溢流堰一般应有 2～3 倍堰上水头的直线长度，以便调整水流，使之均匀平顺入堰。当堰紧靠库岸时，导水墙在平面上常呈喇叭口状。引水渠前沿库面要求水域开阔，不得有山头或其他建筑物阻挡。

　　引水渠的横断面，在岩基上接近矩形，边坡根据岩层条件确定，新鲜岩石一般为 1：0.1～1：0.3,风化岩石为 1：0.5～1：1.0；在土基上采用梯形，边坡根据土坡稳定要求确定，一般选用 1：1.5～1：2.5。

　　引水渠应根据地质情况、渠线长短、流速大小等条件确定是否需要砌护。岩基上的引水渠可以不砌护，但应开挖整齐。对长的引水渠，则要考虑糙率的影响，以免过多地降低泄流能力。在较差的岩基或土基上，应进行砌护，尤其在靠近堰前区段，由于流速较大，为了防止冲刷和减少水头损失，可采用混凝土板或浆砌石护面。保护段长度，视流速大小而定，一般与导水墙的长度相近。砌护厚度一般为 0.3m。当有防渗要求时，混凝土砌护还可兼作防渗铺盖。

7.2.2 控制段

溢洪道的控制段包括：溢流堰及其两侧的连接建筑。

控制段的顶部高程，在宣泄校核洪水时不应低于校核洪水位加安全加高值；挡水时应不低于设计洪水位或正常蓄水位加波浪的计算高度和安全加高值；当溢洪道紧靠坝肩时应与大坝坝顶高程协调一致。

溢流堰是水库下泄洪水的口门，是控制溢洪道泄流能力的关键部位，因此必须合理选择溢流堰段的型式和尺寸。

7.2.2.1 溢流堰的型式

溢流堰按其横断面的形状与尺寸可分为：薄壁堰、宽顶堰、实用堰（堰断面形状可为矩形、梯形或曲线形）；按其在平面布置上的轮廓形状可分为：直线形堰、折线形堰、曲线形堰和环形堰；按堰轴线与上游来水方向的相对关系可分为：正交堰、斜堰和侧堰等。

溢流堰通常选用宽顶堰、实用堰，有时也用驼峰堰、折线形堰。溢流堰体形设计的要求是：尽量增大流量系数，在泄流时不产生空穴水流或诱发危险振动的负压等。

1. 宽顶堰

宽顶堰的特点是结构简单，施工方便，但流量系数较低（约为 $0.32 \sim 0.385$）。由于宽顶堰堰矮，荷载小，对承载力较差的土基适应能力强，因此，在泄量不大或附近地形较平缓的中、小型工程中，应用较广，如图 7-3 所示。宽顶堰的堰顶通常需进行砌护。对于中、小型工程，尤其是小型工程，若基岩有足够的抗冲刷能力，也可以不加砌护，但应考虑开挖后岩石表面不平整对流量系数的影响。

2. 实用堰

实用堰的优点是流量系数比宽顶堰大，在相同泄流量条件下，需要的溢流前缘较短，工程量相对较小，但施工较复杂。大、中型水库，特别是岸坡较陡时，多采用此种型式，如图 7-4 所示。

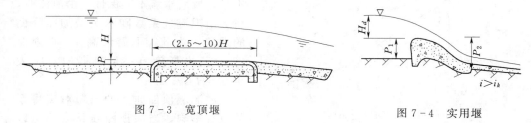

图 7-3 宽顶堰　　　　　图 7-4 实用堰

溢洪道中的实用堰一般都较低矮，其流量系数介乎溢流重力坝与宽顶堰之间。为了提高泄流能力，应当合理选用堰高、定型设计水头、堰面曲线，并保证堰面曲线具有足够的长度。

溢流堰堰面曲线对泄流能力影响很大。堰面曲线有真空和非真空两种型式，通常多采用非真空型堰面曲线。国内外对非真空溢流堰面曲线型式都做过系统的研究，建议的堰面曲线型式很多。我国最常采用的是 WES 型、克—奥型和幂次曲线型。上述实用堰的特征参数可从《水力学》或有关手册中查到。对于重要工程，应进行水工模型试验。

在设计溢流堰堰面曲线时，首先要确定定型设计水头 H_d。选择实用堰定型设计水头时，应结合堰面允许负压值综合确定。SL 253—2000《溢洪道设计规范》对实用堰堰顶附近堰面压力做出了如下规定：闸门全开泄常遇洪水时，堰面不应出现负压；闸门全开泄设计洪水时，堰顶附近负压不得大于 0.03MPa；闸门全开泄校核洪水时，堰顶附近负压不得大于 0.06MPa。堰顶附近负压值可按规范中有关表格查得。对于低堰，因为下游堰面水深较大，堰面一般不会出现过大的负压，不致发生破坏性的空蚀和振动。所以，在设计中常采用较小的水头作为堰面定型设计水头。定型设计水头与堰顶最大水头之比一般为 0.65～0.85。

堰高对流量系数也有较大影响。一般认为：上游堰高 $P_1 > 1.33H_d$ 的属于高堰，$0.3H_d \leqslant P_1 \leqslant 1.33H_d$ 的属于低堰。溢洪道的溢流堰一般都属于低堰。高堰的流量系数几乎不随 P_1/H_d 的变化而趋于最大值；低堰的流量系数则随 P_1/H_d 的减小而减少，这不仅是因引水渠中流速增大，水头损失加大，而且还与 P_1 小、过堰水舌下缘垂直收缩不完全，压能增大，动能减小有关。为了获得较大的流量系数，低堰堰高 P_1 一般应大于 $0.3H_d$。表 7-1 给出了克—奥Ⅰ型剖面堰和 WES 型剖面堰流量系数随相对堰高 P_1/H_d 的变化值，可供设计时参考选用。

表 7-1　　　　　　　　　随相对堰高变化的流量系数 m 值

堰面型式 ＼ P_1/H_d	0.2	0.3	0.4	0.6	0.8	1.0	1.2	1.33	1.50
克—奥Ⅰ型	0.446	0.460	0.469	0.480	0.485	0.485	0.485	0.485	0.485
WES 型	0.480	0.485	0.488	0.492	0.496	0.499	0.501	0.502	0.504

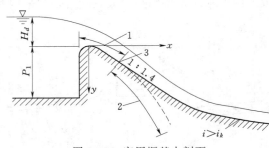

图 7-5　实用堰基本剖面
1—基本堰面；2—辅助堰面；3—切点

低堰的流量系数还与下游堰高 P_2 有关。当堰顶水头较大，下游堰高 P_2 不足，堰后水流不能保证自由泄流时，将会出现流量系数随水头增加而降低的现象。为此，下游堰高 P_2 必须保持一定的高度，一般建议 P_2 应大于 $0.6H_d$。

溢流堰顶部曲线的长短对流量系数也有影响，当堰顶曲线长度不足以保持标准实用堰的外形轮廓时，流量系数将受到影响而降低。根据试验初步分析，对于克—奥Ⅰ型剖面堰，其曲线终点（3 点）坐标值应满足 $x \geqslant 1.15H_d$、$y \geqslant 0.36H_d$。堰面曲线终点的切线坡度应陡于 1：1.4，如图 7-5 所示。当缓于这一坡度（即堰顶曲线长度不够）时，将影响流量系数。因此，应力求避免在堰顶曲线后直接与缓于 1：1.4 坡度的泄槽相连接。对于 WES 型标准堰面，其大致范围是：$x = (-0.282 \sim 0.85)H_d$，$y = (0 \sim 0.37)H_d$。

实用堰常用反弧曲面与泄槽底板相接，反弧半径可采用 $(3 \sim 6)h$（h 为校核洪水位闸门全开时反弧最低点的水深），流速大时宜选用较大值。

3. 驼峰堰

驼峰堰是一种复合圆弧的低堰，是我国从工程实践中总结出来的一种新堰型，如图7-6所示，其流量系数一般为 0.40～0.46。岳城水库溢洪道就是采用的驼峰堰，其模型试验资料表明，流量系数 m 可达 0.46 左右。1971 年进行原型观测，当堰上水头 $H = 5.30\text{m}$ 时，$m = 0.47$；$H = 5.57\text{m}$ 时，$m = 0.458$。说明驼峰堰流量系数较大，但流量系数随堰上水头增加而有所减小。

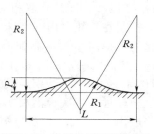

图 7-6　常见的驼峰堰剖面
甲型：$R_1 = 2.5P$、$R_2 = 6P$、
$L = 8P$、$P = 0.24H_d$
乙型：$R_1 = 1.05P$、$R_2 = 4P$、
$L = 6P$、$P = 0.34H_d$

驼峰堰的堰体低，流量系数较大，设计与施工简便，对地基要求低，适用于软弱地基。

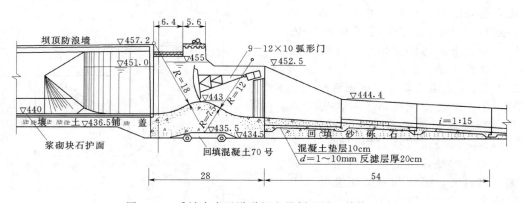

图 7-7　岳城水库溢洪道闸室纵剖面图（单位：m）

图 7-7 是建于土基上的岳城水库溢洪道闸室纵剖面图。

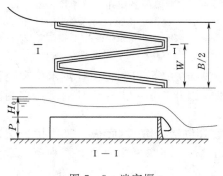

图 7-8　迷宫堰

4. 折线形堰

为获得较长的溢流前沿，在平面上将溢流堰做成折线形，称为折线形堰。堰体由若干个折线组成，形同迷宫，也称为迷宫堰，如图 7-8 所示。

中、小型水库溢洪道，尤其是小型水库溢洪道，常不设闸门，而利用与正常蓄水位齐平的堰顶来控制库水位。此时，若采用迷宫堰[1]不仅结构简单、工作可靠、节省工程量，而且因溢流前沿加长，堰顶可相应抬高，有利于增大兴利库容。迷宫堰设计的主要参数有：水头堰高比 H_0/P、展宽比 L/B（L 为堰轴线总长度，B 为迷宫堰垂直水流流向的总宽度）和单宫宽高比 W/P。

---

[1]　张绍芳等，迷宫堰水力特性的试验研究，水利水电技术，1993（7）：55。

H_0/P 增大，即意味着相对堰高 P/H_0 减小，故流量系数变小，H_0/P 的最大值一般应控制在 0.6 以内，特殊情况不应大于 0.8。展宽比 L/B 增大，泄流量增大，但展宽比的选择与水头堰高比有关。当 H_0/P 值为 0.6 左右时，L/B 的取值范围为 3～5；H_0/P 值大时，L/B 取小值；H_0/P 值小时，L/B 可取大值，有的甚至可取到 15。当 H_0/P 较大时，若 W/P 增大，一方面泄流顺畅，流量系数增大，另一方面溢流水舌挑得较远，堰底板需要加长，工程量增大，故 W/P 的取值范围应由方案比较确定，一般用 1.5～3.0。在结构上，迷宫堰一般都设计成薄的悬臂墙，墙顶厚度约为堰高的 1/8。为了提高泄流能力，堰顶上游面常采用圆弧曲线，或做成半圆形堰顶。

当水库水位变幅较大时，还常采用带胸墙的溢流孔口，如图 7-9 所示。这种布置型式，能利用水文预报，不但可在较低库水位时开始泄流，提高水库汛前限制水位，充分发挥水库效益，而且还可延长泄洪历时，减轻下游防洪负担。但在高水位时，泄流属于孔流，超泄能力不大。

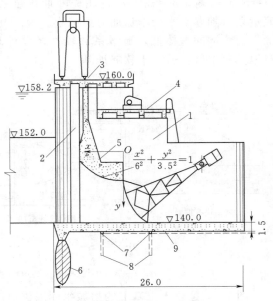

图 7-9　带胸墙的溢流孔口（单位：m）

1—闸墩；2—检修门槽；3—公路桥兼门式启闭机工作桥；
4—工作桥；5—胸墙；6—灌浆帷幕；7—横向排水管；
8—排水孔；9—纵向排水管

7.2.2.2　溢流孔口尺寸的拟定

溢洪道的溢流孔口尺寸，主要是指溢流堰堰顶高程和溢流前沿长度，其设计方法与溢流重力坝相同。这里需要指出的是，由于溢洪道出口一般离坝脚较远，因而其单宽流量可比溢流重力坝所采用的数值更大些。

从宣泄洪水方面来看，溢洪道若选用堰流流态，随水头增加，泄流量增加较快（$Q \propto H^{3/2}$）；若选用孔流流态，随水头增加，泄流量增加缓慢（$Q \propto H^{1/2}$）。孔流与堰流相比，泄放同一流量，将使库水位壅高，从而加大了坝高和淹没损失。所以，在设计洪水位和校核洪水位相差较大的枢纽，不宜选用孔流流态泄洪。因此，这一点在设计溢洪道控制段时应予以注意。

溢洪道的溢流堰顶是否安设闸门，以及闸墩（包括边墩）、底板、工作桥、交通桥、防渗、排水等设计，与溢流重力坝或水闸相类似，可参阅本书第3章和第6章。

7.2.2.3　控制段的结构设计

控制段的结构设计包括：结构型式选择和布置、荷载计算及其组合、稳定计算、应力分析、细部设计等。

SL 253—2000《溢洪道设计规范》指出：堰（闸）的稳定分析可采用刚体极限平衡法；闸室基底应力及实用堰堰体应力分析可采用材料力学法，重要工程或受力条件复杂时可采用有限元法；闸墩的应力分析可采用材料力学法，大型闸墩宜采用有限元法；宽顶堰及驼峰堰底板应力分析可采用材料力学法、有限元法或弹性地基梁法。

（1）堰（闸）沿基底面的抗滑稳定安全系数按下列抗剪断强度公式计算。

$$K = \frac{f'\sum W + c'A}{\sum P} \qquad (7-1)$$

式中：K 为按抗剪断强度计算的抗滑稳定安全系数；f' 为堰（闸）体混凝土与基岩接触面间的抗剪断摩擦系数；c' 为堰（闸）体混凝土与基岩接触面间的抗剪断凝聚力，kPa；$\sum W$ 为作用于堰（闸）体上的全部荷载对堰（闸）体混凝土与基岩接触面的法向分量，kN；$\sum P$ 为作用于堰（闸）体上的全部荷载对堰（闸）体混凝土与基岩接触面的切向分量，kN；A 为堰（闸）体与基岩接触面的面积，m²。

堰（闸）沿基底面的抗滑稳定安全系数不得小于表 7-2 中的规定值。

（2）堰（闸）基底面上的铅直正应力，应满足下列要求：

1）运用期。①在各种荷载组合情况下（地震情况除外），堰（闸）基底面上的最大铅直正应力 σ_{max} 应小于基岩的容许压应力（计算时分别计入扬压力和不计入扬压力），最小铅直正应力 σ_{min} 应大于零（计入扬压力）；②地震情况下可允许出现不大于 0.1MPa 的铅直拉应力；③计算双向受力情况时，基底面上容许出现不大于 0.1MPa 的铅直拉应力，双向受力并计入地震荷载时，基底面可容许出现不大于 0.2MPa 的铅直拉应力。

2）施工期。堰（闸）基底面上的最大铅直正应力 σ_{max} 应小于基岩的容许压应力；下游端的最小铅直正应力 σ_{min} 可容许出现不大于 0.1MPa 的拉应力。

表 7-2　抗滑稳定安全系数 K 值

荷载组合		抗滑稳定安全系数 K
基本组合		3.0
特殊组合	（1）	2.5
	（2）	2.3

注　地震情况为特殊组合（2），其他情况的特殊组合为特殊组合（1）。

7.2.3　泄槽

正槽溢洪道在溢流堰后多用泄水陡槽与出口消能段相连接，以便将过堰洪水安全地泄向下游河道。泄槽一般位于挖方地段，设计时要根据地形、地质、水流条件及经济等因素合理确定其形式和尺寸。由于泄槽内的水流处于急流状态，高速水流带来的一些特殊问题，如冲击波、水流掺气、空蚀和压力脉动等，均应认真考虑，并采取相应的措施。

7.2.3.1　泄槽的平面布置及纵、横剖面

泄槽的平面布置应因地制宜加以确定。泄槽在平面上宜尽可能采用直线、等宽、对称布置，这样可使水流平顺、结构简单、施工方便。但在实际工程中，由于地形、地质等原因，或从减少开挖、处理洪水归河和有利消能等方面考虑，常需设置收缩段、扩散段或弯曲段。图 7-1 所示的泄槽是常见的一种平面布置型式，溢流堰后先接收缩段，再接等宽泄槽，最后接出口扩散段。设置收缩段的目的在于节省泄槽土石方开挖量和衬砌工程量；设置出口扩散段的目的在于减小出口单宽流量，有利于下游消能和减轻水流对下游河道的冲刷。

泄槽纵剖面设计主要是决定纵坡。泄槽纵坡必须保证泄流时，溢流堰下为自由出流和槽中不发生水跃，使水流始终处于急流状态。因此，泄槽纵坡必须大于临界坡

度。为了减小工程量，泄槽沿程可随地形、地质变坡，但变坡次数不宜过多，而且在两种坡度连接处，要用平滑曲线连接，以免在变坡处发生水流脱离边壁引起负压或空蚀。当坡度由缓变陡时，应采用竖向射流抛物线来连接；当坡度由陡变缓时，需用反弧连接，反弧半径 R 可采用变坡起始处 $3\sim6$ 倍的断面水深，流速大时宜取大值。变坡位置应尽量与泄槽在平面上的变化错开，尤其不要在扩散段变坡。刘家峡水电站的右岸溢洪道，其泄槽纵坡由 6 个坡段组成，改变达 5 次之多，1969 年断续过水总时数 324h，最大过流量 $2350\text{m}^3/\text{s}$，最大流速约 30m/s，经检查，破坏比较严重的有 3 处，都发生在泄槽底坡由陡变缓处，底板被掀走，地基被冲刷，最深达 13m。实践证明，泄槽变坡处易遭动水压力破坏，设计时应予重视。常用的纵坡为 $1\%\sim5\%$，有时可达 $10\%\sim15\%$，在坚硬的岩基上可以更陡一些，实践中有用到 1∶1 的。从地质条件讲，为保证泄槽正常运行，应将其建在岩基上，如不得已需要建在较差的地基上，则应进行必要的地基处理和采用可靠的结构措施。

　　泄槽的横剖面，在岩基上接近矩形，以使水流分布均匀，有利于下游消能；在土基上则采用梯形，但边坡不宜太缓，以防止水流外溢和影响流态，一般为 1∶1$\sim$1∶1.5。

7.2.3.2　收缩段、扩散段和弯曲段设计

　　众所周知，在急流中，由于边墙改变方向，水流受到扰动，就会引起冲击波。冲击波的波动范围可能延伸很远，使水流沿横剖面分布不均，从而增加边墙高度，并给泄槽工作及出口消能带来不利的影响。由于前面提到的各种原因，实际工程中的泄槽，往往设有收缩段、扩散段或弯曲段。因此产生冲击波是不可避免的，设计的任务就在于使冲击波的影响减到最小。

　　1. 收缩段

　　合理的收缩段应当使引起的冲击波的高度最小和对收缩段以下泄槽中的水流扰动减至最小。

　　工程中常见的收缩段是在平面上呈对称收缩，如图 7-10 所示。根据冲击波理论：冲击波的最大波高决定于侧墙偏转角 θ，偏转角大，最大波高也增大，而与边墙偏转曲率无关。由图 7-10 可以看出，对长度相同的收缩段，反曲线边墙从开始转向至中部反弯点处的总偏转角 θ_1 要比直线边墙的偏转角 θ_2 大，所以冲击波较高。因此，从产生波高大小的观点看，宜采用直线边墙收缩段，但在转角处可以局部抹圆。

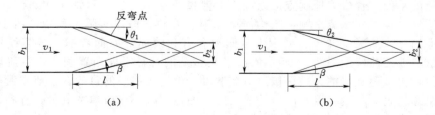

图 7-10　泄槽收缩段对冲击波的影响

(a) 反曲线连接；(b) 直线连接

现在来讨论设计中的另一个目标，即减小收缩段下游泄槽内的水流扰动。在图 7-11（a）所示的直线边墙收缩段中，由于边墙向内偏转 θ 角，急流受边墙阻碍，迫使水流从收缩边墙起点 A 和 A' 开始沿边墙转向，发生水面局部壅高的正扰动，壅高的扰动线在 B 点交汇后传播至 C' 和 C，再发生反射。在收缩段末端 D 和 D'，因边墙向外偏转，水流失去依托而发生水面局部跌落的负扰动，其扰动线也向下游传播，如图 7-11（a）中虚线所示。这些作用叠加的结果，使下游流态更为复杂。如果能使 C、C' 分别与 D、D' 重合，如图 7-11（b）所示，即正扰动的反射和负扰动的反射同时在同一点发生，两者互相抵消，其结果是 CC' 剖面以下的下泄水流被导向与边墙平行，扰动减至最小。

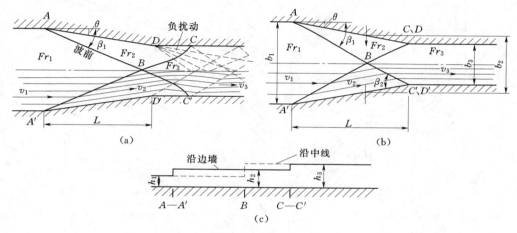

图 7-11　直线收缩段冲击波计算图形

根据动量原理，偏转角 θ 和产生冲击波后的水深 h_2 之间的关系为

$$\frac{h_2}{h_1} = \frac{\tan\beta_1}{\tan(\beta_1 - \theta)} \tag{7-2}$$

$$\tan\theta = \frac{\tan\beta_1\left(\sqrt{1 + 8Fr_1^2\sin^2\beta_1} - 3\right)}{2\tan^2\beta_1 + \sqrt{1 + 8Fr_1^2\sin^2\beta_1} - 1} \tag{7-3}$$

式中：θ 为边墙偏转角；β_1 为收缩段进口冲击波传播的波角；h_1 为收缩段进口处水深；h_2 为受冲击波扰动后的水深；Fr_1 为收缩段进口处的弗劳德数。

用式（7-2）和式（7-3）直接求解相当繁琐，为此，可将其绘制成曲线，如图 7-12 所示，利用图解法可求得适宜的收缩段偏转角 θ 和收缩段长度 L。具体步骤如下：

（1）根据已知条件，计算进口处的弗劳德数 Fr_1。

（2）选择出口与进口水深比 h_3/h_1。为了获得经济效果，收缩段不宜太长，一般选用 $h_3/h_1 = 2 \sim 3$。

（3）验算出口处的弗劳德数 Fr_3。为了保证下游为急流，必须使 $Fr_3 > 1$。根据进、出口水流连续条件，有 $b_1/b_3 = \left(\dfrac{h_3}{h_1}\right)^{3/2}\left(\dfrac{Fr_3}{Fr_1}\right)$。若算出的 Fr_3 不满足要求，则需适当调整 b_3，重新计算，直至满足要求为止。

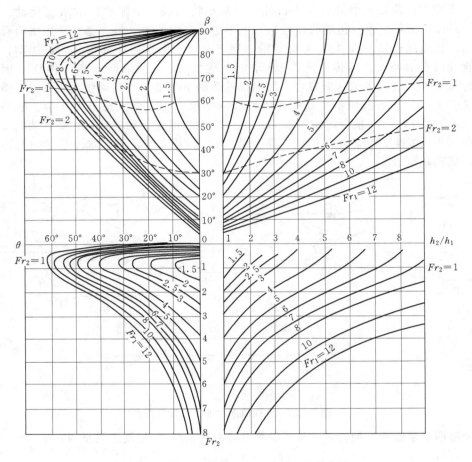

图 7-12　Fr_1、θ 与 β、Fr_2、h_2/h_1 关系曲线

（4）求偏转角 θ。先假定一个 θ 值（通常 θ 不宜大于 $11.25°$），利用 θ 和已算得的 Fr_1，可从图 7-12 读出相应的 Fr_2 和 h_2/h_1，然后将所求的 Fr_2 作为 Fr_1，再利用同样的 θ 进行第 2 次计算，得 h_3/h_2，最后将 h_2/h_1 乘以 h_3/h_2，即得 h_3/h_1 的试算值。如果这个值与选用值不符，则要调整 θ 值，重复上述计算，直至选用的 h_3/h_1 与试算值相符为止。

（5）求出 θ 值后，根据几何条件即可求得收缩段长度 L。

2. 扩散段

扩散段除了应当满足上面提到的两点外，还必须保证水流扩散时不发生脱离边墙的现象。目前对扩散段冲击波的研究还很不成熟，解决问题的最好办法是通过模型试验，找出良好的边墙体形。在初步设计时，可根据急流边墙不发生分离的条件来确定扩散角 φ。

$$\tan\varphi \leqslant \frac{1}{KFr} \tag{7-4}$$

$$Fr = v/\sqrt{gh}$$

式中：Fr 为扩散段起、止断面的平均弗劳德数；K 为经验系数，一般取 3.0；v 为扩散段起、止断面的平均流速，m/s；h 为扩散段起、止断面的平均水深，m。

在扩散段，弗劳德数 Fr 是沿程变化的，但实际设计时往往采用由式（7-4）求得的单一的扩散角。工程经验和试验资料表明，按直线扩散的扩散角 φ 在 6°以下具有较好的水流流态。

3. 弯曲段

泄槽弯曲段通常采用圆弧曲线，弯曲半径应大于 10 倍槽宽。弯曲段水流流态复杂，不仅因受离心力作用，导致外侧水深加大，内侧水深减小，造成断面内的流量分布不均 [图 7-13 （a）]，而且由于边墙转折，迫使水流改变方向，产生冲击波。因此，弯曲段设计的主要问题在于使断面内的流量分布趋近均匀，消除或抑制冲击波。

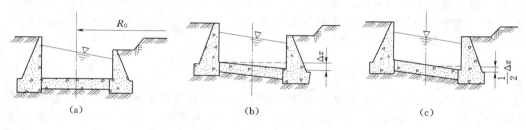

图 7-13 弯道上的泄槽

先讨论弯曲段冲击波的水力特性。急流一进入弯曲段，即产生冲击波，如图 7-14 所示。在 ABA' 以上是水流未受边墙影响的区域；在 ABC 范围内，是只受外边墙影响的区域，水面沿程升高，至 C 点为最高；在 $A'BD$ 范围内，是只受内边墙影响的区域，水面沿程降低，至 D 点为最低。相应于 C 点和 D 点的圆弧中心角可由式（7-5）确定。

$$\theta = \arctan \frac{b}{\left(r_c + \dfrac{b}{2}\right)\tan\beta} \quad (7-5)$$

$$\beta = \arcsin \frac{1}{Fr}$$

式中：b 为泄槽宽度，m；r_c 为泄槽弯曲段中线的曲率半径，m；β 为波角；Fr 为弗劳德数。

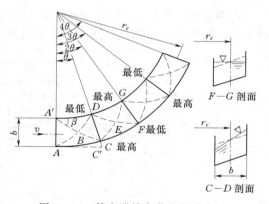

图 7-14 等宽泄槽弯曲段的冲击波

在 CBD 以后，因不断发生波的反射、干涉与传播，形成了一系列互相交错的冲击波。对于外边墙，在圆弧中心角 3θ、5θ、…各点为水面最高点；而 2θ、4θ、…各点为水面最低点。内边墙发生最高、最低的水面点位置正好同外边墙相反。已知 β 和 θ，弯曲段横断面内、外侧的水深可按式（7-6）计算。

$$h = \frac{v^2}{g}\sin^2\left(\beta + \frac{\theta}{2}\right) \tag{7-6}$$

式中：v 为弯曲段入口处的平均流速，m/s。用式（7-6）计算外侧水深时 θ 取正值，计算内侧水深时 θ 取负值。

弯曲段的水力设计方法很多，大体可分为两类：①施加侧向力，即采取工程措施，向弯曲段水流施加作用力，使它与水流所受的离心力相平衡，以达到消除干扰的目的。渠底超高法，弯曲导流墙法等方法都属于这一类。②干扰处理法，即在曲线的起点和终点，引入与原来的干扰大小相等但相位相反的反扰动，以消除原来扰动的影响。复曲线段法、螺旋线过渡段法和斜坎法就是基于这个原理而提出的。

渠底超高法是在弯曲段的横剖面上，将外侧渠底抬高，造成一个横向坡度，如图7-13（b）所示。利用重力沿横向坡度产生的分力，与弯曲段水体的离心力相平衡，以调整横剖面上的流量分布，使之均匀，改善流态，减小冲击波和保持弯曲段水面的稳定性。泄槽弯曲段外侧相对内侧的槽底超高值 Δz，可用一个由离心力方程导出的公式来表达，即

$$\Delta z = C\frac{v^2 b}{g r_c} \tag{7-7}$$

式中：v 为弯曲段起始断面的平均流速，m/s；b 为泄槽直段的水面宽，m；g 为重力加速度，m/s^2；r_c 为弯曲段中线的曲率半径，m；C 为取决于水流弗劳德数、泄槽断面及弯道几何形状的系数，对于急流、矩形断面和弯曲段为简单圆弧时，C 取 2.0。

为了保持泄槽中线的原底部高程不变，以利于施工，常将内侧渠底较中线高程下降 $\frac{1}{2}\Delta z$，而外侧渠底则抬高 $\frac{1}{2}\Delta z$，如图7-13（c）所示。

弯曲段的渠底超高和上、下游直段应有妥善的过渡连接，不应做成突变的，一般做成平面转弯扇形抬高面。图7-15是我国碧口水电站溢洪道扇形抬高面的平面图。

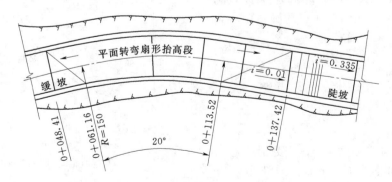

图7-15　泄槽平面转弯扇形抬高面布置图（单位：m）

综上所述，收缩段、扩散段及弯曲段的水力设计是相当繁复的。由于水流条件的复杂性，有许多问题在理论上还不成熟，不能建立确定的解析关系。上面给出的计算式是在引入若干假定，经过简化后得出的，因而是近似的。对于重要工程还应通过模型试验进行选型和确定尺寸。

7.2.3.3 掺气减蚀

水流沿泄槽下泄，流速沿程增大，水深沿程减小，即水流的空化数沿程递减。于是水流经过一段流程后，将产生水流空化现象。空化水流到达高压区，因空泡溃灭而使泄槽边壁遭受空蚀破坏。在本书第 3 章中已提到的抗空蚀措施有：掺气减蚀、优化体形、控制溢流表面的不平整度和采用抗空蚀材料等。

工程实践表明，临近固体边壁水流掺气，有利于减蚀和免蚀。掺气减蚀的机理很复杂，至今尚未研究得很清楚。一般认为，水流掺气可以使过水边界上的局部负压消除或减轻，有助于制止空蚀的发生；空穴内含有一定量空气成为含气型空穴，溃灭时破坏力减弱；过水边界附近水流掺气，气泡对空穴溃灭时的破坏力起一定的缓冲气垫作用等。工程实践表明，当流速超过 35m/s 时，应设置掺气减蚀设施。SL 253—2000《溢洪道设计规范》对掺气减蚀的规定：在掺气槽保护范围内，近壁处的掺气浓度不得低于 3‰～4‰。规范还规定，水流掺气后，不平整度控制标准可适当放宽，当流速为 35～42m/s、近壁掺气浓度为 3‰～4‰时，垂直凸体高度不得大于 30mm；近壁掺气浓度为 1‰～2‰时，垂直凸体高度不得大于 15mm；对高度大于 15mm 的垂直凸体，应将其迎水面削成斜坡。

掺气装置主要包括两部分：①借助于低挑坎、跌坎或掺气槽，在射流下面形成一个掺气空间；②通气系统，为射流下面的掺气空间补给空气。掺气装置的主要类型有掺气槽式、挑坎式、跌坎式、挑坎与掺气槽联合式、跌坎与掺气槽联合式，还有突扩式和分流墩式等，如图 7－16 所示。挑坎与掺气槽联合式的水流流态通常较跌坎式和突扩式为好。

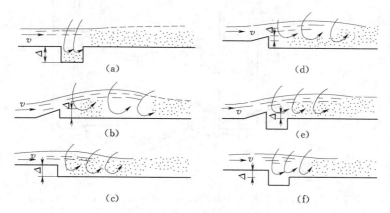

图 7－16　掺气装置的主要类型

(a) 掺气槽式；(b) 挑坎式；(c) 跌坎式；(d) 挑坎、跌坎联合式；
(e) 挑坎、掺气槽联合式；(f) 跌坎、掺气槽联合式

在掺气装置中，通过变更坎的形式和尺寸，可以改变射流下面掺气空间的范围，从而达到控制空气和水混合浓度的目的。单纯挑坎或挑坎与掺气槽组合时，挑坎高度 Δ 可取 0.5～0.85m，单宽流量大时取大值。单纯跌坎，坎高 Δ 可取 0.6～2.7m，泄槽坡度较陡时，取其小值。挑坎与跌坎组合时，挑坎高度 Δ 可取 0.1～0.2m，挑坎挑角取 5°～7°。图 7－17 为巴西福兹杜阿里亚河口溢洪道的掺气装置图。

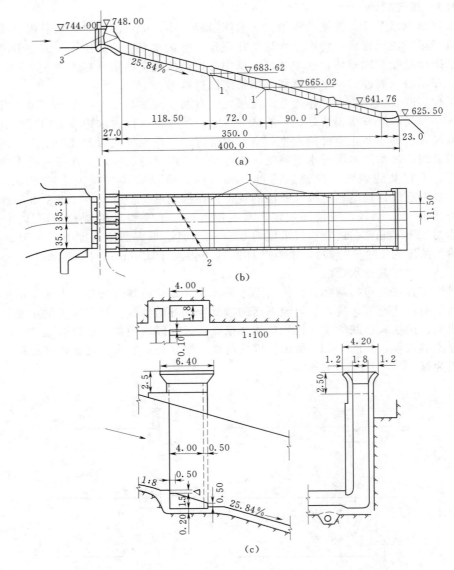

图 7-17　巴西福兹杜阿里亚河口溢洪道的掺气装置（单位：m）

(a) 纵断面；(b) 平面布置；(c) 通气系统

1—掺气设施；2—接缝；3—弧形闸门

　　利用下泄水流形成的流体动力减压作用，可促使空气自动进入掺气空间。如果掺气空间不直接与大气相通，则必须设置通气管，通气管可埋设在边墙中。通气量取决于射流拖曳掺气空间空气的能力。空腔压力应以保证空腔顺利进气为原则，可在 $-2 \sim -14$ kPa 之间选取。通气孔面积等于通气量除于风速，最大单宽通气量宜为 $12 \sim 15$ m^3/(s·m)，通气管安全风速宜小于 60 m/s。通气系统在泄洪运行中必须保持空气畅通、不积水、不为泥沙所堵塞。图 7-18 是掺气装置进气系统的类型。

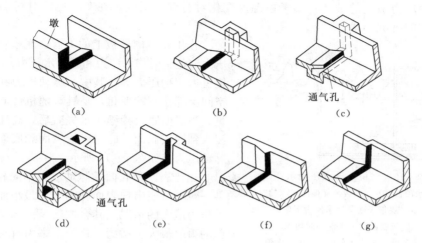

图 7-18　进气系统的类型

（a）墩后空间进气；（b）两侧墙埋管进气；（c）两侧墙埋管，引至挑坎底部通
气孔进气；（d）两侧墙埋管，引至跌坎底部通气孔进气；（e）两侧通气槽进气；
（f）两侧折流器进气；（g）两侧突扩进气

在掺气装置的掺气空腔范围内，以掺气空腔末端的水流含气量为最高，水流的含气浓度不应大于 45%。掺气水流的含气浓度沿流程逐渐减少，直线段与凹曲线段每米减少约为 0.15%～0.2%，凸曲线段每米减少约为 0.5%～0.6%。第一个掺气装置设在空蚀破坏危险区的开端，第二个设在近壁水流空气含量下降到 3%～4% 处，其后依此类推。掺气装置所能保护的长度：在反弧段内，为 70～100m；直线段内，为 100～150m。例如，福兹杜阿里亚河口溢洪道，泄槽长 350m，设三道掺气装置，间距分别为 72m 和 90m。

7.2.3.4　泄槽边墙高度的确定

泄槽边墙高度根据水深并考虑冲击波、弯道及水流掺气的影响，再加上一定的超高来确定。

计算水深为宣泄最大流量时的槽内水深。

当泄槽水流表面流速达到 10m/s 左右时，将发生水流掺气现象而使水深增加。掺气程度与流速、水深、边界糙率以及进口形状等因素有关，掺气后水深可按式 (3-95) 进行估算。

如果泄槽中设有掺气装置，还应考虑近壁水流掺气而引起的水深增加值。冲击波、弯道对水深的影响，可按本节讲述的方法确定。

边墙超高一般取 0.5～1.5m。

7.2.3.5　泄槽的衬砌

为了保护槽底不受冲刷和岩石不受风化，防止高速水流钻入岩石裂隙，将岩石掀起，泄槽都需进行衬砌。对泄槽衬砌的要求是：衬砌材料能抵抗水流冲刷；在各种荷载作用下能够保持稳定；表面光滑平整，不致引起不利的负压和空蚀；做好底板下排水，以减小作用在底板上的扬压力；做好接缝止水，隔绝高速水流侵入底板底面，避免因脉动压力引起的破坏；要考虑温度变化对衬砌的影响；在寒冷地区对衬砌材料还应有一定的抗冻要求。

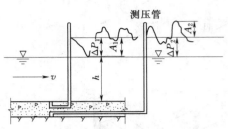

图 7-19 底板上动水压力示意图

h—泄槽水深；ΔP_1—底板表面偏出水深的时均水压力；A_1—底板表面脉动水压力下偏最大值；

ΔP_2—底板底面偏出水深的时均水压力；

A_2—底板底面脉动水压力上偏最大值

作用在泄槽底板上的力有：底板自重、水压力（包括时均水压力和脉动水压力）、水流的拖曳力和扬压力等。其中，脉动压力在时间和空间上都在不断变化，是具有随机性质的脉动量。当泄槽底板接缝止水失效后，高速水流将浸入到底板底面，此时底板表面和底面都存在脉动压力，如图 7-19 所示。

由于表面和底面的脉动压力不同相位，在某一瞬时可能出现表面脉动压力最小而底面脉动压力最大的情况，其合成就是由脉动压力引起的瞬时最大上举力，这个上举力有可能导致底板失稳而破坏。刘家峡水电站右岸溢洪道底板，于 1969 年 10 月运行过水时破坏，究其原因主要是由于底板止水不良，横缝下游有垂直水流流向的升坎，导致底板下产生巨大的向上的脉动压力引起的。此外，也与排水设计不当、扬压力上升有关。

影响泄槽衬砌可靠性的因素是多方面的，而且不易确切计算。因此，衬砌设计应着重分析不同的地基、气候、水流和施工条件，选用不同的衬砌型式，并采取相应的构造措施。

1. 岩基上泄槽的衬砌

岩基上泄槽的衬砌可以用混凝土、水泥浆砌条石或块石以及石灰浆砌块石水泥浆勾缝等型式。

石灰浆砌块石水泥浆勾缝，适用于流速小于 10m/s 的小型水库溢洪道。

水泥浆砌条石或块石，适用于流速小于 15m/s 的中、小型水库溢洪道。但对抗冲能力较强的坚硬岩石，如果砌得光滑平整，做好接缝止水和底部排水，也可以承受 20m/s 左右的流速。例如，福建石壁水库溢洪道，采用浆砌块石衬砌，建成后经受了 20m/s 过水流速的考验。衬砌厚度一般为 30～60cm。

对于大、中型工程，由于泄槽中流速较高，一般多采用混凝土衬砌。混凝土衬砌厚度不宜小于 30cm。为防止产生温度裂缝，需要设置纵横缝，如图 7-20 （a）、（b）所示。由于岩基的约束力较大，分缝距离不宜太大，一般约为 10～15m（当衬砌厚度较小、温度变化较大时，取小值）。靠近衬砌表面沿纵横向需配置温度钢筋，含钢率约为 0.1%。

岩基上的衬砌接缝有平接缝、搭接缝和键槽缝几种型式。对垂直于水流流向的横缝比平行于水流流向的纵缝要求高，横缝一般做成搭接缝，在良好的岩基上有时也可用键槽缝，如图 7-20 （c）所示。

施工时要做到接缝处衬砌表面平整，特别要防止下游块底板高出上游块底板。国外有的小坝工程，在高流速处将紧靠横缝下游块底板的边缘降低 12.7mm，并以 1:12 或更缓的斜坡升高至原底板高程，收到了减小脉动压力和防止空蚀破坏的效果，

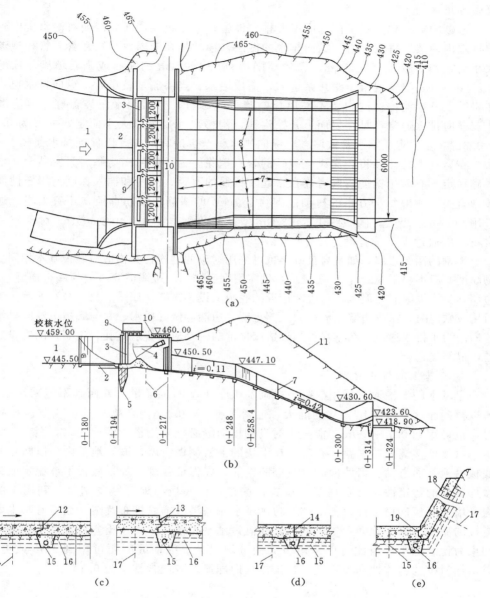

图 7-20 岩基上泄槽的构造（高程、桩号：m，尺寸：cm）

（a）平面布置图；（b）纵剖面图；（c）横缝构造；（d）纵缝构造；（e）边墙缝

1—引水渠；2—混凝土护底；3—检修门槽；4—工作闸门；5—帷幕；6—排水孔；7—横缝；8—纵缝；

9—工作桥；10—公路桥；11—开挖线；12—搭接缝；13—键槽缝；14—平接缝；

15—横向排水管；16—纵向排水管；17—锚筋；18—通气孔；19—边墙缝

可供设计参考。做好接缝止水是底板防冲的一项重要措施，止水效果好，可隔绝水流侵入底部。从理论上讲，没有向上的脉动压力，底板就不会失稳。对于平行于水流流向的纵缝，可适当降低要求，一般可用平接型式，如图 7-20（d）所示，但缝内也要做好止水。

衬砌的纵缝和横缝下面都应设置排水设施，且需相互连通，以便将渗水集中到纵向排水内，然后排入下游。纵向排水的做法，通常是在沟内放置缸瓦管，管径视渗水大小而定，一般为 10～20cm。管的周围用粒径 1～2cm 的卵石或砾石填满，顶部盖水泥袋，以防浇筑混凝土时灰浆进入，造成堵塞。当渗流量较小时，纵向排水也可以在岩基上开挖沟槽，沟内填不易风化的碎石或砾石，上面用水泥袋盖好，再浇混凝土。横向排水通常都是在岩面上开挖沟槽，沟槽尺寸视渗水大小而定，一般为 0.3m×0.3m。为了防止排水管被堵塞，纵向排水管至少应有两排，以保证排水通畅。

在岩基上应注意将表面风化破碎的岩石挖除。为了使衬砌与基岩紧密结合，增强衬砌稳定，有时用锚筋将两者连在一起。锚筋的直径、间距和插入深度与岩石性质和节理有关，一般每平方米的衬砌范围约需 1cm² 的锚筋。锚筋直径 d 不宜太小，通常采用 25mm 或更大，间距约 1.5～3.0m，插入深度大致为 (40～60)d。对于较差的岩石，应通过现场试验确定。

泄槽的两侧边墙，如基岩良好，也可采用衬砌的型式，其构造与底板基本相同。衬砌厚度一般不小于 30cm，以便浇筑，且需用钢筋锚固。边墙横缝一般与底板横缝一致。边墙本身不设纵缝，但多在与边墙接近的底板上设置纵缝，如图 7-20 (e) 所示。当岩石比较软弱时，需将边墙做成重力式挡土墙。边墙应做好排水，并与底板下横向排水管连通。为了排水通畅，在排水管靠近边墙顶部的一端应设置通气孔。边墙顶部应设置马道，以利交通。

2. 土基上泄槽的衬砌

土基上的泄槽通常采用混凝土衬砌。由于土基的沉降量大，而且不能采用锚筋，所以衬砌厚度一般要比岩基上的大，通常为 0.3～0.5m。当单宽流量或流速比较大时，也可用到 0.7～1.0m。混凝土衬砌的横向缝必须采用搭接的型式，如图 7-21 所示，以保证接缝处的平整，有时还在下块的上游侧做齿墙，嵌入地基内，以防止衬砌底板沿地基面滑动。齿墙应配置足够的钢筋，以保证强度。如果底板不够稳定或为了增加底板的稳定性，可在地基中设置锚筋桩，使底板与地基紧密结合，利用土的重力，增加底板的稳定性。图 7-22 为岳城水库溢洪道锚筋桩布置图。纵缝有时也做成搭接的型式。缝中除沥青等填料外，并需设水平止水片。由于土基对混凝土板伸缩的约束力比岩基小，因此可以采用较大的分块尺寸。纵横缝间距可用到 15m 或更大，以增加衬砌的整体性和稳定性。衬砌需双向配筋，各向含钢率为 0.1%。

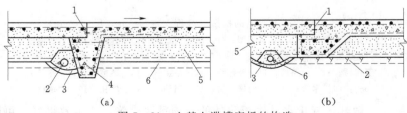

图 7-21　土基上泄槽底板的构造

(a) 横缝；(b) 纵缝

1—止水；2—横向排水管；3—灰浆垫座；4—齿墙；5—透水垫层；6—纵向排水管

在土基或是破碎软弱的岩基上，需要在衬砌底板下设置面层排水，以减小底板承受的渗流压力。排水可采用厚约 30cm 的卵石或碎石层。如地基是黏性土，应先铺一层厚 0.2～0.5m 的砂砾垫层，垫层上再铺卵石或碎石排水层；或在砂砾层中做纵横排水管，管周做反滤。如地基是细砂，应先铺一层粗砂，再做排水层，以防渗流破坏。

这里还需指出，泄槽的止水和排水都是为防止动水压力引起底板破坏和降低扬压力而采取的有力措施，对保证安全是很重要的。但在工程实践中往往因对其认识不足而被忽视，以致造成工程事故。所以必须认真做好泄槽的构造设计，认真施工。

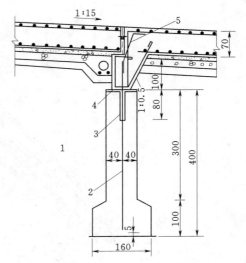

图 7 - 22　岳城水库溢洪道
锚筋桩布置（单位：cm）
1—第三纪砂层；2—15kg/m 钢轨；3—涂沥
青厚 2cm，包油毡一层；4—沥青油毡
厚 1cm；5—φ32 螺纹钢筋

7.2.4　出口消能段及尾水渠

溢洪道宣泄洪水，一般是单宽流量大、流速高、能量集中。若消能措施考虑不当，高速水流与下游河道的正常水流不能妥善衔接，下游河床和岸坡就会遭受冲刷，甚至危及大坝的安全。

溢洪道出口的消能方式与溢流重力坝基本相同。有关出口消能设计可参考本书 3.10 节。

对于溢洪道的消能防冲设施设计的洪水标准，因稀遇洪水出现的几率很少，持续时间很短，可低于泄水建筑物设计的洪水标准，根据泄水建筑物的级别按表 7－3 确定。对超过消能防冲设施设计标准的洪水，容许消能防冲设施出现局部破坏，但必须不危及挡水建筑物以及其他主要建筑物的安全，且易于修复，不致长期影响工程运行。

表 7 - 3　　　　　　　　　消能防冲设施设计的洪水标准

永久泄水建筑物级别	1	2	3	4	5
洪水重现期（年）	100	50	30	20	10

随着高坝建设的增多，挑流消能发展迅速，新型消能工不断出现，如本书第 3 章所述的扭曲挑坎、斜挑坎、窄缝式挑坎等。其特点是：通过不同型式的消能工，强迫能量集中的水流沿纵向、横向和竖向扩散和水股间互相冲击，促进紊动掺气，扩大射流入水面积，减小和均化河床单位面积上的冲击荷载，以减轻冲刷，但同时也带来了雾化问题。

窄缝式挑坎因泄洪消能采用收缩式布置且收缩得很窄而得名，如图 7－23 所示。窄缝式挑坎与等宽挑坎的水流特性有明显不同，它的挑角很小，侧墙收缩使水流在出口处水深加大，水舌出射角由底部向表面渐次加大，底部约为 -5°～0°，表面可达

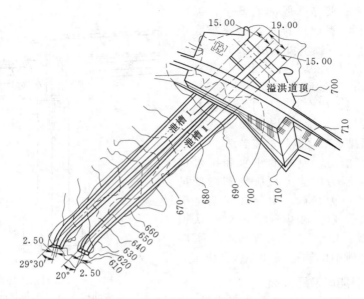

图 7 - 23　阿尔门德拉溢洪道平面图（单位：m）

45°左右。和等宽挑坎相比，水舌内缘挑距减小，外缘挑距加大，挑射高度增加，这样就造成水流收缩后沿竖向扩散，纵向拉开，空中扩散面积增大，减少了对河床单位面积上的冲击动能，同时由于水舌掺气和入水时大量掺气，水舌进入水垫后气泡上升，改变了水舌射入下游后的潜水深度和相应流态，从而大大减轻了对下游的冲刷。图 7 - 24 为东江水电站溢洪道窄缝式挑坎出射水流流态图。设计窄缝式挑坎，当收缩前水流的弗劳德数为 4.5～10 时，收缩比（B_1/B）可在 0.4～0.15 范围内选取（B_1 为泄槽收缩后的宽度，B 为泄槽收缩前的宽度），挑角一般取 0°，收缩段长度 $L \geqslant 3B$ 较为适宜。侧墙在平面上可布置成直线、折线或圆弧曲线等。侧墙高度要通过冲击波计算求出的水面线来确定。采用窄缝式挑坎的工程实例很多，且运

图 7 - 24　东江水电站溢洪道窄缝式
挑坎出射水流流态图

用效果良好。但由于窄缝式挑坎出口水深较大，侧墙较高，设计时必须做好侧墙的侧向稳定和振动方面的分析。

　　在较好的岩基上，一般多采用挑流消能。挑坎所受的荷载，主要是水流的离心力、水重、扬压力、脉动压力、挑坎自重等。根据这些作用力，可对挑坎进行强度验算。为了保证挑坎稳定，常在挑坎的末端做一道深齿墙，如图 7 - 25 所示。齿墙深度应根据冲刷坑的形状和尺寸决定，一般可达 5～8m。如冲坑再深，齿墙还应加深。挑

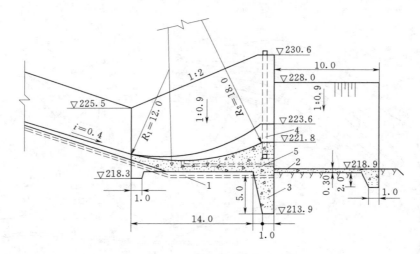

图 7-25 溢洪道挑流坎布置图（单位：m）

1—纵向排水；2—护坦；3—混凝土齿墙；4—φ50cm 通气孔；5—φ10cm 排水孔

坎的左右两侧也应做齿墙插入两侧岩体。为了加强挑坎的稳定，常用锚筋将挑坎与基岩连成一体。为了防止小流量水舌不能挑射时产生贴壁冲刷，挑坎下游常做一段短护坦。为了避免在挑流水舌的下面形成真空，产生对水流的吸力，减小挑射距离，应采用通气措施，如图 7-25 所示的通气孔或扩大尾水渠的开挖宽度，以使空气自然流通。

在土基或破碎软弱岩基上的溢洪道，一般采用底流消能。但当泄量较小时，也可考虑采用挑流消能，如山西省境内在软基上建造了不少采用挑流消能的溢洪道，最大泄量达 $1055m^3/s$，最大单宽泄流量为 $25m^3/$（s·m）。与采用消力池相比，挑流消能可节省工程量 20%～60%，节省投资 25%～50%。

由溢洪道下泄的水流应与坝脚和其他建筑物保持一定距离，且应和原河道水流获得妥善衔接，以免影响坝和其他建筑物的安全和正常运行。在有的情况下，当下泄的水流不能直接归入原河道时，需要布置一段尾水渠。尾水渠要短、直、平顺，底坡尽量接近下游原河道的平均坡降，以使下泄的水流能顺畅平稳地归入原河道。

7.3　其 他 型 式 的 溢 洪 道

7.3.1　侧槽溢洪道

1. 侧槽溢洪道的特点

侧槽溢洪道一般由溢流堰、侧槽、泄水道和出口消能段等部分组成。溢流堰大致沿河岸等高线布置，水流经过溢流堰泄入与堰大致平行的侧槽后，在槽内转向约 90°，经泄槽或泄水隧洞流入下游，如图 7-26 和图 7-27 所示。当坝址处山头较高，岸坡陡峭时，可选用侧槽溢洪道。与正槽溢洪道相比较，侧槽溢洪道具有以下优点：①可以减少开挖方量；②能在开挖方量增加不多的情况下，适当加大溢流堰的长度，从而提高堰顶高程，增加兴利库容；③使堰顶水头减小，减少淹没损失，非溢流坝的高度也可适当降低。

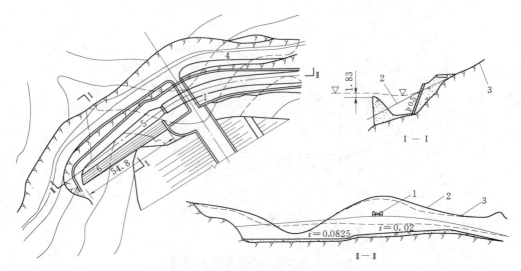

图 7-26 明渠泄水的侧槽溢洪道（单位：m）

1—公路桥；2—原地面线；3—岩石线；4—上坝公路；5—侧槽；6—溢流堰

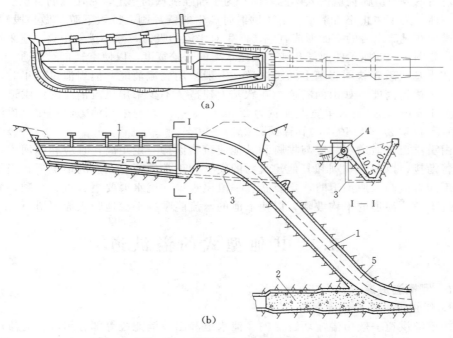

图 7-27 隧洞泄水的侧槽溢洪道

(a) 平面图；(b) 纵剖面图

1—水面线；2—混凝土塞；3—排水管；4—闸门；5—泄水隧洞

　　侧槽溢洪道的水流条件比较复杂，过堰水流进入侧槽后，形成横向漩滚，同时侧槽内沿流程流量不断增加，漩滚强度也不断变化，水流紊动和撞击都很强烈，水面极不平稳。而侧槽又多是在坝头山坡上劈山开挖的深槽，其运行情况直接关系到大坝的安全。因此，侧槽多建在完整坚实的岩基上，且要有质量较好的衬砌。除泄量较小者外，不宜在土基上修建侧槽溢洪道。

侧槽溢洪道的溢流堰多采用实用堰，堰顶上可设闸门，也可不设。泄水道可以是泄槽，也可以是无压隧洞，视地形、地质条件而定。如果施工时用隧洞导流，则可将泄水隧洞与导流隧洞相结合，如图 7-27 所示。侧槽溢洪道与正槽溢洪道的主要区别在于侧槽部分，所以，下面只讨论侧槽设计，其他部分的设计可参照正槽溢洪道和水工隧洞设计进行。

2. 侧槽设计

根据侧槽侧向进水和沿程流量不断增加等水流特点，侧槽设计应满足以下条件：①泄流量沿侧槽均匀增加；②由于过堰水流转向约 90°，大部分能量消耗于侧槽内水体间的漩滚撞击，认为侧槽中水流的顺槽速度完全取决于侧槽的水面坡降，故槽底应有一定的坡度；③为了使水流稳定，侧槽中的水流应处于缓流状态；④侧槽中的水面高程要保证溢流堰为自由出流，因为淹没出流不但影响泄流能力，而且由试验得知，当淹没到一定程度后，侧槽出口流量分布不均，容易在泄水道内造成折冲水流。

由于岸坡陡峭，窄深断面要比宽浅断面节省开挖量。如图 7-28 所示，若窄深断面的过水面积为 ω_1，宽浅断面的过水面积为 ω_2，当 $\omega_1 = \omega_2$ 时，窄深断面可节省开挖面积 ω_3；而且窄深断面容易使侧向进流与槽内水流混合，水面较为平稳。因此，在工程实践中，多将侧槽做成窄而深的梯形断面。靠岸一侧的边坡在满足水流和边坡稳定的条件下，以较陡为宜，一般采用 1:0.3~1:0.5；对于靠溢流堰一侧，溢流曲线下部的直线段坡度（即侧槽边坡），一般可采用 1:0.5。根据模型试验，过水后侧槽水面较高，一般不会出现负压。

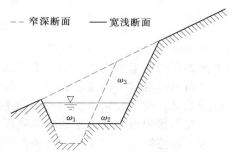

图 7-28 不同侧槽断面挖方量比较图

为了适应流量沿程不断增加的特点，侧槽断面自上游向下游逐渐变宽。起始断面底宽 b_0 与末端断面底宽 b_l 之比值即 b_0/b_l，对侧槽的工程量影响很大。通常 b_0/b_l 比值小，侧槽的开挖量较省，但槽底要挖得较深，调整段（图 7-29）的工程量也相应增加。因此，经济的 b_0/b_l 值应根据地形、地质等条件比较确定，一般 b_0/b_l 采用 0.5~1.0，其中，b_0 的最小值应当满足开挖设备和施工的要求，b_l 一般选用与泄槽底宽相同的数值。

由于侧槽中水流处于缓流状态，因而侧槽的纵坡比较平缓，一般小于 10%，实用中可采用 1%~5%，具体数值可根据地形和泄量大小选定。应该指出，侧槽内水流在各级流量下均保证为缓流是很难做到的，但必须保证在泄放设计流量时，侧槽内为缓流。

为了减少侧槽的开挖量，应使侧槽末端的水深 h_l 尽量接近经济的槽末水深。当侧槽与泄槽直接相连时，h_l 一般选用该断面的临界水深 h_k；如侧槽与泄槽间有调整段，建议采用 $h_l = (1.2 \sim 1.5) h_k$。当 b_0/b_l 小时，采用大值；反之，采用小值。

侧槽的底部高程，需要按满足溢流堰为非淹没出流和减少开挖量的要求来确定。

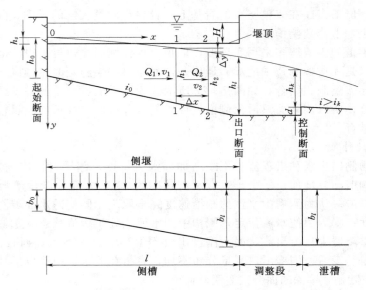

图 7 - 29　侧槽水面线计算简图

由于侧槽内的水面为一降落曲线，因此，确定侧槽底部高程的关键在于定出起始断面的水面高程。根据国内外一些试验资料分析认为：当起始断面附近虽有一定程度的淹没，但尚不致对整个溢流堰的泄量有较大影响时，仍可认为是非淹没的。因此，为了节省开挖量，侧槽起始断面的槽底高程可适当提高，而允许该处堰顶有一定的淹没度。一般侧槽起始断面堰顶的临界淹没度 σ_k（$\sigma_k = h_s / H$）可取小于 0.5。

　　为了调整侧槽内的水流，改善泄槽内的水流流态，水流控制断面一般选在侧槽末端，有调整段时则应选在调整段末端。调整段的作用是使尚未分布均匀的水流，在此段得到调整后，能够较平顺地流入泄槽。水工模型试验表明，这样可使泄槽内的冲击波和折冲水流明显减小。调整段一般采用平底梯形断面，其长度按地形条件决定，可采用（2~3）h_k（h_k 为侧槽末端断面的临界水深）。由缩窄槽宽的收缩段或用调整段末端底坎适当壅高水位，底坎高度 d 一般取（0.1~0.2）h_k，使水流在控制断面形成临界流，而后流入泄槽或斜井和隧洞。

　　根据以上要求，在初步拟定侧槽断面和布置后，即可进行侧槽的水力计算。水力计算的目的在于根据溢流堰、侧槽（包括调整段）和泄水道三者之间的水面衔接关系，定出侧槽的水面曲线和相应的槽底高程。利用动量原理，侧槽沿程水面线可按下列公式逐段推求，计算图形如图 7 - 29 所示。

$$\Delta y = \frac{(v_1 + v_2)}{2g} \left[(v_2 - v_1) + \frac{Q_2 - Q_1}{Q_1 + Q_2} (v_1 + v_2) \right] + \overline{J} \Delta x \qquad (7-8)$$

$$Q_2 = Q_1 + q \Delta x$$

$$\overline{J} = \frac{n^2 \, \overline{v}^2}{\overline{R}^{4/3}}$$

$$\overline{v} = (v_1 + v_2)/2$$

$$\overline{R} = (R_1 + R_2)/2$$

式中：Δx 为计算段长度，即断面 1 与断面 2 之间的距离，m；Δy 为 Δx 段内的水面差，m；Q_1、Q_2 分别为通过断面 1 及断面 2 的流量，m^3/s；q 为侧槽溢流堰单宽流量，$m^3/(s \cdot m)$；v_1、v_2 分别为断面 1 及断面 2 的水流平均流速，m/s；$\overline{J}$ 为分段区内的平均摩阻坡降；n 为泄槽槽身的糙率系数；$\overline{v}$ 为分段平均流速，m/s；$\overline{R}$ 为分段平均水力半径，m。

在水力计算中，给定和选定的数据有：设计流量 Q、堰顶高程、允许淹没水深 h_s、侧槽边坡坡率 m、底宽变率 b_0/b_l、槽底坡度 i_0 和槽末水深 h_l。计算步骤如下：①由给定的 Q 和堰上水头 H，算出侧堰长度 l；②列出侧槽末端断面与调整段末端断面（控制断面）之间的能量方程，计算控制断面处底板的抬高值 d；③根据给定的 m、b_0/b_l、i_0 和 h_l，以侧槽末端作为起始断面，按式（7-8），用列表法逐段向上游推算水面高差 Δy 和相应水深；④根据 h_s 定出侧槽起始断面的水面高程，然后按步骤③计算成果，逐段向下游推算水面高程和槽底高程。

7.3.2 井式溢洪道

井式溢洪道通常由溢流喇叭口、渐变段、竖井、弯段、泄水隧洞和出口消能段等部分组成，如图 7-30 所示。

当岸坡陡峭、地质条件良好、又有适宜的地形布置环形溢流喇叭口时，可以采用井式溢洪道。这样可避免大量的土石方开挖，造价可能较其他型式溢洪道低。当水位上升，喇叭口溢流堰顶淹没后，堰流即转变为孔流，所以井式溢洪道的超泄能力较小。当宣泄小流量、井内的水流连续性遭到破坏时，水流很不稳定，容易产生振动和空蚀。因此，我国目前较少采用。

溢流喇叭口的断面型式有实用堰和平顶堰两种，前者较后者的流量系数大。在两种溢流堰上都可以布置闸墩，安设平面或弧形闸门。在环形实用堰上，由于直径较小，为了避免设置闸墩，有时可采用漂浮式的环形闸门，溢流时闸门下降到堰体以内的环形门室，但在多泥

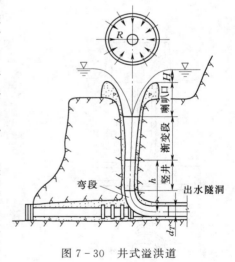

图 7-30 井式溢洪道

沙河道上，门室易被堵塞，不宜采用。在堰顶设置闸墩或导水墙可起导流和阻止发生立轴漩涡的作用。

井式溢洪道的水力设计包括：①根据给定的设计流量 Q 和堰上水头 H，算出圆形溢流堰的半径 R，半径太小，过堰水流淹没堰顶，降低泄流能力，一般实用堰采用 $R=(2\sim5)H$，平顶堰 $R=(5\sim7)H$；②根据射流原理，定出喇叭口曲线及水舌的自由表面，后者与竖井中心线的交点即为喇叭口的终点；③用渐变段将由喇叭口流入的水流平顺地与竖井相连接，该段流态为自由跌落水流，流速增加，但仍保持大气压力；④在竖井起始断面，流态转为有压流，根据给定的设计流量 Q 和高差 h，按高差

h 与该段内的水头损失相平衡的条件，定出竖井和泄水隧洞的直径 d_T；⑤竖井与泄水隧洞以弯段相接，弯段中线半径应不小于 $(2.5\sim4)\ d_T$；⑥当泄流量小于设计流量时，为了防止竖井及弯段内侧发生负压，应设通气孔，其断面面积约为竖井断面面积的 $10\%\sim15\%$。

　　为防止过流表面空蚀破坏和在泄水道内消除余能，也可选用漩涡式竖井溢洪道，如图 7-31 所示。它由引水结构、蜗室、竖井和泄水隧洞等部分组成。水流在蜗室内呈旋转运动，进入竖井的水流，在离心力作用下紧贴井壁，对井壁产生附加压力，同时沿竖井轴线形成气核，这样就减小了空蚀的危险。水流在蜗室内通过紊动、剪切以及掺气消除大量能量；水流在竖井中的流线是螺旋线，其螺距随着水体跌落而增加，流速的垂直分量不断增加，水平分量逐渐减少，直至消失，竖井中的水流呈加速运动，势能在克服摩擦阻力过程中消耗，当两者达到平衡时，水流的动能变成常数，流速达到极限值；在竖井末端还可设置折流器，使在竖井中形成水垫，以消除水流中的多余动能。当流量变化时，蜗室内的水深、井壁的水层厚度、气核的半径以及消能效果也将随之发生变化，但不会引起不良现象。漩涡式竖井溢洪道的抗空蚀、消能性能都很好，为导流洞改建为泄水隧洞提供了一种新途径。在法国和意大利已建成的 20 余座漩涡式竖井溢洪道，最大落差达 142m，但泄流量都不大。

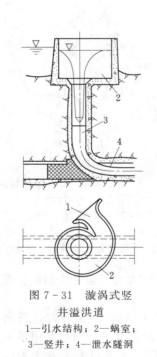

图 7-31　漩涡式竖
井溢洪道
1—引水结构；2—蜗室；
3—竖井；4—泄水隧洞

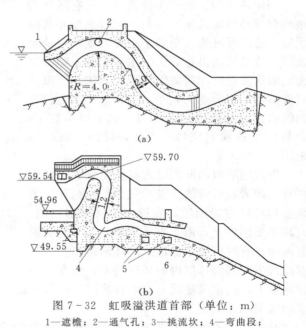

图 7-32　虹吸溢洪道首部（单位：m）
1—遮檐；2—通气孔；3—挑流坎；4—弯曲段；
5—排污孔；6—泥灰岩

7.3.3　虹吸溢洪道

　　除了前面讲述的正槽溢洪道、侧槽溢洪道和井式溢洪道之外，还有一种可以与坝体结合在一起，也可以建在岸边的虹吸溢洪道，如图 7-32 所示。虹吸溢洪道的优点是：①利用大气压强所产生的虹吸作用，能在较小的堰顶水头下得到较大的泄流量；

②管理方便，可自动泄水和停止泄水，能比较灵敏地自动调节上游水位。

虹吸溢洪道通常包括下列几部分：①断面变化的进口段；②虹吸管；③具有自动加速发生虹吸作用和停止虹吸作用的辅助设备；④泄槽及下游消能设施。

虹吸溢洪道的缺点是：①结构较复杂；②管内不便检修；③进口易被污物或冰块堵塞；④真空度较大时，易引起混凝土空蚀；⑤超泄能力较小等。一般多用于水位变化不大和需要随时进行调节的水库以及发电、灌溉的渠道上，作为泄水及放水之用。

7.4　非常泄洪设施

泄水建筑物选用的洪水设计标准，应当根据有关规范确定，当校核洪水与设计洪水的泄流量相差较大时，应当考虑设置非常泄洪设施。目前常用的非常泄洪设施有：非常溢洪道和破副坝泄洪。在设计非常泄洪设施时，应注意以下几个问题：①非常泄洪设施运行机会很少，设计所用的安全系数可适当降低；②枢纽总的最大下泄量不得超过天然来水最大流量；③对泄洪通道和下游可能发生的情况，要预先做出安排，确保能及时启用生效；④规模大或具有两个以上的非常泄洪设施，一般应考虑能分别先后启用，以控制下泄流量；⑤非常泄洪设施应尽量布置在地质条件较好的地段，要做到既能保证预期的泄洪效果，又不致造成变相垮坝。

7.4.1　非常溢洪道

非常溢洪道用于宣泄超过设计情况的洪水，其启用条件应根据工程等级、枢纽布置、坝型、洪水特性及标准、库容特性及其对下游的影响等因素确定。

非常溢洪道宜选在库岸有通往天然河道的垭口处或平缓的岸坡上。通常正常溢洪道与非常溢洪道分开布置，以达到降低总造价的目的，有时也可结合布置在一起，如河北省王快水库的溢洪道。非常溢洪道的溢流堰顶高程要比正常溢洪道稍高，一般不设闸门。由于非常溢洪道的运用几率很低，结构可以做得简单些，有的只做溢流堰和泄槽；在较好的岩体中开挖泄槽，可不做混凝土衬砌；在宣泄超过设计标准的洪水时，可允许消能防冲设施发生局部损坏。有时为了增加保坝情况下的泄流量，可将堰顶高程降低；或为了多蓄水兴利，常在堰顶筑土埝，土埝顶应高于最高洪水位，要求土埝在正常情况下不失事，在非常情况下能及时破开。

自溃式非常溢洪道是非常溢洪道的一种型式，即在非常溢洪道的底板上加设自溃堤。堤体可因地制宜用非黏性的砂料、砂砾或碎石填筑，平时可以挡水，当水位超过一定高程时，又能迅速将其冲溃行洪。按溃决方式可分为漫顶自溃和引冲自溃两种型式，如图 7-33 所示。自溃式非常溢洪道因其结构简单、造价低和施工方便而常被采用，如大伙房、鸭河口和南山等水库的非常溢洪道，就是采用的这种型式。自溃式非常溢洪道的缺点是：控制过水口门形成和口门形成的时间尚缺少有效的措施，溃堤泄洪后，调蓄库容减小，可能影响来年的综合效益。

7.4.2　破副坝泄洪

当水库没有开挖非常溢洪道的适宜条件，而有适于破开的副坝时，可考虑破副坝的应急措施，其启用条件与非常溢洪道相同。

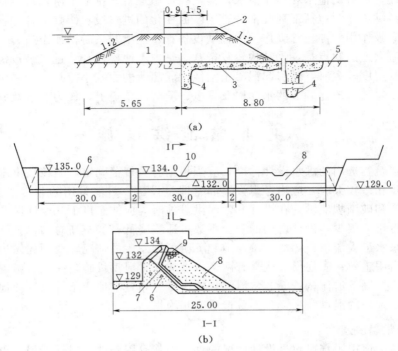

图 7 - 33　自溃式非常溢洪道（单位：m）

（a）国外某水库漫顶自溃堤断面图；（b）浙江南山水库引冲自溃堤布置图

1—土堤；2—隔墙；3—混凝土护面；4—混凝土截水墙；5—草皮护面；6—混凝土

溢流堰；7—黏土斜墙；8—子埝；9—引冲槽底；10—引冲槽

　　被破的副坝位置，应综合考虑地形、地质、副坝高度、对下游的影响、损失情况和汛后副坝恢复工作量等因素慎重选定。最好选在山坳里，与主坝间有小山头隔开，这样副坝溃决时不会危及主坝。

　　破副坝时，应控制决口下泄流量，使下泄流量的总和（包括副坝决口流量及其他泄洪建筑物的流量）不超过入库流量。如副坝较长，除用裹头控制决口宽度外，也可预做中墩，将副坝分成数段，遇到不同频率的洪水，可分段泄洪。

　　应当指出，由于非常泄洪设施的运用几率很少，至今经过实际运用考验的还不多，尚缺乏实践经验。因而目前在设计中对如何确定合理的非常洪水标准、非常泄洪设施的启用条件、各种设施的可靠性以及建立健全指挥系统等，尚待进一步研究解决。

第 **8** 章

水 工 隧 洞

8.1 概 述

8.1.1 水工隧洞的类型

为满足水利水电工程各项任务的需要，在地面以下开凿的各种隧洞，称为水工隧洞。其功用是：

（1）配合溢洪道宣泄洪水，有时也可作为主要泄洪建筑物之用。

（2）引水发电，或为灌溉、供水、航运和生态输水。

（3）排放水库泥沙，延长水库使用年限，有利于水电站等的正常运行。

（4）放空水库，用于人防或检修建筑物。

（5）在水利枢纽施工期用来导流。

水工隧洞可分为泄洪隧洞、引水发电和尾水隧洞、灌溉和供水隧洞、放空和排沙隧洞、施工导流隧洞等。按隧洞内的水流流态，又可分为有压隧洞和无压隧洞。从水库引水发电的隧洞一般是有压的；灌溉渠道上的输水隧洞常是无压的，有的干渠及干渠上的隧洞还可兼用于通航；其余各类隧洞根据需要可以是有压的，也可以是无压的。在同一条隧洞中可以设计成前段是有压的而后段是无压的。但在同一洞段内，除了流速较低的临时性导流隧洞外，应避免出现时而有压时而无压的明满流交替流态，以防引起振动、空蚀和对泄流能力的不利影响。

在设计水工隧洞时，应该根据枢纽的规划任务，按照一洞多用的原则，尽量设计为多用途的隧洞，以降低工程造价。

有压隧洞和无压隧洞在工程布置、水力计算、受力情况及运行条件等方面差别较大，对于一项具体工程，究竟采用有压隧洞还是无压隧洞，应根据工程的任务、地质、地形及水头大小等条件提出不同的方案，通过技术经济比较后选定。

8.1.2 水工隧洞的工作特点

（1）水力特点。枢纽中的泄水隧洞，除少数表孔进口外，大多数是深式进口。深式泄水隧洞的泄流能力与作用水头 H 的 $1/2$ 次方成正比，当 H 增大时，泄流量增加较慢，超泄能力不如表孔强；但深式进口位置较低，能提前泄水，从而提高水库的利用率，减轻下游的防洪负担，故常用来配合溢洪道宣泄洪水。泄水隧洞所承受的水头较高，流速较大，如果体形设计不当或施工存在缺陷，可能引起空化水流而导致空蚀；水流脉动会引起闸门等建筑物的振动；出口单宽流量大，能量集中会造成下游冲刷。为此应采取适宜的防止空蚀和消能措施。

（2）结构特点。隧洞为地下结构，开挖后破坏了原来岩体内的应力平衡，引起应力重分布，导致围岩产生变形甚至崩塌，为此，常需设置临时支护和永久性衬砌，以承受围岩压力。但围岩本身也具有承载力，可与衬砌共同承受内水压力等荷载。承受较大内水压力的隧洞，要求围岩具有足够的厚度和进行必要的衬砌，否则一旦衬砌破坏，内水外渗，将危害岩坡稳定及附近建筑物的正常运行。过大的外水压力也可使埋藏式压力钢管失稳。故应做好勘探工作，使隧洞尽量避开不利的地质、水文地质地段。

（3）施工特点。隧洞一般是断面小，洞线长，从开挖、衬砌到灌浆工序多，干扰大，施工条件较差，工期一般较长。施工导流隧洞或兼有导流任务的隧洞，其施工进度往往控制整个工程的工期。因此，采用新的施工方法，改善施工条件，加快施工进度和提高施工质量是隧洞工程建设中值得研究的重要课题。

8.1.3 水工隧洞的组成

水利枢纽中的泄水隧洞主要包括下列 3 个部分：

（1）进口段。位于隧洞进口部位，用以控制水流。包括拦污栅、进水喇叭口、闸门室及渐变段等。

（2）洞身段。用以泄放和输送水流。一般都需进行衬砌。

（3）出口段。用以连接消能设施。无压泄水隧洞的出口仅设有门框，有压泄水隧洞的出口一般设有渐变段及工作闸门室。

1949 年以来，我国修建了大量的水工隧洞，其中，万家寨水电站引黄南干线 7 号隧洞长 42900m，引水发电的太平驿电站隧洞长 10600m，昆明掌鸠河和宁波白溪引水隧洞都长达百公里，小浪底水利枢纽泄洪隧洞直径为 14.5m，二滩水电站的无压导流隧洞最大开挖断面为 20.5m×25.5m，是世界上少有的大断面导流洞。

随着我国水利水电建设事业的发展，水工隧洞将日趋增多，规模也在不断加大。近年来，水工隧洞在设计理论、施工方法和建筑结构方面有了新的发展，但由于隧洞属地下结构，影响其工作状态的因素很多且复杂多变，一些作用力的计算及设计理论都还存在一些不尽符合实际的假定，所有这些均有待在总结实践经验的基础上进一步完善和提高。

各种水工隧洞虽任务不同，工作条件有所差异，但设计方法基本相同。本章侧重讲述泄水隧洞的布置、结构型式、构造和衬砌计算方法等。

8.2 水工隧洞的布置

8.2.1 水工隧洞的布置

1. 总体布置

（1）水工隧洞在枢纽中的布置应根据枢纽的任务、泄水建筑物总体规划、建筑物的特性和相互关系、泄洪流量、地形、地质、施工、运行等条件综合研究并经技术经济比较后才能确定。

当枢纽中同时采用岸边溢洪道和泄水隧洞时，一般宜分别布置在两岸，以便于施工和运行。

（2）在合理选定洞线方案的基础上，根据地形、地质及水流条件，选定进口位置及进口结构型式，确定闸门在隧洞中的布置。

（3）确定洞身纵坡及洞身断面形状和尺寸。

（4）根据地形、地质、尾水等条件及其与其他建筑物之间的相互关系，选定出口位置、高程及消能方式。

（5）布置水工隧洞时还应考虑临时占地、永久占地、植被破坏和恢复、施工污染、运行期地下水位变化等对环境的影响和水土保持的要求。应使原自然环境较少破坏，较易恢复，环境投资最小。

2. 洞线选择

泄水隧洞的线路选择是设计中的关键，它关系到隧洞的造价、施工难易、工程进度、运行可靠性等方面。因此，应该在勘测工作的基础上拟定不同方案，考虑各种因素，进行技术经济比较后选定。选择洞线的一般原则和要求为：

（1）隧洞的线路应尽量避开不利的地质构造、围岩可能不稳定及地下水位高、渗水量丰富的地段，以减小作用于衬砌上的围岩压力和外水压力。洞线要与岩层层面、构造破碎带和节理面有较大的交角，在整体块状结构的岩体中，其交角不宜小于 30°；对薄层岩体，特别是层间结构疏松的陡倾角薄岩层，其交角不宜小于 45°。碧口水电站左岸泄洪洞、排沙洞，地处陡倾角、层面结合差的千枚岩地层中，其弯道段洞线与岩层走向交角很小，造成较大的塌方。在高地应力地区，应使洞线与最大水平地应力方向有较小的交角，以减小隧洞的侧向围岩压力。隧洞的进、出口在开挖过程中容易塌方且易受地震破坏，应选在覆盖层、风化层较浅，岩石比较坚固完整的地段，避开严重的顺坡卸荷裂隙、滑坡或危岩地带。

（2）洞线在平面上应力求短直，这样既可减小工程费用，方便施工，且有良好的水流条件。若因地形、地质、枢纽布置等原因必须转弯时，应以曲线相连。对于流速小于 20m/s 的无压隧洞，其转弯半径不宜小于 5 倍洞径或洞宽，转角不宜大于 60°；对于流速小于 20m/s 的有压隧洞，可适当降低要求，但转弯半径不应小于 3 倍洞径或洞宽，转角不宜大于 60°。弯道两端的直线段也不宜小于 5 倍洞径或洞宽。

高流速的有压隧洞，即使转弯半径大于 5 倍洞径，由弯道引起的压力分布不均，有的达到弯道末端 10 倍洞径以上，甚至影响到出口水流，使出口水流不对称，流速分布不均。因此，设置弯道时，其转弯半径及转角最好通过试验确定。高流速的无压隧洞，弯道会引起强烈的水面倾斜和冲击波，水流流态更为不利，所以，应力求采取直线布置。有极少数无压泄洪洞，由于不能避免弯道而采用了复曲线布置（如石头河、石砭峪水库泄洪洞），虽在一定程度上减小了冲击波的影响，但弯道两侧的水面差仍高达 4～6m，流速分布不均的范围也较长。

泄水隧洞的进口应力求水流顺畅，否则会减小泄流能力，引起不利的流态，甚至在一定条件下，在进口附近会形成串通性或间歇性漩涡。出口水流应能与下游河道平顺衔接，并与土石坝坡脚及其他建筑物保持一定距离，以防冲刷和影响枢纽的正常运行。

（3）隧洞应有一定的埋藏深度，包括洞顶覆盖厚度和傍山隧洞靠边坡一侧的岩体厚度（统称为围岩厚度）。围岩厚度涉及：开挖时的成洞条件，运行中在内、外水压力作用下围岩的稳定性，结构计算的边界条件和工程造价等。对于有压隧洞，当考虑弹性抗力时，围岩厚度应不小于 3 倍洞径。根据以往的工程经验，对于较坚硬完整的岩体，有压隧洞的最小围岩厚度应不小于 $0.4H$（H 为内水压力水头），如不加衬砌或采用锚喷衬砌时，围岩厚度应不小于 $1.0H$，最小围岩厚度应满足不发生渗流失稳和水力劈裂的要求。一般洞身段围岩厚度较厚，但进、出口则较薄，为增大围岩厚度而将进、出口位置向内移动会增加明挖工程量，延长施工时间。我国近年来不少工程采取了适宜的施工程序和工程措施，尽管洞顶岩体厚度小到 1 倍开挖洞径或洞宽以下，也能成洞。一般情况下，进、出口顶部岩体厚度不宜小于 1 倍洞径或洞宽。

（4）隧洞的纵坡，应根据运用要求、上下游衔接、施工和检修等因素综合分析比较后确定。无压隧洞的纵坡应大于临界坡度；有压隧洞的纵坡主要取决于进、出口高程，要求全线洞顶在最不利的条件下保持不小于 2m 的压力水头。有压隧洞不宜采用平坡或反坡，因其不利于检修排水。为了便于施工期的运输及检修时排除积水，有轨运输的底坡一般为 3‰～5‰，且不应大于 10‰；无轨运输的坡度为 3‰～15‰，且不应大于 20‰。

（5）对于长隧洞，选择洞线时还应注意利用地形、地质条件，布置一些施工支洞、斜井、竖井，以便增加工作面，有利于改善施工条件，加快施工进度。

8.2.2　闸门在隧洞中的布置

泄水隧洞中一般要设置两道闸门：一道是工作闸门，用来调节流量和封闭孔口，能在动水中启闭；一道是检修闸门，设置在进口，用来挡水，以便检修工作闸门或隧洞。当隧洞出口低于下游水位时，出口处还需设置叠梁检修门。大中型隧洞的深式进水口常要求检修闸门能在动水中关闭、静水中开启，以满足发生事故时的需要，所以也称为事故检修门。

工作闸门可以设在进口、出口或隧洞中的某一适宜位置。

工作闸门布置在进口的泄水隧洞，一般是无压的。按照进口与水面的相对位置分为表孔溢流式和深式进口两种。前者的进口布置与岸边溢洪道相似，只是用隧洞代替了泄槽（图 8-1）。我国采用这种布置型式的有毛家村、流溪河、冯家山等工程的无压泄洪洞。国外很多泄洪洞也采用了这种布置。表孔进口虽有较大的超泄能力，但其泄流能力受到隧洞断面的限制。此种隧洞均属龙抬头布置型式，常与施工导流隧洞相结合，以达到一洞多用的目的。

对于工作闸门设在进口的深式无压泄水隧洞［图 8-2（a）］，为保证洞内为无压流态，门后洞顶应高出洞内水面一定高度，并需向闸门后通气。这种布置的优点是：检修闸门和工作闸门都在首部，运行管理方便；洞内不受压力水流作用，有利于山坡稳定；易于检查和维修。缺点是：过流边界水压力小，流速大的部位会因体形设计不当或施工质量不良而发生空蚀。也有将工作闸门布置在进口的有压隧洞，但在闸门启闭过程中洞内将出现明满流过渡的不稳定流态，水流情况复杂，可能引起空蚀或振

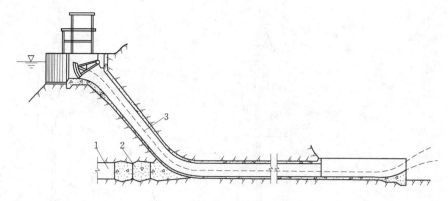

图 8-1 表孔溢流式泄洪洞布置图
1—导流洞；2—混凝土堵头；3—水面线

动，除流速较低的施工导流隧洞外，应避免采用。

工作闸门布置在出口的［图 8-2（b）］为有压隧洞。这种布置的优点是：泄流时洞内流态平稳；门后通气条件好，便于部分开启；工作闸门的控制结构也较简单，管理方便；隧洞线路布置适应性强。但洞内经常承受较大的内水压力，一旦衬砌漏水，对岩坡及土石坝等建筑物的稳定将产生不利影响。实际工程中，常在进口设事故检修门，平时也可用以挡水，以免洞内长时间承受较大的内水压力。

工作闸门布置在洞内，门前为有压洞段，门后为无压洞段。近年来有不少泄洪洞采用了这种布置，如三门峡水利枢纽泄洪洞［图 8-3（a）］、碧口水电站左岸泄洪洞［图 8-3（b）］、新丰江水电站泄洪洞等。采用这种布置的主要原因是：

（1）由于地形、地质、枢纽布置和施工上的原因，隧洞线路需要转弯，为了满足水流条件的要求，将工作闸门设在弯道后的直线段上。

（2）洞内比出口处的地质条件好，将工作闸门布置在洞内，可以利用较强的岩体承受闸门传来的水推力。

8.2.3 多用途隧洞的布置

一洞多用或临时任务与永久任务相结合的隧洞布置，不仅可以解决由于枢纽中单项工程过多给布置上带来的困难，还可减小工程量，降低造价。但也必须妥善解决由于不同任务结合所带来的一些矛盾问题。

1. 导流洞与泄洪洞合一布置

在峡谷河段筑坝，一般采用隧洞导流。将临时性的导流隧洞部分封堵改建为永久泄洪隧洞，是减小泄洪洞工程量、节约投资的合理措施。导流洞可以改建为龙抬头式的无压泄洪洞，也可以改建为有压泄洪洞。前者如刘家峡、碧口、石头河、毛家村等工程的泄洪洞；后者如响洪甸、南水、冯家山工程的泄洪洞等。

由于导流洞高程较低，而泄洪洞进口可以较高，为了降低进口结构造价、减小作用在闸门上的水压力、改善闸门的运行条件和解决淤堵问题，常在导流洞的上方另设进口，布置成龙抬头的型式，如刘家峡、毛家村等工程泄洪洞。当两洞进口之间的岩体厚度较薄或岩石较差时，应尽量将泄洪洞在平面上布置成直线，而将导流洞进口段

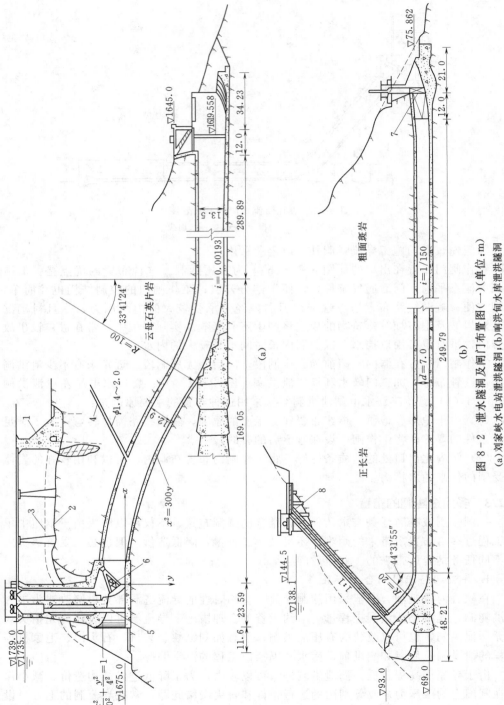

图 8-2　泄水隧洞及闸门布置图（一）（单位：m）

(a) 刘家峡水电站泄洪隧洞；(b) 响洪甸水库泄洪隧洞

1—混凝土副坝；2—岩面线；3—原地面线；4—通风洞；5—检修闸门槽；6—8m×9.5m 弧形门；7—3m×7m 工作门；8—通气孔进口

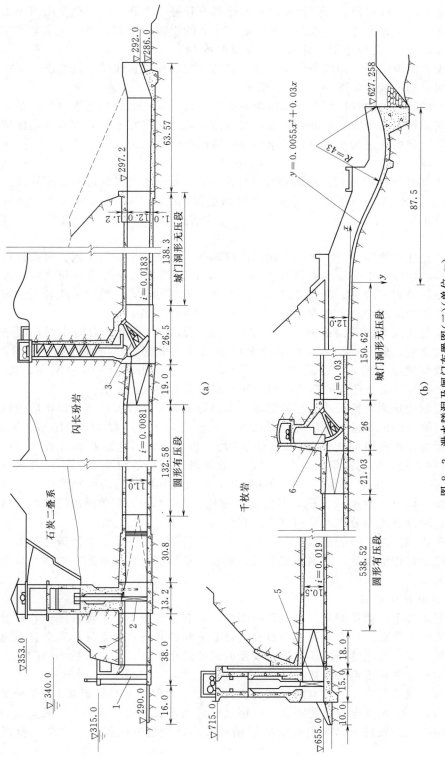

图 8-3 泄水隧洞及闸门布置图(二)(单位:m)

(a)三门峡水利枢纽 1 号泄洪排沙洞;(b)碧口水电站左岸泄洪洞

1—叠梁门槽;2—3.5m×11m 事故检修门;3—8m×8m 弧形工作门;4—平压管;5—9m×11m—55m 事故检修门;6—9m×8m—70m 弧形工作门

偏转一个角度，这样可使运行期泄水时的水流具有较好的流态，而短期使用的导流隧洞由于流速较低，设置弯道不致对水流性态产生大的影响，例如，刘家峡水电站导流洞进口段偏转 32°，碧口水电站导流洞进口段偏转 14°。

龙抬头式的泄洪洞大多数是无压隧洞，在进口之后用抛物线段、斜坡段及反弧段与较低的洞身相连接，如图 8－2（a）所示。

表孔进口后的抛物线段相当于溢流堰面的曲线段。深孔短管型进水口后的抛物线段底板曲线应符合射流曲线，并有一定的安全值，以便闸门在不同开度时均能保持一定的正压。当起始流速为水平时，可求得抛物线底板的方程为

$$x^2 = 4\psi^2 Hy \tag{8-1}$$

式中：H 为工作闸门处孔口顶缘的最大设计水头；ψ 为流速及保持边界正压的修正系数，一般在 1.18～1.3 范围内，刘家峡水电站泄洪洞为 1.18，石头河水库泄洪洞为 1.22，碧口水电站右岸泄洪洞为 1.30；x、y 分别为横、纵坐标，如图 8－2（a）所示。

斜坡段是使抛物线段与反弧段之间的连接部分，起平稳水流的作用。表孔进口水流较平稳，斜坡段与水平面的夹角可达 50°以上，以加长永久泄洪隧洞和临时导流隧洞的结合段，节省工程量。深式进口的流速较大，流态复杂，一般宜采用较缓的坡度以改善反弧段的流态，坡比约在 1：1.5～1：3.0 之间。

反弧段是使水流的转向部分，一般采用圆弧曲线。由于离心力的作用，流态复杂，压力变化大，脉动强烈，反弧半径 R 不宜过小。根据已建工程的统计资料，R 可采用该处流速水头的 0.8 倍或 $R = (0.3 \sim 0.7)Z$，且小于 7.5～10 倍洞高，此处，Z 为最高水位与反弧最低点的高差，当反弧上水深小时，取较小值。

由导流洞改建为龙抬头式无压泄洪洞，常因导流洞宽度较大，需要设扩散段以解决泄洪洞与导流洞的衔接。扩散段应设在水流比较均匀平稳的部位，以防恶化流态。根据一些泄洪洞扩散段的统计资料，当流速大于 20m/s 时，边墙扩散比在 1：10～1：30 范围内，相应的扩散角约为 2°～6°，一般要求边墙扩散角小于 7°。碧口水电站右岸泄洪洞，是由 8m 扩散到 13m，分为两段，一段设在进口后的抛物线段上，另一段设在反弧下切点下游 48m 之后，其边墙扩散比均为 1：20。扩散段边墙两端以圆弧曲线连接，对改善压力分布和平稳流态是有利的。

龙抬头式泄洪洞，一般是水头高、流速大，反弧及其下游易遭空蚀破坏。为了避免空蚀，应做好体形设计，控制施工质量，限制不平整度，并选用适当的掺气减蚀措施等（见 8.6 节）。

2. 泄洪洞与发电洞合一布置

在一定条件下，泄洪洞与发电洞合一布置，具有工程量小、工程进度快、布置紧凑、管理集中等优点。但必须保证各自的运行要求和较好的水力条件，安全宣泄规定的泄洪流量，保证发电隧洞的压力状态及发电时的最小水头，并采取适当的措施，防止机组振动和分岔附近空蚀破坏。

泄洪洞与发电洞合一，可有两种布置型式：①主洞泄洪（直洞泄洪）、支洞发电（岔洞发电）；②主洞发电、支洞泄洪。根据试验研究，采用主洞泄洪、支洞发电的布置型式，洞内流态较好，岔尖附近的负压相对较小，发电支洞回流强度弱，范围也

小。但泄洪时，由于洞内流速加大，有效水头降低，出力相应减小。

分岔角的大小与水力条件及岔尖处的施工和结构强度有关。从水力学的观点看，分岔角度愈小，流态愈好，岔尖处水流分离区小，水头损失也小。但过小的分岔角将使岔尖过窄，洞间岩壁单薄，对结构强度及施工不利。根据实践经验，分岔角一般在30°～60°之间。

在分岔部位，水流边界突然变化，由于水流的惯性作用，必然引起一定范围内水流紊乱，流态复杂。因此，发电隧洞在分岔后的长度不宜小于自身洞径的10倍。

为了提高洞内及岔尖部位的压力，减免空蚀，收缩泄洪洞出口面积或减小泄洪洞闸门开度是一种很有效的措施。但泄洪能力也将由于出口断面面积的缩小而降低。在确定孔口收缩比 η 时，不仅要考虑提高岔尖处的压力，还应考虑机组要求的设计水头。如体形设计合理，为防止岔尖发生空蚀，主洞泄洪时可采用 $\eta \leqslant 0.85$，支洞泄洪时 $\eta \leqslant 0.7$，η 是用于泄洪的主洞或支洞出口面积与洞身断面面积之比。

当采用泄洪洞与发电洞合一布置时，应结合枢纽中泄水建筑物的布置、水库运行要求和水轮发电机组的特性，通过水工模型试验确定主洞与支洞的合理布局（分岔位置、洞径比例、分岔角度、主支洞连接曲线等）以及泄洪洞出口面积收缩比 η 值，尽量做到既能避免岔尖附近发生空蚀，又能减小泄洪时对发电的不利影响。

对于泄洪量大、洪水期长、经常使用的泄洪洞或重要的水电站，不宜采用这种布置。

3. 其他任务隧洞的合一布置

发电与灌溉隧洞合一布置，发电后的尾水可用于灌溉。由于发电要求经常供水，而灌溉用水是季节性的，因而这种布置的主要问题是用水上的矛盾。

有时也可将泄洪与排沙隧洞合一布置。由于排沙洞的进口高程较低，施工期还可结合导流，导流完成后改建为泄洪排沙洞。但对于高水头情况，在设计中需要认真研究高流速含沙水流的冲蚀、磨损及消能问题。

8.3　水工隧洞进口段

8.3.1　进水口的型式和计算要点

深式泄水隧洞的进水口按其后接洞内的水流流态可分为有压隧洞进水口［图8-3（b）］和无压隧洞进水口。当无压隧洞进水口压力段的长度小于3倍孔口高度时，称为短管型进水口［图8-2（a）］。按进水口的布置及结构型式，可分为竖井式、塔式、岸塔式及斜坡式等。

1. 竖井式

竖井式进水口是在隧洞进口附近的岩体中开挖竖井，井壁衬砌，闸门设在井的底部，井的顶部布置启闭机械及操纵室（图8-4）。这种型式的优点是：结构简单，不受风浪和冰的影响，抗震和稳定性好；当地形、地质条件适宜时，工程量较小，造价较低。缺点是：竖井开挖比较困难，竖井前的隧洞段检修不便。竖井式适用于地质条件较好、岩体比较完整的情况。

设置弧形闸门的竖井，井后为无压洞段，井内不充水，称为干井；设置平面闸门

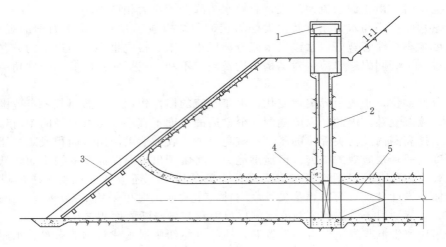

图 8-4 竖井式进水口

1—启闭机室；2—闸门井；3—拦污栅；4—事故检修闸门；5—渐变段

有压隧洞的竖井，井内有水（只有检修时井内无水），称为湿井。井内无水时衬砌上的作用力有：外水压力、侧向围岩压力、温度和地震作用等，井内有水时还作用有内水压力。但一般控制衬砌设计的条件是施工或检修时井内无水。竖井的结构计算可根据受力条件和地质条件沿井的不同高程截取断面，按单位高度的封闭式框架进行分析。

2. 塔式

塔式进水口是独立于隧洞首部而不依靠岩坡的封闭式塔 [图 8-2（a）] 或框架式塔，塔底装设闸门。一般在塔顶设操纵平台和启闭机室，有的工程在塔内设油压启闭机。封闭式塔身的水平断面一般为矩形，也有圆形或多边形的。大、中型泄水隧洞多采用矩形横断面的钢筋混凝土结构。塔式进水口常用于岸坡岩石较差，覆盖层较厚，不宜采用靠岸进水口的情况。其缺点是：受风、浪、冰、地震的影响大，稳定性相对较差，需要较长的工作桥与库岸或坝顶相连接。框架式结构材料用量少，比封闭式经济，但只能在低水位时进行检修，而且泄水时门槽进水，流态不好，容易引起空蚀，故在大型工程中较少采用。

塔身是直立的悬臂结构，在水库中受到风、浪、冰、地震等作用，因此，需对塔身进行抗倾、抗滑稳定计算。塔身的结构计算，可沿有代表性的不同高程截取单位高度的塔身，按封闭式框架计算水平应力，同时还应把塔身作为悬臂结构计算其铅直应力。框架式则属于立体框架结构，设计时可按整体或简化为平面框架计算应力。

3. 岸塔式

岸塔式进水口是靠在开挖后洞脸岩坡上直立的或倾斜的进水塔。图 8-5 为薄山水库泄水隧洞的岸塔式进水口。岸塔式进水口的稳定性较塔式为好，甚至可对岩坡起一定的支撑作用，施工、安装工作也比较方便，无需接岸桥梁。适用于岸坡较陡，岩体比较坚固稳定的情况。

对岸塔进行整体稳定分析和结构计算时，塔背是否作用有岩石压力，应根据地质情况和结构布置而定。

4. 斜坡式

斜坡式进水口是在较为完整的岩坡上进行平整开挖、护砌而成的一种进水口［图8-2 （b）］。闸门和拦污栅的轨道直接安装在斜坡的护砌上。这种布置的优点是：结构简单，施工、安装方便，稳定性好，工程量小。缺点是：如进口不抬高，则闸门面积将加大；由于闸槽倾斜，闸门不易靠自重下降。斜坡式进水口一般只用于中、小型工程，或只用于安设检修闸门的进水口。

5. 组合式

以上是几种基本的进水口型式，实际工程中常根据地形、地质、布置、施工等具体条件组合采用。图8-3 （a）为安装有事故检修门的半竖井半塔式进水口，图8-3 （b）为下部靠岸的岸塔式进水口。

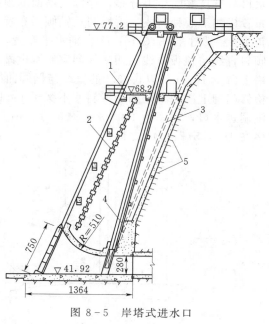

图8-5 岸塔式进水口
（高程：m，尺寸：cm）

1—清污台；2—固定拦污格栅；3—通气孔；
4—闸门轨道；5—锚筋

8.3.2 进口段的组成部分

进口段包括：进水喇叭口、闸门室、通气孔、拦污栅、平压管和渐变段几个部分。

1. 进水喇叭口

隧洞的进水口常采用顶板和边墙顺水流方向三面收缩的平底矩形断面，其体形应符合孔口泄流的形态，避免产生不利的负压和空蚀破坏，同时还应尽量减少局部水头损失，以提高泄流能力。

喇叭口的顶板和边墙常采用椭圆曲线，其方程为

$$\frac{x^2}{a^2} + \frac{y^2}{b^2} = 1 \tag{8-2}$$

式中：a 为椭圆长半轴，对于顶板曲线约等于闸门处的孔口高度 H，对于边墙曲线约等于闸门处的孔口宽度 B；b 为椭圆短半轴，对于顶板曲线约为 $H/3$，对于边墙曲线约为 $(1/5\sim1/3) B$。

对于重要工程，为保证喇叭口具有良好的体形，进口曲线应通过水工模型试验确定。对于有压隧洞的进水口，常采用长轴为水平的1/4椭圆曲线。

深式无压隧洞的进水口为一短的压力段，根据我国10余个工程的统计，其长度约为1.5～2.5倍闸门处的孔口高度，属于短管型进水口。目前这类进水口多采用弧形闸门，为将其支铰处的推力传给山体，一般采用下部依靠岩体的塔式、岸塔式进水口。

无压隧洞进水喇叭口顶板曲线的布置与有压隧洞进水口有所不同。为使短管型进

水口具有良好的压力分布，检修门槽前的顶板曲线应有倾斜压坡。为此，顶板曲线可布置成如下 3 种型式：①椭圆长轴倾斜布置，如乌江渡水电站左岸泄洪洞进水口，仰角为 12°［图 8-6（a）］；②长轴水平布置，但在检修闸门槽之前以不缓于 1∶10 的倾斜直线与顶板曲线相切，如刘家峡水电站泄洪洞进水口［图 8-6（b）］，在检修门槽上游 1.169m 处以 1∶5.2 的直线与椭圆曲线相切；③长轴水平布置，使顶板曲线在检修门槽上游边缘处的切线斜率不缓于 1∶10，无倾斜直线段，如碧口水电站右岸泄洪洞进水口，斜率为 1∶5.2［图 8-6（c）］。据已建成工程的统计资料，此处的斜率多在 1∶4.5～1∶10 之间。

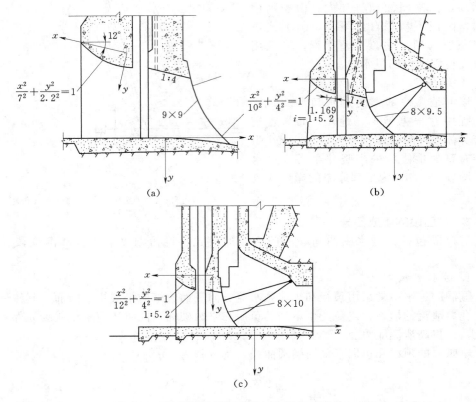

图 8-6　深式无压隧洞进水口布置图（单位：m）

（a）乌江渡水电站左岸泄洪洞进水口；（b）刘家峡水电站
泄洪洞进水口；（c）碧口水电站右岸泄洪洞进水口

　　检修门槽前的入口段长度可控制在 0.8～1.0 倍工作闸门处的孔口高度范围内。检修闸门槽与工作闸门之间的顶板也应布置成压坡段，目的是利用收缩进一步改善进口的压力分布和水流流态。压坡段为等宽矩形断面，顶板的坡率应陡于曲线顶板末端的坡率，一般在 1∶4～1∶6 之间，多数采用 1∶4。压坡段的长度，应满足塔顶启闭机的布置和闸门维修的要求，可采用 3～6m。

　　设中墩布置成双孔的短管型进水口，中墩及两侧收缩会引起明流洞内不利的冲击波，近年来已很少采用。若必须采用双孔进水口，为了消除明流洞内冲击波的影响，可采用红山水库泄洪洞进水口的布置型式（图 8-7），在闸门后加一段压板并延伸到闸墩下游，形成有压收缩段，试验证明，明流段水面平稳，效果良好。

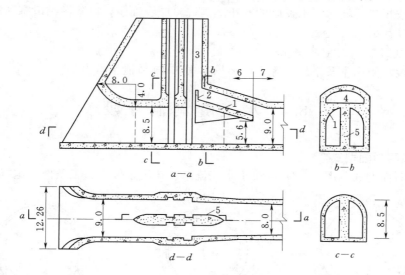

图 8-7　红山水库泄洪洞双孔进水口的压板布置（单位：m）
1—压板；2—挡水板；3—通气井；4—通气道；5—中墩；6—有压段；7—无压段

2. 通气孔

在泄水隧洞的进水口或中部闸门之后应设通气孔，其作用是：①工作闸门在各级开度情况下承担补气任务，补气可以降低门后负压，稳定流态，避免建筑物发生振动和空蚀，减小作用在闸门上的下拖力和附加水压力；②检修时，在下放检修门之后放空洞内水流过程中用以补气；③检修完成后，需要向检修闸门和工作闸门之间充水，以便平压开启检修闸门，此时，通气孔用以排气。所以，通气孔在泄水隧洞的正常泄流、放空和充水过程中，承担补和排气任务，对改善流态、避免运行事故起着重要的作用。

通气孔的进口必须与闸门启闭机室分开，以免在充气、排气时，由于风速很大，影响工作人员的安全。

泄水隧洞工作闸门和事故检修门后通气孔的通气量可按式（3-111）计算。高水头大型工程中长的无压隧洞，其通气量 Q_a 可按半理论半经验公式计算，即

$$Q_a = \frac{V_w A_a}{1 + 21.2 \dfrac{A_a^2}{\varphi_a a B V_w} \left(\dfrac{g}{L}\right)^{1/2}} \qquad (8-3)$$

式中：A_a 为闸门后隧洞或管道水面以上的断面面积，m^2，一般小于 0.3 倍隧洞或管道的断面面积；φ_a 为通气孔的风速系数，可取 0.6；B 为闸门处孔口宽度，m；a 为通气孔的断面面积，m^2；L 为闸门后隧洞的长度，m；V_w 为闸门孔口处的水流流速，m/s；g 为重力加速度，m/s^2。

用式（8-3）计算通气量时，应先假定 a，求得 Q_a 后再验算风速 V_a，应使 V_a 等于或略小于允许风速。否则，需另行假定 a，重复上述计算，直到满足要求为止。

3．拦污栅

泄水隧洞一般不设拦污栅，当需要拦截水库中的较大浮沉物时，可在进口设置固定的栅梁或粗拦污栅。引水发电的有压隧洞进口应设细栅，以防污物阻塞和破坏阀门及水轮机叶片。

4．渐变段、闸门室及平压管

渐变段、闸门室及平压管等，可参见本书 3.10 节泄水重力坝。

8.4 水工隧洞洞身段

8.4.1 洞身断面型式

洞身断面型式（图 8-8）取决于水流流态、地质条件、施工条件及运行要求等。

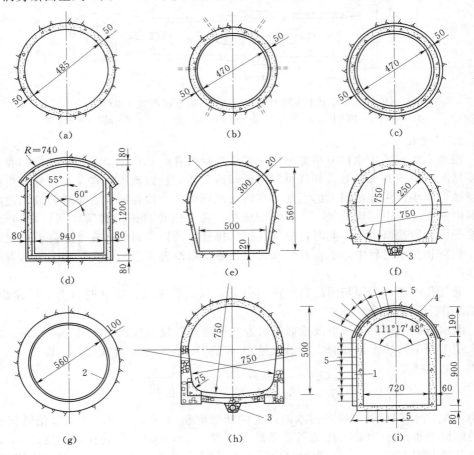

图 8-8 断面型式及衬砌类型（单位：cm）

(a) ～ (f) 单层衬砌；(g) ～ (i) 组合式衬砌

1—喷混凝土；2—δ=16mm 钢板；3—φ25cm 排水管；4—φ20cm 钢筋网喷混凝土；5—锚筋

1. 无压隧洞的断面型式

无压隧洞多采用圆拱直墙形（城门洞形）断面［图 8-8（d）、（i）］。由于其顶部为圆拱，适于承受铅直围岩压力，且便于开挖和衬砌，在国内得到了广泛采用。城门洞形断面的顶拱中心角多在 90°～180°之间。当铅直围岩压力较小时，可采用较小的中心角。当需要加大拱端推力时，其中心角也可小于 90°。一般情况下，较大跨度的泄水隧洞，其顶拱中心角常采用 90°～120°。断面的高宽比一般为 1～1.5，水深变化大时，采用较大值。当水平地应力大于铅直地应力时，可采用小于 1 的高宽比。为了减小或消除作用在边墙上的侧向围岩压力，也可把边墙做成倾斜的［图 8-8（e）］。如围岩条件较差，还可以采用马蹄形断面［图 8-8（f）、（h）］。当围岩条件差，又有较大的外水压力时，也可采用圆形断面。

2. 有压隧洞的断面型式

有压隧洞一般均采用圆形断面［图 8-8（a）、（b）、（c）、（g）］，原因是圆形断面的水流条件和受力条件都较为有利。当围岩条件较好、内水压力不大时，为了施工方便，也可采用上述无压隧洞常用的断面型式。

8.4.2　洞身断面尺寸

洞身断面尺寸根据运用要求、泄流量、作用水头及纵剖面布置，通过水力计算确定，有时还要进行水工模型试验验证。有压隧洞水力计算的主要任务是核算泄流能力及沿程压坡线。对于无压隧洞，主要是计算其泄流能力及洞内水面线，当洞内的水流流速大于 15～20m/s 时，还应研究由于高速水流引起的掺气、冲击波及空蚀等问题。

有压隧洞泄流能力按管流计算

$$Q = \mu \omega \sqrt{2gH} \qquad (8-4)$$

式中：μ 为考虑隧洞沿程阻力和局部阻力的流量系数；ω 为隧洞出口断面面积，m^2；H 为作用水头，m。

洞内的压坡线，可根据能量方程分段推求。为了保证洞内水流处于有压状态，如前所述，洞顶应有 2m 以上的压力余幅。对于高流速的有压泄水隧洞，压力余幅可高达 10m 左右。

无压隧洞的泄流能力，对于表孔溢流式进口，按堰流计算；对于深式短管型进口，泄流能力决定于进口压力段，仍用式（8-4）计算，但系数 μ 应随进口段的局部水头损失而定，一般在 0.9 左右，而 ω 则为工作闸门处的孔口面积。工作闸门之后的无压洞陡坡段，可用能量方程分段求出水面曲线。为了保证洞内为稳定的明流状态，水面以上应有一定的净空。当流速较低、通气良好时，要求净空不小于洞身断面面积的 15%，其高度不小于 40cm；对于流速较高的无压隧洞，还应考虑掺气和冲击波的影响，在掺气水面以上的净空面积一般为洞身断面面积的 15%～25%。对于城门洞形断面，还应将冲击波波峰限制在直墙范围之内。也有不少隧洞采用净空高度不小于洞高的 15%～25%，如陆浑水库泄洪洞为 15%，刘家峡水电站泄洪洞龙抬头的斜坡段为 25%。

在确定隧洞断面尺寸时，还应考虑到洞内施工和检查维修等方面的需要，圆形断面的内径不小于 1.8m，非圆形洞的断面不小于 1.5m×1.8m。

8.4.3 洞身衬砌

1. 衬砌的功用

为了保证水工隧洞安全有效地运行，通常需要对隧洞进行衬砌。衬砌的功用是：①限制围岩变形，保证围岩稳定；②承受围岩压力、内水压力等荷载；③防止渗漏；④保护岩石免受水流、空气、温度、干湿变化等的冲蚀破坏作用；⑤减小表面糙率。

2. 衬砌的类型

隧洞衬砌主要有以下几种类型：

(1) 平整衬砌，亦称为护面或抹平衬砌。衬砌不承受作用力，只起减小隧洞表面糙率，防止渗漏和保护岩石不受风化的作用。对于无压隧洞，如岩石不易风化，可只衬护过水部分。平整衬砌适用于围岩条件较好，能自行稳定，且水头、流速较低的情况。根据隧洞的开挖情况，平整衬砌可采用混凝土、浆砌石或喷混凝土。

(2) 单层衬砌。由混凝土 [图 8-8 (a)]、钢筋混凝土 [图 8-8 (b)、(c)、(d)] 或浆砌石等做成。单层衬砌，特别是钢筋混凝土、混凝土衬砌应用最广，适用于中等地质条件、断面较大、水头及流速较高的情况。根据工程经验，混凝土及钢筋混凝土的厚度，一般约为洞径或洞宽的 1/8~1/12，且不小于 25cm，由衬砌计算最终确定。

(3) 组合式衬砌。有内层为钢板、钢筋网喷浆，外层为混凝土或钢筋混凝土 [图 8-8 (g)]；有顶拱为混凝土，边墙和底板为浆砌石 [图 8-8 (h)]；有顶拱、边墙喷锚后再进行混凝土或钢筋混凝土衬砌 [图 8-8 (i)] 等型式。

在软弱破碎的岩体中开挖隧洞，因其自稳能力差，容易发生塌方，先用喷锚支护，再做混凝土或钢筋混凝土衬砌是一种很好的组合型式。引滦入津引水隧洞在1700m 长度范围内采用了这种型式，收到了良好的效果。

选择洞身衬砌类型，应根据隧洞的任务、地质条件、断面尺寸、受力状态、施工条件等因素，通过综合分析比较后确定。

在有压圆形隧洞中，一般以采用混凝土、钢筋混凝土单层衬砌最为普遍。当内水压力较大、围岩条件较差、钢筋混凝土衬砌不能满足要求或不经济时，可采用内层为钢板的组合式双层衬砌。图 8-8 (g) 为冯家山水库右岸压力泄洪洞出口段的双层衬砌，水头 70m。当内水压力较大时，也可研究采用预应力衬砌。

无压泄洪隧洞，一般流量较大，流速也较高，常采用城门洞形断面、整体钢筋混凝土衬砌 [图 8-8 (d)]。近年来有些工程采用了喷混凝土或加钢筋网与混凝土或钢筋混凝土的组合式衬砌，保证了工程的安全施工和顺利建成，如冯家山水库左岸泄洪洞及引大入秦工程的盘道岭隧洞等。

配合光面爆破，喷锚是一种经济、快速的衬砌型式。有关喷锚支护见 8.9 节。

当围岩坚硬、完整、裂隙少、稳定性好且不易风化时，对于流速低、流量较小的引水发电隧洞或导流隧洞，可以不加衬砌。不衬砌的有压隧洞，其内水压力应小于地应力的最小主应力，以保证围岩稳定。不衬砌隧洞的糙率大，泄放同样流量要加大开挖断面。因此，是否采用不衬砌隧洞，应该经过技术经济比较之后确定。

3. 衬砌分缝

混凝土及钢筋混凝土衬砌是分段分块浇筑的。为防止混凝土干缩和温度应力而产生裂缝，在相邻分段间设有环向伸缩缝，沿洞线的浇筑分段长度应根据浇筑能力和温度收缩等因素分析决定，一般可采用6～12m。无压隧洞的伸缩缝，如无防渗要求，可做成平缝［图8-9（a）］或设键槽，不设止水，分布钢筋也不穿过接缝；对有压隧洞和有防渗要求的无压隧洞，则需在缝中设止水［图8-9（b）］。纵向施工缝应设在拉、剪应力较小的部位。对于圆形隧洞，常设在与中心铅直线夹角45°处［图8-9（c）］；对于城门洞形隧洞，为便于施工可设在

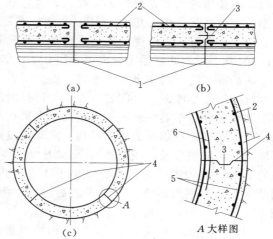

图8-9 环向伸缩缝及纵向施工缝
1—环向伸缩缝；2—分布钢筋；3—止水片；4—纵向
施工缝；5—受力筋；6—插筋

顶拱、边墙、底板交界附近。纵向施工缝需要凿毛处理，有时增设插筋以加强整体性，缝内可设键槽，必要时设止水。

隧洞穿过断层破碎带或软弱带，衬砌需要加厚。当破碎带较宽，为防止因不均匀沉降而开裂，在衬砌厚度突变处，应设沉降缝（图8-10）。此外，在进口闸门室与渐变段、渐变段与洞身交接处以及衬砌的型式、厚度改变，可能产生相对位移的部位，也需要设置环向沉降缝。沉降缝的缝面不凿毛，分布钢筋也不穿过，但缝内应填1～2cm厚的沥青油毡或其他填料。对有压隧洞及有防渗要求的无压隧洞，还应在缝内设止水。

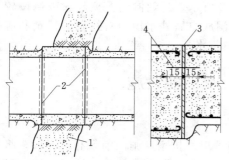

图8-10 沉降缝（单位：cm）
1—断层破碎带；2—沉降缝；3—沥青油毡
厚1～2cm；4—止水片或止水带

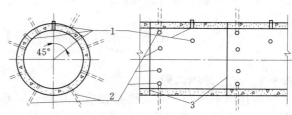

图8-11 灌浆孔布置
1—回填灌浆孔；2—固结灌浆孔；3—伸缩缝

4. 灌浆

隧洞灌浆分为回填灌浆和固结灌浆两种。回填灌浆是为了充填衬砌与围岩之间的空隙，使之结合紧密，共同受力，以发挥围岩的弹性抗力作用，并减少渗漏。浇筑顶

拱时，可预留灌浆管，待衬砌完成后，通过预埋管进行灌浆（图 8 - 11）。回填灌浆范围，一般在顶拱中心角 90°～120°以内，孔距和排距为 2～6m，灌浆孔应深入围岩 5cm 以上，灌浆压力应视混凝土衬砌厚度和配筋情况确定，对混凝土衬砌可采用 0.2～0.3MPa，对钢筋混凝土衬砌可采用 0.3～0.5MPa。

固结灌浆的目的在于加固围岩，提高围岩的整体性，减小围岩压力，保证围岩的弹性抗力，减小渗漏。对围岩是否需要进行固结灌浆，应通过技术经济比较确定。固结灌浆均匀分布于隧洞断面周围，固结灌浆孔的排距宜采用 2～4m，每排不宜少于 6 孔，对称布置，相邻断面错开排列；灌浆深度应根据对围岩的加固和防渗要求而定，可取 0.5 倍隧洞直径（或洞宽）；灌浆压力可采用 1.0～2.0 倍内水压力。对于高水头的有压隧洞，固结灌浆压力宜小于 1.5 倍内水压力，并应小于围岩最小主应力。固结灌浆应在回填灌浆 7～14 天之后进行。灌浆时应加强观测，以防洞壁发生变形破坏。

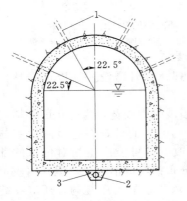

图 8 - 12   无压隧洞排水布置图
1—径向排水孔；2—纵向排水管；
3—小石子

回填灌浆孔和固结灌浆孔常分排间隔排列，如图 8 - 11 所示。

5. 排水

设置排水可以降低作用在衬砌上的外水压力。对于有压圆形隧洞，外水压力一般不控制衬砌设计。当外水位很高，对衬砌设计起控制作用时，可在衬砌底部外侧设纵向排水管，通至下游。必要时，还可增设环向排水槽，并与纵向排水相连通。

外水压力对城门洞形无压隧洞衬砌的结构应力影响很大，可在洞底设纵向排水管通至下游或在洞内水面线以上，通过衬砌设排水孔。排水孔的间距和排距一般为 2～4m，深入岩石 2～4m，将地下水直接引入洞内，如图 8 - 12 所示。当隧洞的宽度较大或侧墙较高时，为减小隧洞放空后外水压力对衬砌的稳定和应力产生不利影响，也可研究在洞内水面线以下设置排水孔。

8.5   水工隧洞出口段及消能设施

8.5.1   出口段的体形

有压隧洞出口，绝大多数设有工作闸门，布置启闭机室，闸门前设有渐变段，将洞身从圆形断面渐变为闸门处的矩形孔口，出口之后即为消能设施。图 8 - 13（a）为冯家山水库右岸有压泄洪洞的出口段结构图。

有压泄水隧洞由于自由出流时，主流下跌，在出口段一定长度范围内洞顶易出现负压。有的圆形隧洞，出口段没有收缩，洞顶负压范围很大，如陡河双桥水库输水洞，试验中负压段范围达 14.4 倍洞径。为避免出现负压，通常将出口断面适当收缩，如沿程边界无显著变化，出口收缩比可采用 0.85～0.9；断面变化较多，水流条件较差时，可减小为 0.8～0.85。渐变段底部如有反坡或末端顶部布置平段，也会引起负

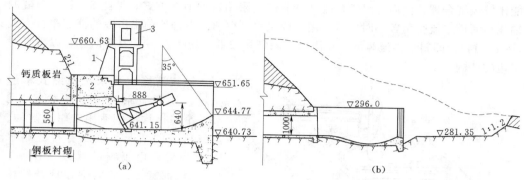

图 8-13 隧洞出口段结构图（高程：m；尺寸：cm）

(a) 有压隧洞；(b) 无压隧洞

1—钢梯；2—混凝土压重；3—启闭机室

压，如云南渔洞水库有压隧洞，原方案出口渐变段长 10m，由直径 4.5m 的圆洞，四面按 1∶20 的坡比收缩为断面 3.5m×3.5m 的方形，再加 2m 长的平段，洞顶负压很大。取消 2m 平段后，洞顶负压减至 1.93m 水柱。后将渐变段改为顶侧三面收缩，底部水平，出口断面增大到 3.9m×3.9m，虽收缩比由 0.77 加大为 0.955，洞顶反而均为正压。响洪甸水库有压泄洪洞出口工作门槽下游边在水头 58m、流速 27m/s 的情况下，运行 23h 发生了严重的空蚀破坏。第一次修复是在矩形门槽下游侧角钢后加焊宽 90cm、厚 20mm 的钢板，并将其锚固于混凝土内，用以保护空蚀区，但再次运行时仍遭破坏。后经水工模型试验研究，改变了门槽体形，缩窄了门槽下游一段两边侧墙的净距，即由宽 3.0m 收缩为 2.662m，以提高门槽内的压力，后再未发生破坏。上述破坏情况，虽与门槽体形有关，但其上游侧渐变段的体形不良则是造成复杂水力条件和破坏的重要原因。该渐变段长 12m，由直径 7m 的圆形，收缩至出口为 3m×7m 的矩形断面，收缩比减小到 0.55，两边侧墙为 1∶5～1∶9 的变坡收缩，而底板与顶板平行，且有 1∶5 的反坡 [图 8-2 (b)]，经试验，渐变段顶部有大片负压区，时均负压值为 2.13～2.68m 水柱，如计入脉动压力负峰值，则负压更大，因而强化了门槽发生空化的条件。有的研究资料也得到了同样的结论，即出口渐变段以顶板、侧墙三面收缩、底板水平、下接一段没有突扩的水平渠槽为好。据此，该资料建议出口断面选用高、宽均为 0.867D 的正方形，虽收缩比只有 0.957，出口洞顶仍有 0.22D 水柱的正压（D 为圆洞的直径）。考虑水力条件及闸门结构，出口断面应采用正方形或接近正方形。

无压隧洞的出口段仅有门框，以防洞脸及其上部岩石崩塌，并与消能设施的两侧边墙相衔接。图 8-13 (b) 为陆浑水库无压泄洪洞的出口段结构图。

8.5.2 消能设施

泄水隧洞大都采用挑流消能，其次是底流消能。近年来，国内也在研究和采用新型消能工，如窄缝挑流消能、洞内突扩消能、洞内旋流消能等。

1. 挑流消能

当出口高程高于或接近于下游水位，且地形、地质条件允许时，采用扩散式挑流消能比较经济合理，国内外泄洪、排沙隧洞广泛采用这种消能方式，见图 8 - 13。当隧洞轴线与河道水流交角较小时，可采用三门峡水利枢纽泄洪排沙洞出口段的消能布置方式（图 8 - 14），即斜切挑流鼻坎，靠河床一侧鼻坎较低，使挑射主流偏向河床，以减轻对岸边的冲刷。

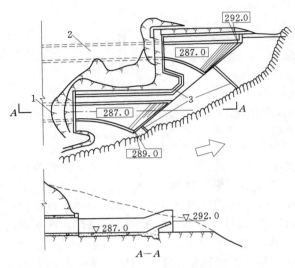

图 8 - 14　斜向挑坎布置图（单位：m）
1—Ⅰ号隧洞；2—Ⅱ号隧洞；3—排水沟

挑流消能也可采用收缩式窄缝挑坎，其消能原理可参见本书 7.2 节。窄缝挑坎特别适用于岸坡陡峻、河谷狭窄的情况。陕西省石砭峪水库泄洪洞采用了窄缝挑坎（图 8 - 15），根据试验，在宣泄设计及校核洪水情况下，水舌的纵向入水长度相应达到 52m 和 71m，冲刷深度不仅小于等宽挑坎，也小于横向扩散挑坎的冲刷深度。西班牙阿尔门德拉坝的两条并列泄水隧洞，进口闸门后为 1∶5 的陡坡段，末端也采用了窄缝挑坎。

试验研究表明，收缩式窄缝挑坎的适宜收缩比 b/B（b 为挑坎末端宽度，B 为挑坎始端宽度）及长宽比 L/B（L 为收缩挑坎的长度）与弗劳德数 Fr 有关。深式泄水孔或隧洞，出口宽度小，单宽流量较大，当 b/B 较小而 L/B 较大时，不仅挑流水舌扩散不好，甚至在收缩段内产生水跃，适宜的 b/B 在 $0.35\sim0.5$、L/B 在 $0.75\sim1.5$ 范围内。石砭峪水库泄洪洞窄缝挑坎 $Fr=2.87\sim3.81$，$b/B=0.385$，$L/B=0.913$。对实际工程，在选择挑坎尺寸时，应通过水工模型试验来确定，要求冲击波交汇于挑坎出口附近，并能获得良好的扩散水舌。

2. 底流消能

当出口高程接近于下游水位时，也可采用扩散后的底流水跃消能（图 8 - 16）。水流由隧洞出口经水平扩散段（有的不设水平段），再经曲线扩散段、斜坡段继续横向扩散后进入消力池。由于水流横向扩散，单宽流量减小，因而消力池的长度和深度也相应减小。底流水跃消能比较充分、平稳，对下游水面的波动影响范围小。但这种消能方式一般是开挖量大，施工时间较长，材料用量多，造价也高。

3. 洞中突扩消能

高水头水利枢纽中利用高程相对较低的导流隧洞改建为泄洪洞后，泄洪时洞内流速很高，为了防止高速水流引起的空蚀及高速含沙水流的磨损破坏，可在洞内采用突扩消能。洞中突扩消能是在有压隧洞中分段造成出流突然扩散，与其周围水体之间形成大量漩涡、掺混而消能。

黄河小浪底水利枢纽将导流洞改建为压力泄洪洞，采用多级孔板消能方案，在直径为 14.5m 的洞中布置了三级孔板，孔径与洞径比分别为 0.69、0.724 和 0.724，孔

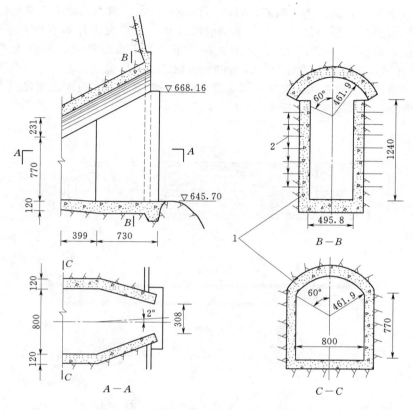

图 8-15 窄缝挑坎布置图（高程：m；尺寸：cm）
1—钢筋混凝土衬砌；2—锚筋

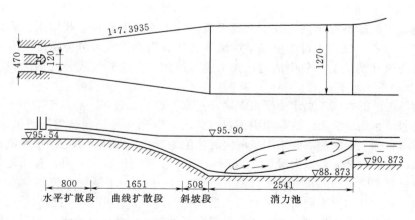

图 8-16 底流水跃消能布置图（高程：m；尺寸：cm）

板的间距为 $3D=43.5m$。由模型试验得知，水流通过孔板突扩消能，可将 140m 的水头削减 70%，洞壁最大流速仅为 10m/s 左右。试验资料也表明：①需要防止孔板附近的水流发生空化，特别是末级孔板，为防止孔板上游角隅漩涡空化并增大消能效果，在孔板上游角隅处设置消涡环，可收到良好效果；②洞内脉动压力系数很高，但是由脉动压力引起的振动却很微弱，不会引起破坏。加拿大迈加堆石坝左岸泄洪洞，也是由导流洞改建而成的，在 180m 水头作用下，如不采取措施，洞内流速可高达 52m/s。为了减小流速，在直径为 13.8m 的洞内修建了两段混凝土塞，净距离为 104m，塞内设 3 根钢管。水流在两个混凝土堵塞段之间进行扩散消能，可使流速降到 35m/s[1]。洞内突扩消能布置如图 8-17 所示。

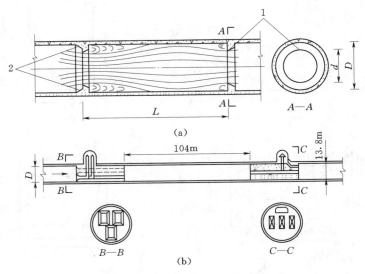

图 8-17　洞内突扩消能布置图
(a) 多级孔板消能；(b) 迈加泄洪洞突扩消能
1—孔板；2—消涡环

4. 洞内旋流消能

洞内旋流消能是在隧洞内设置造旋设施，使水流产生旋转，利用水流的离心力增加过流壁面压强，以防止过流壁面空蚀破坏。按其消能方式可分为螺旋流沿流程均匀消能和螺旋流在消能室中集中消能；按消能工结构可分为旋流式竖井消能和水平螺旋流消能。

洞内旋流消能有利于高水头泄洪洞防止过水壁面空蚀破坏，有利于洞中水流与下游衔接，有利于泄流量变化时消除明满流过渡流态，有利于导流洞改建为泄洪洞。为此，近年来国内有些工程的泄洪洞采用了洞内旋流消能方式。如沙牌水电站由导流洞改建成的泄洪洞，总水头 88m，最大泄量 242m³/s，经水工模型试验，采用了有压短管型进水口、旋流竖井、明流洞的布置方案（图 8-18）。由于采用了适合急流的蜗室体形，使水流在蜗室和竖井内形成旋流，从而增大过流壁面压力，并在竖井内形成稳定和贯穿的中心空腔，使水流大量掺气，紊动强烈，提高了消能率。公伯峡水电站的泄洪洞也采用洞内旋流消能，但消能工不是采用旋流式竖井，而是用水平螺旋法消能。

---

❶ 水利电力部科技情报室，国外高水头泄水建筑物，1975 年。

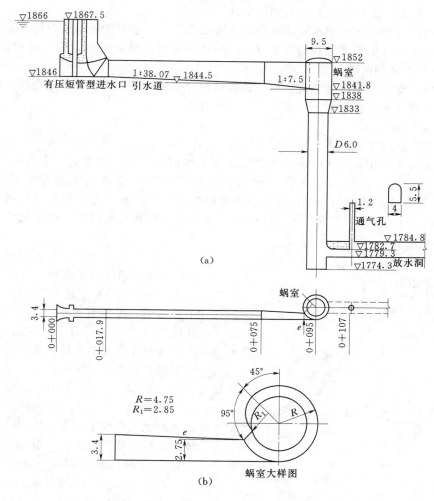

图 8-18 沙牌水电站旋流消能竖井布置（单位：m）

(a) 剖面图；(b) 平面图

8.6 高流速泄水隧洞的水流脉动压力与空蚀

高水头泄水隧洞内，水流的流速很高，有的已达到 50m/s 以上。对于高速水流，设计中必须考虑其给建筑物带来的一些问题，如水流脉动压力及脉动可能引起建筑物的振动、伴随水流的空化而产生的空蚀破坏、水流的掺气和冲刷等。

8.6.1 脉动压力、空化与空蚀

1. 脉动压力

高流速的泄水道中，由于水流内部的紊动特性，水流对衬砌表面作用有脉动压力。脉动压力可加大过流面上的瞬时作用力，其负峰值会降低瞬时压强，促使水流发

生空化，另外，还可能引起建筑物的振动。

脉动压力值可用流速水头乘以脉动压力系数求得，也可按脉动压力均方差 σ 的一定倍数获得。分析水流是否会发生空化，脉动压力值一般采用 3σ，而在结构设计中，常以 2σ 作为脉动荷载。

水流脉动压力是否会诱发隧洞结构振动，应视脉动压力大小、频率特性、隧洞结构形状、尺寸和自振特性等因素，进行具体分析。

2. 空化与空蚀

有关空化与空蚀的概念可参见本书 3.10 节。

在实际工程中，当水流的最小空化数大于体形的初生空化数时，不会发生空蚀，否则就可能发生。刘家峡水电站泄洪洞空蚀破坏时，反弧处的水流空化数低到 0.125，而重演破坏时的减压试验测得残留钢筋头 1:15 升坎处的初生空化数分别为 0.75 和 0.53，故在该处发生了空蚀破坏。设计中应做到水流的最小空化数大于其初生空化数。

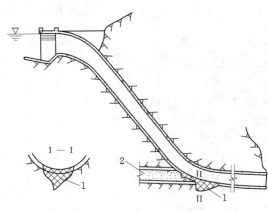

图 8-19　泄洪洞的空蚀破坏
1—空蚀破坏区；2—导流洞堵塞段

高流速的泄水隧洞常因空蚀而遭受破坏。美国胡佛坝泄洪洞，洞径 15.3m，流速 46m/s，初期宣泄 380 m^3/s，运行 4 个月之后，经泄放 1070m^3/s 流量（设计流量为 5500m^3/s）数小时，在龙抬头下部与导流洞结合的反弧段就遭到了严重的空蚀破坏（图 8-19），剥蚀坑长 35m、宽 9.2m、深 13.7m，冲去混凝土和基岩共 4500m^3。其空蚀原因是衬砌表面施工放线不准确，混凝土存在突体、冷缝、蜂窝等缺陷。我国刘家峡水电站泄洪洞，城门洞形，断面尺寸为 13m×13.5m，在 1972 年运行中实际落差 105m，流速 38.5m/s，因残留钢筋头、突体等原因，在龙抬头下部的反弧段及其下游整个洞宽范围内遭到空蚀，冲成长 24m、深 3.5m 的大坑。

高流速的泄水隧洞由于体形不良、施工缺陷、运行不当发生空蚀破坏的事例很多，所以，在设计、施工和运行中必须予以充分的重视。

8.6.2　减蚀措施

防止和减轻空蚀的主要措施有：做好体形设计，控制过流边界的不平整度，人工掺气、通气，选用抗空蚀性能强的衬砌材料等。

所谓做好体形设计是指选好那些容易发生空蚀如：进口、门槽、渐变段、弯道、龙抬头曲线段、岔洞及出口等部位的体形，参见前述。

1. 不平整度的控制要求

过流边界的不平整体，会使水流与边界分离，形成漩涡，发生空蚀。因此，在设计、施工中对不平整体给以限制是十分重要的。

如何确定不平整度的允许值，至今尚无理论计算方法，各国要求也有差别。SL 279—2002《水工隧洞设计规范》提出，过流表面的不平整度控制和处理要求应根据水流空化数的大小确定，见表8-1。

表 8-1　　　　　　　　　　　　过水表面不平整度控制和处理标准

水流空化数 σ	>1.70	1.70~0.61	0.60~0.36	0.35~0.31	0.30~0.21		0.20~0.16		0.15~0.10		<0.10
掺气设施					不设	设	不设	设	不设	设	修改设计
突体高度控制（mm）	≤30	≤25	≤12	≤8	<6	<25	<3	<10	修改设计	<6	
磨成坡度 正面坡	不处理	1/5	1/10	1/15	1/30	1/5	1/50	1/8		1/10	
磨成坡度 侧面坡	不处理	1/4	1/5	1/10	1/20	1/4	1/30	1/5		1/8	

碧口水电站泄洪洞，对不同的部位提出不同的不平整度控制要求，如右岸泄洪洞，在流速36m/s处，垂直水流的不平整体的允许高度为3mm，平行水流的为7mm；流速为28m/s的部位，相应允许值为4mm及7mm，磨平的坡度均为1：50。刘家峡水电站泄洪洞空蚀破坏后修复时，允许错台高度垂直水流方向为2mm，平行水流方向为4mm，超过者要求处理，磨平的坡度为1：50～1：100。这样的要求是相当严格的。

2. 掺气减蚀设施

当流速大于35～40m/s时，对不平整体的处理要求是很高的，不仅要花费很多人力物力，而且施工也不易达到要求。自20世纪60年代初以来，不少国家采用了掺气减蚀设施，如美国格兰峡泄洪洞、黄尾泄洪洞、加拿大迈加泄洪洞等工程。我国也在冯家山、乌江渡、石头河、石砭峪等工程泄洪洞中相继采用了掺气减蚀设施，其中，对冯家山、乌江渡等工程泄洪洞还进行过原型观测，证明掺气减蚀效果十分显著。

图8-20为美国黄尾泄洪洞的掺气槽布置。该泄洪洞反弧末端落差147.7m，洞径9.75m，1967年泄洪时多处遭到空蚀破坏，其中，最严重的一段是在龙抬头反弧段下游，蚀坑长14m，宽5.95m，深2.14m。后在反弧起点上游4.9m处设一道掺气槽，并将破坏部位回填修补，经1969年、1970年两次过水原型观测，再未发生空蚀破坏。冯家山水库左岸泄洪洞是我国首先在隧洞中采用掺气设施的试点工程，该隧洞反弧处流速达29.6m/s，在反弧上切点上游6.4m处设上掺气槽，在下切点处设0.3m高的掺气挑坎。后经3次放水进行原型观测，虽布置了一些人工突体，经声测，监听到突体下游已发生空穴，但事后检查，没有任何空蚀痕迹。

石头河水库泄洪洞最大泄量为850m³/s，反弧末端的水头为93.25m，最大流速为40.6m/s，其掺气设施的布置见图8-21，上掺气槽设于反弧起点前9.37m处，在反弧末端设下掺气槽。根据水工模型试验，在各级流量下，掺气槽均能充分供气，形成稳定的空腔，自1981年运行以来，效果良好。

向掺气设施所形成的水舌空腔中通入空气，由于射流底缘的紊动，空气不断被卷入水流，形成一个逐渐变厚的水气掺混带。含大量空气的空泡在溃灭时可大大减小传到边壁上的冲击力，含气水流也成了弹性的可压缩体，从而达到减免空蚀的目的。根

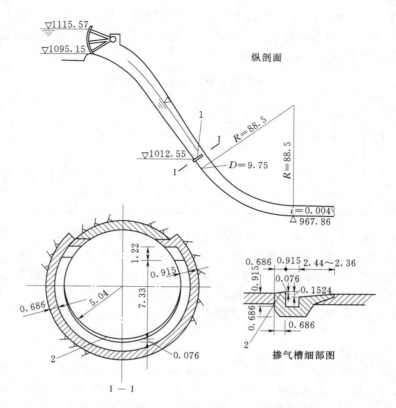

图 8-20　黄尾泄洪洞掺气槽布置（单位：m）

1—掺气槽；2—挑坎，高度从洞底至水平中心线以上 3.8cm 处，由 7.6cm 渐变到 0

据试验，掺气量约为 2% 时，其空蚀破坏就可减轻至清水情况的 1/10；掺气量达到 7%～8% 时，足以消除空蚀。

掺气设施有掺气槽、挑坎、跌坎 3 种基本型式，以及由它们组合成的其他型式。最常用的掺气设施如图 8-22 所示，其中，图 8-22(a) 为上游边设挑坎的组合式掺气槽（简称掺气槽）、图 8-22 (d) 为挑坎跌坎式、图 8-22 (e) 为突扩突跌式。

掺气设施一般都设在过流底面的边界上（图 8-20，图 8-21），这不仅可以防止底板的空蚀，也能对边墙起减蚀作用。两侧边墙设置挑坎或突扩掺气，会形成水翅，恶化流态。但突扩突跌掺气可与偏心铰弧形闸门的压紧止水门框相结合［图 8-22 (e)］，如东江水电站右岸二级放空洞两侧突扩 0.4m，底部跌坎 0.8m；努列克第三层导流洞偏心铰弧形门处两侧突扩 0.5m，底部跌坎 0.6m。

掺气槽和挑坎布置简单，施工方便，可用于改建工程或新建工程。美国黄尾泄洪洞修复时即采用了掺气槽，我国的冯家山、石头河、乌江渡等工程采用了掺气槽和挑坎。跌坎及突扩突跌式掺气设施一般只适用于新建工程。

掺气设施要起到减蚀作用，应当做到：①有足够的通气量；②在设计运行的水头范围内能形成稳定的空腔，保证供气；③水流流态较平稳，不影响正常运行；④空腔内不出现较大的负压，一般负压不超过 0.5m 水柱。

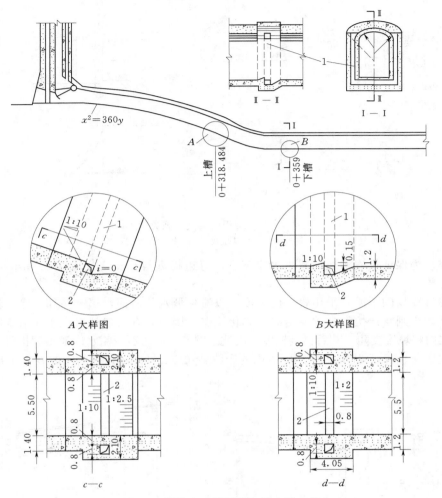

图 8-21　石头河水库泄洪洞掺气槽布置（单位：m）
1—通气孔；2—掺气槽

　　挑坎单独使用或与掺气槽结合时，根据实际工程资料，其高度多在 5～85cm。有的资料认为，高度为最大水深的 1/15～1/12 时较好。一般情况下，单宽流量大时采用较高的挑坎。挑坎的挑角可取 5°～7°。挑坎愈高，坡度愈大，则通气量愈大，空腔也愈大，但对下游的水流条件不利，因而坎高和坡度均不宜过大。当挑坎与跌坎结合时，挑坎高度可采用 10～20cm。掺气槽以通气顺畅、满足通气孔出口布置为准，常用梯形断面。冯家山水库泄洪洞的上掺气槽，底宽 0.9m，由两侧边墙内直径为 0.9m 的通气孔供气；石头河水库泄洪洞上、下掺气槽底宽均为 0.8m（图 8-21），由两侧边墙内 0.8m×0.8m 的通气孔供气。现有工程的跌坎高度在 0.6～2.75m 之间，也有更高的跌坎（如迈加泄洪洞反弧末端的跌坎高达 4.33m）。突扩突跌掺气设施若与偏心铰弧形闸门门框相结合，侧向突扩还要满足压紧止水门框的要求。一般两侧各突扩0.4～1.0m，也有达到 1.5m 的，大多数每边扩宽与孔宽之比在 0.06～0.16 范围内。

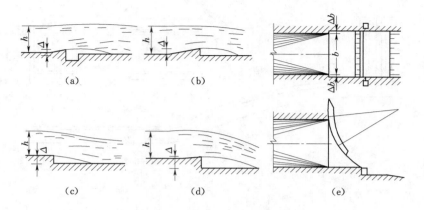

图 8-22　常用的掺气设施类型

(a) 掺气槽式；(b) 挑坎式；(c) 跌坎式；(d) 挑坎跌坎式；(e) 突扩突跌式

据研究，为保证供气畅通并减小水翅高度，每边扩宽与孔宽之比以在 0.06~0.09 范围为好[❶]。

掺气跌坎的下游宜采用较大的坡度，以避免低水位时回水填满底部空腔，但也不能过陡，否则将产生较强的冲击波，恶化流态。因此，有人建议可在 1.5 倍空腔长度的范围内将坡度变陡，其后再接较缓的底坡。图 8-23 为石砭峪水库泄洪洞掺气跌坎布置，跌坎高 95cm，跌坎下游 30m 以内的底坡 $i=0.143$，30m 以外的底坡 $i=0.095$。

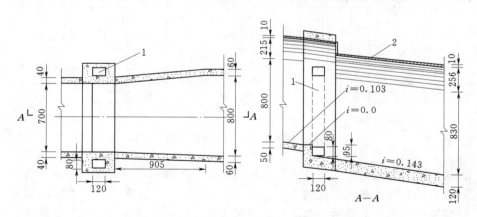

图 8-23　石砭峪水库泄洪洞掺气跌坎布置（单位：cm）

1—通气孔；2—喷混凝土

掺气设施的通气量因底部掺气或底侧同时掺气而异，也有些相应的计算式。根据冯家山、乌江渡等工程原型观测通气量资料的统计，对于底部掺气在水舌空腔负压小于 0.5m 水柱属正常供气的情况下，当单宽流量 $q_w=10~220\text{m}^3/(\text{s}\cdot\text{m})$ 时，通气系数 $\beta=q_a/q_w=0.7~0.045$，q_a 为单宽通气量。q_w 虽变化幅度较大，而 q_a 却在 7~10 $\text{m}^3/(\text{s}\cdot\text{m})$

---

❶　水电部西北水利科学研究所，偏心铰弧门突扩突跌式通气设施体形选择的初步试验研究，1983 年。

范围内。因此，这个数据可粗略估算总通气量。通气孔的面积可用式（8-5）计算。

$$A_a = Q_a / \left(\varphi_a \sqrt{2g \frac{\rho_w}{\rho_a} \Delta h_a} \right) \tag{8-5}$$

式中：Q_a 为总通气量，$Q_a = Bq_a$，m^3/s；B 为过水断面的宽度，m；φ_a 为通气孔的风速系数，常用 $0.67 \sim 0.82$；ρ_w、ρ_a 分别为水和空气的密度，$\rho_w/\rho_a = 773$；Δh_a 为空腔中的允许负压值，应不超过 0.5m 水柱。

通气孔中的风速应小于 60m/s。

掺气设施常设于龙抬头式泄水隧洞反弧起点上游一定距离，或同时也设于反弧段的下切点处，但不能设在反弧上，以免因离心力的影响而使掺气槽内充水。一般认为，当陡坡上的水流流速为 $25 \sim 35$m/s 时，就应考虑掺气减蚀；流速大于 35m/s 时，从安全、经济出发应该采用掺气设施。掺气保护长度应根据过水曲线型式和掺气结构型式确定，曲线段可采用 $70 \sim 100$m，直线段可采用 $100 \sim 150$m，以保证近壁层掺气浓度大于 4%。对长泄水隧洞，应考虑设置多级掺气减蚀设施。

向水舌空腔中掺气是一种经济而有效的减蚀措施，近年来在我国的应用发展很快。但应注意，掺气增加了水深，使水舌跌落区压强加大，应避免在水舌冲击区内设置伸缩缝。

3. 抗磨耐蚀材料

抗空蚀材料包括：高标号混凝土、钢纤维混凝土和钢铁砂混凝土，钢板，环氧砂浆和高标号水泥石英砂浆，辉绿岩铸石板等。①高标号混凝土是实际工程中普遍采用的一种抗空蚀材料，根据试验研究，抗蚀性能较好的混凝土，其标号不宜低于 C30 号，我国目前所建的高流速泄洪洞多采用 C30 号混凝土；②钢纤维混凝土是在混凝土中掺入一定数量长约几厘米的短钢丝，用以增强混凝土的抗裂性能，提高强度，改善材料的韧性和抗冲击能力，是近年来才研究使用的，目前已用于修补工程；③钢铁砂混凝土是一种新材料，是用不同粒径和比例的钢铁砂和水泥、石子配合而成的混凝土，具有强度高、抗空蚀、耐磨损的特点，也已用于修补工程和防护高流速的边界表层；④钢板的抗空蚀能力强而抗磨损性能较低，多用于衬护门槽、岔洞及体形变化易于空蚀的部位；⑤环氧砂浆为表层抹护材料，由环氧树脂与砂子按一定比例拌和而成，具有较好的抗空蚀和抗磨性能，常用于修复混凝土表面的破坏部分，但因其有毒且价格较贵，不宜大面积使用；⑥高标号水泥石英砂浆的抗磨损能力次于环氧砂浆，可以作为护面，比较经济，施工简单，修补也方便；⑦辉绿岩铸石板是以辉绿岩为原料，在工厂拓模制成的几十厘米见方的板块，用黏结材料将其粘砌在过水边界上以抵抗磨损，由于它具有较高的硬度指标，是极好的抗磨材料，但很难保证与混凝土牢靠黏结，易被水流冲走，且性脆易碎，易被水流中大粒径推移质击破。

8.7 水工地下洞室的围岩稳定性

8.7.1 岩体初始应力

地下岩体中任何一点都处于受力状态中。洞室开挖前，岩体中的应力称为初始应力或地应力。岩体中的初始应力场是在长期复杂的地质作用过程中由许多因素综合形成的，如上覆岩体的重力，地壳构造运动，成岩过程中的物理、温度作用，地形影响，地下水及地震作用等。瑞士地质学家海姆（Heim，A）首先提出了地应力的概念，认为铅直应力与其上覆岩体重力有关，水平应力则与铅直应力相等。后来金尼克（Динник，А. Н.）根据弹性理论的分析提出：铅直应力为上覆岩体的重力，即 $\sigma_z = \gamma_R Z$，Z 为地表以下的深度，γ_R 为岩石的容重；水平应力 $\sigma_x = \sigma_y = \dfrac{\mu}{(1-\mu)}\sigma_z = \lambda\sigma_z$，$\mu$ 为岩体的泊松比，通常在 $0.2 \sim 0.3$ 之间，λ 为侧压力系数。当 $\mu = 0.5$ 时，$\lambda = 1$，这种情况将发生在塑性岩体中或埋深很大的地层中。

初始应力场主要有：以自重作用为主的重力应力场和以构造运动为主的构造应力场。上述金尼克公式可作为自重应力的计算公式。根据国外的实测资料，初始应力的铅直分量基本上等于上覆岩体的重力，而水平应力多数大于铅直应力，不符合金尼克公式。我国的实测资料表明，初始应力的铅直分量往往高于上覆岩体的重力，在地层深部则渐趋接近。水平应力与铅直应力的比值 λ 一般接近或小于 1.0，也有一部分大于 1.2，这主要是构造运动影响的结果。初始应力场可以通过少数测点的实测资料，建立有限元数学模型，应用数理统计原理反演初始应力场的回归分析法[1]来计算。

在高地应力地区的脆硬完整岩体中，由于地壳构造运动，积聚着大量弹性应变能，形成很高的初始应力。一旦开挖，出现自由边界，切向应力急剧增加，能量进一步集中，在高应力作用下，岩块会产生突发性脆性破裂、飞散，伴随着巨大的声响，形成所谓高地应力区地下工程开挖中的"岩爆"现象。岩爆会危及人身安全，影响施工。目前，防止岩爆多采用锚杆、喷混凝土等措施，但实施时要在岩爆发生前或发生期间进行，对施工人员不安全。近年来有的工程采用预钻排孔（超前排孔）法，以防止或削弱岩爆的发生。这是在掌子面垂直于较大地应力 σ_1 的开挖界面亦即容易发生岩爆处，与洞轴线成一定夹角 θ 向前方预钻排孔（图 8-24），一边将切向应力集中转移到开挖边界外处于三向应力状态的岩体内部，一边掘进。采取合宜的排孔深度和间距，就可控制开挖边界切向应力小于岩爆的临界应力，从而防止或减轻岩爆的发生。

由于产生地应力的因素十分复杂，其大小和分布规律很难用数学方法准确分析计算，因此，对于重要工程现场直接量测地应力和岩体力学参数，对判断围岩稳定，提供设计、施工数据都是很有意义的。

8.7.2 围岩应力集中

在岩体中开挖洞室，破坏了洞室周围岩体原有的应力平衡状态，引起围岩应力重分布，在洞室周边及其附近出现应力集中，对围岩稳定不利。

应力重分布在开挖洞室的周边最为显著，距边界愈远，影响愈小。这种应力重分布与初始应力状态、洞室断面形状和尺寸、岩体结构和性质等因素有关。对于完整、均匀性较好的岩体，可将其视为连续、均匀、各向同性的弹性体，利用弹性理论计算集中应力。对于结构复杂、非均匀等向的岩体，可利用有限元法分析计算。对于圆形洞室，弹性理论已解出了在平面问题情况下周边及其附近的应力状态。当 $\lambda = 0$ 时，

---

❶ 郭怀志等，岩石初始应力的分析方法，岩土工程学报，1983 年第 5 卷第 3 期。

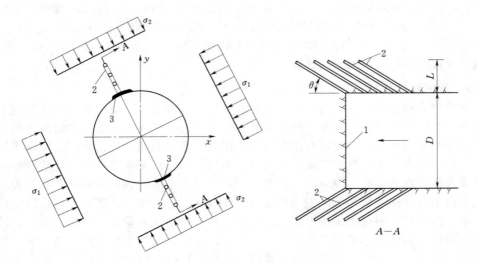

图 8-24 预钻排孔防止岩爆
1—掌子面；2—预钻排孔；3—岩爆部位

顶边切向应力 $\sigma_t = -p_0$，p_0 为铅直地应力；侧边切向应力 $\sigma_t = 3p_0$，即压应力为 3 倍的铅直地应力。当 $\lambda = 1$ 时，周边上任意点的 $\sigma_t = 2p_0$。对于椭圆形、正方形及一定宽高比的矩形洞室，其周边上的应力也可利用已有的公式或资料计算。

洞室开挖时的应力集中可使围岩出现应力超载，产生塑性变形，形成塑性区。塑性区的应力向围岩深部转移，对 $\lambda = 1$ 的圆形洞室，周边上的 σ_t 将远小于 $2p_0$，如图 8-25 所示。

假定岩体为连续、均匀、各向同性的弹塑性体，初始应力符合静水压力条件，对于圆形洞室，按轴对称问题的平衡微分方程，利用摩尔—库仑塑性准则及弹塑性界面上的应力相等条件，当洞室周边不存在支护抗力时，任意点的径向应力 σ_r、切向应力 σ_t 及塑性区半径 R 的计算式为

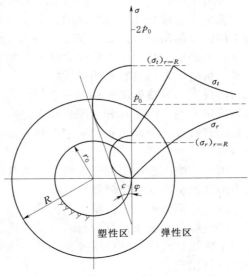

图 8-25 弹塑性岩体中圆洞围岩应力分布

$$\left.\begin{aligned} \sigma_r &= c\cot\varphi\left[\left(\frac{r}{r_0}\right)^{\frac{2\sin\varphi}{1-\sin\varphi}} - 1\right] \\ \sigma_t &= c\cot\varphi\left[\frac{1+\sin\varphi}{1-\sin\varphi}\left(\frac{r}{r_0}\right)^{\frac{2\sin\varphi}{1-\sin\varphi}} - 1\right] \end{aligned}\right\} \tag{8-6}$$

$$R = r_0\left[\left(\frac{p_0}{c\cot\varphi}+1\right)(1-\sin\varphi)\right]^{\frac{1-\sin\varphi}{2\sin\varphi}} \tag{8-7}$$

式中：φ 为岩石的内摩擦角，(°)；c 为岩石的凝聚力，kPa；r_0 为圆形洞室的开挖半径，m；r 为塑性区内任一点的半径，m；p_0 为岩体的初始应力，kPa。

式（8-6）、式（8-7）只能用于 $\lambda=1$ 的圆洞情况，应力分布如图 8-25 所示。其他情况可用弹塑性有限元法计算。

8.7.3　围岩稳定分析

洞室围岩稳定与开挖时的应力重分布及围岩强度有关，而应力重分布状态则主要取决于初始应力的特征、洞室断面的形状和尺寸、岩体性质等因素。初始应力的大小和方向是洞室岩体变形与稳定程度决定性的因素。经验表明，在低地应力区，围岩变形、失稳，具有自重塌滑的特征；在高地应力区，则表现为强烈挤压、塑性变形或产生岩爆现象。在许多高地应力区，其最大主应力是水平向的，洞室轴线若和最大水平应力方向垂直，往往会产生严重的边墙变形和洞体失稳破坏。某矿区在上百例的塌方事故中，80%以上的塌方是由于洞轴线与最大水平应力接近垂直。因此，布置洞轴线时应尽量使之与最大水平应力相平行。当然也应使洞轴线与主要节理、断层等有较大的交角（大于 30°～40°）以利洞室的稳定。洞室的断面形状和尺寸对围岩的应力重分布具有重要影响，当初始应力的铅直分量较大时，应采用高宽比较大的具有顶拱的断面；当水平初始应力较大时，宜采用高宽比较小的近似椭圆的断面，这样可改善周边上的应力集中程度。岩体结构及岩体特性对洞周应力也有重要影响，岩体中的节理使岩体成为不连续介质，而节理的抗剪强度很低，且不能承受拉应力。因此，节理产状的不同将引起洞周应力发生变化。岩体特性对洞周应力的影响是：如岩体具有线弹性特征，则洞壁能承受较大的应力集中；如岩体具有弹塑性特征，则应力应变呈非线性关系。洞壁应力超过岩石的弹性极限后，应变速率加大，洞壁切向应力很快降低，最大切向应力向洞壁外侧转移到一定距离，形成塑性区，围岩产生较大变形而松弛，对围岩稳定不利。因此，分析围岩稳定应综合考虑地应力状态、岩石的力学性质、岩体的结构和特性、洞线布置和洞室形状等，当然还有地下水情况、施工方法和支护方式等因素。

由于影响围岩稳定的因素很多，而且错综复杂，目前还不能完全依靠理论计算，尚需借助经验或现场量测作出判断。

围岩稳定分析大致包括以下内容：

（1）结合地质条件及岩石的力学性质、初始应力状态、施工方法等因素，初步选择洞室轴线和断面，然后用弹性理论公式或有限元法计算围岩应力，并与围岩的极限强度进行比较。

（2）如围岩应力超过岩体的弹性极限，且围岩又具有弹塑性特征时，对于圆形洞室可用式（8-7）计算出无支护力时塑性区的半径 R，再按式（8-8），即卡柯（Caquot，A.）公式近似判断是否失稳。卡柯公式是在假定初始应力符合静水压力分布，洞顶塑性区作用有自重力（图 8-26），洞内无支护力，符合摩尔—库仑塑性准则，洞顶以上弹、塑性区分离，该处 $\sigma_r=0$ 的条件下求得的。洞顶塑性区内径向正应力 σ_r 的计算式为

$$\sigma_r = -c\cot\varphi + c\cot\varphi\left(\frac{r}{R}\right)^{\frac{2\sin\varphi}{1-\sin\varphi}} + \frac{\gamma_R r(1-\sin\varphi)}{3\sin\varphi-1}\left[1-\left(\frac{r}{R}\right)^{\frac{3\sin\varphi-1}{1-\sin\varphi}}\right] \qquad (8-8)$$

式中：r 为洞顶塑性区内任一点的半径，m；R 为无支护力的塑性区半径，m，由式（8-7）计算；γ_R 为岩石的容量，kN/m^3；c 为塑性区岩体的凝聚力，kPa；φ 为塑性区岩体的内摩擦角，(°)。

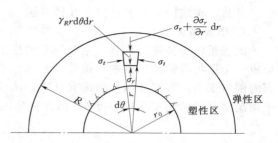

图 8-26　自重作用下洞顶塑性区应力计算图

当 $r=r_0$ 时，由式（8-8）算得的 σ_r 可用于判断洞顶塑性区岩体是否失稳，如 $\sigma_r>0$，则表示洞顶不稳定，σ_r 即为阻止岩体塌落所需的支护力；如 $\sigma_r<0$，则表示洞顶是稳定的，此种情况只有 $c>0$ 时方有可能，因 $c=0$ 时，式（8-8）不会出现负值。

如不符合式（8-8）的基本假定，或对非圆形断面隧洞，可采用弹塑性有限元法进行计算分析。

（3）对洞室周边有可能塌落的岩块，可按块体平衡法进行分析。

（4）由于地质条件复杂，计算结果很难完全反映实际情况，因此，现场量测对指导施工、改进设计是十分必要的。在施工期主要是利用位移计、收敛计测量各点的位移和两点之间的相对位移，画出位移过程线。当位移量超过允许值，或位移曲线有突然变化时，都表明围岩将要失稳，据此确定支护时间或修正支护参数。利用现场位移观测资料，作为信息反馈，用有限元法进行反推分析，还可以求得围岩应力及岩体力学参数，更好地控制围岩稳定。

（5）判断围岩稳定，还可利用岩体特性、结构面及其组合状态的各种指标等查阅有关按稳定性分类的围岩分类表（如 GB 50287—1999《水利水电工程地质勘察规范》的围岩分类表等）以判断围岩的稳定类别及毛洞的自稳能力。

8.8　水工隧洞衬砌的荷载及荷载组合

8.8.1　荷载

在进行水工隧洞衬砌计算之前，必须首先确定作用在隧洞衬砌上的荷载，并根据荷载特性，按不同的工作情况分别计算衬砌中的内力。作用在衬砌上的力有：围岩压力、内水压力、外水压力、衬砌自重、灌浆压力、温度作用和地震作用等，其中，内水压力、衬砌自重容易确定，而围岩压力、外水压力、灌浆压力、温度作用及地震作用等只能在一些假定的前提下进行近似计算。

8.8.1.1　围岩压力

围岩压力也称山岩压力，是隧洞开挖后因围岩变形或塌落作用在支护上的压力。

影响围岩压力大小的因素很多，如围岩的地质条件和力学特性，洞室的断面形状、尺寸及埋置深度，洞室的开挖方法，衬护时间，衬护型式及刚度特性等。

围岩压力主要有铅直围岩压力和侧向围岩压力。一般岩体中，作用于衬砌上的主要是铅直向下的围岩压力，侧向围岩压力只在松软破碎的岩层中才需要考虑。

目前，确定围岩压力有以下几种方法。

1. 塌落拱法

此法是将岩体视为具有一定凝聚力的松散介质，洞室开挖后顶部岩块失去平衡，形成一个抛物线形的塌落拱，拱外岩石自行平衡，拱内岩石的重力就是作用于衬砌上部的围岩压力。普罗托基雅柯诺夫（Протодьяконов，M. M.）根据散体理论推导出平顶洞室开挖后的塌落拱高度 h，因此铅直围岩压力的强度 q 为

$$q = h\gamma_R = \frac{B\gamma_R}{2f_k} \tag{8-9}$$

式中：B 为洞室开挖宽度，m；γ_R 为岩石容重，kN/m^3；f_k 为岩石的坚固系数，反映岩石的坚固性，一般取值为：砂、碎石、填土 $f_k=0.5$，致密黏土 $f_k=1.0$，软质岩石 $f_k=2.0$，中等坚固岩石 $f_k=4.0$，比较坚固岩石 $f_k=6.0$，坚固岩石 $f_k=10$ 或更大；h 为塌落拱高度，m。

当开挖的洞顶为圆弧等曲线时

$$q = 0.7h\gamma_R \tag{8-10}$$

当 $f_k>2$ 时，可以不计侧向围岩压力。SD 134—84《水工隧洞设计规范》提出，松散介质理论公式可用于按规范中围岩稳定性五级分类中的不稳定和极不稳定围岩的围岩压力计算。

2. 围岩压力系数法

由于普氏公式源于散体理论，不符合大部分岩体的特性，在总结国内一些工程设计中采用的围岩压力实践经验的基础上，SL 279—2002《水工隧洞设计规范》规定，自稳条件好，开挖后变形很快稳定的围岩，可不计围岩压力；薄层状及碎裂散体结构的围岩，作用在衬砌上的围岩压力的计算式为

$$\left. \begin{aligned} q_v &= (0.2 \sim 0.3)B\gamma_R \\ q_h &= (0.05 \sim 0.1)H\gamma_R \end{aligned} \right\} \tag{8-11}$$

式中：q_v、q_h 分别为铅直及侧向围岩压力强度，kPa；B、H 分别为洞室的开挖宽度及高度，m；γ_R 为岩石容重，kN/m^3。

3. 弹塑性理论法

上节给出了无支护情况计算圆洞围岩塑性区应力及半径的公式。当圆洞周边上作用有支护力 p_i 时（图 8-27），按弹塑性理论及相应的假定，同样可求得塑性区内任一点的径向应力 σ_r 和切向应力 σ_t 的计算式，即

$$\left. \begin{aligned} \sigma_r &= -c\cot\varphi + (p_i + c\cot\varphi)\left(\frac{r}{r_0}\right)^{\frac{2\sin\varphi}{1-\sin\varphi}} \\ \sigma_t &= -c\cot\varphi + (p_i + c\cot\varphi)\left(\frac{r}{r_0}\right)^{\frac{2\sin\varphi}{1-\sin\varphi}}\left(\frac{1+\sin\varphi}{1-\sin\varphi}\right) \end{aligned} \right\} \tag{8-12}$$

支护或衬砌对围岩的反力，亦即围岩压力 p_i，与塑性区半径 R 的关系为

$$R = r_0\left[(1-\sin\varphi)\frac{p_0 + c\cot\varphi}{p_i + c\cot\varphi}\right]^{\frac{1-\sin\varphi}{2\sin\varphi}} \tag{8-13}$$

$$p_i = -c\cot\varphi + [(p_0 + c\cot\varphi)(1-\sin\varphi)]\left(\frac{r_0}{R}\right)^{\frac{2\sin\varphi}{1-\sin\varphi}} \tag{8-14}$$

式中：p_0 为岩体初始应力，kPa；其他符号的意义同前。

以上就是修正的芬诺（Fenner R.）公式。

分析上式可以看出，支护抗力 p_i 愈小，R 愈大；p_i 愈大，出现塑性区的范围也就愈小。当 $R=r_0$ 时，p_i 达到最大值。

$$p_{imax} = p_0(1 - \sin\varphi) - c\cos\varphi$$

塑性区半径 R 的发展与支护的时间有关。因此，采用适宜的柔性材料及时支护，既可保证施工安全，又可发挥围岩的自承作用，减轻作用在支护上的压力。

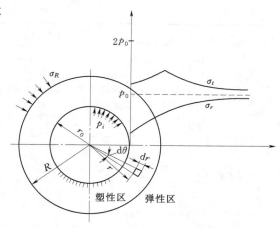

图 8-27 弹塑性岩体中有支护的
圆洞围岩应力分布

φ 愈小，R 愈大，则洞壁愈可能失稳，应及时支护；若 $c=0$，则 p_i 大于零，说明破碎岩体需要支护；若岩石比较完整、c 值较大，则洞壁有可能不加支护而自行稳定。

弹塑性理论法也只能用于简单且理想的情况，一般很难符合实际。

4. 设计中对围岩压力的考虑

由于岩体的工程地质、水文地质条件十分复杂，围岩压力不可能用一种理论公式予以概括。为此，需要根据工程经验，对不同围岩采用不同的方法估算围岩压力。

对于地质条件好，开挖宽度不大且能自身维持稳定的坚固完整或仅有少量密闭裂隙的岩体，可以不考虑围岩压力。

对于有明显的构造断裂或节理裂隙切割的岩体，可用块体平衡法估计可能塌落的岩块以计算围岩压力。在洞室开挖前可采用围岩压力系数法估算围岩压力。

对于松软碎裂的岩体，可采用塌落拱法确定围岩压力。

对于重要而围岩条件又复杂的工程，最好能进行现场实测以确定围岩压力。

8.8.1.2 围岩的弹性抗力

围岩的弹性抗力是衬砌受力朝向围岩变形，围岩对衬砌呈现出的一种被动抗力。弹性抗力的存在，说明衬砌能与围岩共同工作，从而可以减小由荷载特别是内水压力产生的衬砌内力，对衬砌是有利的。因此，对围岩的弹性抗力不能估计过高或过低，应认真研究，并采取灌浆等措施，以保证衬砌与围岩紧密结合。

弹性抗力 p 可以近似地表示为与衬砌表面外法线方向的位移 y 成正比，即 $p=Ky$，K 为弹性抗力系数，与围岩岩性及开挖洞径有关。在圆形有压隧洞的衬砌计算中，常以开挖半径为1m的单位弹性抗力系数 K_0 来表示围岩的抗力特性。K_0 与 K 的关系为：$K_0=Kr_e/100$，r_e 为实际开挖半径，以 cm 计。K_0 及无压隧洞的岩石抗力系数 K^* 可由表 8-2 查得，或用工程类比法直接确定。圆形有压隧洞的 K 值也可近似地用弹性理论导出的公式计算。对于重要而地质条件复杂的工程，则应尽可能由现场试验确定。

表 8 - 2　　　　　　　　　　　　　　　　岩 石 抗 力 系 数 表

岩石坚硬程度	代表的岩石名称	节理裂隙多少或风化程度	单位岩石抗力系数 K_0（kN/cm³）	无压隧洞的岩石抗力系数 K^*（kN/cm³）
坚硬岩石	石英岩、花岗岩、流纹斑岩、安山岩、玄武岩、厚层矽质灰岩等	节理裂隙少，新鲜	10～20	2～5
		节理裂隙不太发育，微风化	5～10	1.2～2
		节理裂隙发育，弱风化	3～5	0.5～1.2
中等坚硬岩石	砂岩、石灰岩、白云岩、砾岩等	节理裂隙少，新鲜	5～10	1.2～2
		节理裂隙不太发育，微风化	3～5	0.8～1.2
		节理裂隙发育，弱风化	1～3	0.2～0.8
较软岩石	砂页岩互层、黏土质岩石、致密的泥灰岩等	节理裂隙少，新鲜	2～5	0.5～1.2
		节理裂隙不太发育，微风化	1～2	0.2～0.5
		节理裂隙发育，弱风化	<1	<0.2
松软岩石	严重风化及十分破碎的岩石、断层、破碎带等		<0.5	<0.1

注　1. 本表不适用于竖井以及埋藏特别深或特别浅的隧洞。

2. 本表数据适用于 $H \leqslant 1.5B$ 的隧洞断面，H 和 B 分别为隧洞的开挖高度和宽度。

3. 单位岩石抗力系数 K_0 值一般适用于有压隧洞，洞壁岩石抗力系数 K 值，可根据下式确定：$K = \dfrac{100K_0}{r_e}$，r_e 为隧洞开挖半径，以 cm 计。

4. 无压隧洞的 K^* 值仅适用于开挖宽度为 5～10m 的隧洞。当开挖宽度大于 10m 时，K^* 值应当适当减小。

弹性抗力不仅与围岩的岩性和构造有关，还与围岩是否能承受所分担的荷载，即与围岩的强度、稳定性和厚度有关。对于有压隧洞，只有在围岩厚度大于 3 倍开挖洞径及在内水压力作用下围岩不存在滑动和上抬的可能时，方可考虑，否则应降低 K 值，甚至不能计入弹性抗力。

8.8.1.3　内水压力及外水压力

内水压力是有压隧洞的重要荷载，其数值可由水力计算确定。对于有压的发电引水隧洞，其内水压力的控制值将是作用在衬砌上的全水头与水击压力增值之和。对于无压隧洞，只要计算出洞内水面线，即可确定内水压力。

在有压隧洞的衬砌计算中，常将内水压力分为均匀内水压力和无水头洞内满水压力两部分。均匀内水压力由洞顶内壁以上水头产生，其值为 γh；无水头洞内满水压力是指洞内充满水、洞顶压力为零、洞底压力等于 γd 时的水压力，如图 8 - 28 所示。

外水压力是作用在衬砌外缘的地下水压力，其数值取决于水库蓄水后的地下水位线，而这个水位线又与地形、地质、水文地质等条件以及防渗、排水等措施有关。因此，外水压力很难准确计算。如隧洞进、出口之间无防渗帷幕，则进口处应为水库的挡水位，出口处为零，其间认为是直线变化。如天然地下水位线较高时，则应按天然地下水位线计算外水压力。考虑到地下水在渗流过程中受各种因素的影响，而衬砌又

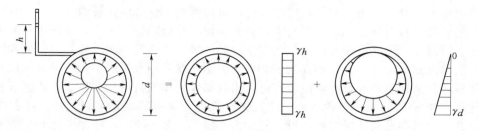

图 8-28　内水压力分解图

与围岩紧贴，常将地下水位线以下的水柱高乘以折减系数 β 作为外水压力的计算值。根据我国的工程经验，β 值一般在 0.1～1.0 之间，可参考地下水活动情况，由表 8-3 选用。围岩裂隙发育时取较大值，否则取较小值。在设计中有内水压力组合时取较小值，放空检修情况取较大值。

表 8-3　　　　　　　　　　　　　地下水压力折减系数 β 值

级　别	1（无）	2（微弱）	3（显著）	4（强烈）	5（剧烈）
地下水 活动状态	洞壁干燥 或潮湿	沿结构面有 渗水或滴水	沿裂隙或软弱结构面有大 量滴水、线状流水或喷水	严重滴水，沿软弱 结构面有小量涌水	严重股状流水，断层 等软弱带有大量涌水
β	0～0.20	0.10～0.40	0.25～0.60	0.40～0.80	0.65～1.00

有条件时，还可将地下水通过围岩和衬砌的渗流作为体积力计算，以确定外水荷载对衬砌的影响。

8.8.1.4　衬砌自重

衬砌自重均匀作用在衬砌厚度的平均线上，其单位面积上的自重强度 g 为

$$g = \gamma_c h \tag{8-15}$$

式中：h 为衬砌厚度（包括 0.1～0.3m 的超挖回填在内），m；γ_c 为衬砌材料的容重，kN/m^3。

8.8.1.5　灌浆压力

衬砌施工时，其顶部与围岩间难以填满而存在空隙，需要回填灌浆。进行内力计算时，灌浆压力在衬砌顶部 90° 范围内可按均布的径向压力考虑。回填灌浆压力使衬砌顶部内缘产生拉应力，但它属于施工情况的临时荷载，可在灌浆时采取措施，故在设计中一般可不考虑。

固结灌浆均匀分布于隧洞断面周围，固结灌浆压力对衬砌的作用相当于外水压力，使衬砌受压，只是在压力很大时才有必要参与衬砌强度验算。

灌浆压力值的大小在 8.4 节灌浆部分已述及，此处不再赘述。

8.8.1.6　温度作用和地震作用

隧洞衬砌施工时，混凝土所产生的水化热易于散发，而混凝土的硬化、干缩以及运行期的水温、气温变化可在衬砌内产生温度应力。对于温度作用，一般是通过选择适宜的水泥，控制水灰比，加强养护，做好分缝，适当配置温度钢筋等措施来解决，一般不必计算。当在寒冷地区有必要进行核算时，对于圆形有压隧洞，可计算在温度变化下围岩和衬砌的径向变位，根据变形相容条件按弹性理论的厚壁管公式折算为等

效内水压力；对于无压隧洞，确定温差后，可按结构力学方法计算内力。

隧洞洞身衬砌埋置于地下并与围岩紧密贴结，受地震影响很小，设计中一般可不考虑。但对设计烈度高于 8 度（包括 8 度）的一级水工隧洞，则应验算建筑物和围岩的抗震强度和稳定性。设计烈度大于 7 度（包括 7 度）的水工隧洞，当进、出口部位岩体破碎和节理裂隙发育时，应验算进、出口部位岩体的抗震稳定性。抗震强度和稳定性演算应按 SL 203—1997《水工建筑物抗震设计规范》规定进行。隧洞线路应尽量避开晚、近期活动性断裂，在设计烈度为 8 度、9 度地区，不宜在风化和裂隙发育的傍山岩体中修建大跨度的隧洞。对洞外进、出口建筑如进水塔等，应按规范进行抗震设计。对进、出口洞脸，应尽量避免高边坡开挖，无法避免时，应仔细分析开挖后的稳定性，必要时，应采取适宜的加固措施。

8.8.2　荷载组合

作用在隧洞衬砌上的荷载有长期或经常作用的基本荷载和出现机遇较少不经常作用的特殊荷载。衬砌计算时应根据荷载特点及同时作用的可能性，按出现最不利的情况进行组合。

（1）正常运用情况。围岩压力＋衬砌自重＋宣泄设计洪水时的内水压力＋外水压力。

（2）施工、检修情况。围岩压力＋衬砌自重＋可能出现的最大外水压力。

（3）非常运用情况。围岩压力＋衬砌自重＋宣泄校核洪水时的内水压力＋外水压力。

正常运用情况和非常运用情况均可能有几种不同的组合，在设计计算中可根据具体情况分析确定。

正常运用情况属基本组合，用以设计衬砌的厚度、材料标号和配筋量，其他情况用作校核。

8.9　水工隧洞的衬砌计算与支护设计

衬砌结构计算的目的在于核算在设计规定的荷载组合下衬砌强度能否满足设计要求。计算之前可先按 1/8～1/12 的洞径或用工程类比法初拟衬砌厚度，经过计算再行修正。

目前采用的衬砌计算方法，可分为两类：一类是将衬砌与围岩分开，衬砌上承受各项有关荷载，考虑围岩的抗力作用，假定抗力分布后按超静定结构计算衬砌内力。近年来普遍采用衬砌常微分方程边值问题数值解法，其计算机程序可用于计算多种洞形，抗力分布不作假定而是在计算中经迭代求出，较前者合理。另一类是将衬砌与围岩作为整体进行计算，主要是有限元法。有限元法可模拟复杂的围岩地质构造、衬砌和岩体的非线性特性。在有限元法计算中，对衬砌有 3 种考虑：①将衬砌连同计算范围内的围岩分成若干层实体单元，衬砌本身由于厚度较薄，一般可分为 2～3 层，分层多少将影响计算成果及计算工作量；②对较薄的喷锚衬砌的应力计算多采用杆件单元模拟衬砌，但不能给出弯矩和剪力值；③有人建议用梁单元模拟衬砌，可以得出衬砌的弯矩和剪力。SL 279—2002《水工隧洞设计规范》规定：将围岩作为承载结构的隧洞，可采用有限元法进行围岩和衬砌的分析计算。计算时应根据围岩特性选取适宜的力学模型，并应模拟围岩中的主要构造；以内水压力为主要荷载，围岩为Ⅰ、Ⅱ类的圆形有压隧洞，可采用弹性力学解析方法计算；对Ⅳ、Ⅴ类围岩中的洞身段和无压洞可采用结构力学方法计算。

8.9.1　圆形有压隧洞的衬砌计算

有压隧洞多采用圆形断面，内水压力常是控制衬砌断面的主要荷载。为了充分利用围岩的弹性抗力，围岩厚度应超过 3 倍开挖洞径，并使衬砌与围岩紧密贴结。

对于线弹性分析，欲求衬砌在某种荷载组合下的内力，只需分别计算出各种荷载单独存在时衬砌的内力，然后进行叠加。

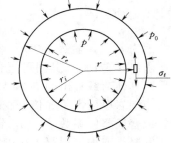

图 8-29　衬砌在均匀内水压力作用下的应力计算图

8.9.1.1　均匀内水压力作用下的内力计算

当围岩厚度大于 3 倍开挖洞径时，应考虑围岩的弹性抗力，将衬砌视为无限弹性介质中的厚壁圆管，根据衬砌和围岩接触面的径向变位相容条件，求出以内水压力 p 表示的弹性抗力 p_0，然后按轴对称受力的弹性理论厚壁管公式计算衬砌的内力。

如图 8-29 所示，在内水压力 p 和弹性抗力 p_0 作用下，按弹性理论平面变形情况，求得厚壁管管壁任意半径 r 处的径向变位 u 为

$$u = \frac{r(1+\mu)}{E}\left[\frac{(1-2\mu)+\left(\frac{r_e}{r}\right)^2}{t^2-1}p - \frac{\left(\frac{r_e}{r}\right)^2+(1-2\mu)t^2}{t^2-1}p_0\right] \tag{8-16}$$

取 $r=r_e$，得衬砌外缘的径向变位 u_e 为

$$u_e = \frac{r_e(1+\mu)}{E}\left[\frac{(1-2\mu)+1}{t^2-1}p - \frac{1+(1-2\mu)t^2}{t^2-1}p_0\right] \tag{8-17}$$

式中：p 为均匀内水压力，kPa；p_0 为围岩的弹性抗力，kPa；E 为衬砌材料的弹性模量，kPa；μ 为衬砌材料的泊松比；t 为衬砌外半径与内半径之比，$t=r_e/r_i$；r_e、r_i 分别为衬砌外半径与内半径，m。

当开挖的洞壁作用有 p_0 时，按文克尔假定，洞壁的径向变位 $y=p_0/K=p_0 r_e/(100K_0)$，此处，K 为岩石的弹性抗力系数，K_0 为单位弹性抗力系数。根据变形相容条件，有 $y=u_e$，整理后可得围岩的弹性抗力为

$$p_0 = \frac{1-A}{t^2-A}p \tag{8-18}$$

$$A = \frac{E-K_0(1+\mu)}{E+K_0(1+\mu)(1-2\mu)} \tag{8-19}$$

式中：A 为弹性特征因素，其中的 E、K_0 分别以 kPa 和 kN/m³ 为单位；若以 kg/cm² 和 kg/cm³ 为单位，则需将 E 改为 $0.01E$。

按弹性理论的解答，厚壁管在均匀内水压力 p 和弹性抗力 p_0 作用下，管壁厚度内任意半径 r 处的切向正应力 σ_t 为

$$\sigma_t = \frac{1 + \left(\frac{r_e}{r}\right)^2}{t^2 - 1} p - \frac{t^2 + \left(\frac{r_e}{r}\right)^2}{t^2 - 1} p_0 \tag{8-20}$$

将式（8-18）代入式（8-20），分别令 $r=r_i$ 及 $r=r_e$，即可得到单层衬砌在均匀内水压力 p 作用下内边缘切向拉应力 σ_i 和外边缘切向拉应力 σ_e 分别为

$$\sigma_i = \frac{t^2 + A}{t^2 - A} p \tag{8-21}$$

$$\sigma_e = \frac{1 + A}{t^2 - A} p \tag{8-22}$$

因为 $t>1$，显然 $\sigma_i > \sigma_e$。不计弹性抗力时，$K_0=0$，$A=1$。

求出 σ_i、σ_e 后，其间可近似按直线分布，进而可换算出轴向拉力 N 和弯矩 M，然后与其他荷载算出的 N 和 M 进行组合。

当围岩厚度大于 3 倍开挖洞径，岩石坚固，属于稳定及基本稳定的 Ⅰ、Ⅱ 类围岩，或普氏坚固系数 $f_k>6$，铅直围岩压力很小，可以忽略不计，且洞径小于 6m 时，对于混凝土或钢筋混凝土衬砌，都可以只按均匀内水压力计算衬砌的厚度与应力。

1. 混凝土衬砌

混凝土的衬砌厚度 h，可在式（8-21）中以混凝土的允许轴心抗拉强度 $[\sigma_{hl}]$ 代替内边缘应力 σ_i，并以 $t=r_e/r_i=1+h/r_i$ 代入，经整理后可得

$$h = r_i\left(\sqrt{A \frac{[\sigma_{hl}] + p}{[\sigma_{hl}] - p}} - 1\right) \tag{8-23}$$

$$[\sigma_{hl}] = \frac{R_l}{K_l}$$

式中：R_l 为混凝土的设计抗拉强度；K_l 为混凝土的抗拉安全系数，按表 8-4 选用。

表 8-4 混凝土的抗拉安全系数表

隧洞级别	1		2、3	
荷载组合	基本	特殊	基本	特殊
混凝土达到设计抗拉强度时的安全系数	2.1	1.8	1.8	1.6

由式（8-23）可以看出，$[\sigma_{hl}]$ 应大于 p，A 应为正值，否则 h 无解或不合理。若 A 为正值，而 $p > [\sigma_{hl}]$ 时，应提高混凝土的标号，或改用钢筋混凝土衬砌。若围岩坚固，内水压力较小，虽算得的 h 很小，但采用值应不小于结构的最小厚度。

当给定衬砌厚度时，能承受的最大内水压力 p 为

$$p = \frac{t^2 - A}{t^2 + A}[\sigma_{hl}] \tag{8-24}$$

2. 钢筋混凝土衬砌

同样，求钢筋混凝土衬砌厚度 h 时，可用钢筋混凝土结构的混凝土允许轴心抗拉强度 $[\sigma_{gh}]$ 代替式（8-23）中的 $[\sigma_{hl}]$，得到

$$h = r_i\left(\sqrt{A \frac{[\sigma_{gh}] + p}{[\sigma_{gh}] - p}} - 1\right) \tag{8-25}$$

衬砌的内边缘应力，可按下式校核

$$\sigma_i = \frac{F}{F_n} p \frac{t^2 + A}{t^2 - A} \leqslant [\sigma_{gh}] \tag{8-26}$$

$$[\sigma_{gh}] = \frac{R_f}{K_f}$$

式中：R_f 为混凝土的设计抗裂强度；F 为沿洞线 1m 长衬砌混凝土的纵断面面积；F_n 为 F 中包括钢筋在内的折算面积；K_f 为钢筋混凝土结构的抗裂安全系数，其具体数值参见 SL/T 191—96《水工混凝土结构设计规范》。

如果由式（8-25）求出的 h 为负值或小于结构的最小厚度时，则应采用结构的最小厚度，钢筋可按结构的最小配筋率对称配置。

当围岩条件较差，或圆洞直径大于 6m 时，不能只按内水压力设计衬砌。此时，应该计算出均匀内水压力作用下的内力，然后与其他荷载引起的内力进行组合后，再行设计。

如果允许衬砌开裂而按限制裂缝开展宽度进行设计，则可参考有关资料或 SL/T 191—96《水工混凝土结构设计规范》。

8.9.1.2　其他荷载作用下的内力计算

1. 考虑弹性抗力时的内力计算

（1）基本假定和计算方法。如果围岩较好，在围岩压力、衬砌自重、无水头洞内满水压力作用下，应考虑弹性抗力的存在。根据研究，约在顶拱中心角 90° 范围以下部分，衬砌变形指向围岩，作用有弹性抗力（图 8-30），其分布规律为

$$\frac{\pi}{4} \leqslant \varphi \leqslant \frac{\pi}{2} \text{ 时}, K\delta = -K\delta_a \cos 2\varphi$$

$$\frac{\pi}{2} \leqslant \varphi \leqslant \pi \text{ 时}, K\delta = K\delta_a \sin^2 \varphi + K\delta_b \cos^2 \varphi$$

式中：$K\delta_a$、$K\delta_b$ 分别为 $\varphi = \frac{\pi}{2}$ 及 $\varphi = \pi$ 处衬砌受到的弹性抗力。

现以铅直围岩压力为例，说明内力的计算方法和步骤 [图 8-30（d）]。

自洞顶切开，引刚臂至圆心，亦即弹性中心，由于荷载及结构左右对称，故切力 $X_3 = 0$。取一半计算，力法方程为

$$\left.\begin{array}{l} X_1 \delta_{11} + \Delta_{1p} = 0 \\ X_2 \delta_{22} + \Delta_{2p} = 0 \end{array}\right\} \tag{8-27}$$

式（8-27）中，Δ_{1p} 和 Δ_{2p} 都包含有待定的 δ_a 和 δ_b，解之可得

$$\left.\begin{array}{l} X_1 = f_1(\delta_a, \delta_b) \\ X_2 = f_2(\delta_a, \delta_b) \end{array}\right\} \tag{8-28}$$

根据向下的总荷载与向上的弹性抗力合力相平衡（$\sum Y = 0$）及在 X_1、X_2 和外力作用下，$\varphi = \pi/2$ 处的变位应为 δ_a 的两个补充条件，可以解得 δ_a 和 δ_b。将 δ_a 和 δ_b 代入式（8-28），即可求出 X_1 和 X_2，从而可解出各断面的弯矩和轴向力。计算中忽略了轴向力对压缩变形的影响以及衬砌与围岩间的摩擦力。弯矩 M 以内缘受拉为正，轴向力 N 以

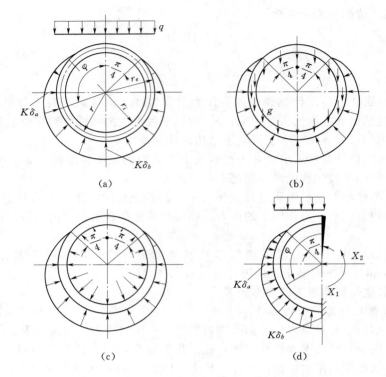

图 8-30　圆形隧洞衬砌弹性抗力分布及计算简图

（a）围岩压力作用下的弹性抗力分布；（b）衬砌自重作用下的弹性抗力分布；（c）无水头
洞内满水压力作用下的弹性抗力分布；（d）围岩压力作用下的计算简图

受压为正。

（2）各种荷载作用下的内力计算。按上述方法，可求得圆形隧洞衬砌在各种荷载作用下考虑弹性抗力时的内力计算公式。

1）铅直围岩压力作用下的内力计算。

$$\left. \begin{array}{l} M = qrr_e\big[A\alpha + B + Cn(1+\alpha)\big] \\ N = qr_e\big[D\alpha + F + Gn(1+\alpha)\big] \end{array} \right\} \qquad (8-29)$$

其中

$$\alpha = 2 - \frac{r_e}{r}$$

$$n = \frac{1}{0.06416 + \dfrac{EJ}{r^3 r_e Kb}}$$

式中：M 为计算截面上的弯矩，$kN \cdot m$；N 为计算截面上的轴向力，kN；q 为铅直围岩压力强度，kPa；r_e 为衬砌的外半径，m；r 为衬砌的平均半径，m；K 为围岩的弹性抗力系数，kN/m^3；E 为衬砌材料的弹性模量，kPa；J 为计算断面的惯性矩，m^4；b 为计算宽度，取 $b = 1m$；A、B、C、D、F、G 为系数，与 φ 有关，可由表 8-5 查用。

表 8-5　　　　　　　　　铅直围岩压力作用下的内力计算系数表

断面	A	B	C	D	F	G
$\varphi=0$	0.16280	0.08721	-0.00699	0.21220	-0.21222	0.02098
$\varphi=\dfrac{\pi}{4}$	-0.02504	0.02505	-0.00084	0.15004	0.34994	0.01484
$\varphi=\dfrac{\pi}{2}$	-0.12500	-0.12501	0.00824	0.00000	1.00000	0.00575
$\varphi=\dfrac{3\pi}{4}$	0.02504	-0.02507	0.00021	-0.15005	0.90007	0.01378
$\varphi=\pi$	0.08720	0.16277	-0.00837	-0.21220	0.71222	0.02237

2）衬砌自重作用下的内力计算。

$$\left.\begin{array}{l} M = gr^2(A_1 + B_1 n) \\ N = gr(C_1 + D_1 n) \end{array}\right\} \tag{8-30}$$

式中：g 为单位面积的衬砌自重，kPa；A_1、B_1、C_1、D_1 为系数，见表 8-6；其余符号的意义同前。

表 8-6　　　　　　　　衬砌自重作用下的内力计算系数表

断面	A_1	B_1	C_1	D_1
$\varphi=0$	0.34477	-0.02194	-0.16669	0.06590
$\varphi=\dfrac{\pi}{4}$	0.03348	-0.00264	0.43749	0.04660
$\varphi=\dfrac{\pi}{2}$	-0.39272	0.02589	1.57080	0.01807
$\varphi=\dfrac{3\pi}{4}$	-0.03351	0.00067	1.91869	0.04329
$\varphi=\pi$	0.44059	-0.02628	1.73749	0.07024

3）无水头洞内满水压力作用下的内力计算。

$$\left.\begin{array}{l} M = \gamma r_i^2 r(A_2 + B_2 n) \\ N = \gamma r_i^2(C_2 + D_2 n) \end{array}\right\} \tag{8-31}$$

式中：γ 为水的容重，kN/m³；r_i 为衬砌的内半径，m；A_2、B_2、C_2、D_2 为系数，见表8-7；其余符号的意义同前。

表 8-7　　　　　　无水头洞内满水压力作用下的内力计算系数表

断面	A_2	B_2	C_2	D_2
$\varphi=0$	0.17239	-0.01097	-0.58335	0.03295
$\varphi=\dfrac{\pi}{4}$	0.01675	-0.00132	-0.42771	0.02330
$\varphi=\dfrac{\pi}{2}$	-0.19636	0.01295	-0.21460	0.00903
$\varphi=\dfrac{3\pi}{4}$	-0.01677	0.00034	-0.39419	0.02164
$\varphi=\pi$	0.22030	-0.01315	-0.63126	0.03513

4）外水压力作用下的内力计算。在无内水压力组合的情况下，当衬砌所受的浮力小于铅直围岩压力及衬砌自重之和，即 $\pi r_e^2 \gamma < 2(qr_e + \pi gr)$ 时，可采用式（8-32）及表8-7中的系数计算。

$$M = -\gamma rr_e^2(A_2 + B_2 n)$$
$$N = -\gamma r_e^2(C_2 + D_2 n) + \gamma h_w r_e \qquad (8-32)$$

式中：h_w 为均匀外水压力计算水头，m；其余符号的意义同前。

当 $\pi r_e^2 \gamma \geq 2(qr_e + \pi gr)$ 时，应按不考虑弹性抗力作用条件下的公式计算内力。

当有内水压力组合时，衬砌本身所受浮力小于自重。因此，叠加后的弹性抗力仍为正值，与计算图形相符，不受 $\pi r_e^2 \gamma > 2(qr_e + \pi gr)$ 条件的限制。

5）灌浆压力作用下的内力计算。参见 8.8 节灌浆压力。

2. 不考虑弹性抗力时的内力计算

当地质条件较差、岩体软弱破碎、坚固系数 $f_k \leq 1.5$ 时，不应考虑围岩的弹性抗力作用，而且还要考虑侧向围岩压力。此时，除能自行平衡的荷载（如侧向围岩压力）外，应由地基反力与相应的作用力相平衡。地基反力以余弦曲线分布较为合理，作用在衬砌的下半圆上（图8-31）。最大反力强度 R 由平衡条件极易求得，与衬砌变形无关。铅直围岩压力、侧向围岩压力、衬砌自重、无水头洞内满水压力及外水压力作用下的内力计算公式和系数可参见 SD 134—84《水工隧洞设计规范》附录四中附表 4-4 与附表 4-5。

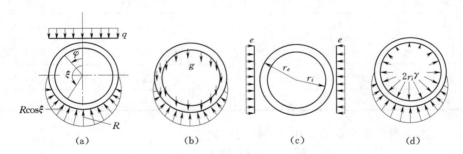

图 8-31　不考虑弹性抗力时衬砌的荷载及反力分布图
(a) 铅直围岩压力；(b) 衬砌自重；(c) 侧向围岩压力；(d) 水重

应当注意，当 $\pi r_e^2 \gamma > 2(qr_e + \pi gr)$ 时，由外水压力产生的内力计算公式，只适用于隧洞施工、检修无内水压力的组合情况。如有内水压力的组合，即使 $\pi r_e^2 \gamma > 2(qr_e + \pi gr)$，也应按 $\pi r_e^2 \gamma \leq 2(qr_e + \pi gr)$ 条件下的公式进行计算，因为，此时衬砌本身所受的浮力总是小于自重。

当荷载组合中同时有均匀内水压力和均匀外水压力时，如 $pr_i > \gamma h_w r_e$，则应以 $p - \dfrac{\gamma h_w r_e}{r_i}$ 作为均匀内水压力计算内力，不再计算均匀外水压力的作用；如 $pr_i < \gamma h_w r_e$，则应以 $\gamma h_w - \dfrac{pr_i}{r_e}$ 作为均匀外水压力计算内力，不再计算均匀内水压力所产生的内力。

8.9.1.3　隧洞衬砌设计中的几个问题

（1）水工隧洞沿线的地质条件及计算参数常是变化的，内、外水压力同样也随断面位置的不同而不同。要使衬砌设计达到安全和经济的目的，应当根据变化情况，将隧洞沿轴线分成若干段落，分段进行设计。

（2）一般有压隧洞的内水压力是主要荷载，当内水压力较大时，断面多属小偏心受拉情况，可布置同一直径的环向受拉钢筋。但如洞径、围岩压力均较大，而内水压力相对较小，以及无压隧洞，当断面内的正负弯矩变化较大、应力分布很不均匀时，应按应力分段配筋，将几段不同直径的环向钢筋焊扎起来。

（3）目前工程设计中，在设计钢筋混凝土、混凝土衬砌时，有控制抗裂稳定性和允许开裂而限制裂缝开展宽度两种不同的考虑和要求。对于无压隧洞和围岩较厚且渗水不会对附近围岩、岸坡和建筑物产生有害影响的有压隧洞，可按允许开裂、限制裂缝开展宽度设计。否则应按控制混凝土的抗裂稳定性要求设计。按限裂设计，裂缝的最大允许值，根据水力梯度和水质有无侵蚀性，一般限制在 0.15～0.30mm。限裂设计可以大量节省混凝土和钢筋用量，且对混凝土的耐久性和钢筋的锈蚀不会产生有害影响，所以，目前在水工隧洞设计中已广为采用。

（4）对于高水头的有压隧洞，当围岩条件较差，单层衬砌需要的厚度过大时，可采用外层为混凝土或钢筋混凝土、内层为钢板的组合式双层衬砌。我国冯家山水库有压泄洪洞出口段 ［图 8-8 （g）、图 8-13 （a）］ 及西南地区一些高压引水道斜井均采用这种衬砌。如外层混凝土不开裂，且围岩有一定承载能力，则内水压力将由内层钢板、外层混凝土和围岩共同承担，设计中只要能求出内、外层衬砌之间的均布作用力，外层衬砌即可按单层衬砌设计，而内层钢板只按内水压力和内外层之间的均布压力计算。如外层混凝土开裂，则外层衬砌只起向围岩传力的作用，而内水压力将由内层和围岩来分担，但应考虑混凝土受压后径向压缩的影响，外层衬砌厚度可按施工要求或按施工期荷载用单层衬砌计算确定。因此，双层衬砌计算的主要问题是确定在内水压力作用下两层衬砌之间的作用力，其值可根据外层内边缘和内层外边缘径向变位一致的条件来确定。

8.9.2　无压隧洞的衬砌计算

无压隧洞常采用顶拱、城门直墙形和马蹄形衬砌，可采用结构力学法计算。下面就其要点做简要介绍。

1. 顶拱衬砌计算

当无压泄水洞、引水隧洞或者导流隧洞穿过较为完整坚硬的岩层时，常可只衬砌顶拱，边墙和底板根据水力条件要求只需采用较薄的护面，甚至不加护砌。这样，只有顶拱是承重结构，承受围岩压力、衬砌自重和灌浆压力等。

这种顶拱，一般中心角不大，拱圈较平，岩石对拱圈下部的弹性抗力作用很小，可以不必考虑，其计算简图如图 8-32 （a）所示。

计算中假定拱座弹性固结于岩石上，认为拱座垂直于地基面的变位 δ 与法向应力 p 成正比，即 $p=K\delta$，此处，K 为岩层的弹性抗力系数。当拱座厚度为 h_A、惯性矩为 J_A，并作用有弯矩 M_A 时，拱座边缘的法向变位 $\delta=\dfrac{M_A h_A}{2KJ_A}$，拱座断面的角变位 $\beta=\dfrac{M_A}{KJ_A}=$

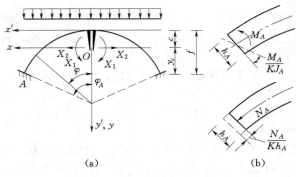

（a）　　　　　　　　（b）

图 8 - 32　顶拱衬砌计算简图

$\beta_1 M_A$；当拱座作用的轴向力为 N_A 时，垂直于拱座地基面的变位 $\Delta = \dfrac{N_A}{Kh_A}$，如图 8 - 32（b）所示。

由拱顶切开，引刚臂至 O 点，令 M_p 和 N_p 为静定系统中外荷载在任意断面上所引起的弯矩和轴向力，则该断面的总弯矩 M 和轴向力 N 为

$$\left. \begin{array}{l} M = M_p + X_1 + X_2 y \\ N = N_p + X_2 \cos\varphi \end{array} \right\} \tag{8-33}$$

拱座处的弯矩 M_A 和轴向力 N_A 为

$$\left. \begin{array}{l} M_A = M'_p + X_1 + X_2 y_c \\ N_A = N'_p + X_2 \cos\varphi_A \end{array} \right\} \tag{8-34}$$

式中：M'_p、N'_p 分别为静定系统中外荷载对拱座产生的弯矩和轴向力；φ_A、y_c 分别为拱的半中心角及弹性中心至拱座的垂直距离。

于是，拱座处的角变位为

$$\beta = \beta_1 M_A = \beta_1 (M'_p + X_1 + X_2 y_c) = \beta_p + \beta_1 X_1 + \beta_1 X_2 y_c \tag{8-35}$$

式中：β_p 为静定系统中外荷载在拱座处引起的角变位。

拱座处的水平位移 Δ_x 为

$$\Delta_x = \Delta\cos\varphi_A = (N'_p + X_2 \cos\varphi_A)\cos\varphi_A / (Kh_A) = \Delta_p + X_2 \Delta_2 \tag{8-36}$$

考虑拱座变位后的力法方程为

$$\left. \begin{array}{l} X_1 \delta_{11} + X_2 \delta_{12} + \Delta_{1p} + \beta = 0 \\ X_1 \delta_{21} + X_2 \delta_{22} + \Delta_{2p} + \beta y_c + \Delta_x = 0 \end{array} \right\} \tag{8-37}$$

将式（8 - 35）、式（8 - 36）代入式（8 - 37），可得

$$X_1 (\delta_{11} + \beta_1) + \Delta_{1p} + \beta_p + X_2 (\delta_{12} + \beta_1 y_c) = 0$$

$$X_1 (\delta_{21} + \beta_1 y_c) + X_2 (\delta_{22} + \beta_1 y_c^2 + \Delta_2) + \Delta_{2p} + \beta_p y_c + \Delta_p = 0$$

利用条件 $\delta_{12} + \beta_1 y_c = \displaystyle\int_0^{s/2} \dfrac{y \mathrm{d}s}{EJ} + \beta_1 \, y_c = \delta_{21} + \beta_1 y_c = 0$ 确定弹性中心位置，由图 8 - 32（a）有

$$y = y' - c, \quad y_c = f - c$$

于是

$$\int_0^{s/2} \dfrac{y \mathrm{d}s}{EJ} + \beta_1 y_c = \int_0^{s/2} \dfrac{(y' - c)\mathrm{d}s}{EJ} + \beta_1 f - \beta_1 c = 0$$

可得

$$c = \dfrac{\displaystyle\int_0^{s/2} \dfrac{y' \mathrm{d}s}{EJ} + \beta_1 f}{\displaystyle\int_0^{s/2} \dfrac{\mathrm{d}s}{EJ} + \beta_1} \tag{8-38}$$

引刚臂至弹性中心，则力法方程可简化为

$$X_1 (\delta_{11} + \beta_1) + \Delta_{1p} + \beta_p = 0$$

$$X_2 (\delta_{22} + \beta_1 y_c^2 + \Delta_2) + \Delta_{2p} + \beta_p y_c + \Delta_p = 0$$

由此解得

$$X_1 = -\frac{\Delta_{1p} + \beta_p}{\delta_{11} + \beta_1}$$

$$X_2 = -\frac{\Delta_{2p} + \beta_p y_c + \Delta_p}{\delta_{22} + \beta_1 y_c^2 + \Delta_2}$$

(8-39)

其中

$$\delta_{11} = \int_0^{s/2} \frac{\mathrm{d}s}{EJ}$$

$$\delta_{22} = \int_0^{s/2} \frac{y^2 \mathrm{d}s}{EJ} + \int_0^{s/2} \frac{\cos^2\varphi \mathrm{d}s}{EF}$$

$$\Delta_{1p} = \int_0^{s/2} \frac{M_p \mathrm{d}s}{EJ}$$

$$\Delta_{2p} = \int_0^{s/2} \frac{M_p y \mathrm{d}s}{EJ} + \int_0^{s/2} \frac{N_p \cos\varphi \mathrm{d}s}{EF}$$

式中：F 为顶拱任一断面的面积，m^2；J 为顶拱任一断面的惯性矩，m^4；E 为衬砌材料的弹性模量，kPa。由式（8-39）求出 X_1、X_2 后，即可由式（8-33）计算任一断面的弯矩 M 和轴向力 N。

2. 城门洞形及马蹄形衬砌计算

无压隧洞一般多采用城门洞形封闭式整体衬砌［图 8-8（d）］，当有侧向围岩压力时，也常采用马蹄形断面［图 8-8（f）］。

为了便于计算，可将衬砌由边墙和底板的结合处分成直墙拱（城门洞形）或曲墙拱（马蹄形）和底板两个部分（图 8-33），但在计算中要考虑它们之间的弹性连接作用，并将底板视为弹性地基上的梁。

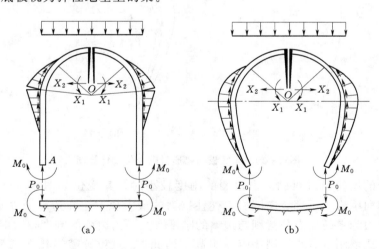

图 8-33 封闭式衬砌计算图

首先讨论无底板衬砌结构的计算，然后再考虑其与底板的弹性连接作用。

为了进行无底板墙拱的结构计算，首先应了解墙拱在荷载作用下的变形特点，并对作用在墙拱上的弹性抗力分布进行假定。但如围岩软弱，弹性抗力得不到保证时，不仅不能考虑弹性抗力，而且要计入侧向围岩压力。

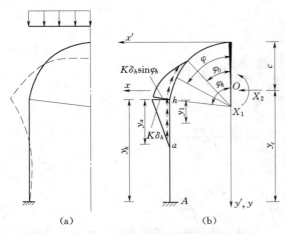

(a)　　　　　　　(b)

图 8-34　无底板城门洞形衬砌变位及计算图

曲墙拱（或直墙拱）在顶部铅直围岩压力和自重荷载作用下，根据衬砌的变形观测和计算表明，如衬砌与围岩无相对铅直位移，则在顶拱中心角约 90° 的范围以下朝向围岩变位。墙基由于摩擦力很大，可认为没有水平位移。侧面边墙的变位则与结构型式及其刚度有关（图 8-34、图 8-35）。衬砌朝向围岩变位的部分产生弹性抗力，弹性抗力 p 与该点的法向位移 δ 成正比，即 $p = K\delta$，K 为岩层的弹性抗力系数，弹性抗力垂直于衬砌外表面。在有弹性抗力的部位还作用有摩擦阻力 T，$T = \mu K\delta$，μ 为衬砌

材料与围岩间的摩擦系数，由于摩擦力对衬砌内力影响很小，可以忽略不计。

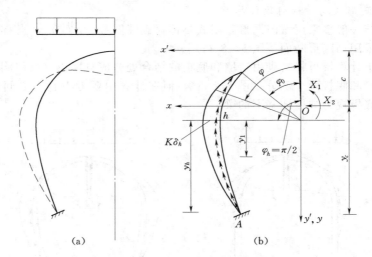

(a)　　　　　　　(b)

图 8-35　无底板马蹄形衬砌变位及计算图

无底板的城门洞形衬砌，当边墙的刚度较小时，其变位如图 8-34（a）所示，边墙上部朝向围岩，下部背向围岩，弹性抗力的最大值发生在边墙顶 h 点，为 $K\delta_h$。下部弹性抗力为零的 a 点位置则与边墙的刚度有关。当边墙的刚度很大时，a 点将与墙底重合。边墙刚度愈小，则零点 a 愈高。因此，a 点位置需经几次试算才能确定。为了计算方便，ah 之间的抗力可假定为直线分布，即

$$K\delta = K\delta_h \left(1 - \frac{y_1}{y_a}\right) \tag{8-40}$$

对于马蹄形的曲线边墙，最大抗力发生在水平直径处，为 $K\delta_h$，曲墙底 A 点抗力为零。水平直径以下的抗力按抛物线分布（图 8-35），即

$$K\delta = K\delta_h \left(1 - \frac{y_1^2}{y_h^2}\right) \tag{8-41}$$

顶拱部分的弹性抗力零点在 $\varphi_0 = 45°$ 处，抗力分布为

$$K\delta = K\delta_h \left(\frac{\cos^2\varphi_0 - \cos^2\varphi}{\cos^2\varphi_0 - \cos^2\varphi_h}\right)\sin\varphi_h \tag{8-42}$$

当顶拱的半中心角 $\varphi_h = 90°$、$\varphi_0 = 45°$ 时，式（8-42）可简化为

$$K\delta = K\delta_h (1 - 2\cos^2\varphi) \tag{8-43}$$

式中：φ 为 φ_0 和 φ_h 之间计算截面和拱的铅直轴线间的夹角。

对于无底板城门洞形的直墙拱，在初定了边墙上弹性抗力零点 a 的位置和确定了弹性抗力分布之后，墙拱（包括无底板马蹄形的曲墙拱）的结构计算与一般超静定结构基本相同，但墙基的变位应该考虑到墙底与基岩弹性连接的影响。

封闭式衬砌的结构计算步骤如下：

（1）计算墙拱部分的弹性中心位置，可用积分法或分段求和法求出 $\int_0^{s/2} \frac{y'\mathrm{d}s}{EJ}$ 和 $\int_0^{s/2} \frac{\mathrm{d}s}{EJ}$。

（2）计算形常数 δ_{11}、δ_{22}、δ_{h1}、δ_{h2} 及载常数 Δ_{1p}、Δ_{2p} 和 Δ_{hp}，载常数中均包含有弹性抗力的作用，以 $K\delta_h$ 的函数表示之。

（3）计算底板的 α 值，并由表查出双曲三角函数 $G_1 \sim G_4$，确定静定体系中由于单位弯矩作用和由于外荷（含弹性抗力）作用在拱座产生的转角 β_1 和 β_p，其中 β_p 也是 $K\delta_h$ 的函数。

（4）将 δ_{11}、δ_{22}、Δ_{1p}、Δ_{2p}、β_1、β_p 代入弹性中心处的力法方程，求出弹性中心处的超静定力 X_1、X_2，此时 X_1、X_2 也是 $K\delta_h$ 的函数。

（5）建立以 δ_h 函数表示的拱座总的转角关系式和建立点 h [图 8-34（b）]、[图 8-35（b）] 的径向变位 δ_h 的关系式，联立求出 δ_h。

（6）求出 δ_h 后即可代回各式，最后求出 X_1、X_2。边墙和顶拱任一断面的弯矩和轴向力，可由式（8-33）计算。

（7）由底板端点剪力和弯矩计算底板中点的弯矩。底板的轴向力可根据 y 轴左侧水平力的平衡条件求得。

非封闭式衬砌，可将墙底与基岩看成是弹性固结，计算时考虑围岩的弹性抗力和摩擦力。计算步骤与封闭式衬砌相同。计算公式除静定体系中拱座转角 β_1 和 β_p 外无其他改变。

封闭式衬砌和非封闭式衬砌计算用的公式及有关参数，可参考 SD 134—84《水工隧洞设计规范》的附录。

城门洞形或马蹄形的衬砌计算是比较复杂的，而采用下面即将介绍的衬砌的边值问题及数值解法编制的计算机程序则可很方便地求得问题的解答。城门洞形的衬砌计算，还可采用把边墙和底板都作为弹性地基上的梁，用力法计算[1]较为简便，也比假

---

❶　戴振霖等，门洞形水工无压隧洞封闭式衬砌内力计算的另一种解法，西北农学院学报，1980年第4期。

定边墙抗力分布合理。

8.9.3　渐变段衬砌计算简介

由于渐变段较短，设计中常只进行首末两个断面（矩形和圆形）的设计，中间的断面采用内插法以简化计算。

计算中是否要考虑围岩的弹性抗力，应视渐变段的围岩厚度、强度和灌浆效果等因素而定。当渐变段在隧洞进出口处，洞顶岩层较薄、强度较差时，就不应考虑围岩的弹性抗力。

不考虑弹性抗力时的计算，可按结构力学方法进行。当结构及荷载均对称于通过形心的纵横轴时，可将衬砌顶部的中点和边墙的中点切开，取结构的 1/4 进行计算 [图 8-36（a）]。由于对称，切口处剪力为零，只有轴向力 N_0 和弯矩 M_0，N_0 可由平衡条件求出，M_0 可由最小功能原理确定。在求出切口处的 N_0 和 M_0 后，即可求出其他截面处的内力。当荷载只对称于纵轴时（衬砌自重、水重），可将衬砌顶部中点切开，引刚臂至弹性中心 [图 8-36（b）]，用力法计算出弹性中心处的超静定力，进而求出各截面的内力。

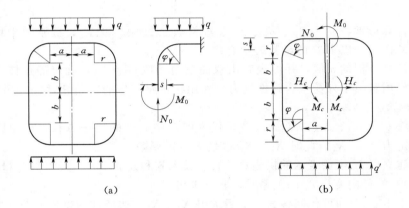

图 8-36　渐变段计算图
(a) 围岩压力作用；(b) 自重、水重作用

不考虑弹性抗力和考虑弹性抗力的渐变段衬砌计算，均可利用衬砌的边值问题及数值解法编制的通用程序计算，极为方便。

8.9.4　衬砌的边值问题及数值解法

隧洞或其他地下建筑物的衬砌与一般地面建筑物有所不同，它与周围的岩层相互贴结，受到荷载作用时，一部分衬砌的变形朝向围岩，受到围岩的限制，引起围岩的弹性抗力。由于抗力的大小和作用范围与衬砌的位移直接有关，故衬砌计算属于非线性力学问题。通常对抗力的分布形状和范围作某些假定，将其简化为线性问题，按超静定结构求解。但是，这类方法只适用于某种型式的衬砌，多数与实际情况不相吻合。

采用解微分方程的边值问题来计算衬砌，不必事先假定弹性抗力的分布，并编有通用程序，适用于拱形、圆形、圆拱直墙形、马蹄形、标准渐变段及矩形等 10 多种对称结构、对称荷载隧洞衬砌的静力计算，此法可以直接给出荷载组合后衬砌上各点的内力和位移，较一般结构力学方法更为合理。例如，假定弹性抗力分布的方法，对于自重、铅直围岩压力等荷载，其组合后衬砌的内力和位移是由单项荷载作用下内力和位移叠加的结果。而数值解法在同样的荷载情况下，直接求得的衬砌的内力和位移并不等于单项荷载作用下计算成果的叠加。另外，用数值解法算出的马蹄形、城门洞形断面顶拱弹性抗力为零的点，也不在与拱顶中线成 45°夹角处，一般为 65°～75°，其分布则随围岩特性、结构形状及刚度、荷载的不同而不同。该法的计算程序已在国内广为采用。

1. **基本方程式**

拱形衬砌的微分段 ds 上，作用有切向荷载和径向荷载，其内力和变位的正向规定如图 8-37 所示。

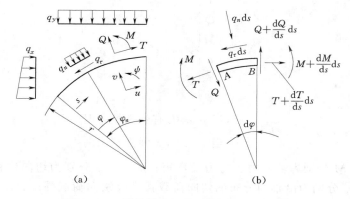

图 8-37　拱形衬砌的作用力及内力计算图

弹性抗力与衬砌表面外法线方向的位移成正比。根据 ds 段上静力的切向、法向和弯矩平衡条件（略去高阶微量），可以得到下列方程组

$$
\left.
\begin{aligned}
\frac{\mathrm{d}T}{\mathrm{d}s} &= -\kappa Q + q_\tau \\
\frac{\mathrm{d}Q}{\mathrm{d}s} &= \kappa T + K v h + q_n \\
\frac{\mathrm{d}M}{\mathrm{d}s} &= -Q
\end{aligned}
\right\} \tag{8-44}
$$

将 ds 段在内力 T、Q、M 作用下产生的位移和 ds 段由于 A 端有 v、u、ψ 时，在 B 端产生的相对位移增量相加后除以 ds，又得到下列方程组

$$
\left.
\begin{aligned}
\frac{\mathrm{d}u}{\mathrm{d}s} &= \frac{T}{EF} - \kappa v \\
\frac{\mathrm{d}v}{\mathrm{d}s} &= \frac{\alpha Q}{GF} + \kappa u + \psi \\
\frac{\mathrm{d}\psi}{\mathrm{d}s} &= \frac{M}{EJ}
\end{aligned}
\right\} \tag{8-45}
$$

合并式 (8-44)、式 (8-45)，并写成矩阵形式，有

$$
\frac{\mathrm{d}X}{\mathrm{d}s} = AX + P \tag{8-46}
$$

其中

$$A = \left\{ \begin{array}{cccccc} 0 & -\kappa & 0 & 0 & 0 & 0 \\ \kappa & 0 & 0 & 0 & hK & 0 \\ 0 & -1 & 0 & 0 & 0 & 0 \\ \dfrac{1}{EF} & 0 & 0 & 0 & -\kappa & 0 \\ 0 & \dfrac{\alpha}{GF} & 0 & \kappa & 0 & 1 \\ 0 & 0 & \dfrac{1}{EJ} & 0 & 0 & 0 \end{array} \right\}$$

$$X = \left\{ \begin{array}{c} T \\ Q \\ M \\ u \\ v \\ \varphi \end{array} \right\}, \qquad P = \left\{ \begin{array}{c} q_\tau \\ q_n \\ 0 \\ 0 \\ 0 \\ 0 \end{array} \right\}$$

$$h = \left\{ \begin{array}{l} 1, \text{当 } v \geqslant 0, \text{有弹性抗力时} \\ 0, \text{当 } v < 0, \text{无弹性抗力时} \end{array} \right.$$

式中：T、Q、M 分别为轴向力、剪力及弯矩；u、v、φ 分别为切向位移、法向位移及转角；q_τ、q_n 分别为沿轴向分布的切向荷载强度及法向荷载强度；G、E 分别为衬砌材料的剪切模量及弹性模量；κ、r 分别为拱轴的曲率及曲率半径，$\kappa = \dfrac{1}{r}$；F、J 分别为衬砌的截面积和截面惯性矩；s、φ 分别为弧长变量及角度变量；K 为围岩的弹性抗力系数。

式（8-46）为常微分方程组，由于矩阵 A 中含有 Kh 项，故一般为非线性方程，对于地面结构（$K=0$），或地下结构给定 h 值后，方程组可成为线性方程组。

方程组的边界条件，根据衬砌封闭与否、对称情况及其边墙的支承条件而异，一般可写为

$$CX \mid_{s=0} = 0, DX \mid_{s=L} = 0$$

此处，$s=0$ 为计算的起点，$s=L$ 为计算的终点，C 为计算起点的边界矩阵，D 为计算终点的边界矩阵。

当结构及荷载均对称时，可取一半计算，在对称线上有：$Q=0$、$u=0$、$\varphi=0$，边界阵为

$$C(\text{或 } D) = \left\{ \begin{array}{cccccc} 0 & 1 & 0 & 0 & 0 & 0 \\ 0 & 0 & 0 & 1 & 0 & 0 \\ 0 & 0 & 0 & 0 & 0 & 1 \end{array} \right\}$$

对于弹性固端有：$T = Kd_n u$、$M = KJ_n \varphi$、$v=0$，此处 d_n 为拱端厚度，J_n 为拱端截面惯性矩，边界阵为

$$C(\text{或 } D) = \begin{Bmatrix} 1 & 0 & 0 & \mp Kd_n & 0 & 0 \\ 0 & 0 & 1 & 0 & 0 & \mp KJ_n \\ 0 & 0 & 0 & 0 & 1 & 0 \end{Bmatrix}$$

阵元 Kd_n、KJ_n 中的"－"用于左边界阵,"＋"用于右边界阵。

对于铰支端有:$M=0$、$u=0$、$v=0$;固定端有:$u=0$、$v=0$、$\psi=0$,同理可写出其相应的边界矩阵。

这样,衬砌的内力和位移计算就归结为求解下列常微分方程组的边值问题

$$\left. \begin{aligned} \frac{\mathrm{d}X}{\mathrm{d}s} &= AX + P \\ CX\,|_{s=0} &= 0,\ DX\,|_{s=L} = 0 \end{aligned} \right\} \tag{8-47}$$

通常略去剪力对变位的影响,即令 $\frac{\alpha}{GF}=0$,且为了有利于计算,减小量级上过大的差别,将 X、A 改为

$$X = \begin{Bmatrix} T \\ Q \\ M \\ Eu \\ Ev \\ E\psi \end{Bmatrix}, \quad A = \begin{Bmatrix} 0 & -\kappa & 0 & 0 & 0 & 0 \\ \kappa & 0 & 0 & 0 & \dfrac{Kh}{E} & 0 \\ 0 & -1 & 0 & 0 & 0 & 0 \\ \dfrac{1}{F} & 0 & 0 & 0 & -\kappa & 0 \\ 0 & 0 & 0 & \kappa & 0 & 1 \\ 0 & 0 & \dfrac{1}{J} & 0 & 0 & 0 \end{Bmatrix}$$

同时将弹性固端边界阵也改为

$$C(\text{或 } D) = \begin{Bmatrix} 1 & 0 & 0 & \mp \dfrac{Kd_n}{E} & 0 & 0 \\ 0 & 0 & 1 & 0 & 0 & \mp \dfrac{KJ_n}{E} \\ 0 & 0 & 0 & 0 & 1 & 0 \end{Bmatrix}$$

计算完成输出结果时,将 Eu、Ev、$E\psi$ 除以 E,以恢复应有的 u、v、ψ 值。

2. 常微分方程组差分式的初参数解法

解常微分方程组(8-47)时,可采用龙格—库塔的四阶递推公式。解题时可用逐步近似的弹性抗力分布,即第一次计算时可根据洞形特点对衬砌各点 A 阵中表征弹性抗力分布的 h 给定 1 或 0,第二次计算时由第一次算得的法向位移 v 是正或负确定相应点 h 为 1 或 0,第三次计算时的弹性抗力分布则由第二次算得的法向位移来确定,如此类推,直至前后两次的弹性抗力及其分布达到稳定为止(一般迭代计算 2～4 次即可)。这样,每次计算时,A 阵中的 h 为已知,方程组已线性化,可以推得式(8-47)的差分递推式为

$$X_{n+1} = G_n X_n + H_n \delta \tag{8-48}$$

式中,G_n、H_n 只与各点的 A 阵、P 阵及计算步长 δ 有关,其递推式可参见 SD 134—84《水工隧洞设计规范》附录七。

由式(8-48)可知,只要起点的初参数 X_0 能够求出,就可逐步递推求出各点

的 X 值。由于解题时，弹性抗力分布已知，方程组已线性化，式（8-48）中的 G_n 与解无关，X_1 可由初参数 X_0 表示，X_2 可由 X_1 表示，逐步代入后，终点的 X_m 也可由 X_0 表示为

$$X_m = D^{(m)} X_0 + F^{(m)} \tag{8-49}$$

式中，$D^{(m)}$、$F^{(m)}$ 的递推式参见 SD 134—84《水工隧洞设计规范》附录七。

考虑到起点的边界条件 $CX_0 = 0$，并将式（8-49）的 X_m 代入终点的边界条件 $DX_m = 0$ 中，即可得到解初参数 X_0 的方程组

$$CX_0 = 0, \quad DD^{(m)} X_0 = -DF^{(m)}$$

即

$$\begin{bmatrix} C \\ DD^{(m)} \end{bmatrix} X_0 = \begin{bmatrix} 0 \\ -DF^{(m)} \end{bmatrix} \tag{8-50}$$

式（8-50）为六元联立方程，可解出起点的 3 个位移值和 3 个内力值。

解出起点的初参数 X_0 后，即可由式（8-48）递推求出各计算点的 X_n 值。

8.9.5　衬砌计算的有限元法

将水工洞室的衬砌与围岩作为整体用有限元法进行计算，比一般的衬砌计算方法更为合理，对具有复杂围岩的大型重要工程可采用此法。由于洞线较长，可取单位长度按弹性力学中的平面应变问题计算。对于完整、均匀、坚硬岩体内的隧洞，可按一般线弹性有限元计算，对于构造复杂或具有各向异性、非线性本构关系岩体内的洞室，应进行非线性有限元计算。

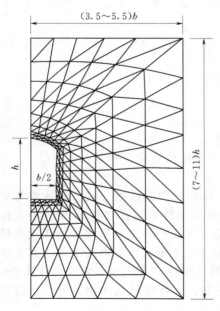

洞室衬砌和围岩的计算单元可采用三角形、四边形等单元，也可采用二次等参数单元以提高精度。计算范围的选取：对于圆洞，可取洞径的 3～5 倍；对于非圆形洞室，其高度和宽度可相应取洞高和洞宽的 3～5 倍；洞室如为对称结构，且围岩均匀，则可取一半计算，对称轴上各结点无水平位移，可视为水平支座。图 8-38 为水工洞室有限元网格划分示意图。

衬砌材料和洞室围岩都不是理想的弹性材料，其应力应变关系是非线性的，荷载位移关系也是非线性的，刚度矩阵不是常量。用有限元法解这类非线性问题，是以线性问题的处理方法为基础，通过一系列的线性运算来逐渐逼近真实的非线性解。增量法和迭代法是实现逼近的基础方法，其他方法都是直接或间接地在它们的基础上构造的。本节介绍增量法中的基本增量法和迭代法中的初应力法，其他方法可参见有关资料。

图 8-38　水工洞室有限元网格划分示意图

1. 基本增量法解非线性问题

基本增量法是用一系列分段线性去近似处理非线性问题，将全部荷载分为若干级的荷载增量，逐级施加在结构上。在每级荷载增量下，假定材料是线弹性的，因而可

求得各级荷载增量作用下的位移、应变和应力增量，对其进行累加，即可得到全部荷载作用下的总位移、总应变和总应力。该方法概念直观明确，当荷载增量划分得较小时，可收敛于真实解。

图 8 - 39 是基本增量法原理图，其计算步骤如下：

（1）用前一级荷载终了时的应力 $\{\sigma\}_{i-1}$（或应变 $\{\varepsilon\}_{i-1}$）求材料的切线弹性常数 $E_{t,i-1}$、$\mu_{t,i-1}$，相当于图 8 - 39（a）中 σ—ε 关系曲线上 N_{i-1} 处的斜率。

（2）用 $E_{t,i-1}$、$\mu_{t,i-1}$ 推求刚度矩阵 $[K]_{i-1}$，相当于图 8 - 39（b）中 P—δ 关系曲线上 M_{i-1} 处的斜率。

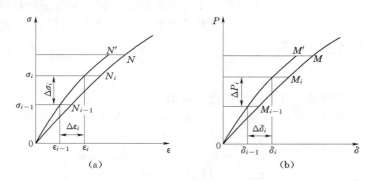

图 8 - 39　基本增量法原理图

（3）解线性方程组（8 - 51），可求得第 i 级荷载增量的位移增量 $\{\Delta\delta\}_i$。

$$[K]_{i-1}\{\Delta\delta\}_i = \{\Delta P\}_i \qquad (8-51)$$

（4）由位移增量 $\{\Delta\delta\}_i$ 求应变增量 $\{\Delta\varepsilon\}_i$、应力增量 $\{\Delta\sigma\}_i$，即

$$\left.\begin{array}{c}\{\Delta\varepsilon\}_i = [B]_{i-1}\{\Delta\delta\}_i \\ \{\Delta\sigma\}_i = [D]_{i-1}\{\Delta\varepsilon\}_i\end{array}\right\} \qquad (8-52)$$

式中：$[B]$ 为单元应变矩阵；$[D]$ 为弹性矩阵。

（5）累加增量，可得总位移、总应变和总应力为

$$\left.\begin{array}{c}\{\delta\}_i = \{\delta\}_{i-1} + \{\Delta\delta\}_i \\ \{\varepsilon\}_i = \{\varepsilon\}_{i-1} + \{\Delta\varepsilon\}_i \\ \{\sigma\}_i = \{\sigma\}_{i-1} + \{\Delta\sigma\}_i\end{array}\right\} \qquad (8-53)$$

对各级荷载增量重复步骤（1）～（5），待各级荷载增量施加完后，即可求得全部荷载作用下的位移、应变和应力。

2. 初应力法解非线性问题

初应力法是迭代法中的一种，是洞室应力计算中常用的方法，这一方法是通过对初应力的逐次迭代计算，最后使位移逼近真值，从而解算非线性问题。它的优点是在迭代计算中不必改变刚度矩阵，按线弹性方法计算，可以减少计算工作量，比较方便，缺点是收敛速度较慢。

如图 8 - 40 所示，材料的非线性应力—应变关系可表示为下列函数

$$\{\sigma\} = f(\{\varepsilon\})$$

若给定材料的初始弹性模量 E_0，即可得到相应的切线弹性矩阵 $[D_0]$，则线弹性

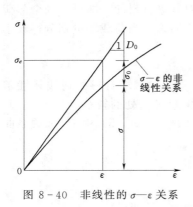

图 8-40　非线性的 σ—ε 关系

应力为
$$\{\sigma_e\} = [D_0]\{\varepsilon\}$$

引进初应力 $\{\sigma_0\}$，见图 8-40，则有
$$\{\sigma_0\} = [D_0]\{\varepsilon\} - f(\{\varepsilon\}) \qquad (8-54)$$

由初应力 $\{\sigma_0\}$ 产生的单元结点荷载为
$$\{P\}_{\sigma_0}^e = \int_v [B]^T\{\sigma_0\}\mathrm{d}V \qquad (8-55)$$

式中：$[B]^T$ 为单元应变矩阵的转置矩阵；V 为单元体积，对于平面问题，即为单元面积和厚度的乘积。

将结点周围的有关单元加以集合，得
$$\{P\}_{\sigma_0} = \sum_e \{P\}_{\sigma_0}^e = \sum_e \int_v [B]^T\{\sigma_0\}\mathrm{d}V$$
$$(8-56)$$

用初应力法计算非线性问题的迭代步骤如下：

（1）由原始荷载 $\{P_0\}$ 及刚度矩阵 $[K_0]$，计算出第一次位移近似值，即
$$\{\delta_1\} = [K_0]^{-1}\{P_0\} \qquad (8-57)$$

（2）由 $\{\delta_1\}$ 求出应变 $\{\varepsilon_1\}$，再由式（8-54）求出初应力。
$$\{\sigma_0\}_1 = [D_0]\{\varepsilon_1\} - f(\{\varepsilon_1\})$$

（3）由式（8-56）求初应力产生的结点荷载。
$$\{P_{\sigma_0}\}_1 = \sum_e \int_v [B]^T\{\sigma_0\}_1\mathrm{d}V$$

（4）计算第一次位移增量 $\{\Delta\delta_1\}$
$$\{\Delta\delta_1\} = [K_0]^{-1}\{P_{\sigma_0}\}_1$$

（5）计算第二次位移近似值
$$\{\delta_2\} = \{\delta_1\} + \{\Delta\delta_1\}$$

（6）再由 $\{\delta_2\}$ 求出 $\{\varepsilon_2\}$，由式（8-54）求出 $\{\sigma_0\}_2$，计算出结点荷载 $\{P_{\sigma_0}\}_2$，然后计算第二次位移增量 $\{\Delta\delta_2\}$。

（7）重复以上步骤，直至 $\{\Delta\delta_n\}$ 充分小时为止。迭代计算过程如图 8-41 所示。

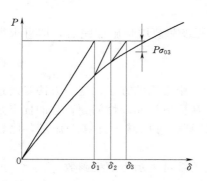

图 8-41　初应力迭代法原理图

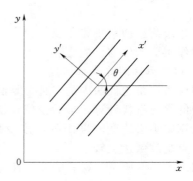

图 8-42　层状岩体

3. 层状岩体的计算

当岩体中存在大量走向接近平行的节理时，可将其视为层状材料，如图 8-42 所示。设局部坐标系 (x', y') 的 x' 轴平行于层面，与整体坐标系的夹角为 θ（逆时针方向为正）。在计算中一般假定垂直层面不能受拉，平行于层面 x' 轴方向的剪应力不能超过层面的抗剪强度，即在局部坐标系 (x', y') 中应满足的条件是

$$\left.\begin{array}{l} \sigma_{y'} \leqslant 0 \\ |\tau| \leqslant c - f\sigma_{y'} \end{array}\right\}$$

式中：c 为层面上的凝聚力；f 为层面上的摩擦系数；$\sigma_{y'}$ 以拉应力为正。

用有限元法对层状岩体进行非线性分析的计算步骤如下：

（1）按线弹性有限元法求位移 $\{\delta\}$ 和应力 $\{\sigma\}$。

（2）将在整体坐标系 (x, y) 中求出的应力 $\{\sigma\}$ 用转换矩阵 $[\theta]$ 转换为局部坐标系 (x', y') 中的应力 $\{\sigma'\}$，即

$$\{\sigma'\} = [\theta]^{-1}\{\sigma\} \tag{8-58}$$

（3）按下列 3 种情况判断单元应力状态。

1）当 $\sigma_{y'} > 0$ 时，有

$$\{\sigma'_a\} = \left\{\begin{array}{c} \sigma_{x'} \\ 0 \\ 0 \end{array}\right\} \tag{8-59}$$

2）当 $\sigma_{y'} \leqslant 0$，且 $|\tau| > c - f\sigma_{y'}$ 时，层面发生滑动，有

$$\{\sigma'_a\} = \left\{\begin{array}{c} \sigma_{x'} \\ \sigma_{y'} \\ f\sigma_{y'} \end{array}\right\} \tag{8-60}$$

3）当 $\sigma_{y'} \leqslant 0$，且 $|\tau| \leqslant c - f\sigma_{y'}$ 时，说明层面未被拉开，也未滑动，$\{\sigma'_a\}$ 就是坐标系 (x', y') 中的 $\{\sigma'\}$。

（4）计算局部坐标系中的初应力，即

$$\{\sigma'_0\} = \{\sigma'\} - \{\sigma'_a\}$$

（5）将 $\{\sigma'_0\}$ 转换成整体坐标系中的 $\{\sigma_0\}$，求出结点荷载 $\{P_{\sigma_0}\}$，再计算位移增量 $\{\Delta\delta\} = [K_0]^{-1}\{P_{\sigma_0}\}$，从而求得应力增量 $\{\Delta\sigma\}$。这样，单元的应力为 $\{\sigma\} + \{\sigma_0\} + \{\Delta\sigma\}$。

（6）重复以上步骤，直到 $\{\Delta\delta\}$ 达到足够小时为止。

8.9.6 新奥法和喷锚支护

喷锚支护是喷混凝土支护与锚杆支护的总称。根据不同的工程地质条件和对支护的要求，可以单独或联合使用，还可在喷层中加设钢筋网。

喷锚支护（锚喷支护）是配合新奥法（New Austrian Tunnelling Method，NATM）而逐渐发展起来的一项新型支护。由于其具有许多优点，如能及时支护充分发挥围岩的自承作用，节省材料和劳力，降低造价等，故自 20 世纪 50 年代以来，在国内外的矿山坑道、铁路隧道等地下工程中获得了广泛应用。在我国的水利水电建设中，50 年代也曾采用过喷锚修补隧洞衬砌和锚杆临时支护洞室。随着技术的发展，

在交通洞室、地下厂房、调压井、导流隧洞中已逐步推广应用，直至作为水工隧洞的永久性支护（喷锚衬砌）。国内采用喷锚支护的水工隧洞已有数十项，其中，1971 年建成的回龙山工程引水隧洞，其断面为 11m×11.1m 的城门洞形，总长 646m，全部采用喷锚，至今运行良好；在长达 9680m 的引滦入津引水隧洞中喷锚段总长 5000m，是国内采用喷锚支护最长的水工隧洞。

喷锚支护与传统的模浇混凝土衬砌相比，前者喷层薄、柔性大，能与围岩紧贴，围岩承受内水压力的百分数很高。几个工程的水压试验表明，当围岩的变形模量 E_R ＝（1～2）万 MPa 时，围岩能承担 80%～90%的内水压力。但也会由于喷层薄，且随开挖岩面起伏不平，致使糙率较大。另外，大面积喷射，施工质量难以控制，在内水压力及水流作用下，有可能引起渗漏及冲蚀。

随着工程实践经验的积累和科学实验的进展，喷锚支护必将得到更为广泛的应用。

8.9.6.1　新奥法和喷锚支护的工作原理与类型

喷锚支护能与围岩紧贴，共同工作。为使围岩在与支护的共同变形中取得自身稳定，并减小传到支护上的压力，要求支护既要有一定的刚度，又要有一定的柔性，其原理可由图 8-43 加以说明。

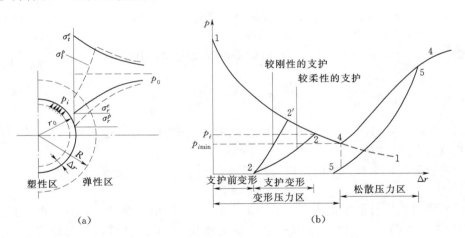

图 8-43　围岩变形与支护反力关系曲线

在初始应力按静水压力分布的情况下，设开挖后围岩尚未变形即行支护，则由于围岩的弹性变形，作用在衬砌上的支护力 p_i 应为弹性径向应力 σ_r^e；如支护有一定柔性，塑性区发展到 R 时，支护力可减小为 σ_r^p ［图 8-43（a）］。由图 8-43（b）可以看出，Δr 增大，塑性区也增大，为维持稳定所需要的 p_i 将逐渐减小，如曲线 1—1 所示。另一方面，支护在与围岩共同变形中产生相应的压缩变形，Δr 增大，支护力也渐趋增加，见曲线 2—2。当径向位移达到一定值，曲线 2—2 与 1—1 相交，达到稳定平衡，交点的 p_i 即为支护力，亦即围岩作用在支护上的压力。

由图 8-43 还可以看出，曲线 2—2 和 2—2′反映了支护结构的刚度特性，刚度愈大，压缩变形愈小，需要的支护力就愈大。这就表明，喷锚支护要有一定的柔性，能产

生适量的 Δr，从而使围岩产生一定范围的塑性区，以减小围岩传到支护上的变形压力。但是，稳定围岩所需要的支护力 p_i 随时间的增长和随 Δr 的增大而减小也是有限度的。如支护过迟，Δr 超过一定限度后，洞周岩体结构遭到破坏而导致岩体松散、岩石抗剪强度指标急剧下降，以致产生离层、塌落，造成对支护的松散压力，并非如曲线 1—1 继续下降，而是超过 p_{imin} 后，围岩对支护的压力很快加大，如曲线 4—4 所示。传统的模浇衬砌，在洞室开挖后，往往不能及时支护，并且要在回填灌浆后，才能与围岩紧贴，共同变形，如围岩条件较差，其对支护的压力将如曲线 5—5 所示，由此，衬砌所承受的将是比较大的松散压力。

隧洞在开挖过程中，掌子面对其附近的围岩变形起约束作用（掌子面的空间效应）。根据空间线弹性有限元法对圆洞的分析，在掌子面前方 1.5 倍洞径范围内已有不同程度的变形，掌子面处产生的弹性变形 u 约为总弹性变形 u_0 的 $1/4$，而在掌子面后方 1 倍洞径处已达 $\frac{9}{10}u_0$（图 8-44）。空间效应影响到掌子面后方 1.5～2.0 倍洞径的距离，在这个范围内进行支护，就可约束围岩的变形值，保证围岩的稳定。对于需要支护才能稳定的围岩，通常在开挖后应立即支护。

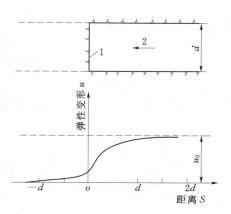

图 8-44 掌子面的空间效应
1—掌子面；2—开挖方向

喷混凝土锚杆联合支护，能做到即时支护，且能与围岩紧密贴结，发挥围岩的自承作用，在支护与围岩的共同变形中取得稳定与平衡。

喷锚支护有以下几种类型：

（1）喷混凝土支护［图 8-45（b）］。洞室开挖后，及时喷射混凝土使其与围岩紧贴（加入早强剂可使混凝土很快凝固），可以有效地限制围岩的变形发展，发挥围岩的自承能力，改善支护的受力条件。混凝土在喷射压力下，部分砂浆渗入围岩的节理、裂隙，可以重新胶结松动岩块，能起到加固围岩、堵塞渗水通道、填补缺陷的作用。

（2）锚杆支护。根据洞室周围的地质条件和可能的破坏形式（局部性破坏或整体性破坏），采用局部锚杆加固或系统锚杆加固，对于节理发育的块状围岩，利用锚杆可将不稳定的岩块锚固于稳定的岩体上［图 8-45（a）］；对于层状围岩，垂直于层面布置的锚杆起组合作用，可将岩层组合起来，形成"组合梁"；对于软弱岩体通过系统布置的锚杆，可以加固节理、裂隙和软弱面，形成承重环，使围岩变形受到约束，达到围岩自承状态。

（3）喷混凝土锚杆联合支护。此种支护，用于强度不高和稳定性较差的岩体。两者兼施可加固锚杆之间的不稳定岩块，达到稳定岩体、保证洞室安全运行的目的。

（4）喷锚加钢筋网支护。对软弱、碎裂的围岩，如喷混凝土锚杆支护仍感不足时，可加设一层钢筋网，以改善围岩应力，使支护受力趋于均匀，提高喷层的整体性

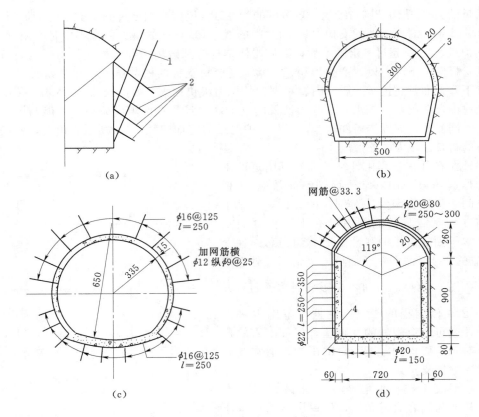

图 8-45 喷锚支护类型（单位：cm）
1—裂隙；2—锚杆；3—喷混凝土；4—浇混凝土

及强度，并可减少温度裂缝 [图 8-45 (c)、(d)]。

8.9.6.2 喷锚支护设计

1. 喷锚支护结构设计参数

虽然喷锚支护结构的设计参数（喷混凝土层厚度、锚杆长度及间距等）可以采用各种不同的理论及公式进行分析计算，但经验或工程类比法目前仍然是设计喷锚支护选定参数的主要方法。这是根据实际工程统计的大量资料，按围岩工程地质特征、稳定情况、洞室尺寸等总结出来的经验数据，可供设计采用。

GB 50086—2001《锚杆喷射混凝土技术规范》中，按岩体结构由整体、块状、层状、碎裂到松散及稳定性由大跨度长期稳定到小跨度短时稳定，将围岩分为Ⅰ～Ⅴ类，据此可选定喷锚支护类型及参数。毛洞跨度为 5～10m 的支护类型及参数，见表 8-8。

常用的锚杆有楔缝式锚杆和砂浆锚杆。楔缝式锚杆又分为不灌浆与灌浆两种，前者是在端部锚头割有中缝，并夹入铁楔，插入钻孔后，利用冲击力使锚头叉开成鱼尾形，将锚头嵌固于岩石中，安上垫板，旋紧外端螺帽后，即可使围岩受压起锚固作用，但锚固力较低，不宜作为永久支护；后者是在锚杆与孔壁之间再灌以水泥砂浆，这样既可提高锚固力又能防止锚杆生锈，常用于永久性支护。砂浆锚杆无楔缝锚头，

表 8 - 8　　　　　　　　　　　　　喷锚支护类型及参数表

围岩类别	支护类型及参数（毛洞跨度 5～10m）
Ⅰ	喷混凝土厚 δ＝5cm
Ⅱ	①喷混凝土 δ＝8～10cm
	②喷混凝土 δ＝5cm，加锚杆长 1.5～2.0m
Ⅲ	①喷混凝土 δ＝12～15cm，必要时加钢筋网
	②喷混凝土 δ＝8～10cm，加锚杆长 2～2.5m，必要时配钢筋网
Ⅳ	钢筋网加喷混凝土 δ＝10～15cm，加锚杆长 2～2.5m，必要时采用仰拱
Ⅴ	钢筋网加喷混凝土 δ＝15～20cm，加锚杆长 2.5～3.0m，采用仰拱，必要时设钢架

是在锚杆与孔壁之间填以水泥砂浆，凝固后牵制围岩的变形，这是一种构造简单、经济、使用广泛的锚杆。锚杆直径一般为 16～25mm，长 1.5～4.0m，围岩条件较好、洞径较小时采用较小值。锚杆的布置一般呈梅花形，方向应尽量垂直于围岩的层面和主节理面。系统锚杆的间距应不大于锚杆长度的 1/2，对不良围岩间距宜为 0.5～1m，并不得大于 1.5m。

喷混凝土应分层进行，每层 3～8cm。在喷第一层之前应先喷一层厚约 1cm、水灰比较小的水泥砂浆。喷混凝土层的总厚度一般为 5～20cm。国外喷混凝土的抗压强度一般可达 30MPa。经调查，国内喷混凝土的抗压强度，除个别工程外一般均可达到或接近 20MPa，有的超过 30MPa。SL 279—2002《水工隧洞设计规范》要求：喷混凝土的标号不小于 R_{200}，与围岩的黏结力，Ⅰ、Ⅱ类围岩不低于 1.2MPa，Ⅲ类围岩不低于 0.8MPa。

当采用钢筋网喷混凝土时，一般纵向钢筋为 ϕ6～10mm，环向钢筋为 ϕ6～12mm，网格间距为 15～30cm。钢筋网应在喷完一层混凝土之后随喷层起伏铺设，焊接于锚杆或专设的锚钉之上，保护层应不小于 5cm。

喷锚隧洞的进出口和闸室前后，宜采用混凝土或钢筋混凝土衬砌，其长度约为 2～3 倍洞径或洞宽。

喷混凝土中若加入 1％～2％重量的钢纤维，与普通喷射的混凝土相比，其抗压强度能提高 30％～60％，抗拉强度提高 50％～80％，抗磨蚀耐力提高 30％。这种钢纤维喷混凝土可用于对抗冲刷、抗磨损有较高要求的部位。钢纤维的直径一般为 0.3～0.4mm，长 20～25mm。

2. 喷锚支护计算

（1）锚杆。当锚杆只是用于加固局部危石时，可按危石的重量或需要加固的力来设计。当围岩存在松动圈或塌落拱时，锚杆的长度 L 和间距 S 为

$$L = L_1 + h + L_2 \qquad S \leqslant \frac{L}{2} \qquad\qquad (8-61)$$

式中：h 为松动圈的厚度或塌落拱的高度，cm；L_1 为锚固段的长度，cm，可用 20～30 倍锚杆直径；L_2 为锚杆的外露长度，cm，约为喷混凝土层厚度或 10～15cm。

（2）喷混凝土。喷混凝土是及时支护的最好措施，可作为临时支护或永久性衬砌。

有压隧洞喷混凝土层能够承受的内水压力 p 可用式（8-24）计算。考虑到喷混凝土层厚度较薄，也可采用无限弹性介质中薄壁圆筒公式计算，即

$$p = [\sigma_B]\left[\frac{(r_i + \delta)E_R}{r_i(1 + \mu_R)E_B} + \frac{\delta}{r_i}\right] \qquad (8-62)$$

$$[\sigma_B] = \frac{\sigma_B}{K}$$

式中：E_R 为围岩的变形模量，kPa；μ_R 为围岩的泊松比；E_B 为喷混凝土的弹性模量，kPa；r_i 为喷混凝土层的内半径，cm；δ 为喷混凝土层的厚度，cm；$[\sigma_B]$ 为喷混凝土层的允许抗拉强度，MPa；σ_B 为喷混凝土的设计抗拉强度；K 为安全系数，可按表 8-4 选用。

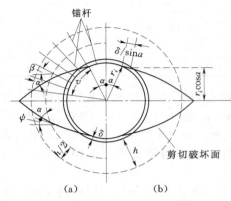

图 8-46 喷锚支护计算图
(a) 喷锚联合支护；(b) 喷混凝土支护

奥地利拉勃西维兹（L. V. Rabcewicz）早在 20 世纪 60 年代就提出，喷混凝土支护的整个周边只能由剪切而破坏。当铅直向地应力较大时，破坏的起点在与隧洞竖轴线夹角为 $\alpha = (45° - \varphi/2) = 20° \sim 30°$ 处，圆洞两侧形成滑裂锥体（图 8-46），其破裂线为对数螺旋线。当地应力的水平分量大于铅直分量时，破裂锥体将是铅直方向的。萨特勒（Sattler）对不同情况围岩内的薄层衬砌进行了研究，按喷混凝土层破裂面上的抗剪强度与支护上的径向压力 p_i 相平衡的原则来设计喷混凝土支护，则喷层的厚度 δ 为

$$\delta = \frac{p_i r_i \cos\alpha \sin\alpha}{\tau_B} \qquad (8-63)$$

式中：τ_B 为喷混凝土层的抗剪强度，可取喷混凝土极限抗压强度的 1/5；其余符号的意义见图 8-46。

若用喷混凝土加固个别或局部可能失稳的块状或层状顶部危石时，可根据危石重量乘以安全系数及危石与喷层的接触周长核算沿周长冲切破坏所需要的喷层厚度。

（3）喷锚联合支护。在软弱或破碎的围岩中，设计喷锚联合支护时，应防止侧壁产生楔形挤出的破坏形式。拉勃西维兹等人提出了支护中喷混凝土层、钢筋网、锚杆及围岩承重环（厚度 h 一般为半径 r_i 的 60%）所能承受的径向围岩压力的计算公式，即

$$\left.\begin{array}{ll}\text{喷混凝土层} & p_1 = \dfrac{\delta\tau_B}{r_i\cos\alpha\sin\alpha} \\[3mm] \text{钢筋网} & p_2 = \dfrac{F_g\tau_g}{r_i\cos\alpha\sin\alpha} \\[3mm] \text{锚杆} & p_3 = \dfrac{vF_aR_g\cos\beta}{etr_i\cos\alpha} \\[3mm] \text{承重环} & p_4 = \dfrac{h\tau_R\cos\psi}{r_i\cos\alpha\sin\alpha}\end{array}\right\} \qquad (8-64)$$

式中：F_g、τ_g 分别为喷混凝土层计算截面中钢筋的截面积及其抗剪强度，考虑到在混凝土破坏前钢筋只能发挥部分作用，正常情况可近似取 $\tau_g = \tau_B E_g/E_B \approx 15\tau_B$；$E_g$、$E_B$ 分别为钢筋和喷混凝土的弹性模量；F_a、R_g 分别为单根锚杆的断面积和锚杆的抗

拉强度；e、t 分别为锚杆沿洞线和衬砌环向的间距；β、v 分别为承重环内剪切破坏面范围锚杆与水平面的平均夹角及破坏面对应的喷混凝土层面积。ψ 为围岩承重环 1/2 厚度处破裂线与水平线的夹角；τ_R 为围岩的抗剪强度；有关符号的意义可参见图 8-46（a）。

喷锚联合支护所能承受的径向围岩压力 p_r 应为式（8-64）中有关部分之和。要使围岩稳定可靠，由图 8-43（b）可知，应满足 $p_r > p_{i\min}$。

8.9.6.3 喷锚支护设计中的几个问题

1. 喷锚支护的糙率

喷混凝土本身的糙率 $n = 0.016 \sim 0.018$，但由于喷混凝土层较薄，不可能填平开挖后岩面的坑凹，起伏差较大，因而糙率较大。回龙山水电站引水隧洞采用普通钻爆法开挖，实测喷混凝土层的糙率 $n = 0.033$，喷混凝土和模浇混凝土底板的综合糙率 $n = 0.029$。局部喷浆的柘溪水电站导流洞糙率更大，$n = 0.038$。太平哨水电站引水隧洞采用光面爆破法开挖，平均起伏差较小，喷混凝土的糙率 $n = 0.028$，综合糙率 $n = 0.025$。一般在较平整的开挖面上喷混凝土可以达到糙率 $n = 0.025$。糙率大，对于发电引水隧洞将加大水头损失，即电能损失；对于泄水隧洞则需加大洞径，增加开挖工程量。故喷锚支护的隧洞应采用光面爆破法开挖，控制起伏差小于 20cm，喷锚支护后的起伏差控制在 $10 \sim 15$cm 以内，考虑底板或底拱采用模浇混凝土，使其综合糙率 n 控制在 $0.02 \sim 0.025$ 范围内。

2. 喷锚支护的允许流速

当水流流速较高时，可能因喷混凝土表面凹凸不平产生负压引起剥落及空蚀。究竟能采用多大的允许流速，马来西亚一个工程的导流洞，采用喷混凝土支护，实际流速可达到 13.4m/s，运行正常；中国丰满水电站 2 号泄水洞在不衬砌段中的断层破碎带处采用喷锚支护，流速可达 13.5m/s，短期运行，未见破坏；中国南芬尾矿坝及星星哨水库泄洪洞，洞内最大流速 7m/s，经 10 年运行未见破坏；墨西哥奇科森水电站的两条导流洞，流速 12m/s，运行两年后，其中一条仅在洞底部被局部冲蚀。喷锚衬砌施工质量的均匀性难以控制，不平整度大，不宜采用较大的流速。SL 279—2002《水工隧洞设计规范》规定：喷锚衬砌的允许流速不宜大于 8m/s；喷锚衬砌的临时过水隧洞允许流速不宜超过 12m/s。

3. 喷锚支护的抗渗、防渗

喷锚衬砌的厚度较薄，水力梯度较大，喷混凝土易受溶出性侵蚀。因此，对水力梯度较大的喷锚衬砌隧洞，应按要求选定喷混凝土的抗渗标号，并注意做好固结灌浆，以便发挥围岩的抗渗作用。

根据试验资料，喷混凝土层本身的防渗效果还是较好的，但由于大面积喷混凝土结合面较多，特别是喷混凝土与底拱模浇混凝土交界面的施工质量难以控制，常成为漏水的途径，如察尔森水库喷锚衬砌试验洞充水时，在洞内不加压的情况下，12h 所剩水量不足 2/3；西洱河水电站试验洞在水压为 0.45MPa 时，每千米漏水量达 0.3m³/s。为减少渗水损失，必须保证施工质量，做好养护，防止喷混凝土开裂，减少新老喷层间的冷缝，严格处理喷混凝土与模浇混凝土之间的结合面。

此外，在进行有压隧洞喷锚衬砌设计时，还应考虑内水外渗对围岩强度、附近建筑物及山坡稳定的影响。

第9章

闸 门

9.1 概 述

闸门是可以启闭、用于控制孔口水流的挡水结构，是水工建筑物的重要组成部分。闸门装置于溢流坝、岸边溢洪道、泄水孔、水工隧洞、水闸和船闸等建筑物的孔口上，可以控制水位，调节流量，宣泄洪水或输水，过船或过木，排泄泥沙、冰块及漂浮物等。

闸门主要由 3 部分组成：①门叶。闸门的活动部分，用于封闭或开启孔口。②埋固部分。埋置或紧固在土建结构中的构件，将门叶所承受的荷载传递给土建结构。③启闭设备。操作门叶开启或关闭的设备。如图 9 - 1 所示。

9.1.1 闸门的类型

闸门分类方法较多，主要有：

（1）按其工作性质可分为：工作闸门、事故闸门和检修闸门。工作闸门承担上述各项任务，能在动水中启闭。事故闸门用在建筑物和设备出现事故时，能在动水中关闭孔口，阻断水流，防止事故扩大，事故排除后，向门后充水平压，在静水中开启；能在短时间关闭孔口的称为快速闸门。检修闸门供建筑物、工作闸门及机械设备等检修时短期挡水，一般在静水中启闭。

（2）按闸门关闭时门叶顶与水面的相对位置可分为：露顶式闸门和潜孔式闸门。溢流坝、水闸、溢洪道上的闸门，一般门顶露出水面，这类闸门称为露顶式闸门。露顶式闸门的门顶应超过正常蓄水位，并需考虑风浪壅高和超高。门顶在水面以下，称为潜孔式闸门。封闭带胸墙的孔口、泄水孔及水工隧洞深孔中的闸门，属于潜孔式闸门。

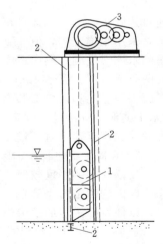

图 9 - 1 闸门的组成
1—门叶；2—埋固部分；
3—启闭设备

（3）按闸门门叶外观形状可分为：平面闸门、弧形闸门、人字闸门、扇形闸门、圆筒闸门、浮箱闸门、叠梁门等，如图 9-2 所示。

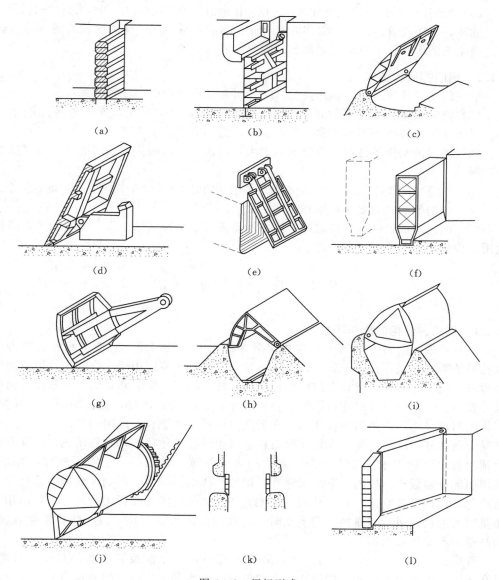

图 9-2　闸门型式

（a）叠梁门；（b）平面闸门；（c）舌瓣闸门；（d）翻板闸门；（e）盖板门；（f）浮箱闸门；（g）弧形闸门；（h）扇形闸门；（i）鼓形闸门；（j）圆辊闸门；（k）圆筒闸门；（l）人字闸门

（4）按闸门门叶的材料可分为：钢闸门、钢筋混凝土闸门、钢丝网水泥闸门、木闸门、铸造（钢、铁）闸门和组合材料闸门等。使用钢筋混凝土制造门叶，能节省钢材，但门体较重，仅在低水头的中、小型水闸用作工作闸门，或者用于施工截流的一次性关闭孔口。常用的为钢闸门，但需做好防锈、防蚀保护。

（5）按闸门门叶启闭运动方式可分为：垂直升降闸门、转动闸门、横拉闸门、滚动闸门和升卧式闸门。

（6）按闸门门叶控制方式可分为：机械操作闸门（手动或电动）和水力自动闸门等。

此外，封闭在管道内部，将门叶、外壳、启闭机械组成一体的闸门，通常称为阀门。高水头泄水管道上也可采用锥形阀和空注阀调节流量。

9.1.2　闸门的设计要求

对闸门的设计要求是：运用灵活，工作可靠。设计中应当注意做到：

（1）能满足建筑物运用的各项要求，能根据需要及时启闭，能在各种开度下工作。对于在某些开度下不能正常工作的闸门，选用时要慎重考虑。

（2）闸门的水流条件好，即泄水能力大，出流平顺，避免引起门底、门槽空蚀及闸门振动。

（3）闸门与孔口周边接触处，应有固定的与活动的止水设备，封水严密，漏水量小。

（4）闸门的启闭力要小，操作简便、灵活。

（5）闸门各部件的设计应适应工厂的制造能力、交通运输条件、安装水平，满足运用、检修及养护等方面的要求。

9.2　平　面　闸　门

9.2.1　型式、结构组成与布置

直升式平面闸门（图 9 - 3）是用得最为广泛的一种门型，它能满足各种类型泄水孔道的需要，既可布置于表孔，也可布置于深孔，普遍应用于工作闸门、事故闸门和检修闸门。它的优点是：①门叶结构简单，便于制造、安装和运输，顺水流方向的尺寸较小；②闸门可吊出孔口，便于检修和维护；③互换性好，各孔闸门可以互换，工作闸门可以作检修闸门用；④闸门布置紧凑，所需闸墩长度或闸门井尺寸较小，闸墩受力条件好，配筋简便；⑤启闭设备构造简单，便于使用移动式启闭机；⑥深孔平面闸门有时可利用水柱压力闭门，减少门重或配重。缺点是：①需要较厚的闸墩；②埋固部分需设在门槽内，下泄水流在门槽处产生低压漩涡，影响泄流能力，促使水流空化，门槽易被空蚀，在深孔闸门中尤其如此；③启闭力较弧形闸门为大，需用起重量较大的启闭机；④露顶闸门泄水时，门底须高出最高水位，故工作桥排架较高，而高排架易受地震损害。

升卧式平面闸门（图 9 - 4）可以降低工作桥的排架高度，从而提高耐震性能，可在水闸及溢洪道工作闸门中使用。它的特点是：承受水压的主轮轨道自下而上分成直轨、弧轨和斜轨段，主轨对侧的反轨皆为直轨，闸门吊点位于门底（靠近下主梁）面板上游侧。当闸门开启时，向上提升一定高度后，上主轮走到弧轨段，下主轮将倒向反轨侧沿之滚动，闸门后倾；继续提升闸门，高出水面后，闸门处于平卧状态。升卧门存在的主要问题是：吊点在上游水体内，启闭机的动滑轮组和钢丝绳长期浸水，容易锈蚀。

本节主要介绍平面钢闸门。

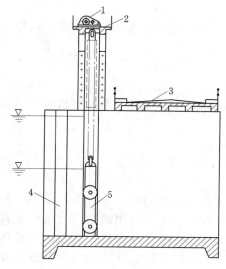

图 9-3 直升式平面闸门示意图

1—启闭机；2—工作桥；3—公路桥；
4—检修门槽；5—平面闸门

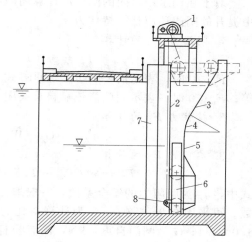

图 9-4 升卧式平面闸门示意图

1—启闭机；2—反轨；3—斜轨；4—弧轨；
5—直轨；6—升卧平面闸门；
7—检修门槽；8—吊耳

平面钢闸门的门叶由承重结构、行走支承、止水装置及吊耳等组成。承重结构包括：面板、梁系、竖向连接系或隔板、门背（纵向）连接系和支承边梁等。如图 9-5 所示。

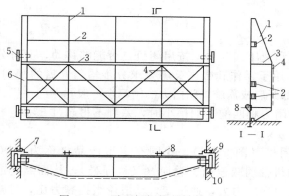

图 9-5 平面钢闸门的结构布置

1—竖向隔板；2—水平次梁；3—主梁；4—纵向连接系；
5—主轮；6—支承边梁；7—侧止水；
8—吊点；9—反轨；10—主轨

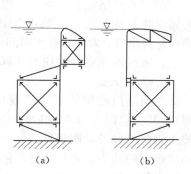

(a)　　(b)

图 9-6 双扉平面闸门示意图

平面闸门的基本尺寸根据孔口尺寸决定。荷兰东斯海尔德挡潮闸孔口尺寸达 43m ×11.9m。孔口尺寸应优先采用 DL/T 5039—95《水利水电工程钢闸门设计规范》中推荐的系列尺寸。

平面钢闸门通常是单扇的。当要求水闸能排泄漂浮物或冰凌且不多耗水量，能准确调控上游水位或为了降低工作桥高度时，可采用双扉的平面闸门，如图 9-6 所示。

9.2.2 启闭力计算

对于在动水中启闭的闸门应计算闭门力和启门力，而对于在动水中下降、在静水中提升的闸门还应计算持住力。

1. 闭门力 F_w 的计算

$$F_w = n_T(T_{zd} + T_{zs}) - n_G G + P_t \tag{9-1}$$

$F_w > 0$ 时，表示需要加重，加重方式有：加重块、利用水柱重或施加机械下压力等；$F_w < 0$ 时，表示闸门能依靠自重关闭。

2. 持住力 F_T 的计算

$$F_T = n'_G G + G_j + W_s + P_x - P_t - (T_{zd} + T_{zs}) \tag{9-2}$$

3. 启门力 F_Q 的计算

$$F_Q = n_T(T_{zd} + T_{zs}) + P_x + n'_G G + G_j + W_s \tag{9-3}$$

式中：n_T 为摩阻力的安全系数，一般取 1.2；n_G 为计算闭门力用的闸门自重修正系数，可采用 0.9~1.0；n'_G 为计算持住力和启门力用的闸门自重修正系数，可采用 1.0~1.1；G 为闸门自重，kN，当有拉杆时应计入拉杆重量，计算闭门力时选用浮重；W_s 为作用在闸门上的水柱压力，kN；G_j 为加重块重量，kN；P_t 为上托力，kN，包括底缘上托力及止水上托力；P_x 为下吸力，kN；T_{zd} 为支承摩阻力，kN；T_{zs} 为止水摩阻力，kN。

在静水中开启的闸门（如检修门），其启闭力计算除计入闸门自重和加重外，尚应考虑一定的水位差引起的摩阻力。露顶式闸门和电站尾水闸门可采用不大于 1m 的水位差；潜孔式闸门可采用 1~5m 的水位差；对有可能发生淤泥、污物堆积等情况时，尚应酌情增加水位差。

9.2.3 启闭机

常用的启闭机有卷扬式、螺杆式和液压式 3 种。按启闭机是否能够移动，又可分为固定式及移动式。移动式启闭机多用于操作孔数多又不要求分步均匀开启的闸门，特别是检修门。对要求在短时间内全部开启或需施加闭门力的闸门，一般要一门一机。

启闭机的额定容量应与计算的启闭力相匹配，如稍小时，差额不得超过 5%。

1. 卷扬式启闭机

平面闸门使用的固定式卷扬启闭机（图 9-7），我国有定型产品（称为 QPQ 型），最大启门力为 6000kN，由电动机带动减速箱、卷筒（又称绳鼓），从而缠起或放出钢丝绳以带动闸门升降。平面闸门启门力大，通过定、动滑轮组提高力比，可减小启闭机的功率和重量，比较经济。

启闭机可用单吊点或双吊点，根据门的大小和宽高比而定。当宽高比大于 1 时，一般用双吊点。吊具通过销轴与闸门的吊耳相连。

升卧式闸门如采用卷扬式平面闸门启门机，则动滑轮组将浸于上游水体中，且闸门的吊耳座需伸出面板之外很远，才能布置动滑轮组，采用转向节 [图 9-11（c）] 可减小吊耳座尺寸，但钢丝绳略有扭曲，更易锈蚀。若取消滑轮组（习惯上称为卷扬式弧形闸门启闭机），可以避开动滑轮浸水和转向的问题，但启闭机功率增大，重量增加，工作桥造价也相应提高。

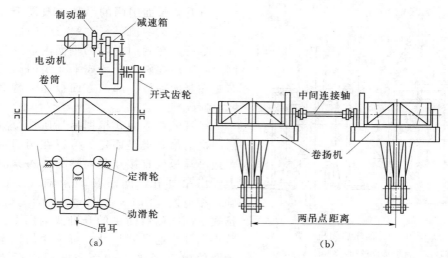

图 9-7　卷扬式启闭机

选用启闭机时，应注明型号、起门高度、吊点中心距以及是否要设手动装置等。吊点中心距应参照闸门构造选定。露顶闸门起门高度应提出水面以上 1～2m，快速（事故）闸门提到孔口以上 0.5～1m。

2. 螺杆式启闭机

螺杆式启闭机一般用于小型平面闸门，定型产品起重量多为 3～100kN，最大达 750kN。

3. 液压式启闭机

液压启闭机多以油为介质，通过液体传递压力推动活塞，牵引闸门升降。利用液体泵系统可以带动多个启闭机的活塞杆工作。它的优点是：动力小、启闭力大，机体（油缸与活塞杆）小、重量轻，并能集中操纵，易于实现遥控及自动化，操作平稳、安全，并对闸门有减震效用等。最大启闭力达 6000kN。主要问题是长行程的油缸内圆镗磨加工受到厂商加工能力的限制。

油压启闭机的构造如图 9-8 所示。图 9-9 为某船闸闸门的油压启闭机布置图，细部 A 表示自动锁定装置，在闸门全开时，能自动将活塞杆锁定，防止因活塞密封圈漏油或液压系统阀件失灵导致闸门突然下落而造成严重事故。油缸以下的外露活塞杆套有防尘罩，以免活塞杆被污染、锈蚀，磨损密封圈而漏油。

9.2.4　吊耳、吊杆和锁定器

1. 吊耳

吊耳位于闸门的吊点处，与启闭机的吊具相匹配，承受闸门的全部启门力。

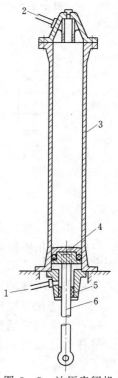

图 9-8　油压启闭机
构造示意图

1—进油；2—回油；3—油缸；4—活塞；5—密封圈；6—活塞杆

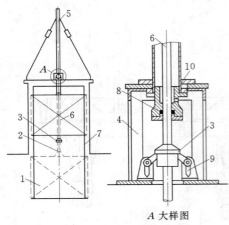

图 9-9　油压启闭机布置

1—闸门；2—活塞杆接轴；3—自动锁定撑体；
4—机座；5—油缸；6—活塞杆；7—门架；
8—密封圈；9—自动锁定；10—油封圈

直升式平面闸门的吊耳一般设于竖向隔板或支承边梁的顶部 [图 9-10 (a)、(b)]，并应尽可能在闸门重心的垂面内，以免悬吊闸门时闸门歪斜。升卧式平面闸门的吊耳应布置在竖向隔板下部前方面板的上游侧 [图 9-10 (c)]。

吊耳的构造型式根据吊耳所在位置以及启闭机的吊具类型而定。可以在闸门顶梁上焊接吊耳板或直接在竖向隔板或边梁的腹板上镗出吊耳孔，同吊具的销轴（或称为吊轴）相连接 [图 9-11 (a)、(b)]。在用卷扬式平面闸门启闭机的升卧式闸门上，为了减小吊耳座的悬臂尺寸，可采用转向节，使动滑轮的直径平面转而与闸门面板相平行 [图 9-11 (c)]。

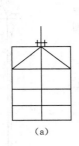
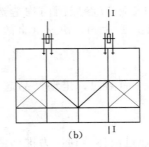
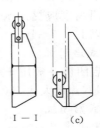

（a）　　　　　　　　（b）　　　　　　　I—I　　　（c）

图 9-10　吊耳的布置

2. 吊杆

吊杆是连接闸门吊耳与启闭机吊具的中间环节，多用于潜孔（尤其是深孔）闸门，一般由互相铰接的几段刚性杆组成（图 9-12）。由于装拆吊杆的劳动条件较差，仅在下述情况才采用：

（1）当采用移动式启闭机而用自动挂钩梁有困难时。

（2）为避免启闭机动滑轮组长期浸于高含沙的水中。

（3）当启闭机扬程不够时。

吊杆的分段长度应按孔口高度、启闭机扬程及对吊杆装卸、换向等要求确定，一般取 2～6m。

3. 锁定器

锁定器的作用是将开启的闸门固定在指定的开度上，以解除启闭机的负荷或移走活动启闭机。

锁定器型式多样，图 9-13 列举了 3 种。当闸门开启到锁定位置时，将锁定梁就位，闸门即可借设置在门叶（或吊杆）上的牛腿搁置于锁定器上。

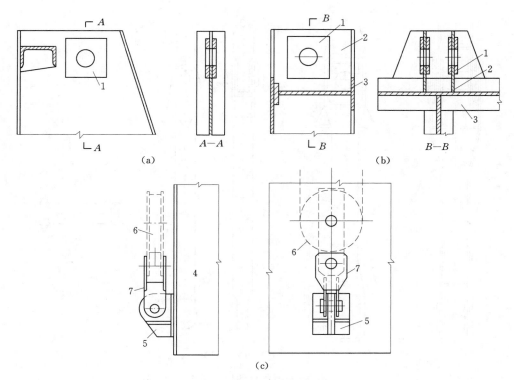

图 9-11　吊耳的构造型式

1—轴承板；2—吊耳板；3—顶梁；4—升卧门叶；
5—吊耳座；6—动滑轮；7—转向节

图 9-9 为一种油压启闭机的自动锁定器。

9.2.5　行走支承

平面闸门的行走支承部件关系到闸门的安全、顺利运行，要求它既能将闸门承受的全部荷载传递给闸墩（墙），又能保证闸门沿门轨平顺地移动。为此，在闸门的边梁上除设有主要行走支承外，还需设有导向装置，如反轮、侧轮等辅助件，以防闸门升降时发生前后碰撞、歪斜或卡阻等故障。

支承型式应根据工作条件、荷载和跨度等决定。工作闸门和事故闸门一般采用轮式或胶木滑道支承，检修门或小型闸门也可采用滑动支承。

9.2.5.1　轮式支承

轮式支承应用广泛。其优点是：滚轮与轨道间的滚动摩擦系数小而稳定，启闭省力，运行安全可靠；缺点是：构造比较复杂，重量较大。

轮式支承有定轮和台车两种型式。

1. 定轮式支承

定轮式支承一般在闸门两侧各布置两个定轮。按其与支承边梁连接的方式，还可分为：

（1）悬臂式［图 9-14（a）］。用悬臂轴将滚轮装在双腹式边梁的外侧，滚轮轴

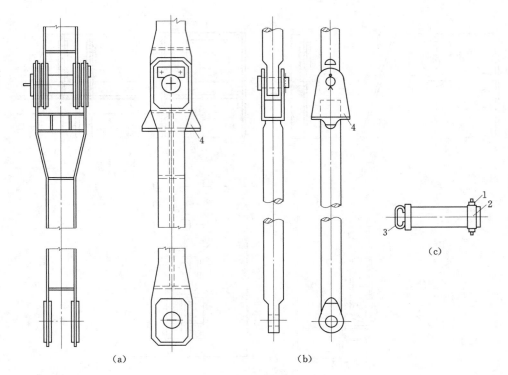

图 9-12 吊杆的构造型式

1—螺栓；2—轴环；3—手柄；4—牛腿

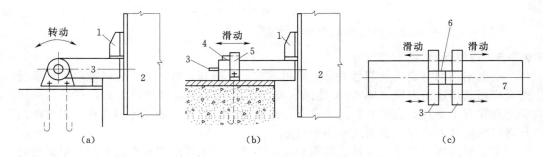

图 9-13 锁定梁的型式与构造

（a）翻转式悬臂锁定梁；（b）平移式悬臂锁定梁；（c）平移式简支锁定梁

1—牛腿；2—闸门；3—锁定梁；4—楔块；5—锁环；6—吊杆；7—门槽孔

布置在二主梁与边梁的结点之外。要求做到在承受最大水压力时，各轮受力相等，一般每个轮压可达 500～1000kN。

（2）简支式 [图 9-14（b）]。滚轮以简支轴装在双腹板式边梁的腹板之间（错开主梁与边梁结点）。简支式适用于孔口或水头较大的闸门，每个轮压可达 1000～1500kN。

（3）轮座式 [图 9-14（c）]。装置主轮的轮座可对准主梁，直接传力，边梁受力小，构造简单，轮座易于调整；但闸门槽需要加宽，轮子直径受限，一般用于小型闸门。

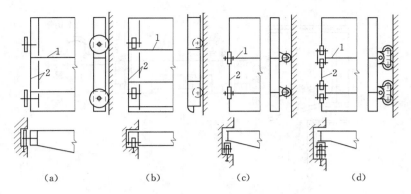

图 9-14　平面闸门轮式支承的型式
1—主梁；2—支承边梁

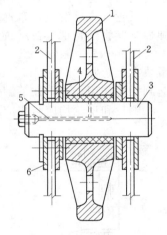

图 9-15　滚轮的构造
1—主轮；2—边梁腹板；3—轮轴；
4—轴套；5—注油孔；6—支承板

悬臂轮与简支轮相比，装配调整容易，主轮可兼作反轮，所需门槽尺寸较小；缺点是轮轴弯矩大，边梁受扭且腹板受力不均，因此轮压不能过大。双向受力闸门和升卧式闸门都用悬臂轮。

2. 台车式支承［图 9-14 (d)］

当轮压过大时，可使用台车式支承将轮数增加到 8 个，而门叶的支承仍是 4 个。它的缺点是构造复杂，重量大。

滚轮的构造见图 9-15。轮轴通过支承板（也称为浮动板）固定在支承边梁的腹板上，腹板上轴孔一般大于轴径 10~15mm，装配时，将所有滚轮的踏面调整到同一平面上，合格后，将浮动板焊牢在腹板上。也可以采用偏心轮轴满足调平要求，但可调幅度较小。

9.2.5.2　滑道式支承

滑道式支承应用较早，但因铸铁与钢板或木材之间的摩擦系数较大，所以只能用于小型闸门。低摩擦系数（0.05~0.13）的酚醛树脂胶木（压合胶木）出现后，滑道式支承再度得到推广，因为它构造简单，安装、制造容易，重量轻。但压合胶木性能还不太稳定，特别是在深水中或干湿交替的环境中，摩擦系数会变大，运用可靠性尚待提高。

胶木滑道的构造如图 9-16 所示。为了保证压合胶木的质量，制造时应注意布置成顺木纹端面受压，并使胶木受到足够的侧向预压力（一般取 20MPa），以提高承载力。支承方钢的顶部呈圆弧形，表层为不锈钢，磨光至 6~7 级光洁度，且保留厚度不少于 2~3mm。

目前开发的新型滑道材料，如各种高强度工程塑料，含油润滑树脂及低摩擦系数、耐腐蚀的陶瓷材料等，应用前景良好。

9.2.5.3　侧向和反向导承

侧轮（或侧滑块）的作用是防止闸门主轮脱轨，或因起吊不均衡闸门歪斜而卡定

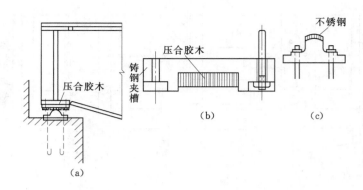

图 9-16　胶木滑道的构造

在门槽内。为了减小侧轮在闸门歪斜时所受的力,上下两侧轮的距离应尽量加大。

反轮(或反滑块)布置在闸门的上游侧,防止闸门启闭时前后歪斜或碰撞,如用弹性支座将反轮抵紧在反轨上还可缓冲闸门振动。

图 9-17 为侧轮、反轮布置示意图,其中,图 9-17(a)侧滑块在闸门两端,反滑块在上游侧;图 9-17(b)简支式侧轮及反滑块均在上游侧;图 9-17(c)主轮起到反轮作用,侧轮在下游侧。图 9-17 也标出了止水布置的配合情况。

侧轮和反轮均应与相应轨道之间留有间隙,一般为 10~20mm。

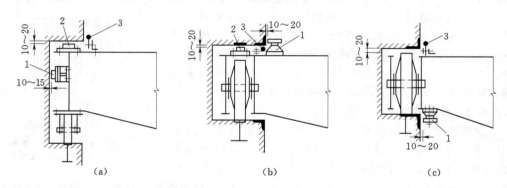

图 9-17　侧轮、反轮和侧止水布置(单位:mm)
1—侧轮;2—反轮;3—侧止水

9.2.6　止水装置

止水装置的作用是将门叶与闸孔周界的间隙密封,阻止漏水。止水装置又称为水封。如果止水效果不好,闸门漏水严重,不仅损失水量,而且有时还会引起闸门振动,在漏水处产生空蚀破坏等。因此,在选择止水型式与布置时,要做到关闭闸门后止水严密,闸门启闭时摩阻力小,止水件磨耗少、耐用、安装方便、更换容易。

常用的止水材料是橡胶,也有用方木的(仅用于底止水)。橡皮止水的定型产品如图 9-18 所示。大型孔口或深孔闸门可用内部夹帆布条带的橡皮止水(图中用虚线表示帆布带)。

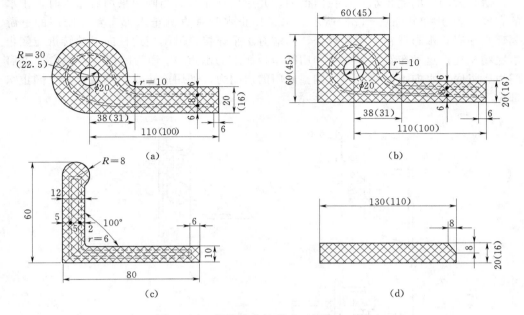

图 9-18 橡皮止水的型式（单位：mm）

(a) P—A 型；(b) P—B 型；(c) L 型；(d) 条型

露顶式平面闸门，一般将侧止水设在上游侧，门底设底止水。

侧止水的构造见图 9-19（a）。当侧滑块或侧轮与轨道间的间隙较大时，宜将侧止水布置在门槽内，以防闸门侧移时，橡皮止水被挤压撕裂［图 9-17（b）］。

P 形止水的位置和方向随水流方向而定，应使其在水压力作用下紧附在止水座表面上。

钢闸门的底止水一般用条形橡皮，用压板固定在闸门底缘上，利用门重将其压紧在闸孔底坎上［图 9-19（b）］。其优点为：泄流条件好，闸门底缘所受的负压力小。

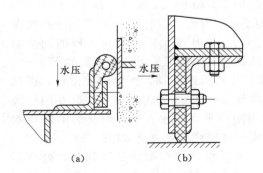

图 9-19 橡皮止水构造

(a) 侧止水；(b) 底止水

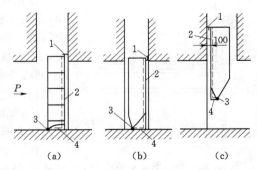

图 9-20 潜孔式闸门止水布置（单位：mm）

1—水平顶止水；2—侧止水；3—水平底止水；4—止水的水平连接段

　　潜孔式闸门的侧止水宜设在门槽内，并应设顶止水。当闸门采用后止水时，止水的布置如图 9−20（a）、（b）所示。水平顶止水和垂直侧止水都布置在闸门的下游侧，水平底止水布置在上游面板处，两端有水平连接段沿闸门边柱向下游转折与侧止水底端相连。这种布置可以充分利用闸门顶面上的水重 W_s 作为闭门力，但增加了启门力。将底止水向下游移动可以调整闸门的启闭力。如用前止水，则顶止水及侧止水都位于上游侧，如图 9−20（c）所示。

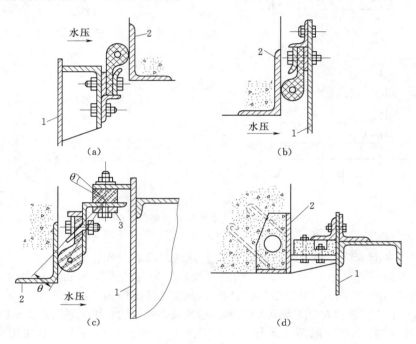

图 9−21　顶止水构造
1—门叶；2—止水座；3—弧面垫圈

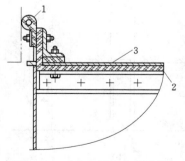

图 9−22　底、侧止水的连接
1—侧止水；2—底止水；3—面板

　　顶止水的构造如图 9−21 所示，其中，图 9−21(a)适用于胸墙在下游侧；图 9−21(b)适用于胸墙在上游侧。因闸门受水压变形后，与止水座的间隙加大，大跨度或高水头闸门可采用更为柔韧的图 9−21(c)型的止水，止水可以转动，产生较大位移，以适应闸门的挠曲变形。图 9−21(d)顶止水装在门楣埋件上，可利用闸门重将止水压紧，但将影响底止水的压紧，且需保证维修及更换止水件的条件。

　　顶、侧、底止水的接合部是关键部位，处理不好最易漏水，应彻底封闭它们之间的缝隙，并使相邻的止水件变形能力相近。P 型止水转角连接件有定型产品，专供顶、侧止水连接用。图 9−22 所示的钢闸门的条形底止水穿过面板与侧止水相接，在穿越处将面板割出豁口。

9.3　弧 形 闸 门

弧形闸门也是用得很广泛的一种门型，能满足各种类型泄水孔道的需要。作为工作闸门，既可布置于表孔，也可布置于深孔。它的优点是：①闸门挡水面为圆柱面，支承铰位于圆心，启闭时闸门绕支承铰转动，作用在闸门上的总水压力通过转动中心，对闸门启闭不产生阻力矩，故启门省力，从而可降低启闭机和工作桥的荷载。②弧形闸门不设门槽，不影响孔口水流流态，不易产生空蚀破坏，局部开启条件好。因此，弧形闸门普遍应用于高水头工作闸门及需要局部开启控制流量的工作闸门。③与平面闸门比较，所需闸墩的高度及厚度较小。④埋设件较少。缺点是：①需要较长的闸墩。②闸门所占的空间位置较大。③闸门承受的总水压力集中于支座处，拉应力集中，需要配置大量钢筋，对土建结构要求较高。④因为弧形闸门不能提出孔口，故检修维护不如平面闸门方便，也不能用作检修门。葛洲坝水利枢纽泄洪闸孔口尺寸为 12m×24m，设上下两层闸门，上层为平面闸门，下层为弧形闸门，弧形门面积为 12m×12m，总推力达 38.8MN。水口水电站的弧形闸门尺寸为 15m×22.77m，总推力达 43.08MN。

9.3.1　总体布置

弧形钢闸门的承重结构由弧形面板、主梁、次梁，竖向连接系或隔板、起重桁架、支臂和支承铰组成，见图 9 – 23。

弧形闸门的支铰座一般布置在闸墩侧面的牛腿上。支承铰应尽量布置在过流时不受水流及漂浮物冲击的高程上。溢流坝上的露顶式弧形闸门，可将支承铰布置在 1/2～3/4 门高处；水闸的弧形闸门的支承铰可布置在 2/3～1 倍门高附近；潜孔闸门应更高些。

弧形闸门的弧面半径通常选用 $R = (1.1～1.5) H$，H 为门高，潜孔闸门的 R 可选用得更大一些。

9.3.2　结构选型

弧形闸门根据闸孔的宽高比可布置成主横梁式或主纵梁式结构。前者以水平横梁（或桁架）为主梁，适用于宽高比大的弧形门，后者以位于支臂前端的竖向纵梁为主梁，适用于宽高比小的弧形门。

主纵梁式弧形闸门由每侧的主纵梁和支臂组成两侧的主框架，支臂由两根支臂杆（或称为肢柱、主柱）及系杆组成。主纵梁承接小横梁、小纵梁及面板等。

主横梁式弧形闸门通常采用两根主横梁，主横梁与两端的支臂杆刚接构成主框架。每侧的两根支臂杆及系杆组成支臂。主横梁承接小纵梁、小横梁、面板等。

按照支臂的布置可分为斜支臂、直支臂和主横梁带双悬臂的直支臂 3 种型式。

斜支臂式与直支臂式（图 9 – 23）相比，其优点为：主横梁带有双悬臂，跨度较小，内力矩小，因而用材省。缺点为：支承铰的侧推力较大且构造复杂，闸墩常需加厚。在溢流坝上，闸门的支承铰位置较低，侧推力对闸墩影响较小，因此便于用斜支臂式闸门。

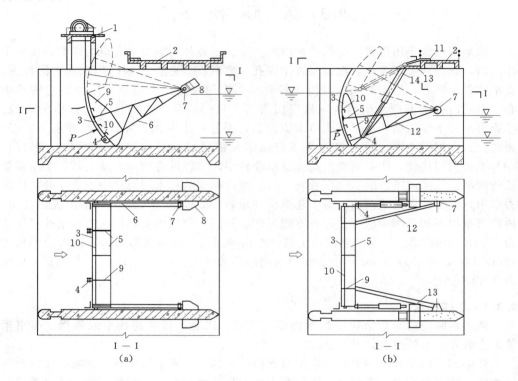

图 9-23　弧形闸门布置

（a）采用卷扬式启闭机；（b）采用油压启闭机

1—工作桥；2—公路桥；3—面板；4—吊耳；5—主梁；6—直支臂；7—支承铰；8—牛腿；
9—竖向隔板；10—水平次梁；11—油管；12—斜支臂；13—检修平台；14—油缸

主横梁带双悬臂的直支臂式具有斜支臂式和直支臂式的优点，结构合理，故在有条件将支承铰装在孔口中部时（如深孔顶部或水闸底板的支墩上），可以采用。

9.3.3　启闭力

1. 闭门力 F_w 的计算

$$F_w = \frac{1}{R_1}\big[n_T(T_{zd}r_0 + T_{zs}r_1) + P_t r_3 - n_G Gr_2\big] \qquad (9-4)$$

式中：n_T 为摩阻力的安全系数，一般取 1.2；n_G 为计算闭门力用的闸门自重修正系数，可采用 0.9～1.0；T_{zd}、r_0 分别为支承铰转动摩阻力及其对闸门转动中心的力臂；T_{zs}、r_1 分别为止水摩阻力及相应力臂；G、r_2 分别为闸门自重及相应力臂；P_t、r_3 分别为上托力及相应力臂；R_1 为闭门力 F_w 对闸门转动中心的力臂。

计算结果为正值时，需要加压力闭门；为负值时，表示闸门能依靠自重关闭。

2. 启门力 F_Q 的计算

$$F_Q = \frac{1}{R_2}\big[n_T(T_{zd}r_0 + T_{zs}r_1) + n'_G Gr_2 + G_J R_1 + P_x r_4\big] \qquad (9-5)$$

式中：n'_G为计算启门力用的闸门自重修正系数，可采用 $1.0\sim1.1$；G_j 为加重（或下压力）；P_x、r_4 分别为下吸力及相应力臂，m；R_1、R_2 分别为加重（或下压力）和启门力 F_Q 的力臂；其余符号的意义见上述闭门力。

弧形闸门在启闭过程中，力的大小、作用点、方向和力臂随闸门开度而变，需要按过程逐步分析，得出启闭力变化过程线，按其峰值决定启闭机负荷。

9.3.4 支承铰

支承铰连接闸墩与弧形闸门的支承端，其作用是将闸门所承受的水压力和部分门重传给闸墩，保持闸门启闭时能绕水平轴转动，见图 9-24。

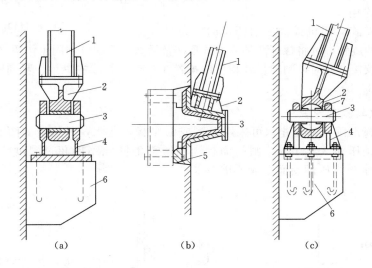

图 9-24   支承铰的型式
（a）圆柱铰；（b）圆锥铰；（c）双圆柱铰
1—支臂；2—铰链；3—轴；4—铰座；5—支承环；6—牛腿；7—圆柱形衬套

支承铰包括 3 部分：支承轴、活动铰链和固定铰座。铰链和铰座一般为铸钢件。

按照支承轴的形状，支承铰有：

（1）圆柱铰。具有水平的圆柱形轴，构造简单，安全可靠，制造、安装容易，故跨度不大的表孔闸门普遍采用这种型式。

（2）圆锥铰。跨度较大的斜支臂弧形闸门因主框架在支承铰处有很大的侧推力，宜于采用直接埋设在闸墩侧面的圆锥形支承轴（及铰座）。其优点为：轴的锥形承压面垂直于斜支臂，能承受较大的支臂压力，并能保持与锥形轴套的良好接触；缺点是：支承铰处的固端弯矩使铰座（支承环）重量加大、造价高，锥形轴的埋设定位较复杂。

（3）双圆柱铰。具有圆柱形衬套的圆柱铰，其运行特点为：当启闭闸门时，铰链带动圆柱形衬套一起绕水平的圆柱形支承轴转动，闸门关闭后，主框架受水压力作用变形时，铰链又能绕圆柱形衬套的垂直轴转动（铰链的内壁沿衬套的外壁滑移），确保主框架支架具有铰接特性。但因构造复杂，仅大型闸门才考虑采用。

9.3.5　启闭机、吊耳

弧形闸门可用卷扬式、螺杆式或油压启闭机。

定型生产的卷扬式弧形闸门启闭机，不采用滑轮组，钢丝绳直接以吊轴与弧形闸门的吊耳相连接。吊耳布置见图 9 - 25。

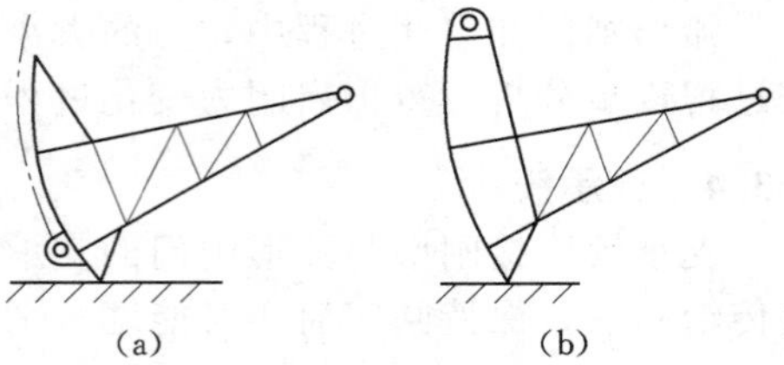

螺杆式启闭机用于不能靠自重关闭，需要施加闭门力的小型闸门。

液压启闭机能对闸门施加闭门力，且有一定的减震作用。

布置螺杆式启闭机或油压启闭机时，为了适应闸门的旋转，可将螺杆两端或油缸顶端及活塞杆下端分别同工作桥（或闸墩）和闸门吊耳相铰接，此时，闸门吊耳相应地布置在支臂上，或主纵梁、竖向隔板的顶部，参见图 9 - 23 （b）。

图 9 - 25　弧形闸门吊耳布置

9.3.6　止水与侧向导承

露顶式弧形闸门的侧止水可采用 P 型或 L 型橡皮止水，其构造如图 9 - 26 所示。安装时一般预压缩 3～5mm，闸门面板同闸墩面的间隙不能超过限度（如 10mm），以免 L 型止水被水压翻卷而造成严重漏水。

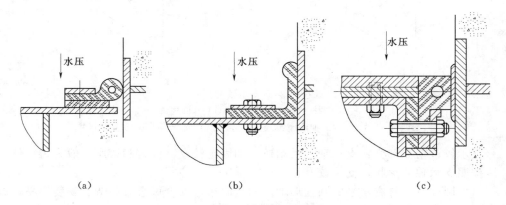

图 9 - 26　弧形闸门的侧止水

潜孔弧形闸门需设顶止水，布置在闸门圆柱形外表面的顶边。图 9 - 27 为几种常用的顶止水，其中图 9 - 27 （a） （b） 可利用闸门自重压紧顶止水，结构简单，但不易调整到顶止水与底止水同样严密的效果；图 9 - 27 （c） 设两道止水，P—A 型止水，设在胸墙上，利用上游水压力使之紧贴面板，保持闸门在任何开度时都不从顶部漏水，避免闸门受激振动；而 P—B 型止水设在闸门上，当闸门关闭时，紧压在胸墙的止水埋件上，止水严密。

潜孔弧形闸门的侧止水不能设在面板的上游，可以采用 P—B 型止水，使止水表面与面板表面齐平，参见图 9 - 26 （c）。

弧形闸门底止水及侧轮的构造与平面闸门基本相同。

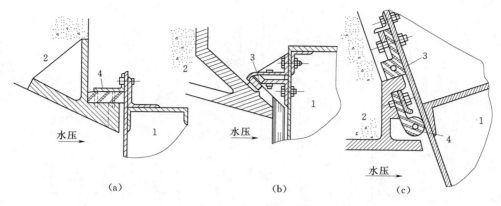

图 9-27 潜孔弧形闸门的顶止水
1—门叶；2—胸墙；3—门叶止水；4—胸墙止水

9.4 深 孔 闸 门

深孔闸门布置在泄水孔（管）或水工隧洞内，一般设有闸门井（室），潜没于水下。其工作特点是：承受高水头压力，对止水要求严，由于开启时水流流速高，设计中需要考虑一些高速水流问题。

9.4.1 平面闸门

深孔平面闸门的经济跨度约为高度的一半，其构造和表孔闸门基本相同。因承受的水压力较大，故闸门常做成多主梁结构（实腹式），以承受较大的剪力，并减小闸门的厚度。开启时水流流速很高，容易引起闸门振动和空蚀。减免空蚀和振动的措施有：选择适宜的门槽形式、设计适宜的闸门底缘、向门后充分通气以及避免在高水头时局部开启运用。

9.4.2 弧形闸门

深孔弧形闸门宜用作工作门，闸门跨度一般与高度接近或稍小，面板曲率半径为门高的 1.1～2.2 倍。其构造与表孔弧形闸门基本相同，但因承受的水压力大，要求闸门整体刚度好，多采用主纵梁式结构（图 9-28）。由于支铰设在孔口顶部的支座上，也有条件采用双悬臂式横梁。由于深孔弧形闸门不需设门槽，泄流时水流流态良好，适用于需要局部开启的工作闸门。

由于弧形闸门的顶止水与侧止水不在同一曲面上，两者连接处橡皮止水拐角部分的形状难以满足水密性要求，且角隅应力集中，容易撕裂，造成顶止水漏水，甚至射水，高速缝隙射流容易诱发空蚀、振动及噪声，其危害性是相当严重的。为解决这个问题，可采用偏心铰弧形闸门，将弧形闸门处的流道体形做成突扩跌坎型，埋件呈框型整体结构（图 9-29），它的固定铰座的中心 O_1 与活动铰链（其中心为闸门的转动轴心）的中心 O_2 有一偏心距，支承铰与内燃机的曲轴相似。闭门后，用辅助启闭机转动偏心操纵臂，令门轴在固定铰座中旋转，迫使活动铰链中心向前移动，带动闸门

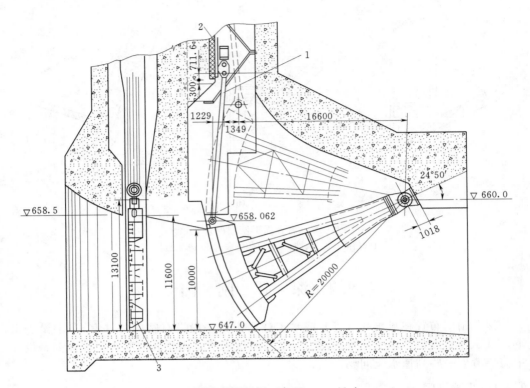

图 9 - 28 深孔弧形闸门（高程：m；尺寸：mm）
1—吊杆；2—吊杆轨道；3—铰接式平面闸门

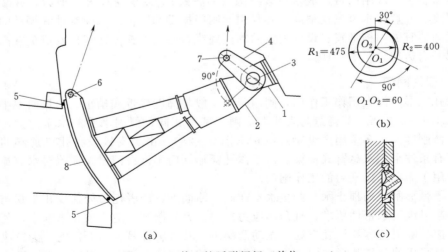

图 9 - 29 偏心铰弧形闸门（单位：mm）
(a) 侧视；(b) 门轴；(c) 止水

1—固定铰座；2—活动铰座；3—门轴；4—偏心操纵臂；5—止水；6—连接
主启闭机的闸门吊耳；7—连接辅助启闭机的操纵臂吊耳；8—闸门

门叶整体压向门框，压紧止水防漏。当要启门时，首先用辅助启闭机转回偏心臂，使闸门门叶及止水脱离门框，再启动主启闭机，令门叶绕活动铰链内的门轴旋转开启，这样，启闭时基本消除了止水的摩阻力，更好地保护了止水件。与此同时，突扩和跌坎的布置调整了水流流态和对水流的掺气，使得在高水头、大流量、高含沙量等复杂水力学条件下，泄洪孔口工作闸门容易产生的振动、空蚀及泥沙磨损等问题得到较好的解决。为此，偏心铰闸门在国内外得到了较为广泛的应用，且运行情况良好。例如，巴基斯坦塔贝拉工程 3 号泄洪洞的孔口尺寸为 4.9m×7.3m，设置偏心铰弧形闸门，设计水头 136m，孔口两侧各突扩 0.31m，跌坎高度为 0.38m；又如，我国龙羊峡水电站泄洪底孔的孔口尺寸为 5m×7m，设置偏心铰弧形闸门，设计水头为 120m，孔口两侧突扩 0.6m，跌坎高度为 2m。

9.4.3　高压平面滑动阀门

高压平面滑动阀门由铸钢或球墨铸铁制成，也有用钢材焊接和浇铸混合制造的。门叶上接液压启闭机，阀门关闭时，门叶停在中间的门框内，开启时门叶被提升到与门框连在一起的套壳中。门框前后有与之连在一起的一段钢管，便于与泄水管道连接。

这种阀门有矩形和圆形，一般由工厂整体制造，定型生产。

高压滑动阀门的优点是：布置简单、工作可靠、止水严密、漏水量少；但价格高，容易产生空蚀损害。梅山水电站泄水孔的滑动阀门尺寸为 2.25m×2.25m，水头为 70m。

第 **10** 章

过坝建筑物、渠首及渠系建筑物 和河道整治建筑物

过坝（闸）建筑物是指为通航、过木、过鱼而设置的建筑物。其中，过鱼建筑物是指鱼道、鱼闸等。在以往的应用中，难以按设计要求将鱼引入鱼道或鱼闸，因而现在多采用其他鱼类过坝（闸）措施。鉴于此，本章只介绍通航建筑物和过木建筑物。

渠首工程包括：无坝渠首枢纽和有坝渠首枢纽；渠系建筑物包括：渠道、渡槽、倒虹吸管、涵洞、跌水等。

此外，本章还简要介绍了河道整治建筑物。

10.1 通 航 建 筑 物

为使船队（舶）顺利通过建于河道上的闸、坝和在渠化工程中形成的集中落差，需要修建通航建筑物。

通航建筑物分为船闸和升船机两大类。船闸是利用水力将船队（舶）浮送过坝，通过能力大，应用最广；升船机是利用机械力将船舶升送过坝，耗水量少，一次提升高度大。本节侧重介绍船闸。

10.1.1 船闸

10.1.1.1 船闸的组成

船闸由闸室、闸首、输水系统和引航道等几个基本部分组成，如图 10-1 所示。

1. 闸室

闸室是介于船闸上、下闸首及两侧边墙间供过坝（闸）船队（舶）临时停泊的场所。闸室由闸墙及闸底板构成，并以闸首内的闸门与上、下游引航道隔开。闸墙和闸底板可以是浆砌石、混凝土或钢筋混凝土的；两者可以是连在一起的整体式结构，也可以是不连在一起的分离式结构。为了保证闸室充水或泄水时船队（舶）的稳定，在闸墙上设有系船柱和系船环。

2. 闸首

闸首的作用是将闸室与上、下游引航道隔开，使闸室内维持上游或下游水位，以

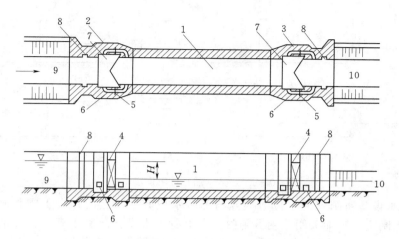

图 10-1 船闸示意图

1—闸室；2—上闸首；3—下闸首；4—闸门；5—阀门；6—输水廊道；
7—门龛；8—检修门槽；9—上游引航道；10—下游引航道

便船队（舶）通过。位于上游端的称为上闸首，位于下游端的称为下闸首。在闸首内设有工作闸门（用来封闭闸首口门，将闸室与上、下游引航道隔开）、检修闸门、输水系统（专供闸室灌、泄水用，如输水廊道等）、阀门及启闭机系统。此外，在闸首内还设有交通桥及其他辅助设备。闸首由钢筋混凝土、混凝土或浆砌石做成，边墩和底板通常做成整体式结构。

3. 输水系统

输水系统是供闸室灌水和泄水的设备，使闸室内的水位能上升或下降至与上游或下游水位平齐。设计输水系统的基本要求是：灌、泄水时间应尽量缩短；船队（舶）在闸室和上、下游引航道内有良好的泊稳条件；船闸各部位在输水过程中不产生冲刷、空蚀和振动等造成的破坏。船闸的灌、泄水时间一般为 6～15min。过闸船队（舶）在闸室内的平稳条件，以过闸船队（舶）的系船缆绳所受拉力的大小作为衡量指标。输水系统分为集中（闸首）输水系统和分散输水系统两大类型。集中输水系统布置在闸首及靠近闸首的闸室范围内，利用短廊道输水，或直接利用闸门输水；分散输水系统的纵向廊道沿闸室分布于闸墙内或底板内，并经许多支廊道向闸室输水。其类型选择，取决于输水时间 T（min）和设计水位差 H（m），当 $T/\sqrt{H}>3.5$ 时，可采用集中输水系统；当 $T/\sqrt{H}<2.5$ 时，可采用分散输水系统；当 $T/\sqrt{H}=2.5～3.5$ 时，应进行技术经济论证，并参照已建的类似工程选定。

4. 引航道

引航道是连接船闸闸首与主航道的一段航道，设有导航及靠船建筑。其作用是保证船队（舶）顺利地进、出船闸，并为等待过闸的船队（舶）提供临时的停泊场所。与上闸首相接的称为上游引航道，与下闸首相接的称为下游引航道。

10.1.1.2 过闸程序

船队（舶）过闸的程序如图 10-2 所示。当上行船队（舶）要通过船闸时，首先

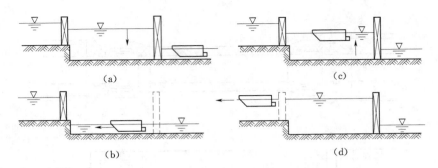

图 10 - 2   船队（舶）过闸程序示意图

由下游输水设备将闸室的水位泄放到与下游水位齐平，然后开启下闸首闸门，船队（舶）驶入闸室，随即关闭下闸首闸门，由上游输水设备向闸室充水，待水面与上游水位齐平后，开启上闸首闸门，船队（舶）驶离闸室。此时，若在上游有船队（舶）等待过闸，则待上行船队（舶）驶出闸室后，即可驶入闸室，然后关闭上闸首闸门，由下游输水设备向下游泄水，待闸室水位与下游水位齐平后，开启下闸首闸门，船队（舶）即可驶出闸室进入下游引航道。这就是船队（舶）过闸的全过程。

10. 1. 1. 3   船闸的类型

1. 按船闸的级数分类

（1）单级船闸。只有一级闸室的船闸称为单级船闸，如图 10 - 1 所示。这种型式船闸的过闸时间短、船队（舶）周转快、通过能力较大、建筑物及设备集中、管理方便。当水头不超过 15～20m（在基岩上不超过 30m）时，宜采用这种型式。

（2）多级船闸。当水头较高时，若仍采用单级船闸，不仅过闸用水量大，灌、泄水时进入闸室或引航道的水流流速较高，对船队（舶）停泊及输水系统的工作条件不利，而且还将使闸室及闸门的结构复杂化。为此，可沿船闸轴线将水头分为若干级，建造多级船闸。图 10 - 3 是我国三峡水利枢纽双线五级船闸总体布置示意图，上下游总水头高达 113m，是世界上规模最大和水头最高的船闸。当前世界上级数最多的船闸是俄罗斯的卡马船闸，共六级。

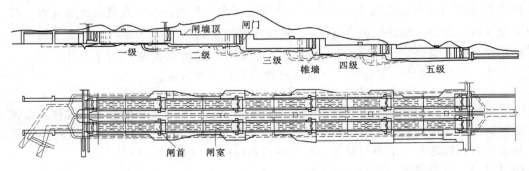

图 10 - 3   三峡水利枢纽双线五级船闸总体布置示意图

2. 按船闸的线数分类

（1）单线船闸。在一个枢纽内只有一条通航线路的船闸称为单线船闸，实际工程中大多采用这种型式。

（2）多线船闸。在一个枢纽内建有两条或两条以上通航线路的船闸称为多线船闸。船闸的线数取决于货运量和船闸的通过能力，当货运量较大而单线船闸的通过能力无法满足要求，或船闸所处河段的航运对国民经济具有特殊重要的意义，不允许因船闸检修而停航时，需要修建多线船闸。我国三峡和葛洲坝水利枢纽分别采用的是双线和三线船闸。三峡工程双线五级船闸的单级闸室尺寸为 $280m \times 34m \times 5m$（最小水深），年单向通过能力为 5000 万 t，一次通过时间约为 2 小时 40 分。

3. 按闸室的型式分类

（1）广厢船闸。通过以小型船队（舶）为主的小型船闸，可采用如图 10-4 所示的广厢船闸。其特点是：闸首口门的宽度小于闸室宽度，闸门尺寸缩窄，可降低造价；但船队（舶）进出闸室需要横向移动，使操作复杂化，延长过闸时间。

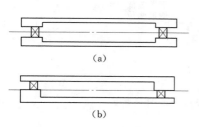

图 10-4　广厢船闸平面示意图

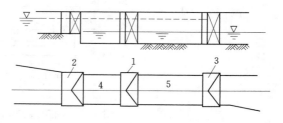

图 10-5　具有中间闸首的船闸
1—中间闸首；2—上闸首；3—下闸首；
4—前闸室；5—后闸室

（2）具有中间闸首的船闸。当过闸船队（舶）不均一，为了节省单船过闸时的用水量及过闸时间，有时在上、下闸首之间增设一个中间闸首，将闸室分为前后两部分。当通过单船时，只用前闸室（用上、中闸首），而将下闸首的闸门打开，这时，后闸室就成为下游引航道的一部分；当通

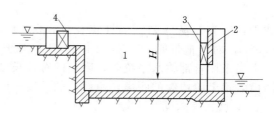

图 10-6　井式船闸纵剖面示意图
1—闸室；2—胸墙；3—平面闸门；4—人字闸门

过船队时，不用中闸首，将前后两个闸室作为一个闸室使用。这样既可省过闸用水量，又可减少过闸时间，如图 10-5 所示。

（3）井式船闸。当水头较高，且地基良好时，为减小下游闸门的高度，可选用井式船闸。如图 10-6 所示，在下闸首建胸墙，胸墙下留有过闸船队（舶）所必须的通航净空，采用平面提升式闸门。当前世界上水头最大的单级船闸——俄罗斯的乌斯季卡缅诺戈尔斯克船闸就是采用的井式船闸，水头达 42m。

10.1.1.4　船闸的基本尺寸及引航道的长度和宽度

船闸的基本尺寸包括：闸室有效长度、有效宽度及门槛水深。

船体为曲面体，其长度为 L、宽度为 B、吃水深为 T。对于不同类型的船舶，三者有一定的比例关系。排水量以 W 表示，$W = \delta LBT$，δ 为排水量系数。载重量以 D 表示，$D = \gamma W = \gamma \delta LBT$，$\gamma$ 为水的容重。在确定闸室尺寸时，首先要了解过闸船队（舶）的典型船型，然后根据过闸船队（舶）的排列方式进行计算。船闸的基本尺度，如图 10-7 所示。

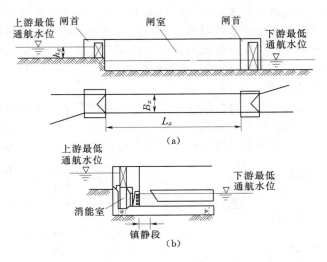

图 10-7 船闸的基本尺度示意图

1. 闸室有效长度 L_x

船队（舶）过闸时，可供安全停泊的闸室长度。当采用分散式输水系统时，应是上闸首门龛下游边缘或帷墙的下游面至下闸首门龛或防撞装置上游边缘的距离。

$$L_x = l_c + l_f \tag{10-1}$$

式中：l_c 为船队（舶）的计算长度，m；l_f 为富裕长度，对于顶推船队，$l_f \geqslant 2 + 0.06 l_c$，对于拖带船队，$l_f \geqslant 2 + 0.03 l_c$，对于非机动船，$l_f \geqslant 2m$。

当采用首部输水系统时，闸室的有效长度应是上闸首镇静段末端到下闸首门龛或防撞装置上游边缘的距离，镇静段的长度一般是 6～12m。

2. 闸室有效宽度 B_x

闸室边墙内侧最突出部分之间的距离。

$$B_x = \sum b_c + b_f \tag{10-2}$$

式中：$\sum b_c$ 为同闸次过闸船队（舶）并列停泊的总宽度，m；b_f 为富裕宽度，m，当 $\sum b_c \leqslant 10m$ 时，$b_f \geqslant 1.0m$，当 $\sum b_c > 10m$ 时，$b_f \geqslant 0.5 + 0.04 \sum b_c$。

3. 门槛水深 h_x

设计最低通航水位至闸首门槛最高处的水深。按规定，$h_x > 1.5T$，其中，T 为设计最大船队（舶）满载时的吃水深度。

4. 引航道的长度与宽度

单线船闸常用的引航道布置有对称型、反对称型和非对称型。图 10-8 是反对称型的引航道平面布置。引航道的长度约为过闸船队（舶）计算长度的 3.5～4 倍。当

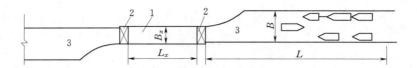

图 10-8　引航道平面布置示意图
1—闸室；2—闸首；3—引航道

引航道的宽度与航道的宽度不一致时，尚需增设过渡段，其长度不小于两者宽度差值的 10 倍。引航道的宽度是指设计最低通航水位时，设计最大船队（舶）满载吃水船底处的宽度，应为一侧（或两侧）等候过闸船队（舶）的总宽度与设计最大船队（舶）宽度之和加富裕宽度，富裕宽度可采用设计最大船队（舶）宽度的 1.5 倍。引航道的最小水深视船闸的等级而定，对 I 级、II 级船闸，应不小于设计最大船队（舶）满载吃水深的 1.5 倍。引航道的横断面一般为梯形，边坡依土质稳定条件来确定，通常为 1：2～1：3。

10.1.1.5　船队（舶）过闸时间、船闸的通过能力和耗水量计算

1. 船队（舶）过闸时间

每一过闸船队（舶）单向过闸（从上游到下游或从下游到上游）所需的时间 T_1 为

$$T_1 = t_1 + 4t_2 + 2t_3 + t_4 + 2t_5 \tag{10-3}$$

式中：t_1 为船队（舶）单向由下游（或上游）进入闸室的时间；t_2 为启闭闸门的时间；t_3 为闸室灌（泄）水时间；t_4 为船队（舶）单向由闸室驶向上游（或下游）的时间；t_5 为船队（舶）进（出）闸间隔时间。

一次双向过闸（一个船队或船舶从上游到下游，出闸后，另一个船队或船舶紧接着从下游驶向上游），完成各项作业所需要的总时间 T_2 为

$$T_2 = 2t'_1 + 4t_2 + 2t_3 + 2t'_4 + 4t_5 \tag{10-4}$$

式中：t'_1 为船队（舶）双向由上游（或下游）进入闸室的时间；t'_4 为船队（舶）双向由闸室驶向下游（或上游）的时间。

双向过闸每一循环共有两个船队（舶）通过船闸，因此每一船队（舶）所需的过闸时间为 $\dfrac{T_2}{2}$。

由式（10-4）可知，单级船闸采用双向过闸较单向过闸更能缩短过闸时间。而实际上，上行与下行船队（舶）难以保证过闸的均匀性，因此在计算通过能力时常采用单向与双向过闸所需时间的平均值，即

$$T = \frac{1}{2}\left(T_1 + \frac{T_2}{2}\right) \tag{10-5}$$

一般单向过闸时间 $T_1 \approx 20 \sim 40\text{min}$；两船队（舶）交错过闸时间 $T_2 \approx 30 \sim 60\text{min}$，每一船队（舶）占用的时间为 $\dfrac{T_2}{2}$。

2. 船闸的通过能力

一般是指每年内自两个方向（上行、下行）通过船闸的货物总吨数。船闸的理论

通过能力为

$$P_l = NnG \tag{10-6}$$

$$n = \frac{\tau \times 60}{T}$$

式中：N 为每年的通航天数；n 为每昼夜平均过闸次数；T 为船队（舶）一次过闸所需要的时间，min；τ 为船闸每昼夜的平均工作时间，一般采用 20~22h；G 为一次过闸平均载重量。

由于①通过船闸的船舶除货船外，还有客船、工程船、服务船等；②过闸船队（舶）不可能完全满载；③货流受季节性货源及运输、组织等因素的影响，每月、每日的货运量并非均匀；④设备检修、事故、清淤、洪枯水以及气象影响，船闸可能暂时停航。因此，船闸实际通过能力应为

$$P_s = (n - n_0) \frac{NG\alpha}{\beta} \tag{10-7}$$

式中：n_0 为每昼夜非载货船舶的过闸次数；α 为因货物不能满载而引入的船舶装载系数，一般约为 0.5~0.8；β 为因货运量不均匀而引入的运量不平衡系数，其值为年最大月货运量与年平均月货运量之比，通常取 1.3~1.5。

3. 船闸的耗水量

船闸耗水量包括：船队（舶）过闸用水与闸门、阀门漏水两部分。过闸用水量的大小，取决于船闸的设计水头、闸室尺寸、过闸船队（舶）的排水量及过闸方式等因素，这是船闸设计和运行中的一项重要经济技术指标。对于直立式闸室墙的单级船闸，一次单向过闸的用水量可近似按式（10-8）计算。

$$V_0 = \Omega H = (1.15 \sim 1.20) L_x B_x H \tag{10-8}$$

式中：Ω 为船闸上、下闸门之间的水平截面面积，m^2；H 为船闸的设计水头，m。

当船队（舶）单向下行时，每次过闸所需的实际用水量 V' 为

$$V' = V_0 - V_1 \tag{10-9}$$

式中：V_1 为排向上游的水体积，等于船队（舶）排水量。

当船队（舶）单向上行时，每次过闸所需的实际用水量 V'' 为

$$V'' = V_0 + V_2 \tag{10-10}$$

式中：V_2 为排向下游的水体积，等于船队（舶）排水量。

对于双向过闸的单级船闸，由于上、下交错，完成一次过闸循环只需向下游泄放一个泄水棱体 V_0，故每次过闸船队（舶）的平均耗水量为

$$V = \frac{1}{2}[V_0 + (V_2 - V_1)] \tag{10-11}$$

过闸船队（舶）排水量的大小，对于过闸耗水量并无多大影响，因此，在计算单向过闸用水量时可按 V_0 计算，而对双向过闸，每次过闸耗水量可按 $\frac{V_0}{2}$ 考虑。

船闸日平均耗水量 Q 可按式（10-12）计算。

$$Q = \frac{Vn}{86400} + q \tag{10-12}$$

式中：q 为闸门、阀门漏水损失，m^3/s。

10.1.2 升船机

10.1.2.1 组成

升船机由以下几个主要部分组成：

（1）承船厢。用于装载船舶，其上、下游端部均设有厢门。

（2）垂直支架或斜坡道。前者用于垂直升船机的支撑并起导向作用，后者用作斜面升船机的运行轨道。

（3）闸首。用于衔接承船厢与上、下游引航道，闸首内设有工作闸门和拉紧（将承船厢与闸首锁紧）、密封等装置。

（4）机械传动机构。用于驱动承船厢升降和启闭承船厢的厢门。

（5）事故装置。当发生事故时，用于制动并固定承船厢。

（6）电气控制系统。用于操纵升船机的运行。

10.1.2.2 工作原理

船舶通过升船机的程序与其通过船闸的程序基本相同。当船舶驶向上游时，先将承船厢停靠在厢内水位与下游水位齐平的位置上，操纵承船厢与闸首间的拉紧、密封装置和充灌缝隙水，开启下闸首的工作闸门及承船厢下游端的厢门，船舶驶入承船厢，然后将下闸首的工作闸门和承船厢下游端的厢门关闭，泄去缝隙水，松开拉紧和密封装置，将承船厢提升至厢内水位与上游水位齐平的位置，待完成承船厢与上闸首之间的拉紧、密封和充灌缝隙水等操作后，开启上闸首的工作闸门和承船厢上游端的厢门，船舶即可驶入上游。船舶自上游驶向下游，按上述程序反向进行，见图 10-9。

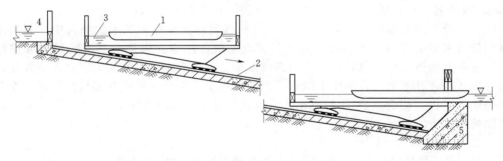

图 10-9 斜面升船机示意图

1—船舶；2—轨道；3—承船厢；4—上闸首；5—下闸首

10.1.2.3 类型

按承船厢载运船舶的方式可分为湿运和干运。湿运，船舶浮在充水的承船厢内；干运，船舶搁置在无水的承船厢承台上。干运时船舶易受碰损，很少采用。

按承船厢的运行路线可分为垂直升船机和斜面升船机两大类。

1. 垂直升船机

垂直升船机有提升式、平衡重式和浮筒式等。

（1）提升式升船机 [图 10-10（a）]。类似于桥式起重机，船舶进入承船厢后，用起重机提升过坝。由于提升动力大，只适用于提升中、小型船舶。我国丹江口水利

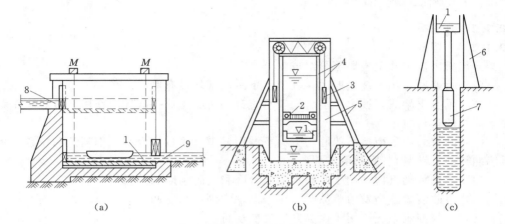

图 10 - 10   垂直升船机示意图

(a) 提升式；(b) 平衡重式；(c) 浮筒式

1—承船厢；2—传动机械；3—平衡砣；4—钢索；5—钢排架；

6—支架；7—浮筒；8—上闸首；9—下闸首

枢纽的升船机即属于此种类型，最大提升力为 450t，提升高度为 83.5m。

(2) 平衡重式升船机 ［图 10 - 10 (b)］。利用平衡重来平衡承船厢的重量，运行原理与电梯相似。其优点是：过坝历时短，通过能力大，运行安全可靠，耗电量小。缺点是：工程技术复杂，钢材用量多。目前世界上最大的平衡重式升船机是三峡工程升船机，最大垂直行程 113m，承船厢尺寸为 120m×18m×3.5m（水深），可通过 3000t 级的客货轮，通过时间约为 40min，提升总重量为 11800t。

(3) 浮筒式升船机 ［图 10 - 10 (c)］。将金属浮筒浸在充满水的竖井中，利用浮筒的浮力来平衡升船机活动部分的重量，电动机仅用来克服运动系统的阻力和惯性力。这种升船机工作可靠，支撑平衡系统简单，但提升高度不能太大，且浮筒井及一部分设备经常处于水下，不便于检修。目前世界上最大的浮筒式升船机是德国的新亨利兴堡升船机，提升高度为 14.5m，承船厢尺寸为 90m×12m，厢内水深为 3.0m，载船吨位为 1350t。

2. 斜面升船机

斜面升船机是将船舶置于承船厢内，沿着铺在斜面上的轨道升降，运送船舶过坝。

斜面升船机由承船厢、斜坡轨道及卷扬机设备等部分组成，见图 10 - 9。

俄罗斯克拉斯诺雅尔斯克斜面升船机是目前世界上运载量最大（2000t）、提升高度最大（118m）的斜面升船机。我国已建成最大提升高度为 80.0m 的湖南柘溪水电站的斜面升船机，载船吨位 50t。

10.1.3   通航建筑物的型式选择及其在水利枢纽中的布置

1. 通航建筑物的型式选择

通航建筑物的型式选择，主要应根据水头的大小、地形、地质条件、运输量及运行管理条件等，经过技术经济比较后确定。

船闸具有运输量大、安全可靠、运行费用低、建筑和运行经验比较丰富，但耗水量大。而升船机耗水量极小、运送船舶速度快、适用范围大,但机械设备复杂、技术要求高、运输能力较低。

经验表明:水头在 20m 以下时,可选用一级船闸;水头在 20～40m 时,可选用一级或两级船闸;水头大于 40m 时,可选用两级或多级船闸;当运输量大,单线船闸不能满足要求时,可选用双线甚至多线船闸。升船机通常用于水头高于 40m 和需要节省用水量的水利枢纽中。当水头较高时,是选用船闸还是选用升船机,要进行技术经济比较,择优选定。

2. 通航建筑物在水利枢纽中的布置

通航建筑物在水利枢纽中的布置,主要取决于地形、地质条件、航运要求以及通航建筑物与枢纽中其他建筑物的相互关系。在平面布置上应注意以下几点:

(1)通航建筑物应靠岸边布置,与溢流坝、泄水闸、电站之间应有足够长的导水墙,以便船队(舶)停靠和进、出引航道。

(2)船闸宜布置在稳定、顺直河段,上游引航道进口附近无横向水流,下游引航道入口应布置在离泄水建筑物相当远、河道水流平稳的区域,避免因水位波动过大,影响船队(舶)航行。此外,还应注意河床冲刷堆积物不得淤积在下游引航道入口处,以免堵塞航道。

(3)要与水利枢纽工程的导流和施工期通航综合规划考虑。

(4)闸室一般布置在坝(闸)轴线的下游,这样对闸室的受力条件较为有利。

(5)对平原地区的低水头枢纽,应当考虑河床变迁及泥沙淤积对航道进、出口的影响。

10.2 过 木 建 筑 物

在有运送木材任务的河道上兴建水利枢纽,一方面为枢纽上游的木材浮运创造了条件,而另一方面切断了木材下放的通道。为解决木材过坝问题,需要在枢纽中修建过木建筑物(设施)。常用的过木建筑物(设施)有:筏道、漂木道和过木机。

10.2.1 筏道

筏道是一种用于浮运木排(筏)的过木建筑物,主要由进口段、槽身段和出口段组成。适用于中、低水头且上游水位变幅不大的水利枢纽。

为了使筏道的进口段能适应水库的水位变化,进口段可做成固定式进口、活动式进口和闸室式进口,如图 10-11 所示。进口应远离水电站、溢流坝,以免相互干扰。进口前应布置引筏道并有浮排等导向设施。槽身是一个宽浅顺直的陡槽,槽宽稍大于木排的宽度,槽内最小水深约为 2/3 木排厚度,纵坡取决于设计水深和流速,一般选用 $i=3\%～6\%$。为顺利流放木排,出口宜靠近河道主流,槽身斜坡末端后做成消力池,使出口水流呈波状水跃或面流衔接。

我国湖南滦天河水电站的筏道宽 6.5m,上、下游最大落差 34.3m,采用活动式进口,底部加糙,是我国已建规模最大的筏道之一,每年可运送木材 35 万～50 万 m³,从 1971 年投入运行后,情况良好。

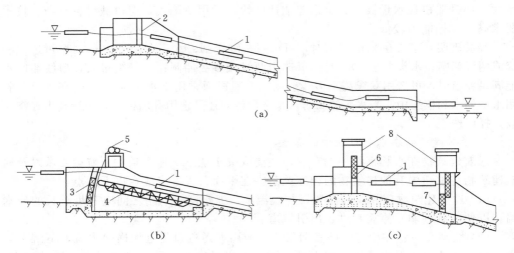

图 10-11   筏道进口型式

(a) 固定式进口；(b) 活动式进口；(c) 闸室式进口

1—木筏；2—闸门槽；3—叠梁闸门；4—活动筏槽；5—卷扬机；

6—上闸门（开）；7—下闸门（关）；8—启闭机室

10.2.2   漂木道

漂木道也称为放木道，是一种用于浮运散漂原木的过木建筑物，多用于中、低水头且上游水位变幅不大的水利枢纽。与筏道类似，漂木道由进口段、槽身段和出口段组成。进口在平面上呈喇叭口，设有导漂设施，有时还可安装加速装置，以防原木滞塞和提高通过能力，但进口处的流速不宜大于 1m/s。在水库水位变幅较大的情况下，常用活动式进口，安装下降式平板门、扇形门或下沉式弧形门等，见图 10-12。槽身是一个顺直的陡槽，槽宽略大于最大的原木长度。按原木在槽内的浮运状态，分为全浮式、半浮式和湿润式，实际工程中多用全浮式。槽内水深稍大于原木直径的 0.75 倍，纵坡多在 10% 以下。出口宜选在河道顺直处的岸边，避开回流区，水流呈波状水跃和面流式衔接。对过木集中在汛期的水利枢纽，也可结合溢洪道泄洪流放原木。

我国四川映秀湾水电站漂木道采用下沉式弧形门，门宽 12m。图 10-12（c）是我国龚嘴水电站漂木道进口纵剖面示意图，最大水位差达 50m。

10.2.3   过木机

过木机是一种运送木材过坝的机械设施。由于这种运送方式无需耗水，且不受水头的限制，常为大、中型水利枢纽所采用。

木材传送机是一种较常采用的过木机，按木材传送方向分为两种：①传送方向与木材长度方向一致的，称为纵向木材传送机；②传送方向与木材长度方向相互垂直的，称为横向木材传送机。图 10-13 为我国碧口水电站的纵向链式传送机示意图。

10.2.4   过木建筑物在水利枢纽中的布置

过木建筑物的型式选择，主要取决于浮运木材的数量、方式、作用水头、水位变幅、地形、地质条件以及林业部门的要求等。

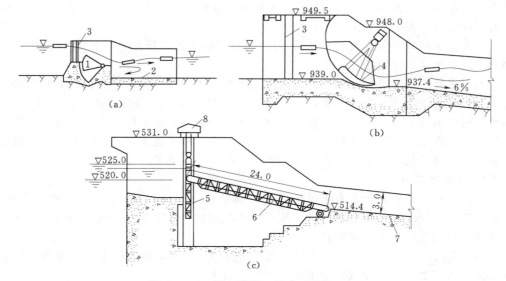

图 10-12 漂木道进口型式（单位：m）

（a）扇形门漂木道；（b）下沉式弧形门漂木道；（c）下降式平板门漂木道

1—扇形门；2—护坦；3—检修门槽；4—下降式弧形门；

5—平板门；6—活动槽；7—固定槽身；8—启闭机室

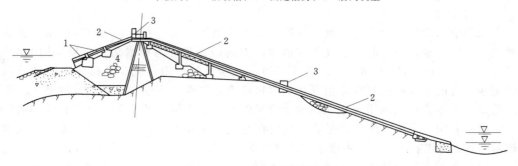

图 10-13 纵向链式传送机

1—沉浮式传送机；2—固定式传送机；3—机房；4—坝体

在水利枢纽中，最好将过木建筑物布置在靠近岸边处，并与船闸和水电站厂房分开。进口前应设导漂装置，以便引导原木或木排进入过木通道。筏道和漂木道应布置成直线，上、下游引筏道可根据地形条件布置成直线或曲线形。下游出口要求水流顺直，以便木材顺河下行，不致因回流停滞。如采用机械运送木材过坝，在布置上要使进口位置与岸边的地形相适应。

10.3 渠首及渠系建筑物

10.3.1 渠首

为满足农田灌溉、水力发电、工业及生活用水的需要，在河道的适宜地点建造由数个建筑物组成的水利枢纽，称为取水枢纽或引水枢纽。因其位于引水渠之首，又称为渠首或渠首工程。

取水枢纽按其有无拦河坝（闸），可分为有坝取水枢纽和无坝取水枢纽两种类型。

10.3.1.1　无坝取水枢纽

当引水比（引水流量与天然河道流量之比）不大、防沙要求不高、取水期间河道的水位和流量能够满足或基本满足要求时，只需在河道岸边的适宜地点选定取水口，即可从河道侧面引水，而无需修建拦河坝（闸）的取水方式，称为无坝取水。这是一种最简单的取水方式，工程简单、投资少、工期短、易于施工，但不能控制河道的水位和流量，易受河道水流和泥沙运动的影响，取水保证率低。

1. 渠首位置的选择

选定适宜的渠首位置，对于保证引水，减少泥沙入渠，起着决定性作用。为此，在确定渠首位置时，必须掌握河岸的地形、地质资料，研究水文、泥沙特性及河床演变规律，并遵循以下几项原则：

（1）根据弯道环流原理，取水口应选在稳固的弯道凹岸顶点以下一定距离，以引取表层较清的水流，防止或减少推移质泥沙进入渠道。

（2）尽量选择短的干渠线路，避开陡坡、深谷及塌方地段，以减少工程量。

（3）对有分汊的河段，不宜将渠首设在汊道上，因为主流摆动不定，容易导致汊道淤塞，造成引水困难。必要时，应对河道进行整治，将主流控制在汊道上。

2. 枢纽布置

无坝取水枢纽一般由进水闸、导沙坎及沉沙池等组成，有时还建有冲沙闸。进水闸用于控制入渠水流，其中心线与河道水流方向的夹角称为引水角，一般采用 $30°\sim45°$；导沙坎用于防止推移质泥沙进入渠道；沉沙池的作用是沉淀悬移质中颗粒较粗的泥沙。有的取水枢纽只在岸边开挖引水渠或引水隧洞，不建进水闸，这种型式工程最简单，但不能控制入渠水量和泥沙。常见的无坝取水枢纽的布置有以下 3 种型式：

（1）利用弯道环流原理，将取水口建在弯道凹岸顶点下游一定距离，以引取表层较清的水，排走底沙。一般由进水闸、导沙坎及沉沙池等组成，如图 10-14（a）所示。

（2）在多泥沙河流上，为减少泥沙入渠，可采用引渠式取水。将进水闸设在岸边的引渠内，与取水口保持一定的距离，引渠兼作沉沙渠。在取水口处设导沙坎，由冲

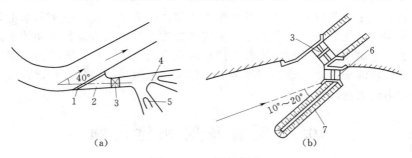

(a)　　　　　　　　　　　　　　(b)

图 10-14　无坝渠首

（a）山东打鱼张渠首；（b）导流堤式渠首

1—导沙坎；2—引水渠；3—进水闸；4—东沉沙条渠；5—西沉沙条渠；6—泄水闸；7—导流堤

沙闸冲洗渠内泥沙。冲沙闸中心线与引水渠中线的夹角一般选用 30°～60°。

（3）如河道流量较小或山区河流坡降较陡，为提高引水比，可采用导流堤式渠首。在取水口前修建不拦断河流的导流堤以壅高水位，用泄水闸泄洪排沙，如图 10-14（b）所示。

为确保进水口正常工作，一般需要对渠首附近的河段进行整治，以期达到：①使河道主流靠近取水口，以利引水；②造成有利的水流结构，促使表层较清的水流进入渠道；③保护取水口免受水流冲刷。整治建筑物有：丁坝、顺坝、潜坝、护岸工程等。

当枯水期引水比超过 20％～30％时，应当考虑采用有坝取水的可行性。

10.3.1.2 有坝取水枢纽

当河道水量丰沛，但水位较低或引水量较大，无坝引水不能满足要求时，应建拦河闸或溢流坝，用于抬高水位，以保证引取需要的水量。当遇到下述情况：①采用无坝取水方式需要开挖很长的引水渠，工程量大，造价高；②在通航河道上，由于引水量大而影响正常航运；③河道含沙量大，要求有一定的水头冲洗取水口前淤积的泥沙时，即使河道水位能满足取水要求，仍需修建拦河闸（坝）。

有坝取水枢纽一般由拦河闸或溢流坝、进水闸、冲沙闸等组成。

在多泥沙河流上有坝取水枢纽常用的布置型式有以下 4 种：

（1）沉沙槽式。利用导水墙与进水闸翼墙在闸前形成的沉沙槽沉淀粗颗粒泥沙，丰水期开启冲沙闸，将泥沙排向下游，如图 10-15（a）所示。

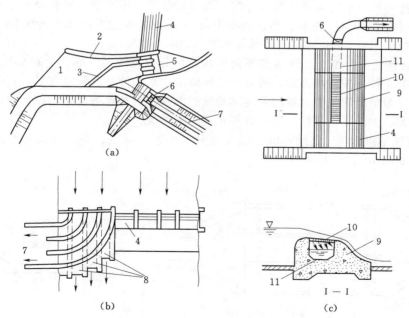

图 10-15 有坝渠首
(a) 沉沙槽式渠首；(b) 底部冲沙廊道式渠首；(c) 底栏栅式渠首
1—沉沙槽；2—导水墙；3—导沙坎；4—溢流坝；5—冲沙闸；6—进水闸；7—渠道；
8—冲沙廊道；9—底栏栅坝段；10—金属栏栅；11—输水廊道

（2）人工弯道式。利用人工弯道产生的环流，以减少泥沙入渠，如图 10 - 24 所示。

（3）冲沙廊道式。利用含沙量沿水深分布不均的特点，在进水闸底部设冲沙廊道，从上面引取表层较清的水，泥沙经由冲沙廊道排向下游，如图 10 - 15（b）所示。

（4）底栏栅式。在溢流坝体内设置输水廊道，顶面有金属栏栅。过水时，部分水流由栏栅间隙落入廊道，然后进入渠道或输水隧洞。这种布置型式可防止大于栅条间隙的沙石进入廊道，适用于坡陡流急，水流挟有大量推移质的山区河流，如图 10 - 15（c）所示。

10.3.1.3　取水防沙设施

为防止泥沙入渠，常在取水口附近或引水渠前段的适宜地段设置防沙设施，将较清的水引入渠道。

1. 沉沙池

（1）沉沙池的作用。沉沙池断面远大于引水渠道断面，挟沙水流进入沉沙池，由于流速降低，致使大部分较粗颗粒的泥沙逐渐下沉。需要沉淀的泥沙，视引水的用途而异：对于发电，为防止泥沙磨损水轮机、缩短水轮机的使用寿命和降低效率，要求沉淀 $80\% \sim 90\%$ 粒径大于 $0.25 \sim 0.55mm$ 的泥沙；对于灌溉，需将 $80\% \sim 90\%$ 粒径大于 $0.03 \sim 0.05mm$ 的泥沙沉淀下来。

沉沙池内水流平均流速应视设计沉淀泥沙粒径的大小而定，当粒径小于 $0.25mm$ 时，流速可取 $0.25m/s$ 左右；当粒径小于 $0.4mm$ 时，流速可取 $0.25 \sim 0.5m/s$ 左右；当最小粒径增至 $0.7mm$ 时，流速可取 $0.7 \sim 0.8m/s$。

（2）沉沙池的类型。沉沙池按平面形状，可分为直线形（或称为矩形）、曲线形和沉沙条渠 3 种。按清淤方式，可分为机械清淤、水力冲洗及联合清淤，其中，水力冲洗又可分为定期冲洗的沉沙池和连续冲洗的沉沙池两种，后者结构较复杂，适用于含沙量较大、泥沙颗粒较粗、不允许停止进水的情况。

1）直线形沉沙池。直线形沉沙池又可分为单室、双室、多室以及有侧渠的沉沙池 4 种，如图 10 - 16 所示。

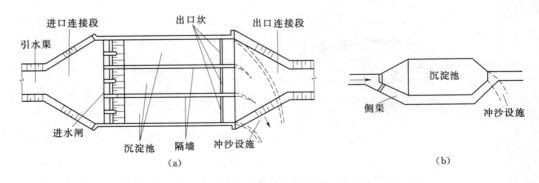

图 10 - 16　直线形沉沙池示意图

（a）多室沉沙池；（b）有侧渠的沉沙池

单室沉沙池适用于进水流量小于 5～10m³/s 的情况，其缺点是冲洗时须关闭上部闸孔，停止进水，以免将搅起的泥沙带进渠道。当进水流量大于 15～20m³/s 时，可采用双室或多室沉沙池。带有侧渠的沉沙池冲洗时可由侧渠进水，使灌区用水不致中断，其缺点是水流含沙量较大。

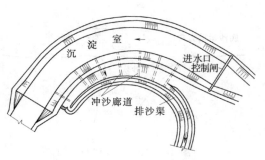

图 10-17 曲线形沉沙池

2) 曲线形沉沙池。利用弯道环流作用，将泥沙经冲沙廊道排到排沙渠（图 10-17）。与直线形沉沙池相比，具有结构简单，造价低廉，施工方便等优点。其排沙效果很好，能将进入干渠推移质泥沙的 90%～100% 排走。

3) 沉沙条渠。沉沙条渠是利用天然洼地，经过简单修整、淤满即废的临时性沉沙池，可分为湖泊形、条渠形和梭形 3 种，如图 10-18 所示。

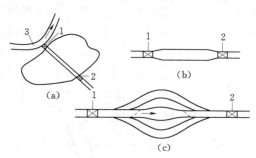

图 10-18 沉沙条渠

(a) 湖泊形；(b) 条渠形；(c) 梭形
1—进水闸；2—出水闸；3—河流

2. 渠首防沙设施

拦沙坎、拦沙潜堰和导沙坎是常用的渠首防沙设施。拦沙坎、拦沙潜堰一般在引水渠道口门附近顺河道水流方向设置，图 10-19、图 10-20 分别是典型的拦沙坎和拦沙潜堰布置图。拦沙坎一般做成固定连续的，也可以分成几孔做成活动的，以便调整坎的高度，适应来水来沙情况。拦沙潜堰的高度视设计水深和泥沙粒径而定，一般为 0.5～1.5m，常被用于水位变化较小、河床稳定的无坝渠首。导沙坎是设置在引水口门前河底的非连续多道导沙装置，其走向偏向河心，如图 10-21 所示。通过在河底形成的螺旋流，将底沙导离引水口，由主流带到下游，从而减少底沙入渠。

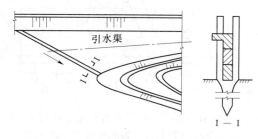

图 10-19 拦沙坎布置图

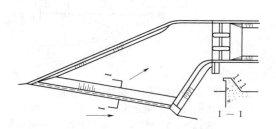

图 10-20 拦沙潜堰布置图

3. 螺旋流排沙漏斗

图 10-22 为螺旋流排沙漏斗示意图。含沙水流切向流入圆形涡室，在离心力和

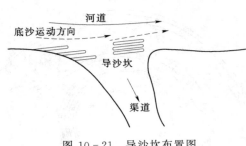

图 10 - 21　导沙坎布置图

重力的共同作用下，排沙漏斗中由靠中心区的自由涡及靠边壁区的强迫涡耦合成立轴型螺旋流形态，水深呈中心低、边壁高分布。螺旋流使大部分泥沙从含沙水流中离析出，并向涡室下部沉降，继而将降落的泥沙带到涡室中心，经由排沙底孔排出；涡室上部清水则由涡室边壁顶溢出，而后汇集进入引水渠。螺旋流排沙漏斗结构简单，泥沙排除率可高达 90%，冲沙耗水量只占排沙漏斗总流量的 5%～9%，是一种很有效的防沙、排沙设施。可用于灌溉、引水式电站、工业及人畜饮水与水产养殖等引水排沙，也可用于挖泥船泥浆脱水以及取沙筑堤淤地等领域。目前已经投入运行的排沙漏斗有 20 多座。例如，1992年建成的新疆托克逊县乌斯图河底拦栅式渠首工程的排沙漏斗直径 12m，设计流量 4.0m³/s，运行多年，排沙效果良好，粒径 0.25～1.0mm 的泥沙排除率大于 90%，耗水量仅占引水量的 7%。1998 年建成的新疆石河子红山嘴水力发电厂排沙漏斗直径 30m，设计流量 65m³/s，可将粒径大于 0.5mm 的泥沙全部排除，0.25～0.5mm 粒径的泥沙排除 96.1%，耗水量仅占引水量的 2.71%。

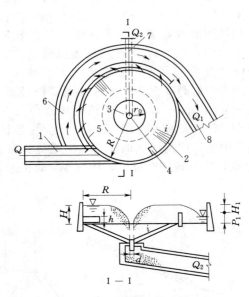

图 10 - 22　螺旋流排沙漏斗
1—进水涵洞；2—排沙漏斗；3—底孔；4—调流墩；
5—溢流堰；6—侧槽；7—排沙廊道；8—引水渠

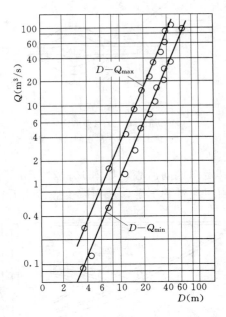

图 10 - 23　排沙漏斗引水流量 Q 与其直径 D 的关系（D 为涡室直径，$D=2R$）

螺旋流排沙漏斗的主要特征尺寸：涡室半径 R 可按图 10 - 23 选定；涡室高度 $H \geqslant R/3$；涡室进水管高度 $h = (0.4 \sim 0.6) H$；涡室底坡 $i \geqslant 0.02$；底孔直径 d 应为泥沙最大直径的 2～3 倍。

10.3.1.4　取水枢纽布置实例

图 10-24 是我国四川都江堰工程布置示意图。都江堰无坝引水工程位于四川省都江堰市城西、岷江出山口河段上。古岷江流域水旱灾害频繁，每当上游干流洪水泛滥，成都平原就一片汪洋；一遇旱灾，则赤地千里，颗粒无收。岷江水患长期祸及川西，侵扰民生，蜀民呼唤治水。秦国蜀郡守李冰集前人经验，聚民智，乘势利导，因时制宜，于公元前 256 年创建了巨大的都江堰工程。都江堰的建成，造就了一个"水旱从人、沃野千里"的"天府之国"。工程运行至今已有 2260 多年，是一座年代最久、唯一留存、至今仍发挥巨大效益、以无坝引水为特征的水利工程。都江堰工程因其独特的历史、文化和科学内涵，2000 年被联合国确定为世界文化遗产。

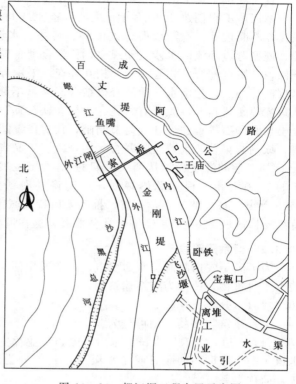

图 10-24　都江堰工程布置示意图

都江堰渠首枢纽主要由鱼嘴、飞沙堰及宝瓶口等部分组成，通过各自功能的有效发挥和巧妙配合，达到自动分水、泄洪、排沙、沉沙、稳定引水量的目的。

鱼嘴在整个工程中起分水作用，因形如鱼嘴而得名，位于金刚堤上游端，将岷江分为内江和外江。它自动将岷江上游的来水，按照丰水期"内四外六"、枯水期"内六外四"的比例分水。按弯道水流"大水走直"、"小水走弯"的规律，将水引入灌区。

飞沙堰位于内江金刚堤下游一侧，筑成微弯形状，堰顶高程较金刚堤低，即所谓低作堰。其功能是泄洪排沙，符合正面引水、侧面排沙的原理。当内江水量超过需要时，水流便从堰顶溢入外江。水流挟带的泥沙在弯道环流作用下，从凸岸的飞沙堰顶上翻出，进入外江。分洪飞沙的效果，内江水量愈大愈明显。如内江流量大于 $1000\,m^3/s$ 时，分流比超过 40%，分沙比可达 80% 以上。

宝瓶口是都江堰灌区的取水口，也是控制引水量的口门。在小流量时壅水作用不明显，当大流量时，壅水作用加强，一方面会抬高上游水位，使多余水量溢出飞沙堰流进外江。同时，促使泥沙在宝瓶口上游处（即指凤栖窝段河床施行深淘滩处，其淘滩深至预埋卧铁高程）沉积。宝瓶口与鱼嘴、飞沙堰巧妙配合能自动稳定进入灌区的水量，以达到枯水期或枯水年保证成都平原的灌溉用水，丰水期或丰水年不使灌区水量过多而泛滥成灾的目的。

百丈堤位于鱼嘴上游左岸，用以引导江水和保护弯道河岸免受冲刷。

都江堰工程创建 2260 多年，之所以能永续利用，主要得益于不断探索人水和谐规律，不断创新。都江堰渠首以山势、河势、水势、地形、地貌、地质等条件为基础，遵循弯道环流的水沙运动规律，科学合理布局，使之既满足凹岸引水、凸岸排沙条件，又协调配合、相互制约、相互补充。采用分水分沙、壅水沉沙、泄洪排沙、束水攻沙等办法，把治水与治沙有机结合起来。不断采用先进的工程技术和建筑材料：从鱼嘴建筑材料看，先后有竹笼、木材、铁石砌石嵌铁件，混凝土加大卵石，钢筋混凝土加大卵石等；建外江临时节制闸，代替传统的杩槎、竹笼、羊圈等传统拦水建筑物。该闸与渠首三大建筑物联合运用，既省工又省钱，每年还可多引水 10 亿～20 亿 m³。都江堰的灌溉面积从两汉时期的 69 万亩发展到 1949 年的 282 万亩，直到 1997 年的 1010 万亩。根据总体规划，近期将发展到 1186 万亩，远期最终规模将达到 1500 万亩。都江堰工程孕育着、推动着以特大城市为中心的成都平原经济圈的腾飞，持续支撑区域 2200 多年经济、社会发展，这在世界历史、中国历史上都是罕见的。

10.3.2   渠系建筑物

为了满足农田灌溉、水力发电、工业及生活用水的需要，在渠道（渠系）上修建的水工建筑物，统称为渠系建筑物。

10.3.2.1   分类

渠系建筑物按其作用可分为：

(1) 渠道。为农田灌溉、水力发电、工业及生活输水用的，具有自由水面的人工水道。一个灌区内的灌溉或排水渠道，一般分为干、支、斗、农四级，构成渠道系统，简称渠系。

(2) 调节及配水建筑物。用以调节水位和分配流量，如节制闸、分水闸等。

(3) 交叉建筑物。渠道与山谷、河流、道路、山岭等相交时所修建的建筑物，如渡槽、倒虹吸管、涵洞等。

(4) 落差建筑物。在渠道落差集中处修建的建筑物，如跌水、陡坡等。

(5) 泄水建筑物。为保护渠道及建筑物安全或进行维修，用以放空渠水的建筑物，如泄洪闸、虹吸泄洪道等。

(6) 冲沙和沉沙建筑物。为防止和减少渠道淤积，在渠首或渠系中设置的冲沙和沉沙设施，如冲沙闸、沉沙池等。

(7) 量水建筑物。用以计量输配水量的设施，如量水堰、量水管嘴等。

渠系中的建筑物，一般规模不大，但数量多，总的工程量和造价在整个工程中所占比重较大。为此，应尽量简化结构，改进设计和施工，以节约原材料和劳力，降低工程造价。

以下仅就渠道、渡槽、倒虹吸管、涵洞、跌水及陡坡等作简要介绍。

10.3.2.2   渠道

渠道按用途可分为：灌溉渠道、动力渠道（引水发电用）、供水渠道、通航渠道和排水渠道等。在实际工程中常是一渠多用，如发电与通航、供水结合，灌溉与发电结合等。

渠道设计的主要内容有：选定渠道线路、确定断面形状和尺寸、拟定渠道的防渗设施等。

渠道线路选择是渠道设计的关键，可结合地形、地质、施工、交通等条件初选几条线路，通过技术经济比较，择优选定。渠道选线的一般原则是：①尽量避开挖方或填方过大的地段，最好能做到挖方和填方基本平衡；②避免通过滑坡区、透水性强和沉降量大的地段；③在平坦地段，线路应力求短直，受地形条件限制，必须转弯时，其转弯半径不宜小于渠道正常水面宽的 5 倍；④通过山岭可选用隧洞，遇山谷可用渡槽或倒虹吸管穿越，应尽量减少交叉建筑物。

渠道断面形状，在土基上呈梯形，两侧边坡根据土质情况和开挖深度或填筑高度确定，一般用 1∶1～1∶2，在岩基上接近矩形，如图 10-25 所示。

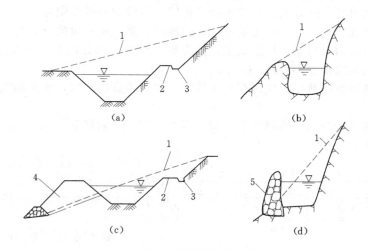

图 10-25 渠道的断面形状
(a) 土基上的梯形挖方渠道；(b) 岩基上的矩形挖方渠道；(c) 土基上的梯形半挖半填渠道；(d) 岩基上的矩形半挖半填渠道；
1—原地面线；2—马道；3—截水沟；4—渠堤；5—渠墙

断面尺寸取决于设计流量和不冲不淤流速，可根据给定的设计流量、纵坡等用明渠均匀流公式计算确定。不冲、不淤流速与土的性质、水中悬浮泥沙的粒径和水深有关，黏性土渠道的不冲流速一般不超过 1.0～1.5m/s，人工护面渠道，依护面材料而定。为防止渠道淤积和生长水草，要求流速不小于 0.5～0.8m/s。在实际工程中，受自然条件、施工和运行条件的限制，渠道断面往往不能按经济断面设计。例如，在地势较为平坦的地段，以采用宽浅形断面较为有利；而在深挖方及山坡较陡的地段或寒冷地区，则宜采用窄深形的断面。人工开挖的渠道底宽，一般不小于 0.5m；机械开挖的渠道底宽，应根据施工设备情况适当加宽，一般不小于 1.5m。对于通航渠道，还应满足航运要求。堤顶高程为渠内最高水位加超高，超高值一般不小于 0.25m。堤顶宽度根据交通要求和维修管理条件确定。

通过非密实黏土层、无黏性土层或裂隙发育的岩石层，长渠道的渗漏量有的可达到引水量的 50%～60%。渗漏不仅降低工程效益，还将抬高通水区的地下水位，造成土壤次生盐碱化、沼泽化，严重的还可使填方渠道出现滑坡。为减小渗漏量和降低渠床糙率，一般均需在渠床加做护面，护面材料主要有：砌石、黏土、灰土、混凝土以及防渗膜等。

10.3.2.3　渡槽

当渠道与山谷、河流、道路相交，为连接渠道而设置的过水桥，称为渡槽。

渡槽设计的主要内容有：选择适宜的渡槽位置和型式，拟定纵横断面，进行细部设计和结构设计等。

1. 位置选择

在渠系（渠道）总体规划确定之后，对长度不大的中、小型渡槽，其槽身位置即可基本确定，并无多大的选择余地。但对地形、地质条件复杂，长度较长的渡槽，常需在一定范围内对不同方案进行技术经济比较。定位的一般原则是：

（1）渡槽宜置于地形、地质条件较好的地段。要尽量缩短槽身长度，降低槽墩高度。进、出口应力求与挖方渠道相接，如为填方渠道，填方高度不宜超过 6m，并需做好夯实加固和防渗排水设施。

（2）跨越河流的渡槽，应选在河床稳定、水流顺直的地段，渡槽轴线尽量与水流流向正交。

（3）渠道与槽身在平面布置上应成一直线，切忌急剧转弯。

2. 型式选择

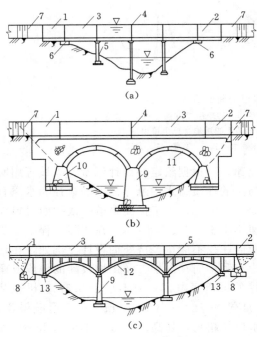

图 10-26　各式渡槽

(a) 梁式渡槽；(b) 板拱渡槽；(c) 肋拱渡槽
1—进口段；2—出口段；3—槽身；4—伸缩缝；
5—排架；6—支墩；7—渠道；8—重力式槽台；
9—槽墩；10—边墩；11—砌石板拱；
12—肋拱；13—拱座

渡槽由进口段、槽身、出口段及支撑结构等部分组成。按支撑结构的型式可分为梁式渡槽和拱式渡槽两大类，如图 10-26 所示。

（1）梁式渡槽。渡槽的槽身直接支撑在槽墩或槽架上，既可用以输水，又起纵向梁作用。各伸缩缝之间的每一节槽身，沿纵向有两个支点，一般做成简支，也可做成双悬臂，前者的跨度常用 8～15m，后者可达 30～40m。

支撑结构可以是重力墩或排架，如图 10-27 所示。重力墩可以是实体，也可以是空心。实体墩用浆砌石或混凝土建造，由于用料多，自重大，仅用于槽墩不高、地质条件较好的情况；空心墩壁厚 20cm 左右，由于自重小，刚度大，省材料，因而在较高的渡槽中得到了广泛应用。槽架有单排架、双排架和 A 字形排架等型式。单排架高度一般在 15m 以内；双排架高度可达 15～25m 左右；A 字形排架稳定性好，对高度适应性大，但施工复杂，造价高，较少采用。

基础型式与上部荷载及地质条件有

关。根据基础的埋置深度可分为浅基础和深基础。埋置深度小于5m的为浅基础（图10-26及图10-27）；大于5m的为深基础，深基础多为桩基和沉井。

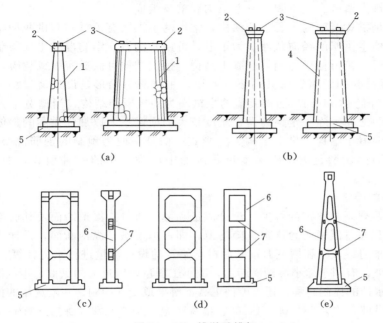

图 10-27　槽墩及槽架

(a) 浆砌石重力墩；(b) 空心重力墩；(c) 单排架；(d) 双排架；(e) A字形排架

1—浆砌石；2—混凝土墩帽；3—支座钢板；4—预制块砌空心墩身；5—基础；6—排架柱；7—横梁

槽身横断面常用矩形和U形。矩形槽身可用浆砌石或钢筋混凝土建造。对无通航要求的渡槽，为增强侧墙稳定性和改善槽身的横向受力条件，可沿槽身在槽顶每隔1～2m设置拉杆。如有通航要求，则可适当增加侧墙厚度或沿槽长每隔一定距离加肋，如图10-28所示。槽身跨度常采用5～12m。

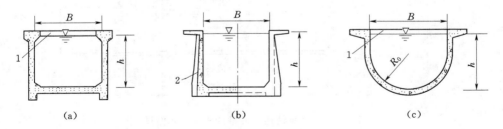

图 10-28　矩形及U形槽身横断面

(a) 设拉杆的矩形槽；(b) 设肋的矩形槽；(c) 设拉杆的U形槽

1—拉杆；2—肋

U形槽身是在半圆形的上方加一直段构成，常用钢筋混凝土或预应力钢筋混凝土建造。为改善槽身的受力条件，可将底部弧形段加厚。与矩形槽身一样，可在槽顶加设横向拉杆。

矩形槽身常用的深宽比为 0.6～0.8，U 形槽身常用的深宽比为 0.7～0.8。

（2）拱式渡槽。当渠道跨越地质条件较好的窄深山谷时，以选用拱式渡槽较为有利。拱式渡槽由槽墩、主拱圈、拱上结构和槽身组成。

主拱圈是拱式渡槽的主要承重结构，常用的主拱圈有板拱和肋拱两种型式。

板拱渡槽主拱圈的径向截面多为矩形，可用浆砌石、钢筋混凝土或预制钢筋混凝土块砌筑而成。箱形板拱为钢筋混凝土结构。拱上结构可做成实腹或空腹，如图 10-26（b）所示。我国湖南省彬县乌石江渡槽，主拱圈为箱形，设计流量为 5m³/s，槽身为 U 形，净跨达 110m。肋拱渡槽的主拱圈为肋拱框架结构，当槽宽不大时，多采用双肋，拱肋之间每隔一定距离设置刚度较大的横梁系，以加强拱圈的整体性。拱圈一般为钢筋混凝土结构。拱上结构为空腹式。槽身一般为预制的钢筋混凝土 U 形槽或矩形槽。肋拱渡槽是大、中跨度拱式渡槽中广为采用的一种型式，如图 10-26（c）所示。

3. 纵横断面设计

根据渠系规划中给定的数据：设计流量和最大流量、渠道断面及其底部高程、水位流量关系和通过渡槽的允许水位降落值，即可拟定槽身纵横断面。设计步骤是：先拟定适宜的槽身纵坡 i 和槽宽 B，而后根据给定的设计流量进行水力计算。

加大纵坡，有利于缩小渡槽横断面，减小工程量，但过大的纵坡，不仅沿程损失加大，降低渠水位的控制高程，还可能使上、下游渠道受到冲刷。一般选用的槽身纵坡应略大于渠道纵坡，约为 1/2000～1/500。槽身净宽 B 应与水深 h 保持适宜的深宽比。

水流通过渡槽的水面线如图 10-29 所示，z 为由于进口段流速增大而使水流位能的一部分转化为动能及进口水头损失之和；槽内水流为均匀流，沿程水头损失为 $z_1 = iL$；z_2 为由于出口段流速减小而使水流的一部分动能转化为位能，减去出口水头损失后的水面回升值。

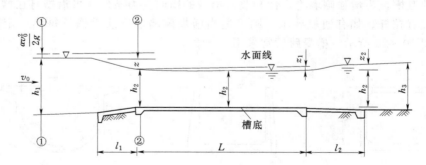

图 10-29   水流通过渡槽的水面线示意图

根据图 10-29 所示的水流条件，有

$$Q = \omega C \sqrt{Ri} \tag{10-13}$$

$$\Delta z = (z - z_2) + z_1 \tag{10-14}$$

z 值可按淹没宽顶堰计算

$$z = \frac{Q^2}{(\varepsilon \varphi \omega \sqrt{2g})^2} \tag{10-15}$$

根据实际观测和模型试验，有

$$z_2 \approx \frac{1}{3}z$$

式中：Q 为设计流量，m^3/s；ω 为过水断面面积，m^2；C 为谢才系数；R 为水力半径，m；ε、φ 分别为侧收缩系数和流速系数，均可取 $0.9 \sim 0.95$；g 为重力加速度，m/s^2。

试算时，先将假设的水深 h 和拟定的净宽 B、纵坡 i 代入式（10-13），要求计算所得的流量等于或稍大于设计流量，然后计算 Δz，如果 Δz 等于或略小于规定允许的水位降落值，则 i、B 和 h 即相应确定。否则，需另行拟定 i、B 和 h，重复上述计算，直到满足要求为止。净宽 B、水深 h、底坡 i 确定后，即可定出槽身的断面尺寸和首末端的底面高程。槽壁顶面高程等于通过设计流量时的水面高程加超高。最后还需要以通过最大流量对所拟定的断面进行验算。

4. 进、出口与渠道的连接

为使槽内水流与渠道平顺衔接，在渡槽的进、出口需要设置渐变段，渐变段长度 l_1 和 l_2 可分别采用进、出口渠道水深的 4 倍和 6 倍。

渐变段的结构型式，可参见本书第 6 章。

除小型渡槽外，由于以下原因，常在渐变段与槽身之间另设一节连接段：①对 U 形槽身，需要从渐变段末端的矩形变为 U 形；②为停水检修，需要在进口预留检修门槽（有时出口也留）；③为在进、出口布置交通桥或人行桥；④为便于观察和检修槽身进、出口接头处的伸缩缝。连接段的长度可根据布置要求确定，如图 10-30 所示。

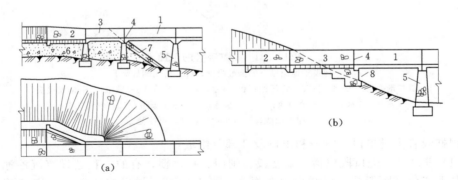

图 10-30 槽身与渠道的连接

1—槽身；2—渐变段；3—连接段；4—伸缩缝；5—槽墩；6—回填土；7—砌石护坡；8—底座

对抗冲能力较低的土渠，为防止渠道受冲，尚需在靠近渐变段的一段渠道上加做砌石护面，长度约等于渐变段的长度。

有关渡槽的结构计算及细部设计可参阅有关论著。

10.3.2.4 倒虹吸管

倒虹吸管是当渠道横跨山谷、河流、道路时，为连接渠道而设置的压力管道，其形状如倒置的虹吸管。渠道与山谷、河流等相交，既可用渡槽，也可用倒虹吸管。当所穿越的山谷深而宽，采用渡槽不经济，或交叉高度不大，或高差虽大，但允许有较大的水头损失时，一般说来采用倒虹吸管比渡槽工程量小，造价低，施工方便。倒虹吸管水头损失大，维修管理不如渡槽方便。

1. 倒虹吸管的布置

选定倒虹吸管位置所遵循的原则与渡槽基本相同，即：①管路与所穿过的河流、道路等保持正交，以缩短管路长度；②进、出口应力求与挖方渠道相连，如为填方渠道，则需做好夯实加固和防渗设施；③为减少开挖，管身宜随地形坡度敷设，但弯道不宜过多，以减少水头损失，也不宜过陡，以便施工。

倒虹吸管可作如下布置：对高差不大的小倒虹吸管，常用斜管式或竖井式；对高差较大的倒虹吸管，当跨越山沟时，管路一般沿地面敷设；当穿过深河谷时，可在深槽部分建桥，如图 10-31 所示。

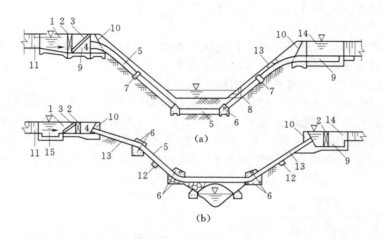

图 10-31   倒虹吸管的布置
(a) 埋设于地面以下的倒虹吸管；(b) 桥式倒虹吸管
1—进口渐变段；2—闸门；3—拦污栅；4—进水口；5—管身；6—镇墩；7—伸缩接头；
8—冲沙放水孔；9—消力池；10—挡水墙；11—进水渠道；12—中间支墩；
13—原地面线；14—出口段；15—沉沙池

倒虹吸管由进口段、管身和出口段 3 部分组成：

(1) 进口段。进口段包括：渐变段、闸门、拦污栅，有的工程还设有沉沙池。进口段与渠道应平顺衔接，以减少水头损失。渐变段可以做成扭曲面或八字墙等型式（参见本书第 6 章），长度为 3～4 倍渠道设计水深。闸门用于管内清淤和检修，双管或多管倒虹吸的进口必须设置闸门，当通过小流量时，可利用部分管路过水，以增加管内流速，防止和减少泥沙在管内淤积。不设闸门的小型倒虹吸管，可在进口预留检修门槽，需用时临时插板挡水。拦污栅用于拦污和防止人畜落入渠内被吸进倒虹吸管。

在多泥沙河流上，为防止渠道水流携带的粗颗粒泥沙进入倒虹吸管，可在闸门与拦污栅前设置沉沙池，如图 10-31 (b) 所示。对含沙量较小的渠道，可在停水期间进行人工清淤；对含沙量大的渠道，可在沉沙池末端的侧面设冲沙闸，利用水力冲淤。沉沙池底板及侧墙可用浆砌石或混凝土建造。

（2）出口段。出口段的布置型式与进口段基本相同。单管可不设闸门；若为多管，可在出口段预留检修门槽。出口渐变段比进口渐变段稍长。由于倒虹吸管的作用水头一般都很小，管内流速仅在2.0m/s左右，因而渐变段的主要作用在于调整出口水流的流速分布，使水流均匀平顺地流入下游渠道。

（3）管身。管身断面可为圆形或矩形。圆形管因水力条件和受力条件较好，大、中型工程多采用这种形式。矩形管仅用于水头较低的中、小型工程。根据流量大小和运用要求，倒虹吸管可以设计成单管、双管或多管。管身与地基的连接及管身的伸缩缝和止水构造等与土石坝坝下埋设的涵管基本相同。在管路变坡或转弯处应设置镇墩。为防止管内淤沙和放空管内积水，应在管段上或镇墩内设冲沙放水孔（可兼作进人孔），其底部高程一般与河道枯水位齐平。管路常埋入地下或在管身上填土。当管路通过冰冻地区时，管顶应在冰冻层以下；穿过河床时，应置于冲刷线以下。管身所用材料可根据水头、管径及材料供应情况选定，常用浆砌石、混凝土、钢管、钢筋混凝土及预应力钢筋混凝土等，后两种应用较广。

2. 倒虹吸管的水力计算

水力计算的任务是在给定的设计流量、最大流量、最小流量、允许的水位降落值、渠道断面及其上游渠底高程和水位流量关系的条件下，先选定倒虹吸管的断面尺寸，然后利用有压流公式，检验上、下游水位差和进口水面的衔接情况。

$$Q = \mu \omega \sqrt{2gz} \qquad (10-16)$$

式中：Q为通过倒虹吸管的流量，m^3/s；ω为倒虹吸管的断面面积，m^2；z为上、下游水位差，m；μ为记入局部损失和沿程摩阻损失的流量系数；g为重力加速度，m/s^2。

倒虹吸管的水力计算步骤为：

（1）根据给定的设计流量和初选的管内流速，计算需要的管身断面面积。加大流速，可以缩小管身断面，节省工程量，但流速过大，将会增加水头损失和冲刷下游渠道；流速过小，管内可能出现泥沙淤积。一般选用管内流速为1.5~2.5m/s，最大不超过3.5m/s。

（2）利用式（10-16）计算通过倒虹吸管的水位降落值z，如果z等于或略小于允许值，即认为满足要求，并据以确定下游水位及渠底高程。否则，应重新拟定管内流速，再行计算，直到满足要求为止。

（3）校核通过最小流量时管内流速是否满足不淤流速的要求，即管内流速应不小于挟沙流速。当流速过小时，可以采用双管或多管，这样，既可在通过小流量时，关闭1~2条管路，以利冲沙，又能保证检修时不停水。

（4）计算通过最大流量时进口处的壅水高度，以确定挡水墙和上游渠顶的高程。

（5）验算通过最小流量时进口段的水面衔接情况。设按式（10-16）计算通过最小流量时所需的水位差为z_2，而通过最小流量时上、下游渠道水面间的实际水位差为z_1，见图10-32（a），显然$z_2 < z_1$，表明进口水位低于上游渠道水位，这样，渠道水流将跌入管道，可能引起管身振动，破坏倒虹吸管的正常工作。为消除这种现象，可作如下布置：①当z_1与z_2相差较大时，可降低管路进口底高程，并在管口前设消力池［图10-32（b）］；②当z_1与z_2相差不大时，可在管口前设斜坡段［图10-32（c）］。

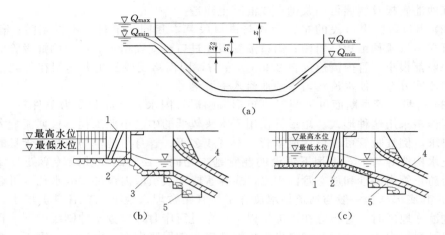

图 10-32 倒虹吸管进口水面衔接

1—拦污栅；2—检修门槽；3—消力池；4—管身；5—挡水墙

关于倒虹吸管的结构计算和细部设计可参阅有关论著。

10.3.2.5 涵洞

当渠道与道路相交而又低于路面时，可设置输水用的涵洞；当渠道穿过山沟或小溪，而沟溪流量又不大时，可用一段填方渠道，下面埋设用于排泄沟、溪水流的涵洞，如图 10-33 所示。前者称为输水涵洞，后者称为排水涵洞。

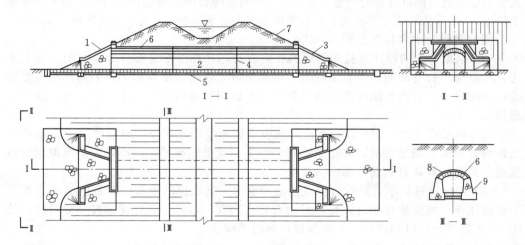

图 10-33 填方渠道下的石拱涵洞

1—进口；2—洞身；3—出口；4—沉降缝；5—砂垫层；6—防水层；7—填方渠道；8—拱圈；9—侧墙

涵洞由进口段、洞身和出口段三部分组成。进、出口段是洞身与渠道或溪沟的连接部分，其型式选择应使水流平顺地进、出洞身，以减少水头损失，常用的型式如图 10-34 所示。为防止水流冲刷，进口段需做一段浆砌石或干砌石护底与护坡，长度不小于 3～5m。出口段应结合工程的实际情况决定是否采用适当的消能防冲设施。

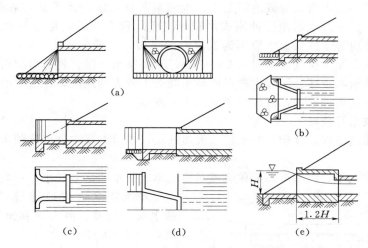

图 10-34 涵洞的进、出口型式

（a）一字墙式；（b）八字形斜降墙式；（c）反翼墙走廊式；

（d）八字墙伸出填土坡外；（e）进口段高度加大

洞内水流形态可以是无压、有压或半有压。为减小水头损失，输水涵洞多采用无压。排水涵洞可以是无压，有时为缩小洞径，也可以设计成有压或半有压，但对有压涵洞在泄洪时可能出现的明满流交替而引起的振动应予以注意。

小型涵洞的进、出口段都用浆砌石建造。大、中型工程可采用混凝土或钢筋混凝土结构。为适应不均匀沉降，常用沉降缝与洞身分开，缝间设止水。

按洞身断面形状，涵洞可以做成圆管涵、盖板涵、拱涵或箱涵，如图 10-35 所示。圆管涵因水力条件和受力条件较好，且有压、无压均可，是普遍采用的一种形式，管材多用混凝土或钢筋混凝土。盖板涵的断面呈矩形，其底板、侧墙可用浆砌石或混凝土，盖板多为钢筋混凝土结构，当跨度小时，也可用条石，适用于洞顶铅直荷载较小、跨度较小的无压涵洞。拱涵由拱圈、侧墙及底板组成，可用浆砌石或混凝土建造，适用于填土高度大、跨度较大的无压涵洞。箱涵为四周封闭的钢筋混凝土结构，适用于填土高度大、跨度大和地基较差的无压或低压涵洞。当洞身较长时，为适应地基不均匀沉降，应设沉降缝，间距不大于 10m，也不小于 2~3 倍洞高，缝间设止水。

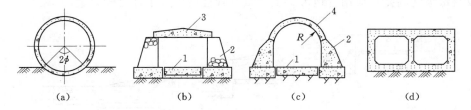

图 10-35 涵洞的断面形式

（a）圆管涵；（b）盖板涵；（c）拱涵；（d）箱涵

1—底板；2—侧墙；3—盖板；4—拱圈

　　涵洞轴线一般应与渠堤或道路正交，以缩短洞身长度，并尽量与来水流向一致。为防止涵洞上、下游水道遭受冲刷或淤积，洞底高程应等于或接近原水道的底部高程，洞底纵坡应等于或稍大于原溪沟或渠道的纵坡，一般为 1%～3%。当涵洞穿过土渠时，其顶部至少应低于渠底 0.6～0.7m，否则渠水下渗，容易沿洞周围产生集中渗漏，引起建筑物破坏。洞线应选在地基承载能力较大的地段，在松软的地基上，常设置刚性支座或用桩基础，以加强涵洞的纵向刚度。

10.3.2.6　跌水及陡坡

　　当渠道通过地面坡度较陡的地段或天然跌坎，在落差集中处可建跌水或陡坡。

　　1. 跌水

　　根据落差大小，跌水可做成单级或多级。单级跌水的落差较小，一般不超过 5m。

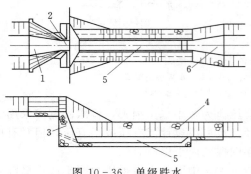

单级跌水由进口连接段、跌水口、跌水墙、侧墙、消力池和出口连接段组成，如图 10-36 所示。

　　(1) 进口连接段。上游渠道和跌水口的连接部分，常做成扭曲面或八字形。连接段应做防渗铺盖，长度不小于 2～3 倍跌水口前水深，为防止冲刷，表面应加护砌。

　　(2) 跌水口，又称为控制缺口。用于控制上游水位，使通过不同流量时，上游渠道水面不致过分壅高或降低。跌水口可做成矩形或梯形。梯形缺口较能

图 10-36　单级跌水

1—进口连接段；2—跌水口；3—跌水墙；
4—侧墙；5—消力池；6—出口连接段

适应流量变化，在实际工程中应用较广。有时在缺口处设闸门，以调节上游水位。

　　(3) 跌水墙。用于承受墙后填土的土压力，可做成竖直的或倾斜的。

　　(4) 消力池。用于消除水流中的多余能量，消力池断面可做成矩形或梯形，其深度和长度由水跃条件确定。

　　(5) 出口连接段。位于消力池出口和下游渠道之间，用于调整流速和进一步消除余能。出口连接段的长度应比进口连接段略长。出口连接段及其以后的一段渠道（一般不小于消力池长度）需加护砌。

　　如落差较大，可采用多级跌水，如图 10-37 所示。多级跌水的组成与单级相似，级数及每级的高差，应结合地形、工程量及管理运用等条件比较确定。

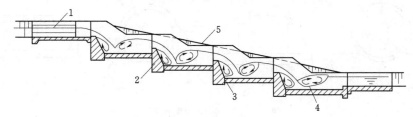

图 10-37　多级跌水

1—进口连接段；2—跌水墙；3—沉降缝；4—消力池；5—原地面

跌水多用浆砌石或混凝土建造。

2. 陡坡

陡坡和跌水的主要区别在于陡坡是以斜坡代替跌水墙。一般说来，当落差较大时，陡坡比跌水经济。

10.4　河道整治建筑物

为改善水流，调整、稳定河槽，以满足防洪、航运、引水等要求所采取的工程措施，称为河道整治。

凡是以河道整治为目的所修建的建筑物，通称为河道整治建筑物，亦称为整治建筑物。河道整治建筑物型式多样，本节简要介绍丁坝、顺坝、锁坝、潜坝和护岸等。

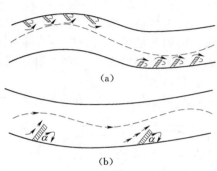

图 10-38　丁坝的类型

(a) 短丁坝；(b) 长丁坝

10.4.1　丁坝

丁坝由坝头、坝身及坝根 3 部分组成，坝根与河岸连接，坝头伸向河槽，坝轴线与河岸呈丁字形（图 10-38），故名丁坝。丁坝可用来束窄河床、调整流向、冲刷浅滩、导引泥沙、保护河岸。丁坝因有导流、挑流的作用，故又名挑水坝。

1. 型式及布置

根据河道整治要求，丁坝可单个、两个或成群设置在河流的一岸，也可在两岸同时设置，还可与顺坝联合布置。

按照丁坝对水流的影响程度，可分为长丁坝、短丁坝两种。坝长 $l > 0.33B\cos\alpha$，能将主流挑向对岸的丁坝，称为长丁坝；坝长 $l < 0.33B\cos\alpha$，只能引起局部水流横向缩窄而不影响对岸的丁坝，称为短丁坝。其中，B 为稳定河宽，α 为丁坝轴线与水流方向的夹角，如图 10-38 所示。

按照丁坝轴线与水流方向的夹角，又可分为上挑式（$\alpha > 90°$）、下挑式（$\alpha < 90°$）和正挑式（$\alpha = 90°$）3 种。上挑式丁坝在未淹没时起束水攻沙作用，坝头绕流冲刷河床；当顶部淹没后，坝后产生指向河心的螺旋流，有利于冲刷河道，使近岸部位发生淤积，有利于岸坡稳定。下挑式丁坝在未淹没前起束水攻沙作用，坝头冲刷坑浅而小；当顶部淹没后，漫过坝顶的水流偏向河岸，底流趋向河心，使岸坡受冲刷，坝后近岸部位淤积效果降低。正挑式丁坝的流态介于上述两者之间，适用于河口水流流态正反交替变化的感潮河段。

2. 丁坝的间距

设计要求丁坝的间距既能保持主河道水流有一定的挟沙能力，又能使边滩淤积，同时又不影响下一座丁坝的稳定。间距过大，水流在两坝间扩散，使主河道中水流的输沙能力降低，对于主河道可能造成淤积，而对于边滩可能造成冲刷，达不到整治的目的；间距过小，丁坝数量增多，投资增大。根据经验，布置在凹岸的丁坝间距较小，凸岸较大。在凸岸，$L=(2.0\sim3.0)L_p$；在凹岸，$L=1.0L_p$；顺直河段介于两者之间（L_p 为丁坝的有效长度，一般为丁坝实有长度的 2/3）。

3. 丁坝的结构

常用的丁坝有以下几种：

（1）抛石丁坝。用乱石抛堆，表面用砌石或大块石防护。顶宽一般为 1.5～2.0m，迎、背水边坡均可采用 1：1.5～1：3.0，坝头边坡应加大到 1：3～1：5，如图 10-39 所示。

（2）土心丁坝。采用砂土或黏性土作为坝心，用块石护坡，头部用块石抛护，并用堆石棱体护脚，对砂质河床须用沉排护底。如为淹没式，尚需护顶，顶宽一般为 3～5m，上、下游边坡一般采用 1：2～1：3，坝头边坡应大于 1：3。

（3）沉梢排丁坝。在地基上铺一层厚 0.35～0.45m 的沉梢排，坝体用压石梢排铺成，铺到与最低水位齐平，顶部用抛石覆盖，抛石体表面为干砌石或浆砌石。梯形断面上游边坡一般为 1：1，下游边坡为 1：1～1：1.5，顶宽为 2.0～4.0m，两侧抹圆，以利溢流。

（4）铅丝石笼丁坝。在石块少而卵石多的地区，多采用铅丝石笼或竹石笼筑成的丁坝。

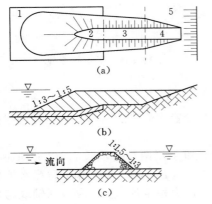

图 10-39　丁坝的平面及剖面图
(a) 平面图；(b) 纵剖面图；(c) 横剖面图
1—沉排；2—坝头；3—坝身；4—坝根；5—河岸

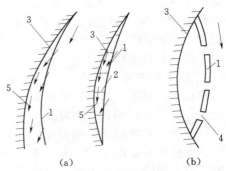

图 10-40　顺坝的布置
(a) 淹没的顺坝和格坝；(b) 不淹没的顺坝
1—顺坝；2—格坝；3—河岸；
4—缺口；5—纵向水流

10.4.2　顺坝

顺坝是坝身与水流方向或河岸接近平行的河道整治建筑物（图 10-40）。上游端的坝根与河岸相连，下游端的坝头与河岸间留有缺口或与河岸连接。顺坝具有束窄河槽、导引水沙流向、改善水流流态的作用。

顺坝多沿整治线布置，一般只布置在一岸。在分汊河段的入口、急弯的凹岸或过渡段的起点及洲尾等水流不顺的地方也常布置顺坝。对重要的顺坝，其布置和尺寸应通过水工模型试验确定。

当顺坝坝身较长，为加速顺坝与河岸之间的淤积，可在其间加建若干个格坝，用以防冲促淤，格坝间距约为其长度的 1～3 倍。

顺坝的坝体结构和丁坝基本相同。土质顺坝顶宽 2.0～5.0m，抛石顺坝的顶宽一般为 1.5～3.0m。顺坝外坡因常受强烈的水流冲刷，坝坡应缓些，一般为 1：1.5～1：2.0，并加以适当的保护；内坡处水流较弱，可做得较陡，一般为 1：1～1：1.5。坝头一般无需特别加固，但边坡应放缓，一般为 1：3～1：5。对砂质河床，应设置沉排护底，沉排伸出坝基的宽度，外坡不小于 6.0m，内坡不小于 3.0m。

10.4.3 锁坝

锁坝是一种设置在河流汊道中，且其轴线与水流方向接近垂直的整治建筑物，在中水位和洪水位时其顶部允许溢流，主要作用是调整河床、塞支强干，增加主汊的流量，或抬高河段水位。锁坝多布置于汊道下口，以利于挟沙水流进入废槽，加速淤积。河流挟沙不多时，也可建在汊道上口，以利用废槽作为船舶的避风港（图 10－41）。当需要建筑低于枯水位的潜锁坝群时，潜锁坝的间距 L 约为坝长的 1.0～1.5 倍。

锁坝的坝体用抛石、梢排及土料建造，其尺寸视不同的筑坝材料而异。顶宽一般为 1～4m，迎水面坡度为 1：1～1：3，背水面坡度为 1：1.5～1：5。为保护河床不受水流冲刷，一般都用柴排护底。

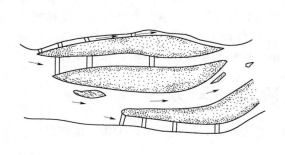

图 10－41 多级锁坝的布置

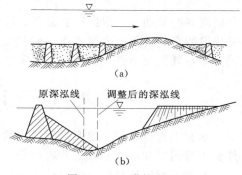

图 10－42 潜坝布置
(a) 连续式潜锁坝；(b) 顺坝一侧的潜丁坝

10.4.4 潜坝

通常将顶部高程设在枯水位以下的丁坝、锁坝称为潜坝，如图 10－42 所示。潜坝主要用于提高河床的局部高程，减小过水断面面积，壅高水位，调整上、下游河段比降，也可用来保护河底、顺坝的外坡底脚以及丁坝的坝头等免遭冲刷破坏。设置在河道凹岸的丁坝、顺坝下面的潜丁坝可以调整水深及深泓线。

10.4.5 护岸工程

护岸工程的作用在于保护岸坡免受水流冲刷和风浪侵蚀，其结构型式取决于防护部位的重要程度、工作环境、承受水流作用的情况以及护岸材料特性等。按护岸所用材料划分，主要有浆砌块石护岸、干砌块石护岸、混凝土护岸、沉排护岸、石笼护岸、土工织物护岸、草皮护岸及埽工护岸等。上述各种护岸可以单独使用，也可以结合使用。砌石护岸的坡率视土壤特性而定，一般为 1：2.5～1：3，块石厚 25～35cm，其下铺设垫层，起反滤作用。护岸除受水流冲刷和风浪侵袭之外，还需考虑地下水外渗的影响。坡脚的防护与稳定对于护岸的成败至关重要，在修建护岸工程时应以护脚为先，在护脚尚未稳定之前暂不做护岸，或只做临时性护岸。

第11章

水 利 工 程 设 计

一项水利工程，需要经过勘测、规划、设计与施工等几个阶段才能最后建成。在全面规划的基础上，根据社会需要，统一安排规划确定的流域综合开发和河流梯级开发建设的布局。某项水利工程一经决定开发，设计人员必须以高度的责任感和使命感，本着既要发扬创新精神，又要实事求是，按科学规律办事，精心做好设计。

11.1 设计阶段的划分

水利工程建设应当遵照国家规定的基本建设程序，即设计前期工作、编制设计文件、工程施工和竣工验收等阶段进行。

水利工程设计分为：项目建议书、可行性研究报告、初步设计、招标设计和施工图 5 个阶段（对重要的或技术条件复杂的大型工程，还要在初步设计与施工图之间，再增加一个技术设计阶段）。其工作顺序是：①根据流域规划编制拟建工程项目建议书（这是设计前期工作的第一步）；②项目建议书经审查批准后，由上级主管部门或业主委托设计单位进行可行性研究，并编写可行性研究报告（这项工作是设计前期工作的重要组成部分）；③依据批准的可行性研究报告进行初步设计；④初步设计经批准后，即可编制招标文件，组织招标、投标和评标；⑤确定施工单位、签订承包合同后，由施工单位负责进行施工图设计。

近年来，我国电力工业部门结合水电建设的特点，对设计阶段作了如下的调整：①增加预可行性研究报告阶段；②将上述可行性研究报告和初步设计两阶段合并，统称为可行性研究报告阶段，取消原初步设计阶段。调整后的水电工程设计分为：预可行性研究报告、可行性研究报告、招标设计和施工图 4 个阶段，现正予以试行。

以下简要介绍各个设计阶段工作的主要内容。

11.1.1 项目建议书阶段

水利水电工程项目建议书是国家基本建设程序中的一个重要阶段。项目建议书应根据国民经济和社会发展规划与地区经济发展规划的总要求，在经批准（审查）的江河流域（区域）综合利用规划或专业规划的基础上提出开发目标和任务，对项目的建设条件进行调查和必要的勘测工作，并在对资金筹措进行分析后，择优选定建设项目和项目的建设规模、地点和建设时间，论证工程项目建设的必要性，初步分析项目建设的可行性和合理性。项目建议书被批准后，将作为列入国家中、长期经济发展计划和开展可行性研究工作的依据。

11.1.2　可行性研究报告阶段

本阶段的主要任务是，论证拟建工程在技术上的可行性、经济上的合理性以及开发顺序上的迫切性。研究报告包括以下内容：初拟主要水文参数，查清主要地质问题，选定工程地址；估算淹没补偿和对环境与生态的影响；初定工程等别、建筑物级别、主要建筑物的型式、轮廓尺寸和枢纽布置方案，装机容量和机型；估算主要工程量，初拟施工导流方案、主体工程施工方法、施工总体布置和总进度；估算工程总投资，明确工程效益，分析主要经济评价指标，评价工程的经济合理性和财务可行性。

11.1.3　初步设计阶段

初步设计报告包括以下内容：确定拟建工程的等别和主要建筑物的级别；选定各种特征水位；选定坝（闸）址、输水线路、主要建筑物的型式、轮廓尺寸及枢纽布置；确定装机容量，选择机组型号和其他机电设备；确定施工导流方案及主体工程的施工方法、施工总体布置及总进度、对外交通和施工设施；提出建筑材料、劳动力和风、水、电的需要量；编制工程预算；论证对环境的影响及环境保护；进行国民经济评价和财务评价。

11.1.4　招标设计阶段

在编制招标设计文件之前，要解决好初步设计阶段未能妥善解决的问题。招标文件由合同文件和工程文件两部分组成。合同文件包括：投标者须知和合同条款、合同格式和投标书格式等；工程文件包括技术规范和图纸。要做到投标者能根据图纸、技术规范和工程量表确定投标报价。

11.1.5　施工图阶段

施工图一般包括：建筑物地基开挖图、地基处理图、建筑物结构图、钢筋混凝土结构的钢筋图、金属结构及机电设备的安装图等。在我国，施工图由业主委托的设计单位提供给施工单位。按照国际惯例，施工图应由施工单位或业主委托的咨询公司负责。

上述各个设计阶段的具体内容和深度，可根据工程的具体情况进行适当的调整和增减。

11.2　设计所需的基本资料

在制定流域规划和编制设计文件之前，需要进行必要的勘测、试验和社会调查。由于设计阶段不同，所需资料的广度和深度也各异，一般需要掌握的基本资料有：

（1）自然地理。包括工程所处的地理位置、行政区域、地形、地貌、土壤植被、主要山脉、河川水系、水资源开发利用现状及存在的问题等。

地形图比例尺根据规划设计阶段和工程项目的实际需要来确定：水库区可采用 1：5000～1：25000，枢纽附近可采用 1：2000～1：10000，坝址可采用 1：500～1：2000。详见 SL 197—97《水利水电工程测量规范》。

（2）地质。包括区域地质、库区和枢纽工程区的工程地质条件，如地层、岩性、地质构造、地震烈度、不良地质现象，水文地质情况，岩石（土）的物理力学性质，天然建筑材料的品种、分布、储量、开采条件，工程地质评价与结论。

（3）水文。包括水文站网布设、资料年限、径流、洪水、泥沙、水情以及人类活动对水文的影响等。

（4）气象。包括降水、蒸发、气温、风向、风速、冰霜、冰冻深度等气象要素的特点，站网布设和资料年限。

（5）社会经济。需要对社会经济现状及中长期发展规划进行全面了解，包括人口、土地、种植面积、品种；工业产品、产量；工农业总产值；主要资源情况，文物古迹，动力、交通、投资环境等。

（6）用于作为设计依据的各种规程规范。

11.3   水利工程对环境的影响

水利工程的兴建，特别是大型水库的形成，将使其周围环境发生明显的改变。在为发电、灌溉、供水、养殖、旅游等事业和解除洪涝灾害创造有利条件的同时，也会给人们带来一定的不利影响。充分利用有利条件，避免或减轻不利影响，是水利工作者在进行水利规划中必须认真研究和加以解决的问题。

水库引起的环境变化，主要表现在如下几个方面。

11.3.1   库区

1. 淹没

建坝后，水位在坝前壅高形成回水，在回水范围内，耕地、矿藏、名胜古迹等被淹没；工厂、铁路、公路设施需要拆迁；居民需要迁移，城镇需要迁建。对被淹没的土地和设施等要付赔偿费，要妥善安排移民的生产和生活，这是一项十分重要而复杂的工作。在我国人多、耕地少的条件下，应尽量减少水库的淹没损失，对库区内仅在高水位时才被淹没的土地，要采取适当措施加以利用。三峡工程移民百万，所采用的"以人为本"、"就地开发性移民"，统筹安排生产和生活，是解决好库区移民的重要举措。

2. 滑坡、坍岸

岸坡浸水后，岩体的抗剪强度降低，在水库水位降落时，有可能因丧失稳定而坍滑。库区大范围坍岸，会加剧水库淤积；而坝址附近的滑坡，将给工程的正常施工和运行带来极为不利的后果。意大利瓦依昂拱坝，因库区大滑坡，岩体骤然滑入水库，使库水漫溢坝顶而突然下泄，造成下游巨大灾害，并使水库淤满报废。有的工程在施工中由于坝址附近发生滑坡，被迫改变设计，甚至中途停工，应当引以为戒。

3. 水库淤积

由于水流入库后流速减小，挟沙能力降低，使泥沙颗粒先粗后细逐步下沉，造成淤积。淤积不仅使库容减小，缩短水库寿命，加大淹没损失，还将影响电站和航运的正常运行。解决和减轻水库淤积的根本措施是做好上游封山育林、退耕还林、种草等水土保持工作，而水库的合理运行，如蓄清排浑、利用异重流排沙也是减少水库淤积的有效措施。

4. 生态变化

建坝蓄水对生态环境有很大影响，受影响的有库区和下游陆地生态系统，也有河流水生生态系统或直至河口生态系统。例如，水库淹没影响陆生植物生存，并破坏其生存环境。又如，水环境变化对珍稀、濒危水生生物的种群、数量、栖息场所、繁殖场所有致命影响。长江中华鲟是一种大型洄游性珍稀鱼类，葛洲坝工程截流后，中华鲟洄游到其上游产卵场的通道被隔断，为使中华鲟不致灭绝，采取了多样性的保护措施，例如中华鲟人工过坝、人工繁殖等。再如，入海河流下游水位降低，使咸水上溯；滨海地区在河道尾闾建闸后使河口水质变化和阻隔鱼、虾等水生生物的洄游通道，海河口建闸后对虾明显减少就是一例。所以，水利水电建设必须对生态环境的影响进行识别、预测和评价。

5. 水温的变化

库水温度变幅随水深增加而减小，在水面处大致与气温接近；水深 10m 左右，变幅较气温减小 2～5℃；水深 50～60m 处，变幅仅 4～5℃；更深处水温几乎不再变化，而处于常温状态。库水年平均温度也随水深增加而减小，在水面处比年平均气温约高 2～5℃；水深 50～60m 处等于年平均气温；再深即低于年平均气温。

6. 水质变化

水库蓄水后，由于库区内生物机体的分解，增加了库水的肥力，有利于水中微生物的繁殖，对鱼类生长有利。但如清库不彻底，过多的有机质在库底分解，吸收深层水中的氧，产生硫化氢，也可使水质变坏。

流入水库的磷、氮等盐类，有利于植物和水生物的生长，但含量不能太高，否则，将促使藻类和水草丛生，而藻类和水草的枯死分解，又将消耗水中的氧，形成富营养化，造成水质恶化。

7. 气象变化

水库形成一定的水域，大的水域能改变附近地区的小气候（多雾、降雨形态变化、气温变幅减小等），并使枢纽附近地区的生态平衡发生变化。

8. 诱发地震

由于水库蓄水后引起的地震，称为诱发地震。20 世纪 60 年代以来，世界上有不少大水库在蓄水后发生了地震，如我国新丰江水电站于 1962 年 3 月 19 日发生诱发地震，震级 6.1 级，坝址烈度达到 8 度。产生诱发地震的库区一般存在近期活动性地质构造，地应力较高，有局部应力集中。当水库蓄水后，岩层中孔隙水压力增加，使原来稳定岩体中的地应力状态发生变化，地块活动性随之增加。因此，在勘测设计时，应充分调查研究本地区的地质情况，判断有无产生诱发地震的可能性。对已建工程，如发生诱发地震，则应加强观测，并对抗震能力弱的结构采取适当的加固措施。

9. 卫生条件

水库蓄水后，地下水位升高，为利用地下水创造了有利条件。但也带来一些不利后果，如耕地盐碱化、形成沼泽地带、孳生蚊虫和其他有害的微生物。

11.3.2　水库下游

1. 河道冲刷

河道水流中挟带的泥沙在库内沉积后，下泄清水的冲刷能力加大，将河床刷深，河水位下降，岸边地下水位也相应降低；同时，还可能引起主河槽的游动，或冲刷下游桥基和护岸工程。为此，在多泥沙河流上修建水库，需要研究下游河床的演变趋势，并提出适当的处理措施。

2. 河道水量变化

枯水期，由于电站和灌溉用水，下泄流量增加，对航运有利。但当电站担负峰荷，泄放流量不均时，又将给航运带来不便。为了不使河道干涸，不过分降低下游的地下水位，保护水生动物的生长和维持河道的自然风光，应经常泄放一定数量的生态用水，以保护河流的正常功能。

3. 河道水温

除溢洪道外，自水库泄放的水流大多来自水库深层，水温较低且变幅小，因而，坝下的河水水温夏季较建库前低，冬季较建库前高。

4. 河道水质

库水的浑浊度和水温一样，随水深而异。工业和生活用水要求浑浊度不得过高。水库中、低层水温较低，水中溶解氧也低，对作物生长和鱼类生存都不利。

此外，在河道上建坝（闸），一方面为航运和枢纽上游的木材浮运创造了条件；另一方面由于河道受阻，需要设置通航、过木和过鱼建筑物（设施）。

11.4　水利枢纽设计的主要内容

坝址（闸址）、坝型选择和枢纽布置是水利枢纽设计的重要内容，三者相互联系，不同的坝址可以选用不同的坝型和枢纽布置，如河谷狭窄、地质条件良好，适宜修建拱坝；河谷宽阔、地质条件较好，可以选用重力坝或支墩坝；河谷宽阔、河床覆盖层深厚或地质条件较差，且土石料储量丰富，适于修建土石坝。对同一坝址，还可以考虑几种不同的坝型和枢纽布置方案。在选择坝址、坝型和枢纽布置时，不仅要研究枢纽附近的自然条件，而且还需考虑枢纽的施工条件、运行条件、综合效益、投资指标以及远景规划等，这是水利枢纽设计中贯穿在各个设计阶段的一个十分重要的问题。

11.4.1　坝址和坝型选择

在可行性研究报告阶段，主要是根据地质、地形、施工及建筑材料等条件，初选几个坝段、坝轴线以及与其相适应的坝型，经过论证，找出其中最有利的坝段和一两条比较有利的坝轴线，也可对各坝段内有代表性的坝轴线进行比较，从中选定一两条最有利的坝轴线，并进行枢纽布置。在初步设计阶段，随着地质、水文和试验资料等的进一步深入和充实，通过比较，选定最有利的坝轴线、坝及其他主要建筑物的型式和相应的枢纽布置方案。

1. 地质条件

地质条件是坝址（闸址）选择中的重要条件。拱坝和重力坝（低的溢流重力坝除外）需要建在岩基上；土石坝对地质条件要求较低，岩基、土基均可；而水闸多建在土基上。无论岩基或土基，一般说来，总是存在着这样或那样的缺陷，如断层破碎带、软弱夹层、淤泥、细砂层等。在工程设计中，需通过勘探研究，将工程区的地质情况了解清楚，并作出正确评价，以便决定取舍或定出妥善的处理措施。

在坝址选择中要注意以下几个方面的问题：①对断层破碎带、软弱夹层要查明其产状、宽度（厚度）、充填物和胶结情况，对垂直水流方向的陡倾角断层应尽量避开，对具有规模较大的垂直水流方向的断层或附近有活断层存在的河段，均不应选作坝址；②在顺向河谷（指岩层走向与河流方向一致）中，总有一岸是与岩层倾向一致的顺向坡，当岩层倾角小于地形坡角，岩层中又有软弱结构面时，在地形上存在临空面，这种岸坡极易发生滑坡，应当注意；③对于岩溶地区，要掌握溶岩发育规律，特别要注意潜伏溶洞、暗河、溶沟和溶槽，必须查明岩溶对水库蓄水和对建筑物的影响；④对土石坝，应尽量避开细砂、软黏土、淤泥、分散性土和湿陷性黄土等地基。

在实践中，有的工程由于没有对地质条件进行必要的勘察或未进行认真的分析研究，以致在施工中发现问题后，不得不修改设计或改变地基处理方案，甚至中途停工，造成人力、物力、财力的浪费和时间上的损失。

2. 地形条件

在高山峡谷地区布置水利枢纽，应尽量减少高边坡开挖。坝址选在峡谷地段，坝轴线短，坝体工程量小，但不利于泄水建筑物等的布置，因此，需要综合考虑，权衡利弊。选用土石坝时，应注意库区有无垭口可供布置岸边溢洪道，上、下游有无开阔地区，可供布置施工场地。对于多泥沙及有漂木要求的河道，还应注意河流的水流流态，在选择坝址时，应当考虑如何防止泥沙和漂木进入取水建筑物。对于有通航要求的枢纽，还应注意通航建筑物与河道的连接。

3. 施工条件

要便于施工导流，坝址附近特别是其下游应有较开阔的地形，以便布置施工场地；距交通干线较近，便于施工和大型机电设备的运输；可与永久电网连接，解决施工用电问题。

4. 建筑材料

坝址附近应有足够数量符合质量要求的天然建筑材料。对于料场分布、储量、埋置深度、开采条件以及施工期淹没等问题均应认真考虑。

5. 综合效益

对不同坝址要综合考虑防洪、灌溉、发电、航运、旅游等各部门的经济效益。

6. 其他

在选择坝址和坝型时，还应考虑利用主体建筑物开挖料直接上坝的可能性与合理性。例如，国外有的工程，尽管基岩坚硬、完整，适于修建拱坝或重力坝，但经论证比较，最终选用了混凝土面板堆石坝，理由是，混凝土面板堆石坝利用主体建筑物开挖料直接上坝，可以缩短工期，降低造价。这种经验值得借鉴。

11.4.2 枢纽布置的一般原则和设计方案的选定

1. 枢纽布置的一般原则

合理安排枢纽中各个水工建筑物的相互位置，称为枢纽布置。枢纽布置应遵循的一般原则是：

（1）坝址、坝及其他主要建筑物的型式选择和枢纽布置要做到：施工方便，工期短，造价低。例如，在高山峡谷较大拐弯河段，利用河弯凸岸布置泄水建筑物和引水发电系统，枢纽布置相对简单，减轻或避免了坝与泄水建筑物、发电建筑物在施工和运行中的相互干扰，可缩短工期，降低造价和提高效益。又如，三峡水利枢纽需要在河床中布置溢流坝、水电站厂房和通航建筑物，坝址之所以选在三斗坪，原因之一是河谷较宽，便于施工，且可借助江中中堡岛，有利于分期导流。再如，土石坝枢纽在坝址附近选择接近水库正常蓄水位的马鞍形垭口修建岸边溢洪道，既节省工程量又便于施工和运用管理。

（2）应满足各个建筑物在布置上的要求，保证其在任何工作条件下都能正常工作。要避免枢纽中各建筑物在运行期间互相干扰。例如，将船闸与溢流坝、电站尽量分开布置，当溢流坝泄水时，上游引航道不产生过大的横向流速，以使船队（舶）顺利驶入闸室，必要时下游出口应设导墙，使引航道与溢流坝或水电站厂房隔开。当厂房与溢流坝相邻时，两者之间应设足够长的导流墙，以防止泄洪对发电的不利影响。还应注意将厂房、变电设备及开关站等布置在雾化强暴雨区之外，以免雾化水流影响其安全运行。又如，土石坝枢纽泄水和引水建筑物进、出口附近的坝坡和岸坡，应有可靠的保护；泄水建筑物出口应采取妥善的消能措施，使消能后的水流离开坝脚一定距离，避免水流冲刷和回流淘刷等。

（3）在满足建筑物强度和稳定的条件下，降低枢纽总造价和年运行费用。例如，为了提高重力坝的稳定性，常将坝的上游面做成倾向上游（坡度不宜过缓），利用坝面上的水重来提高坝的抗滑稳定性；重力坝坝体内各部位应力各不相同，为了节约与合理使用水泥，坝体按不同部位分区，采用不同标号的混凝土。又如，拱坝枢纽的泄水方式与布置宜首先研究坝身泄洪的可行性，以及优化拱坝体形以降低总造价。黄河拉西瓦水电站拱坝坝高 250m，用优化方法求得抛物线、椭圆和对数螺旋线等 6 种拱形的最优布置，并从中选定了对数螺旋线水平拱圈的布置方案，与传统设计相比，节省混凝土 20 万 m^3，节省基岩开挖 13 万 m^3。

（4）枢纽中各建筑物布置紧凑，尽量将同一工种的建筑物布置在一起，以减少连接建筑，且便于管理。对大流量、高水头、窄河谷的水利水电枢纽，由于河谷狭窄，在泄水建筑物与电站厂房布置上的矛盾十分突出，采用泄水建筑物与电站厂房重叠布置。例如，新安江水电站的溢流式厂房，乌江渡、漫湾水电站的挑越式厂房。此种布置非常紧凑，整体安全性好，工程量省，建设周期短，经济效益显著。又如，都江堰根据"深淘滩、低作堰"治水六字诀采用鱼嘴分水、宝瓶口正面引水与飞沙堰侧面排沙，枢纽建筑物组成合理，布置紧凑，起到了分水、泄洪、引水和排沙的作用，运行至今已有 2260 多年，收到了良好的社会效益和经济效益。

（5）尽量使一个建筑物发挥多种用途或临时建筑物和永久建筑物相结合，充分发挥综合效益。在峡谷河段筑坝，一般采用隧洞导流，将临时性的导流洞封堵改建为永久泄洪隧洞，是减少泄洪洞工程量、节约投资的合理措施。在我国，将导流洞改建为龙抬头式无压泄洪洞的有：刘家峡、碧口、石头河和紫坪铺等工程。将导流洞改建为有压泄洪洞的有：响洪甸、南水、冯家山、小浪底等工程。对中、低水头枢纽有时也可采用泄洪洞与发电洞和发电洞与灌溉隧洞合一布置的型式。

（6）尽可能使枢纽中的部分建筑物早期投产，提前发挥效益（如提前蓄水、早期发电或灌溉）。例如，碾压混凝土坝施工工艺简单，采用大型机械，大仓面浇筑混凝土，能缩短工期，提前投产，及早发挥效益，坑口坝、龙门滩坝、天生桥二级工程的工期均提前了一年。施工导流和工期也是选择布置方案的主要因素之一，有时为了缩短工期，提前发电，将厂房布置在河滩一侧，以简化导流。目前在重力坝底部设置多孔、大孔径的导流底孔，取代坝体留导流缺口已成为发展趋势，边蓄水、边施工以争取提前发电、防洪、供水、灌溉等综合利用效益，如 1980～2000 年间建设的岩滩、水口、五强溪、三峡等大型水电站，首批机组一般都在工程截流后 4～6 年并网发电。

（7）枢纽的外观应与周围环境相协调，在可能条件下注意美观。建成一座水库，便造就一个新的环境。水库景观涉及水利工程、环境、水土保持、生物、生态和美学等诸多方面。保护库区自然植被、生态体系和树种，使人获得回归自然的感受。水利水电雄伟的建筑物和水库形成的宽阔的水面，是一种难得的景观资源，可以开展生产、生活及教育等活动。总之，经过必要的设计，营造宜人的生存环境，使水利枢纽和库区环境成为旅游胜地。

2. 水利枢纽设计方案的选定

水利枢纽设计需要通过论证比较，选出最优方案。所谓最优方案，应当是技术上先进和可能，投资少，工期短，运行可靠，管理方便。分析比较的内容有：

（1）主要工程量。如土石方工程、混凝土和钢筋混凝土工程、金属结构、机电安装、帷幕灌浆、砌石工程等。

（2）主要建筑材料用量。如钢筋、钢材、水泥、砂石、木材、炸药等。

（3）施工条件。包括施工导流、施工场地布置、施工工期、发电日期、施工难易程度、施工机械化水平等。

（4）运行管理条件。如发电、通航、泄洪等有无干扰，建筑物检查维修是否方便，闸门及启闭设备是否便于控制运用，对外交通是否便利等。

（5）环境生态条件。如调查工程影响地区的自然环境和社会环境状况，分析工程对环境生态产生的主要有利影响和不利影响，工程兴建后环境生态总体变化趋势，从环境生态保护角度分析是否存在工程开发的重大制约因素等。

（6）经济指标。计算工程总投资、总造价、枢纽年运行费用、电站单位千瓦投资、电能成本、灌溉单位面积投资及通航能力等综合利用效益，并应采用包括利息在内的动态分析方法进行分析。

上述各项，有些是可以定量计算的，有些则是无法定量计算的，因此，水利枢纽设计方案的选定是一项复杂而细致的工作，必须在充分掌握可靠资料的基础上，全面论证，具体分析，综合比较。

11.4.3 水利枢纽布置实例

水利枢纽按其所处地区的地貌形态，可分为平原地区水利枢纽和山区、丘陵区水利枢纽；按承受水头的大小，可分为低、中、高水头水利枢纽。

低水头水利枢纽多建在河道下游的平原地区或河道开阔地段。由于河床坡度平缓，地形开阔，枢纽中的挡水建筑物多为较低的拦河闸或溢流坝，因而壅水不高，库容较小，调蓄能力不大，在岩基或软基上均可兴建。

高、中水头水利枢纽位于山区和丘陵区，通常是坝高，洪水流量大，地基多为岩基。从地形上看，高水头水利枢纽大多河谷狭窄、岸坡陡峭，泄洪消能和枢纽布置是设计的关键；中水头水利枢纽一般河谷比较开阔，岸坡比较平缓，易于进行枢纽布置。

1. 韶山灌区洋潭引水枢纽

韶山灌区洋潭引水枢纽位于湘江支流涟水的中游，上距水府庙水库 18km，是一座以灌溉为主，兼有防洪、发电、航运和供水等效益的综合利用水利枢纽，见图 11-1。

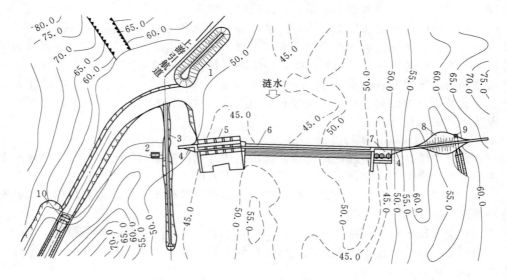

图 11-1　韶山灌区洋潭引水枢纽平面布置图（高程：m）

1—导航堤；2—机房；3—斜面升船机；4—重力坝；5—泄洪闸；6—溢流坝；
7—水电站；8—土坝；9—洋潭支渠进水口；10—进水闸

枢纽工程区的岩体主要为板岩，壅高水位 10m，在正常引水位和 200 年一遇洪水位时的库容分别为 2100 万 m³ 和 5300 万 m³。

由于地形开阔，壅水不高，而洪水流量又较大，确定采用混凝土溢流坝及河床式电站。溢流坝段长 170m，高 14.6m，布置在河床中部，坝顶不设闸门，平时用来挡水，大水时可以溢流。因泄放水需要，在溢流坝右侧建有泄洪闸，长 59m，分为 5孔，每孔装 10m×9.3m 弧形钢闸门。为防止泄洪时冲刷右侧岸坡和不影响升船机下游的通航条件，将闸轴线偏转 7°。水电站厂房位于溢流坝左侧，长 26m。为避免与水电站厂房相互干扰，将升船机布置在右岸。左、右坝端均为混凝土重力坝，共长52m。在左岸山坳冲沟处，建均质土坝，长 80m。左、右岸灌区分别由土坝坝内埋管和进水闸供水。

2. 三峡水利枢纽

三峡水利枢纽位于长江三峡西陵峡中，坝址经反复比较后选定在三斗坪，控制流域面积 100 万 km^2，年平均径流量 4510 亿 m^3，年平均输沙量 5.3 亿 t；下距宜昌市约 40km，交通方便；坝址河谷开阔，坝基为坚硬完整的花岗岩，两岸岸坡较平缓；坝区基本地震烈度为 6 度。经论证，重庆至宜昌河段选用"一级开发、一次建成、分期蓄水、连续移民"的建设方案。

三峡水利枢纽是一座具有防洪、发电、航运等综合效益的多目标开发工程，主要由拦河坝、水电站厂房、通航建筑物三大部分组成。泄洪坝段位于河床主河槽部位，两侧为电站坝段和非溢流坝段，另在右岸留有后期扩机的地下厂房位置，通航建筑物位于左岸，见图 3-3。主要建筑物按千年一遇洪水设计，万年一遇洪水加 1% 校核。

拦河坝为混凝土重力坝，全长 2309.47m，坝顶高程 185m，最大坝高 181m，水库正常蓄水位为 175m，总库容为 393 亿 m^3，防洪库容为 221.5 亿 m^3，可使荆江河段的防洪标准由建坝前的十年一遇提高到百年一遇。

泄洪坝段位于河床主河槽部位，总前沿长 483m，分为 23 个坝段，每个坝段长 21m。共设 23 个深孔和 22 个表孔。深孔布置在每个坝段的中部，尺寸为 7m×9m（宽×高），进水口底高程 90m。表孔跨两个坝段间的横缝布置，净宽 8m，堰顶高程 158m。采用鼻坎挑流消能，最大泄洪能力 11.9 万 m^3/s（可能最大洪水）。

水电站厂房为坝后式，布置在泄洪坝段的左、右两侧，分别安装 14 台和 12 台 70 万 kW 机组，共计 26 台，总装机容量 1820 万 kW，年平均发电量 846.8 亿 kW·h，另在右岸留有为后期扩机的 6 台地下厂房位置。主要向华东、华中地区供电，少部分向川东供电，每年约可节约原煤 4000 万～5000 万 t。

通航建筑物包括船闸和垂直升船机，均布置在左岸。船闸为双线五级船闸，总水头 113m，闸室有效尺寸为 280m×34m×5m（长×宽×槛上水深），可通过万吨船队，单向年通过能力由目前的 1000 万 t 提高到 5000 万 t。升船机为垂直均衡重式，承船厢尺寸为 120m×18m×3.5m（长×宽×厢内水深），可通过 3000t 级客货轮。

施工导流分三期进行施工：第一期围右岸修导流明渠，长江主河道仍可通航；第二期围主河床，明渠用作导流兼通航；第三期再围右岸，水流由河床溢流坝段导流底孔及泄洪深孔宣泄，船只经左岸临时船闸通航。

3. 二滩水电站枢纽

二滩水电站位于四川省雅砻江干流下游河段上，下距攀枝花市约 46km。控制流域面积 11.64 万 km^2，约占雅砻江整个流域面积的 90%，多年平均流量 1670 m^3/s，年径流量 527 亿 m^3，坝址处河谷狭窄，基岩由二叠系玄武岩和后期侵入的正长岩以及蚀变玄武岩等组成，岩体坚硬完整，河床覆盖层厚度一般为 20～28m。坝址区地震基本烈度为 7 度，设计烈度为 8 度。

二滩水电站以发电为主，兼有其他综合利用效益，电站装机容量 330 万 kW，是我国 20 世纪末建成投产的最大水电站。枢纽由混凝土双曲拱坝、左岸引水发电地下厂房系统、泄水建筑物（包括坝身孔口和右岸两条泄洪洞）和左岸过木机道等组成（其中过木机道工程因国家实行天然林资源保护，上游不再漂木而停止过木联运机安装），见图 11-2。

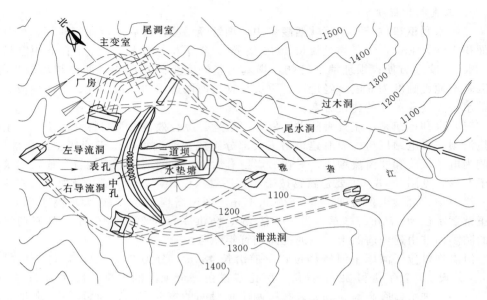

图 11-2 二滩水电站枢纽平面布置图 (高程: m)

二滩混凝土双曲拱坝,坝顶高程 1205m,最大坝高 240m,是中国已建成的最高坝,列世界同类坝型第 4 位。拱冠顶部厚度 11m,拱冠梁底部厚度 55.74m,拱端最大厚度 58.51m,拱圈最大中心角 91.5°,坝顶弧长 774.69m,弧高比 3.21,厚高比 0.232,上游面最大倒悬度 0.18。拱坝正常蓄水位为 1200m,发电最低运行水位为 1155m,总库容 58 亿 m³,调节库容 33.7 亿 m³,属季调节水库。

二滩拱坝设计洪水重现期 1000 年,洪峰流量 20600m³/s,相应正常蓄水位 1200m;校核洪水重现期 5000 年,洪峰流量 23900m³/s,相应校核洪水位 1203.5m。坝身设 7 个表孔 (11m×11.5m,宽×高)、6 个中孔 (6m×5m,宽×高),与右岸两条有压短管型进口明流隧洞 (断面为圆拱直墙形,13m×13.5m) 构成 3 套泄洪设施,各自与电站组合运行均可宣泄常年洪水,联合运行可宣泄设计洪水和校核洪水。表孔采用大差动俯角跌坎加分流齿坎消能型式,单双号孔跌坎俯角分别为 30°与 20°。中孔为上翘型压力短管,出口采用挑坎,挑角分别为 10°、17°和 30°,对称布置。表、中孔联合泄洪,其水舌上下碰撞,充分掺混落入坝后水垫塘。水垫塘长 300m,底宽 40m,梯形复式断面,水深大于 32m。水垫塘末端设二道坝,为溢流式混凝土重力坝,高 35m,下游设护坦。

电站安装 6 台单机容量为 55 万 kW 的水轮发电机组,总装机容量 330 万 kW,年发电量为 170 亿 kW·h。地下厂房宽 25.5m (顶拱跨度 30.7m),最大高度 65.38m,长 280.3m。

施工导流采用河床断流围堰、两岸隧洞导流方式,导流建筑物按重现期 30 年、洪水流量 13500m³/s 设计,以保证河床基坑全年施工。

4. 小浪底水利枢纽

小浪底水利枢纽位于河南省洛阳市以北约 40km 的黄河干流上,控制流域面积

69.42 万 km²，占黄河总流域面积的 92.3%，控制径流的 91.2% 和近 100% 的泥沙。坝址处基岩主要为二叠、三叠纪砂岩、粉砂岩、黏土层等，河床覆盖层为冲积砂卵石层，最深达 80m。坝址基本地震烈度为 7 度。

小浪底水利枢纽以防洪、防凌、减淤为主，兼顾供水、灌溉和发电、蓄清排浑等效益。总库容 126.5 亿 m³，长期有效库容 51 亿 m³。主要建筑物按千年一遇洪水设计，万年一遇洪水校核。

小浪底水利枢纽包括：壤土斜心墙堆石坝、泄洪排沙建筑物和引水发电建筑物三大部分。由于地质原因，后两者均布置在左岸，见图 11-3。

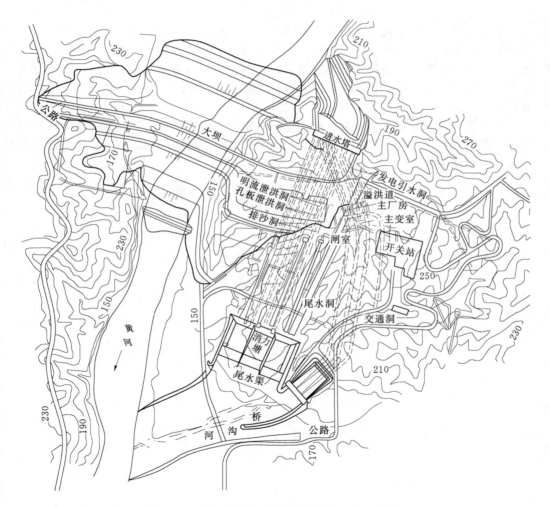

图 11-3　小浪底水利枢纽平面布置图（高程：m）

壤土斜心墙堆石坝，坝顶长 1667m，坝顶高程 185m，最大坝高 154m，坝体填筑工程量 5184 万 m³，是我国坝体积最大的土石坝。防渗体由壤土斜心墙和铺盖等组成，坝基及两岸采用混凝土防渗墙和灌浆帷幕防渗。

　　泄洪排沙建筑物包括：由导流洞改建成的 3 条洞径为 14.5m 的孔板消能泄洪洞、3 条洞径为 6.5m 的排沙洞、3 条城门洞形的明流泄洪洞（尺寸分别为 10.5m×13m、10m×12m 和 10m×11.5m，宽×高）、一座宽为 34.5m 的正常溢洪道和一座宽为 100m 的非常溢洪道。泄洪要求是：千年一遇洪水，总泄洪能力为 13480m^3/s；万年一遇洪水，总泄洪能力为 13990m^3/s。孔板是泄洪洞内的消能结构，首次在我国采用。以上 9 条隧洞，再加上 1 条灌溉洞、6 条引水发电洞，共 16 条隧洞的进口集中、一字排列布置在 10 座进水塔内，各塔上游面同处在一个竖直面内，塔群前沿总长 276m，高达 113m。6 条泄洪洞、3 条排沙洞和 1 座正常溢洪道，共用一个宽 356m、长 210m 的大型消力塘，消力塘分二级消能。

　　水电站安装 6 台单机容量为 30 万 kW 的混流式水轮发电机组，总装机容量 180 万 kW。水电站厂房为地下式，尺寸为 251.5m×26.2m×61.44m（长×宽×高），如此巨大的地下洞室，未采用钢筋混凝土衬砌，而全部采用锚喷柔性支护。为引水发电还有 6 条洞径 7.8m 的引水发电洞以及尾水隧洞、主变洞、尾水闸门室、母线洞和防淤闸等。

　　施工导流采用二期导流方案。第一期围右岸，利用缩窄后的原河道导流，在修建右岸工程的同时，进行左岸 3 条导流洞、进水塔、消力塘等的施工；第二期截断左岸河床，由导流洞过流。导流洪水标准为 20 年一遇。

第 **12** 章

水工建筑物管理

12.1 概　　述

水利工程建成后，必须通过全面有效的管理，才能实现预期的工程效益，并验证工程规划、设计的合理性。水利工程管理的根本任务是利用工程措施，对天然径流进行实时时空再分配，即合理调度，以适应人类生产、生活和自然生态的需求。水工建筑物管理的目的在于：保持建筑物和设备经常处于良好的技术状况，正确使用工程设施，调度水资源，充分发挥工程效益，防止工程事故。水工建筑物管理是水利工程管理的一部分。由于水工建筑物种类繁多，功能和作用不尽相同，所处客观环境也不一样，所以水工建筑物管理具有综合性、整体性、随机性和复杂性的特点。通过国内外积数十年现代管理的经验，大坝安全是管理工作的中心和重点。1991年，我国国务院颁布的《水库大坝安全管理条例》规定，"必须按照有关技术标准，对大坝进行安全监测和检查"，并指出，"大坝包括永久性挡水建筑物以及与其配合运用的泄洪、输水和过船建筑物等"。这里的"大坝"，实际上是指包括大坝在内的各种水工建筑物。在国际上"大坝"一词，有时也具有"水库"、"水利枢纽"、"拦河坝"等综合性含义。因此，这里所讨论的管理，实际上也可以理解为以大坝为中心的水利工程的安全监测和检查，属于水工建筑物的技术管理❶，其主要工作是：

（1）检查与观测。通过管理人员现场观察和仪器测验，监视工程的状况和工作情况，掌握其变化规律，为有效管理提供科学依据；及时发现不正常迹象，采取正确应对措施，防止事故发生，保证工程安全运用；通过原型观测，对建筑物设计的计算方法和计算数据进行验证；根据水质变化做出动态水质预报。检查观测的项目一般有：观察、变形观测、渗流观测、应力观测、混凝土建筑物温度观测、水工建筑物水流观测、冰情观测、水库泥沙观测、岸坡崩塌观测、库区浸没观测、水工建筑物抗震监测、隐患探测、河流观测以及观测资料的整编、分析等。

---

❶　赵志仁，大坝安全监测的原理与应用，天津科技出版社，1992年。

（2）养护修理。对水工建筑物、机电设备、管理设施以及其他附属工程等进行经常性养护，并定期检修，以保持工程完整、设备完好。养护修理一般可分为经常性养护维修、岁修和抢修。

（3）调度运用。制订调度运用方案，合理安排除害与兴利的关系，综合利用水资源，充分发挥工程效益，确保工程安全。调度运用要根据已批准的调度运用计划和运用指标，结合工程实际情况和管理经验，参照近期气象水文预报情况，进行优化调度。

（4）水利管理自动化系统的运用。主要项目有：大坝安全自动监控系统、防洪调度自动化系统、调度通信和警报系统、供水调度自动化系统。

（5）科学实验研究。针对已经投入运行的工程，在安全保障、提高社会经济效益、延长工程设施的使用年限、降低运行管理费用以及在水利工程中采用新技术、新材料、新工艺等方面进行试验研究。

（6）积累、分析、应用技术资料，建立技术档案。

水工建筑物管理正沿着制度化、规范化、自动化及信息化方向发展，在这一方面，我国与发达国家相比还有一定差距。我国已修建了大量的水工建筑物，做好水工建筑物管理愈来愈显得重要。目前，我国已颁布了《中华人民共和国水法》，国务院也颁布了大坝安全管理的一系列条例、规范，以及科学技术的进步，这些都是做好水工建筑物管理的重要依据和有利条件。

12.2 大 坝 安 全

自 1949 年以来，我国已建成各种坝 84837 座（1997 年统计）。根据 1980 年全国普查表明，年平均垮坝率为 0.17%，而近期世界大坝的年垮坝率为 0.2%～0.4%。

水库垮坝后果严重。例如，1975 年河南大水，洪涝成灾，加之板桥、石漫滩 2 座大型水库以及 2 座中型水库、58 座小型水库垮坝，大大加重了灾情，致使 29 个县（市）、1100 万亩农田遭受毁灭性灾害，冲毁铁路 102km，死亡 9 万人，直接经济损失 100 亿元[1]；1963 年海河大水，5 座中型水库垮坝，死亡 1000 多人；1993 年青海沟后小（1）型水库垮坝，死亡 320 余人。

从灾害学观点，大坝失事灾害是一种特殊的灾种，一经触发后果十分严重。随着经济社会发展以及城市化进程的加快，人口与财产高度集中，这种事故的后果也会越来越严重。水工建筑物的特点，不仅表现在投资大、效益大、设计施工复杂，也表现在失事后果严重。而其本身的存在，就具有事故的风险性。随着时间的推移，结构老化以及随机性等原因，大坝出现事故难以完全避免。但是，采取措施减免事故或失事，可将灾害造成的损失减至最小，特别是减少人员伤亡还是能够做到的。解决办法就是要严格按规程管理。根据国际大坝委员会（ICOLD）对世界大坝失事的统计，1950 年以前坝的失事率为 2.2%，1951～1986 年坝的失事率为 0.5%，1986 年以前的总失事率为 1.2%。20 世纪 70 年代，美国垮坝数量也很惊人，经过采取措施，到

---

❶ 李永善等，减灾的经济和社会效益初探，灾害学，1991（4）：1～11。

1980 年垮坝率已降到 0.2%。在我国，近几年由于各方面的努力，垮坝率也在降低。为降低垮坝率，保证工程安全，必须采取有效的措施，包括：①改进大坝设计方法；②加强大坝安全监测；③重视工程的规划和勘探，特别是水文分析和地质、地基勘探工作；④严格大坝运行管理、除险加固。

经验和研究表明，大坝失事和发生事故的主要原因有如下几个方面：

（1）坝工设计理论和方法还不够完善，设计假定、计算结果与实际情况还难以完全吻合。例如，所采用的设计洪水标准可能因水文系列不够长或代表性不足而偏低；地质的不确定性导致的处理措施不力；地基和坝体材料的物理力学参数选用的数值与实际情况发生较大的偏差等。

（2）水工建筑物在施工中可能出现与设计不符的情况及质量问题，留下隐患与缺陷。

（3）环境因素及坝体、坝基自身条件在运用中可能发生的不利变化，建筑物材料老化（开裂、冲蚀、腐蚀、风化等）。

（4）自然灾害。如大洪水、地震、滑坡、泥石流、雪崩、上游垮坝、泄水建筑物阻塞故障等。

一座坝出现事故或失事的原因是多方面的，一般有：①洪水漫顶；②过大的应力或变形；③过大渗漏引起管涌等，或几种原因的综合或互相诱导而最后垮坝。在本书 2.3 节中已经对各种破坏情况有所说明。值得注意的是，我国中、小型水库，特别是小型水库的垮坝风险很大，原因是：普遍存在防洪标准低、坝体施工质量差、工程隐患多、通信手段落后和管理不完善等问题。

在研讨致灾条件时，坝龄是一个引人注意的因素。大坝在建成后的初期和老龄化后，最容易出现问题。根据对世界大坝的统计资料，在蓄水后几年内发生失事的大坝几乎占总失事大坝数的 60%，前苏联有人研究认为约占 66%。国际水力学研究协会（IAHR）主席在 1983 年统计的 14700 座大坝中，有 1105 座失事破坏，其中，蓄水前 5 年内失事与 5 年后失事之比为 1.27：1。在我国的垮坝统计中也有类似的结论。施工期大坝失事多数为土石坝的漫顶破坏。在大、中型水电工程中，为尽快发挥工程效益，常常提出提前发电的要求，即在主体工程尚未全部竣工之前，水电站便开始投入运行，大坝便开始工作。此刻水库尚未完全形成，工作条件可能比设计情况更为恶劣，而设计、施工以及地基方面的缺陷也会很快暴露出来。为此，在提前发电或竣工后运行初期，要加强监测。要求做到手段多样化，观测内容全面化，观测检查制度化，并由有经验的人员实际监视，及时发现问题排除故障。

大坝在正常工作的龄期内，产生洪水漫顶导致垮坝的，属随机事故。这类事故在失事坝中的比重，各国统计数字均占首位，在我国占 51.5%。漫顶失事的概率密度与大坝寿命和质量关系不大，主要随所遭遇的洪水而定，表现为随机失效特点。漫顶失事主要是土石坝。漫顶主要是由于入库流量超标、溢洪道故障、闸门操作失灵等。持续漫顶，会增加失事致灾的可能。

大坝的寿命曲线可分为初期运行、正常运行和老化期 3 个阶段（图 12-1）。由于材料老化、气候变化、地下水浸蚀、泥沙等作用，其强度和稳定将会逐渐降低，同时附属设施等也会出现老化现象，这就需要及时补强、修缮和更新，以免大坝出现失事的严

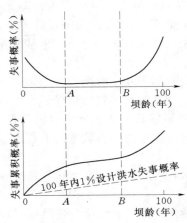

图 12-1　大坝各龄期内失事
概率示意图

重后果。

　　大坝工作状况恶化问题在国际上也日益突出，已引起许多国家的重视。第九届国际大坝会议（1967 年）专门讨论了堤坝老化课题，1973 年成立了大坝医学委员会（后改名为坝和水库恶化研究会），研究堤坝监测和报警，总结堤坝事故后果及教训。

　　目前对大坝老化有如下几点认识：

　　（1）土石坝与混凝土坝、砌石坝相比，老化速率较慢，但洪水漫顶是土石坝的致命危险。

　　（2）筑坝技术对堤坝老化和事故影响很大，随着筑坝技术的发展，坝的技术性能不断提高，其老化和破坏率也随之减小。

　　（3）随着坝龄增加，堤坝遭受各种外力作用及意外考验的概率增高，使堤坝老化加剧。也就是说，除了坝自身外，水库蓄泄的频次和幅度以及地震、洪水、异常气候、生物侵害等不利影响均随坝龄增长而增大。这是堤坝老化的外因。

　　（4）加强管理、维修工作，保持堤坝承载能力，可延缓堤坝的老化过程。

12.3　水 工 建 筑 物 监 测

　　对运行中的水工建筑物进行安全监测，能及时获得其工作性态的第一手资料，从而可评价其状态、发现异常迹象实时预警、制定适当的控制水工建筑物运行的规程，以及提出管理维修方案、减少事故、保障安全。

　　安全监测工作贯穿于坝工建设与运行管理的全过程。我国水工建筑物安全监测分为设计、施工、运行 3 个主要阶段。监测工作包括：观测方法的研究，仪器设备的研制与生产，监测设计，监测设备的埋设安装，数据的采集、传输和储存，资料的整理和分析，水工建筑物实测性态的分析与评价等。水工建筑物监测一般可概括为现场检查和仪器监测两个部分。

12.3.1　现场检查

　　现场检查或观察就是用直觉方法或简单的工具，从建筑物外观显示出来的不正常现象中分析判断建筑物内部可能发生的问题，是一种直接维护建筑物安全运行的措施。即使有较完善监测仪器设施的工程，现场检查也是保证建筑物安全运行不可替代的手段。因为建筑物的局部破坏现象（也许是大事故的先兆），既不一定反映在所设观测点上，也不一定发生在所进行的观测时刻。

　　现场检查分为：经常检查、定期检查和特别检查。经常检查是一种经常性、巡回性的制度式检查，一般一个月 1～2 次；定期检查需要一定的组织形式，进行较全面的检查，如每年大汛前后的检查；特别检查是发现建筑物有破坏、故障、对安全有疑虑时组织的专门性检查。

混凝土坝现场检查项目一般包括：坝体、坝基和坝肩；引水和泄水建筑物；其他，如岸坡、闸门、止水、启闭设备和电气控制系统等。

土石坝现场检查项目一般包括：土工建筑物边坡或堤（坝）脚的裂缝、渗水、塌陷等现象。

应当指出，监测或检查都是非常重要的，特别是中、小型工程，主要靠经常性的观察与检查，发现问题，及时处理。

12.3.2 仪器监测
12.3.2.1 变形观测

变形观测包括：土工、混凝土建筑物的水平及铅垂位移观测，它是判断水工建筑物正常工作的基本条件，是一项很重要的观测项目。

1. 水平位移观测

水平位移观测的常用方法是：用光学或机械方法设置一条基准线，量测坝上测点相对于基准线的偏移值，即可求出测点的水平位移。按设置基准线的方法不同，分为垂线法、引张线法、视准线法、激光准直法等。坝体表面的水平位移也可用三角网法等大地测量方法施测。

较高混凝土坝坝体内部的水平位移可用正垂线法、倒垂线法或引张线法量测。

（1）垂线法。垂线法是在坝内观测竖井或空腔设置一端固定的、在铅直方向张紧的不锈钢丝，当坝体变形时，钢丝仍保持铅直。可用以测量坝内不同高程测点的位移。一般大型工程不少于3条，中型工程不少于2条。按钢丝端部固定位置和方法不同，分为正垂线法和倒垂线法。

正垂线法是上端固定在坝顶附近，下端用重锤张紧钢丝，可测各测点的相对位移。倒垂线法是将不锈钢丝锚固在坝体基岩深处，顶端自由，借液体对浮子的浮力将钢丝拉紧，可测各测点的绝对位移。

（2）引张线法。引张线法是在坝内不同高程的廊道内，通过设在坝体外两岸稳固岩体上的工作基点，将不锈钢丝拉紧，以其作为基准线来测量各点的水平位移。

在大坝变形监测中，普遍采用垂线法和引张线法，目前我国采用国产的遥测垂线坐标仪和遥测引张线仪主要有电容感应式、步进电机光电跟踪式等非接触式遥测仪器，提高了观测精度和观测效率。

（3）视准线法。视准线法是在两岸稳固岸坡上便于观测处设置工作基点，在坝顶和坝坡上布置测点，利用工作基点间的视准线来测量坝体表面各测点的水平位移。这里的视准线，是指用经纬仪观察设置在对岸的固定觇标中心的视线。

（4）激光准直法。激光准直法分为大气激光准直法和真空激光准直法。前者又可分为激光经纬仪法和波带板法两种。

真空激光准直宜设在廊道中，也可设在坝顶。大气激光准直宜设在坝顶，两端点的距离不宜大于300m，同时使激光束高出坝面和旁离建筑物1.5m以上；大气激光准直也可设在气温梯度较小、气流稳定的廊道内。

真空激光准直每测次应往返观测一测回，两个半测回测得偏离值之差不得大于0.3mm。大气激光准直每测次应观测两测回，两测回测得偏离值之差不得大于1.5mm。

（5）三角网法。利用两个或三个已知坐标的点作为工作基点，通过对测点交会算

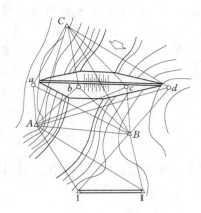

图 12-2　大坝三角网水平
位移观测示意图

A、B、C—工作基点；a、b、c、d—测点；
Ⅰ～Ⅱ—三角网的基线

出其坐标变化，从而确定其位移值，见图 12-2。

2. 铅直位移（沉降）观测

各种坝型外部的铅直位移，均可采用精密水准仪测定。不同水工建筑物基岩的铅直位移，可采用多点基岩位移计测量。

对混凝土坝坝内的铅直位移，除精密视准法外，还可采用精密连通管法量测。

土石坝的固结观测，实质上也是一种铅直位移观测。它是在坝体有代表性的断面（观测断面）内埋设横梁式固结管、深式标点组、电磁式沉降计或水管式沉降计，通过逐层测量各测点的高程变化，计算固结量。土石坝的孔隙水压力观测应与固结观测配合布置，用于了解坝体的固结程度和孔隙水压力的分布及消散情况，以便合理安排施工进度，核算坝坡的稳定性。

12.3.2.2　接缝、裂缝观测

混凝土建筑物的伸缩缝是永久性的，是随荷载、环境的变化而开合的。观测方法是在测点处埋设金属标点或用测缝计进行。需要观测空间变化时，亦可埋设"三向标点"，如图 12-3 所示。由于非正常情况所产生的裂缝，其分布、长度、宽度、深度的测量可根据不同情况采用测缝计、设标点、千分表、探伤仪以至坑探、槽探或钻孔等方法。

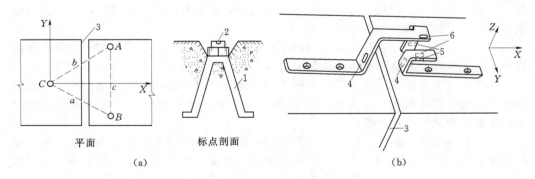

平面　　　　　标点剖面
（a）　　　　　　　　　　　　　　　（b）

图 12-3　三向测缝计

（a）三点式金属标点结构示意图；（b）型板式三向标点结构安装示意图

1—埋件；2—卡尺测针卡着的小坑；3—伸缩缝；4—X 方向的标点；
5—Y 方向的标点；6—Z 方向的标点；A、B、C—标点

当土石坝的裂缝宽度大于 5mm，或虽不足 5mm，但较长、较深，或穿过坝轴线，以及弧形裂缝、垂直裂缝等都须进行观测。观测次数视裂缝发展情况而定。

12.3.2.3　应力、应变和温度观测

在混凝土建筑物内设置应力、应变和温度观测点能及时了解局部范围内的应力、温度及其变化情况。

1. 应力、应变观测

应力、应变的离差比位移要小得多，作为安全监控指标比较容易把握，故常以此作为分级报警指标。应力属建筑物的微观性态，是建筑物的微观反映或局部现象反映。变位或变形属于综合现象的反映。埋设在坝体某一部位的仪器出现异常，总体不一定异常；总体异常，不一定所有监测仪表都异常，但总会有一些仪表异常。我国大坝安全监测经验表明：应力、应变观测比位移观测更易于发现大坝异常的先兆。

应力、应变测器（如应力或应变计，钢筋、钢板应力计，锚索测力器等）的布置需要在设计时考虑，在施工期埋设在大坝内部，由于其对施工干扰较大，且易损坏，更难进行维修与拆换，故应认真做好。应力、应变计等需用电缆接到集线箱，再使用二次仪表进行定期或巡回检测。在取得测量数据推算实际应力时，还应考虑温度、湿度以及化学作用、物理现象（如混凝土徐变）的影响。把这部分影响去掉才是实际的应力或应变，为此还需要同时进行温度等一系列同步测量，并安装相应的测器。

重力坝的观测坝段常选择一个溢流坝段和一个非溢流坝段，对重要工程和地质条件复杂的工程还应增加观测坝段。拱坝的观测断面一般选择拱冠处的悬臂梁和若干个高程处的拱座断面。重力坝和拱坝的水平观测截面，应在距坝基面不小于 5m 以上的不同高程处布置 3～5 个水平观测截面。

土石坝的应力观测，常选择 1～2 个横断面作为观测断面，在每个观测断面的不同高程上布置 2～3 排测点，测点分布在不同填筑材料区。所用仪器为土压力计。

在水闸的边墩、翼墙、底板等土与混凝土建筑物接触处，也常需量测土压力。

混凝土面板坝的面板应力观测，一般选择居于河床中部、距岸 1/4 河谷宽处及靠岸坡处等有代表性的面板，其中应包含长度最大的面板。

2. 温度观测

温度观测包括坝体内部温度观测、边界温度观测和基岩温度观测。温度观测的目的是掌握建筑物、建筑环境或基岩的温度分布情况及变化规律。坝体内部温度测点布置及温度观测仪器的选择应结合应力测点进行。

12.3.2.4 渗流观测

据国内外统计，因渗流引起大坝出现事故或失事的约占 40%。水工建筑物渗流观测的目的，是以水在建筑物中的渗流规律来判断建筑物的性态及其安全情况。渗流观测的内容主要有渗流量、扬压力、浸润线、绕坝渗流和孔隙水压力等。

1. 土石坝的渗流观测

土石坝渗流观测包括：浸润线、渗流量、坝体孔隙水压力、绕坝渗流等。

（1）浸润线观测。实际上就是用测压管观测坝体内各测点的渗流水位。坝体观测断面上一些测点的瞬时水位连线就是浸润线。由于上、下游水位的变化，浸润线也随时空发生变化。所以，浸润线要经常观测，以监测大坝防渗、地基渗流稳定性等情况。测压管水位常用测深锤、电测水位计等测量。测压管用金属管或塑料管，由进水管段、导管和管口保护三部分组成。进水管段需渗水通畅、不堵塞，为此，在管壁上应钻有足够的进水孔，并在管的外壁包扎过滤层；导管用以将进水管段延伸到坝面，要求管壁不透水；管口保护用于防止雨水、地表水流入，避免石块等杂物掉入管内。测压管应在坝竣工后、蓄水之前钻孔埋设。

（2）渗流量观测。一般将渗水集中到排水沟（渠）中，采用容积法、量水堰或测流（速）方法进行测量，最常用的是量水堰法。

（3）坝体孔隙水压力观测。土石坝的孔隙水压力观测应与固结观测的布点相配合，其观测方法很多，使用传感器和电学测量方法有时能获得更好的效果，也易于遥测和数据采集与处理。

（4）绕坝渗流观测。坝基、土石坝两岸或连接混凝土建筑物的土石坝坝体的绕坝渗流观测方法与以上所述基本相同。

（5）渗水透明度观测。为了判断排水设施的工作情况，检验有无发生管涌的征兆，对渗水应进行透明度观测。

2. 混凝土建筑物的渗流观测

坝基扬压力观测多用测压管，也可采用差动电阻式渗压计。测点沿建筑物与地基接触面布置。扬压力观测断面，通常选择在最大坝高、主河床、地基较差以及设计时进行稳定计算的断面处。坝体内部渗流压力可在分层施工缝上布置差动电阻式渗压计。与土石坝不同的是，渗压计等均需预先埋设在测点处。

混凝土建筑物的渗流量和绕坝渗流的观测方法与土石坝相同。

12.3.2.5 水流观测

对于水位、流速、流向、流量、流态、水跃和水面线等项目，一般用水文测验的方法进行测量，辅以摄影、目测、描绘和描述，参见 SL 20—92《水工建筑物测流规范》。

对于由高速水流引起的水工建筑物振动、空蚀、进气量、过水面压力分布等项目的观测部位、观测方法、观测设备等，参见《高速水流原型观测手册》。

大坝安全监测可用于：

（1）施工管理。主要是：①为大体积混凝土建筑物的温控和接缝灌浆提供依据，例如，重力坝纵缝和拱坝收缩缝灌浆时间的选择需要了解坝块温度和缝的开合状况；②掌握土石坝坝体固结和孔隙水压力的消散情况，以便合理安排施工进度等。

（2）大坝运行。大坝一般是建成后蓄水，但也有的是边建边蓄水。蓄水过程对工程是最不利的时期。这期间必须对大坝的微观、宏观的各种性态进行监测，特别是变位和渗流量的测定更为重要。对于扬压力、应力、应变以及围岩变位、两岸渗流等的监测都是重要的。土石坝的浸润线、总渗水量、重力坝的扬压力变化、坝基附近情况、拱坝的拱端和拱冠应力沿高程变化、温度分布等都需要特别注意。

（3）科学研究。以分析研究为目标的监测，可根据坝型确定观测内容。例如，重力坝纵缝的作用，横缝灌浆情况下的应力状态；拱坝实际应力分布与计算值、实验值的比较；土石坝的应力应变观测等。目标愈广泛，可靠性要求愈高，测器的布点就愈要斟酌，甚至要重复配置。

12.3.3 观测布置实例

日本喜撰山坝是一座抽水蓄能电站的上池心墙土石坝，最大坝高91m。由于坝较高，库水位变化急剧、频繁，所以布置了很多观测设备。

坝体在自重、水压力及地震等荷载作用下，沉降、水平位移、应力、孔隙水压力、渗水量等都在不断地发生变化。为了确切掌握坝体及坝基的工作情况，设计规定：在施工期，需要进行静力监测，包括孔隙水压力、土压力、沉降、水平位移、上游水位、渗水量、地下水位等；在竣工后运行期，除上述各项及浸润线外，还需进行动力监测，包括地基和坝体的振动加速度、动位移、动孔隙水压力及动土压力等。观测设备的布置情况，见表 12-1 及图 12-4。

表 12-1

测 器 项 目 表

种　　类		测器数或测点数			备　　注
		设置数	故障数	有效数	
孔隙水压计	差动电阻式	31	8	23	设置数中有 13 个为静、动合用
	平衡式	17	7	10	
土压力计	差动电阻式	24	10	14	设置数中有 14 个为静、动合用
	平衡式	39	22	17	
地震仪	表面型加速度计	13	0	13	
	埋设型加速度计	9	1	8	
	表面型变位计	5	0	5	
	埋设型变位计	3	0	3	
相对沉降计		8	0	8	
相对变位计		7	0	7	
外部变形测点		33	0	33	
水平、垂直变位计		3	0	3	
遥测自记水位仪		1	0	1	
渗水量测计		1	0	1	坝
地下水位计		45	0	45	

为了给大坝安全评价提供依据，配置了监控（观测与分析）系统网络。

测器中除相对变位计、相对沉降计和外部变形测点、地下水位计以外，都是用引线通到坝顶左岸观测室内。观测人员在蓄水初期约 10 人，以后则只有 4 人，常驻现场，每天进行监测。地震力监测设有一个启动器，能自行启动并记录。

从表 12-1 可以看出，有些观测项目测器的失效率是较高的，而且故障几乎都是在埋设时发生的。

应当指出，现在的坝工设计标准或规范，都是在一些经典原理和总结过去经验的基础上制定的。人们对结构性态的认识，基本上也是从观测资料分析得来的。例如，土石坝分区填筑，其应力与应变关系十分复杂，但通过精密测量数年后证实，坝中央横断面上没有法向变形分量，符合平面应变假定；土石坝坝体和坝基渗水量会逐年减少，因此可以认为，从蓄水开始到水库蓄满这一时期是渗漏致险的关键时期；混凝土面板堆石坝的渗水量是逐年增加的，其裂缝没有自行愈合的作用，到达一定程度即应予修补；变形观测说明填筑坝的沉降为蠕变，竣工后，前期快，后期慢，库水位上升时慢，下降时快；水平位移既有弹性变形又有塑性变形；坝体孔隙水压力观测结果与二维渗流分析成果近似；含适量粗粒的土质心墙坝的残余孔隙水压力较小，但用高含水率黏土建造的均质坝或混合坝，将残留很大的孔隙水压力，对坝坡稳定不利等。

对于新型坝工结构的设计，常需借助于实测结果验证。例如，巴西某面板堆石坝，安装了 74 支仪器，通过对观测数据的分析表明，面板挠曲变形达 71cm，但蓄水后挠度仅增加 1cm，变化稳定；面板伸缩缝最大剪切位移 29mm，开合位移 24mm；面板主要部分均为压应力，未出现裂缝和剥落。这些情况证实了这种坝型是成功的。

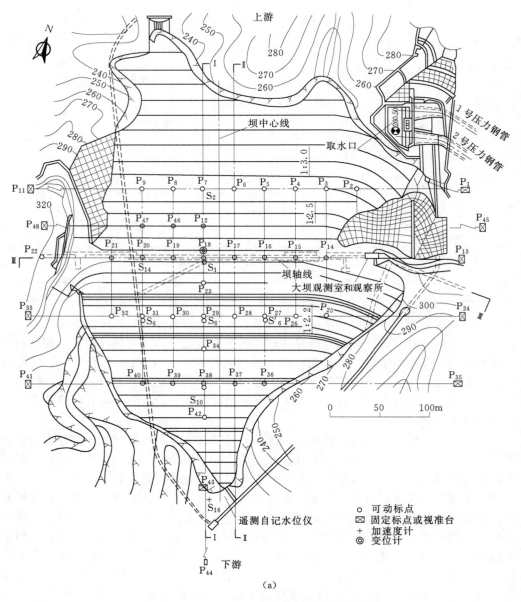

图 12-4（一）　日本喜撰山坝观测布置实例

（a）平面图

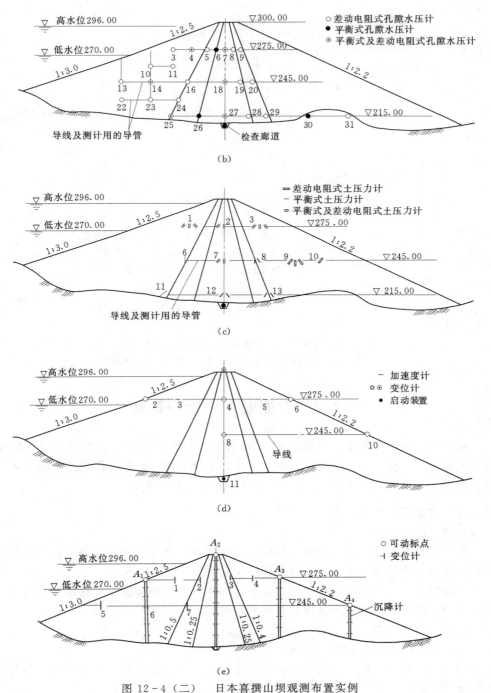

图 12-4（二）　日本喜撰山坝观测布置实例

（b）Ⅰ—Ⅰ断面孔隙水压计布置图；（c）Ⅰ—Ⅰ断面土压力计布置图；
（d）Ⅰ—Ⅰ断面地震仪布置图；（e）Ⅰ—Ⅰ断面沉降计及变位计布置图

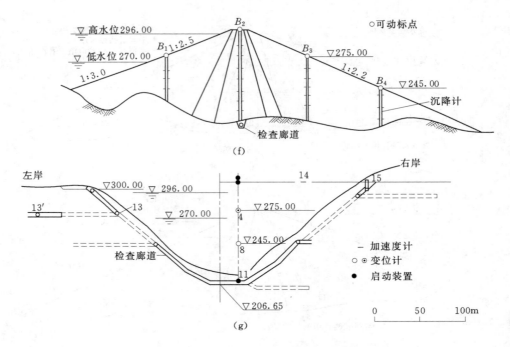

图 12-4（三）　日本喜撰山坝观测布置实例

（f）Ⅱ—Ⅱ断面沉降计布置图；（g）Ⅲ—Ⅲ断面地震仪布置图；

12.4　大坝安全评价与监控

根据《水电站大坝安全管理办法》，要对大坝做定期检查，主要是进行现场检查和对大坝设计、施工和运行进行复查、评价，评估大坝所处的工作状态类型（正常状态、异常状态及险情状态），据此向主管单位提交大坝安全鉴定报告。

12.4.1　大坝定期检查内容

12.4.1.1　现场检查

现场检查包括对坝体、坝基、坝肩以及对大坝安全有重大影响的近坝岸坡和其他与大坝安全有直接联系的建筑物等进行巡视检查。

对混凝土坝、土石坝、泄洪建筑物和近坝库区检查的部位和重点各不相同。

12.4.1.2　对设计、施工及运行的复查与评价

1. 设计复查内容

（1）复查勘测设计数据与资料。

（2）复查设计标准、结构设计、水力设计、坝基处理设计等，考查其是否符合新近的设计方法和标准，以及客观条件的情况。

（3）复查运行设计的安全可靠性及非常情况大坝安全设计，包括放空水库设计、泄洪能力数据等。

（4）复查大坝维修和改建设计，分析其对大坝安全的作用。

2. 施工复查内容

（1）复查地基处理、坝体修筑、隐藏工程的施工资料。

（2）复查由施工质量问题造成的大坝弱点及隐患，评价它们对大坝安全的影响。

3. 运行复查内容

（1）复查水库第一次蓄水的原始记录和分析成果。

（2）复查运行期的观测资料和分析成果，了解大坝维修和改善的历史过程和现状，评价大坝的实际工作性态。

12.4.2 评价方法

对大坝进行安全评价与监控是水工建筑物管理中的重要内容。评估大坝安全的方法较多，目前常用的是综合评价安全系数和风险分析等方法。

对大坝进行安全监控和提出监控指标是一个相当复杂的问题，有的指标可以定量，有的指标难以定量，这些问题都需要进行研究。

大坝从开始施工至竣工及其在运行期间都在不断发生变化。这些变化主要与大坝本身和外部、环境等各种因素有关。因此，在评价其安全度时应当考虑这些因素和潜在危险因素，以及事故发生后的严重性等。国际大坝委员会曾建议一个危险状况评价表（表12-2），通过对大坝各种资料，包括规划、设计、施工和运行监测等，进行不同层次的分析，然后凭借（专家）经验，推理判断，进行决策的综合评价。

表 12-2　　　　危 险 状 况 评 价 表

风险指数	外部、环境条件 $\left(E=\frac{1}{5}\sum_{n=1}^{5}\alpha_i\right)$					大坝状况 $\left(F=\frac{1}{4}\sum_{n=6}^{9}\alpha_i\right)$				库容与经济情况 $\left(R=\frac{1}{2}\sum_{n=10}^{11}\alpha_i\right)$	
	地震	库岸滑坡	洪水高于设计洪水	水库管理型式	侵蚀，环境作用（气候，水）	结构质量	地基	泄洪设施	维修情况	水库蓄水容量（m³）	下游设施
	α_1	α_2	α_3	α_4	α_5	α_6	α_7	α_8	α_9	α_{10}	α_{11}
1	最小或零 $a<0.05g$	最小或零	概率非常低（混凝土坝）	多年、年或季调节	非常弱	良	非常好	可靠	非常好	<10万	非居住区无经济价值
2	弱 $0.05g<a<0.1g$	轻度			弱		好		好	10万～100万	隔离区农业
3	中 $0.1g<a<0.2g$		概率非常低（土石坝）	周调节	中等	合格	合格		满意	100万～1000万	小城镇、农业、手工业
4	强 $0.2g<a<0.4g$			日调节	强					1000万～10亿	中等城镇小工业
5	非常强 $a>0.4g$			抽水蓄能	非常强		劣质			>10亿	大城镇、工业、核工业
6		大滑坡	高概率			不良	劣质或极差	容量不足，不能运行	不满意		

注 a 为基岩水平峰值地面加速度。

大坝危险状况与综合危险指数 α_g 成比例，$\alpha_g = EFR$，其中，E、F、R 为系数，是根据表 12-2 环境中潜在的危险因素、大坝技术状态及因溃坝对国民经济的影响等诸因素与大坝风险指数的关系确定的。当 $\alpha_g \geqslant 6$ 时，应立即采取措施。表 12-2 已得到大多数发达国家的认可和使用，是一个宏观的多元评价方法，可供参考。

12.4.3　监控方法

通过现场观测及数据处理得到大坝性态（如渗水量、位移、应力）的实测值 E_0，以其与监控模型求得的预测值 E_C 进行比较（图 12-5），若 $E_0 - E_C = R$ 小于容许值 t，则属于正常，否则，属于：①大坝性态异常；②荷载或结构条件变化；③观测系统不正常。此刻都需要采取措施或找出原因。这个过程的实现需要建立一整套观测与分析系统。这个系统能够在微机辅助下，实现大坝观测数据自动采集、处理、分析与计算，能对大坝性态正常与否作出初步判断和分级报警的观测。这种自动化的观测系统是保证大坝安全的重要手段，与人工观测系统相比，具有：①快速、及时、多样、反复比较；②可靠性大；③费用低等特点。典型的监控系统（拱坝）如图 12-6 所示。

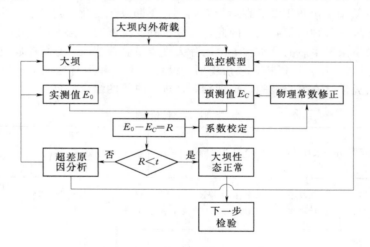

图 12-5　大坝安全监控框图

12.4.4　监控模型

对大坝安全进行定量评估，在于建立安全评价的数学模型和大坝观测的数据库。在我国，应用分析软件包对原始观测数据库进行处理和计算已有先例。

1. 数学模型

大坝安全监测能够采集大量的观测资料，但如何显示大坝工作状态和对大坝安全性状进行定量评价，关键是对大坝及坝基敏感部位的观测数据建立安全评价的数学模型。目前我国多采用统计模型、确定性模型和混合模型。

（1）统计模型。根据正常运行状态下某一效应量（如位移）的实测数据，通过统计分析建立起来的效应量与原因量之间相互关系的数学模型。只要原因量（如水位、温度）在运行变化范围内，则可预测今后相应关系的效应量。回归分析是建立统计数学模型的一种主要方法。统计模型建立后，将模型取得的解析值与实测值进行比较，

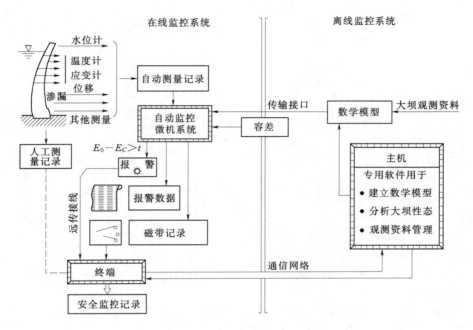

图 12-6　大坝安全自动监控系统

即可获得大坝工作性态的有效信息（图 12-7），图中，t 为时间，Q 为渗流量，T 为温度，H 为水位，R 为雨量，δ 为位移，σ 为应力。

（2）确定性模型。以水工设计理论为基础，依据大坝的环境条件、受荷状况、结构特性、建筑物及坝基材料的物理力学参数演绎计算，并结合实测值的信息反馈，对计算假定和参数进行调整后建立起来的原因量与效应量之间的因果关系式。它代表大坝及坝基在正常运行状态下效应量的变化规律。使用这一模型可以预测以后某一时刻在某一环境和荷载条件（如水位、温度）下的某一效应量（如位移）。当在同种条件下某一效应量的实测值与模型预报值之差，处于容许的范围之内时，则认为该部位处于正常状态，否则处于不正常状态。一般可按三维有限元法分析计算，其工作流程如图 12-8 所示。

（3）混合模型。综合上述两种模型建立的一种数学模型。如温度分量用统计模型、水位分量用确定性模型。

统计模型、确定性模型和混合模型各有其适用范围，选用何种模型应根据效应量和实测资料的具体情况确定。从实用的观点来看，在施工和第一次蓄水阶段以采用确定性模型为宜，而在正常运行阶段，统计模型可以用于各种因变量的分析。到目前为止，确定性模型仅对混凝土坝的位移分析取得了较好的结果，但就大坝安全而论，位移不一定是最重要的，例如，渗流量常常是衡量大坝安全状况的一个非常重要而敏感的效应量，但是至今未能建立起比较理想的确定性模型，而只能利用统计模型。至于对复杂地基和土石坝变形，由于存在强非线性成分，更难以采用确定性模型。

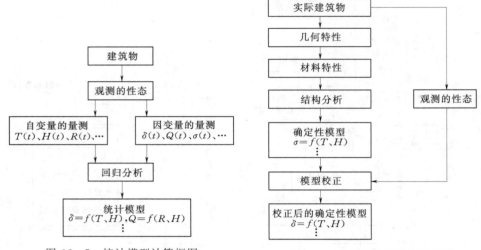

图 12-7　统计模型计算框图

图 12-8　确定性模型计算框图

2. 数据库

为了更快更好地对观测资料进行整理和保存，并为数据处理做好充分的前期工作，对一个工程来说，要求数据库和软件包具有广泛的适用性和针对性。一座混凝土坝的安全监测数据库系统，需要有一个仪器观测数据库（坝体变形、温度、接缝、基岩变形、应力及应变、扬压力等分库）和工程情况库（上下水位、气温及水温、闸门、发电钢管等分库）。应用软件能够对大坝观测数据的各类数据库文件进行管理。

12.5　水 工 建 筑 物 维 修

由于水工建筑物长期与水接触，需要承受水压力、渗流压力，有时还受侵蚀、腐蚀等化学作用；泄流时可能产生冲刷、空蚀和磨损；设计考虑不周或施工过程中对质量控制不严，在运行中出现问题；建筑物遭受特大洪水、地震等预想不到的情况而引起破坏等，需要对水工建筑物进行经常性养护，发现问题，及时处理。

12.5.1　水工建筑物的养护

对水工建筑物养护的基本要求是：严格执行各项规章制度，加强防护和事后修整工作，以保证建筑物始终处于完好的工作状态。要本着"养重于修，修重于抢"的精神，做到小坏小修，不等大修；随坏随修，不等岁修。养护工作包括以下几个方面：

（1）土石坝。坝顶、坝坡应保持整齐清洁，填塞坝面的裂缝、洞穴和局部下陷处，防止排水设施淤塞，及时修复因波浪而掀起的块石护坡等。

（2）混凝土及钢筋混凝土建筑物。填塞混凝土裂缝，处理疏松或遭侵蚀的混凝土，随时填满分缝止水沥青井中的沥青，放水前清除消力池中的杂物，保持排水系统通畅等。

（3）钢结构。定期除锈、涂油漆，检查铆钉、螺栓是否松动，焊缝附近是否变形。闸门应定期启动，以防止泥沙淤积，橡皮止水如有硬化应及时更换。

（4）木结构。应尽量保持干燥，定期涂油漆或沥青进行防腐处理，对个别损坏构件应及时更换等。

（5）启闭机械和动力设备。应有防尘、防潮设施，经常保持清洁，定期检修；轴承、齿轮、滑轮等转动部分应定期加润滑油，如有损坏应及时修补或更换。

（6）北方寒冷地区的建筑物。还要防止冰冻对建筑物的破坏等。

12.5.2　土石坝的维修

包括裂缝处理、滑坡处理、渗漏和管涌处理等，可参见本书第 5 章及有关专著。

12.5.3　混凝土及钢筋混凝土建筑物的维修

1. 裂缝处理

水工混凝土要有足够的强度（抗拉、抗压强度等）和耐久性。由于施工质量不良及长期运行老化等原因，可能使建筑物产生裂缝等不利情况，危及建筑物的安全。对不同的裂缝可采用不同的方法进行处理。

（1）表面涂抹及贴补。表面涂抹可减少裂缝渗漏，但只能用于非过水表面的堵缝截漏。贴补就是用胶粘剂把橡皮、玻璃布等粘贴在裂缝部位的混凝土表面上，主要用于修补对结构物强度没有影响的裂缝，特别用于修补伸缩缝及温度缝。

（2）齿槽嵌补。沿缝凿一深槽，槽内嵌填各种防水材料（如环氧砂浆、沥青油膏、干硬性砂浆、聚氯乙烯胶泥等），以防止内水外渗或外水内渗，主要用于修理对结构物强度没有影响的裂缝。

（3）灌浆处理。对于破坏建筑物整体性的贯穿性裂缝或在水下不便于采取其他措施的裂缝宜采用灌浆法处理。较常采用的是水泥灌浆及化学灌浆。一般当裂缝缝宽大于 0.1～0.2mm 时，多采用水泥灌浆；当裂缝宽度小于 0.1～0.2mm 时，应采用化学灌浆。化学灌浆常用的材料有：水玻璃、铬木素、丙凝、丙强、聚氨脂、甲凝、环氧树脂等，后两种多用于补强加固灌浆。

2. 表面缺陷的修补

若破坏深度不大，可挖掉破坏部分，填以混凝土或用水泥喷浆、喷水泥砂浆等方法修补。当修补厚度大于 10cm 时，可采用喷混凝土，也可采用压浆法修补。对于过水表面，为提高其抗冲能力，可采用混凝土真空作业法。此外，还可采用环氧材料修补。环氧材料主要有：环氧基液、环氧石英膏、环氧砂浆、环氧混凝土等，这类材料具有较高的强度和抗渗能力，但价格较贵，工艺复杂，不宜大量使用。

附录 I 词目中英文对照

（词目按汉语拼音字母顺序排列）

A

安全储备	safety reserve
安全系数	safety factor
安全性	safety
岸边溢洪道	river‐bank spillway
岸坡绕渗	by‐pass seepage around bank slope
岸墙	abutment wall
岸塔式进水口	bank‐tower intake

B

坝的上游面坡度	upstream slope of dam
坝的下游面	downstream face of dam
坝顶	dam crest
坝顶长度	crest length
坝顶超高	freeboard of dam crest
坝高	dam height
坝顶高程	crest elevation
坝顶宽度	crest width
坝段	monolith
坝基处理	foundation treatment
坝基排水	drain in dam foundation
坝基渗漏	leakage of dam foundation
坝肩	dam abutment
坝壳	dam shell
坝坡	dam slope
坝坡排水	drain on slope
坝体混凝土分区	grade zone of concrete in dam
坝体排水系统	drainage system in dam
坝型选择	selection of dam type
坝址选择	selection of dam site
坝趾	dam toe
坝踵	dam heel
坝轴线	dam axis
本构模型	constitutive model
鼻坎	bucket

比尺	scale
比降	gradient
闭门力	closing force
边墩	side pier
边界层	boundary layer
边墙	side wall
边缘应力	boundary stress
变形观测	deformation observation
变中心角变半径 拱坝	variable angle and radius arch dam
标准贯入试验 击数	number of standard penetration test
冰压力	ice pressure
薄壁堰	sharp‐crested weir
薄拱坝	thin‐arch dam
不均匀沉降裂缝	differential settlement crack
不平整度	irregularity

C

材料力学法	method of strength of materials
材料性能分项 系数	partial factor for property of material
侧槽溢洪道	side channel spillway
侧轮	side roller
侧收缩系数	coefficient of side contraction
测缝计	joint meter
插入式连接	insert type connection
差动式鼻坎	differential bucket
掺气	aeration
掺气槽	aeration slot
掺气减蚀	cavitation control by aeration
厂房顶溢流	spill over power house
沉降	settlement
沉井基础	sunk shaft foundation
沉沙池	sedimental basin
沉沙建筑物	sedimentary structure
沉沙条渠	sedimentary channel

沉陷缝	settlement joint
沉陷观测	settlement observation
衬砌的边值问题	boundary value problem of lining
衬砌计算	lining calculation
衬砌自重	dead - weight of lining
承载能力	bearing capacity
承载能力极限状态	limit state of bearing capacity
持住力	holding force
齿墙	cut - off wall
冲击波	shock wave
冲沙闸	flush sluice
冲刷坑	scour hole
重现期	return period
抽排措施	pump drainage measure
抽水蓄能电站厂房	pumped - storage power house
出口段	outlet section
初步设计阶段	preliminary design stage
初参数解法	preliminary parameter solution
初生空化数	incipient cavitation number
初应力法	initial stress method
船闸	navigation lock
垂直升船机	vertical ship lift
纯拱法	independent arch method
次要建筑物	secondary structure
刺墙	key - wall
粗粒土	coarse - grained soil
错缝	staggered joint

D

大坝安全监控	monitor of dam safety
大坝安全评价	assessment of dam safety
大坝老化	dam ageing
大头坝	massive - head dam
单层衬砌	monolayer lining
单级船闸	lift lock
单线船闸	single line lock
挡潮闸	tide sluice
挡水建筑物	retaining structure
导流洞	diversion tunnel
导墙	guide wall
倒虹吸管	inverted siphon

倒悬度	overhang
等半径拱坝	constant radius arch dam
等中心角变半径拱坝	constant angle variable radius arch dam
底流消能	energy dissipation by hydraulic jump
底缘	bottom edge
地基变形	foundation deformation
地基变形模量	deformation modulus of foundation
地基处理	foundation treatment
地下厂房	underground power house
地下厂房变压器洞	transformer tunnel of underground power house
地下厂房出线洞	bus - bar tunnel of underground power house
地下厂房交通洞	access tunnel of underground power house
地下厂房通风洞	ventilation tunnel of underground power house
地下厂房尾水洞	tailwater tunnel of undergrourd power house
地下轮廓线	under outline of structure
地下水	groundwater
地形条件	topographical condition
地形图比例尺	scale of topographical map
地应力	ground stress
地震	earthquake
地震力	earthquake force
地震烈度	earthquake intensity
地质条件	geological condition
垫层	cushion
垫座	plinth
吊耳	lift eye
调度	dispatch
跌坎	drop - step
跌流消能	drop energy dissipation
跌水	drop
迭代法	iteration method
叠梁	stoplog
丁坝	spur dike
定向爆破堆石坝	directed blasting rockfill dam
动强度	dynamic strength
动水压力	hydrodynamic pressure

洞内孔板消能	energy dissipation by orifice plate in tunnel	封拱温度	closure temperature
洞内漩流消能	energy dissipation with swirling flow in tunnel	浮筒式升船机	ship lift with floats
		浮箱闸门	floating camel gate
洞身段	tunnel body section	浮运水闸	floating sluice
洞室群	cavern group	辅助消能工	appurtenant energy dissipator

G

洞轴线	tunnel axis	刚体极限平衡法	rigid limit equilibrium method
陡坡	steep slope	刚性支护	rigid support
渡槽	flume	钢筋混凝土衬砌	reinforced concrete lining
短管型进水口	intake with pressure short pipe	钢筋计	reinforcement meter
断层	fault	钢闸门	steel gate
堆石坝	rockfill dam	高边坡	high side slope
对数螺旋线拱坝	log spiral arch dam	高流速泄水隧洞	discharge tunnel with high velocity
多级船闸	multi – stage lock		
多线船闸	multi – line lock	工程管理	project management
多心圆拱坝	multi – centered arch dam	工程规划	project plan
多用途隧洞	multi – use tunnel	工程量	quantity of work
多种材料土石坝	zoned type earth – rock dam	工程设计	engineering design
		工程施工	engineering construction

E

二道坝	secondary dam	工作桥	service bridge
		工作闸门	main gate

F

发电洞	power tunnel	拱坝	arch dam
筏道	logway	拱坝坝肩岩体稳定	stability of rock mass near abutment of arch dam
反弧段	bucket		
反滤层	filter	拱坝布置	layout of arch dam
防冲槽	erosion control trench	拱坝上滑稳定分析	up – sliding stability analysis of arch dam
防洪	flood prevention，flood control		
防洪限制水位	restricted stage for flood prevention	拱坝体形	shape of arch dam
		拱端	arch abutment
防浪墙	parapet	拱冠	arch crown
防渗墙	anti – seepage wall	拱冠梁法	crown cantilever method
防渗体	anti – seepage body	拱冠梁剖面	profile of crown cantilever
放空底孔	unwatering bottom outlet	拱梁分载法	trial load method of arch dam
非常溢洪道	emergency spillway	拱内圈	intrados
非线性有限元	non – linear finite element method	拱式渡槽	arched flume
非溢流重力坝	nonoverflow gravity dam	拱外圈	extrados
分岔	fork	拱轴线	arch axis
分洪闸	flood diversion sluice	固结	consolidation
分项系数	partial factor	固结灌浆	consolidation grouting
分项系数极限状态设计法	limit state design method of partial factor	观测	observation
		管涌	piping
封拱	arch closure	灌溉	irrigation

内摩擦角　　　internal friction angle
内水压力　　　internal water pressure
挠度观测　　　deflection observation
泥沙压力　　　silt pressure
黏性土　　　　cohesive soil
碾压混凝土拱坝　roller compacted concrete arch dam
碾压混凝土重　roller compacted concrete gravity
　力坝　　　　　dam
碾压式土石坝　roller compacted earth – rock dam
凝聚力　　　　cohesion
扭曲式鼻坎　　distorted type bucket

P

排沙底孔　　　flush bottom outlet
排沙漏斗　　　flush funnel
排沙隧洞　　　flush tunnel
排水　　　　　drainage
排水孔　　　　drain hole
排水设施　　　drainage facilities
排水闸　　　　drainage sluice
抛物线拱坝　　parabolic arch dam
喷混凝土支护　shotcrete support
喷锚支护　　　spray concrete and deadman strut
漂木道　　　　log chute
平板坝　　　　flat slab buttress dam
平衡重式升船机 vertical ship lift with counter weight
平面闸门　　　plain gate
平压管　　　　equalizing pipe
坡率　　　　　slope ratio
破碎带　　　　crush zone
铺盖　　　　　blanket

Q

启闭机　　　　hoist
启门力　　　　lifting force
砌石拱坝　　　stone masonry arch dam
潜坝　　　　　submerged dam
潜孔式闸门　　submerged gate
倾斜仪　　　　clinometer
曲线形沉沙池　curved sedimentary basin
渠道　　　　　canal
渠首　　　　　canal head
渠系建筑物　　canal system structure
取水建筑物　　water intake structure

R

人工材料心墙坝 earth – rock dam with manufac-
　　　　　　　tured central core
人字闸门　　　mitre gate
任意料区　　　miscellaneous aggregate zone
溶洞　　　　　solution cavern
柔度系数　　　flexibility coefficient
褥垫式排水　　horizontal blanket drainage
软弱夹层　　　weak intercalation

S

三角网法　　　triangulation method
三角形单元　　triangular element
三心圆拱坝　　three center arch dam
三轴试验　　　triaxial test
埽工　　　　　sunken fascine works
扇形闸门　　　sector gate
上游　　　　　upstream
设计洪水位　　design flood level
设计基准期　　design reference period
设计阶段　　　design stage
设计阶段划分　dividing of design stage
设计流量　　　design discharge
设计状况系数　design state coefficient
设计准则　　　design criteria
伸缩缝　　　　contraction joint
渗流比降　　　seepage gradient
渗流变形　　　seepage deformation
渗流分析　　　seepage analysis
渗流量　　　　seepage discharge
渗流体积力　　mass force of seepage
渗流系数　　　permeability coefficient
渗压计　　　　pore pressure meter
升船机　　　　ship lift
升卧式闸门　　lifting – tilting type gate
生态环境　　　ecological environment
生态平衡　　　ecological balance
失效概率　　　probability of failure
施工导流　　　construction diversion
施工缝　　　　construction joint
施工管理　　　construction management
施工条件　　　construction condition
施工图阶段　　construction drawing stage

施工进度	construction progress	水面线	water level line
实体重力坝	solid gravity dam	水能	hydraulic energy
实用剖面	practical profile	水平位移	horizontal displacement
实用堰	practical weir	水体污染	water pollution
事故闸门	emergency gate	水土流失	water and soil loss
视准线法	collimation method	水位	water level
试荷载法	trial load method	水位急降	instantaneous reservoir drawdown
收缩段	constringent section	水压力	hydraulic pressure
枢纽布置	layout of hydraulic complex	水闸	sluice
输水建筑物	water conveyance structure	水质	water quality
竖井式进水口	shaft intake	水资源	water resources
竖式排水	vertical drainage	顺坝	longitudinal dike
数值分析	numerical analysis	四边形单元	quadrangular element
双层衬砌	double-layer lining	塑流破坏	failure by plastic flow
双曲拱坝	double curvature arch dam	塑性变形	plastic deformation
水电站地下厂房	underground power house	塑性区	plastic range
水电站建筑物	hydroelectric station structure	锁坝	closure dike
水垫塘	cushion basin	锁定器	dog device
水工地下洞室	hydraulic tunnel and underground chamber	**T**	
水工建筑物	hydraulic structure	T 型墩	T-type pier
水工建筑物分级	grade of hydraulic structure	塌落拱法	roof collapse arch method
水工建筑物管理	management of hydraulic structure	塔式进水口	tower intake
水工建筑物监测	monitor of hydraulic structure	台阶式溢流坝面	step-type overflow face
水工隧洞	hydraulic tunnel	弹塑性理论	elastoplastic theory
水环境	water environment	弹性基础梁	beam on elastic foundation
水库吹程	fetch	弹性抗力	elastic resistance
水库浸没	reservoir submersion	弹性理论	theory of elasticity
水库渗漏	reservoir leakage	弹性中心	elastic centre
水库坍岸	reservoir bank caving	特殊荷载组合	special load combination
水库淹没	reservoir inundation	提升式升船机	lifting ship lift
水库淤积	reservoir deposit	体形优化设计	shape optimizing design
水力劈裂	hydraulic fracture	挑距	jet trajectory distance
水力资源	water power resource	挑流鼻坎	jet bucket
水力自动翻板闸门	automatic flashboard	挑流消能	ski-jump energy dissipation
		挑射角	exit angle of jet
水利工程	hydraulic engineering，water project	调压室	surge tank
		贴坡排水	surface drainage on dam slope
水利工程设计	design of hydroproject	通航建筑物	navigation structure
水利工程枢纽分等	rank of hydraulic complex	通气孔	air hole
		土工复合材料	geosynthetic
		土工膜	geomembrane
水利枢纽	hydraulic complex	土工织物	geotextile

纵缝	longitudinal joint	最大干密度	maximum dry density
纵向排水	longitudinal drainage	最优含水率	optimum moisture content
阻滑板	preventive slider	作用	action
阻尼比	damped ratio	作用水头	working pressure head
组合式衬砌	composite lining		

附录 Ⅱ 本书涉及的国外工程中英文对照

阿尔门德拉坝	Almendra Dam	鲁松坝	Luzzone Dam
阿瓜密尔帕坝	Aguamilpa Dam	罗贡坝	Rogun Dam
阿斯旺高坝	Aswan High Dam	罗贾斯卡坝	Roggiasca Dam
埃尔卡洪坝	EI Cajon Dam	马尔巴塞坝	Malpasset Dam
埃默森坝	Emosson Dam	马立奇坝	Marege Dam
奥本坝	Auburn Dam	马尼克Ⅲ级坝	Manic Ⅲ Dam
奥洛维尔坝	Oroville Dam	马尼克Ⅴ级坝	Manic Ⅴ Dam
奥西格林塔坝	Osiglietta Dam	（又名丹尼尔 约翰逊坝）	
奥雪莱塔坝	Osiglietta Dam	迈加坝	Mica Dam
巴尔西斯坝	Barcis Dam	莫塔格那斯巴卡塔坝	Montagna Spaccata Dam
巴克拉坝	Bhakra Dam	莫瓦桑坝	Mauvosin Dam
坂本坝	Sakamoto Dam	姆拉丁其坝	Mratinje Dam
保特坝	Paute Dam	牧尾坝	Makio Dam
鲍姆坝	Baume Dam	纳加琼纳萨格坝	Nagarjuna Sagar Dam
布拉茨克坝	Bratsk Dam	努列克坝	Nurek Dam
大狄克桑斯坝	Grande Dixence Dam	欧文瀑布水库	Owen Falls Reservoir
东斯海尔德拦河闸	East Scheldt Tide Lock	普勒斯冒林坝	Place Moulin Dam
芬斯特塔尔坝	Finstertal Dam	瑞萨·夏·卡比尔坝	R. C. Kabir Dam
福尔泰布索坝	Fort Buso Dam	萨扬·舒申斯克坝	Sayano - Shushenskaya Dam
福兹杜阿里亚河口坝	Foz Do Areia Dam	瑟西塔坝	Cecita Dam
高濑坝	Takase Dam	上椎叶坝	Kamishiba Dam
格兰峡泄洪洞	Glen Canyon Spillway Tunnel	圣马丽亚坝	Santa Maria Dam
宫濑坝	Miyagase Dam	施赖盖茨坝	Schlegeis Dam
黑部第Ⅳ坝	Kurobe No Ⅳ Dam	史蒂文逊坝	Stevenson Dam
亨德列维尔沃特坝	Hendrik Verwoerd Dam	斯特瑞梯欧坝	Strontio Dam
胡佛坝	Hoover Dam	塔贝拉坝	Tarbela Dam
黄尾泄洪洞	Yellow Tail Spillway Tunnel	托拉坝	Tolla Dam
加日坝	Le Gage Dam	瓦尔伽林纳坝	Val Gallina Dam
卡博拉巴萨坝	Cabora Bassa Dam	瓦莱德莱坝	Valle di Lei Dam
卡里巴坝	Kariba Dam	瓦依昂坝	Vajont Dam
卡伦坝	Karun Dam	乌格郎斯坝	Vouglams Dam
康脱拉坝	Contra Dam	希勒格尔斯坝	Schlegeis Dam
考普斯坝	Kops Dam	谢尔蓬松坝	Serre Poncon Dam
柯尔布赖恩坝	Kolnbrein Dam	雪山工程	Snowy Mountains Scheme
克耐尔浦特坝	Knellpoort Dam	伊泰普水电站	Itaipu Hydropower Station
库力特坝	Kurit Dam	英古里坝	Inguri Dam
莱图勒斯坝	Les Toules Dam	御母衣坝	Miboro Dam
留米意坝	Lumiei Dam	泽乌齐尔坝	Zeuzier Dam

参 考 文 献

[1] 天津大学林继镛主编. 水工建筑物. 4版. 北京：中国水利水电出版社，2006.

[2] 天津大学祁庆和主编. 水工建筑物. 3版. 北京：中国水利水电出版社，1997.

[3] 天津大学祁庆和主编. 水工建筑物. 2版. 北京：水利电力出版社，1986.

[4] 天津大学主编. 水工建筑物. 北京：水利出版社，1981.

[5] 张光斗，王光纶. 水工建筑物. 上册. 北京：水利电力出版社，1992.

[6] 张光斗，王光纶. 水工建筑物. 下册. 北京：水利电力出版社，1994.

[7] 吴媚玲编著. 水工建筑物. 北京：清华大学出版社，1991.

[8] 武汉水利电力学院王宏硕，翁情达. 水工建筑物. 专题部分. 北京：水利电力出版社，1991.

[9] 武汉水利电力学院主编. 水工建筑物（供农田水利工程专业用）. 下册. 北京：水利出版社，1981.

[10] 潘家铮，何璟主编. 中国大坝50年. 北京：中国水利水电出版社，2000.

[11] 中国水利学会编. 命脉——新中国水利50年. 北京：中国三峡出版社，2001.

[12] 赵纯厚，朱振宏，周端庄主编. 世界江河与大坝. 北京：中国水利水电出版社，2000.

[13] 《中国大百科全书》水利编辑委员会. 中国大百科全书·水利卷. 北京：中国大百科全书出版社，1992.

[14] 中国水利百科全书编辑委员会. 中国水利百科全书. 北京：水利电力出版社，1991.

[15] 朱经祥，石瑞芳主编. 中国水力发电工程·水工卷. 北京：中国电力出版社，2000.

[16] 李瓒，陈兴华，郑建波，王光纶编著. 混凝土拱坝设计. 北京：中国电力出版社，2000.

[17] 朱伯芳，高季章，陈祖煜，厉易生著. 拱坝设计与研究. 北京：中国水利水电出版社，2002.

[18] 陈祖煜著. 土质边坡稳定分析——原理·方法·程序. 北京：中国水利水电出版社，2003.

[19] 董学晟. 水工岩石力学. 北京：中国水利水电出版社，2004.

[20] 崔政权，李宁编著. 边坡工程——理论与实践最新发展. 北京：中国水利水电出版社，1999.

[21] 倪汉根著. 高效消能工. 大连：大连理工大学出版社，2000.

[22] 茅以升主编. 现代工程师手册. 北京：北京出版社，1986.

[23] 华东水利学院. 弹性力学问题的有限单元法. 北京：水利电力出版社，1978.

[24] 赵国藩主编. 工程结构可靠度. 北京：水利电力出版社，1984.

[25] 汪树玉主编. 优化方法及其在水工中的应用. 北京：水利电力出版社，1992.

[26] 陆述远主编. 水工建筑物专题（复杂坝基和地下结构）. 北京：中国水利水电出版社，1995.

[27] 袁银忠主编. 水工建筑物专题（泄水建筑物的水力学问题）. 北京：中国水利水电出版社，1997.

[28] 潘家铮主编. 水工建筑物设计丛书·重力坝. 北京：水利电力出版社，1983.

[29] 潘家铮主编. 水工建筑物设计丛书·水工建筑物的温度控制. 北京：水利电力出版社，1990.

[30] 毛昶熙. 渗流计算分析与控制. 北京：水利电力出版社，1990.

[31] 陈椿庭. 关于高坝泄洪消能的若干进展. 北京：水利电力出版社，1975.

[32] 陈椿庭. 高坝大流量泄洪建筑物. 北京：水利电力出版社，1988.

[33] 黄继汤. 空化与空蚀的原理及应用. 北京：清华大学出版社，1991.

[34] 王诘昭，等译. 美国陆军工程兵团水力设计准则. 北京：水利电力出版社，1982.

[35] 能源部、水利部碾压混凝土筑坝推广领导小组. 碾压混凝土筑坝——设计与施工. 北京：电子工业出版社，1990.

[36] 潘家铮主编. 水工建筑物设计丛书·拱坝. 北京：水利电力出版社，1982.

[37] 华东水利学院主编. 水工设计手册·5·混凝土坝. 北京：水利电力出版社，1987.

[38] 美国垦务局著. 拱坝设计. 拱坝设计翻译组译. 北京：水利电力出版社，1984.

[39] 王毓泰，等. 拱坝坝肩岩体稳定分析. 贵阳：贵州人民出版社，1983.

[40] 潘家铮. 建筑物的抗滑稳定和滑坡分析. 北京：水利出版社，1980.

[41] 朱伯芳，谢钊. 高拱坝体形优化设计中的若干问题. 水利水电技术，1987（3）：9-17.

[42] 马启超，戚兰. 二滩水电站拱坝坝基岩体稳定性分析. 见：第一届全国大坝岩体力学研讨会暨第三届岩石力学与工程学会岩体物理数学模拟研讨会论文集. 成都：成都科技大学出版社，1993.

[43] 周维垣，杨延毅. 节理岩体的损伤断裂力学模型及应用于坝基稳定分析. 见：岩土力学数值方法的工程应用. 上海：同济大学出版社，1990.

[44] Гольдин А Л，Рассказов Л Н. Проектированис Грунтовых Плотин Москва：Знергоатомиздат，1987.

[45] 华东水利学院土石坝工程翻译组. 土石坝工程. 北京：水利电力出版社，1978.

[46] 华东水利学院土力学教研室主编. 土工原理与计算. 北京：水利电力出版社，1980.

[47] 能源部、水利部水利水电规划设计总院. 碾压式土石坝设计手册. 北京：水利电力出版社，1989.

[48] 黄文熙主编. 土的工程性质. 北京：水利电力出版社，1983.

[49] 傅志安，凤家骥主编. 混凝土面板堆石坝. 武汉：华中理工大学出版社，1993.

[50] 潘家铮主编. 水工建筑物设计丛书·土石坝. 北京：水利电力出版社，1992.

[51] ［苏］М. М. 格里申主编. 水工建筑物·上卷. 水利水电科学研究院译. 北京：水利电力出版社，1987.

[52] Sherard J L，Woodward R J，Gizienski S F and Clevenger W A. Earth—Rock Dams. John Wiley and Sons，1963.

[53] Nash D. A Comparative Review of Limit Equilibrium Methods of Stability Analysis. In：Anderson M G and Richards K S. Slope Stability. John Wiley and Sons，1987.

[54] Harder L F. Pesqformance of Earth Dams During the Loma Priceta Earthquake. In：Prakash S Psoc. Second International Congerence on Recent Advances in Geotechnical Easthquake Engineering and Sail Dynamics. Rolla：university of Missouri - Rolla，1991.

[55] 谈松曦. 水闸设计. 北京：水利电力出版社，1986.

[56] 林秉南，等译. 高速水流论文译丛. 北京：科学出版社，1958.

[57] 华东水利学院主编. 水工设计手册·6·泄水与过坝建筑物. 北京：水利电力出版社，1987.

[58] ［苏］С. М. 斯里斯基. 高水头水工建筑物的水力计算. 毛世民，杨立信译. 北京：水利电力出版社，1984.

[59] 张绍芳. 泄水建筑物水力计算与运行管理. 山东水利科技，1991（增刊）.

[60] ［美］J. W. 鲍尔. 高速水流中表面不平整引起的空穴. 见：高速水流译文集. 陈纯志，王

优强译. 北京：水利出版社，1979.

[61] 水工隧洞设计经验选编编写组. 水工隧洞设计经验选编. 北京：水利出版社，1981.

[62] ［苏］P. C. 加尔彼凌，等. 水工建筑物的空蚀. 赵秀文译. 北京：水利出版社，1981.

[63] 潘家铮主编. 水工建筑物设计丛书·水工隧洞和调压室衬砌. 北京：水利电力出版社，1990.

[64] 王思敬，杨志德，刘竹华. 地下工程岩体稳定分析. 北京：科学出版社，1984.

[65] 于学馥，郑颖人，刘怀恒，方正昌. 地下工程围岩稳定分析. 北京：煤炭工业出版社，1983.

[66] 郑颖人，董飞云，徐振远. 地下工程喷锚支护设计指南. 北京：中国铁道出版社，1988.

[67] 屠规彰，等. 衬砌边值问题及数值解法. 北京：科学出版社，1973.

[68] 武汉水利电力学院主编. 土力学及岩石力学. 北京：水利电力出版社，1979.

[69] 孙钧，侯学渊主编. 地下结构. 北京：科学出版社，1987.

[70] 中南勘测设计院编. 溢洪道设计规范专题文集. 北京：水利电力出版社，1990.

[71] 水利电力部东北勘测设计院锚喷组主编. 地下洞室的锚喷支护. 北京：水利电力出版社，1985.

[72] 肖世泽，等译. 高速水流论文译丛. 第一辑. 第二册. 明渠高速水流论丛. 北京：科学出版社，1958.

[73] 汝乃华，牛运光编著. 大坝事故与安全·土石坝. 北京：中国水利水电出版社，2001.

[74] 汝乃华，姜忠胜编著. 大坝事故与安全·拱坝. 北京：中国水利水电出版社，1995.

[75] 中国大坝技术发展水平与工程实例编委会. 中国大坝技术发展水平与工程实例. 北京：中国水利水电出版社，2007.

[76] 郦能惠著. 高混凝土面板堆石坝新技术. 北京：中国水利水电出版社，2007.

[77] 水利水电规划设计总院. 碾压式土石坝设计手册（上、下册）北京：1989.

[78] 顾淦臣. 土石坝地震工程. 南京：河海大学出版社，1989.

[79] 王柏乐主编. 中国当代土石坝工程. 北京：中国水利电力出版社，2004.

[80] 林秀山，沈凤生著. 多级孔板消能泄洪洞的研究与工程实践. 北京：中国水利水电出版社，2003.

[81] 罗义生，林秀山，等编著. 泄水建筑物进水口设计. 北京：中国水利水电出版社，2004.

[82] 潘家铮，何璟主编. 中国抽水蓄能电站建设. 北京：中国电力出版社，2000.

[83] 王世夏编著. 水工设计的理论和方法. 北京：中国水利水电出版社，2000.

[84] 汪胡桢原著. 顾慰慈修订. 水工隧洞的设计理论和计算. 北京：水利电力出版社，1990.

[85] 朱伯芳著. 有限单元法原理与应用. 2版. 北京：中国水利水电出版社，1998.

[86] 徐干成，白洪才，等编著. 地下工程支护结构. 北京：中国水利水电出版社，2002.

[87] 林昭著. 碾压式土石坝. 郑州：黄河水利出版社，2003.

[88] 赵志仁著. 大坝安全监测设计. 郑州：黄河水利出版社，2003.

[89] 武汉水利电力学院河流泥沙工程学教研室编. 河流泥沙工程学上、下册. 北京：水利电力出版社，1983.

[90] 梁志勇，等编著. 引水防沙与河床演变. 北京：中国建材工业出版社，2000.

[91] 中华人民共和国水利电力部. SDJ 21—78 混凝土重力坝设计规范（试行）. 北京：水利电力出版社，1979.

[92] 中华人民共和国水利部. SL 319—2005 混凝土重力坝设计规范. 北京：中国水利水电出版社，2005.

[93] 中华人民共和国建设部. 工程建设标准强制性条文（水利工程部分）. 北京：中国水利水电出版社，2004.

[94] 中华人民共和国水利部. SL 252—2000 水利水电工程等级划分及洪水标准. 北京：中国水利水电出版社，2000.

[95] 中华人民共和国国家经济贸易委员会. DL 5180—2003 水电枢纽工程等级划分及设计安全标准. 北京：中国电力出版社，2003.

[96] 中华人民共和国能源部、水利部. GB 50199—94 水利水电工程结构可靠度设计统一标准. 北京：水利电力出版社，1994.

[97] 中华人民共和国国家经济贸易委员会. DL 5108—1999 混凝土重力坝设计规范. 北京：中国电力出版社，2000.

[98] 中华人民共和国水利部. SL 282—2003 混凝土拱坝设计规范. 北京：中国水利水电出版社，2003.

[99] 中华人民共和国水利部. SL 274—2001 碾压式土石坝设计规范. 北京：中国水利水电出版社，2001.

[100] 中华人民共和国水利部. SL 228—98 混凝土面板堆石坝设计规范. 北京：中国水利水电出版社，1999.

[101] 中华人民共和国水利部. SL 265—2001 水闸设计规范. 北京：中国水利水电出版社，2001.

[102] 中华人民共和国水利部. SL 253—2000 溢洪道设计规范. 北京：中国水利水电出版社，2000.

[103] 中华人民共和国水利部. SL 279—2002 水工隧洞设计规范. 北京：中国水利水电出版社，2002.

[104] 中华人民共和国电力工业部. DL/T 5039—95 水利水电工程钢闸门设计规范. 北京：中国电力出版社，1995.

[105] 中华人民共和国水利部. SL 74—95 水利水电工程钢闸门设计规范. 北京：中国水利水电出版社，1995.

[106] 中华人民共和国水利部. SL 266—2001 水电站厂房设计规范. 北京：中国水利水电出版社，2001.

[107] 中华人民共和国水利部. SL 203—97 水工建筑物抗震设计规范. 北京：中国水利水电出版社，1997.

[108] 中华人民共和国国家经济贸易委员会. DL 5073—2000 水工建筑物抗震设计规范. 北京：中国电力出版社，2001.

[109] 中华人民共和国水利部. SL 285—2003 水利水电工程进水口设计规范. 北京：中国水利水电出版社，2003.

[110] 中华人民共和国水利部. SL 269—2001 水利水电工程沉沙池设计规范. 北京：中国水利水电出版社，2001.

[111] 中华人民共和国交通部. JTJ 261～266—87 船闸设计规范（试行）. 北京：人民交通出版社，1987.

[112] 都江堰建堰 2260 周年国际学术论坛组委会. 纪念都江堰建堰 2260 周年国际学术论坛论文选编. 北京：中国水利电力出版社，2005.

[113] 中华人民共和国国家经济贸易委员会. DL/T 5178—2003 混凝土坝安全监测技术规范. 北京：中国电力出版社，2003.

[114] 中华人民共和国水利部. SL 258—2000 水库大坝安全评价导则. 北京：中国水利水电出版社，2000.

[115]　李赞堂，刘咏峰，等. WTO 与中国水利标准化. 北京：中国水利水电出版社，2003.

[116]　中华人民共和国水利部. 水利技术标准体系表. 北京：中国水利水电出版社，2001.

[117]　中华人民共和国水利部能源部. SL 26—92 水利水电工程技术术语标准. 北京：水利电力出版社，1992.

[118]　水利词典编辑委员会. 水利词典. 上海：上海辞书出版社，1994.

[119]　张泽祯主编. 英汉水利水电技术词典. 2 版. 北京：水利电力出版社，1990.

[120]　魏中明主编. 汉英水利水电技术词典. 北京：水利电力出版社，1993.

[121]　清华大学《英汉技术词典》编写组编. 英汉技术词典. 北京：国防工业出版社，1978.